国家林业和草原局普通高等教育"十四五"重点规划教材

食品生物化学

姜毓君　邵美丽　主编

中国林业出版社
China Forestry Publishing House

内容简介

本书以人和食物的关系为中心，在全面系统介绍食品中水、糖类、脂类、蛋白质、核酸等组分的组成、结构、理化性质及生物学功能的基础上，重点介绍糖类、脂类、蛋白质、核酸四类生物大分子在体内的代谢过程和代谢调控机制。同时对食品加工储藏过程中的糖类、脂类及蛋白质的生物化学变化和现代生物化学技术在食品中的应用也进行相应介绍，使学生不仅能够掌握食品物料成分的基本特性，也能从分子水平认识、理解食品成分在人体内的代谢规律及其对人类生命活动的重要意义，同时还可将理论学习与生产实践相结合，为进一步学好专业课及从事该学科相关领域的科研与生产奠定坚实的基础。

本书为国家林业和草原局普通高等教育"十四五"重点规划教材，既可作为高等院校食品科学与工程或生物相关类专业的本科生教材，也可作为研究生、科研工作者及生产一线科技人员的参考用书。

图书在版编目（CIP）数据

食品生物化学 / 姜毓君，邵美丽主编 . —北京：
中国林业出版社，2023.6
国家林业和草原局普通高等教育"十四五"重点规划
教材
ISBN 978-7-5219-2191-5

Ⅰ．①食…　Ⅱ．①姜…　②邵…　Ⅲ．①食品化学–生物化学–高等学校–教材　Ⅳ．①TS201.2

中国国家版本馆 CIP 数据核字（2023）第 075426 号

策划编辑：高红岩
责任编辑：高红岩
责任校对：苏　梅
封面设计：五色空间

课件

出版发行　中国林业出版社
　　　　　（100009，北京市西城区刘海胡同 7 号，电话 83223120）
电子邮箱　cfphzbs@ 163. com
网　　址　www. forestry. gov. cn/lycb. html
印　　刷　北京中科印刷有限公司
版　　次　2023 年 6 月第 1 版
印　　次　2023 年 6 月第 1 次印刷
开　　本　787mm×1092mm　1/16
印　　张　22. 5
字　　数　615 千字
定　　价　65. 00 元

《食品生物化学》编写人员

主　　编　姜毓君　邵美丽

副 主 编　任　静　代翠红　王伟华

编写人员　（按姓氏拼音排序）

代翠红（哈尔滨工业大学）

董世荣（哈尔滨学院）

冯伟科（山东中医药大学）

金剑锋（海南医学院）

姜毓君（东北农业大学）

连　莲（黑龙江中医药大学）

任　静（东北农业大学）

邵美丽（东北农业大学）

孙婷婷（哈尔滨学院）

王伟华（塔里木大学）

许　倩（塔里木大学）

于智慧（山西农业大学）

主　　审　于国萍（东北农业大学）

前　言

　　党的二十大提出"实施科教兴国战略，强化现代化建设人才支撑"，这就要求我们坚持教育优先发展，加快建设教育强国，无疑会对教材建设提出更高要求。食品生物化学是食品科学与工程专业重要的基础课程和主干课程。为了响应"新工科"教育背景下，培养具有扎实自然科学基础、实践能力强、创新能力强及良好工程素养的复合型技术人才，我们综合哈尔滨工业大学、东北农业大学、山东中医药大学、山西农业大学、黑龙江中医药大学、塔里木大学、海南医学院及哈尔滨学院共8所不同地域高校的食品专业特色而编写此书，以期增强此书的专业性、包容度、实用性及先进性，为食品科学与工程及其相关专业的本科生提供良好的教材资源，同时也为相关科技工作者提供有价值的参考用书。

　　本书共分3篇15章：第1篇为食品中各组分特征，主要介绍水分与矿物质、糖类、脂类、蛋白质、核酸、酶及维生素的组成、结构、性质、功能及其在食品加工和储藏过程中的变化；第2篇为生物大分子的体内代谢及调节，主要介绍糖类、蛋白质、脂类、核酸等生物大分子的合成与分解代谢、能量代谢、遗传信息传递及各物质代谢的相互关系与调节控制；第3篇为现代生化技术的应用，主要介绍在食品成分分离、分析和检测中常用的现代生化分离技术和现代生化分析技术，简介各种技术的原理、操作过程及应用案例。

　　本书由东北农业大学姜毓君和邵美丽负责全书的统稿和校对工作。其中，姜毓君编写内容简介、前言和第1章；邵美丽编写第5章；任静编写第13章；代翠红编写第2章和第11章；王伟华编写第10章；孙婷婷编写第3章；连莲编写第4章；于智慧编写第6章和第14章；许倩编写第7章；金剑锋编写第8章和第9章；冯伟科编写第12章；董世荣编写第15章。

　　本书在编写过程中得到东北农业大学于国萍教授的鼎力支持，在此特别致谢，同时感谢东北农业大学教务处和中国林业出版社的大力支持。

　　本书在编写过程中，力求脉络清晰、语言流畅、表达简洁、图表规范，但受学识水平与写作能力所限，书中难免有不妥之处，殷切希望读者批评指正，以使本书日趋完善。

姜毓君

2022. 10. 10

目　录

第1篇　食品中各组分特征

第 2 篇　生物大分子的体内代谢及调节

第3篇　现代生化技术的应用

第1章 绪 论

1.1 生物化学与食品生物化学

1.1.1 生物化学

1.1.1.1 含义

生物化学(biochemistry)就是生命的化学。它是研究生物体内各种物质的化学本质及其化学变化规律的科学。通过对这些规律的了解和认识,从分子水平探讨和揭示生命现象的本质。

生物化学是一门交叉学科,从化学、营养学、生理学、微生物学、遗传学及细胞生物学等发展起来,并促进了这些学科的发展。同时,生物化学也是一门独立的科学,主要研究生物体内各种生物大分子的组成、结构、性质、功能及其在生物体内的物质代谢和能量代谢过程。

生物化学因研究角度不同,又产生许多分支。按照研究对象不同,可分为动物生物化学、植物生物化学和微生物生物化学等;按照应用领域不同,可分为工业生物化学、农业生物化学、医学生物化学及食品生物化学等;按照研究领域不同,可分为免疫生物化学、进化生物化学及分化生物化学等。

生物化学是生命科学的基础与核心。生物学对生命现象的认识是从器官水平、组织水平、细胞水平至分子水平,即从宏观到微观、从形态结构到生理功能。当研究进入分子水平,就需要依托先进的生物化学(以及相关物理学)理论和技术,探讨各种生命现象,包括生长、繁殖、遗传、变异、生理、病理、生命起源及进化等。同时,生物化学也是生命科学的前沿,是生物学革命的新工具。各生物学科欲取得较大的发展和突破,在很大程度上有赖于生物化学研究的进展和所取得的成就。事实上,没有生物化学对生物大分子(核酸和蛋白质)结构与功能的阐明,没有遗传密码及信息传递途径的发现,就没有今天的分子生物学和分子遗传学;没有生物化学对限制性内切酶的发现及纯化,也就没有今天的生物工程。由此可见,生物化学与各生物学科的关系非常密切,在生物学科中占有重要地位。

1.1.1.2 研究内容

生物化学传承着生物学最基本的结构与功能相互适应的观点,主要从三个方面讲述生命现象的化学本质和变化规律。

①静态生物化学 研究构成生物机体的各种物质(称为生命物质)的组成、结构、性质及生物学功能。这些物质主要包括糖类、脂类、蛋白质、核酸、酶、维生素及激素等。

②动态生物化学 研究生物体内各种物质的化学变化、与外界进行物质和能量交换的规律,即物质代谢与能量代谢。它主要包括糖类代谢、脂类代谢、蛋白质代谢及核酸代谢等。

③功能生物化学 研究重要生命物质的结构与功能的关系,以及代谢和生物功能与复杂的生命现象(如生长、生殖、遗传和运动等)之间的关系。

1.1.2 食品生物化学

1.1.2.1 含义

生物科学在近20年中出现了惊人的进展,今日的生物化学在广度和深度上都发生了巨大变化。它已渗透到生物科学的各个领域，对食品科学也具有重要的指导意义。

食品生物化学是食品科学的一个重要的分支，也是食品科学的重要基石。食品生物化学既不同于以研究生物体的化学组成、生命物质的结构和功能、生命过程中物质变化和能量变化的规律以及一切生命现象的化学原理为基础内容的普通生物化学。也不同于以研究食品的组成、结构、特性及其产生的化学变化为基础内容的食品化学，而是将二者的基本原理有机地结合起来，研究人及其食品体系的化学及化学变化过程的一门交叉学科。

1. 1. 2. 2　研究内容

食品生物化学不仅涵盖生物化学的一些基本内容，还包括食品生产和加工过程中与食品营养和感官质量有关的化学及生物化学知识。主要内容包括以下几个方面：

①食品的化学组成、主要结构、性质、生理功能及人体对它们的需要。食品的化学组成是指食品中含有的能用化学方法进行分析的元素或物质，主要包括无机成分如水、矿物质，有机成分如糖类、蛋白质、核酸、脂类、维生素等。

②以代谢途径为中心，研究食品在人体内的变化规律及伴随其发生的能量变化。

③食品在加工、储运过程中的变化及这些变化对食品感官质量和营养质量的影响。

1. 1. 2. 3　应用

生物化学是由化学与生物学相互渗透、相互影响而形成的一门科学，它与化学和生物学的许多分支学科均有密切关系。生物化学是食品科学的重要组成部分，也是食品科学发展的重要理论依据和技术基础，它对开发食品资源、研究食品工艺、完善食品质量管理和储藏技术具有重要作用。现代食品科学是以现代科学技术和工程技术为基础，以食品生产、加工、包装、储藏、流通、消费等为主要研究内容，以食品卫生、营养、品质、检验、评价等为研究中心，并与现代管理科学、人文科学及市场营销等有密切联系的一门跨学科的综合性科学。

在食品资源开发方面，生物工程的发展为食用农产品的品质改造、新食品的开发及食品添加剂和食用酶的开发拓宽了道路。

在食品生产方面，食品工业、发酵工业等都需要广泛地应用生物化学的理论及技术，尤其是在发酵工业中，人们可以根据微生物合成某种产物的代谢规律，通过控制反应条件，或者利用基因工程来改造微生物，大量生产所需要的生物产品。目前，利用发酵法已经成功地实现了维生素 C、多种氨基酸的工业化生产；利用淀粉酶和葡萄糖异构酶等酶制剂生产出高果糖浆等一系列产品。

在食品分析检测方面，常见的生化分离、分析技术(如膜分离技术、萃取技术、分子蒸馏技术、光谱分析、色谱分析、电泳技术及基因工程技术等)在食品领域得到了广泛应用，是现代食品加工检测的主要技术支撑。随着生物化学的发展，以及其不断影响食品科学的发展，使得食品的概念从农业食品、工业食品发展到转基因食品，这些食品满足人类的营养需要，适应不同人群的生理特点，为提高人们的生活质量发挥着不同的作用。

21 世纪的食品生物化学，其任务除研究食品成分的结构、性质、营养价值，以及食品在储藏加工中的化学变化及其在消化吸收后参与人体代谢的规律外，还应研究基因的作用及遗传信息对食品原料采摘前或屠宰前品质形成的规律、食品质量和营养价值的影响。

1. 2　生物化学发展史

生物化学是一门既古老又年轻的科学，因为它既有悠久的发展历史，近年又有许多重大的进展和突破。

生物化学的研究始于 18 世纪晚期，但作为一门独立的学科是在 20 世纪初期。18 世纪中叶至 20 世纪初是生物化学的初期阶段，主要研究生物体的化学组成、性质及含量，这个阶段可称为"静态生物化学"时期。1770—1786 年瑞典 Scheele 分离出甘油、柠檬酸、苹果酸、乳酸及尿酸等，被认为奠定了生物化学的基础。期间的重要贡献还有对脂类、糖类及氨基酸的性质进行了较为系统的研究；发现了核酸；化学合成了简单的多肽；酵母发酵过程中"可溶性催化剂"的发现奠定了酶学的基础等。尤其是 1828 年，Wohler 在实验室里将氰酸铵转变成了尿素。氰酸铵是一种普通的无机化合物，而尿素则是哺乳动物尿中的一种有机物。人工合成尿素的成功，彻底改变了有机物只能在生物体内合成的错误观点，为生物化学的发展开辟了广阔的道路。

从 20 世纪初期开始，伴随着分析鉴定技术的进步，生物化学进入了蓬勃发展阶段。例如，在营养学方面，人们发现了人类必需氨基酸、必需脂肪酸及多种维生素；在酶学方面，美国化学家 Sumner 于 1926 年首次得到脲酶结晶，其后另一位美国化学家 Northrop 相继制备出胃蛋白酶等结晶，从而证明了酶的化学本质是蛋白质；在物质代谢方面，得益于化学分析及同位素示踪技术的发展与应用，生物体内主要物质的代谢途径已基本确定；德国生物化学家 Embden 和 Meyerhof 阐明了糖酵解反应途径；英国生物化学家 Krebs 证明了尿素循环和三羧酸循环；美国生物化学家 Lipmann 发现了 ATP 在能量传递循环中的中心作用。这个时期的生物化学是以研究物质代谢变化为主体，称为"动态生物化学"时期。

自 20 世纪 50 年代以来，由于电镜、超速离心、多种色谱方法、电泳及 X 射线晶体衍射等现代技术和设备的发明和发展，加上许多优秀的物理学家、化学家、微生物学家及遗传学家参加到生物化学的研究领域中，生物化学进入了突飞猛进的大发展时期。在动态生物化学研究的基础上，结合生理机能，并注意环境对机体代谢的影响，使生物化学进入了"功能生物化学"时期，是真正意义上的现代生命化学。具体体现在对蛋白质、酶和核酸等生物大分子的研究，从分离提纯和一般性质的测定，发展到确定其化学组成、序列、空间结构及其与生物学功能的联系，进而发展到人工合成、人工模拟，并创立了基因工程。这个时期具有代表性的重要成果包括：1953 年，Watson 和 Crick 提出 DNA 双螺旋结构模型，真正揭开了分子生物学研究的序幕，被认为是 20 世纪自然科学中的重大突破之一，大大促进了核酸分子生物学的突飞猛进；1958 年，Crick 提出了"中心法则"，为分子生物学奠定了基础；1961 年，Jacob 和 Monod 提出了操纵子学说；1965 年，我国生化工作者首先用人工方法合成了有生物活性的胰岛素；1970 年以后，Arber，Nathans 和 Smith 在限制性内切核酸酶研究方面作出贡献，Temin 和 Baltimore 发现了逆转录酶；Berg 等成功地进行了 DNA 体外重组；1978 年，胰岛素基因在大肠埃希菌中获得表达，显示出重组 DNA 技术的应用远景；1979 年，我国又合成了酵母丙氨酸-tRNA，开辟了人工合成生物大分子的途径；1981 年，Cech 等研究原生动物四膜虫 rRNA 的加工时，发现 RNA 分子有高度催化活性，能催化 RNA 的剪接，这一发现为生物催化剂开拓了新的领域，打破了只有蛋白质组成的酶才有催化作用的传统观点。据不完全统计，这一时期因在生物化学及相关领域的贡献而获得诺贝尔奖的科学家，占生理学或医学奖的 1/2 和化学奖的 1/3 以上。这些事实从一个侧面充分反映出生物化学在现代科学尤其是生命科学发展中的领先地位。

21 世纪，生物化学将有更飞跃的发展。2003 年 4 月 14 日，中国、美国、日本、德国、法国及英国 6 国科学家宣布人类基因组序列图谱绘制成功，且已完成的序列图谱覆盖了人类基因组所含基因区域的 99%，精确率达 99%。同时精确测定的生物大分子的三维结构已超过 1 万种，使人们已经有可能在生命物质的精确三维结构及其运动的基础上，了解生命活动的规律和机制。这使得人们迎来了生物学的崭新时代，即"后基因组时代"。

1.3 食品生物化学学习方法

生物化学这门学科的特点就是发展快、信息量丰富，新名词和新概念不断涌现，大量内容需要专门记忆，知识体系之间关联性较强。以下几点建议，希望能与学生共勉。

(1)认识课程重要性，端正学习态度

食品生物化学课程是针对食品科学与工程专业学生开设的一门专业基础课和专业主干课。该课程可为后续专业课程的学习、研究生入学考试及进一步的科研工作奠定良好的理论和技术基础。因此，学生一定要认识到该课程的重要性。尽管这门课程学好并不容易，但它也不是不可战胜的"怪物"，只要学生端正学习态度，避免畏难情绪，树立自信心，然后配合得当的学习方法，一定可以取得很好的学习效果。

(2)预习+笔记+复习

食品生物化学知识体量大、概念繁多冗杂、内容不易理解，学生需要从课前、课中和课后三阶段展开学习。课前预习是前提，学生通过对教材阅读，对大致内容有所了解，同时带着疑问进行课堂学习可以起到事半功倍的效果，避免因跟不上老师思路，引起精力涣散，丧失学习兴趣。课中速记笔记是关键，结合课堂 PPT 和教材，根据老师讲解内容，速记关键点和关键内容，厘清知识脉络和逻辑关系。课后细化笔记，对课堂讲授的重点与难点进行分类汇总，复习、巩固课堂知识。

(3)把握知识联系，形成知识网络

食品生物化学知识体系具有严密的逻辑性和系统性，每个章节相互联系，前后呼应。各章节内的知识点也存在着密切的关系。因此，建立每章的知识框架，然后对于各部分知识点，由浅入深，层层递进，建立点—线—面—立体知识网络的学习法，这对于本门课程体系从宏观认知到细节把握具有非常重要的作用。另外，还应该注意横向比较一些知识，把近似或易混淆的问题通过比较分析，找出它们之间的联系与区别，阐明相同点，突出不同点，使相关的内容简明化、集中化。

(4)自测知识掌握程度

学习过程中，可通过图书馆借阅生物化学习题册或者通过网络收集相关习题，针对学过的内容，定期进行自我测试，以分析和了解自己对知识的掌握情况，甄别出知识的弱项或者漏洞，并适时调整复习策略，查缺补漏，不要因为某处知识的欠缺而影响后续知识的学习，以此提升整体的学习效果。

(5)利用网络课程，辅助学习

借助网络资源进行生物化学课程或者其他相关课程的线上拓展学习。此外，还有一些与生化有关的论坛或者微信公众号，也可以经常去浏览，以跟踪和了解本学科最新的进展。

第1篇　食品中各组分特征

第2章 食品中水分与矿物质

人体的六大营养素包括蛋白质、糖类、脂肪、维生素、矿物质和水。虽然对于维持生物体的生命活动来说，这些物质都是基本的，但是水是其中最普遍存在的组分。水是地球上储量最多、分布最广的一种物质，水分往往可占动植物体质量的60%～90%。而食品的原料大多数来自动植物，所以水分也是食品的重要组分，不同食品的水分含量差异很大。

2.1 食品中水的存在方式及其对食品品质的影响

食品中水的含量、分布和状态对食品的质地、结构、外观、流动性、风味、色泽、新鲜程度和腐败变质都有着极大的影响。在许多食品质量标准中，含水量都是一个主要的质量参数。食品中的水分含量测定方法有直接测定法和间接测定法。直接测定法是利用水分本身的物理性质和化学性质，去掉食品样品中的水分，再对其进行定量的方法，如烘干法、化学干燥法等。间接测定法是利用食品的密度、折射率、电导率等物理性质测定水分的方法。但是，无论哪一种方法，其测定结果都要受到食品中水的存在方式和非水物质的影响。

2.1.1 水在食品中的存在方式

新鲜的动植物组织中常含有大量的水分，但在切开时一般都不会大量流失，这是由于水分子被截留在组织内部。在食品或食品原料中，水与非水物质以多种方式相互作用后，便形成了不同的存在形式，其存在形式取决于食品的化学成分和这些成分的物理状态。食品中水分的存在形式对食品的加工特性和储藏特性会产生不同的影响，因此对水分的存在形式有必要加以区分。根据水与非水物质的相互作用性质和程度，通常把食品中的水分分为自由水(free water)和结合水(bound water)两大类。

2.1.1.1 自由水

自由水也称体相水(bulk water)或游离水，是指没有被非水物质化学结合的水。它又可分为三类：自由流动水(free flow water)、毛细管水(capillary water)和滞化水(entrapped water，也称不移动水)。

(1)自由流动水

自由流动水是指存在于动物的血浆、淋巴和尿液，植物的导管和细胞的液泡及食品中肉眼可见的那部分水，是可以自由流动的水。

(2)毛细管水

毛细管水是指在生物组织的细胞间隙和食品结构组织中，由毛细管力所留住的水，在生物组织中又称为细胞间水。

(3)滞化水

滞化水是指被组织中的显微和亚显微结构及膜所阻留住的水，这些水不能自由流动，所以有时候又称为不移动水或截留水。

自由水具有普通水的性质，它会因蒸发而减少，也会因吸湿而增加，利用加热方法很容易将其从食品中分离出去。自由水在食品储存与加工中有重要作用，它易结冰，也可作为溶剂，食物储存时间的长短及冻存后的品质都与自由水有关。此外，自由水与食品的腐败变质有重要的关系，自由水是食品中微生物代谢的必要条件，若自由水含量低，微生物将无法生存，从防腐角度考虑，自由水越少越有利。但它又与食品的硬度和脆性等品质有密切关系，因此，许多食品中还需保留它。

2.1.1.2　结合水

结合水也称为束缚水、固定水，通常是指存在于溶质或其他非水组分附近的、与溶质分子之间通过化学键结合的那一部分水。食品中的结合水大多是与蛋白质、核酸、极性脂类及糖类等生物分子通过氢键作用相结合，但这些非水物质的分子基团不同，与水形成的氢键作用力也有所不同。生物分子中的氨基、羧基与水分子形成的氢键作用力较大，结合较牢固；而酰胺基、羟基与水形成的氢键作用力较小，较不牢固。根据结合水被结合的牢固程度不同，结合水又可分为化合水（compound water）、邻近水（vicinal water）和多层水（multilayer water）。

（1）化合水

化合水也称为组成水，是指与非水物质结合得最牢固、构成非水物质整体的那部分水，如蛋白质分子内部空隙中或者化学水合物中的水。它们在-40℃下不结冰，无溶剂能力。

（2）邻近水

邻近水是指处在非水组分亲水性最强的基团周围的第一层位置，且与离子或离子基团缔合的水。邻近水包括单分子层水（monolayer water）和微毛细管（<0.1 μm 直径）中的水。邻近水在-40℃不结冰，也无溶剂能力。

（3）多层水

多层水是指位于上述的第一层的剩余位置的水和在单分子层水的外层形成的另外几层水，主要是靠水—水和水—溶质氢键的作用。尽管多层水不像邻近水那样牢固地结合，但仍然与非水组分结合得非常紧密。大多数多层水在-40℃仍不结冰，即使结冰冰点大大降低；溶剂能力部分降低。

与自由水比较，结合水具有的流动性被限制，但并没有被固定。其蒸汽压比同温下普通水的蒸汽压低，而沸点高于普通水，因此不易蒸发。一般的加热处理不易除去结合水，在食品干燥操作中只有很少一部分结合水能被去除。当结合水被强行与食品分离时，食品风味、质量会发生明显改变。

值得注意的是，食品中的水分严格来说都是被结合着的，自由是相对的，只是结合程度不同而已。

2.1.2　水与食品加工储藏

水分是食品的重要组分。研究水的理化性质，明确水分与非水组分相互作用关系，了解不同条件下食品中水的特性和变化规律，开发新的水处理方法，对保证食品品质和食品加工储藏都具有非常重要的意义。

2.1.2.1　水与食品加工

水在食品加工中具有重要的作用。从原料的清洗、浸渍、调湿、溶解、盐水护色、浮选、水力输送、烫漂、预煮到杀菌、冷却等都需大量用水，食品加工用水的水质会直接影响食品的加工工艺。另外，食品加工用水对食品质量也有着很大影响。在很多食品中，水分是其中的主要成分，如啤酒、软饮料等各种饮品，其制品成分的90%以上都是水；罐头、豆腐干等食品，水分含量也可达到70%；而糖果、糕点、面包、饼干等食品中水分含量虽然不到40%，但水质对其产品品质也有重要影响。除此之外，食品质量问题如变色、褪色、着色、异臭、异味、混浊、沉淀结晶及腐败等都与食品加工用水的水质有密切关系。

我国有关各种食品厂的卫生规范规定食品生产用水必须符合我国国家标准《生活饮用水标准》。各种食品生产用水的水质要求不尽相同，并且与饮用水标准也不完全一致。为了保证食品质量，食品加工用水除了满足饮用水标准外，还需对某些成分予以严格控制，如浊度、色度、异臭、异味、硬度、碱度、pH、酚类、游离氯、溶解氧、硝酸盐、有机物、重金属和微生物等。某些食品厂因忽视食品加工用水水质管理及水处理而发生意想不到的质量事故。因此，为保证产品质量应对食品加工用水进行严格的水质管理及必要的水处理。

近年来，食品加工用水研究进入了新的阶段。人们不仅研究水中的溶质，而且对作为溶剂的水分子及分子团（cluster）本身的结构、理化性质及溶质与溶剂的相互作用进行了深入的研究，开发了许多新的水处理方法。通过各种水处理方法，可改变水的某些理化性质，使其活性化，这种经活性化处理的水称为活性水。常用的水活性化处理方法有：磁场处理（磁化水）、远红外线处理、电场处理（浅川效应）、微波处理、电解处理、共鸣磁场处理、重叠波处理、核磁共振处理、超声波处理、电子场处理、臭氧处理、微生物处理、陶瓷处理、膜处理、微孔火山灰玻璃（SPG）处理、脱气处理及天然石（麦饭石等）处理等。采用新的水处理方法制取适合于不同食品加工的各种类型的活性水，对进一步提高产品质量、缩短加工时间及降低能耗都具有良好的作用。

2.1.2.2　水与食品储藏

水分是影响食品储藏时间的长短、储藏后品质的重要因素。对于新鲜的食品原料，特别是蔬菜和水果，其含水量高，原料内部细胞饱满且膨压大，组织结构脆嫩，原料表面具有光泽。一旦失水，叶菜类蔬菜将会萎缩、失去光泽；根茎类菜会失去脆爽的质地，如萝卜失水会造成糠心；水果失水会失去外观的饱满状态和脆嫩的质地，如苹果失水果肉会变沙。失水会使食品的新鲜度下降，食用价值降低。对于这类食品的储藏，要保证储藏环境较高的湿度，以减少食品自身水分的流失。但较高的水分含量又有利于微生物的生长繁殖，容易造成食品的腐败变质，所以还要控制食品处于低温的储藏环境。

对于新鲜食品来说，其储藏时间相对较短。若想长期储藏这类食品，只能通过降低水含量并采取有效的储藏方法。通过干燥、增加食盐或糖的浓度，可使食品中的水分被除去或结合，从而有效地抑制微生物的生长，进而延长食品的货架期。但无论采用盐渍、糖渍、普通脱水方法还是低温冷冻干燥脱水，水与食品中蛋白质、多糖和脂类的相互作用都被改变，食品中的固有特性都会发生很大变化，目前尚未找到能使这类食品恢复到它原来状态的方法。

对于饼干、薯片这类含水量极低的食品，在保存过程中，如环境湿度大，食品就会从环境中吸收水分而发生潮解，影响食品的干、脆的口感，这类食品储藏就需要使用干燥剂，并密封以隔绝空气中的水分。

对于肉类、水产品这类在常温下极易腐败的食品，低温冻藏有利于抑制或延缓微生物和酶的作用，对控制食品品质变化和防止腐败非常有效。但是低温储藏中肉类、水产品的品质变化依旧是存在的，如氧化、干耗等。冷冻食品在冻藏过程中，由于水分蒸发和冰晶升华，最终引起重量损失，被称为干耗。如果储藏时间较长，则干耗对品质的影响较为显著，一方面是肉质表层丧失透明感而成为干燥纤维，失去原有的风味，并形成干燥皮膜；另一方面在氧的作用下，食品中的脂肪会氧化酸败，表面黄褐变，使食品的外观损坏，口感、风味及营养价值都变差，蛋白质脱水变性，食品的质量下降。为了避免和减少食品在冻藏中的干耗，主要的解决方法是要防止外界热量的传入，提高冷库外围结构的隔热效果。对食品本身来讲，可加包装，如水产品可镀冰衣，让冰衣与产品表面紧贴成为一层冰膜，这样在冻藏中就可由冰衣的升华来替代水产品表面冰晶的升华，减少水产品的干耗，以保障食品的品质。

目前，在食品的冻结、解冻、脱水、复水、食品内部水分的迁移控制及食品中水分与非水组分相互作用方面，不论从理论还是从技术角度，均有许多问题需要解决。因此，研究食品中水的特性和变化及其对食品品质和加工储藏的影响，具有非常重要的意义。

2.2 水分活度及其对食品品质的影响

微生物是导致食品腐败的重要生物因素：一方面微生物利用食品中的营养大量繁殖，消耗营养物质；另一方面微生物代谢过程中会产生很多有害物质，使食品腐败变质。而微生物生长繁殖的重要条件之一就是水分，食品中的水分含量越高，微生物生长代谢活动越强烈，食品越容易发生变质，因此水分含量和食品的稳定性相关。

2.2.1 水分活度

食物的易腐败性与其含水量之间有着密切的关系。但研究发现不同种类的食品即使水分含量相同，其腐败变质的难易程度仍存在明显的差异。这说明以含水量作为判断食品稳定性的指标是不完全可靠的。为了更好地定量说明食品中的水分状态，更好地阐明水分含量与食品保藏性的关系，人们引入了水分活度(water activity)的概念。

2.2.1.1 水分活度的定义

水分活度是指食品中水的蒸汽压与同温度下纯水的饱和蒸汽压的比值，可用式(2-1)表示如下：

$$A_w = p/p_0 \tag{2-1}$$

式中：A_w——水分活度；

$\quad\quad p$——某种食品在密闭容器中达到平衡状态时的水蒸气分压；

$\quad\quad p_0$——相同温度下纯水的饱和蒸汽压；

$\quad\quad p/p_0$——相对蒸汽压。

若把纯水作为食品来看，其水蒸气压 p 和 p_0 值相等，故 $A_w = 1$。然而，一般食品不仅含有水，而且含有非水组分，所以食品的蒸气压比纯水小，即总是 $p < p_0$，所以水分活度 A_w 总是介于 0~1。

2.2.1.2 水分活度的测定方法

样品的水分活度与水分含量之间的关系非常重要，因此要测定某一条件下食品的 A_w，可以通过测定该条件下食品的蒸气压或环境平衡相对湿度(ERH)来进行。具体方法包括：冰点测定法、相对湿度传感器测定法、恒定相对湿度平衡室法及水分活度仪测定法。

(1)冰点测定法

先测定样品的冰点降低量和含水量，然后按式(2-2)和式(2-3)计算 A_w。在低温下测量冰点，而计算高温时的 A_w 值所引起的误差是很小的。

$$A_w = n_1/(n_1 + n_2) \tag{2-2}$$

$$n_2 = G \cdot \Delta T_t/(1\ 000 \times K_t) \tag{2-3}$$

式中：n_1——溶剂物质的量；

$\quad\quad n_2$——溶质物质的量；

$\quad\quad G$——样品中溶剂的克数；

$\quad\quad \Delta T_t$——冰点降低($^\circ\!C$)；

$\quad\quad K_t$——水的摩尔冰点降低常数。

(2)相对湿度传感器测定法

在恒定温度下，把已知水分含量的样品放在一个小的密闭室内，使其达到平衡，然后使用任何一种电子技术或湿度技术,测量样品和环境大气的相对平衡湿度(ERH),代入式(2-4)即可得到 A_w。

$$A_w = ERH/100 \tag{2-4}$$

(3)恒定相对湿度平衡室法

恒定相对湿度平衡室法也称扩散法,样品在康威微量扩散皿的密封和恒温条件下,分别在 A_w 值较高和较低的标准饱和溶液中进行扩散平衡。根据样品质量的增加(在较高 A_w 值标准溶液中平衡)和减少(在较低 A_w 值标准溶液中平衡)求出样品的 A_w 值。扩散法测量水分活度比较复杂,步骤烦琐、耗时,无法直接得到测量结果(需要称重、作图求解),现在并不常用。

(4)水分活度仪测定法

已报道的最先进仪器精确温度控制已达到 0.2℃,最高精确度可达 0.000 1 A_w,最短测量时间只需 5 min。

2.2.2　水分活度与等温吸湿曲线

食品存在于一定的环境中,食品中的水分会因外界环境条件的变化而改变,所以讨论食品的水分含量必须以一定的环境条件为前提才有意义。食品中的水分和环境中的水分都具有一定的蒸汽压,根据热力学原理,只有两者的蒸汽压相等时,水分才能达到平衡状态,不会出现宏观上的水分转移现象。如果两者的蒸汽压不相等,那么食品处于一种非平衡状态,此时食品的水分就会通过蒸发或从环境中吸收水分来逐渐达到平衡。

水分活度是指食品中水的蒸汽压与同温度下纯水的饱和蒸汽压的比值,而在一定的温度下,食品中的水分含量与食品的水分活度之间并不存在绝对的比例关系,为此人们引入等温吸湿曲线(moisture sorption isotherms,MSI)来反映食品的水分含量与食品的水分活度之间的变化。

2.2.2.1　等温吸湿曲线的定义

在恒定温度下,以食品的水分含量(用每单位干物质质量中水的质量表示)对它的水分活度绘图形成的曲线,称为等温吸湿曲线(图 2-1)。图 2-1 是广泛水分含量范围食品的等温吸湿曲线示意图,包括了从正常到干燥状态的整个水分含量范围的情况,但在图中并没有详细地表示出最有价值的低水分区域的情况。把水分含量低的区域扩大,并略去高水分区就可得到一张更有价值的等温吸湿曲线(图 2-2)。不同食品的等温吸湿曲线形状存在差异,大多数食品的等温吸湿曲线呈"S"形,而水果、糖制品、含有大量糖和其他可溶性小分子的食品的等温吸湿曲线为"J"形。食品的成分、食品的物理结构、食品的预处理、温度以及制作等温线的方法是决定等温吸湿曲线形状和位置的主要因素。

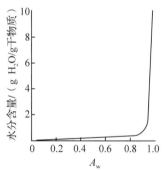

图 2-1　广泛水分含量范围食品的等温吸湿曲线
(引自阚建全,2016)

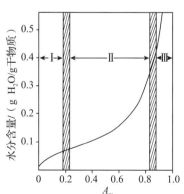

图 2-2　低水分含量范围食品的等温吸湿曲线(引自刘树兴,2008)

由于水分的转移难易程度与食品的水分活度有关,所以从吸湿等温线可看出食品的浓缩与脱水何时较易、何时较难。当湿物料与一定温度和湿度的空气相接触时,湿物料是吸收水分还是排除水分,取决于水分活度和空气相对湿度的相对大小。当水分活度大于空气的相对湿度时,物料将失水,失水后水分活度将降低。反之,如果水分活度小于空气的相对湿度，则物料将吸水，而且水分活度将会提高，直至达到平衡状态，使水分活度与空气的相对湿度相等。

2.2.2.2　等温吸湿曲线的分区

为了更好地理解和讨论等温吸湿曲线的意义和实用性，根据水分含量和水分活度的关系特点，通常将食品的低水分区域的等温吸湿曲线分为Ⅰ区、Ⅱ区和Ⅲ区三个区间(图2-2)。

Ⅰ区中的水是食品中水分子与非水组分中的羧基和氨基等离子基团以水-离子或水-偶极相互作用而牢固结合的水，其流动性最低，不具有溶解溶质的能力，在-40℃不结冰。这部分水对食品固体没有显著的增塑作用，可以简单地看作食品固体的一部分。Ⅰ区的水只占高水分食品中总水分含量的很小一部分，一般为0~0.07 g/g干物质，A_w一般在0~0.25。

Ⅰ区和Ⅱ区的交界处相当于食品的"单分子层"水含量。这部分水可看作是在干物质的强极性基团上形成一个单层所需的近似水量。

Ⅱ区中的水分占据非水组分表面第一层的剩余位置和亲水基团(如氨基、羟基等)周围的另外几层位置形成多分子层结合水，主要靠水-水和水-溶质的氢键与邻近的分子缔合，同时还包括直径<1 μm的毛细管中的水。它的流动性比自由水稍差，其中大部分在-40℃不能冻结，A_w在0.25~0.85。从Ⅱ区的低水分端开始，水将引发溶解过程，引起体系中反应物流动，加速了大多数反应的速率，同时还具有增塑剂的作用，促使物料骨架开始膨胀。Ⅰ区和Ⅱ区的水通常占高水分食品总水分的5%以下。

Ⅲ区中的水实际上就是自由水，是食品中结合最不牢固和最容易移动的水。在凝胶和细胞体系中，因为自由水以物理方式被截留，所以宏观流动性受到阻碍。但它与稀盐溶液中水的性质相似，A_w在0.8~0.99。这部分水既可以结冰也可作为溶剂，并且还有利于化学反应的进行和微生物的生长。Ⅲ区中的水通常占高水分食品总水分的95%以上。

值得注意的是，上述区的划分主要是为了便于讨论和理解等温吸湿曲线的意义，目前还不能准确地确定各区间的分界。实际上水分子能在区内和区间快速地交换，从区Ⅰ至区Ⅲ，水的性质是连续变化的。另外，向干燥食品中增加水时，虽然能够稍微改变原来所含水的性质如产生溶胀和溶解过程，但在区间Ⅱ增加水时，区间Ⅰ水的性质几乎保持不变。同样，在区间Ⅲ内增加水，区间Ⅱ水的性质也几乎保持不变。从而可以说明，食品中结合得最不牢固的那部分水对食品的稳定性起着重要作用。

2.2.2.3　等温吸湿曲线的滞后现象

采用向干燥样品中添加水(回吸作用即物料吸湿)的方法绘制的等温吸湿曲线和按解吸过程绘制的等温吸湿曲线并不相互重叠，这种不重叠性称为滞后现象(hysteresis)(图2-3)。许多食品的等温吸湿曲线都表现出滞后现象，滞后作用的大小、曲线的形状及滞后回线(hysteresis loop)的起始点与终点都不相同，它们取决于食品的性质和食品加入或去除水时所产生的物理变化、温度解吸速度及解吸过程中被除去的水分的量等因素。

目前，对等温吸湿曲线的滞后现象的确切解释还没有形成，一般认为有以下原因：①样品解吸过程中的一些吸水部位与非水组分作用而无法释放出水分；②样品不规则的形状产生毛细管现象，欲填满或抽空水分需要不同的蒸汽压(要抽空时需要$p_内$>

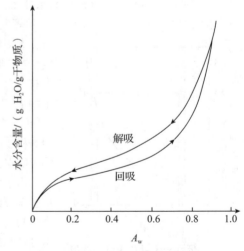

图2-3　等温吸湿曲线的滞后现象
(引自阚建全，2016)

$p_外$，要填满即吸着时则需要 $p_外 > p_内$）；③解吸作用时，因食品组织发生改变，当再吸水时无法紧密结合水分，由此可导致回吸相同水分含量时处于较高的水分活度。

2.2.3　水分活度与食品稳定性

食物未冻结时，食物的稳定性确实与食物的水分活度有着密切的关系。总体趋势是，水分活度越小的食物越稳定，出现腐败变质现象越少。引起食品腐败变质的因素主要有微生物以及食品中的营养成分发生的酶促、非酶促化学反应。

2.2.3.1　水分活度与微生物繁殖代谢

影响食品稳定性的微生物主要是细菌、酵母和霉菌。这些微生物的生长繁殖都要求有最低限度的水分活度，如果食品的水分活度低于这一最低限度，微生物的生长繁殖就会受到抑制。换句话说，只有食物的水分活度大于某一临界值时，特定的微生物才能生长。

不同类群微生物的最低水分活度范围有较大差别：大多数细菌为 0.99~0.94，大多数霉菌为 0.94~0.80，大多数耐盐细菌为 0.75，耐干燥霉菌和耐高渗透压酵母为 0.65~0.60。当水分活度低于 0.60 时，绝大多数微生物就无法生长。另外，微生物在不同的生长阶段，所需的最低水分活度值也不一样。细菌形成芽孢时比繁殖生长时要高，如魏氏芽孢杆菌繁殖生长时的 A_w 值为 0.96，而芽孢形成的最适宜的 A_w 值为 0.993，A_w 值若低于 0.97，就几乎没有芽孢形成。微生物产毒素时所需的水分活度值高于生长时所需的水分活度值，如黄曲霉生长时所需的 A_w 值为 0.78~0.80，而产生毒素时需要的 A_w 值达 0.83。当然，微生物对水分的需要也会受到 pH、营养成分及氧气等因素的影响。因此，在选定食品的水分活度时应根据具体情况进行适当的调整。

2.2.3.2　水分活度与食品中的非酶促反应

大多数化学反应都必须在水溶液中才能进行。如果降低食品的水分活度，则食品中水的存在状态发生了变化，结合水的比例增加，自由水的比例减少，而结合水是不能作为反应物的溶剂的，所以降低水分活度能使食品中许多可能发生的化学反应受到抑制。

食品中的很多化学反应属于离子反应，反应发生的条件是反应物首先必须进行离子化或水合作用，而这个作用的条件必须是有足够的自由水才能进行；还有一些化学反应必须有水分子参加才能进行（如水解反应），若降低水分活度，就减少了参加反应的自由水的数量，化学反应的速度也就变慢。例如脂质的氧化作用，水分活度较低时，食品中的水与氢过氧化物结合而使其不容易产生氧自由基，从而阻止氧化的进行；当 A_w 值大于 0.4 时，水分活度的增加增大了食物中氧气的溶解，加速了氧化；当 A_w 值大于 0.8 时，反应物被稀释，氧化作用降低。

由此可见，适当降低水分活度，可延缓一些食品中的非酶促化学反应，对减缓食品变质有很大作用。

2.2.3.3　水分活度与食品中的酶促反应

食品中许多以酶为催化剂的酶促反应，水除了起到一种反应物的作用外，还能作为底物向酶扩散的输送介质，并且通过水化促使酶和底物活化。当 A_w 值低于 0.8 时，大多数酶的活力就受到抑制；若 A_w 值降到 0.25~0.30 的范围，则食品中的淀粉酶、多酚氧化酶和过氧化物酶就会受到强烈地抑制或丧失其活力，因此降低水分活度可以抑制食品中的酶促反应。但也有一些例外，如酯酶在 A_w 值为 0.3 甚至 0.1 时也能引起三酰甘油或二酰甘油的水解。

总之，降低食品的水分活度，可以延缓酶促褐变和非酶褐变的进行，减少食品营养成分的破坏，防止水溶性色素的分解，使得食品品质保持相对稳定。但水分活度过低，会加速脂肪的氧化酸败，还能引起非酶褐变。所以，要使食品具有最高的稳定性，最好将水分活度保持在结合水范围内。这样，既可以使化学变化难以发生，同时又不会使食品丧失吸水性和复原性。

2.3 食品中矿物质

自然界中存在的天然元素有 92 种。这些元素中，除了组成有机化合物的碳、氢、氧、氮外，其余的元素均称为矿物质(mineral)，也称无机盐或灰分。食物中存在着含量不等的矿物元素，其中有许多是人类营养必不可少的。这些矿物元素有些以无机态或有机盐类的形式存在，如钠、钾等阳离子和氯、硫酸根等阴离子；有些则以与有机物质结合的状态存在，如磷蛋白中的磷、金属酶中的金属元素。

2.3.1 矿物质分类及功能

矿物质与蛋白质、脂肪和碳水化合物等营养素不同，它在体内不能合成，必须从外界摄取，且每天都有一定量的矿物质随尿、粪便、汗液、毛发、指甲、上皮细胞脱落以及月经、哺乳等过程排出体外。因此，为满足机体的需要，矿物质必须不断地从饮食中得到补充。

2.3.1.1 矿物质的分类

人体对矿物质的需求个体差异较大，不同的人群、种族和工作性质等都会影响对矿物质的需求量。因此，很难设定一个固定的界限，但是有一个最佳健康需求浓度或安全浓度范围。

（1）按人体含量

通常按照化学元素在机体内的含量，可将矿物质元素分为常量元素和微量元素。

①常量元素　指在人体内含量在 0.01% 以上的矿物元素，或日需量大于 100 mg/d 的元素，如钙(Ca)、磷(P)、钠(Na)、钾(K)、硫(S)、氯(Cl)、镁(Mg)。

②微量元素　指在人体内含量小于 0.01%，或日需量小于 100 mg/d 的元素。目前已知有 14 种微量元素是人和动物营养所必需的，即铁(Fe)、锌(Zn)、铜(Cu)、碘(I)、锰(Mn)、钼(Mo)、钴(Co)、硒(Se)、铬(Cr)、镍(Ni)、锡(Sn)、硅(Si)、氟(F)和钒(V)。

（2）按生理作用

若按生理作用来划分，矿物质元素可分为必需元素、非必需元素、有毒(有害)元素三类。

①必需元素　存在于机体的正常组织中，且含量比较固定，缺乏时能引发组织和生理异常，常见的必需元素有 21 余种(包括上述的常量元素和微量元素)。

②非必需元素　普遍存在于组织中，有时摄入量很大，但对人的生物效应和作用目前还不清楚。主要的非必需元素有铷(Rb)、溴(Br)、铝(Al)、硼(B)、钛(Ti)。

③有毒(有害)元素　能显著毒害机体的元素，主要有铅(Pb)、镉(Cd)、汞(Hg)、砷(As)。

当然把元素定义为必需或者有毒并不很恰当，因为任何一种物质都有潜在的毒性，关键在于人群所暴露的剂量。

2.3.1.2 矿物质在人体内的功能

矿物质在人体内行使多种功能。它们在参与机体组成、维持细胞的渗透压及机体的酸碱平衡、保持神经和肌肉的兴奋性及参与体内各种代谢反应等方面都具有重要作用。

（1）钙的生理功能

钙(calcium)是人体含量最多的矿物质元素，占成人体质量的 1.5%~2.0%。其中近 99% 的钙存在于骨骼和牙齿中；其余 1% 的钙分布于软组织细胞外液和血液中，统称为混溶钙池(miscible calcium pool)。

钙的主要生理功能有：构成骨骼和牙齿；维持神经和肌肉活动；促进细胞信息传递；调节机体内某些酶的活性。此外，钙还参与血凝过程、激素分泌、维持体液酸碱平衡以及调节细胞的正常生理功能。

人对钙的日需要量，推荐值为 0.8~1.0 g。食品中钙的来源以奶及奶制品最好，奶中钙含量丰富，易于吸收，是理想的钙源。蛋制品、水产品(如虾皮)、肉类含钙也较多。钙强化食品通常采用乳酸钙、碳酸钙及葡萄糖酸钙等作为钙源。

(2)磷的生理功能

磷(phosphorus)是人体含量较多的矿物质元素之一，约占体质量的 1%。机体内的磷有85%~90%以羟磷灰石形式存在于骨骼和牙齿中，其余 10%~15%与蛋白质、脂肪、糖及其他有机物结合，分布在细胞膜、骨骼肌、皮肤神经组织及体液中。

磷的主要生理功能有：构成骨质和核酸的基本组分；代谢中重要的储能物质；细胞内主要缓冲物质；酶和细胞内第二信使的重要成分。

人体对磷的日需要量为 0.67~0.72 g，正常的膳食结构一般无缺磷现象。含磷丰富的食物主要有豆类、肉类、花生、核桃及蛋黄等。食物中的磷主要以有机磷酸酯及磷脂的形式存在，较易消化吸收，吸收率在 70%以上。强化磷的添加剂有正磷酸盐、焦磷酸盐、三聚磷酸盐及骨粉等。

(3)铁的生理功能

铁(iron)是人体重要的必需微量元素，成年人体内含有 3~4 g 铁，其中有 2/3 存在于血红蛋白与肌红蛋白中，是构成血红素的成分。其余的部分主要储存于肝中，其他器官(肾、脾)中也有少量分布。

铁的主要生理功能有：与蛋白质结合构成血红蛋白与肌红蛋白，参与氧的运输，维持机体的正常生长发育；体内许多重要酶系，如细胞色素氧化酶、过氧化氢酶与过氧化物酶的组成成分，参与组织呼吸，促进生物氧化还原反应；维持机体酸碱平衡的基本物质之一；参与维持机体免疫功能，增加机体对疾病的抵抗力。

含铁丰富的食物是动物肝脏，其他动物性食品如肉、蛋类和绿色蔬菜等也是铁的良好来源。常用于强化铁的化合物有硫酸亚铁、正磷酸铁和卟啉铁等。

(4)镁的生理功能

正常成人体内含镁(magnesium)约 20~38 g，其中 60%~65%存在于骨骼，其余分布在肌肉、肝脏、心脏及胰腺等组织和体液中。

镁的主要生理功能有：构成骨骼、牙齿和细胞质的主要成分；可调节并抑制肌肉收缩及神经冲动；维持体内酸碱平衡、心肌正常功能和结构；是多种酶的激活剂，可使很多酶系统活化；也是氧化磷酸化所必需的辅助因子。

镁较广泛地分布于各种食物中，新鲜的绿叶蔬菜、海产品和豆类是镁的食物来源，谷类、花生、核桃仁、全麦粉、小米及香蕉等也含有较多的镁，但奶中含镁较少。因此，一般不会发生膳食镁的缺乏。

(5)锌的生理功能

成人体内锌(zinc)的含量男性约 25 g，女性 1.5 g。锌分布于人体所有的组织、器官、体液及分泌物中，约 60%存在于肌肉，30%存在于骨骼中。

锌的主要生理功能有：人体 70 余种酶的组成成分；参与蛋白质和核酸的合成；影响睾丸类固醇的形成；影响胰岛素的合成、储存。缺锌的现象比较普遍，人体缺锌时，食欲不振，发育不良(性功能发育不正常)，味觉和嗅觉迟钝，创伤愈合难，胰腺中锌含量降至正常人的一半时，有患糖尿病的危险。

锌的来源较广泛，贝壳类海产品(如牡蛎、蛏干和扇贝)、红色肉类及内脏均为锌的良好来源。蛋类、豆类、谷类胚芽、燕麦及花生等也富含锌。蔬菜和水果类锌含量较低。

（6）钠的生理功能

钠（sodium）在人体体液中以盐的形式存在，其广泛分布于机体的各种组织中。

钠的主要生理功能有：参与水的代谢，保证机体内水的平衡；与钾共同作用，维持人体体液的酸碱平衡；胃液、胰液、胆汁、汗和泪水的组成成分；调节细胞兴奋性和维持正常的心肌运动。

除烹调、加工和调味用盐（氯化钠）以外，钠以不同含量存在于所有食物中，因此人很少发生钠缺乏问题。一般而言，蛋白质食物中的含钠量比蔬菜和谷物中多，水果中很少或不含钠。食物中钠的主要来源有红肠、泡黄瓜、火腿、午餐肉、海藻、虾、酱油及大酱等。

（7）钾的生理功能

钾（potassium）在人体中以盐的形式存在，正常人体内约含钾175 g，其中98%的钾储存于细胞质内，是细胞内最主要的阳离子。

钾的主要生理功能有：维持碳水化合物、蛋白质的正常代谢；维持细胞内正常的渗透压；维持神经肌肉的应激性和正常功能；维持心肌的正常功能；维持细胞内外正常的酸碱平衡和离子平衡；降低血压。

钾广泛分布于食物中，肉类、家禽、鱼类、各种水果和蔬菜类都是钾的良好来源，如脱水水果、糖浆、马铃薯粉、向日葵籽、番茄、菠菜、萝卜、木瓜、红椒、羊肉、牛肉及香蕉等。

（8）碘的生理功能

碘（iodine）是人体必需的微量元素之一，人体含20~50 mg，其中20%~30%集中在甲状腺，其他则分布在肌肉、皮肤、骨骼以及其他内分泌腺和中枢神经系统。

碘的主要生理功能是构成甲状腺素与三碘甲状腺素。该类物质在人体内参与能量转移、蛋白质与脂肪代谢、调节神经与肌肉功能及调控皮肤与毛发生长等功能。缺乏碘时易造成甲状腺肿大、生长迟缓及智力迟钝等现象。

含碘量较高的食物为海产品，如海带、紫菜、淡菜和海参等。对于不能常吃到海产品的地区，体内碘的需要也可通过膳食中添加碘化钾的食盐而获得。

（9）硒的生理功能

硒（selenium）在人体内的含量为14~21 mg，广泛分布于所有组织和器官中，以指甲中最多，其次为肝和肾，肌肉和血液中含硒量约为肝的1/2或肾的1/4。

硒的主要生理功能有：谷胱甘肽过氧化物酶的组成成分，可清除体内过氧化物，保护细胞和组织免受损害；清除体内自由基，提高机体的免疫力，抗衰老、抗肿瘤；维持心血管系统的正常结构和功能，预防心血管病；有毒重金属元素，如镉、铅的解毒剂。

海产品和动物内脏是硒的良好食物来源，如鱼子酱、海参、牡蛎、蛤蛎、带鱼及猪肾等。食物中的含硒量随地域不同而异，特别是植物性食物的硒含量与地表土壤层中硒元素的水平有很大关系。

（10）铬的生理功能

铬（chromium）在体内分布广泛，主要以三价的形式存在。人体含铬量约5~10 mg，骨、大脑、肌肉、皮肤和肾上腺中的铬含量相对较高。一般组织中，铬含量会随着年龄的增长而下降，老年人易出现缺铬现象。

铬的主要生理功能有：葡萄糖耐量因子（GTF）的组成成分，对调节体内糖代谢、维持体内正常的葡萄糖耐量起重要作用；影响机体的脂质代谢，降低血中胆固醇和三酰甘油的含量，预防心血管病；参与核酸代谢；促进脂肪和蛋白质的合成进而促进生长发育。

铬的主要食物来源为粗粮、肉类、啤酒、酵母干酪、黑胡椒及可可粉等。食品加工越精，其中铬的含量越少，精制面粉几乎不含铬。

2.3.2　矿物质的生物可利用性

矿物质是构成人体组织的重要成分，在人体生长发育的各个阶段都发挥着作用。不同的发育阶段、本身状况等是决定人体矿物质状况的内在因素；人体所需矿物质的主要来源是食物，食物中的矿物质是决定人体内矿物质状况的外在原因。

测定特定食品中一种矿物元素的总量，仅能提供有限的营养价值信息，而测定能为生物体所利用的食品中这种矿物元素的含量具有更大的意义。这就是我们所说的生物利用率(bioavailability)，它是指某一被消化的食品中某种营养素在代谢过程中被利用的比例。

2.3.2.1　测定矿物质生物利用率的方法

动物体内矿物质生物利用率测定的方法有化学平衡法、生物测定法、体外试验和同位素示踪法，这些方法已广泛应用于测定家畜饲料中矿物质的消化率。放射性同位素示踪法是一种理想的检测矿物质生物利用率的方法。这种方法是在培育植物的介质中加入放射性铁或在动物屠宰以前注射放射性铁；放射性示踪物质通过生物合成制成标记食品，标记食品被食用后再测定放射性示踪物质的吸收，这称为内标法。当然也可用外标法研究食品中铁的吸收，即将放射性元素添加到食品中。

人体内矿物质的生物利用率主要使用盐酸(HCl)提取法、体外(in vitro)模型和体内(in vivo)模型来测定。盐酸提取法是指用矿物质在盐酸中的提取率来表征其生物利用率。这主要模拟了食物在人体胃中的停留时间以及相应的环境，但由于该方法只考虑了人体胃部 pH 对食物中矿物质在人体中的溶出性的影响，而未考虑人体消化道内的各种酶的作用和矿物质实际的吸收利用情况，所以该方法所获得结果的准确性比较低。体外模型包括体外消化模型和 Caco-2 细胞吸收模型。体外消化模型是指对人体消化系统(胃部和小肠)进行体外模拟，然后测定食品中矿物质的吸收利用率；Caco-2 细胞是一种人结肠腺癌细胞，其结构和功能类似于分化的小肠上皮细胞，具有微绒毛等结构，并含有与小肠刷状缘上皮相关的酶系，可以用来进行模拟体内肠转运吸收的试验。体外消化模型是一种快速、经济的分析方法，目前被广泛应用于矿物质的生物利用率测定；Caco-2 细胞吸收模型由于试验周期相对较短，重现性好，目前被广泛应用于营养学的研究中，特别是营养学机理等方面的研究。体内模型包括动物喂养试验和人体试验。动物喂养试验和人体试验试验周期长，成本高，结果经常不稳定，尤其是当分析大量样品时这种方法往往很难实现。

2.3.2.2　影响矿物质生物利用率的因素

食品中矿物元素的生物可利用性不仅取决于它们的存在形式，还取决于影响它们吸收或利用的各种条件。影响矿物质生物利用率的因素主要有：

(1)矿物质在水中的溶解性和存在状态

矿物质的水溶性越好，越利于机体的吸收利用。另外，矿物质的存在形式也同样影响元素的利用率。

(2)矿物质之间的相互作用

机体对矿物质的吸收有时会发生拮抗作用，这可能与它们的竞争载体有关，如过多铁的吸收就会影响锌、锰等矿物元素的吸收。

(3)螯合效应

矿物质可以与不同的配位体作用形成相应的配合物或螯合物，并进一步影响其生物利用率。具体有以下几种情况：一是矿物质与可溶性配位体作用后一般能够提高它们的生物利用率，如乙二胺四乙酸(EDTA)可以提高铁的利用率；二是矿物质螯合后形成一些很难消化吸收的高分子化合物，从而降低其生物利用率，如矿物质与纤维素的结合；三是矿物质与不溶性的配位体结合后，严重影响其生物利用率，如植酸盐抑制铁、钙、锌的吸收，还有草酸盐影响钙的吸收。

（4）食物的营养组成

食物的营养组成会影响人体对矿物质的吸收，如肉类食品中矿物质的吸收率就较高，而谷物中矿物质的吸收率与之相比就低一些。

（5）其他营养素的影响

蛋白质、维生素和脂肪等摄入会影响机体对矿物质的吸收利用，如维生素 C 的摄入水平与铁的吸收有关，维生素 D 对钙的吸收影响更加明显，蛋白质摄入量不足会造成钙的吸收水平下降，而脂肪过度摄入则会影响钙质的吸收。

（6）人体的生理状态

人体对矿物质的吸收具有调解能力，以达到维持机体环境的相对稳定，如在食品中缺乏某种矿物质时，它的吸收率会提高；在食品中供应充足时吸收率会降低。此外，机体的生理状态，如疾病、年龄及个体差异等均会造成机体对矿物质利用率的变化。

2.3.3　矿物质在食品加工和储藏过程中的变化

食品中矿物质的含量在很大程度上受到各种环境因素的影响，如季节、地域分布、土壤中矿物质的含量、水源、施用肥料、杀虫剂、农药和杀菌剂以及食品的性质等因素。此外，加工过程中矿物质也会被直接或间接引入食品中，如水、加工设备和包装材料，或在奶粉中添加铁、锌、钙等。因此，食品中矿物质的含量可以发生很大变化。

矿物元素与一般的有机营养素不同，加热、光照和氧化剂等这些能影响有机营养素稳定性的因素，一般不会影响矿物质的稳定性。然而一些食品加工和储藏方式，会对食品中矿物元素的含量有较大的影响。

食品在加工和烹调过程中，一些加工工序是矿物质损失的常见原因，如烫漂、沥滤、汽蒸、水煮、碾磨等。烫漂和沥滤对矿物元素的影响很大，果蔬食品加工过程常常要经过烫漂工序，由于要用水，在沥滤时可能会引起某些矿物质的损失，如菠菜烫漂时矿物元素损失率如下：钾为 70%、钠为 43%、镁和磷为 36%、硝酸盐为 70%。矿物质损失的程度与其溶解度有关。从人体健康的角度考虑，硝酸盐的损失可以认为是有益的。烹调时食物中的矿物质也会有一定的损失，尤其是从汤汁中流失矿物元素的损失量与食品的种类、矿物质的性质和烹调方法有关。此外，碾磨对谷类食物中矿物质的含量也有影响。由于谷类食物中的矿物质主要分布于糊粉层和胚组织中，因而碾磨过程能引起矿物质的损失，损失量随碾磨的精细程度而增加，但各种矿物质的损失有所不同。例如，小麦经碾磨后，铁损失较严重，此外铜、锰、锌及钴等也会大量损失；精碾大米时，锌和铬会大量损失，锰、钴和铜等也会受到影响。

此外，食品中矿物质损失的另一个因素就是矿物质与食品中其他成分发生某些化学反应，如广泛存在于植物性食品中的草酸根、植酸根类等阴离子，能与两价的金属阳离子（如铁离子、钙离子等）形成盐，而这些盐是极难溶解，不能被人体吸收，实际上也就造成了矿物质的损失。

食品加工中矿物质的损失是难免的，但某些矿物质的含量在食品加工后却会有所增加。这主要是与加工用水、容器、器具及包装材料有关。例如，有些罐头食品的包装金属罐中的元素与食品长期接触，部分金属离子（铁离子、锡离子等）就会进入食品中；牛乳中的镍主要是由于加热灭菌过程中所使用的不锈钢容器引起的。

食品加工对矿物质影响的相关研究目前还比较少，但人体缺乏矿物质会对机体造成不同程度的危害，所以在食品中通过直接添加来强化矿物质是很必要的。在食品中补充某些缺少的或特需的营养成分称为食品的强化。20 世纪 30~40 年代，欧洲、美国、日本等国家和地区就开始在食品中强化矿物质，以改变营养不平衡的状况。我国目前也在多种食品或原料中强化钙、铁、碘等矿物质，但是在食品强化中必须遵循有关法规，注意矿物元素摄入的安全剂量，同时注意添加的矿物质的稳定性，以及矿物质是否会与食品中其他组分作用产生不良后果等问题。

本章小结

食品中的水按存在方式可分为自由水和结合水两大类。自由水又可分为：自由流动水、毛细管水和滞化水。结合水又可分为：化合水、邻近水和多层水。

食品中水的含量、分布和状态对食品的质地、结构、外观、流动性、风味、色泽、新鲜程度和腐败变质都有着极大的影响。食品中水分含量是影响食品储藏时间的长短、储藏后品质的重要因素。

水分活度(A_w)是指食品中水的蒸汽压与同温度下纯水的饱和蒸汽压的比值。水分活度的测定方法包括冰点测定法、相对湿度传感器测定法、恒定相对湿度平衡室法和水分活度仪测定法。在恒定温度下，以食品的水分含量对它的水分活度绘图形成的曲线，称为等温吸湿曲线。等温吸湿曲线反映食品的水分含量与食品的水分活度之间的变化。采用向干燥样品中添加水的方法绘制的等温吸湿曲线和按解吸过程绘制的等温吸湿曲线并不相互重叠，这种不重叠性称为滞后现象。

食物中存在着含量不等的矿物元素，它们以无机态或者以有机盐类的形式存在。矿物元素是构成人体组织、维持生理功能、生化代谢所必需的。矿物元素在体内不能合成，需由食物来提供。食品中矿物质含量的变化主要取决于环境因素，化学反应导致食品中矿物质的损失不如物理去除或形成生物不可利用的形式所导致的损失那样严重。

思考题

1. 食品中水的存在形式有哪些？各有何特点？
2. 水分含量与水分活度的关系和区别有哪些？
3. 不同物质的等温吸湿曲线不同，其曲线形状受哪些因素的影响？
4. 水分活度对食品稳定性有哪些影响？
5. 简述食品中常见的矿物质在机体中的作用。
6. 阐述矿物质在食品加工、储藏中所发生的变化。
7. 菠菜营养丰富，但为什么吃得过多会引起人体钙的缺乏？

第3章 糖类化学

糖类是自然界中存在数量最多、分布最广且具有重要生物功能的有机化合物。地球生物量（biomass）干重的50%以上是由葡萄糖多聚体构成的。从细菌到高等动物的机体都含有糖类化合物，以植物体中含量最为丰富。植物依靠光合作用，将大气中的 CO_2 和 H_2O 转化为糖类物质。其他生物则以糖类如葡萄糖、淀粉等为营养物质，并通过代谢向机体提供能量；同时糖分子中的碳架以直接或间接的方式转化为构成生物体的蛋白质、核酸和脂类等各种有机物分子。所以，糖作为能源物质和细胞结构物质以及在参与细胞的某些特殊的生理功能方面都是不可缺少的生物组成成分。

我国传统膳食习惯是以富含糖类的食物（如大米、面粉等）为主食。但近20年来，随着动物蛋白质食物产量的逐年增加和食品工业的发展，膳食结构也在逐渐发生变化。尽管如此，糖类在食品中的应用仍然十分广泛，而且通过各种物理、化学及生物学修饰方法，可以改善它们的性质，扩大它们的用途。

3.1 概述

3.1.1 糖的概念与元素组成

根据糖类的化学结构特征，糖类的定义应是多羟基醛或多羟基酮以及它们的缩合物和某些衍生物。含有醛基的糖称为醛糖（aldose），含有羰基的糖称为酮糖（ketose）。主要由 C、H、O组成，由于最早发现的几种糖类化合物可以用通式 $C_n(H_2O)_m$ 来表示，因此糖类又称为碳水化合物（carbohydrate）。但后来发现甲醛（CH_2O）、乙酸（$C_2H_4O_2$）等有机化合物也符合上述通式，但它们并不是碳水化合物，而有些糖如鼠李糖（$C_6H_{12}O_5$）和脱氧核糖（$C_5H_{10}O_4$）并不符合上述通式。此外，有些糖分子中还含有 N、P、S 等原子，如氨基糖、磷酸糖等。显然碳水化合物的名称已经不恰当，但由于沿用已久，至今还在使用这个名词。

3.1.2 糖的分类与命名

根据聚合度的不同，糖类可以分为单糖（monosaccharide）、寡糖（oligosaccharide）和多糖（polysaccharide）。

3.1.2.1 单糖（monosaccharide）

单糖是指不能被水解成更小分子的糖，如葡萄糖、果糖等。根据它们分子中含有醛基或酮基可分为醛糖和酮糖；按其分子中所含碳原子数目分为丙糖（三碳糖）、丁糖（四碳糖）、戊糖（五碳糖）、己糖（六碳糖）及庚糖（七碳糖）等。最简单的单糖是含有3个碳原子的丙糖，如甘油醛和二羟丙酮。自然界中存在的单糖主要是含有5个碳原子的戊糖，如核糖、脱氧核糖；以及含有6个碳原子的己糖，如葡萄糖、果糖、半乳糖、甘露糖等。

3.1.2.2 寡糖（oligosaccharide）

寡糖又叫低聚糖，是由2~10个单糖分子缩合而成的聚合物，彼此以糖苷键连接，水解后产生单糖。根据分子中含有单糖数目的不同，可将寡糖分为二糖、三糖、四糖等。二糖水解时生成 2 分子单糖，如麦芽糖、蔗糖、纤维二糖、乳糖等；三糖水解时产生 3 分子单糖，如棉子糖。自然界中的寡糖主要以二糖分布最为普遍。

3.1.2.3 多糖(polysaccharide)

多糖是水解时产生 10 个以上单糖分子的糖类，可分为同聚多糖和杂聚多糖两类。由同一种单糖缩合形成的多糖称为同多糖(或均一多糖)，如淀粉、纤维素、糖原等都是由许多葡萄糖组成的。由两种以上单糖或其衍生物缩合形成的多糖称为杂多糖(或不均一多糖)，如半纤维素、果胶等。自然界中存在的重要多糖有淀粉、纤维素、糖原等。

在生物体内，有些糖类可以与非糖物质共价结合形成复合体，称为复合糖类或糖缀合物，如糖类与蛋白质结合形成的糖蛋白，糖类与脂类结合形成的糖脂等。有些糖类在生物体内还可以转变为相应的衍生物，如糖酸、糖胺等。

3.1.3 糖类的生物学功能

糖类是生物细胞中非常重要的一类生物分子，主要有以下 4 个方面生物学功能。

(1)作为生物体的主要结构成分

植物的根、茎、叶、花和果实都含有大量的纤维素、半纤维素和果胶等，它们是构成植物细胞壁的主要成分。肽聚糖参与细菌细胞壁的形成。节肢动物，如昆虫、蟹和虾等甲壳类的外骨骼含有壳多糖(甲壳质)。

(2)作为生物体内的主要能源物质

某些糖类(淀粉和蔗糖)是世界上大多数地区的膳食来源。糖类的氧化是大多数非光合生物中的主要产能途径，释放的能量供生命活动的需要。生物体内作为能量储库的糖类有淀粉和糖原等。人类摄取食物的总能量中大约80%由糖类提供，是人类及动物的生命源泉。

(3)在生物体内转变为其他物质

糖类也可以直接或间接地转化为生命必需的其他物质，如为合成氨基酸、核苷酸和脂肪酸等提供碳骨架，进一步合成蛋白质、核酸和脂类等各种有机物。因此，糖类是合成其他化合物的基本原料。

(4)作为生物信息分子

细胞膜中糖蛋白和糖脂的寡糖链起着信息分子的作用，这早在血型物质的研究中就有了一定的认识。近 20 年来研究发现细胞识别、免疫保护、代谢调控、受精机制、形态发生、发育、癌变、衰老和器官移植等，都与细胞膜上的寡糖链有关，并因此出现了一门新的学科——糖生物学(glycobiology)。

3.2 单糖的结构与性质

3.2.1 单糖的结构

单糖是最简单的糖类，是不能再被水解的多羟基醛或多羟基酮，是糖的基本单位。最简单的醛糖是甘油醛，最简单的酮糖是二羟丙酮。在化学结构上，除二羟丙酮外，所有的单糖都含有一个或多个手性碳原子(即不对称碳原子)，因此大多数单糖具有旋光异构体。单糖旋光异构体的构型，按照它们与 D-甘油醛或 L-甘油醛的关系可分为 D 型和 L 型两大类。天然存在的单糖大部分是 D 型糖，食物中只有两种天然存在的 L 型糖，即 L-阿拉伯糖和 L-半乳糖。

常见的醛糖可以看作甘油醛的衍生物，从3C~6C 衍生出来的 D-醛糖的费歇尔(Fischer)结构式见图 3-1。常见的酮糖由二羟丙酮派生而来，从 3C~6C 派生出来的 D-酮糖的费歇尔结构式见图 3-2。

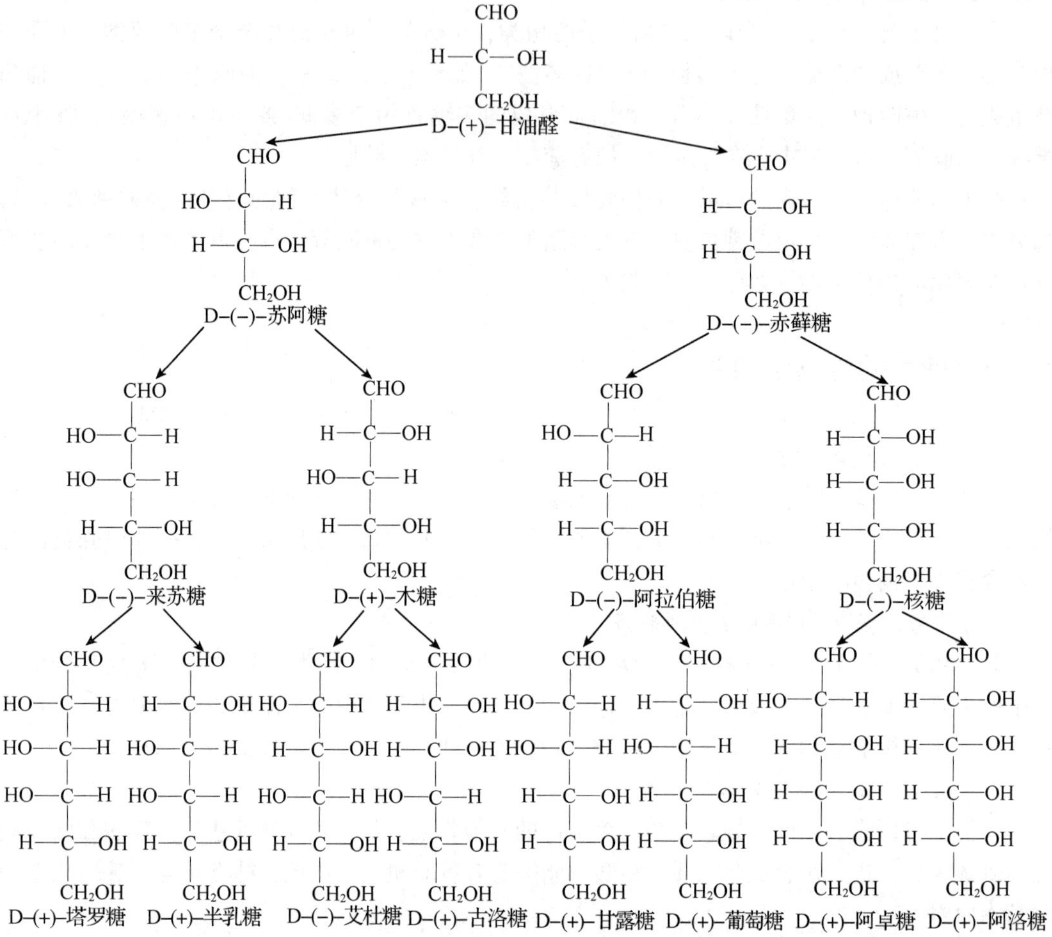

CHO
H—C—OH
CH₂OH
D-(+)-甘油醛

CHO
HO—C—H
H—C—OH
CH₂OH
D-(-)-苏阿糖

CHO
H—C—OH
H—C—OH
CH₂OH
D-(-)-赤藓糖

CHO
HO—C—H
HO—C—H
H—C—OH
CH₂OH
D-(-)-来苏糖

CHO
H—C—OH
HO—C—H
H—C—OH
CH₂OH
D-(+)-木糖

CHO
HO—C—H
H—C—OH
H—C—OH
CH₂OH
D-(-)-阿拉伯糖

CHO
H—C—OH
H—C—OH
H—C—OH
CH₂OH
D-(-)-核糖

D-(+)-塔罗糖　D-(+)-半乳糖　D-(+)-艾杜糖　D-(+)-古洛糖　D-(+)-甘露糖　D-(+)-葡萄糖　D-(+)-阿卓糖　D-(+)-阿洛糖

图 3-1　D-醛糖的结构式（3C~6C）

单糖不仅以链式结构存在，还以环状结构存在，在水溶液中，只有极小部分以链式结构存在，大部分以稳定的环状结构——分子内半缩醛式或半缩酮式的构型存在，即单糖分子中的醛基与其本身的一个醇基反应，形成五元呋喃环或更为稳定的六元吡喃环。为了更好地表示糖的环式结构，哈沃斯（Haworth）设计了单糖的透视结构式，并规定：碳原子按顺时针方向编号，氧位于环的后方；环平面与纸面垂直，粗线部分在前，细线在后；将费歇尔式中左右取向的原子或基团改为上下取向，原来在左边的写在上方，在右边的写在下方。半缩醛羟基与最末端的手性碳原子的羟基同侧的为 α 型，异侧的为 β 型。连接半缩醛羟基的碳原子 C1 称为异头碳原子，α 型和 β 型互为差向异构体，也叫异头物。葡萄糖和果糖的环式结构见图 3-3。

天然存在的糖环结构实际上并不像哈沃斯表示的投影式平面图。以葡萄糖为例，X 衍射、红外光谱和旋光性数据表明，葡萄糖六元环中的 C—C 键不在一个平面上，而是扭曲成两种不同的结构（构象）：船式构象和椅式构象，其中椅式构象使扭张强度减到最低，因而比较稳定（图 3-4）。

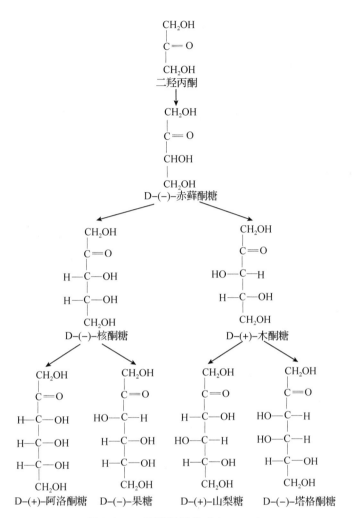

图 3-2　D-酮糖的结构式（3C~6C）

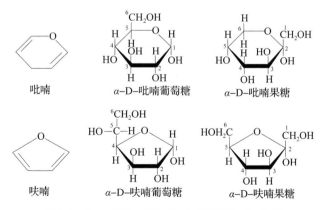

图 3-3　吡喃型和呋喃型的 D-葡萄糖和 D-果糖

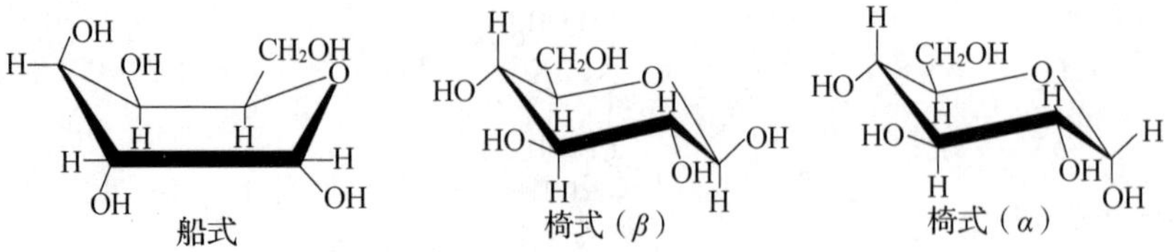

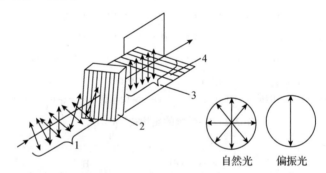

图 3-4　葡萄糖的两种构象

3.2.2　单糖的理化性质

3.2.2.1　物理性质

(1) 旋光性

自然光是一种电磁波。光的质点可以在与其前进的方向相垂直的平面内向任何方向振动(图 3-5)。当自然光通过尼可尔棱镜后,其质点仅在一个方向上振动,这种光线叫作偏振光。偏振光前进的方向和其质点振动方向所构成的平面叫作振动面。旋光性是一种物质使偏振光的振动面发生旋转的特性,使偏振光平面向右旋转的称为右旋糖,表示为(+);使偏振光平面向左旋转的称为左旋糖,表示为(−)。除二羟丙酮外,所有单糖分子结构中均含有手性碳原子,因此其溶液都具有旋光性。糖的旋光方向与构型并无直接联系。旋光度是指在一定条件下,一定浓度的糖液使平面偏振光旋转的角度,用 $[\alpha]$ 表示。在实际应用中,一般用比旋光度 $[\alpha]_D^t$ 来表示旋光性,是指 1 mL 含有 1 g 糖类的溶液在 1 dm 长度的旋光管测出的旋光度,t 为测定时的温度,采用钠光时用 D 表示。

图 3-5　偏振光和偏振面示意图(引自国娜和谭晓燕,2012)

1-自然光;2-尼可尔棱镜;3-振动面;4-偏振面

许多单糖在水溶液中会发生比旋光度的改变,即变旋现象(mutarotation)。这是因为糖分子在溶液中发生了构型的部分转化,从 α 型转化成 β 型,或从 β 型转化成 α 型。当达到转化平衡时,即 α 型和 β 型的比例达到一定值,此时旋光度也稳定在一恒定值。例如,α-D-葡萄糖和 β-D-葡萄糖的比旋光度分别为+112.4°和+18.7°。

(2) 溶解度

由于单糖分子中具有多个羟基,增加了它的水溶性,除甘油醛微溶于水外,其他单糖都易溶于水,尤其在热水中溶解度更大,但不能溶于乙醇、丙酮等非极性有机溶剂。糖类溶解度的大小与温度和分子结构等条件有关。一般温度升高,糖类的溶解度增大;糖分子结构中极性大的基团越多或极性越强,其溶解度就越高。果糖中酮羰基的极性大于葡萄糖中醛羰基的极性,因而果糖在水中的溶解度较高。

(3) 甜度

严格来说甜度(sweetness)不是物理特性,它属于一种感觉,一般采用感官比较法来衡量,通常以 10% 或 15% 的蔗糖水溶液在 20℃ 时的甜度作为标准(定为 100)进行比较。例如,果糖的相对甜度为 175,其他的天然糖均小于它。

3.2.2.2　化学性质

单糖的化学性质主要体现在多羟基醛或多羟基酮的化学结构特征上,具有一切羟基及多羟基的反应,如成酯、成醚、成缩醛等反应和羰基的某些加成反应。此外,由于分子内各种功能基团之间的相互影响,单糖还能发生一些特殊反应。

(1) 酯化作用

单糖分子中的羟基与醇羟基类似,可与酸作用生成酯。生物化学上比较重要的糖酯是磷酸酯,它们是糖代谢重要的中间产物,如 1-磷酸葡萄糖、6-磷酸葡萄糖、6-磷酸果糖等。

(2) 酸的作用

酸对糖类的作用因酸的种类、浓度和温度的不同而不同。室温时,稀酸不影响糖类的稳定性;在稀酸和加热条件下,单糖会发生分子间脱水反应缩合成糖苷,产物包括二糖和其他低聚糖;糖类与强酸(如浓盐酸)共热脱水生成糠醛及其衍生物,如戊糖生成糠醛(呋喃甲醛),己糖生成 5-羟甲基糠醛,己酮糖较己醛糖更容易发生此反应。反应方程式如下:

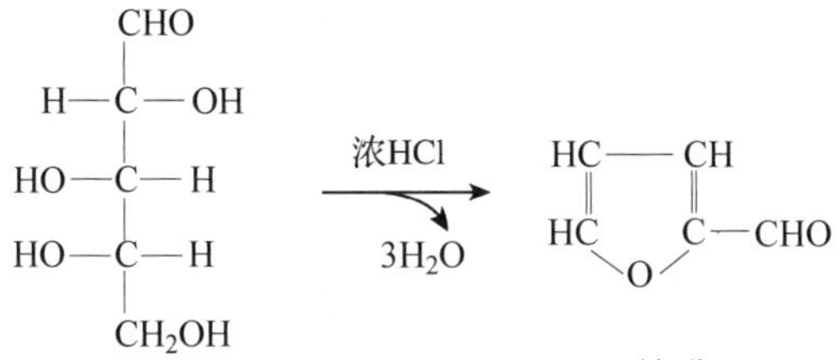

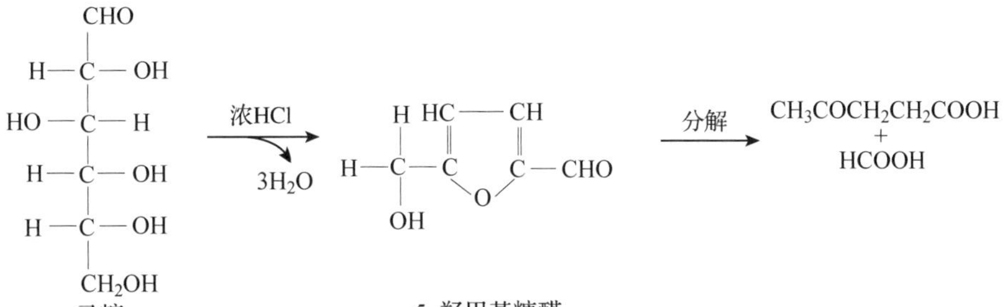

糠醛和羟甲基糠醛能与某些酚类作用生成有色的缩合物,利用这一性质可以鉴定糖。

例如,α-萘酚与糠醛或羟甲基糠醛作用生成紫色物质,以此鉴定糖类的存在;间苯二酚与盐酸遇酮糖呈红色,遇醛糖则呈较浅的颜色,利用这一特性来鉴定酮糖和醛糖。

(3) 碱的作用

在弱碱作用下,葡萄糖、果糖和甘露糖三者可通过烯醇式而相互转化,称为烯醇化作用。此外,在稀碱溶液中单糖易发生分解反应和加成聚合反应等。这些反应发生的程度和形成的产物受单糖的种类和结构、碱的种类和浓度、作用的温度和时间等因素影响。

在浓碱的作用下,糖类分解产物较复杂,除分解生成较小分子的糖、酸、醇和醛等化合物外,随碱浓度的增加,加热温度的提高或加热作用时间的延长,单糖还会发生分子内氧化还原反应与重排作用,生成羧酸类化合物。

（4）成苷反应

单糖分子上的半缩醛羟基易与醇及酚中的羟基反应，脱水而形成缩醛式衍生物，称为糖苷（glycoside）。其中，糖苷分子中提供半缩醛羟基的糖部分称为糖基，非糖部分称为配基或配糖体，如配基也是单糖，缩合产物为双糖。低聚糖和多糖都是以糖苷的形式连接而成的，多糖实际是一种糖苷的聚合物。糖苷中连接糖基和配基的化学键称为糖苷键（glycosidic bond）。糖苷键可以通过 O、N、S 或 C 原子连接，形成的糖苷称为 O-苷、N-苷、S-苷和 C-苷。自然界常见的为 O-苷和 N-苷。由于单糖有 α 型与 β 型之分，生成的糖苷也有 α 与 β 两种形式。α- 与 β-甲基葡萄糖苷是最简单的糖苷，它们的分子结构式如下：

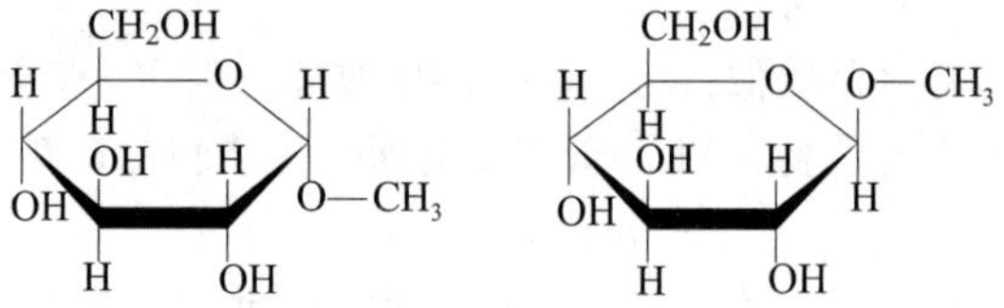

α-甲基-D-葡萄糖苷　　　　β-甲基-D-葡萄糖苷

糖苷的化学性质不同于单糖。环状的单糖是半缩醛（或半缩酮）式结构，在水溶液中可以转变为开链（醛或酮）结构，因此具有还原性、变旋性、与苯肼成脲等性质。而糖苷（缩醛或缩酮）是一个稳定的化合物，不能转变为开链式结构，不易被弱氧化剂氧化，因此不具有还原性、变旋性等性质。

（5）氧化反应

醛糖含有游离羰基，因此具有很好的还原性。碱性溶液中的金属离子（Cu^{2+}、Ag^+ 或 Hg^{2+} 等），如 Fehling 试剂或 Benedict 试剂中的 Cu^{2+} 是一种弱氧化剂，能使醛糖（还原剂）的醛基氧化成羧基，产物为醛糖酸（aldonic acid），Cu^{2+} 自身被还原成 Cu^+。可被氧化的糖类称为还原性糖（reducing sugar）。单糖与 Fehling 试剂反应如下：

$$CuSO_4 + 2NaOH \longrightarrow Cu(OH)_2 + Na_2SO_4$$

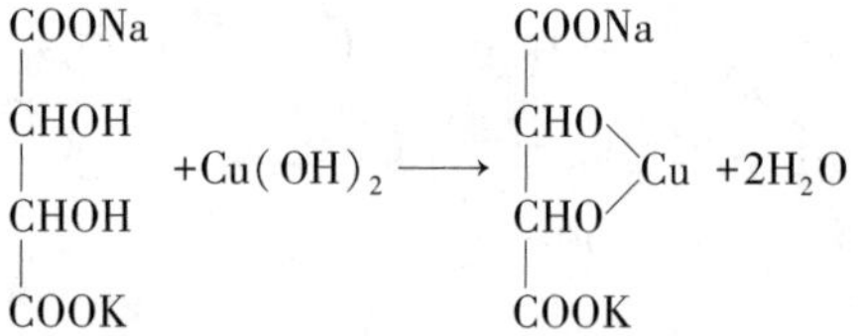

酒石酸钾钠　　　　　　　可溶性的氧化铜络合物

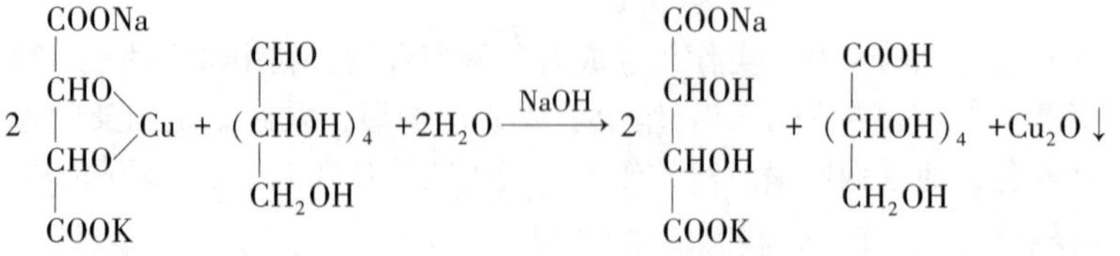

葡萄糖　　　　　　　　　酒石酸钾钠　葡萄糖酸

除羰基外，单糖分子中的羟基也能被氧化。在不同的条件下，可产生不同的氧化产物。

①在弱氧化剂（如溴水）或特异酶作用下，醛基被氧化成相应的糖酸。作为多羟基酸，糖酸加热可发生分子内脱水而生成 γ 内酯和 δ 内酯。

②在较强氧化剂（如硝酸）作用下，醛基和伯醇基都被氧化为羧基，生成糖二酸。

③在生物体内专一性脱氢酶作用下，仅伯醇基被氧化成羧基，生成糖醛酸。

以葡萄糖为例，反应如下：

COOH
H—C—OH
HO—C—H
H—C—OH
H—C—OH
CH₂OH

D-葡萄糖酸

```
                                          COOH
        CHO                 Br₂          H—C—OH
      H—C—OH        ————————→           HO—C—H
     HO—C—H                             H—C—OH
      H—C—OH                            H—C—OH
      H—C—OH                            CH₂OH
      CH₂OH                          D-葡萄糖酸
     D-葡萄糖
                     HNO₃
             ————————————————→
                     脱氢酶
              ——————————→
                         CHO
                       H—C—OH
                      HO—C—H
                       H—C—OH
                       H—C—OH
                       COOH
                      D-葡萄糖醛酸
```

1,6-葡萄糖二酸

COOH
H—C—OH
HO—C—H
H—C—OH
H—C—OH
COOH

酮糖不能被溴氧化，因此根据此反应可鉴别醛糖和酮糖。在强氧化剂作用下，酮糖将在羰基处断裂，形成两个酸分子。以果糖为例，反应如下：

```
        CH₂OH
        C═O
      HO—C—H        [O]        CH₂OH      COOH
       H—C—OH    ————————→    COOH   +   CHOH
       H—C—OH                            CHOH
       CH₂OH                             CH₂OH
       D-果糖                 乙醇酸      三羟基丁酸
```

(6)还原反应

单糖有游离的羰基，在适当的还原条件下，可被还原成多羟基醇。在钠汞齐及硼氢化钠类还原剂作用下，醛糖被还原成糖醇，如 D-葡萄糖被还原成 D-山梨醇(D-葡萄糖醇)，D-甘露糖被还原成 D-甘露醇。酮糖被还原时生成两种具有同分异构的糖醇，如果糖被还原成 D-山梨醇和 D-甘露醇。单糖的还原反应如下：

```
       HC═O              CH₂OH             CH₂OH
      H—C—OH            H—C—OH            H—C—OH
     HO—C—H     H₂     HO—C—H      H₂    HO—C—H
      H—C—OH   ——→      H—C—OH   ←——      H—C—OH
      H—C—OH    Pd/C    H—C—OH    Pd/C    H—C—OH
      CH₂OH             CH₂OH             HC═O
     D-葡萄糖       D-葡萄糖醇(山梨醇)      L-古洛糖
```

（7）糖脎的生成

单糖的游离羰基能与 3 分子苯肼作用形成糖脎（osazone）。醛糖和酮糖都能形成糖脎。糖脎为黄色结晶，难溶于水。不同糖脎，结晶形态不同，熔点不同，即使形成相同的糖脎，反应速度和析出时间也不相同，所以可用糖脎的生成来鉴定各种不同的糖。己醛糖形成糖脎的反应如下：

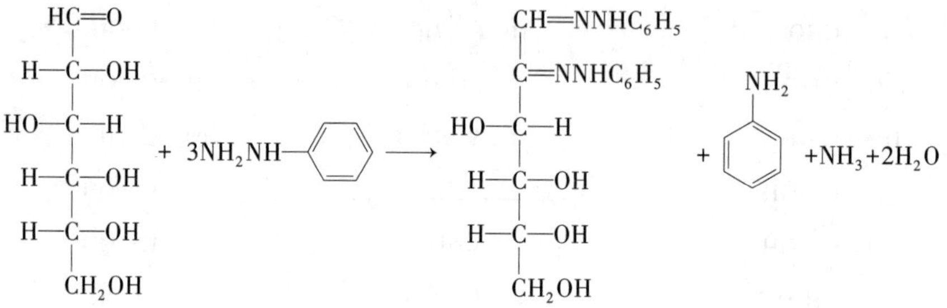

D-葡萄糖   苯肼   糖脎   苯胺

3.2.3 重要的单糖及其衍生物

3.2.3.1 重要的单糖

（1）丙糖

生物体细胞中最简的单糖即为丙糖，比较重要的丙糖有 D-甘油醛和 D-二羟丙酮。在细胞中这两个分子通常与磷酸基团结合，分别形成 3-磷酸甘油醛和磷酸二羟丙酮，是糖类和脂肪酸代谢途径中的重要中间产物。

（2）丁糖

自然界中常见的丁糖有 D-赤藓糖和 D-赤藓酮糖，存在于藻类等低等植物中。它们的磷酸酯是糖类代谢的重要中间产物。D-赤藓酮糖是 D-赤藓糖的酮糖形式。

（3）戊糖

自然界中存在的戊醛糖主要有 D-核糖、D-2-脱氧核糖、D-木糖和 L-阿拉伯糖。它们大多以戊聚糖或糖苷形式存在。其中，D-核糖和 D-2-脱氧核糖是核酸的重要组成部分，它们的衍生物核醇是某些维生素与辅酶的组成成分。D-木糖和 L-阿拉伯糖存在于植物和细菌细胞壁中，是黏质、树胶及半纤维素的组成成分。戊酮糖有 D-核酮糖和 D-木酮糖，均是糖类代谢的中间产物。

（4）己糖

己糖在自然界分布最广，数量也最多，与机体的营养代谢也最为密切。重要的己醛糖有 D-葡萄糖、D-半乳糖和 D-甘露糖；重要的己酮糖有 D-果糖和 L-山梨糖。

D-葡萄糖是生物界分布最广泛的单糖，也是人体内最主要的单糖，是糖代谢的中心物质。在绿色植物的种子、果实及蜂蜜中有游离的葡萄糖。蔗糖由 D-葡萄糖与 D-果糖结合而成，糖原、淀粉和纤维素等多糖也是由葡萄糖聚合而成的，在许多杂聚糖中也含有葡萄糖。D-葡萄糖的比旋光度为+52.7°，呈片状结晶，酵母可使其发酵。

D-半乳糖和 D-甘露糖是葡萄糖的差向异构体。D-半乳糖是乳糖、蜜二糖、棉子糖、琼脂、黏多糖和半纤维素的组成成分。D-半乳糖水溶液的比旋光度为+80.5°，可被半乳糖酵母发酵。D-甘露糖是植物黏质和半纤维素的组成成分，其比旋光度为+14.2°，酵母可使其发酵。

D-果糖（左旋糖）通常与葡萄糖共存于水果及蜂蜜中，是天然糖类中最甜的糖。果糖易溶于水，在常温下难溶于乙醇，其比旋光度为-92.2°，呈针状结晶。果糖为己酮糖，游离状态时，具有吡喃结构，构成二糖或多糖时则具有呋喃糖结构。在常温常压下使用异构化酶可使葡萄糖转化为果糖。酵母可使其发酵。

（5）庚糖

庚糖在自然界中分布较少，主要存在于高等植物中。重要庚糖有 D-景天庚酮糖和 D-甘露庚酮糖。前者存在于景天科及其他肉质植物的叶子中，以游离状态存在，是光合作用的中间产物，呈磷酸酯态，在碳循环中占有重要地位。后者存在于樟梨果实中，也以游离状态存在。

几种单糖的结构式如下：

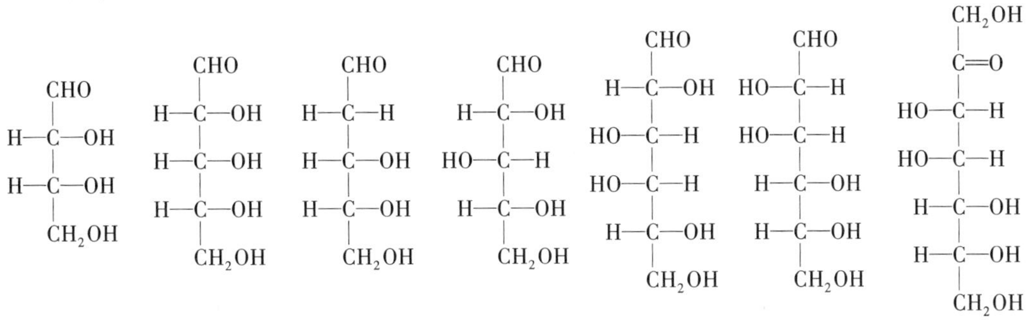

D-赤藓糖　　D-核糖　　D-2-脱氧核糖　　D-木糖　　　D-半乳糖　　　D-甘露糖　　　D-甘露庚酮糖

3.2.3.2　重要的单糖衍生物

（1）糖醇

糖醇（sugar alcohol）是单糖分子内的醛基、酮基经催化还原后的产物，较稳定，有甜味，溶于水及乙醇。糖醇不含羰基，且无还原性。广泛分布在植物界的糖醇有山梨醇、甘露醇和木糖醇。它们通常是有机体的组成成分及代谢产物，直接或间接地参与生命活动。糖醇可防龋齿，食用后不影响人体血糖值，因而在医药、食品工业等领域应用较广泛。

（2）糖酸

单糖氧化后可生成相应的糖酸（glyconic acid）。依据氧化条件不同，醛糖可被氧化成 3 种不同的类型，即糖酸、糖二酸和糖醛酸。常见的糖酸有葡萄糖酸、葡萄糖醛酸、葡萄糖二酸。葡萄糖酸和葡萄糖醛酸都是机体的代谢中间产物。在食品工业中，葡萄糖酸可用作蛋白质凝固剂和食品防腐剂；葡萄糖醛酸通常以稳定的内酯形式存在，是肝脏内的一种解毒剂。

（3）糖苷

糖苷（glycoside）是由单糖或寡糖的半缩醛羟基与另一分子中的羟基、氨基或巯基等发生缩合反应而得到的化合物。以植物界分布最广，主要存在于植物的种子、叶及皮内。天然糖苷大多有苦味或特殊香气，很多有剧毒，但微量糖苷可药用，如苦杏仁苷、强心苷和人参皂苷等。此外，许多糖苷还是天然的颜料和色素。

（4）糖胺

糖胺（glycosamine）又称氨基糖，是糖分子中一个羟基被氨基所代替。自然界中存在的糖胺都是己糖胺，重要的氨基糖有 D-葡萄糖胺和 D-半乳糖胺两种。D-葡萄糖胺是几丁质的主要成分，几丁质是组成昆虫及甲壳类动物的多糖成分。D-半乳糖胺是软骨类动物的主要多糖成分。糖胺氨基上的氢原子被乙酰基取代时，可生成乙酰氨基糖，称为 N-乙酰氨基糖。在天然化合物中，氨基糖多以 N-乙酰基的衍生物存在。

3.3　寡糖的结构与性质

寡糖又称低聚糖，是由 2~10 个单糖分子通过糖苷键脱水缩合形成的聚合物。按水解后所生成的单糖分子的数目，可分为二糖、三糖、四糖和五糖等。天然的低聚糖分子都是由 2~6

个单糖组成的，很少有超过6个单糖。寡糖可溶于水，存在于多种天然食品物料中，尤以植物类物料较多，如果蔬、谷物、豆科、海藻和植物胶等，此外，在牛奶、蜂蜜和昆虫类中也有分布。寡糖的糖基组成可以是同种的单糖（均低聚糖），如麦芽糖、环糊精等；也可以是不同种的单糖（杂低聚糖），如蔗糖、棉子糖等。

3.3.1 寡糖的结构

3.3.1.1 二糖（双糖）

二糖是最简单的寡糖，由2分子单糖以糖苷键连接而成，水解后生成2分子单糖。当单糖的半缩醛羟基与另一单糖的羟基（非半缩醛羟基）形成糖苷键时，这种二糖有自由的半缩醛羟基，则具有还原性和变旋现象；如果两个单糖的糖苷键以各自的半缩醛羟基连接形成，则不具有还原性和变旋现象，这种二糖为非还原糖。目前已知的二糖有140多种，最常见的二糖为蔗糖、麦芽糖、乳糖和纤维二糖。

（1）蔗糖

蔗糖（sucrose）俗称食糖，是最重要的二糖。它形成并广泛存在于光合植物中，不存在于动物中。蔗糖的主要来源是甘蔗、甜菜和糖枫。它是由1分子 α-D-吡喃葡萄糖和1分子 β-D-呋喃果糖通过糖苷键相连而成（半缩醛羟基与半缩酮羟基相连），无自由的半缩醛或半缩酮羟基，故无还原性，是一种非还原糖，它的分子结构式如下：

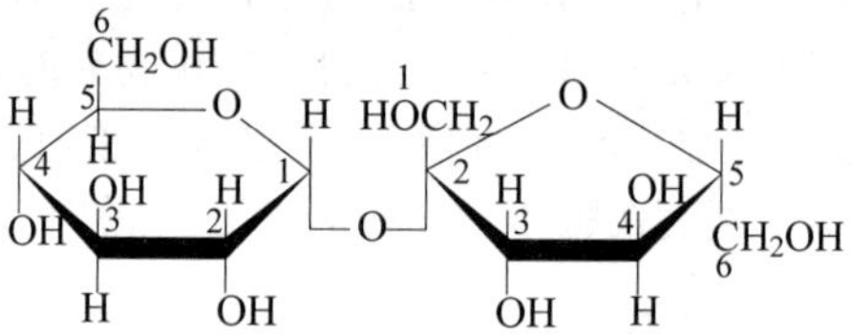

（2）麦芽糖

麦芽糖（maltose）俗称饴糖。其结构是由2分子D-葡萄糖通过 α-1,4-糖苷键缩合而成的二糖（均低聚糖），是淀粉在 β-淀粉酶作用下的最终水解产物。大量存在于发芽的谷粒、麦芽中。麦芽糖有还原性，极易被酵母发酵。若2分子D-葡萄糖以 α-1,6-糖苷键缩合则生成异麦芽糖（isomaltose）。麦芽糖的分子结构式如下：

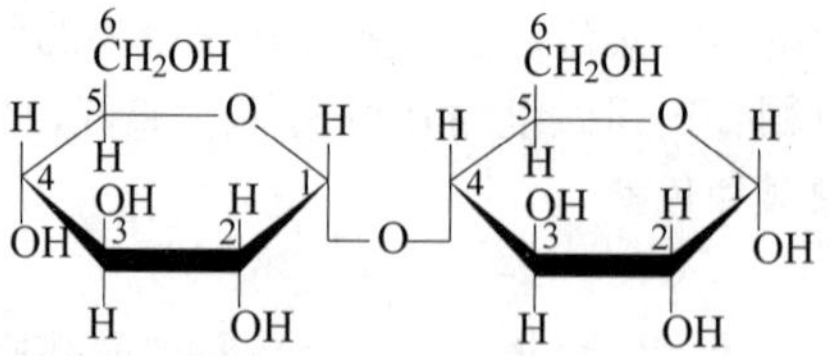

（3）乳糖

乳糖（lactose）是由1分子D-半乳糖和1分子D-葡萄糖以 β-1,4-糖苷键缩合而成。它是哺乳动物乳汁中的主要糖类成分，牛乳含乳糖 $4.5\% \sim 5\%$，人乳含乳糖 $5.5\% \sim 8\%$。乳糖是一种还原糖，不能被酵母发酵。它的分子结构式如下：

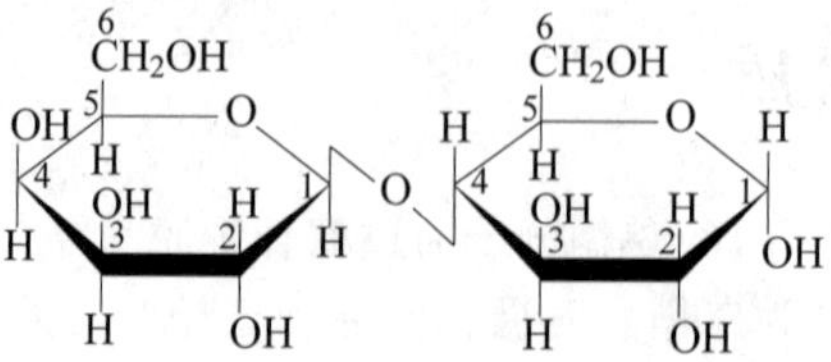

（4）纤维二糖

纤维二糖是由 2 分子 D-葡萄糖以 β-1,4-糖苷键脱水缩合而成的二糖（均低聚糖）。在自然界中，纤维二糖不以游离的形式存在，而是作为纤维素的组成成分，纤维素水解可以得到纤维二糖。纤维二糖不易水解，只有少数能够产生纤维素酶的微生物可以将纤维二糖水解为 D-葡萄糖。人体缺乏纤维素酶，因此纤维二糖不能被人体消化吸收。其结构式如下：

3.3.1.2　三糖和四糖

（1）棉子糖

棉子糖也称为蜜三糖、蜜里三糖，是除蔗糖外的另一种广泛存在于植物界的低聚糖。棉籽、甜菜、豆科植物种子及各种谷物粮食中均含有棉子糖。它是由半乳糖、葡萄糖和果糖以糖苷键连接而成的三糖，为非还原性糖。棉子糖是人体肠道中多种有益菌的营养源和有效的增殖因子。它的分子结构式如下：

（2）水苏糖

水苏糖是天然存在的一种非还原四糖，由 2 分子半乳糖、1 分子葡萄糖和 1 分子果糖构成。多存在于大豆、豌豆及洋扁豆等种子内，可从天然植物中精制提取。人类消化道没有可水解水苏糖的酶，但该糖类可在肠道被肠道菌群发酵。

3.3.1.3　环状糊精

环糊精（cyclodextrin，CD）又名沙丁格糊精或环状淀粉，由 D-吡喃葡萄糖（椅式构象）以 α-1,4-糖苷键首尾相连构成的闭合结构的低聚糖，聚合度分别为 6、7、8 个葡萄糖单位，依次称为 α-、β-、γ-环糊精。工业上多用软化芽孢杆菌（*Bacillus macerans*）产生的环糊精葡萄糖基转移酶（EC 2.4.1.19）作用于淀粉而制得。

环糊精的结构具有高度对称性，呈圆筒形立体结构，空腔深度和内径为 0.7~0.8 mm；分子中糖苷氧原子是共平面的，分子上的亲水基葡萄糖残基 C6 位上的伯醇羟基均排列在环的外侧，而疏水基 C—H 键则排列在圆筒内壁，使中间的空穴呈疏水性。因此，当溶液中亲水性和疏水性物质共存时，疏水性物质会被环内的疏水基吸引而形成包络物。α-环糊精的结构如图 3-6 所示。

鉴于环状糊精分子的结构特性，即很容易以其内部空间包结脂溶性物质，因此可作为微胶囊化的壁材，充当易挥发嗅感成分的保护剂，不良风味的修饰

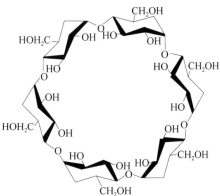

图 3-6　α-环糊精的结构

包埋剂，食品化妆品的保湿剂和乳化剂，营养成分和色素的稳定剂等。其中，以β-环糊精的应用效果最佳。

3.3.1.4 其他低聚糖

其他常见低聚糖的结构与来源见表3-1。

表3-1 低聚糖的结构与来源

名称	结构	来源
纤维二糖	β-葡萄糖(1→4)葡萄糖	纤维素酶水解产物
海藻二糖	β-葡萄糖(1→1)葡萄糖胺	海藻、真菌
槐二糖	β-葡萄糖(1→2)葡萄糖胺	槐树
龙胆二糖	β-葡萄糖(1→4)葡萄糖胺	龙胆根
菊粉二糖	β-果糖(2→1)果糖	菊粉
别乳糖	β-半乳糖(1→6)葡萄糖	乳糖经酵母异构化
蜜二糖	α-半乳糖(1→6)葡萄糖	棉子糖组分
芦丁糖	β-鼠李糖(1→6)葡萄糖	芦丁糖苷
异海藻糖	β-葡萄糖(1→1)β-葡萄糖	酵母、真菌孢子
新海藻糖	α-葡萄糖醛酸(1→1)β-葡萄糖	藻类、蕨类等
软骨素二糖	β-葡萄糖醛酸(1→3)半乳糖胺	软骨素
透明质二糖	β-葡萄糖醛酸(1→3)葡萄糖胺	透明质酸
龙胆糖	β-葡萄糖(1→6)α-葡萄糖(1→2)β-果糖	龙胆根
松三糖	α-葡萄糖(1→3)β-果糖(2→1)α-葡萄糖	松属植物

3.3.2 寡糖的性质

3.3.2.1 甜度和溶解度

低聚糖随着聚合度的增加，甜度降低。几种常见二糖的甜度顺序为：蔗糖>麦芽糖>乳糖>海藻糖。蔗糖的溶解度介于果糖和葡萄糖之间，麦芽糖的溶解度较高，而乳糖的溶解度较低。

3.3.2.2 旋光性和变旋性

寡糖分子中都存在不对称碳原子，因而都有旋光性。但并非所有的寡糖都有变旋性，蔗糖由于分子中不存在半缩醛羟基，因此不具有变旋性；麦芽糖和乳糖有自由的半缩醛羟基，因而具有变旋性。

3.3.2.3 还原性

分子中含有自由醛(或酮)基或半缩醛(或酮)基的糖类都具有还原性。还原性低聚糖的还原能力随着聚合度的增加而降低。食品中常见的蔗糖和海藻糖等不具有还原性；而乳糖、麦芽糖、异麦芽糖及龙胆二糖等具有还原性。

3.3.2.4 发酵性

不同微生物对各种糖类的分解能力和利用速度不同。霉菌在许多碳源上都能生长繁殖；酵母可使葡萄糖、麦芽糖、果糖等发酵生成乙醇和二氧化碳。大多数酵母发酵糖类的速度顺序为：葡萄糖>果糖>蔗糖>麦芽糖。乳酸菌除可发酵上述糖类外，还可发酵乳糖产生乳酸。但大多数低聚糖不能被酵母和乳酸菌等直接发酵，需在水解后产生单糖才能被发酵。

3.3.2.5 其他

与单糖相比，低聚糖含有糖苷键，可以发生水解反应。糖苷键类似于醚键，在弱酸、中性和碱性条件下比较稳定，但在较强的酸溶液中易被水解。低聚糖彻底水解产物是单糖。不同糖苷键受酸水解的难易不同，一般是 1,6-糖苷键较难水解。

与单糖相比，由于低聚糖的半缩醛（酮）基相对减少或消失，其发生氧化还原和异构化等反应的化学性质相对减弱或消失。还原性双糖的这种改变程度最小，它们在许多化学性质上与单糖一致。三糖以上的低聚糖和非还原性双糖的这种改变程度却很明显。

3.3.3 功能性低聚糖

某些天然食物中存在具有一些特殊功能的低聚糖，如低聚果糖、低聚木糖等，又称为功能性低聚糖。功能性低聚糖一般具有以下特点：低甜度，不被人体消化吸收，提供的热量低，且具有促进肠道益生菌增殖，抑制有害菌繁殖，润肠通便及防牙齿龋变、结肠癌等功能。

3.3.3.1 低聚果糖

低聚果糖（fructooligosaccharide，FOS），又称蔗果低聚糖、寡果糖或蔗果三糖低聚糖，是由 $1\sim3$ 个果糖基通过 β-1,2-糖苷键与蔗糖分子中的果糖基结合而形成的蔗果三糖、蔗果四糖和蔗果五糖等低聚糖的总称。甜度约为蔗糖的 30%，甜味清爽，保湿性良好。低聚果糖多存在于天然植物中，如菊芋、芦笋、洋葱、香蕉、西红柿、大蒜、蜂蜜及某些草本植物中。目前可采用适度酶解菊芋粉来获得低聚果糖，其结构式可表示为 G-F-Fn（G 为葡萄糖，F 为果糖，$n=1\sim3$），属于果糖与葡萄糖构成的直链杂低聚糖。低聚果糖的结构如图 3-7 所示。

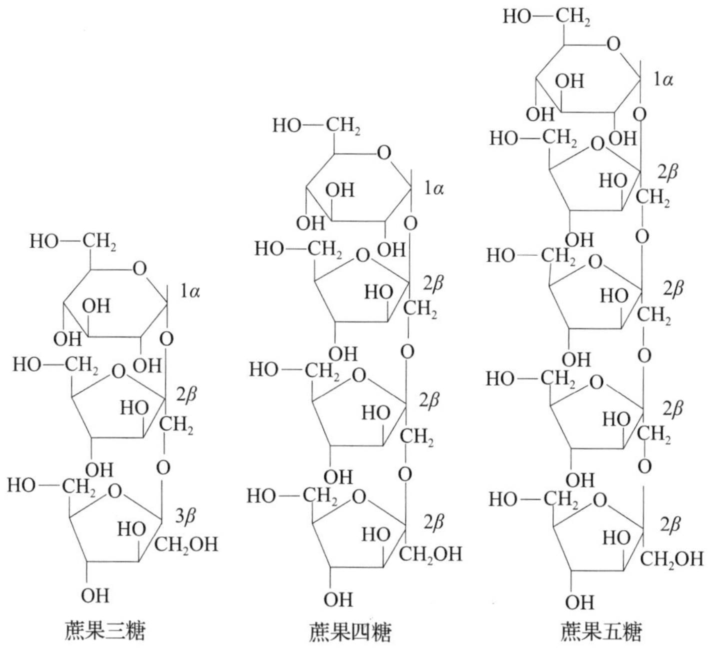

图 3-7 低聚果糖的结构式

3.3.3.2 低聚木糖

低聚木糖（xylooligosaccharide，XOS），是由 $2\sim7$ 个木糖分子以 α-1,4-糖苷键结合而成的理化性质稳定且耐酸耐热的低聚糖，其中以木二糖和木三糖为主。木二糖含量越高，低聚木糖的质量越好。甜度为蔗糖的 40%，具有较高的耐热和耐酸性能，在 pH $2.5\sim8$ 内相当稳定，在此

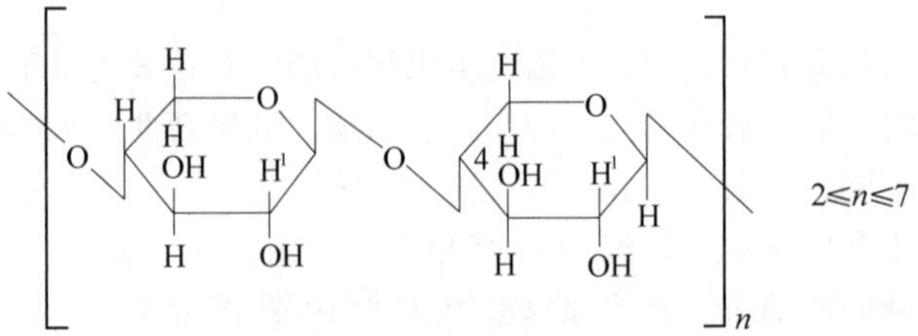

图 3-8　低聚木糖的结构式

pH 范围内经 100℃加热 1 h，低聚木糖几乎不分解。低聚木糖的结构如图 3-8 所示。

低聚木糖一般是以富含木聚糖的植物性物质，如玉米芯、甘蔗渣、棉籽壳和麸皮等为原料，通过木聚糖酶水解制得。自然界中很多霉菌和细菌都产木聚糖酶，工业上多采用球毛壳霉（*Chaetomium glohosum*）产生的内切木聚糖酶水解木聚糖，然后分离提纯制得低聚木糖。

低聚木糖的生理功能主要有：调节肠道菌群平衡，促进益生菌的增殖和机体对钙的吸收等。低聚木糖在体内代谢不依赖胰岛素，因此被认为是最有前途的功能性低聚糖之一。

3.3.3.3　低聚半乳糖

低聚半乳糖（galactooligosaccharide，GOS）是一种天然存在于哺乳动物乳中的功能性低聚糖，在动物乳中含量较少，在人乳中含量较多。GOS 可以乳糖为原料，经 β-半乳糖苷酶作用，由 2~9 个半乳糖基与 1 个末端葡萄糖通过糖苷键连接而成。作为一种动物源性的功能性低聚糖，其主要的生理功能有：促进双歧杆菌增殖，调节肠道菌群平衡；促进钙、镁等矿物质元素的吸收；改善脂质代谢，降低血清胆固醇含量；有利于产生 B 族维生素，改善营养状况；促进蛋白质的吸收，降低血氨浓度等。

3.3.3.4　低聚异麦芽糖

低聚异麦芽糖（isomaltooligosaccharide，IMO）又称分枝低聚糖，是指葡萄糖之间至少有一个 α-1,6-糖苷键结合而成的单糖数在 2~5 个的低聚糖，主要包括异麦芽糖、异麦芽三糖、异麦芽四糖和潘糖等。低聚异麦芽糖具有淀粉糖浆的优良理化特性，甜度仅为蔗糖的 45%~50%。该糖类对酸、热稳定性强，具有抑菌作用，为难消化性糖。

低聚异麦芽糖的生理功能主要有：保肝、降血压、提高免疫力；促进食物消化、吸收；维持肠道正常功能，润肠通便；合成人体必需的维生素，促进矿物质的吸收等。此外，摄入 IMO 后，基本上不增加血糖和血脂，因此可作为糖尿病患者的甜味品。

3.3.3.5　大豆低聚糖

大豆低聚糖（soybean oligosaccharide，SBOS）是一种广泛存在于豆科植物中的可溶性低聚糖的总称，由棉子糖、水苏糖和蔗糖以一定比例组成。一般是以生产浓缩或分离大豆蛋白时得到的副产物大豆乳清为原料，经加热沉淀，活性炭脱色，真空浓缩干燥等工艺制取。

大豆低聚糖具有明显的抑制淀粉老化的作用，因此可用于淀粉类食品中，延长食品的货架期；作用于肉鸡肠道内，促进有益菌增殖，抑制有害菌生长。此外，SBOS 还具有降血压、保护肝脏、预防癌症、调解脂肪代谢及促进营养物质的生成与吸收等作用。

3.4　多糖的结构与性质

多聚糖简称多糖，是由 10 个以上单糖通过糖苷键连接而成的。它们是自然界中分子结构复杂且庞大的糖类物质，广泛地存在于动植物体内。多糖中单糖的个数称为聚合度（degree of polymerization，DP），大多数多糖的 DP 为 200~3 000，纤维素可达 7 000~15 000。多糖的性质已完全不同于单糖,无甜味,无还原性,具有旋光性,但无变旋现象。多糖在水溶液中不能形成真溶液,但由于分子结构中含有多个羟基,可与水分子通过氢键结合,具有亲水性和水合能力,在水中可吸水膨胀,形成胶体溶液。

多糖的结构很复杂,包含单糖的组成、糖苷键的类型和单糖的排列顺序 3 个基本结构因素。由相同的单糖基组成的多糖称为同聚多糖(homopolysaccharide),由不同的单糖基组成的多糖称为杂聚多糖(heteropolysaccharide)。同聚多糖因只含一种单糖,其一级结构只包括糖苷键的构型(α 或 β)、相邻糖基的连接位置和有无分支等。杂聚多糖因含有不同种类的单糖,结构更为复杂。

自然界 90% 以上的糖类以多糖形式存在,目前已发现了数百种天然多糖。多糖的结构很复杂,功能也多种多样,除作为储能物质和支持物质外,还具有多种生物活性,如与细胞的抗原性及细胞凝集反应、细胞连接及细胞识别等有关,在与非糖物质结合后,这样的功能特性更为明显。此外,某些多糖因其特殊的理化性质而应用于石油、轻纺及食品工业等方面。

3.4.1 同聚多糖

3.4.1.1 淀粉

淀粉(starch)广泛分布于自然界,在植物的种子、根茎及果实中含量较高,是许多食品的组分之一,也是人类营养最重要的糖类来源。天然淀粉有两种,一种是直链淀粉(amylose),另一种是支链淀粉(amylopectin),通常热水处理 25 min,能溶解的是直链淀粉,不能溶解的是支链淀粉。这两种淀粉在不同植物中的含量比例,随植物种类与品种生长期的不同而异。多数淀粉的直链淀粉与支链淀粉之比为(15%~25%):(75%~85%),而有些谷物,如糯米、蜡质玉米几乎只含支链淀粉。

(1)淀粉的结构

直链淀粉主要是由 D-吡喃葡萄糖通过 α-1,4-糖苷键连接而成的直链结构(图 3-9),平均相对分子质量约在 60 000,相当于 300~400 个葡萄糖分子缩合而成。由端基分析可知,每分子中只含一个还原性端基和一个非还原性端基,所以它是一条不分支的长链。它的分子通常卷曲成螺旋形,每一圈有 6 个葡萄糖分子。在溶液中,直链淀粉可有螺旋结构、部分断开的螺旋结构和不规则的卷曲结构。

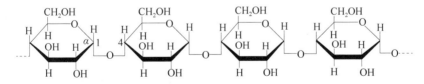

图 3-9 直链淀粉的结构

支链淀粉是一种由 D-吡喃葡萄糖通过 α-1,4-和 α-1,6-糖苷键连接起来的带分枝的复杂大分子,相对分子质量在 500 000~1 000 000。端基分析指出,每 24~30 个葡萄糖单位含有一个端基,所以它具有支链结构,分支与分支之间相距 11~12 个葡萄糖残基,各分支也卷曲成螺旋结构,每个直链是以 α-1,4-糖苷键连接的链,而每个分支是以 α-1,6-糖苷键连接的链,呈复杂的树枝状结构(图 3-10)。

直链淀粉有两个末端,一个末端的葡萄糖半缩醛羟基是游离的,能被碱性弱氧化剂氧化,称为还原端;另一个末端的葡萄糖半缩醛羟基已经形成糖苷键,不能被碱性弱氧化剂氧化,称为非还原端。而支链淀粉有一个还原端和 $n+1$ 个非还原端(n 为分支数)。

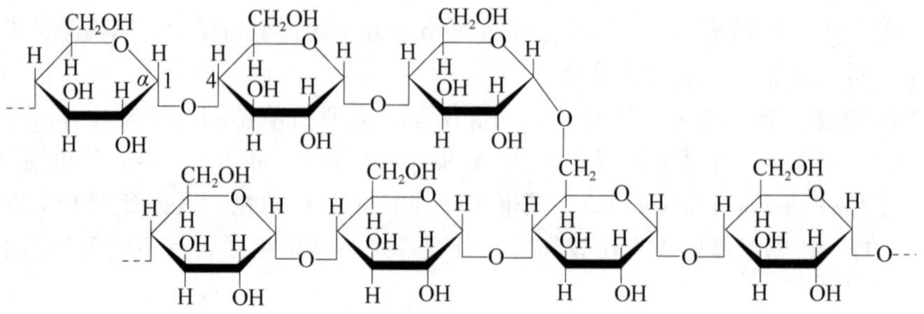

图 3-10　支链淀粉的结构

（2）淀粉的物理性质

淀粉为白色无定形粉末，没有还原性，不溶于一般有机溶剂。因分子内含有羟基而具有较强的吸水性和持水能力，所以淀粉的含水量较高，约为12%，含水量与淀粉的来源有关。

淀粉与碘可以形成有颜色的复合物（非常灵敏），直链淀粉与碘形成的复合物呈棕蓝色，支链淀粉与碘的复合物呈蓝紫色。这种颜色反应与直链淀粉的分子大小有关，聚合度为4~6的短直链淀粉遇碘不显色，聚合度为8~20的短直链淀粉遇碘显红色，聚合度大于40的直链淀粉遇碘呈深蓝色。支链淀粉的聚合度虽大，但其分支侧链部分的螺旋聚合度只有20~30个葡萄糖残基，所以遇碘呈现紫色或紫红色。

淀粉与碘的这种颜色反应并不是化学反应。在水溶液中，直链淀粉分子以螺旋结构方式存在，每个螺旋吸附一个碘分子，借助范德华力连接在一起，形成一种稳定的淀粉-碘复合物，从而改变碘原有的颜色。当外界条件破坏了复合物的结构，如加热可使螺旋结构伸展，结合的碘分子就会游离出来。因此，热淀粉溶液因螺旋结构伸展，遇碘不显深蓝色，冷却后，因又恢复螺旋结构而呈深蓝色。

（3）淀粉的糊化和老化

淀粉以淀粉颗粒的形式存在，淀粉颗粒是由直链淀粉和支链淀粉分子径向排列而成，具有结晶区与非结晶区交替层的结构。完整的淀粉颗粒不溶于冷水，但能可逆地吸水并略微溶胀。在加热的情况下，淀粉分子的振动加剧，淀粉链之间的氢键断裂，使淀粉分子有更多的位点可以和水分子发生氢键缔合。水分子浸入淀粉颗粒内部，淀粉颗粒吸水溶胀，结晶区的数目和大小均减小，继续加热，淀粉则发生不可逆溶胀，淀粉分子分散在水中成为胶体溶液，此过程称为淀粉的糊化（gelatinization），处于这种状态的淀粉称为 α-淀粉。

淀粉的糊化不仅与淀粉颗粒中直链淀粉与支链淀粉的含量和结构有关，温度、水分活度、淀粉中其他共存物质及 pH 等都将影响淀粉的糊化过程。

热的糊化淀粉冷却时，通常产生黏弹性的稳定刚性凝胶，凝胶中连接区的形成表明淀粉分子开始结晶，并失去溶解性。糊化淀粉冷却或储藏时，淀粉分子通过氢键相互作用，再缔合产生沉淀或不溶解的现象称为淀粉的老化（retrogradation）。淀粉老化的实质是一个再结晶的过程。老化淀粉不易被淀粉酶作用。许多食品在储藏过程中品质变差，如面包的陈化、米汤黏度下降并产生白色沉淀等都是淀粉老化的结果。

不同来源的淀粉，老化难易程度并不相同。这是由于淀粉的老化与所含直链淀粉及支链淀粉的比例有关，一般是直链淀粉较支链淀粉易于老化。直链淀粉越多，老化越快。支链淀粉因其分支结构妨碍了微晶束氢键的形成而几乎不会发生老化。

（4）淀粉的水解

淀粉在无机酸或酶的催化下将发生水解反应，分别称为酸水解和酶水解。淀粉的水解反应是一个逐步降解过程，生成一系列分子大小不等的多糖中间产物，统称为糊精（dextrin）。糊精依相对分子质量的递减，与碘作用呈现由蓝色、紫色、红色到无色。淀粉的水解程度通常用 DE 值（dextrose equivalent value）表示，DE 值指还原糖（按葡萄糖计）所占干物质的百分数。DE<20% 的产品为麦芽糊精，DE 值为 20%~60% 的为淀粉糖浆。淀粉的水解产物因催化条件、淀粉的种类不同而有差别，但最终水解产物为葡萄糖。

（5）改性淀粉

运用物理、化学或酶方法对天然淀粉进行适当处理，使其物理或化学性质发生改变，以适应特性的需要，这一过程称为淀粉的改性，其产品称为改性淀粉（modified starch），如可溶性淀粉、氧化淀粉、交联淀粉及酯化淀粉等。由于改性淀粉比天然淀粉具有更优越的性能，且工艺简单，设备投资不多，其生产与应用得到了迅速发展。

3.4.1.2　糖原

糖原（glycogen）相当于植物体中的淀粉，所以又称动物淀粉。糖原主要储存于动物肝（肝糖原）和肌肉（肌糖原）中，在软体动物中也含量甚多，在谷物和细菌中也发现有糖原类似物。在肝中，有效葡萄糖过量即可转化为肝糖原储存。为维持血糖正常水平，肝糖原又可降解为葡萄糖。肝糖原含量与血糖水平有关，肌糖原则为肌肉收缩提供能量。

糖原也是由 α-D-葡萄糖构成的同聚多糖，结构与支链淀粉相似，但分支更多。糖原高度分支的结构特点使其较易分散在水中，并有利于糖原磷酸化酶作用于非还原末端，促进糖原的降解。糖原主链上每 3~5 个葡萄糖基就有一个分支，整个糖原分子呈球形，相对分子质量为 2.7×10^5~1.0×10^8。糖原可溶于水和三氯乙酸，但不溶于乙醇和其他有机溶剂。

3.4.1.3　纤维素

自然界中最丰富的有机化合物是纤维素（cellulose），棉花纤维素含量达 97%~99%，木材中纤维素占 41%~53%。纤维素是构成高等植物细胞壁的重要成分，通常与半纤维素、果胶和木质素结合在一起，起着支撑和保护植物的作用。

纤维素是一种线性的由 D-吡喃葡糖基以 β-1,4-糖苷键连接的没有分支的同多聚糖。在纤维中，纤维素分子以氢键构成平行的微晶束（图 3-11），由于纤维素微晶间氢键很多，故微晶束相当牢固，这种结构导致纤维素的化学性质非常稳定。人和其他单胃动物体内没有纤维素酶（cellulase），因此不能将纤维素水解成葡萄糖，但反刍动物（如牛、羊等）胃中共生的细菌含有活性很高的纤维素酶，能够水解纤维素。纤维素作为人类重要的膳食成分，具有促进胃肠蠕动，促进消化和排便；减少胆固醇的吸收，降低血清胆固醇含量的功能。

3.4.1.4　壳多糖

壳多糖（chitin）又名甲壳素、几丁质，是构成昆虫、甲壳类动物硬壳的主要成分。有些真菌的细胞壁结构中也含有壳多糖。自然界中每年生物合成的壳多糖量高达 1×10^9t，是地球上仅次于植物纤维的第二大生物资源。壳多糖是一类由 N-乙酰氨基葡萄糖通过 β-1,4-糖苷键连接起来的同聚多糖，结构与纤维素相似，为线性分子。

壳多糖性质稳定，不溶于水和绝大多数有机溶剂，仅溶于少数几种溶剂，如浓硫酸、浓盐酸。壳多糖的脱乙酰基产物为壳聚糖（chitosan），溶解性能大为改善，故常称为可溶性甲壳质。

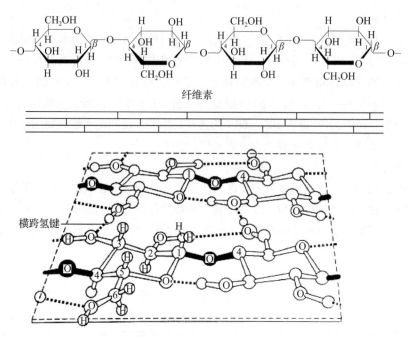

图 3-11　纤维素的平行分子间氢键(引自魏民等，2020)

3.4.2　杂聚多糖

3.4.2.1　果胶

果胶(pectin)是植物细胞壁的成分之一，存在于细胞壁的中间层，起到将细胞黏在一起的作用。以水果和蔬菜中含量最多，可使水果、蔬菜具有较硬的质地。

果胶的基本结构是由 D-吡喃半乳糖醛酸以 α-1,4-糖苷键组成的无分支长链大分子，其中半乳糖醛酸残基中的部分羧基与甲醇形成酯(图 3-12)。根据其结合情况及理化性质，可分为三类：果胶、果胶酸和原果胶。

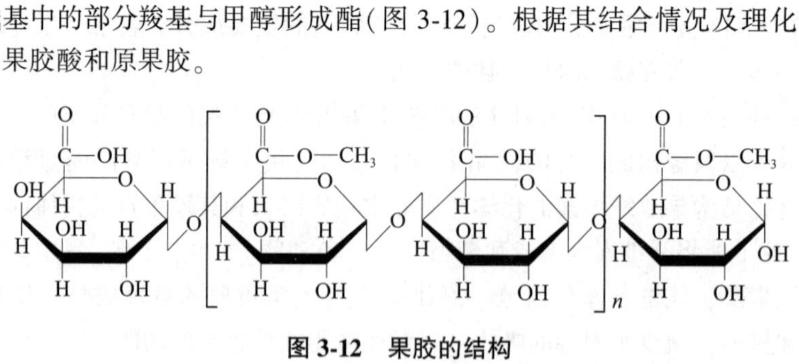

图 3-12　果胶的结构

(1)果胶

果胶又称果胶酯酸，是半乳糖醛酸酯及少量半乳糖醛酸通过 α-1,4-糖苷键连接而成的长链高分子化合物，相对分子质量为 25 000~50 000，每条链含 200 个以上的半乳糖醛酸残基，通常以部分甲酯化状态存在，所以果胶就是果胶酸的甲酸酯，简称果胶甲酯。果胶易于解聚，能溶于水，水解后产生半乳糖醛酸。在稀酸或原果胶酶作用下，果胶部分水解为果胶酸和甲醇。

(2)果胶酸

果胶经果胶酯酶作用去甲酯化，转变为无黏性的果胶酸。果胶酸稍溶于水，是羧基完全游离的聚半乳糖醛酸苷链。由于果胶酸含有羧基，很容易与钙、镁离子起作用生成不溶性的果胶酸盐的凝胶。它主要存在于细胞壁的中间层。

（3）原果胶

存在于未成熟的水果和植物的茎、叶中，是由可溶性果胶与纤维素缩合而成的高分子化合物。其相对分子质量比果胶酸和果胶大，甲酯化程度介于二者之间，不溶于水。原果胶在稀酸或原果胶酶作用下可转变为可溶性果胶。因此，果胶是原果胶的部分水解产物。

在未成熟的果蔬或粮食籽粒中，果胶类物质主要以不溶于水的原果胶形式存在，并与细胞壁上的纤维素、半纤维素以及某些结构性蛋白质结合在一起具有组织坚硬的特性。随着果实的成熟，在原果胶酶、果胶酶及果胶酸酶等作用下，原果胶逐渐降解转变为可溶于水的果胶、果胶酸等物质，原来细胞间质中的原果胶与细胞壁的紧密连接便丧失，果实软化趋于成熟，果肉变软而富有弹性。

果胶在食品工业中的应用最为广泛，常用来作为糖果、果冻、果汁、罐头、果酱及各种饮料的胶凝剂、增稠剂、稳定剂及乳化剂等。

3.4.2.2 琼脂

琼脂（agar）又名琼胶、洋菜等，是一类海藻多糖的总称。琼脂是一个非均匀的多糖混合物，可分离成琼脂糖（agarose）和琼脂胶（agaropectin）两部分。琼脂糖的基本二糖重复单位由 D-吡喃半乳糖通过 β-1,4-糖苷键或 β-1,3-糖苷键连接 3,6-脱水 α-L-吡喃半乳糖基单位构成（图 3-13）；琼脂糖链的半乳糖残基约每 10 个有 1 个被硫酸酯化。琼脂胶的重复单位与琼脂聚糖相似，但含 5%~10% 的硫酸酯、一部分 D-葡萄糖醛酸残基和丙酮酸以缩醛形式结合形成的酯。分离除去琼脂胶的纯琼脂糖是生物化学中常用的凝胶材料。

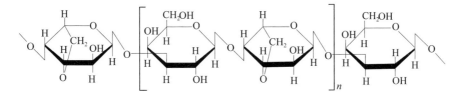

图 3-13 琼脂的结构

琼脂能吸水膨胀，不溶于冷水而溶于热水。琼脂凝胶最独特的性质是当温度大大超过胶凝起始温度时，仍然保持稳定性。琼脂在食品工业中用作果冻、果糕凝冻剂，在果汁饮料中用作浊度稳定剂，在糖果工业中用作软糖基料等，通常可与其他聚合物，如角豆胶、明胶等合并使用。琼脂不被一般微生物所利用，被广泛用作微生物的固体培养基。

3.4.2.3 糖胺聚糖

糖胺聚糖（glycosaminoglycan）是一类含氮的杂多糖，以氨基己糖和糖醛酸组成的二糖单位为基本结构单元，不同的氨基己糖和糖醛酸及糖分子上的取代基都会形成不同的糖胺聚糖。由于这类多糖大多具有黏性，故也称黏多糖。黏多糖常存在于动物的软骨、关节和肌腱等部位，是结缔组织间质和细胞间质的主要成分。糖胺聚糖主要有透明质酸、肝素、硫酸软骨素等。

（1）透明质酸

透明质酸（hyaluronic acid）由葡萄糖醛酸和 N-乙酰葡萄糖胺以 β-1,3-糖苷键和 β-1,4-糖苷键交替连接而成（图 3-14）。它是分布最广的糖胺聚糖，存在于一切结缔组织中，如皮肤、眼的玻璃体和脐带等。同时具有很强的吸水性，在水中能形成黏度很大的胶状液，故有黏合和保护细胞的作用，可被透明质酸酶水解，从而降低其黏性。

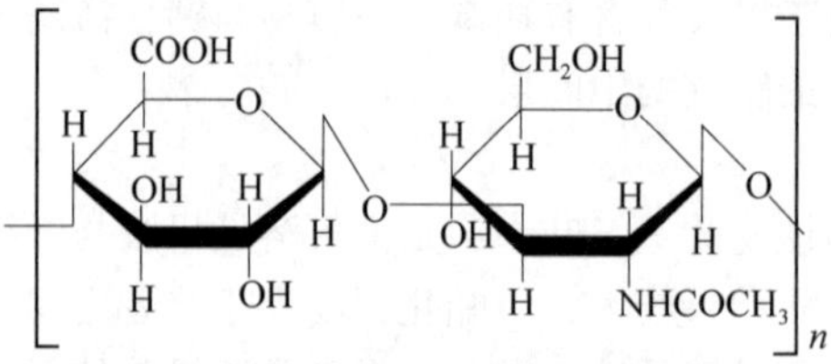

图 3-14　透明质酸的二糖结构单位

(2)肝素

肝素(heparin)由二硫酸葡萄糖胺和 L-2-硫酸艾杜糖醛酸以 α-1,4-糖苷键和 β-1,4-糖苷键交替连接而成(图 3-15)。广泛存在于动物的肝、肺和肾等器官,因最早在肝中发现,故称为肝素。肝素具有抗凝血活性,是动物体内的天然抗凝物质,可作为抗凝剂,防止血栓形成。此外,肝素还具有降血脂作用。

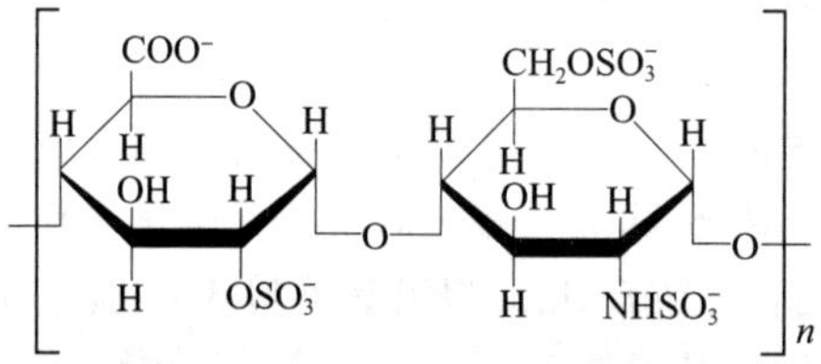

图 3-15　肝素二糖的结构单位

(3)硫酸软骨素

硫酸软骨素(chondroitin sulfate)有 A、B、C 三种,其中硫酸软骨素 A 由葡萄糖醛酸和 N-乙酰半乳糖胺-4-硫酸以 β-1,3-糖苷键和 β-1,4-糖苷键交替连接而成。在机体中,硫酸软骨素与蛋白质结合形成蛋白聚糖,广泛存在于结缔组织中,是骨骼和软骨的重要组成成分。

3.4.2.4　细菌多糖

(1)肽聚糖

肽聚糖(peptidoglycan)又称胞壁质(murein),是构成细菌细胞壁基本骨架的主要成分。肽聚糖是一种多糖与多肽链相连的多糖复合物,首先由 N-乙酰葡萄糖胺和 N-乙酰胞壁酸通过 β-1,4-糖苷键交替连接形成多聚体,多聚体作为交联结构的重复单位通过肽链(肽尾)连接形成骨架链,骨架链再通过与 L-氨基酸和 D-氨基酸短肽(肽桥)链连接起来构成肽聚糖。溶菌酶可溶解革兰阳性菌的机制即在于可水解肽聚糖结构中的 β-1,4-糖苷键,导致细菌死亡。

(2)脂多糖

革兰阴性细菌的细胞壁成分较复杂,除含有肽聚糖外,还含有复杂的脂多糖。脂多糖一般由外层低聚糖链、核心多糖及脂质三部分组成。其中,外层低聚糖是能使人致病的部分,它的单糖组分随着菌株的不同而有所差异,但是各种细菌的核心多糖链都相似。

3.4.3　复合糖类

复合糖类是指糖类和非糖物质共价结合形成的复合物。复合糖类的分布很广,功能也多种多样。

3.4.3.1　糖蛋白

糖蛋白(glucoprotein)是由一个或多个寡糖与蛋白质共价结合构成的复合糖类,多数情况下糖类部分所占比例较小,含量在 1%~80% 变动,以蛋白质成分为主。糖蛋白多是膜蛋白和分泌蛋白，存在于细胞膜的外表面、胞外基质和血液中，但在一些特殊的细胞器如高尔基体、溶酶体和分泌颗粒中也含有糖蛋白。糖蛋白中的糖链一般为低聚糖，常有分支，整个分子具有不均一性。

蛋白质或多肽与糖类的结合有两种不同类型的糖苷键，一种是肽链上天冬酰胺的 γ-酰胺氮与糖基上的异头碳形成 N-糖苷键；另一种是肽链上苏氨酸或丝氨酸(或羟赖氨酸、羟脯氨酸)的羟基与糖基上的异头碳形成 O-糖苷键(图 3-16)。

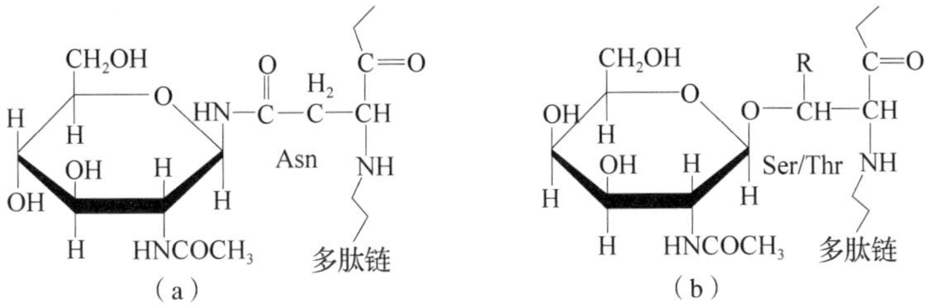

图 3-16　寡糖链与蛋白质之间的连接方式
(a)N-糖苷键；(b)O-糖苷键
当 R=H，残基为丝氨酸；当 R=CH$_3$，残基为苏氨酸

糖蛋白分布广泛、种类繁多、功能多样。人和动物中的胶原蛋白、黏蛋白、免疫球蛋白和补体等都是糖蛋白。生命现象中的许多重要问题，如细胞的定位、胞饮、识别、迁移、信息传递及肿瘤转移等均与细胞表面的糖蛋白密切相关。研究发现，在糖蛋白的诸多生物学功能中，糖蛋白的寡糖链起了重要作用。

3.4.3.2　蛋白聚糖

蛋白聚糖(proteoglycan)是一类特殊的糖蛋白，由糖胺聚糖和蛋白质共价连接而成，糖含量可达 95% 以上。糖类部分经常是蛋白聚糖生物活性的主要部位。蛋白聚糖主要作为结构成分分布于软骨、结缔组织和角膜等的基质中，可与纤维状蛋白质(如胶原蛋白、纤连蛋白)非共价结合形成交联网，为组织提供强度和弹性。由于蛋白聚糖具有黏稠性，因此过去曾称为黏蛋白、黏多糖-蛋白质复合物、软骨黏蛋白等。自从发现糖胺聚糖通过糖肽键连接于蛋白质后，现已称为蛋白聚糖。

在蛋白聚糖的分子结构中，蛋白质分子居于中间，构成一条主链，称为核心蛋白，糖胺聚糖分子排列在蛋白质分子的两侧，这种结构为蛋白聚糖的"单体"。单体中糖胺聚糖链的分布是不均匀的。

3.4.3.3　糖脂

糖脂(glycolipid)广泛存在于生物中，是脂质与糖半缩醛羟基共价结合的一类复合物，是一种普遍的生物膜组成成分，主要存在于细胞膜的外层。糖脂有助于稳定细胞膜的结构，同时与细胞膜抗原、血型物质、相互识别及增殖调控等功能有关。常见的糖脂有两类：鞘糖脂和甘油糖脂。鞘糖脂主要存在于哺乳动物中，而植物和微生物中则以甘油糖脂为主。

3.4.4　功能性多糖

近年来，功能性多糖的研究备受关注，已经成为生物学研究领域新的热点之一。功能性多糖是一类具有多种生理活性的高分子糖类物质，一般由 10 个以上的同一单糖、杂多糖或黏多糖组成。功能性多糖普遍存在于动物、植物和微生物体内，它们参与细胞内的各种生命现象与生理过程的调节，具有许多重要的生物学功能。按其来源可将功能性多糖分为植物多糖、动物多糖和微生物多糖等。

不同来源的多糖具有不同的生物活性，功能性多糖大多具有免疫调节功能，有的还有抗肿瘤、抗辐射、抗病毒、降血糖、降血脂等生理功能。由于功能性多糖的特殊保健功能，把多糖作为主要功效成分研制开发成保健食品，让特定人群食用，对改善机体代谢状况和维持人体健康具有重要意义。目前保健食品中常用到的多糖有香菇多糖、灵芝多糖、银耳多糖、南瓜多糖、枸杞多糖、茶叶多糖、山药多糖、海带多糖及螺旋藻多糖等。

功能性多糖的提取方法中最常用的是溶剂提取法。此外，酶提取法也是一种高效、温和及提取率高的方法。仪器辅助提取法则包括微波辅助提取法、超声波辅助提取法、超临界流体萃取法、超高压脉冲提取法等。目前功能性多糖的提取方法已成为多糖研究领域的热点，未来功能性多糖的提取方法将朝着高效节能、绿色环保、成本低、易操作的方向发展。

3.5 糖类在食品加工和储藏过程中的变化

食品中糖类物质种类多、含量高、物理性质复杂多样，大多数食品的加工工艺都会涉及对某些糖类物质特性的控制和利用。糖类与蛋白质或胺之间进行的美拉德反应，糖类直接加热进行的焦糖化反应，均是非酶褐变的重要反应。在某些食品加工和储藏过程中，糖类物质的脱水和热降解反应也同时发生。

3.5.1 美拉德反应

美拉德反应（Maillard reaction）又称羰氨反应，指羰基与氨基缩合，聚合生成类黑素的反应，是由法国化学家路易斯·卡米拉·美拉德（Louis Camille Maillard）于1912年发现把氨基酸和糖类水溶液混合加热后溶液呈黄棕色，1953年John等将这个反应正式命名为美拉德反应。美拉德反应的最终产物是结构复杂的有色物质，使反应体系的颜色加深，所以该反应又称为"褐变反应"。这种褐变反应不是由酶引起的，故属于非酶褐变反应。几乎所有的食品中均含有羰基和氨基，因此都可能发生美拉德反应。时至今日，美拉德反应已经成为与现代食品工业密不可分的一项技术，在肉类加工、食品储藏及香精生产等领域处处可见。

3.5.1.1 反应机制

美拉德反应过程可分为初期、中期、末期三个阶段。每一个阶段包括若干个反应。

（1）初期阶段

初期阶段又包括羰氨缩合和分子重排两种作用。

①羰氨缩合 美拉德反应开始于氨基化合物中的游离氨基与羰基化合物中的游离羰基之间的缩合反应，最初产物是一个不稳定的亚胺衍生物，称为薛夫碱或希夫碱（Schiff base），此产物随即环化为氮代葡萄糖基胺。在反应体系中，如果有亚硫酸根的存在，亚硫酸根可与醛形成加成化合物，这个产物能和 R—NH_2 缩合，但缩合产物不能再进一步生成希夫碱和 N-葡萄糖基胺。因此，亚硫酸根可以抑制羰氨反应的褐变。羰氨缩合反应是可逆的，在稀酸条件下，该反应产物极易水解。羰氨缩合反应过程中由于游离氨基的逐渐减少，使反应体系的 pH 下降，所以在碱性条件下有利于羰氨反应。

②分子重排 氮代葡萄糖基胺在酸的催化下经过阿姆德瑞（Amadori）分子重排作用，生成 1-氨基-1-脱氧-2-酮糖即单果糖胺。此外，酮糖也可以与氨基化合物生成酮糖基胺，而酮糖基胺可经过海因斯（Heyenes）分子重排作用异构成 2-氨基-2-脱氧葡萄糖。

初期阶段反应方程如下：

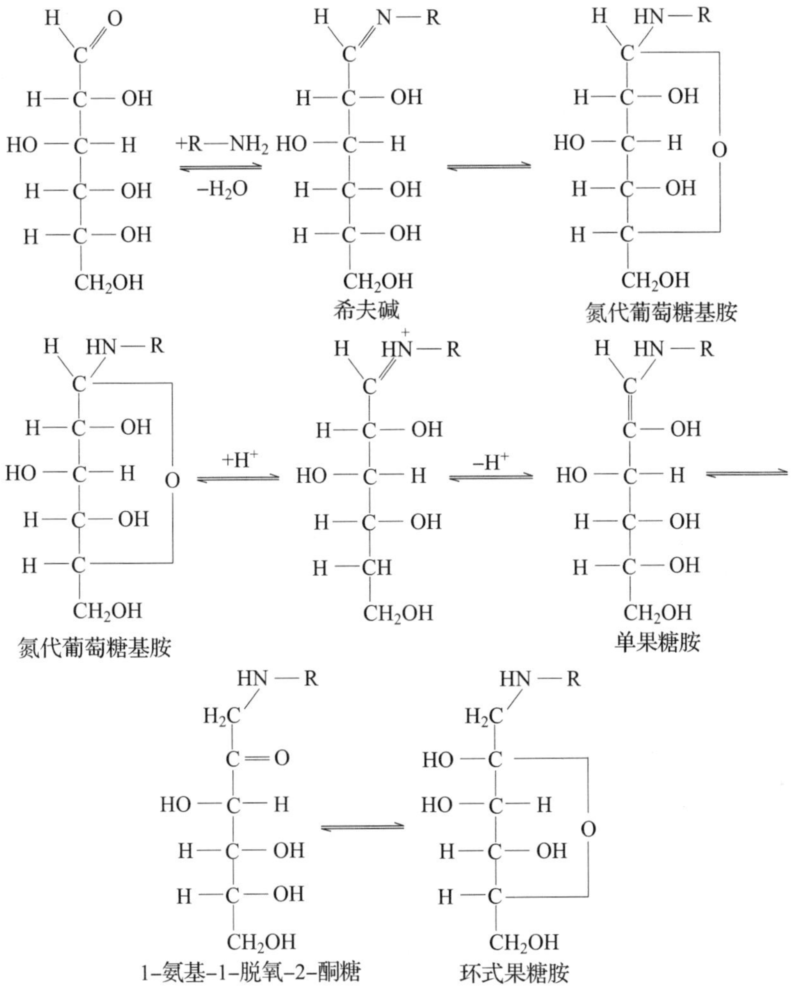

希夫碱　　　氮代葡萄糖基胺

氮代葡萄糖基胺　　　　　　　　　　单果糖胺

1-氨基-1-脱氧-2-酮糖　　　环式果糖胺

阿姆德瑞分子重排

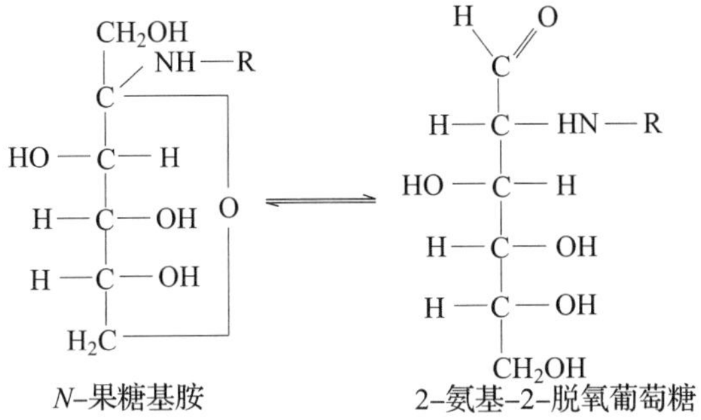

N-果糖基胺　　　2-氨基-2-脱氧葡萄糖

海因斯分子重排

（2）中期阶段

重排产物果糖基胺可能通过多条途径进一步降解，生成各种羰基化合物，如羟甲基糠醛（hydroxymethyl furfural，HMF）（图 3-17）、还原酮（图 3-18）等，这些化合物还可进一步发生反应。

①果糖基胺脱水生成羟甲基糠醛　果糖基胺在 pH≤5 时，首先脱去胺残基（R—NH$_2$），再进一步脱水生成羟甲基糠醛。HMF 的积累与褐变速度有密切的相关性，HMF 积累后不久就可

发生褐变。因此，可用分光光度计测定 HMF 含量来监测食品中褐变反应发生的情况。

②果糖基胺脱去胺残基重排生成还原酮　除上述反应历程中发生阿姆德瑞分子重排的 1,2-烯醇化作用外(烯醇式果糖基胺)，还可发生 2,3-烯醇化，最后生成还原酮类化合物。还原酮类化合物的化学性质比较活泼，可进一步脱水后再与胺类缩合，也可裂解成较小的分子如二乙酰、乙酸、丙酮醛等。

③氨基酸与二羰基化合物的作用　在二羰基化合物存在下，氨基酸可发生脱羧、脱氨作用，生成醛和二氧化碳，其氨基则转移到二羰基化合物上，并进一步发生反应生成各种化合物(风味成分，如醛、吡嗪等)，这一反应称为 Strecker 降解反应(图 3-19)。通过同位素示踪法已证明，在羰氨反应中产生的二氧化碳 90%～100% 来自氨基酸残基而不是来自糖残基部分。所以，Strecker 降解反应在褐变反应体系中即使不是唯一的，也是主要产生二氧化碳的途径。

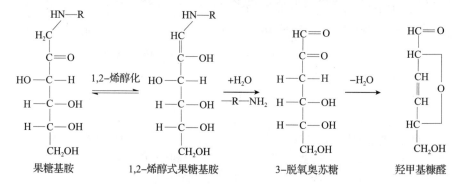

图 3-17　羟甲基糠醛(HMF)形成示意图

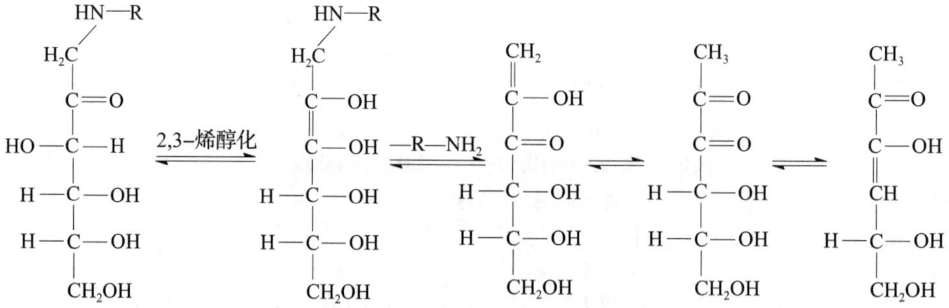

图 3-18　果糖基胺重排反应式

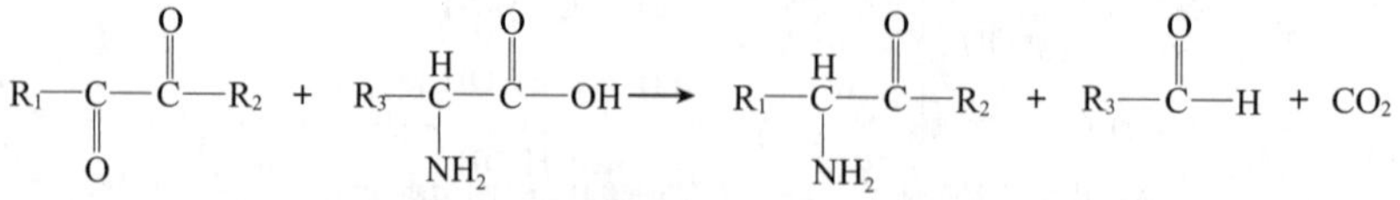

图 3-19　Strecker 降解反应历程

④果糖基胺的其他反应产物的生成　在美拉德反应中间阶段，果糖基胺除生成还原酮等化合物外，还可以通过其他途径生成各种杂环化合物，如吡啶、苯并吡啶、苯并吡嗪、呋喃化合物及吡喃化合物等，所以此阶段的反应是一个复杂的反应。

(3)末期阶段

末期阶段，多羰基不饱和化合物一方面进行裂解反应，产生挥发性化合物；另一方面又进行缩合、聚合反应，产生褐黑色的类黑精物质，从而完成整个美拉德反应。

总之，食品中发生美拉德反应生成的产物众多，对食品的风味、色泽等方面产生重要影响。

3.5.1.2 影响美拉德反应的因素

美拉德反应机制十分复杂，不仅和参与的单糖和氨基酸的种类有关，同时还会受到温度、氧气、水分及金属离子等因素的影响。控制这些因素就可以发生或抑制非酶褐变，这对食品加工具有实际意义。

（1）底物

美拉德反应的速度在不同的还原糖中是不同的。在五碳糖中：核糖>阿拉伯糖>木糖。在六碳糖中：半乳糖>甘露糖>葡萄糖。并且五碳糖的褐变速度大约是六碳糖的 10 倍。至于非还原性双糖（如蔗糖），因其分子比较大，故反应比较缓慢。

对于不同的氨基酸，具有 ε-NH$_2$ 氨基酸的美拉德反应速度远大于 α-NH$_2$ 氨基酸。因此，可以预料，在美拉德反应中赖氨酸损失较大。对于 α-NH$_2$ 氨基酸，碳链长度越短的 α-NH$_2$ 氨基酸，反应性越强。

（2）pH

美拉德反应在酸、碱环境中均可发生，但在 pH≥3 时，其反应速度随 pH 的升高而加快，所以降低 pH 是控制褐变较好的方法。

（3）水分

美拉德反应在完全干燥的条件下难以进行。水分为 10%~15%时，褐变易发生。此外，褐变也与脂肪有关，当水分含量超过 5%时，脂肪氧化加快，褐变也加快。

（4）温度

美拉德反应受温度影响很大，温度相差 10℃，褐变速度相差 3~5 倍，所以食品加工应尽量避免长时间高温处理，储藏时也应以低温为宜。

（5）金属离子

由于铁和铜催化还原酮类化合物氧化，因此会促进美拉德反应，在食品加工处理过程中应避免这些金属离子混入；而 Ca^{2+}、Mn^{2+}、Sn^{2+} 等也可抑制美拉德反应。

（6）空气

空气的存在影响美拉德反应，真空或充入惰性气体，降低了脂肪等的氧化和羰基化合物的生成，也减少了它们与氨基酸的反应。此外，氧气被排除虽然不影响美拉德反应早期的羰氨反应，但是可影响反应后期色素物质的形成。

对于很多食品，为了增加色泽和香味，在加工处理时利用适当的褐变反应是十分必要的，例如，茶叶的制作，可可豆、咖啡的烘焙及酱油的加热杀菌等。然而对于某些食品，由于褐变反应可引起其色泽变劣，故要严格控制，如乳制品、植物蛋白饮料的高温灭菌。

3.5.2 焦糖化反应

糖类尤其是单糖在没有氨基化合物存在的情况下，加热到熔点以上的高温（140~170℃或以上），因发生脱水与降解也会产生褐变反应，这种反应称为焦糖化反应（caramelization）。焦糖化反应在酸、碱条件下均可进行，但速度不同。pH 越大，焦糖化反应速度越快，如在 pH 8.0 时要比 pH 5.9 时快 10 倍。焦糖化反应主要有两类产物：一类是糖类的脱水产物——焦糖（caramel）；另一类是糖类的裂解产物——挥发性醛、酮和酚类等物质。它们进一步缩合、聚合，最终形成深色物质。因此，焦糖化反应包括两类反应产生的深色物质。

焦糖化反应可带给焙烤或油炸食品悦人的色泽与风味。在食品工业中用作食品着色剂的焦糖色素就是通过此反应得到的，采用的原料为蔗糖、麦芽糖或糖蜜等。商业上生产的三种焦糖色素，其中最大量的是用亚硫酸氢铵作催化剂，制备用于可乐的耐酸焦糖色素（pH 2~4.5）；第二种是蔗糖溶液和铵离子溶液一起加热制成焙烤食品着色剂，其水溶液的 pH 4.2~4.8，并含有正电荷的胶体粒子；第三种是蔗糖直接热解形成略带负电荷胶体粒子的焦糖色素，溶液 pH 3~4，用于啤酒和其他乙醇饮料。焦糖色素是我国传统使用的天然色素之一，无毒性。但近来发现，加铵盐制成的焦糖含 4-甲基咪唑，有强致惊厥作用，含量高时对人体有毒。

3.5.3 糖的脱水和热降解

糖类的脱水和热降解是食品中的重要反应，酸和碱均能催化这类反应进行，其中许多属于 β 消除反应类型。戊糖脱水生成的主要产物是糠醛，而己糖生成 5-羟甲基糠醛和其他产物，如 2-羟基乙酰呋喃和异麦芽酚。这些初级脱水产物的碳链裂解可产生其他化学物质，如乙酰丙酸、甲酸、丙酮醇、3-羟基丁酮、二乙酰、乳酸、丙酮酸及乙酸等。这些降解产物有的具有挥发性，可产生一定的风味。这类反应在高温下容易进行，如热加工的果汁，但生成产物的毒性有待于进一步证明。

糖在加热时可发生碳碳不断裂和断裂两种类型的反应，在前一类反应中，碳碳键没有断裂。例如，熔化、醛糖-酮糖异构化及分子间与分子内脱水时，产生端基异构化。在后一类反应中，碳碳键发生断裂。对于较复杂的糖类，会产生葡萄糖基转移作用。

热解反应使碳碳键断裂，含有 D-葡萄糖和 D-葡萄糖基的糖类几乎都能产生相同的挥发性物质，表明单糖、低聚糖和多糖裂解时生成的产物没有很大的差别。加热温度超过 100℃ 时生成的挥发性物质主要为挥发性酸、醛、酮、呋喃、醇、芳香族化合物、一氧化碳及二氧化碳等。这些反应产物可以利用气相色谱（GC）或气相-质谱（GC-MS）联用仪进行鉴定。

本章小结

糖是多羟基醛或多羟基酮及其缩聚物和衍生物的总称，包括单糖、寡糖、多糖及复合糖类。单糖是不能再水解的多羟基醛或多羟基酮，是最简单的糖类。除二羟丙酮外，所有单糖分子都有旋光性，是手性分子。D、L 代表单糖的构型，天然存在的单糖大部分是 D-型糖。构型的划分常以甘油醛作为基准，由离醛基最远的不对称碳原子上的羟基的方向来确定。分子不对称的化合物具有旋光性，用"+"表示右旋，"-"表示左旋。多数单糖既有开链结构又有环式结构，环式结构的单糖包括吡喃糖和呋喃糖。单糖的重要反应有酯化反应、成苷反应、氧化反应、还原反应和酸碱反应。

寡糖是由 2~10 个单糖通过糖苷键连接形成的直链或支链的低聚合度糖类。寡糖按糖基组成可以分为均低聚糖和杂低聚糖。寡糖的种类很多，二糖最为常见。在一些天然食物中还存在一些不被消化吸收并具有某些特殊功能的低聚糖，称为功能性低聚糖。

多糖由 10 个以上单糖通过糖苷键连接而成。按多糖的组成可分为同聚多糖和杂聚多糖。

同聚多糖由一种单糖构成，包括淀粉、糖原和纤维素等。淀粉包括直链淀粉和支链淀粉。直链淀粉由葡萄糖以 α-1,4-糖苷键连接而成。支链淀粉由葡萄糖以 α-1,4-糖苷键连接构成主链，支链以 α-1,6-糖苷键与主链连接。淀粉在水溶液中加热会发生淀粉的糊化，糊化后的淀粉冷却时会发生淀粉的老化。淀粉在无机酸或酶的催化下还会发生水解反应。糖原是葡萄糖在动物体内的储存形式，有肝糖原和肌糖原之分。纤维素是自然界中分布最广、含量最多的一种多糖，是构成高等植物细胞壁的重要成分。

杂聚多糖由多种单糖或单糖衍生物构成。常见的有果胶、琼脂、糖胺聚糖及细菌多糖等。

复合糖类是指糖类和非糖物质的复合物。复合糖类的分布很广，功能也多种多样。复合糖包括糖蛋白、蛋白聚糖及糖脂等物质。

功能性多糖是一类具有多种生理活性的高分子糖类物质，普遍存在于生物体内，可参与细胞内的各种生命现象与生理过程的调节，具有许多重要的生物学功能。

糖类与蛋白质或胺之间进行的美拉德反应，糖类直接加热进行的焦糖化反应，均是重要的非酶褐变反应。

思考题

1. 简述单糖的结构和理化性质。
2. 蔗糖为什么无还原性？比较几种二糖在结构和性质上的异同。
3. 比较单糖和多糖在性质上的异同点。
4. 比较直链淀粉和支链淀粉在结构和性质上的异同点。
5. 简述功能性低聚糖的理化性质、生物功能以及它们在食品加工生产中的应用。
6. 简述美拉德反应的机制及影响美拉德反应的因素。
7. 大量的研究已表明，各种错综复杂的生命现象和疾病的形成均与糖蛋白的糖链有关。请阅读相关资料，列举你感兴趣的糖的生物学功能。

第4章 脂类化学

脂类是自然界中广泛存在于微生物和高等动植物中的一类生物大分子,其化学结构和生理功能各不相同,现代食品工业常利用改性等技术优化油脂制品的特性。本章主要介绍各类具有代表性脂类的化学结构及生理功能,讨论脂类与生物膜之间的关联,以及油脂在加工、储存中的变化。

4.1 概述

4.1.1 脂类的概念

脂类又称脂质(lipids),是一类微溶或不溶于水、易溶于有机溶剂的物质。对于大多数脂类而言,其化学本质是由脂肪酸与醇作用生成的酯及其衍生物。脂类主要由 C、H、O 等元素构成,某些还含有 N、P、S 等元素。

4.1.2 脂类的分类

根据脂质化学结构和组成分为简单脂质,由脂肪酸和甘油或长链醇形成的酯,如三酰甘油、蜡;复合脂质,除了醇类和脂肪酸外,还含有其他非脂成分,如糖脂、磷脂;衍生脂质,由简单脂质和复合脂质衍生而来或与其密切相关,且具有脂质一般性质的物质,如萜类、类固醇和脂溶性维生素等。

根据脂质能否被碱水解生成皂分为可皂化脂质,如单酰甘油、二酰甘油、蜡、甾醇酯、三萜醇酯、磷酸酯和醚酯等;不可皂化脂质,如甾醇、维生素、色素、脂肪醇及烃类等。

根据脂质的生物学功能分为储存脂质,如三酰甘油、蜡;结构脂质,如磷脂、糖脂和胆固醇;活性脂质,如酶的辅因子、电子载体、激素及胞内信使等。

此外,脂类物质还包含功能性脂质,如多不饱和脂肪酸、磷脂、糖脂及植物甾醇酯等。

4.1.3 脂类的生理功能

4.1.3.1 储存和供给能量

在大多数生物中,机体主要以油脂的形式来储存能量。当机体营养摄取高于正常生理需求时,可转化为脂肪储存在体内;当营养匮乏时,脂肪可及时分解并释放到各组织以满足机体所需。如空腹状态下,机体所需一半以上的能量都来自脂肪的氧化;禁食 $1\sim3$ d 时,约有 85% 的能量源自脂肪的分解;某些植物种子和果实中含有三酰甘油,为其萌发提供能量和合成前体;褐色脂肪组织为迁徙的候鸟提供能量。

4.1.3.2 生物膜的组成成分

脂类具有维持细胞膜完整结构、正常功能等重要的生物功能。其中,磷脂和胆固醇是构成生物膜的重要组成部分,具有区隔细胞内部不同结构的作用。磷脂作为一种能降低表面张力的结构脂质，是细胞膜的主要成分；生物膜上几乎集合了细胞中的大部分磷脂，膜脂的流动性主要取决于磷脂；由磷脂构成的脂双层是构成生物膜的骨架，其具有亲水极性头和疏水非极性尾，可维持细胞正常的结构和功能；胆固醇可调节膜中脂质的物理状态，影响膜的稳定性，保持生物膜的流动性。

4.1.3.3　防护作用

动物皮下脂肪组织可防止热量散失，有效保持体温。部分脂类物质存在于机体、组织器官表面，可防止机械损伤、保护内脏。例如，水禽类尾羽腺分泌的蜡可作为羽毛的防水膜；植物叶片上的植物蜡可防止水分过度蒸腾，防御昆虫啃食、病菌侵染及抵御紫外线照射。

4.1.3.4　载体溶剂和代谢调节功能

脂溶性维生素 A、必需脂肪酸和一些萜类物质需以脂类物质为载体溶剂，才能参与机体的营养吸收、代谢和调节过程。某些脂类能参与组织细胞间的信息传递，调节多种细胞的代谢活动，如鞘糖脂与细胞间的识别、组织和器官的特异性有关；泛醌和质体醌可作为电子载体；白细胞三烯、前列腺素和血栓烷等可作为细胞内、外的信使，参与多种细胞的代谢活动。

4.2　脂类

4.2.1　简单脂质

4.2.1.1　三酰甘油

油脂的化学本质是酰基甘油(acylglycerol)，包括单酰甘油、二酰甘油和三酰甘油。常温下呈液态的酰基甘油称油，呈固态的称脂。植物性酰基甘油除可可脂外，多为油；动物性酰基甘油除鱼油外，多为脂。固态和液态的酰基甘油统称为油脂。

（1）结构和组成

三酰甘油(triacylglycerol，TG)是由一分子甘油和三分子脂肪酸酯化形成的三酯，其化学结构通式如图 4-1 所示。

式中，R_1、R_2、R_3 为各种脂肪酸的烃链。若 R_1、R_2、R_3 相同，称为简单三酰甘油；若 R_1、R_2、R_3 中任何两个不完全相同或三个各不相同，则称为混合三酰甘油。自然界中大部分油脂都是简单三酰甘油和混合三酰甘油的复杂混合物。

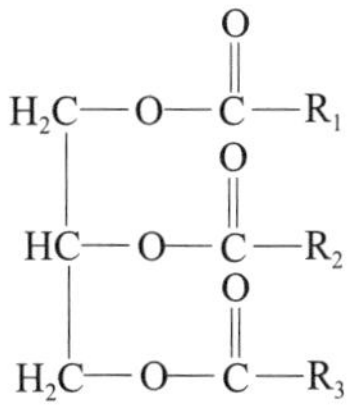

①甘油(glycerol)　又称丙三醇，化学式 $C_3H_8O_3$，无色，有甜味，呈黏稠液态，溶于水、乙醇。广泛应用于医药、纺织及化妆品工业，还能与浓硝酸、浓硫酸作用，形成硝化甘油，用来制造无烟火药。

图 4-1　三酰甘油的结构通式

②脂肪酸(fatty acids，FA)　是含 4~36 个碳原子的长烃链及末端羧基的羧酸。其中，烃链完全不含双键的称为饱和脂肪酸，如月桂酸、软脂酸和硬脂酸；含有一个或多个双键，称为不饱和脂肪酸，如油酸、亚油酸和亚麻酸；只含有一个双键，称为单不饱和脂肪酸；含两个或两个以上双键，称为多不饱和脂肪酸。

脂肪酸可发生氧化、过氧化，不饱和脂肪酸可在双键处发生卤化、氢化等加成反应。常温下，饱和脂肪酸构成的脂质多为固态，不饱和脂肪酸构成的脂质多为液态。

（2）命名

三酰甘油的命名通常采用 Hirschman 提出的立体专一编号（stereospecific numbering, sn）命名，该系统规定，甘油的 Fischer 平面投影式的中央碳原子的羟基位于左侧，自上而下将甘油的三个羟基定位为 sn-1、sn-2、sn-3，图 4-2 为 sn-甘油-1-硬脂酸-2-油酸-3-肉豆蔻酸酯的分子结构式命名。

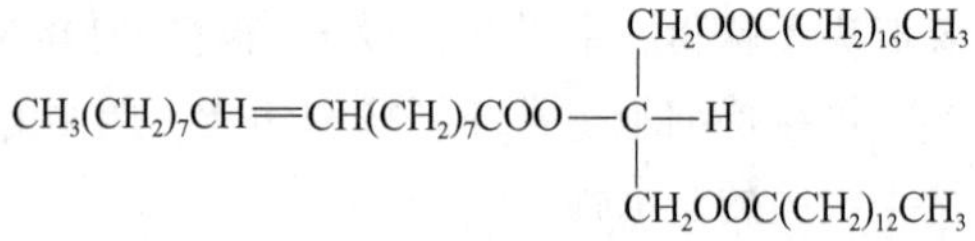

$$CH_3(CH_2)_7CH=CH(CH_2)_7COO-\underset{\underset{CH_2OOC(CH_2)_{12}CH_3}{|}}{\overset{\overset{CH_2OOC(CH_2)_{16}CH_3}{|}}{C}}-H$$

图 4-2　sn-甘油-1-硬脂酸-2-油酸-3-肉豆蔻酸酯

（3）物理性质

纯的三酰甘油无色、无味、无臭，形态为稠性液体或蜡状固体，密度均小于 1 g/cm³。三酰甘油是非极性分子，不溶于水，微溶于低级醇，易溶于乙醚、氯仿、苯及石油醚等非极性有机溶剂。三酰甘油虽然不溶于水，但在胆汁酸盐、皂等乳化剂作用下，可与水混溶后形成乳状液。一般天然油脂是各种三酰甘油的混合物，故其熔点只有大致范围，没有明确的数值。当脂肪固化时，三酰甘油分子高度有序排列，可形成三维晶体结构；当熔融的三酰甘油迅速冷却，可产生一种称为玻璃质的非晶体结构。

（4）化学性质

①水解反应　三酰甘油在酸、碱或脂肪酶作用下可水解生成甘油和脂肪酸。油脂在碱溶液中水解生成脂肪酸盐（俗称皂）的反应称为皂化作用。1 g 油脂完全皂化所消耗 KOH 的毫克数称为皂化值，一般用以评估油脂质量，量度三酰甘油中脂肪酸平均链长和平均相对分子质量。

②加成反应　油脂中不饱和脂肪酸可与氢或卤素发生加成反应。不饱和双键在镍催化下与氢加成称为氢化。氢化可将常温下液态油转化为固态脂，改变油脂塑性，提高油脂氧化稳定性，有效防止酸败发生，经氢化的油脂常称为氢化油或硬化油。

不饱和油脂中的烯键与溴或碘发生加成反应生成饱和卤化脂的过程称为卤化。100 g 油脂吸收碘的克数称为碘值，用于测定油脂不饱和程度，碘值越高，表明油脂中双键数量越多。

③乙酰化反应　油脂中含羟基的脂肪酸与乙酸酐或其他酰化剂作用，生成乙酰化油脂或其他酰化油脂的过程称为乙酰化。中和 1 g 乙酰化产物释放的乙酸所消耗 KOH 的毫克数称为乙酰值，常用来表示油脂的羟基化程度。

④酸败　油脂长久暴露在潮湿、闷热的空气中而生成低级醛、醛酸和羧酸等有难闻气味物质的现象称为酸败。中和 1 g 油脂中游离脂肪酸所需 KOH 的毫克数称为酸价，可衡量油脂的新鲜度及品质好坏，常用来检测油脂酸败的程度。

4.2.1.2　蜡

蜡（wax）是由烃基碳数为 16 或 16 以上的长链脂肪酸与高级脂肪醇形成的酯，简单蜡酯的通式为 RCOOR′。天然蜡是多种蜡酯的混合物，构成蜡的脂肪酸一般为饱和脂肪酸，醇为饱和醇、不饱和醇或固醇。

（1）物理性质

蜡的密度比水小，其硬度与烃链的长度及饱和度有关。在常温下呈现出膏状至较硬状的固态，具有滑腻的质地和光泽感。蜡分子含一个很弱的极性头和一个非极性尾，因此蜡不溶于水，易溶于有机溶剂。

（2）分类

自然界中蜡的分布很广，根据来源可分为动物蜡，如蜂蜡、白蜡、鲸蜡及羊毛脂等；植物蜡，如巴西棕榈蜡；矿物蜡，如蒙丹蜡、化石蜡、地蜡及石蜡等。

4.2.2　复合脂质

4.2.2.1　磷脂

磷脂（phospholipid）是含有磷酸基团的脂类，可构成生物膜骨架，包括甘油磷脂和鞘磷脂。

（1）甘油磷脂

甘油磷脂（glycerophospholipid），其母体化合物和生物合成前体为磷脂酸，结构通式如图 4-3 所示。其中，R_1 为饱和脂肪酰链，R_2 为不饱和脂肪酰链，X 为含羟基有机基团。

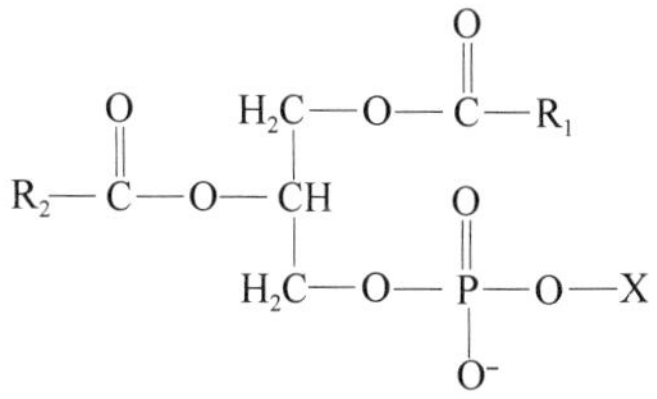

图 4-3　甘油磷脂的结构通式

磷脂酸的磷酸基被极性醇（XOH）进一步酯化，可形成各种甘油磷脂，见表 4-1 所列。

表 4-1　几种常见的甘油磷脂（引自王镜岩等，2008；杨荣武，2018）

名　称	HO—X 的名称	—X 的结构
磷脂酸		—H
磷脂酰乙醇胺（脑磷脂，PE）	乙醇胺	$—CH_2—CH_2—NH_3^+$
磷脂酰胆碱（卵磷脂，PC）	胆碱	$—CH_2—CH_2—\overset{CH_3}{\underset{CH_3}{N^+}}—CH_3$
磷脂酰丝氨酸（丝氨酸磷脂，PS）	丝氨酸	$—CH_2—\overset{NH_3^+}{CH}—COO^-$
磷脂酰甘油（PG）	甘油	$—CH_2—\overset{}{\underset{OH}{CH}}—CH_2OH$
磷脂酰肌醇（肌醇磷脂，PI）	肌醇	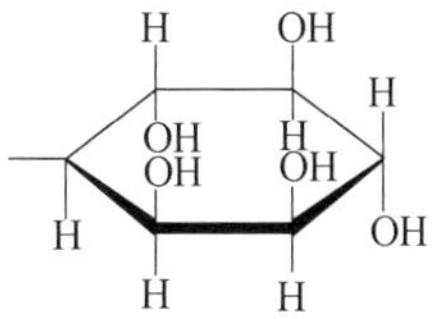
二磷脂酰甘油（心磷脂）	磷脂酰甘油	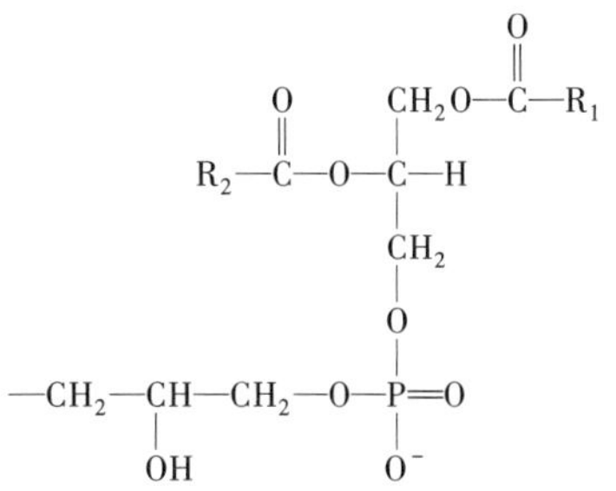

纯甘油磷脂为白色蜡状固体，可溶于多种有机溶剂中，但难溶于无水丙酮。其没有明确的熔点，随温度升高而软化成液滴。

甘油磷脂被弱碱水解生成脂肪酸盐和甘油-3-磷酰醇；被强碱水解生成脂肪酸盐、醇和甘油-3-磷酸；暴露在空气中可发生氧化，最终生成黑色的过氧化物聚合物。

（2）鞘磷脂

鞘磷脂（sphingomyelin）存在于动物细胞的细胞膜中，是某些神经细胞髓鞘的主要成分。鞘磷脂是神经酰胺的 C1 位羟基被磷酸胆碱或磷酸乙醇胺酯化形成的化合物，其结构如图 4-4 所示。其中，X 基团通常为胆碱或乙醇胺。

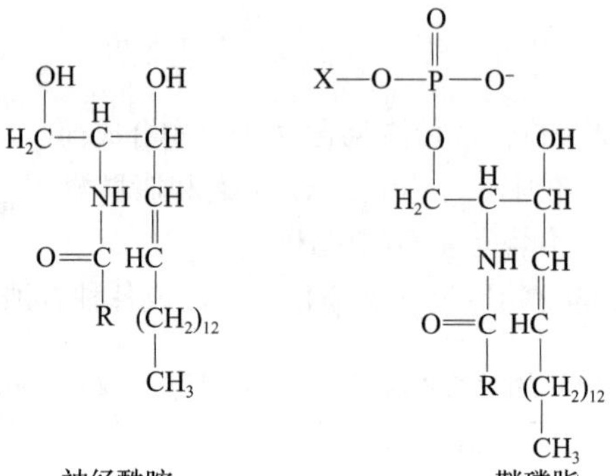

图 4-4 神经酰胺和鞘磷脂的结构通式

4.2.2.2 糖脂

糖脂（glycolipid）多数存在于细胞膜外表面，是糖类通过其半缩醛羟基以糖苷键与脂质连接而成的化合物，包括甘油糖脂和鞘糖脂。

（1）甘油糖脂

甘油糖脂（glyceroglycolipid）主要存在于植物的叶绿体膜和微生物的细胞膜中，是二酰甘油中游离羟基与糖基以糖苷键相连而得，如单半乳糖基二酰甘油、二半乳糖基二酰甘油，其结构如图 4-5 所示。

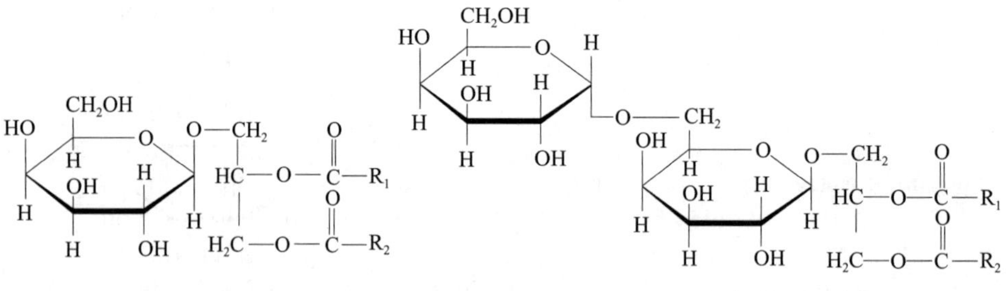

图 4-5 常见的甘油糖脂

（2）鞘糖脂

鞘糖脂（glycosphingolipid）主要存在于细胞膜的外表面，是神经酰胺的 C1 位羟基被糖基化而形成的 β-糖苷化合物。根据糖基中存在唾液酸或硫酸与否，分为中性鞘糖脂，以及包括硫苷脂、神经节苷脂（又称唾液酸鞘糖脂）的酸性鞘糖脂。其中，中性鞘糖脂的糖基不含唾液酸，如半乳糖脑苷脂；硫苷脂是糖基被硫酸化的鞘糖脂，最简单的硫苷脂为硫酸脑苷脂。其结构如图 4-6 所示。

4.2.2.3 鞘脂

鞘磷脂和鞘糖脂统称为鞘脂。鞘脂是由 1 分子鞘氨醇或其衍生物、1 分子长链脂肪酸及 1 个极性头部基团构成，具有 1 个极性头和 2 个非极性尾。在鞘磷脂中，极性头部以磷酸二酯键相连；在鞘糖脂中，极性头部以糖苷键相连。

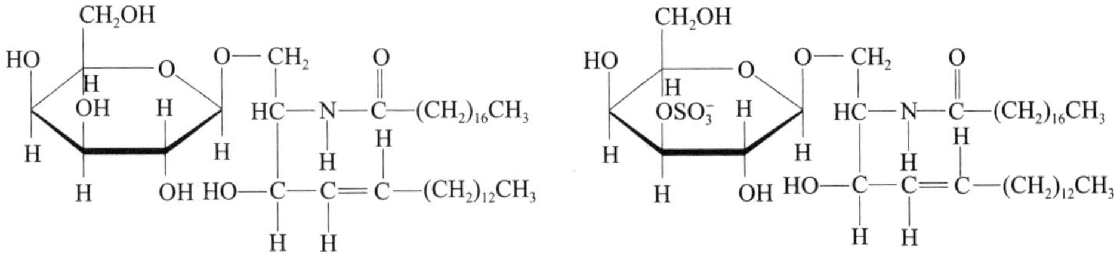

图 4-6　常见的鞘糖脂

4.2.3　功能性脂质

功能性脂质(functional lipids)是一类具有特殊生理功能的脂质,为人体营养、健康所需,具有一定保健、药用功效,可调节机功能,不以治疗为目的,对人体一些相应缺乏症、内源性疾病及心脑血管疾病、癌症、糖尿病等慢性疾病具有积极作用。

4.2.3.1　功能性简单脂质

功能性简单脂质是由酸和醇形成的酯,如酰基甘油、蔗糖脂肪酸酯、谷维素、植物甾醇酯及叶绿素等。

(1)中链三酰甘油

中链三酰甘油(medium chain triglyceride,MCT)是由 6~12 个碳构成的脂肪酸(如己酸、月桂酸、辛酸和癸酸)所形成的三酰甘油。主要来源于椰子油、棕榈仁油等。

绝大多数中链三酰甘油在机体仅起氧化供能的作用,几乎不以脂肪形式储存;可在冰激凌、巧克力及肥胖病人饮食中作为脂肪代用品;可为运动员等需要即刻供能的人群快速提供能量;能增强人体对钙、镁、氨基酸的吸收;降低胆固醇,防治高脂血症;具有乳化稳定作用和氧化稳定性,可使化妆品质地细腻;室温下呈无色、无臭的液态,可取代羊毛脂,消除羊毛脂特殊气味;改善产品涂抹性,提高储存期;由于与其他化合物互溶性好,可在药、保健食品中作为溶剂。

(2)叶绿素

叶绿素是由叶绿醇、甲醇及叶绿酸形成的酯,结构如图 4-7 所示。其中,R 是 CH_3 为叶绿素 a,R 是 CHO 则为叶绿素 b。叶绿素是脂溶性色素,可在光、酸、碱及氧作用下分解。

叶绿素可进行光合作用;加速创面上皮细胞新生,促进创伤愈合;钝化变异性物质的活性,具有抗致突变作用;促进肠道蠕动,缓解便秘;降低胆固醇;还能作为食品色素、脱臭剂应用在食品、医药和化妆品中。

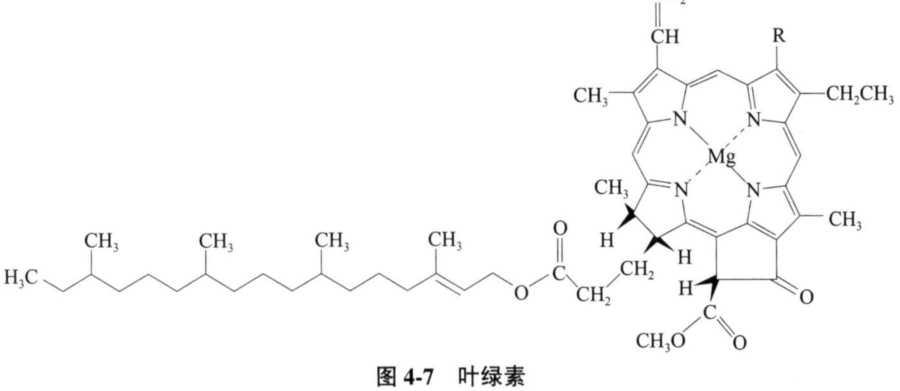

图 4-7　叶绿素

4.2.3.2　功能性复杂脂质

功能性复杂脂质是除脂肪酸和醇外，还含有非脂成分，如磷脂、糖脂、醚脂和硫脂。

（1）磷脂

磷脂是含磷酸根的脂类化合物，是构成细胞膜、核膜及线粒体膜等多种生物膜的重要成分。磷脂是天然的表面活性剂，可降低油水两相的表面张力，可作为乳化剂、润湿剂及抗氧化剂等应用于食品加工中，如增强面团吸水性、使其质地蓬松、结构细密、延缓淀粉老化；降低巧克力等糖果的物料黏度，改善其质地。此外，磷脂还可作为抗癌及缓释药物载体，提高药效的同时降低毒副作用。

（2）硫脂

广义的硫脂是含有硫原子的脂质。在哺乳动物组织中，硫脂除含硫酸基外，还含脂肪酸、糖基、鞘氨醇或甘油醇或胆固醇，分为类固醇硫酸酯、硫酸鞘脂和硫酸甘油酯三类。

其中，类固醇硫酸酯与精子生成有关。硫酸鞘脂（如硫酸半乳糖酰基鞘氨醇）可作为髓磷脂膜的结构稳定剂，防止酶水解蛋白质。

4.2.3.3　功能性衍生脂质

功能性衍生脂质是由简单脂质和复杂脂质衍生而来或与其密切相关的脂质，如功能性脂肪酸、高级脂肪醇、固醇类、多酚、酚酸、角鲨烯及脂溶性维生素。

（1）功能性脂肪酸

必需脂肪酸（essential fatty acid，EFA）是指人体正常代谢不可或缺，但自身又不能合成或合成速度无法满足机体所需，必须由膳食供给的多不饱和脂肪酸。必需脂肪酸可构成生物膜脂质，参与磷脂合成；可作为前体物质合成前列腺素、白三烯类二十烷酸衍生物等生物活性物质；参与胆固醇代谢，如亚油酸（linoleic acid，LA），可降低血清总胆固醇；α-亚麻酸（α-linolenic acid，ALA），具有降低血脂的功效。

共轭亚油酸（conjugated linoleic acid，CLA）：亚油酸的立体和位置异构体的混合物。其可抗动脉硬化、抗糖尿病、抗癌、治疗肥胖、降低血液和肝脏胆固醇、调节机体免疫力及调节骨组织代谢。

γ-亚麻酸（γ-linolenic acid，GLA）：可防治心血管疾病及糖尿病、抗癌、抗炎、抗溃疡、抑菌及增强免疫力。

花生四烯酸（arachidonic acid，ARA）：可调节心脏兴奋性、参与激素和神经肽分泌、促进细胞分裂及舒张血管。

二十二碳六烯酸（docosahexaenoic acid，DHA）：可参与脑细胞发育、延缓脑衰老、防止视力减弱、降低血中胆固醇、抗凝血、防止心律失常、抗癌及抗炎。

二十碳五烯酸（eicosapentaenoic acid，EPA）：可降低血中三酰甘油、防止心血管疾病、抑制肿瘤生长及调节免疫力。常见的功能性脂肪酸结构如图4-8所示。

（2）甾醇类化合物

甾醇（sterol）又称固醇，是环戊烷多氢菲的衍生物，结构如图4-9所示。其在C3上有一个羟基，C10和C13上各有一个甲基，C17上有一个烃侧链，C4上连接甲基或氢，β-谷甾醇、豆甾醇、菜油固醇等属于C4上无甲基甾醇。

植物固醇广泛存在于植物种子的油脂中，具有重要的生理活性，能降低血清中胆固醇水平，预防及治疗心血管疾病；作为维生素D_3及甾体药物的原料，具有消炎镇痛作用；具有较强的渗透性，可保持水分，促进皮脂分泌，保持皮肤滑润柔软；可阻断致癌物诱发癌细胞形

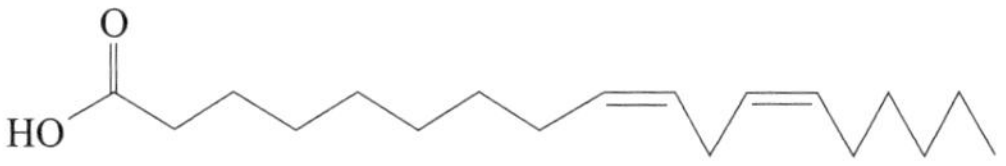

亚油酸

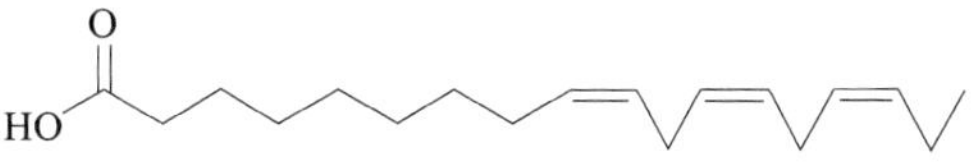

α-亚麻酸

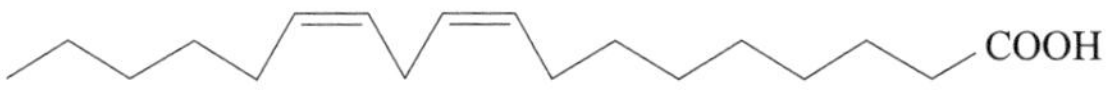

亚油酸

亚油酸及其异构体

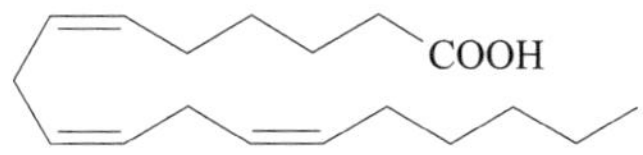

γ-亚麻酸

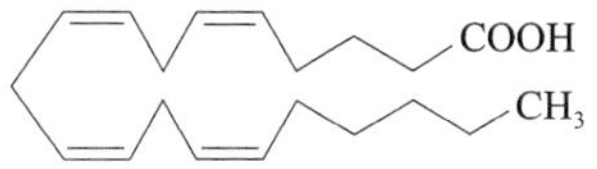

花生四烯酸

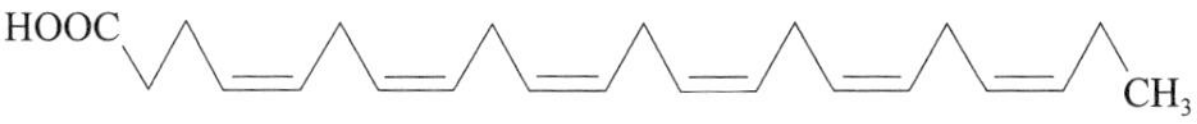

二十二碳六烯酸

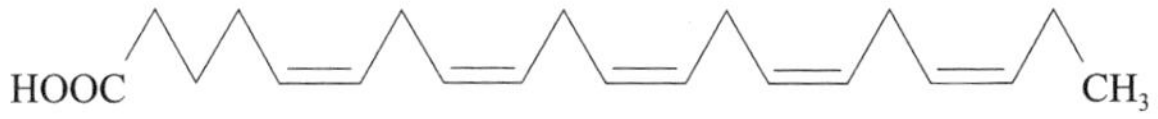

二十碳五烯酸

图 4-8　常见的功能性脂肪酸

成；还具有抗氧化活性，抑制油脂自动氧化链增长。常见植物固醇结构如图 4-10 所示。

胆固醇属于动物固醇，以游离态、酯的形式存在于脂肪中。胆固醇是构成细胞膜的重要组分；可合成性激素和胆汁酸，其前体 7-脱氢胆固醇可合成维生素 D_3；参与锚定的信号通道；与细胞分裂及癌症相关。胆固醇主要通过人体自身合成，其次从膳食中摄取。摄入过量，可引发高血压及冠状动脉粥样硬化等疾病。

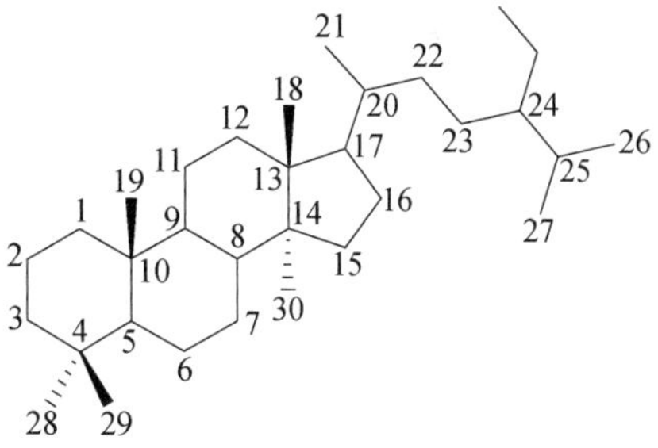

图 4-9　甾醇的结构通式

4.3　生物膜

4.3.1　生物膜组成与结构

生物膜(biomembrane)是将细胞或细胞器与周围环境隔离的一种薄膜状结构，包括细胞膜(或称质膜)和真核细胞特有的细胞器膜。生物膜是细胞与外环境之间的选择透过性屏障，并含有大量能特异刺激或激活各种生物学途径的蛋白质，参与物质运输、能量转换、信息识别与传递等生物体内重要过程。此外，激素和药物作用、肿瘤发生也与其有关。

4.3.1.1　生物膜的化学组成

生物膜主要由脂质、蛋白质组成，有的膜含有少量糖类，构成糖蛋白或糖脂。不同生物膜上脂质和蛋白质的相对比例不同，一般功能越复杂的膜，其蛋白质含量越高。

(1)膜脂

构成生物膜的脂包括磷脂、糖脂和胆固醇。其中，磷脂含量最多，多数以甘油磷脂为主，鞘磷脂较少。动物细胞的细胞膜几乎都含糖脂，主要是鞘糖脂，如脑苷脂、神经节苷脂；细菌

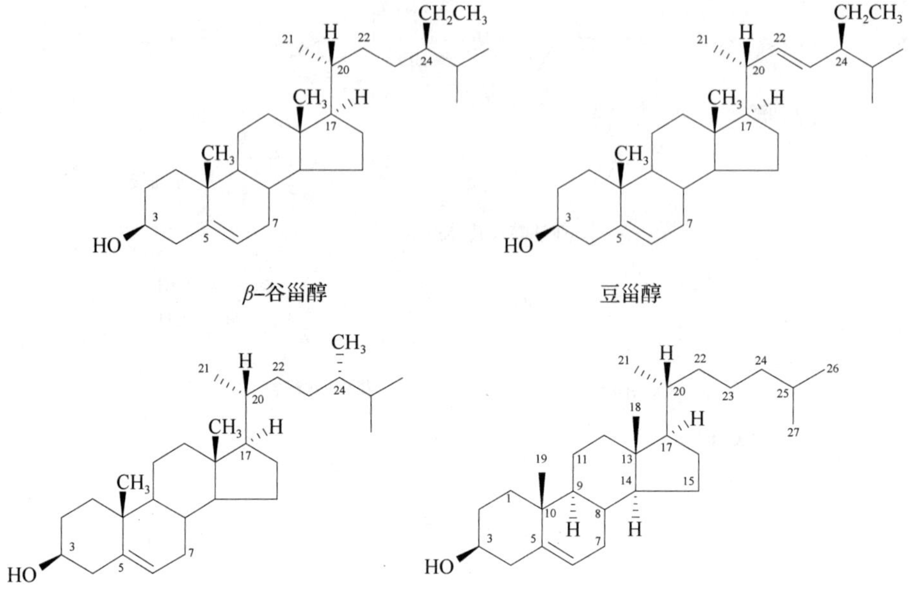

图 4-10　常见的植物固醇及胆固醇

和植物细胞的细胞膜大多为甘油糖脂。胆固醇主要存在于动物细胞的细胞膜，以及除线粒体内膜外的细胞器膜上。植物细胞的膜上存在大量植物固醇（如谷固醇、豆固醇、菜油固醇等）及少量胆固醇；真菌的膜上则含有与胆固醇结构相似的麦角固醇。

（2）膜蛋白

膜蛋白包括定位在膜上的酶、受体、离子通道、转运蛋白、结构蛋白、抗原及电子传递体等。根据在膜上的性质可分为外在蛋白、内在蛋白和脂锚定蛋白。

外在蛋白又称外周蛋白，是分布在脂双层内、外表面的水溶性蛋白，通过离子键或氢键与膜脂的极性头部，或与内在蛋白暴露在外的亲水结构域松散地结合，或通过其本身的疏水小环插入膜内。

内在蛋白又称整合蛋白，埋藏于脂质层内，主要通过脂双层的疏水力与膜脂结合，蛋白质分子的非极性氨基酸残基常以 α 螺旋形式与脂双层的疏水部分相互作用。其与膜脂结合紧密，只有使用有机溶剂、去污剂等对膜具有破坏性的试剂，才能将其与膜脂分开。

脂锚定蛋白通过共价结合的脂质所提供的疏水尾部锚定到细胞膜的一侧。

（3）膜糖

生物膜中含有一定量的糖类，它们与膜蛋白、膜脂通过共价键相连接，多数为糖蛋白，少数为糖脂。膜糖不对称地分布在膜的非细胞一侧。寡糖与某些膜蛋白相连会在细胞膜外表面形成寡糖-蛋白质复合体，称为糖萼或细胞外壳。

4.3.1.2　生物膜的结构模型

（1）生物膜中分子间作用力

生物膜中分子之间的作用力主要为静电力、疏水相互作用和范德华力。其中，静电力可使膜两侧脂质和蛋白质的亲水极性基团相互吸引而形成稳定结构；疏水作用主要用来维持膜结构；范德华力则倾向于使膜中分子彼此相互靠近。

（2）生物膜结构模型

流动镶嵌模型（fluid mosaic model）于 1972 年由美国科学家 Singer 和 Nicolson 提出，是目前

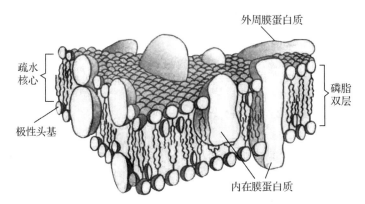

图 4-11　生物膜的流动镶嵌模型

最能反映生物膜化学结构和生物学功能的结构模型，如图 4-11 所示。

　　该模型认为生物膜的基本骨架是具有流动性的二维脂双层，其上镶嵌着蛋白质。部分蛋白质分布于表面，部分横跨整个脂双层。磷脂分子的非极性疏水尾部，尾尾相对，形成脂双层的疏水核心，其极性头部朝于膜的内外表面，与每侧的水介质相互作用。

4.3.2　生物膜特性

4.3.2.1　膜的流动性

　　生物膜的流动性是指生物膜各组分的运动，其中膜脂的流动性较强。

　　膜脂的运动方式包括侧向扩散、转动、头部的伸缩运动和上下翻转等。膜脂的流动性与脂酰基的碳链长度和不饱和性有关，脂酰基的碳链越短、不饱和度越高，膜的流动性越强。固醇（如胆固醇）对生物膜的流动性具有双面影响，其与含不饱和脂酰链的磷脂相互作用时，脂酰链排列更紧密，其在脂双层中的运动受到限制；与长饱和脂酰链的磷脂和鞘脂相互作用时，则会加快膜的流动性。脂双层整体结构是稳定的，温度和脂质组成决定了单个的磷脂分子处于自由运动的状态。低于正常生理温度，膜脂运动慢，膜脂上的脂酰基链排列有序，生物膜处于类晶态，运动状态的脂分子相对较少；高于正常生理温度时，膜脂运动加快，膜脂上有序的脂酰基变得无序，膜脂则从固态转变为流体态或液晶态。

　　膜蛋白的流动性主要包括旋转运动和随意、无序的侧向扩散运动两种形式。运动结果是促使膜上的蛋白质发生位移、聚集在细胞膜的某一特定区域，从而完成多种功能。

　　此外，膜的流动性会影响生物膜的功能，膜对水和其他亲水性小分子的通透性随着膜流动性的增强而增强。

4.3.2.2　不对称性

　　生物膜结构的不对称性主要体现在膜脂、膜蛋白在膜两侧的分布是不对称的，其结构的不对称性也决定了功能的不对称性。

　　膜脂的不对称性主要体现在不同膜脂在脂双层两个单层的分布是不对称的。例如，磷脂酰胆碱和鞘磷脂主要存在于脂双层外层，而磷脂酰丝氨酸和磷脂酰乙醇胺主要在内层。此外，膜脂的不对称性对于细胞的某些信号通路尤为重要。

　　膜蛋白在脂双层的分布是不对称的。有的蛋白质只在膜的一侧突出，有的蛋白质在膜两侧暴露的结构域也不同。蛋白质在膜上的分布具有"方向性"，可影响生物膜的功能，如细胞膜受体与配体结合的部位只有朝向胞外才有用。

4.3.2.3　选择性转运

　　生物膜具有疏水性，一些极性化合物及离子要借助膜上的蛋白质才能通过生物膜扩散到内部完成运输过程。

4.3.3 生物膜功能

生物膜的存在不仅能作为选择透过性屏障为细胞的生命活动提供相对稳定的内环境，隔开真核细胞中的细胞器，还参与了物质转运、能量转换、信号转导、细胞识别、细胞免疫、神经传导、药物作用、催化反应及代谢调控等功能。

4.3.3.1 物质转运

细胞要保持动态恒定，需要不断地从周围环境中摄取用于生物合成和产生能量的原料物质，同时还要将细胞内的代谢废物释放到环境中。在此过程中，生物膜作为细胞与环境间物质交换、选择通透性屏障起着重要的作用。

(1) 离子与小分子物质的跨膜运输

①被动运输(passive transport) 是指被转运的物质总是沿着化学梯度方向，从高浓度一侧向低浓度一侧转移，此过程可自发进行，无须供给能量。被动运输分为简单扩散、易化扩散和通道运输。

简单扩散又称自由扩散，指扩散物质完成跨膜是依赖其自身性质，此过程无须提供能量，无须任何蛋白质或其他载体分子协助。跨膜扩散的速度与膜两侧浓度差和分子大小有关，浓度差越大，速度越快。如氧气、氮气、甲烷、一氧化碳、一氧化氮、乙烯、脂溶性激素及脂溶性维生素等非极性小分子的运输。

易化扩散又称协助扩散，指物质的跨膜转运需要膜上特异的蛋白质或其他载体分子协助完成。此类蛋白质对物质的转运具有专一性，不同物质的转运需要不同的转运蛋白，如葡萄糖依赖葡萄糖特异性转运蛋白的协助进入红细胞。

通道运输需要蛋白质和其他载体分子的协助，被转运物质需要通过转运蛋白或载体在膜上形成的通道或孔才能完成转运，如水通过水孔蛋白、尿素通过尿素转运蛋白等进行跨膜运输。

②主动运输(active transport) 是物质逆浓度梯度或电化学梯度，由低浓度一侧向高浓度一侧进行，转运过程需要能量和膜上特异的载体蛋白(或泵)参与。根据能量来源，主动运输分为初级主动转运和次级主动转运。

初级主动转运又称原发性主动转运，是直接利用 ATP 水解供能的主动转运。如 Na^+/K^+ 泵、质子泵、Ca^{2+} 泵及 ABC 转运体等。

Na^+/K^+ 泵是一种特异蛋白，一般存在于动物的细胞膜上。Na^+/K^+ 泵利用 ATP 水解供能将 Na^+ 向细胞外转运，同时将 K^+ 向细胞内转运。

Ca^{2+} 泵主要存在于细胞膜和内质网膜上，可维持细胞内较低的 Ca^{2+} 浓度。在肌肉收缩与松弛过程中，Ca^{2+} 泵利用水解 ATP 提供的能量转运 Ca^{2+}。

质子泵是将质子主动转运到膜的一侧，分为 P 型、V 型和 F 型。其中，在水解 ATP 时，P 型发生磷酸化；V 型不发生磷酸化；F 型在质子反方向流动中还能驱使 ATP 的合成。

ABC 转运体即 ATP 结合盒转运体，分布在各种生物的细胞膜和细胞器膜上。含有可形成跨膜通道、结合并转运各种离子或分子的跨膜结构域及 ATP 结合结构域，可促进离子、氨基酸、维生素、多糖及蛋白质等营养物质转入细胞，代谢废物离开细胞。

次级主动转运又称继发性主动转运，是离子梯度驱动的主动转运。在此类转运中，一种物质逆浓度梯度的跨膜转运与一种离子的顺浓度梯度转运相偶联，如 Na^+ 梯度驱动糖、氨基酸等其他物质的共转运。

(2) 大分子物质的跨膜运输

细胞膜对大分子化合物不具有通透性，蛋白质、多核苷酸和多糖等生物大分子及颗粒物的摄取、释放及分泌主要通过胞吞作用和胞吐作用完成。

胞吞作用(endocytosis)是细胞膜局部发生凹陷，并包被从外界摄取的液体或颗粒物质形成转运小囊泡，囊泡从细胞膜上脱落进入胞内的过程。

胞吐作用(exocytosis)是细胞内的内含物被包裹在分泌囊泡中，最终在细胞质膜停泊、融合，并向细胞外释放和分泌这些内含物的过程。

4.3.3.2　能量转换

叶绿体和线粒体是重要的能量转换器。在光合作用中，光反应在叶绿体类囊体膜上进行，太阳光裂解水产生 ATP 和 NADPH，将太阳能转变成可供机体生物利用的化学能。线粒体是生物氧化的场所，其内膜和嵴上有一层规则的、间隔排列的球形颗粒，即催化 ATP 合成的装置，其内膜上还有 ATP 合成酶。位于内膜上的呼吸链通过与氧化磷酸化的偶联可产生高能磷酸化合物，将有机物中的化学能转变成为细胞所利用的能量。

4.3.3.3　信号转导

信号转导是机械、化学及电信号等细胞外的信号放大并转化为胞内应答的过程。各种信号需通过细胞膜中的专一受体起作用。激素、神经递质、细胞因子及生长因子等各种胞外化学信号分子转运至靶细胞，并与靶细胞膜表面的特异膜蛋白受体结合，激活受体，将细胞外的信号转变为细胞内的信号，引发细胞内多种生化反应，产生特定的生理生化效应。

4.4　油脂在食品加工和储藏过程中的变化

油脂是人体不可或缺的营养素，大多数食品中都含有油脂。在食品的加工和储藏过程中，油脂往往会由于食品加工的工艺条件、技术手段及食品的储藏条件、储藏方法等因素，发生理化变化，导致其性质发生变化，进而影响或改变食品的品质。

4.4.1　油脂在食品加工过程中的变化

在现代食品工业中，为充分发挥油脂的功能性质、满足不同食品的特殊需求，油脂在精炼、改性、高温处理等过程中会发生一系列变化。

4.4.1.1　水解反应

脂类化合物在酶、热、酸及碱作用下可发生水解，生成游离脂肪酸，此过程称为水解(脂解)反应。其水解速度随加热时间、游离脂肪酸含量的增加而加剧。游离脂肪酸易发生进一步氧化，生成短肽链脂肪酸、脂肪醛等物质，进而对食品的风味产生影响。

食品在高温油炸时，食品中的水分与油炸用油接触发生水解。随着加热时间延长，水解程度加剧，大量游离脂肪酸释放到油中，导致其发烟点和表面张力降低，易于吸附在食品表面，食品颜色变暗，风味变差，影响油炸食品品质。同时，游离脂肪酸含量过高时，会破坏谷物食品的某些功能特性和风味，如稻谷在碾米操作时可引发脂肪酶的活性，影响稻米油的精炼；被宰杀的动物在酶的作用下水解生成游离脂肪酸，影响精炼动物脂肪品质；乳脂在脂肪酶催化下水解产生一些短链脂肪酸，导致成品乳发生酸败。故在食品加工过程中，常采用高温处理方式钝化食品中的脂肪酶；植物油精炼过程中采用碱中和脱酸的工序，控制游离脂肪酸的生成，防止食品劣变。但在干酪、酸奶和面包等加工过程中，引入酶类，调节水解程度，可赋予食品特殊的风味。

4.4.1.2　高温下的反应

油脂在高温条件下会发生如氧化、分解和聚合等多种复杂的反应，生成低级脂肪酸、羟基酸、酯及醛等物质，产生二聚体、三聚体，使油脂黏度、酸价升高，发烟点、表面张力和碘值下降，折光指数改变，伴随产生大量泡沫和刺激性气味，严重影响油脂营养价值及品质。

在无氧条件下，油脂中饱和脂肪酸进行高温热处理，会发生大量从脱酸酐开始的非氧化热分解反应。在真空条件下，高温加热的简单三酰甘油可分解为脂肪酸、对称酮、脂肪酸羰基丙酯、丙烯醛、一氧化碳及二氧化碳等物质。在有氧条件下，当温度加热至150℃以上时，油脂中饱和脂肪酸可发生热氧化分解反应，主要生成同系列羧酸、2-链烷酮、直链烷醛、内酯、正烷烃及1-链烯等物质。饱和脂肪酸加热氧化，首先在羧基的 α- 或 β- 或 γ- 碳上形成氢过氧化物，然后分解为烃、醛、酮等化合物。

不饱和油脂经高温热处理可发生热氧化和聚合作用。多不饱和脂肪酸的双键异构化，生成共轭二烯化合物，进而生成环己烯类化合物。此类物质可发生歧化反应，生成单烯酸或二烯酸，或在 C=C 分子间或分子内发生加成反应，产生环状或非环状化合物。此外，不饱和油脂高温无氧热处理，使靠近烯键位置的 C—C 键断裂，生成一些低相对分子质量的物质。高温下不饱和脂肪酸也可快速氧化分解，生成氧代二聚物或氢过氧化物的聚合物、氢氧化物及环氧化物等。

4.4.1.3　精炼

油脂精炼是清除影响毛油色泽、风味、保存期及食用安全性的杂质的加工处理过程。精炼可最大程度保留生育酚、谷维素等有益物质，降低油的炼耗，提高油的品质。精炼主要工序为脱胶、脱酸、脱色及脱臭。

脱胶采用水化脱胶，将水加入油脂中使胶体物质膨胀沉淀后分离水相，主要去除磷脂、黏液质和树脂等物质，有效降低油脂发烟点。脱酸采用碱炼中和游离脂肪酸，生成不易溶于油脂的脂肪酸盐，经分离油水两相去除。同时，脱胶还可吸附沉降油脂中残留磷脂、色素和蛋白质等物质。脱色是利用合成硅酸铝、活性炭等吸附剂，脱除影响油脂稳定性的光敏化剂叶绿素、类胡萝卜素和棉酚等色素物质。同时，脱色可吸附去除磷脂、皂化物、微量金属及油脂氢过氧化物分解物，使油脂呈无色或淡黄色。脱臭常采用减压蒸馏去除毛油中挥发性异味化合物，同时加入柠檬酸等抗氧化剂用以螯合重金属离子，钝化氧化反应，改善油脂的储存性。此外，某些油脂还需要通过脱蜡、脱脂，去除其中含有的蜡质或高熔点固脂成分，如以棉籽油、米糠油和葵花子油为原料生产色拉油的过程。

4.4.1.4　氢化

油脂氢化是在高温条件下，三酰甘油中不饱和脂肪酸的双键在镍、铂等催化剂作用下进行的加氢反应。其中，双键与金属催化剂形成碳-金属复合物，复合物与催化剂吸附的氢原子相互作用，形成不稳定的半氢化合物。半氢化合物能接受氢原子生成饱和产物，或失去氢原子恢复双键，形成顺反异构体和位置异构体。氢化后的油脂称为氢化油或硬化油。

氢化过程可增加油脂熔点温度，改变油脂塑性，将液态油转变为半固态，如生产起酥油和人造奶油，提高氧化稳定性，改善油脂色泽。

此外，油脂的部分氢化也存在弊端，如氢化后油脂中脂溶性维生素受损，多不饱和脂肪酸含量降低，某些顺式双键转变为反式，而摄入含反式脂肪酸的食物会使心血管病发病率提高。

4.4.1.5　分提

油脂分提是通过分步结晶，使油脂中不同熔点、不同溶剂中溶解度不同的各种三酰甘油分相分离的过程，分为干法分提、溶剂分提和表面活性剂分提。干法分提是将冷却熔化的油脂析出，并过滤分离晶体的方法；溶剂分提是按比例在油脂中添加丙酮、正己烷和丁酮等有机溶剂，再进行冷却结晶的分提方法；表面活性剂分提是在上述方法的基础上，加入十二烷基磺酸钠等表面活性剂的水溶液，固体结晶悬浮于水溶液，促进固体晶体析出的工艺。其中，在5.5℃时，析出并分提出油脂中固体脂的过程，称为冬化；在10℃时，析出并分提油脂中蜡的过程，称为脱蜡。油脂分提获得的硬脂可用于起酥油、人造黄油的生产；获得的液态油澄清透明、无气味、冷藏后不浑浊，可作为色拉油和煎炸油。

4.4.1.6　酯交换

酯交换是酰基交换反应，分为酯与酸交换的酸解、酯与醇交换的醇解、不同酯间的酯基转移三类。其中，酯基转移包括同种三酰甘油分子内酯交换和不同脂肪分子间的酯交换。酯交换可在低于 200℃ 的高温条件下，长时间加热完成；也可在有碱金属、烷氧基钠等催化剂存在的 50℃ 低温条件下，短时间内完成；或借助脂肪酶催化完成酶促酯交换。若反应温度在油脂熔点之下，为定向酯交换反应；若反应温度在油脂熔点之上，则为无规则反应，脂肪酸随机分布；若反应温度在熔点温度以下，则为定向反应。

在天然油脂中，由于脂肪酸与甘油的结合位点的非随机性，使油脂的特性除了与脂肪酸链长、不饱和度有关外，还与其分布有关。在食品加工中，可以通过酯交换改变脂肪酸的分布，从而增加油脂稠度、拓宽塑性、改善熔点和结晶性。如可合成婴幼儿配方奶粉等具有特定生理功能的专用油脂，制备结构脂肪，改善猪油塑性，生产起酥油，由棕榈油制备低浊点色拉油，降低亚麻酸在大豆油中含量，制备稳定性高的人造奶油和特定熔化性质的硬奶油等产品。

4.4.1.7　辐射

食品辐射作为一种延长食品储存期的灭菌手段应用到食品加工过程中。辐射诱导的化学变化对食品各组分存在影响，其影响程度与辐射剂量呈正相关。由电离辐射诱导发生的油脂降解过程称为辐解，其辐解产物与油脂脂肪酸的组成有关，辐解诱导的途径与反应活化能、中间态的稳定性有关。油脂类食品吸收辐射后，会形成可分解或与邻近分子发生反应的离子和激化分子，激化分子还能继续降解为可自由结合成非自由基化合物的自由基。在有氧存在的条件下，电离辐射还可破坏抗氧化因子，加速油脂自动氧化的进程，降低油脂类食品的稳定性。因此，须在辐射过程中隔绝空气，同时在辐射后添加抗氧化剂。

4.4.2　油脂在食品储藏过程中的变化

4.4.2.1　氧化反应

油脂由于储存不当或存放过久，与空气中氧、光、微生物及酶作用，发生降低营养价值的化学反应，产生哈败气味，甚至是毒性氧化产物的现象称为酸败，也是引发脂类食品变质的主要原因之一。油脂氧化途径包括自动氧化、光敏氧化和酶促氧化。

（1）自动氧化

自动氧化是在常温常压下，空气中分子氧与油脂中不饱和脂肪酸之间发生的自由基反应，生成挥发性醛、酮和酸等物质的过程。

在链引发阶段，受光照、高能辐射和其他自由基诱导影响，不饱和脂肪酸 LH 在与双键邻近的亚甲基上脱氢，形成自由基 L·；羟基自由基 ·OH 也可在两双键间的亚甲基上夺氢，形成自由基 L·。

$$LH \xrightarrow{\text{光子}(h\nu)} L\cdot + H\cdot \quad \text{或} \quad LH + \cdot OH \longrightarrow L\cdot + H_2O$$

在链传递阶段，L· 可借助加成、夺氢和断裂等方式增长链反应。L· 与 O_2 相结合形成过氧自由基 LOO·，LOO· 继续夺取其他 LH 上的氢，形成氢过氧化物 LOOH 和新自由基 L·，L· 再与 O_2 结合，如此循环进行。其中，L· 和 LOO· 等中间产物也可诱导引发链式反应。

$$L\cdot + O_2 \longrightarrow LOO\cdot \quad\quad LOO\cdot + LH \longrightarrow LOOH + L\cdot$$

在链终止阶段，自由基间发生偶联或歧化反应，形成稳定的非自由基化合物，进而终止链传递。

$$L \cdot + L \cdot \longrightarrow LL \qquad LOO \cdot + LOO \cdot \longrightarrow LOOL + O_2 \qquad L \cdot + LOO \cdot \longrightarrow LOOL$$

储藏过程中，常采用添加抗氧化剂、真空或充氮、冷藏及避光、避高能辐射等方式，防止或延缓新鲜油脂或富含油脂食品发生自动氧化。

（2）光敏氧化

在光照条件下，油脂中的天然色素、合成色素和稠环芳香化合物等光敏剂吸收能量被激发活化，直接作用于油脂分子形成自由基，诱导自动氧化链反应，即Ⅰ型光敏氧化反应。光敏剂被光照激发，与基态氧分子（三重态氧 $^3O_2$）作用，将其转化为活性氧分子（单线态氧 $^1O_2$），$^1O_2$ 进攻油脂中不饱和脂肪酸双键，形成具有反式结构、双键位置改变的氢过氧化物，即Ⅱ型光敏氧化反应。

由于 $^1O_2$ 具有更强反应活性和较高能量，故与自动氧化相比，光敏氧化速度比其快千倍以上。光敏氧化形成的氢过氧化物发生裂解可形成自由基，也可引发自动氧化。一般认为，一旦氢过氧化物开始形成，自由基氧化反应将成为主导反应。因此，避光储存油脂，可同时防止光敏氧化和自动氧化的发生。

（3）酶促氧化

酶促氧化是脂肪氧合酶参与的油脂氧化反应。脂肪氧合酶具有高度专一性，可作用于具有顺，顺-1,4-戊二烯基团且中心亚甲基在 $\omega-8$ 位的不饱和脂肪酸，使其脱 H · 形成自由基，再通过异构化使双键位置发生改变，同时形成反式构型，形成 $\omega-6$ 或 $\omega-10$ 氢过氧化物。其反应机理如图 4-12 所示。

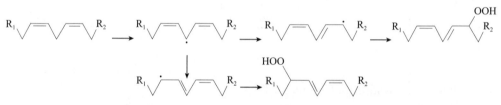

图 4-12　脂肪氧合酶酶促氧化机理及产物

此外，在灰绿青霉、曲霉等微生物产生的水合酶、脱氢酶和脱羧酶作用下，氧化产生酮酸、甲基酮等具有难闻气味物质的反应称为酮型酸败，也属于酶促氧化。

4.4.2.2　油脂气味、色泽的变化

当油脂长时间储存或储存不当时，在其劣变初期会产生回味现象。当劣变程度加剧到一定程度则引发酸败现象，如鱼油等海产动物油在储存中出现的腥臭味。此外，大豆中油脂在脂肪氧合酶作用下生成具有青嫩叶臭味的己醛、己醇和己烯醛，使其在加工中产生豆腥味。

油脂在储存时由于氧化、水解反应，可生成醛、酮、酸、环氧化物、过氧化物、烃、二聚物及三聚物等多种分解或聚合产物，产生酸败现象和哈败味。

在储存过程中，由于空气、光、热及微量元素等影响，精炼油脂中的生育酚被氧化，使其色泽由淡黄色逐渐向精炼前颜色转变，出现回色现象。其中，不同油脂的回色程度、时间，因储存条件的不同而不同。

此外，油脂中磷脂易被氧化，氧化初期呈黄色，随着时间延长，色泽变为褐色或黑色。食品中痕量元素可与部分煎炸油反应，导致油脂色泽加深，影响煎炸食品的外观和色泽，从而影响油脂的储存性能。

本章小结

脂质是一类不溶于水的细胞组分，可用有机溶剂提取获得。其包括由醇、脂肪酸构成的简单脂质，以及由醇、脂肪酸和其他成分构成的复合脂质；此外，还包括类固醇、萜等其他脂质。功能性脂质是某些具有特殊生理功能的脂质，有益健康，属于膳食油脂。

三酰甘油是由脂肪酸和甘油构成的甘油三酯。蜡是长链脂肪酸和长链一元醇或固醇形成的酯。磷脂包括甘油磷脂和鞘磷脂。糖脂包括甘油糖脂和鞘糖脂。

生物膜主要由蛋白质、脂质和糖类构成，基本结构元件为脂双层。膜具有流动性，还具有物质运输、能量转换和信息传递等功能。

现代食品工业常利用油脂精练、改性等技术制备油脂制品。在食品加工及储藏过程中，油脂会发生理化变化。油脂在热、酸、碱及脂水解酶的作用下发生水解，生成游离的脂肪酸。在高温热处理时，会发生热分解、热聚合、缩合、水解及氧化等反应，并伴有回味、回色等感官变化，影响或改变食品的品质。

思考题

1. 举例说明脂类的生理功能。
2. 试述磷脂的性质和用途。
3. 试述几种主要的功能性脂肪酸的作用。
4. 试述影响膜脂的流动性的因素。
5. 试对比自动氧化、光敏氧化和酶促氧化，分析其机理和途径的异同。
6. 试述影响食品脂质品质的因素及调控方法。

第5章 蛋白质化学

蛋白质的发现始于19世纪中叶，荷兰化学家Mulder从不同的动植物组织中提取到一种共同的物质，认为这种物质"在有机界的一切物质中无疑是最重要的，缺少它，生命很可能就不存在"。1883年，根据瑞典化学家Berzelius的提议，Mulder将这种物质命名为蛋白质。蛋白质的英文名称"protein"源自希腊文，是"最原始的""最重要的""第一的"意思。一直以来，人们把蛋白质仅仅看成是胶体聚合物。直到20世纪中叶，随着蛋白质测序方法的发现及X射线晶体衍射法的发展成熟，人们对蛋白质组成、结构及功能的研究才进入一个崭新的时代。

5.1 概述

5.1.1 蛋白质的概念

蛋白质是由20种氨基酸通过肽键相互连接而成的一类具有特定空间构象和生物学活性的高分子有机化合物。它存在于一切生物体中，与生命现象密切相关，是生命的主要体现者。凡是有生命的地方，基本上都有蛋白质在起作用。不同生物体内蛋白质的含量差别很大，动物和微生物体内蛋白质含量较高，如蛋白质占人体细胞干质量的45%，占啤酒酵母细胞干质量的50%左右。植物体内蛋白质含量较低，如大麦中的蛋白质含量约为10%。

5.1.2 蛋白质的组成
5.1.2.1 蛋白质元素组成

蛋白质的元素分析表明，它们的元素组成与糖和脂不同，除含有碳、氢、氧外，还有氮和少量的硫。有些蛋白质还含有磷、铁、铜、碘、锌及钼等元素。其中，主要元素的含量分别为：碳50%~55%，氢6%~8%，氧20%~23%，氮15%~18%，硫0~3%。

各种蛋白质中氮元素的含量相对稳定，平均为16%，故氮元素成为蛋白质区别于糖类和脂类的特征性元素，也成为测定蛋白质含量的计算基础：

$$蛋白质含量=样品中蛋白质含量×6.25$$

式中，6.25被称为蛋白质系数或蛋白质因数，即16%的倒数，为1g氮所代表的蛋白质质量（g）。这也是凯氏定氮法测定蛋白质含量的依据。

5.1.2.2 蛋白质分子组成

蛋白质是生物大分子，其相对分子质量一般在6 000~1 000 000。它可以被酸、碱或蛋白酶水解，生成相对分子质量越来越小的分子，直到最后成为氨基酸的混合物，故蛋白质的基本结构单位是氨基酸。

（1）酸水解

蛋白质在进行酸水解时，通常使用6 mol/L盐酸或4 mol/L硫酸进行回流煮沸20 h左右。这种水解方式水解完全，不容易引起水解产物的消旋化，产物均为L-氨基酸。但这种水解方式会破坏全部色氨酸、部分含有羟基的丝氨酸或苏氨酸及含有酰胺基的天冬酰胺和谷氨酰胺，同时可产生腐黑质，使水解液呈黑色，导致水解液需进行脱色处理。此法是氨基酸工业生产的主要方法之一，也可用于蛋白质的分析。

（2）碱水解

蛋白质在进行碱水解时，通常使用 5 mol/L 氢氧化钠煮沸 10~20 h 或者 6 mol/L 氢氧化钠煮沸 6 h。这种水解方式水解完全，水解液清亮，且色氨酸不被破坏。但水解过程中丝氨酸、苏氨酸、胱氨酸、赖氨酸和精氨酸等会受到不同程度的破坏，且水解产生的部分氨基酸发生消旋化，具有 D-型和 L-型两种构型，而 D-型氨基酸不能被人体利用。因此，该方法一般很少使用。

（3）蛋白酶水解

目前常用于蛋白质水解的酶有胰蛋白酶（trypsin）、胰凝乳蛋白酶（chymotrypsin）和胃蛋白酶（pepsin）等。反应条件比较温和，一般温度 37~40℃，pH 5~8。这种水解方式可不破坏氨基酸，不发生消旋现象。但水解不完全，会产生较多的中间产物，需要几种酶协同作用才能使蛋白质完全水解，且水解所需时间较长。该方法主要用于蛋白质的部分水解。

5.1.3 蛋白质的分类

自然界中蛋白质的种类繁多，为了便于研究，人们对蛋白质进行了分类。目前常根据蛋白质的分子形状、化学组成及溶解度进行分类。

5.1.3.1 依据分子形状分类

根据分子形状，蛋白质可分为球状蛋白（globular protein）和纤维状蛋白（fibrous protein）。

（1）球状蛋白

这类蛋白结构紧密，分子对称性好，外形接近球状或椭球状，轴比（即分子长度与直径之比）小于 10，甚至接近 1∶1。这类蛋白溶解性较好，能结晶，大多数蛋白属于这一类，如血液中的血红蛋白、血清球蛋白及豆类的球蛋白等。

（2）纤维状蛋白

这类蛋白结构伸展，分子对称性较差，外形类似细棒或纤维，轴比（即分子长度与直径之比）大于 10。这类蛋白大多数不溶于水，如胶原蛋白、弹性蛋白、角蛋白及丝蛋白等。但有些纤维状蛋白能溶于水，如肌球蛋白、血纤维蛋白原等。

5.1.3.2 依据化学组成分类

根据化学组成，蛋白质可分为单纯蛋白质（simple protein）和结合蛋白质（conjugated protein）。

（1）单纯蛋白质

单纯蛋白质又叫简单蛋白质，仅有氨基酸组成，不含其他化学成分。如溶菌酶、肌动蛋白、溶菌酶及球蛋白等。

（2）结合蛋白质

结合蛋白质又叫缀合蛋白质。它们除含有氨基酸外，还含有诸如糖、核酸、色素及金属等非蛋白质组分。这种非蛋白质组分称为辅基或者配体。按照辅基或配体的性质，结合蛋白质又可分为以下几类：

①核蛋白（nucleoprotein）　由蛋白质与核酸结合而成，辅基是核酸（DNA 或 RNA），如核糖体（含 RNA）、AIDS 病毒（含 RNA）及腺病毒（含 DNA）等。

②糖蛋白（glycoprotein）　由蛋白质与糖类物质结合而成。辅基通常是半乳糖、甘露糖、氨基己糖及葡萄糖醛酸等。许多胞外基质蛋白都属此类蛋白，如胶原蛋白、γ-球蛋白、软骨素蛋

白、黏蛋白等。

③脂蛋白(lipoprotein)　由蛋白质与脂类物质结合而成。辅基通常是三酰甘油、胆固醇和磷脂等。如血浆脂蛋白、膜脂蛋白等。

④磷蛋白(phosphoprotein)　由蛋白质与磷酸结合而成。辅基是磷酸基。如糖原磷酸化酶、酪蛋白等。

⑤黄素蛋白(flavoprotein)　由蛋白质与黄素结合而成。辅基是黄素腺嘌呤二核苷酸或者黄素单核苷酸。如琥珀酸脱氢酶、脂酰 CoA 脱氢酶、NADH 脱氢酶等。

⑥色蛋白(chromoprotein)　由蛋白质和某些色素物质结合而成。辅基多为血红素，故又称为血红素蛋白(hemoprotein)。如血红蛋白、细胞色素类等。

⑦金属蛋白(metalloprotein)　由蛋白质与金属结合而成。辅基是铁、钼、锰、铜及锌等金属离子。如含铁的铁蛋白、含锌的乙醇脱氢酶、含铜和铁的细胞色素氧化酶、含钼的固氮酶及含锰的丙酮酸羧化酶等。

5.1.3.3　依据溶解性分类

根据溶解度不同，蛋白质可分为以下几类：

(1)清蛋白(albumin)

这类蛋白广泛存在于生物体内，又称白蛋白，可溶于水及稀盐、稀酸或稀碱溶液，可为饱和硫酸铵所沉淀。如血清白蛋白、乳清蛋白等。

(2)球蛋白(globulin)

这类蛋白普遍存在于生物体内，通常不溶于水，溶于稀盐、稀酸或稀碱溶液，可为半饱和硫酸铵所沉淀。如血清球蛋白、肌球蛋白及免疫球蛋白等。

(3)谷蛋白(glutelin)

这类蛋白主要存在于谷类作物中，不溶于水、醇及中性盐溶液，但易溶于稀酸或稀碱。如米谷蛋白、麦谷蛋白等。

(4)谷醇溶蛋白(prolamine)

这类蛋白主要存在于植物种子中，特别是种子的外皮中，不溶于水和无水乙醇，但溶于70%~80%乙醇中。如玉米醇溶蛋白、麦醇溶蛋白等。

(5)组蛋白(histone)

这类蛋白溶于水和稀酸，但为稀氨水所沉淀。分子中碱性氨基酸较多，分子呈碱性。如小牛胸腺组蛋白等。

(6)鱼精蛋白(protamine)

这类蛋白溶于水和稀酸，不溶于氨水，分子中碱性氨基酸特别多，因此呈碱性。如鲑精蛋白等。

(7)硬蛋白(scleroprotein)

这类蛋白不溶于水、盐、稀酸或稀碱，是动物体内作为结缔和保护功能的蛋白质。如胶原蛋白、角蛋白、丝蛋白及弹性蛋白等。

5.1.4　蛋白质的生物学功能

蛋白质种类繁多，结构复杂，功能多样。具体概括为：

第一，催化功能。该功能是蛋白质最重要的生物学功能。细胞的生长和繁殖、代谢物的合成和分解以及能量的产生和利用等均需通过无数的生物化学反应来完成，而这些化学反应几乎都是在相应酶的参与下进行。例如，生物体内淀粉酶催化淀粉水解为葡萄糖；糖原磷酸化酶催化糖原磷酸解为 1-磷酸葡萄糖；谷氨酸脱氢酶催化谷氨酸脱氨生成 α-酮戊二酸和氨等。目前已发现大部分酶都是蛋白质。

　　第二，结构功能。作为有机体的结构成分为细胞和组织提供强度和保护是蛋白质的另一个主要生物学功能。例如，广泛存在于骨、腱、韧带及皮中的胶原蛋白；毛、发、角及爪中的角蛋白。这些蛋白质是主要的细胞外结构蛋白，是生物体形态结构的物质基础。

　　第三，调控功能。生物体内的激素和许多其他调节因子能调控细胞的生长、分化和遗传信息的表达。它们的化学本质都是蛋白质，被称为调节蛋白。例如，胰腺的胰岛细胞分泌的胰岛素参与机体内糖代谢的调节。

　　第四，运输功能。某些蛋白质具有输送和传递许多小分子和离子的功能。例如，血红蛋白将氧气从肺部运输到各组织中；转铁蛋白完成铁离子在血液中的运输；血清蛋白与游离脂肪酸结合，并将这些物质在脂肪组织和身体各部分间转运。

　　第五，免疫功能。高等动物的免疫反应主要是通过免疫球蛋白或抗体这类蛋白质来实现的。它能识别外源性物质(抗原)，并与之结合形成抗体-抗原复合物，使入侵抗原失去活性，并排出体外，进而起到防御作用。

　　第六，运动功能。某些蛋白质赋予细胞收缩或运动的能力。例如，肌肉中的肌球蛋白和肌动蛋白构象的改变引起肌肉的收缩，带动机体运动；细菌通过鞭毛蛋白的收缩引起鞭毛摆动，进而使细菌游动。

　　第七，储藏功能。有些蛋白质可通过与某些物质结合后，将这些物质暂时储存起来。例如，铁离子以铁蛋白的形式储藏；奶中的酪蛋白、蛋中的卵清蛋白和小麦种子中的麦醇溶蛋白等均具有储藏氨基酸的功能，这些氨基酸可以作为生物体的养料和胚胎或幼儿生长发育的原料。

5.2　氨基酸

　　氨基酸是含有氨基的羧酸，即羧酸分子中 α 碳原子上的一个氢原子被氨基取代而生成的化合物。尽管目前已发现的氨基酸有 300 多种，但参与蛋白质组成的常见氨基酸只有 20 种。这些氨基酸由生物遗传密码直接编码。此外，在某些蛋白质中也存在若干种不常见氨基酸，这些氨基酸都是在已合成肽链上由常见氨基酸修饰转化而来。

5.2.1　常见氨基酸

5.2.1.1　氨基酸结构特征

　　参与蛋白质组成的 20 种常见氨基酸，除脯氨酸(实际是一个亚氨基酸)外，其余 19 种氨基酸在结构上有一个共同特点，即与羧基相邻的 α 碳原子上都有一个氨基，也就是氨基酸的氨基和羧基都连在同一个 α 碳原子上，故这类氨基酸统称为 α-氨基酸。连结在 α 碳原子上的还有一个氢原子、一个可变的侧链(又称 R 基)。不同的氨基酸具有不同的 R 基，这是区分氨基酸的依据。氨基酸的结构通式如图 5-1 所示。

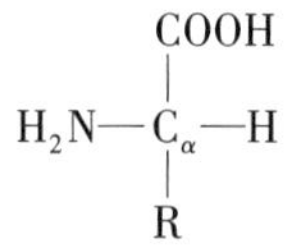

$$H_2N-\underset{\underset{R}{|}}{\overset{\overset{COOH}{|}}{C_\alpha}}-H$$

图 5-1　α-氨基酸的结构通式

　　从结构上看，所有的 α-氨基酸(甘氨酸除外)分子中的 α 碳原子均与 4 个互不相同的基团或原子(即—R，—NH_2，—COOH，—H)相连，因此这些 α 碳原子均为不对称碳原子或称手性中心，也因此这些 α-氨基酸（甘氨酸除外）均具有旋光性。同时，α 碳原子上 4 个不同的取代基有两种不同的排布形式，形成互为镜像的两种结构，故除甘氨酸外，这些 α-氨基酸均有 D型和 L 型两种构型。蛋白质分子中的所有氨基酸都是 L 型氨基酸，D 型氨基酸不参与蛋白质分子的组成，主要出现在具有某些生理活性的小肽中。

氨基酸的构型是以甘油醛或者乳酸作为基准，相比较而确定。书写时将羧基写在 α 碳原子的上端，氨基在左边的为 L 型，氨基在右边的为 D 型。氨基酸与甘油醛的结构对照如图 5-2 所示。

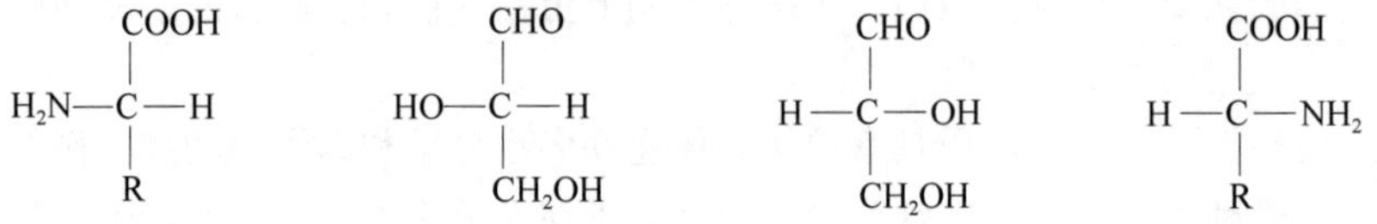

| L-氨基酸 | L-甘油醛 | D-甘油醛 | D-氨基酸 |

图 5-2　氨基酸与甘油醛的结构对照

5.2.1.2　氨基酸分类

氨基酸的系统命名方法与羟基酸类似，但人们常用它们的习惯名称，且每种氨基酸都有三字母和单字母缩写符号。20 种氨基酸的名称与符号列于表 5-1 中。

表 5-1　20 种常见氨基酸的名称与符号

中文名称（化学名称）	中文缩写	英文名称	三字母符号	单字母符号
甘氨酸（氨基乙酸）	甘	glycine	Gly	G
丙氨酸（α-氨基丙酸）	丙	alanine	Ala	A
缬氨酸（α-氨基-β-甲基丁酸）	缬	valine	Val	V
亮氨酸（α-氨基-γ-甲基戊酸）	亮	leucine	Leu	L
异亮氨酸（α-氨基-β-甲基戊酸）	异亮	isoleucine	Ile	I
苯丙氨酸（α-氨基-β-苯基丙酸）	苯丙	phenylalanine	Phe	F
酪氨酸（α-氨基-β-对羟苯基丙酸）	酪	tyrosine	Tyr	Y
色氨酸（α-氨基-β-吲哚基丙酸）	色	tryptophan	Try（Trp）	W
丝氨酸（α-氨基-β-羟基丙酸）	丝	serine	Ser	S
苏氨酸（α-氨基-β-羟基丁酸）	苏	threonine	Thr	T
半胱氨酸（α-氨基-β-巯基丙酸）	半胱	cysteine	Cys	C
甲硫氨酸（α-氨基-γ-甲硫基丁酸）	甲硫	methionine	Met	M
天冬氨酸（α-氨基丁二酸）	天	aspartic acid	Asp	D
谷氨酸（α-氨基戊二酸）	谷	glutamic acid	Glu	E
天冬酰胺（α-氨基-β-氨甲酰基丙酸）	天酰	asparagine	Asn	N
谷氨酰胺（α-氨基-β-氨甲酰基丁酸）	谷酰	glutamine	Gln	Q
精氨酸（α-氨基-δ-胍基戊酸）	精	arginine	Arg	R
赖氨酸（α,ε-二氨基己酸）	赖	lysine	Lys	K
组氨酸（α-氨基-β-咪唑基丙酸）	组	histidine	His	H
脯氨酸（β-吡咯烷基-α-羧酸）	脯	proline	Pro	P

目前常按照氨基酸侧链 R 基的化学结构、酸碱性和极性进行分类。

（1）按照 R 基的化学结构分类

20 种常见氨基酸按照 R 基的化学结构可分为脂肪族氨基酸、芳香族氨基酸和杂环族氨基酸 3 类，其中脂肪族氨基酸最多。

①脂肪族氨基酸　共有 15 种，按照 R 基结构特点，可进一步分为以下 6 类：

一氨基一羧基氨基酸：甘氨酸、丙氨酸、缬氨酸、亮氨酸、异亮氨酸（图 5-3）。

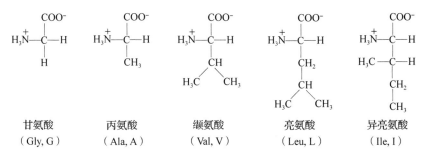

甘氨酸（Gly, G）　丙氨酸（Ala, A）　缬氨酸（Val, V）　亮氨酸（Leu, L）　异亮氨酸（Ile, I）

图 5-3　一氨基一羧基氨基酸

一氨基二羧基氨基酸：天冬氨酸和谷氨酸（图 5-4）。

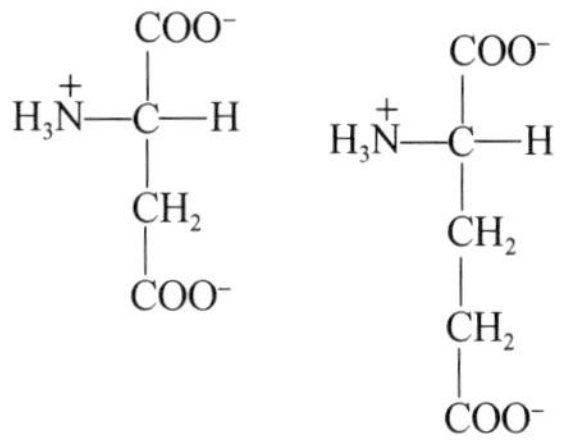

天冬氨酸（Asp, D）　谷氨酸（Glu, E）

图 5-4　一氨基二羧基氨基酸

二氨基和一羧基氨基酸：赖氨酸和精氨酸（图 5-5）。

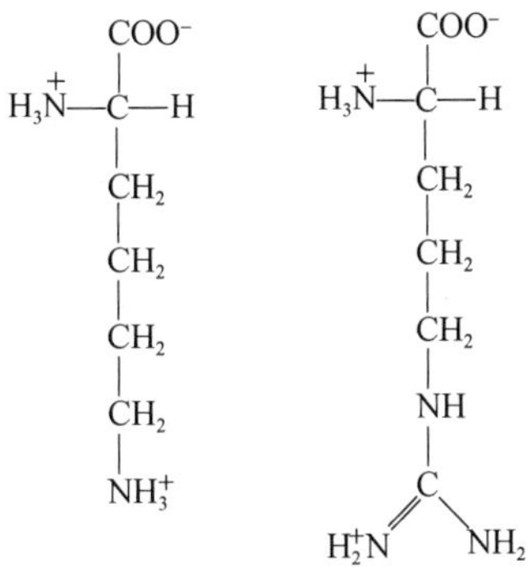

赖氨酸（Lys, K）　精氨酸（Arg, R）

图 5-5　二氨基和一羧基氨基酸

含羟基氨基酸：丝氨酸和苏氨酸（图 5-6）。

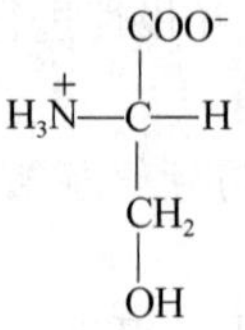

丝氨酸　　　　　　苏氨酸
（Ser, S）　　　　（Thr, T）

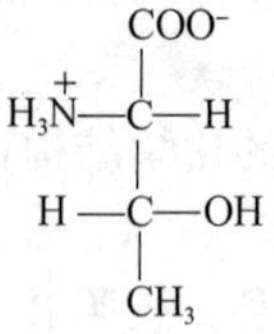

图 5-6　含羟基氨基酸

含硫氨基酸：半胱氨酸和甲硫氨酸(图 5-7)。

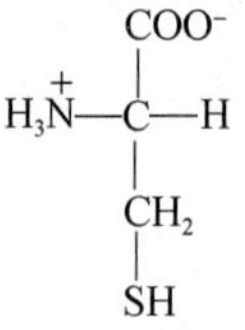

半胱氨酸　　　　　甲硫氨酸
（Cys, C）　　　　（Met, M）

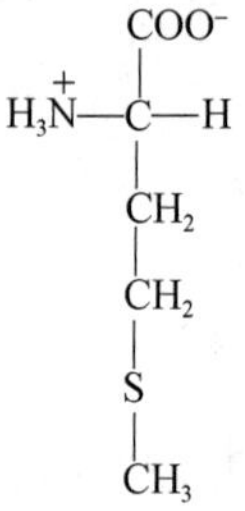

图 5-7　含硫氨基酸

含酰胺基氨基酸：天冬酰胺和谷氨酰胺(图 5-8)。

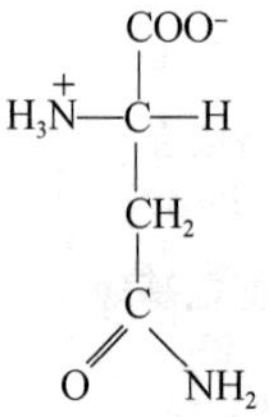

天冬酰胺　　　　　谷氨酰胺
（Asn, N）　　　　（Gln, Q）

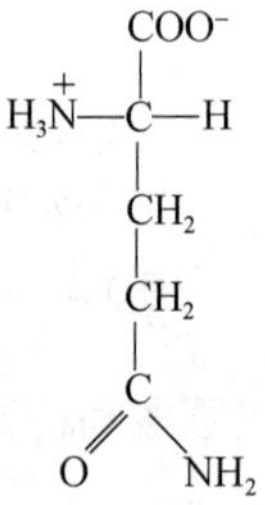

图 5-8　含酰胺基氨基酸

②芳香族氨基酸　共有 3 种：苯丙氨酸、色氨酸和酪氨酸(图 5-9)。

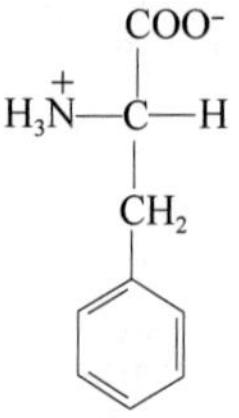

苯丙氨酸　　　　　色氨酸　　　　　酪氨酸
（Phe, F）　　　　（Trp, W）　　　　（Tyr, Y）

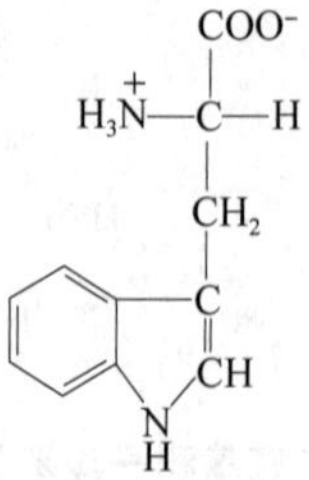

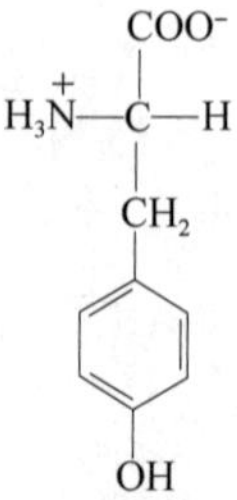

图 5-9　芳香族氨基酸

③杂环族氨基酸　共有 2 种：组氨酸和脯氨酸(图 5-10)。

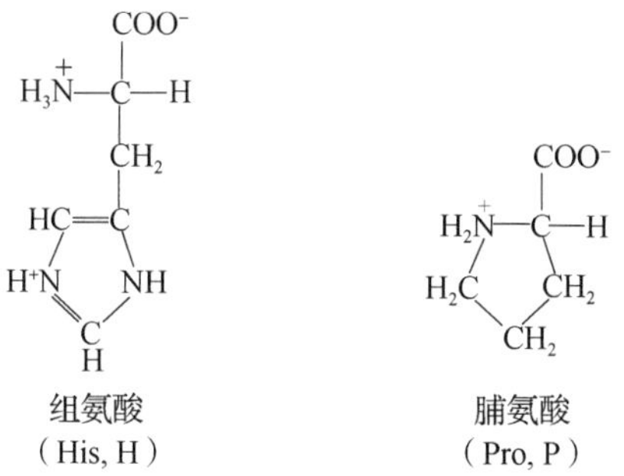

图 **5-10**　杂环族氨基酸

（2）按照 R 基的酸碱性分类

20 种常见氨基酸按照 R 基的酸碱性可分为酸性氨基酸、碱性氨基酸和中性氨基酸 3 类。其中，中性氨基酸最多。

①酸性氨基酸　共有 2 种：天冬氨酸和谷氨酸。这两种氨基酸侧链 R 基都含有羧基。

②碱性氨基酸　共有 3 种：精氨酸，侧链含有胍基；组氨酸，侧链含有咪唑基；赖氨酸，侧链含有氨基。

③中性氨基酸　共有 15 种：20 种常见氨基酸中，除酸性氨基酸和碱性氨基酸以外，其余均为中性氨基酸。这类氨基酸侧链 R 基中均不含有酸性或碱性基团。

（3）按照 R 基的极性分类

20 种常见氨基酸按照 R 基极性可分为非极性 R 基氨基酸、不带电荷的极性 R 基氨基酸、带正电荷的 R 基氨基酸和带负电荷的 R 基氨基酸 4 类。

①非极性 R 基氨基酸　共有 8 种：4 种含脂肪烃侧链的氨基酸，即丙氨酸、缬氨酸、亮氨酸和异亮氨酸；2 种含有芳香环侧链的氨基酸，即苯丙氨酸和色氨酸；1 种含硫氨基酸，即甲硫氨酸；1 种亚氨基酸，即脯氨酸。这组氨基酸的侧链 R 基均为非极性基团或疏水性基团，它们在水中的溶解度比极性 R 基氨基酸小。其中，以丙氨酸的 R 基疏水性最小。

②不带电荷的极性 R 基氨基酸　共有 7 种：3 种含羟基侧链的氨基酸，即丝氨酸、苏氨酸和酪氨酸；1 种含巯基氨基酸，即半胱氨酸；2 种含酰胺基氨基酸，即天冬酰胺和谷氨酰胺；1 种 R 基为氢的氨基酸，即甘氨酸。这组氨基酸的侧链中含有不解离的极性基团或亲水性基团，能与水形成氢键。它们比非极性 R 基氨基酸易溶于水。甘氨酸的侧链介于极性与非极性之间，有时也把它归入非极性类。这一组氨基酸中，半胱氨酸和酪氨酸的 R 基极性最强。

③带正电荷的 R 基氨基酸　共有 3 种：赖氨酸、精氨酸和组氨酸。这是一组碱性氨基酸，在 pH 7 时携带正电荷。因为除 α-侧链氨基外，赖氨酸在侧链的 ε 位置上还有一个—NH_3^+，精氨酸含有一个带正电荷的胍基，组氨酸有一个弱碱性的咪唑基。

④带负电荷的 R 基氨基酸　共有 2 种：天冬氨酸和谷氨酸。这是一组酸性氨基酸，这两个氨基酸都含有两个羧基，且第二个羧基在 pH 7 左右完全解离，因此分子带负电荷。

5.2.2　不常见的蛋白质氨基酸和非蛋白质氨基酸

5.2.2.1　不常见的蛋白质氨基酸

有些氨基酸虽然不常见，但也是构成蛋白质的组成成分，故称为不常见的蛋白质氨基酸，也称稀有氨基酸。这些氨基酸都是由常见氨基酸修饰而来。如存在于结缔组织和胶原蛋白中的

5-羟赖氨酸和4-羟脯氨酸，它们是由相应的氨基酸羟化而来；存在于调节蛋白中的磷酸丝氨酸、磷酸苏氨酸和磷酸酪氨酸，它们是由相应的氨基酸磷酸化而来。

5.2.2.2 非蛋白质氨基酸

除了参与蛋白质组成的20种常见氨基酸及少数的稀有氨基酸外，在各种组织和细胞中已发现200多种其他氨基酸，它们不参与蛋白质的构成，所以称为非蛋白质氨基酸。这些氨基酸大多数是蛋白质中存在的L型α-氨基酸的衍生物，但也有一些是β-氨基酸、γ-氨基酸或δ-氨基酸。这些氨基酸中有些是重要的代谢物前体或代谢中间物，如β-丙氨酸是维生素泛酸的一个成分；γ-氨基丁酸是传递神经冲动的化学介质；肌氨酸是一碳单位代谢的中间物；瓜氨酸和鸟氨酸是合成精氨酸的前体；高半胱氨酸是甲硫氨酸合成的中间产物；高丝氨酸是苏氨酸、天冬氨酸等代谢的中间产物。此外，某些非蛋白质氨基酸呈D型，如细菌细胞壁肽聚糖中的D-谷氨酸和D-丙氨酸；一种抗生素短杆菌肽S中的D-苯丙氨酸。

5.2.3 氨基酸的性质

5.2.3.1 一般物理性质

（1）形状

构成蛋白质的α-氨基酸为无色晶体，但晶体形状各不相同，如甘氨酸为白色单斜晶体；缬氨酸为六角形叶片状晶体；天冬氨酸为菱形叶片状晶体；酪氨酸为丝状针晶体等。氨基酸构型不同，晶体形状也不相同，如L-谷氨酸是四角柱形晶体，而D-谷氨酸是菱片状晶体。因此，氨基酸的晶体形状可以作为其定性的依据。

（2）味感

氨基酸具有味感，且其味感与结构和构型有关。一般来说，D型氨基酸多数具有甜味，L型氨基酸具有酸、甜、苦、鲜4种味感。其中，谷氨酸的钠盐具有显著的鲜味，是味精的主要成分（表5-2）。

（3）溶解度

氨基酸一般都能溶于水、稀酸或稀碱溶液，但不同氨基酸在水中的溶解度差别很大（表5-2）。氨基酸一般不溶于乙醇、乙醚和氯仿等有机溶剂，故乙醇能将溶液中的氨基酸沉淀析出（脯氨酸、羟脯氨酸除外）。

（4）熔点

氨基酸结晶的熔点一般在200~300℃，明显高于相应的羧酸或者胺类。但半胱氨酸熔点较低，为178℃；酪氨酸熔点较高，为342~344℃。温度高于熔点时，氨基酸分解产生胺和二氧化碳。

（5）旋光性

除了甘氨酸外，其余氨基酸均至少含有一个手性碳原子（苏氨酸和亮氨酸含有两个手性碳原子），因此这些氨基酸都具有旋光性，且不同氨基酸的比旋光度不同（表5-2）。比旋光度是α-氨基酸的物理常数，可以利用它对氨基酸进行鉴别和纯度鉴定。

（6）光吸收性

参与蛋白质构成的20种氨基酸在可见光区域均没有光吸收，但在红外区和远紫外区域（$\lambda < 220$ nm）均有光吸收，且在近紫外区（200~400 nm）显示特征性的吸收谱带，原因是色氨酸、酪氨酸和苯丙氨酸分子中侧链R基含有苯环共轭π键系统。它们的最大吸收波长分别为279 nm、278 nm和259 nm。基于此，蛋白质在波长280 nm处也会有光吸收，因此可以利用紫外分光光度法测定样品中的蛋白质含量。

表 5-2　天然氨基酸的部分物理性质

氨基酸	溶解度 (25℃)/%	旋光性			味感		
		比旋	浓度/%	溶剂	阈值* /(mg/100mL)	L-氨基酸	D-氨基酸
酪氨酸	0.045	-7.27	4.0	6.03 mol/L HCl	—	微苦	甜
天冬氨酸	0.05	+24.62	2.0	6 mol/L HCl	3	酸(弱鲜)	—
谷氨酸	0.84	+31.7	0.99	1.73 mol/L HCl	30(5)	鲜(酸)	—
色氨酸	1.13	-32.15	2.07	H_2O	90	苦	强甜
苏氨酸	1.59	-28.3	1.1	H_2O	260	微甜	弱甜
亮氨酸	2.19	+13.91	9.07	4.5 mol/L HCl	380	苦	强甜
苯丙氨酸	2.96	-35.1	1.93	H_2O	150	微苦	强甜
甲硫氨酸	3.38	+23.4	5.0	3 mol/L HCl	30	苦	甜
异亮氨酸	4.12	+40.6	5.1	6.1 mol/L HCl	90	苦	甜
组氨酸	4.29	-39.2	3.77	H_2O	20	苦	甜
丝氨酸	5.02	+14.5	9.34	1 mol/L HCl	150	微甜	强甜
缬氨酸	8.85	+28.8	3.40	6 mol/L HCl	150	苦	强甜
丙氨酸	16.51	+14.47	10.0	5.97 mol/L HCl	60	甜	强甜
甘氨酸	24.99	0	—	—	110	甜	甜
羟脯氨酸	36.11	-75.2	1.0	H_2O	50	微甜	—
脯氨酸	62.30	-85.0	1.0	H_2O	300	甜	—
精氨酸	易溶	25.58(正负)	1.66	6 mol/L HCl	10	微苦	弱甜
赖氨酸	易溶	+25.72	1.64	6.03 mol/L HCl	50	苦	弱甜
谷氨酰胺	—	—	—	—	250	弱甜鲜	—
天冬酰胺	—	—	—	—	100	弱苦酸	—

注：*阈值为 L-氨基酸的数据，谷氨酸和天冬氨酸呈酸味，其钠盐才呈鲜味。

5.2.3.2　氨基酸的酸碱性质

（1）氨基酸的兼性离子形式

氨基酸中的—COOH 可以解离释放 H^+，变为—COO^-；氨基酸中的—NH_2 可以结合 H^+，变为—NH_3^+。故氨基酸可以同时带有正、负两种电荷的离子形式存在（图 5-11），这种离子形式称为兼性离子、两性离子或偶极离子。氨基酸主要以这种形式存在于晶体或水溶液中。

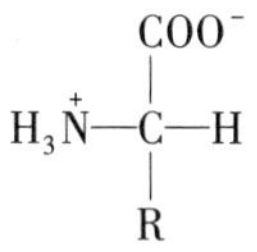

图 5-11　氨基酸的兼性离子形式

（2）氨基酸的两性解离

氨基酸的兼性离子既可以提供质子也可以接受质子，所以属于两性电解质。其两性解离通式如下：

提供质子：

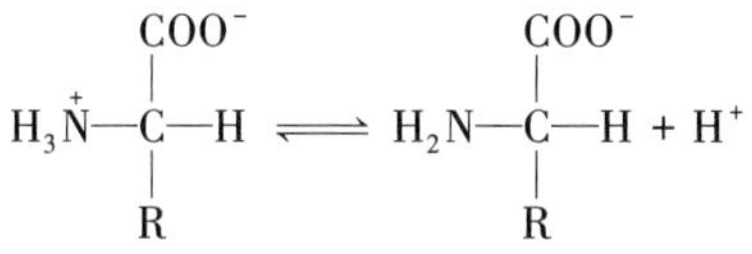

接受质子：

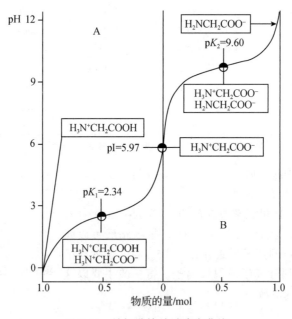

完全质子化的中性氨基酸可以看作是一个二元酸，以甘氨酸为例，它分步解离如下：

$$K_1 = [A^0][H^+]/[A^+] \tag{5-1}$$

$$K_2 = [A^-][H^+]/[A^0] \tag{5-2}$$

式中：K_1——氨基酸 α 碳原子上—COOH 的解离常数；

K_2——氨基酸 α 碳原子上—NH_3^+ 的解离常数。

氨基酸的这些解离常数可通过测定滴定曲线的方法求得。以甘氨酸为例，图 5-12 所示为甘氨酸的酸碱滴定曲线，A 段是用标准盐酸滴定得到的曲线，B 段是用标准氢氧化钠滴定得到的曲线。

图 5-12　甘氨酸的酸碱滴定曲线

从 A 段可以看出，曲线在 pH 2.34 处有一个拐点。从甘氨酸的解离公式（5-1）可知，当滴定至甘氨酸分子中质子受体—COO$^-$ 被中和半数，也就是甘氨酸的兼性离子有一半变成阳离子时（即 $[A^0]=[A^+]$），$K_1=[H^+]$，两边各取对数得 $pK_1=pH$，这就是左段曲线拐点的 pH 2.34，即甘氨酸羧基（—COOH）的解离常数为 2.34。

从 B 段可以看出，曲线在 pH 9.60 处有一个拐点。从甘氨酸的解离公式（5-2）可知，当滴定至甘氨酸分子中质子供体—NH_3^+ 被中和半数，也就是甘氨酸的兼性离子有一半变成阴离子时（即 $[A^0]=[A^-]$），$K_2=[H^+]$，两边各取对数得 $pK_2=pH$，这就是左段曲线拐点的 pH 9.60，即甘氨酸—NH_3^+ 的解离常数为 9.60。

通过氨基酸的滴定曲线，当已知 pK_1 和 pK_2 等数据时，可用下列 Handerson-Hasselbalch 公式，求出在任一 pH 条件下一种氨基酸溶液中各种离子所占的比例。

$$pH = pK_a + lg \frac{[\text{质子受体}]}{[\text{质子供体}]}$$

（3）氨基酸的等电点

从氨基酸的解离方程和滴定曲线可以看出，氨基酸的带电情况与溶液 pH 有关。如果向氨基酸的水溶液中加酸，则两性离子与质子结合，氨基酸带正电荷；如果向氨基酸水溶液中加碱，则两性离子给出质子，氨基酸带负电荷。当氨基酸水溶液处于某一 pH 时，氨基酸所带正电荷和负电荷相等，即净电荷为零，此时的 pH 称为氨基酸的等电点，以 pI 表示。pI 应为兼性离子两侧的两个 pK 值的平均值。

以侧链 R 基不解离的中性氨基酸为例，其解离情况如下：

$$\underset{\text{阳离子}(A^+)}{\overset{\text{COOH}}{H_3\overset{+}{N}-\overset{|}{\underset{|}{C}}-H}} \underset{R}{\overset{K_1}{\underset{H^+}{\rightleftharpoons}}} \quad \underset{\text{兼性离子}(A^0)}{\overset{\text{COO}^-}{H_3\overset{+}{N}-\overset{|}{\underset{|}{C}}-H}} \underset{R}{\overset{K_2}{\underset{H^+}{\rightleftharpoons}}} \quad \underset{\text{阴离子}(A^-)}{\overset{\text{COO}^-}{H_2N-\overset{|}{\underset{|}{C}}-H}}$$

其等电点公式为：

$$pI = \frac{1}{2}(pK_1 + pK_2)$$

不同氨基酸的 pK 及 pI 值不同（表 5-3）。且当氨基酸处于等电点时，由于静电引力的作用，其溶解度最小，容易发生沉淀。利用这一特性可以从各种氨基酸的混合物溶液中分离制取某种氨基酸。

表 5-3 各种氨基酸的 pK′ 及 pI 值

氨基酸	pK_1'(COOH)	pK_2'(NH_3^+)	pK_3'(R)	pI
甘氨酸	2.34	9.60		5.97
丙氨酸	2.34	9.69		6.02
缬氨酸	2.32	9.62		5.97
亮氨酸	2.36	9.60		5.89
异亮氨酸	2.36	9.68		6.02
丝氨酸	2.21	9.15		5.68
苏氨酸	2.63	10.43		6.53
天冬氨酸	2.09	3.86(β-COOH)	9.82(NH_3^+)	2.89
天冬酰胺	2.02	8.80		5.41
谷氨酸	2.19	4.25(γ-COOH)	9.67(NH_3^+)	3.22
谷氨酰胺	2.17	9.13		5.65
精氨酸	2.17	9.04(NH_3^+)	12.48(胍基)	10.76
赖氨酸	2.18	8.95(α-NH_3^+)	10.53(ε-NH_3^+)	9.74
组氨酸	1.82	6.00(咪唑基)	9.17(NH_3^+)	7.59
半胱氨酸	1.71	8.33(NH_3^+)	10.78(SH)	5.02
甲硫氨酸	2.28	9.21		5.75

（续）

氨基酸	$pK_1'(COOH)$	$pK_2'(NH_3^+)$	$pK_3'(R)$	pI
苯丙氨酸	1.83	9.13		6.48
酪氨酸	2.20	$9.11(NH_3^+)$	$10.07(OH)$	5.66
色氨酸	2.38	9.39		5.89
脯氨酸	1.19	10.60		6.30

5.2.3.3　氨基酸的化学反应

（1）由 α-氨基参与的反应

①与亚硝酸反应　氨基酸的游离 α-氨基(脯氨酸和羟脯氨酸除外)可在室温下与亚硝酸反应，生成羟基酸和氮气。反应通式如下：

$$R{-}\overset{NH_2}{\underset{}{CH}}{-}COOH + HNO_2 \longrightarrow R{-}\overset{OH}{\underset{}{CH}}{-}COOH + N_2\uparrow + H_2O$$

此反应是 Van Slyke(范斯莱克)法测定氨基酸氮的基础。因上述反应中生成的氮气一半来自氨基酸的氨基氮，另一半来自亚硝酸，所以在标准条件下测定生成的氮气的体积，即可计算出氨基酸的量。

②酰基化反应　氨基酸可与酰氯或酸酐等酰基化试剂反应，使氨基的一个或两个氢原子被酰基取代而被酰化。反应通式如下：

$$H_2N{-}\overset{COOH}{\underset{R}{C}}{-}H + R'X \longrightarrow R'HN{-}\overset{COOH}{\underset{R}{C}}{-}H + HX$$

式中，R′为酰基，X 为卤素(Cl 和 F)。这类反应在人工合成多肽及蛋白质时用于保护氨基。常用的酰基化试剂包括苄氧甲酰氯、叔丁氧甲酰氯、邻苯二甲酸酐及丹磺酰氯等。

③烃基化反应　氨基酸可与烃基化试剂反应，使氨基的氢原子被烃基取代。较重要的两个烃基化反应如下：

一个是在弱碱性溶液中，氨基酸的 α-氨基易与 2,4-二硝基氟苯(2,4-dinitrofluorobenzene，可简写为 DNFB 或 FDNB)发生亲核芳环取代反应，生成稳定的黄色 2,4-二硝基苯基氨基酸(dinitrophenyl amino acid，简称为 DNP-氨基酸)。该反应首先被英国著名的生物化学家弗雷德里克·桑格(Frederick Sanger)用来鉴定多肽和蛋白质的 N-末端氨基酸。DNFB 试剂又称为 Sanger 试剂。反应通式如下：

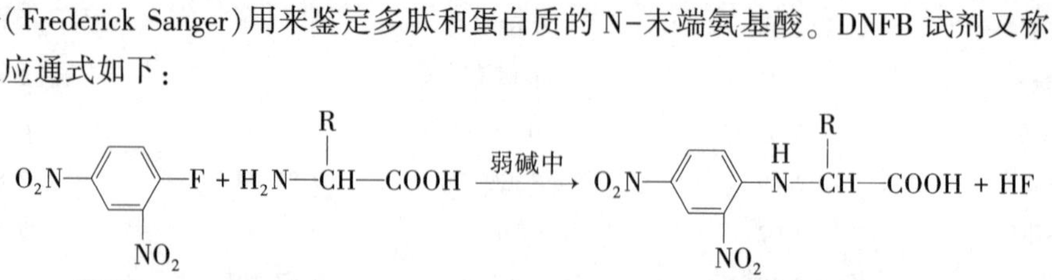

$$O_2N{-}\bigcirc{-}F + H_2N{-}\overset{R}{\underset{}{CH}}{-}COOH \xrightarrow{弱碱中} O_2N{-}\bigcirc{-}\overset{H}{N}{-}\overset{R}{\underset{}{CH}}{-}COOH + HF$$

DNFB　　　　　　　　　　　　　　　　　DNP-氨基酸(黄色)

另一个是在弱碱性条件下，氨基酸中的 α-氨基可与苯异硫氰酸酯(phenylisothiocyanate，PITC)反应，生成相应的苯氨基硫甲酰氨基酸(phenylthiocarbamoyl amino acid，简称为 PTC-氨基酸)，该化合物在硝基甲烷中与酸作用发生环化，生成苯乙内酰硫脲(phenylthiohydantoin，PTH)衍生物，后者在酸中极稳定。进一步可用层析法对这些无色的衍生物进行分离鉴定。这个反应首先被 Edman 用来鉴定多肽或蛋白质的 N-末端氨基酸，故又称 Edman 反应，该反应在多肽和蛋白质的氨基酸序列分析中占有重要地位。反应通式如下：

$$苯异硫氰酸酯\ (\bigcirc—N=C=S) + H_2N—\underset{R}{\overset{|}{C}H}—COOH \xrightarrow{弱碱中} PTC-氨基酸 \xrightarrow[(CH_3NO_2)]{H^+} PTH-氨基酸$$

苯异硫氰酸酯　　　　　　　　　　　　　苯氨基硫甲酰衍生物　　　苯乙内酰硫脲衍生物
　　　　　　　　　　　　　　　　　　　（PTC-氨基酸）　　　　（PTH-氨基酸）

④形成希夫碱反应　氨基酸的 α-氨基能与醛类化合物反应生成弱碱，即希夫碱（Schiff's base），又称西佛碱、席夫碱。反应通式如下：

$$\underset{H}{\overset{R'}{\underset{|}{\overset{|}{C}}}}=O + H_2N—\underset{R}{\overset{COOH}{\underset{|}{\overset{|}{C}}}}H \underset{+H_2O}{\overset{-H_2O}{\rightleftharpoons}} \underset{H}{\overset{R'}{\underset{|}{\overset{|}{C}}}}=N—\underset{R}{\overset{COOH}{\underset{|}{\overset{|}{C}}}}H$$

该反应是引起食品非酶促褐变的反应之一，即食品中的氨基酸与葡萄糖醛基发生羰氨反应，生成希夫碱，进一步转变成有色物质。

⑤脱氨基反应　氨基酸在生物体内经酶催化可脱去 α-氨基而转变成 α-酮酸，该反应是生物体内氨基酸分解代谢的重要方式之一。反应通式如下：

$$R—\underset{NH_2}{\overset{|}{C}H}—COOH + \frac{1}{2}O_2 \xrightarrow{酶} R—\overset{O}{\overset{\|}{C}}—COOH + NH_3$$

⑥成盐反应　氨基酸的氨基与盐酸作用产生氨基酸盐化合物。用盐酸水解蛋白质制得的氨基酸就是氨基酸盐酸盐，反应通式如下：

$$R—\underset{NH_2}{\overset{|}{C}H}—COOH + HCl \longrightarrow R—\underset{NH_3^+ \cdot Cl^-}{\overset{|}{C}H}—COOH$$

⑦与甲醛反应　氨基酸的氨基可与甲醛反应生成—$NHCH_2OH$，—$N(CH_2OH)_2$ 等羟甲基衍生物，该反应是甲醛滴定法测定氨基酸含量的基础反应。反应通式如下：

$$R—\underset{NH_3^+}{\overset{|}{C}H}—COO^- + HCHO \rightleftharpoons R—\underset{NH—CH_2OH}{\overset{|}{C}H}—COO^- + H^+ \xrightarrow{OH^-} 中和$$

$$\downarrow HCHO$$

$$R—\underset{N(CH_2OH)_2}{\overset{|}{C}H}—COO^-$$

虽然氨基酸分子在溶液中是两性离子，但它不能直接用酸、碱滴定进行定量测定。原因是氨基酸在酸、碱滴定终点时 pH 过高（12~13）或过低（1~2），超出酸碱滴定指示剂的显色范围。而氨基酸的氨基与甲醛的反应，降低了氨基的碱性，相对促进了氨基酸—NH_3^+ 的酸性解离，释放出 H^+，使反应的终点 pH 从 12~13 下降至 9 附近，故可以用酚酞作指示剂，用标准氢氧化钠溶液加以滴定。由滴定所消耗的碱量，可以计算出氨基，即氨基酸的含量，这就是氨基酸的甲醛滴定法。

（2）由 α-羧基参与的反应

①成盐反应　氨基酸的 α-羧基与碱作用生成盐，如谷氨酸与氢氧化钠反应生成谷氨酸钠（味精）。反应式如下：

$$HOOC—CH_2—CH_2—\underset{NH_2}{\overset{|}{C}H}—COOH + NaOH \longrightarrow HOOC—CH_2—CH_2—\underset{NH_2}{\overset{|}{C}H}—COONa + H_2O$$

②成酯反应 氨基酸的羧基与醇作用生成相应的酯，如在干燥氯化氢气体存在下，氨基酸可与乙醇作用生成氨基酸乙酯。反应通式如下：

$$R-\underset{\underset{NH_2}{|}}{CH}-COOH + C_2H_5OH \xrightarrow{HCl(气)} R-\underset{\underset{NH_2}{|}}{CH}-COOC_2H_5 + H_2O$$

氨基酸羧基被酯化后，可增强其氨基的化学活性，使氨基更易发生酰化反应。故该反应常被用于人工合成蛋白质和多肽过程中的氨基酸活化。

③成酰氯反应 当氨基酸的氨基用适当的保护基团保护后，其羧基可与五氯化磷或二氯亚砜等作用生成相应的酰氯。反应式如下：

$$R-\underset{\underset{HN-R'}{|}}{CH}-COOH + PCl_5 \longrightarrow R-\underset{\underset{HN-R'}{|}}{CH}-COCl + POCl_3 + HCl \;(R'为氨基保护基团)$$

氨基酸生成相应的酰氯后，其羧基容易与另一个氨基酸的氨基之间形成肽键，因此该反应在人工合成多肽过程中经常使用。

④脱羧基反应 氨基酸在生物体内经酶催化脱去羧基，生成二氧化碳和相应的胺。反应通式如下：

$$R-\underset{\underset{NH_2}{|}}{\overset{\overset{COOH}{|}}{CH}} \xrightarrow{脱羧酶} R-CH_2-NH_2 + CO_2$$

⑤叠氮反应 氨基酸的氨基通过酰化加以保护，羧基经酯化生成相应的酯，然后与肼和亚硝酸反应，即生成叠氮化合物。反应通式如下：

$$H_2N-\underset{\underset{氨基酸}{}}{\overset{\overset{R}{|}}{CH}}-COOH \longrightarrow YHN-\underset{\underset{酰化氨基酸}{}}{\overset{\overset{R}{|}}{CH}}-COOH \longrightarrow YHN-\underset{\underset{酰化氨基酸甲酯}{}}{\overset{\overset{R}{|}}{CH}}-COOCH_3$$

$$\xrightarrow[(-CH_3OH)]{NH_2NH_2} YHN-\underset{\underset{酰化氨基酸的肼衍生物}{}}{\overset{\overset{R}{|}}{CH}}-CO-NH-NH_2 \xrightarrow{HNO_2} YHN-\underset{\underset{酰化氨基酸叠氮}{}}{\overset{\overset{R}{|}}{CH}}-CON_3 + 2H_2O$$

此反应能使氨基酸中的羧基活化，在人工合成肽的过程中也比较常用。

（3）由 α-氨基和 α-羧基共同参与的反应

①与茚三酮反应 α-氨基与茚三酮在弱酸性且加热条件下，发生氧化脱氨、脱羧，生成相应的醛、氨和二氧化碳，同时茚三酮被还原成还原茚三酮。进一步还原茚三酮、氨和茚三酮共同作用生成一种蓝紫色的物质。反应式如下：

上述反应非常灵敏，只需几微克的氨基酸就能与茚三酮显色。生成的蓝色物质在 570 nm 波长下有最大光吸收，且在 0.5~50 μg/mL 范围内，氨基酸的含量与吸光度成正比，故该反应常被用于氨基酸的定性、定量分析。此外，采用纸层析、离子交换层析及电泳等技术分离氨基酸时，也常用茚三酮作显色剂，定性、定量分析氨基酸。因此，此反应在氨基酸的分析化学中具有特殊意义。

值得注意的是脯氨酸和羟脯氨酸与茚三酮反应不释放氨气，而直接生成一种黄色化合物。

②成肽反应　一个氨基酸的氨基和另一个氨基酸的羧基脱水缩合而成的化合物叫作肽，形成的键为肽键，又称酰胺键。反应通式如下：

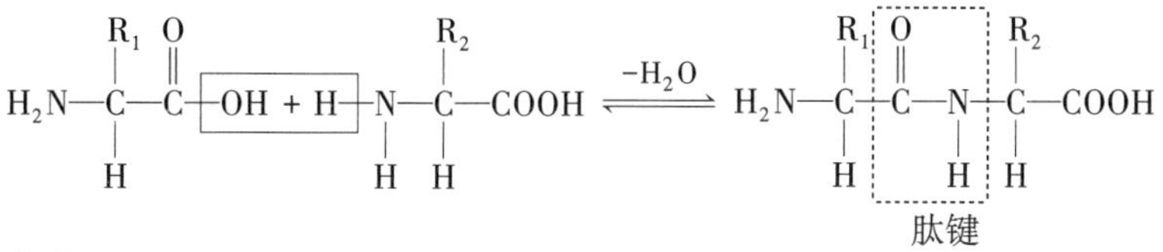

肽键

(4) 由侧链 R 基参与的反应

氨基酸侧链 R 基中的许多官能团，如丝氨酸和苏氨酸的羟基，酪氨酸的酚羟基，半胱氨酸的巯基，色氨酸的吲哚基，组氨酸的咪唑基，精氨酸的胍基等也能发生多种化学反应。以下仅介绍几种常见的反应。

①巯基参与的反应　巯基还原性强，可与苄氯、碘乙酰胺等结合，生成烷基化衍生物，使巯基得到保护而不被破坏，此反应在人工合成肽过程中常用到。反应式如下：

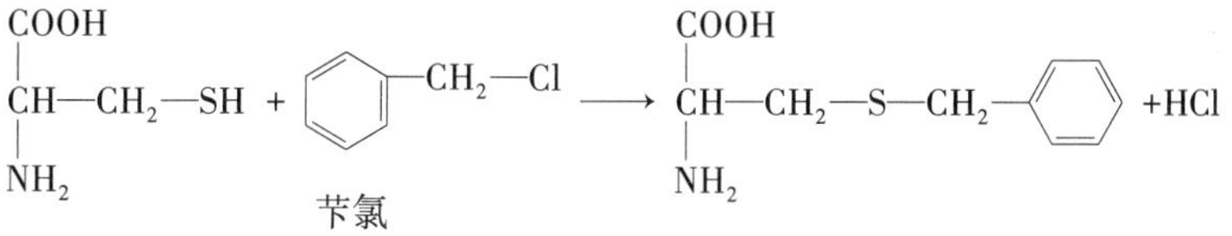

苄氯

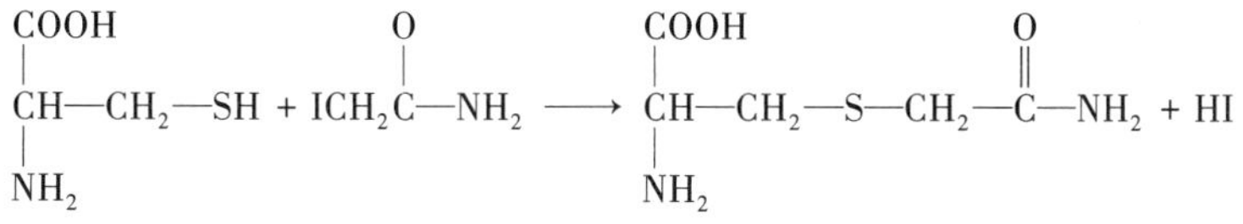

碘乙酰胺

两个—SH 通过氧化可失去两个氢原子而形成—S—S—，称为二硫键，如两个半胱氨酸通过氧化而形成胱氨酸。反应式如下：

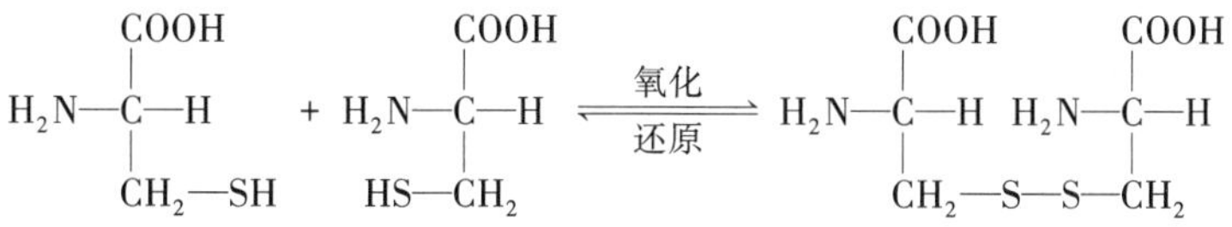

半胱氨酸　半胱氨酸　胱氨酸

此反应可逆，在 β-巯基乙醇、二硫苏糖醇等作用下，胱氨酸的二硫键可以打开，重新生成两个半胱氨酸。

②羟基参与的反应　羟基可与酸生成酯，如丝氨酸或苏氨酸中的羟基可与乙酸、磷酸反应，生成相应的酯；也可与磷蛋白中的磷酸缩合，生成磷酸酯。

部分氨基酸特殊侧链基团参与的反应及用途见表 5-4。

表 5-4　部分氨基酸特殊侧链基团参与的反应及用途

R 基名称	化学反应	用途及重要性
苯环	黄色反应：与 HNO_3 作用产生黄色物质	做蛋白质定性实验，用于鉴定苯丙氨酸和酪氨酸

（续）

R 基名称	化学反应	用途及重要性
酚基	Millon 反应：与 $HgNO_3$、$Hg(NO_3)_2$ 和 HNO_3 反应呈红色 Folin 反应：酚基可还原磷钼酸、磷钨酸成蓝色物质	用于鉴定酪氨酸，进行蛋白质定性定量测定
吲哚基	乙醛酸反应：与乙醛酸或二甲基氨甲醛反应(Ehrlich)，生成紫红色化合物 还原磷钼酸、磷钨酸成钼蓝、钨蓝	鉴定色氨酸，做蛋白质定性实验
胍基	坂口反应(Sakaguchi 反应)：在碱性溶液中胍基与含有 α-萘酚及次氯酸钠的物质反应生成红色物质	进行精氨酸的测定
咪唑基	Pauly 反应：与重氮盐化合物结合生成棕红色物质	用于组氨酸及酪氨酸的测定
巯基	亚硝基亚铁氰酸钠反应：在稀氨溶液中与亚硝基亚铁氰酸钠反应生成红色化合物	进行半胱氨酸及胱氨酸的测定
羟基	与乙酸或磷酸作用生成酯	保护丝氨酸及苏氨酸的羟基，用于蛋白质的合成

5.3 肽

5.3.1 肽的结构

肽(peptide)是两个或两个以上氨基酸通过肽键连接而成的链状化合物，也称肽链。肽键是一个氨基酸的氨基与另一个氨基酸的羧基脱去一分子水而缩合形成的酰胺键。反应通式见氨基酸化学反应中的成肽反应。

肽链主链上的重复结构称为肽单位，即 C_α—CO—NH—。各种肽的主链结构都一样，但侧链 R 基的序列不同。具体如下：

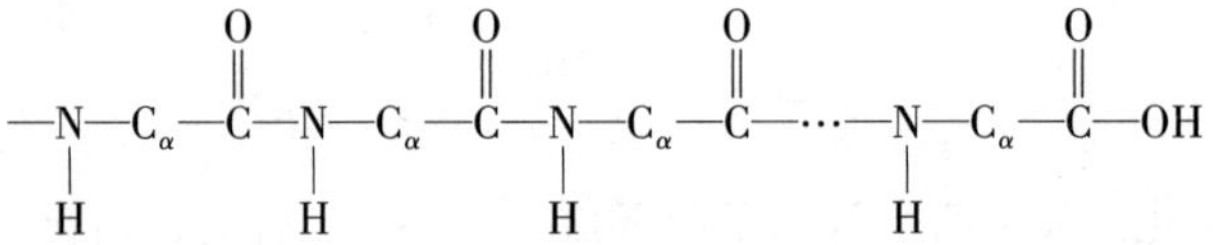

$$-N-C_\alpha-\overset{\displaystyle O}{\overset{\|}{C}}-N-C_\alpha-\overset{\displaystyle O}{\overset{\|}{C}}-N-C_\alpha-\overset{\displaystyle O}{\overset{\|}{C}}\cdots-N-C_\alpha-\overset{\displaystyle O}{\overset{\|}{C}}-OH$$

肽单位具有以下特征：

第一，由于酰胺氮上的孤对电子与相邻羧基之间的共振作用，肽键具有部分双键的性质，不能沿 C—N 轴自由旋转。且肽键的 C—N 键长为 0.132 nm，介于普通 C—N 单键(0.149 nm)和 C≕N 双键(0.127 nm)之间。

第二，—CO—NH—和与之相连的 2 个 α 碳原子处于同一个平面内，此平面为刚性平面结构，称为肽平面或酰胺平面(图 5-13)。肽平面内各原子所构成的键的键长和键角固定不变。

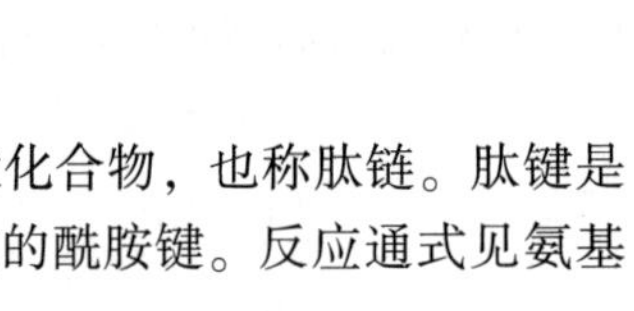

第三，大多数肽单位为反式构象，即羧基氧和氨基氢位于肽键两侧，这种构象有利于结构的稳定。

图 5-13 肽平面

肽链中的每个氨基酸都参与肽键的形成，因而都不是原来完整的分子，故称为氨基酸残基。肽链的两端分别保留有游离的 α-氨基和 α-羧基，故这两端分别称为氨基端(N 端)和羧基端(C 端)。书写时，习惯将 N 端作为起始端，C 端作为结尾端，即从左至右为从 N 端到 C 端。肽链命名可用某氨基酰某氨基酸表示，也可用中文单字、英文三字母或英文单字形式表示。如某肽链由半胱氨酸、甘氨酸、酪氨酸、丙氨酸和缬氨酸 5 个氨基酸组成，应命名为：半胱氨酰甘氨酰酪氨酰丙氨酰缬氨酸，也可简写为：半胱-甘-酪-丙-缬，Cys-Gly-Tyr-Ala-Val，CGYAV。

由两个氨基酸残基组成的肽称为二肽，由三个氨基酸残基组成的肽称为三肽……一般把含有几个至十几个氨基酸残基的肽链称为寡肽(oligopeptide)，更长的肽链称为多肽(polypeptide)。

5.3.2 肽的性质

许多短肽在水溶液中以偶极离子形式存在。与氨基酸一样，肽也有游离末端 α-NH$_2$、游离末端 α-COOH 以及可解离的侧链 R 基，所以它们同样具有酸碱性质。但与游离氨基酸相比，肽链末端的游离氨基和游离羧基之间的距离较远，它们之间的静电引力较弱，所以其可离子化程度较低，肽链 N 端的 α-氨基的 pK 值减小，C 端的 α-羧基的 pK 值增大，侧链 R 基的 pK 变化不大。

每种肽都有等电点。其中小肽的计算方法与氨基酸相同，但复杂的多肽只能使用等电聚焦等手段进行测定。

肽的游离 α-NH$_2$、α-COOH 以及侧链 R 基也可以发生与氨基酸中相应基团类似的化学反应。此外，肽还可发生一些特殊反应，如双缩脲反应。

5.3.3 生物活性肽

以游离形式存在于生物体内，且具有特殊生物学功能的小肽称为生物活性肽。这类肽在生物体的生长发育、细胞分化、免疫防御、生殖控制、肿瘤病变及延缓衰老等方面均发挥重要作用。

5.3.3.1 还原型谷胱甘肽

还原型谷胱甘肽(reduced glutathione，GSH)是谷氨酸、半胱氨酸和甘氨酸构成的三肽，结构式如下：

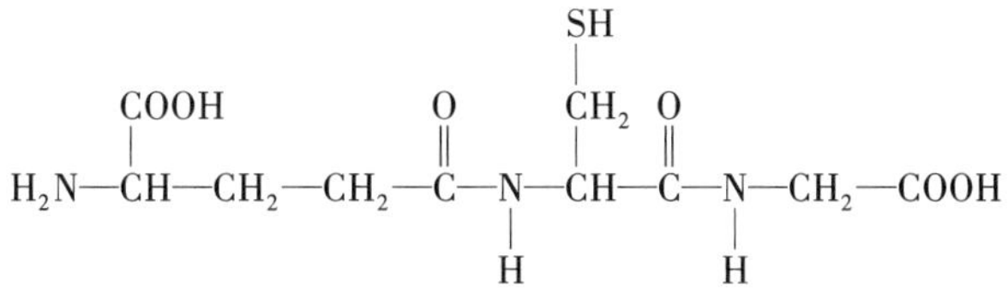

还原型谷胱甘肽广泛存在于生物细胞中，红细胞中含量丰富。因其侧链中含有一个活泼的巯基，很容易被氧化生成氧化型谷胱甘肽(GSSG)，所以它是生物体内的重要的抗氧化剂，可以保护体内蛋白质或者酶分子中巯基不被氧化，使蛋白质或酶处于活性状态。

5.3.3.2 脑啡肽

脑啡肽是 1975 年英国 J. Hughes 等从猪脑组织中分离出来的一类活性肽，为五肽，它具有比吗啡更强的镇痛作用。有两种：甲硫氨酸脑啡肽(Tyr-Gly-Gly-Phe-Met)，亮氨酸脑啡肽(Tyr-Gly-Gly-Phe-Leu)。

5.3.3.3 肽类激素

生物体内的很多激素属于肽类，如催产素具有收缩子宫和乳腺，促进排乳和催产作用，为九肽，结构如下：

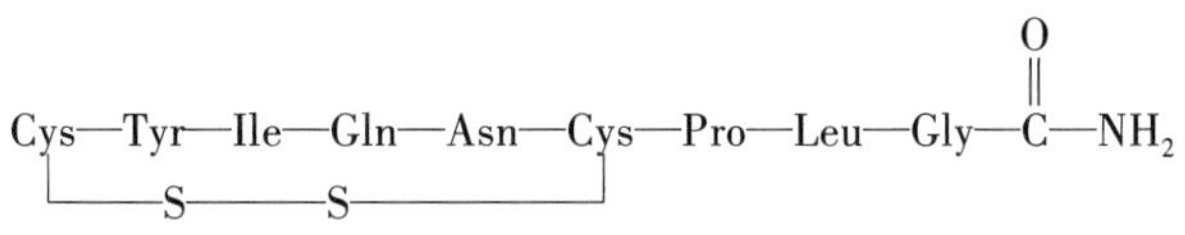

再如血管升压素具有促进血管平滑肌收缩，升高血压并减少排尿的作用。它也是九肽，结构与催产素相似，差别在于它的第 3 位氨基酸是苯丙氨酸，第 8 位氨基酸是精氨酸。

5.3.3.4　抗菌肽

抗菌肽是由特定微生物产生的，能抑制细菌和其他微生物生长和繁殖的肽或肽的衍生物。这类肽中经常存在一些特殊氨基酸，或者存在一些异常的酰胺结合方式，如短杆菌肽 S、多菌素 E 和放线菌素等。

5.4　蛋白质的分子结构

蛋白质是生物大分子，可由一条或多条肽链构成。不同肽链的长度不同，肽链中氨基酸的组成和排列顺序也不相同，所以蛋白质分子的结构和功能也各不相同。为了研究方便，20 世纪 50 年代，丹麦科学家建议将蛋白质的结构分为不同的结构层次，即一级结构、二级结构、三级结构和四级结构。一级结构是指蛋白质的共价结构，也称为初级结构。二级、三级和四级结构是指蛋白质分子中的所有原子在三维空间中的排布，称为空间结构，也称为构象、立体结构、三维结构及高级结构。

5.4.1　蛋白质共价结构

5.4.1.1　一级结构概念

蛋白质的一级结构指蛋白质多肽链中氨基酸残基的排列顺序，又称氨基酸序列。维持一级结构的化学键是肽键，为共价键，所以一级结构又称为共价结构。一级结构的书写方式与肽链的书写方式一样。

过去曾将蛋白质的一级结构等同于它的化学结构。蛋白质的化学结构包括多肽链数目，每条肽链中氨基酸数目、种类及排列顺序，链间或链内键的位置。直到 1969 年，国际纯粹与应用化学联合会(IUPAC)才规定蛋白的一级结构特指多肽链中氨基酸残基的排列顺序。

5.4.1.2　一级结构的测定

氨基酸序列测定的开拓者是英国的生物化学家弗雷德里克·桑格(Frederick Sanger)，他于 1953 年首次阐明了牛胰岛素的全部氨基酸序列，从而揭开蛋白质一级结构研究的序幕，他也因此获得了 1958 年的诺贝尔化学奖。

蛋白质分子一级结构的测定包括肽链数目的确定及拆分、氨基酸组成的测定、末端氨基酸的测定、肽链的水解、各肽断氨基酸序列的测定、氨基酸完整顺序的拼接及肽链中二硫键位置的确定等步骤。

（1）肽链数目的确定及拆分

蛋白质可由一条或多条肽链组成，因此在测定其一级结构之前，先要确定组成该蛋白质的肽链数目。根据蛋白质 N 端或 C 端残基的摩尔数与蛋白质分子的摩尔数的关系，可以确定蛋白质分子中的多肽链数目。如果蛋白质分子的摩尔数与末端残基的摩尔数相等，则蛋白质分子只含一条多肽链。如果蛋白质分子的摩尔数与末端残基的摩尔数不相等，且后者是前者的倍数，则说明蛋白质分子含多条肽链。另外也可在已知蛋白质分子质量的情况下，采用一些拆分肽链的手段处理蛋白质。如果处理后蛋白质的分子质量没有改变，则说明该蛋白质由一条肽链构成；如果处理后蛋白质的分子质量发生改变，则说明该蛋白质由多条肽链构成。

对于含多条肽链的蛋白质，在氨基酸序列分析前，必须先将肽链拆分开。如果蛋白质的肽链间借助非共价键缔合，则可加酸或加碱改变溶液的 pH，将肽链分开；也可以使用变性剂，如 8 mol/L 尿素、6 mol/L 盐酸胍或高浓度盐，使肽链拆开。如果蛋白质的肽链间是通过共价

(如二硫键)缔合在一起,则常采用过甲酸氧化法或二硫苏糖醇还原法断裂二硫键。

(2)氨基酸组成的测定

确定蛋白质的肽链数目后,需要将肽链分离、纯化,然后进行完全水解,测定氨基酸的种类及每种氨基酸的数量,了解氨基酸的构成情况。目前较常用的是先将蛋白质进行酸水解,然后用氨基酸自动分析仪进行测定。

(3)肽链 N 端和 C 端分析

肽链进行末端残基的鉴定,以便建立两个重要的氨基酸序列参考点。

①N 端分析

a. 二硝基氟苯法(DNFB 或 Sanger 法):肽链末端的 $\alpha\text{-}NH_2$ 可与二硝基氟苯(DNFB)反应,生成二硝基苯衍生物,即 DNP-多肽。新生成的 DNP-多肽中苯核与氨基之间的键比肽键稳定,不易被酸水解。因此,DNP-多肽经酸水解后,只有 N 端氨基酸为黄色的 DNP-氨基酸,其余都是游离氨基酸。用乙醚抽提 DNP-氨基酸,然后用纸色谱、薄层色谱或高效液相色谱进行分离鉴定,便可知肽链的 N 端是何种氨基酸。

b. 苯异硫氰法(Edman 降解法):肽链末端的 $\alpha\text{-}NH_2$ 能与苯异硫氰(PITC)作用,生成苯氨基硫甲酰衍生物(PTC-多肽)。在温和酸性条件下,末端氨基酸环化并释放出来,即苯乙内酰硫脲氨基酸(PTH-氨基酸),剩下一条完整的、缺少一个氨基酸残基的肽链(反应过程见氨基酸的化学反应部分)。PTH-氨基酸用乙酸乙酯抽提后,可用纸色谱或薄层色谱鉴定。氨基酸序列自动分析仪就是基于此原理设计的。

c. 丹黄酰氯法(DNS 法):该法的原理与 DNFB 法的原理相同,只是用 DNS 代替了 DNFB,生成丹黄酰氨基酸(DNS-氨基酸)。且 DNS-氨基酸不需要抽提,可直接用纸电泳或薄层色谱鉴定。

d. 氨肽酶法:氨肽酶是一类肽链外切酶,它们能从多肽链的 N 端逐个向内切。根据不同的反应时间,测出酶水解所释放的氨基酸种类和数量,按反应时间和残基释放量绘制动力学曲线,就能知道该蛋白质的 N 端残基顺序。

②C 端分析

a. 肼解法:是测定 C 端最常用的方法。将肽链与肼在无水条件下加热,所有肽键断裂,除 C 端氨基酸以游离氨基酸形式存在外,其他氨基酸均转变成相应的氨基酸酰肼化合物。肼解下来的氨基酸可借助 DNFB 法或 DNS 法以及色谱技术进行鉴定。肼解法的反应如下:

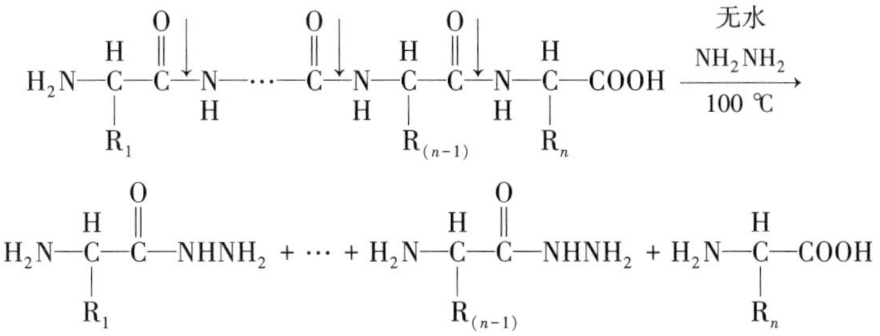

(n-1)个氨基酸酰肼   C-末端氨基酸

b. 羧肽酶法:羧肽酶是一类肽链外切酶,它专一地从肽链的 C 端开始逐个降解氨基酸残基,释放出游离氨基酸。被释放的氨基酸数目与种类随反应时间而变化。根据释放的氨基酸量(摩尔数)与反应时间的关系,便可以知道该肽链的 C 端氨基酸序列。

(4)肽链的部分水解和肽段分离

目前最常用的 Edman 降解法一次只能连续降解几十个氨基酸残基,而天然蛋白质分子至少含有 100 个以上的残基,因此必须先将蛋白质裂解成小肽,通过凝胶过滤、凝胶电泳及高效液相色谱等方法对这些小肽进行分离纯化，然后测定小肽的氨基酸序列。为了便于后续氨基酸完整顺序的拼接，需要采用两种或两种以上的方法进行肽链裂解。目前蛋白质的裂解方法主要有酶裂解法和化学裂解法两类。

①酶裂解法　酶裂解法所使用的蛋白酶一般具有专一性，可通过水解特定氨基酸所形成的肽键，将肽链断裂成若干片段。常用的蛋白酶有胰蛋白酶、胰凝乳蛋白酶（糜蛋白酶）、嗜热菌蛋白酶及胃蛋白酶等。

胰蛋白酶：该酶最为常用，只作用于肽链中赖氨酸或精氨酸的羧基端肽键。

胰凝乳蛋白酶：主要作用于苯丙氨酸、酪氨酸和色氨酸的羧基端肽键，也可作用于亮氨酸、甲硫氨酸等一些有大的非极性侧链的氨基酸的羧基端肽键。

嗜热菌蛋白酶：专一性差，可作用于亮氨酸、异亮氨酸、苯丙氨酸、色氨酸、酪氨酸、缬氨酸及甲硫氨酸等疏水性强的氨基酸的羧基端肽键。

胃蛋白酶：专一性与胰凝乳蛋白酶相似，主要作用于苯丙氨酸、酪氨酸、色氨酸及亮氨酸等疏水氨基酸的羧基端肽键。

②化学裂解法　包括溴化氰法、部分酸水解法及羟胺法等。其中，溴化氰法较为理想。此法专一性强，能专一性地切断肽链中甲硫氨酸羧基端的肽键。由于蛋白质中甲硫氨酸含量较少，故该法在肽链上的切点少，可获得较大的片段。

（5）各肽段氨基酸序列测定

各肽段的氨基酸序列分析方法包括 Edman 降解法、酶解法、质谱法及气相色谱-质谱联用法等，其中最常使用的是 Edman 降解法。

Edman 降解法最初用于 N 端氨基酸残基的测定。Edman 试剂与 N 端氨基酸残基的 α-氨基经过偶联、环化断裂和转化反应后，N 端氨基酸脱落，生成 PTH-氨基酸。通过层析等方法鉴定 PTH-氨基酸的种类，就可以确定肽链中对应位置的氨基酸。重复以上步骤，通过 n 轮反应，就可确定肽段中 n 个氨基酸残基的排列顺序。

（6）氨基酸完整顺序的拼接

同一肽链进行两种不同形式的裂解，可得到两套肽段。分别确定每套肽段的氨基酸顺序后，利用肽段重叠法进行对照推断，即可确定整条肽链的氨基酸顺序。例如，某一肽链通过末端分析得到：N 端残基为 I，C 端残基为 L。用胰蛋白酶水解得到第一套肽段，测定出氨基酸顺序分别为：MTYAGKISR EAL CAFR DALK。用胰凝乳蛋白酶水解得到第二套肽段，测定出氨基酸顺序分别为：TY REAL AGKDAL ISRM KCAF。利用两套肽段的氨基酸顺序彼此之间的重叠关系，得出：

第一套肽段：N 端 ISRMTYAGK DALK CAFR EAL C 端；

第二套肽段：N 端 ISRM TY AGKDAL KCAF REAL C 端；

推出完整肽链顺序：ISRMTYAGKDALKCAFREAL。

（7）肽链中二硫键的确定

一般用胃蛋白酶水解肽链，然后将得到的一套肽段进行对角线电泳。首先样品点样到滤纸中央的电泳原点，在第一个方向上进行电泳，肽段按其所带电荷和分子大小分离开。然后将滤纸在发烟甲酸蒸气中熏，二硫键被氧化和拆开。将滤纸旋转 90°，在相同条件下进行第二个方向上的电泳。对于大多数不含二硫键的肽段来说，迁移率不变，且位于滤纸的一条对角线上；而含二硫键的肽段，迁移率发生改变，位置偏离对角线。将这些肽段提取出来，进行氨基酸顺序分析，与已经测定的多肽链氨基酸顺序相比较，即可推断出二硫键的位置。

5.4.2　蛋白质的空间结构

5.4.2.1　维持蛋白质空间结构的作用力

维持蛋白质空间结构的化学键主要是氢键、范德华力、疏水相互作用和盐键(离子键)等非共价键(次级键)。此外,二硫键在稳定蛋白质的构象方面也起重要作用。

(1)氢键

氢键本质上是一种静电引力。当氢原子与电负性强的原子形成共价键时,共用电子对偏向电负性强的原子,使氢原子核在外侧裸露,氢原子显正电性。当有另一个电负性强的原子靠近时,产生正负电荷间的静电引力,这就是氢键,表示为:

$$X—H\cdots Y$$

式中,X、Y 都是电负性强的原子(F、O、N、S 等),"—"表示共价键,"$\cdots$"表示氢键,X—H 在氢键形成中作为供氢体,而 Y 作为受氢体。

氢键在稳定蛋白质结构中起着极其重要的作用。肽链上的羰基氧和酰胺氢之间、主链与侧链之间、侧链与侧链之间、主链与水之间及侧链与水之间均可形成氢键,其中羰基氧和酰胺氢之间形成的氢键是维持蛋白质二级结构的主要作用力。

(2)范德华力

范德华力实质上也是静电引力,它存在于极性基团之间、极性基团和非极性基团之间及非极性基团之间。范德华力虽然很弱,但其分布广泛,数量巨大且具有加和性,所以是维持蛋白质三级和四级结构不可忽视的一种作用力。

(3)疏水相互作用

疏水相互作用是指疏水基团或者疏水分子在水溶液中为了避开水相而互相聚集在一起形成的作用力。蛋白质分子中的疏水基团主要由疏水氨基酸残基提供,它们聚集在一起会在蛋白质分子内部形成疏水核心,在稳定蛋白质三级结构方面占据突出地位。

(4)盐键

盐键又称离子键,是带相反电荷的基团之间的静电引力。在生理 pH 下,蛋白质中的酸性氨基酸残基可带负电荷,碱性氨基酸残基可带正电荷。多数情况下,这些带电荷基团分布在蛋白质分子表面,与水分子发生相互作用,形成水化层,起到稳定蛋白质构象的作用。但有时少数带相反电荷的基团也会出现在蛋白质分子内部,形成盐键。

(5)二硫键

二硫键是很强的共价键。它主要在肽链形成特定的空间结构后,由肽链内或肽链间的两个半胱氨酸残基的巯基氧化而成。二硫键不指导肽链的折叠,但它对蛋白质构象的稳定有重要作用。

5.4.2.2　蛋白质分子的二级结构

(1)肽平面与二面角

肽链主链结构实际上由一个个肽平面组成,且各平面之间通过 C_α 连接。在肽链折叠为高级结构时,肽平面的 6 个原子始终保持在一个平面上。与 C_α 相连的两个化学键($N_1—C_\alpha$ 和 $C_2—C_\alpha$)是典型的单键,可以绕键轴旋转(图 5-14)。它们旋转的结果是带动相邻的两个肽平面发生扭转,肽平面的扭转程度用二面角 Φ 和 Ψ 来表示,即二面角决定了相邻两个肽平面的空间位置。其中,$N_1—C_\alpha$ 键旋转角度称为 Φ 角,$C_2—C_\alpha$ 键旋转的角度称为 Ψ 角。理论上讲,Φ 和 Ψ 都可在 $-180° \sim +180°$ 范围内自由旋转,但实际上受氨基酸残基侧链和肽链中形成的氢键的影响,Φ 和 Ψ 只能在有限的范围内旋转。

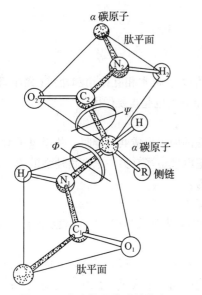

图 5-14 完全伸展的肽链构象

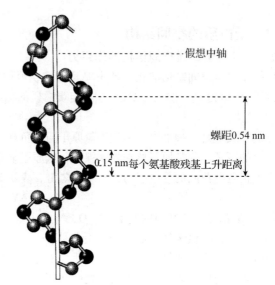

图 5-15 α-螺旋结构模型

（2）二级结构基本类型

蛋白质的二级结构是指多肽链主链借助氢键排列成一个方向具有周期性结构的构象。它只限于主链原子的局部空间排列，不包括与肽链其他区段的相互关系，也不包括侧链构象。二级结构的基本类型有α-螺旋、β-折叠、β-转角和无规则卷曲等。

①α-螺旋（图 5-15） 是蛋白质中最常见且最稳定的一种二级结构。1951 年，由美国加州理工学院的 Pauling 等人根据 α-角蛋白的 X 射线衍射分析结果提出。

α-螺旋的结构特点如下：

第一，肽链的主链围绕中心轴螺旋上升，每个螺旋周期包含 3.6 个氨基酸残基，螺距 0.54 nm，每个氨基酸上升 0.15 nm，每个氨基酸旋转 100°。

第二，螺旋的稳定性靠大量氢键来维持。氢键是由第 n 个氨基酸残基的羰基氧与第 $n+4$ 个氨基酸残基的亚氨基氢之间形成的。氢键的取向与螺旋的中心轴平行。氢键的形成将肽链局部封闭成环状，环内共包含 13 个原子，所以典型的 α-螺旋可表示为 3.6_{13}。

第三，螺旋中肽平面形成的二面角取值恒定。每一个 Φ 角等于 $-57°$，每一个 Ψ 角等于 $-47°$。

第四，肽链中氨基酸残基的侧链 R 基位于螺旋外侧。

第五，蛋白质中的 α-螺旋大多数是右手螺旋。

α-螺旋的稳定性与肽链中氨基酸残基的组成和排列顺序密切相关。例如，多聚丙氨酸不带电荷且侧链 R 基小，易于形成氢键，所以在 pH 7 的水溶液中自发形成 α-螺旋；多聚赖氨酸带同种正电荷，彼此间发生静电排斥，不能形成氢键，所以在 pH 7 的水溶液中不能形成 α-螺旋；多聚异亮氨酸的侧链 R 基较大，造成空间阻碍，不能形成 α-螺旋；肽链中有脯氨酸残基时，由于其没有用来形成氢键的 H 原子，所以使 α-螺旋在此处中断或者拐弯。

②β-折叠（图 5-16） 是蛋白质分子中又一种常见的二级结构。该结构是 Pauling 等继发现 α-螺旋结构后，同年于丝蛋白中发现的。

β-折叠的结构特点如下：

第一，肽链几乎完全伸展。

第二，肽链呈锯齿状，肽平面以折叠形式存在，C_α 位于折叠线上。

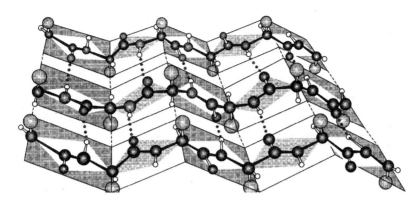

图 5-16　β-折叠结构模型

第三，相邻肽链上的羰基氧原子与亚氨基氢原子之间形成氢键，氢键几乎与肽链垂直，是维持β-折叠稳定性的主要作用力。

第四，肽链中侧链 R 基在肽平面的上下交替出现。

第五，β-折叠分平行式（相邻肽链是同向的）和反平行式（相邻肽链是反向的）两种。反平行式比平行式更稳定（图 5-17）。

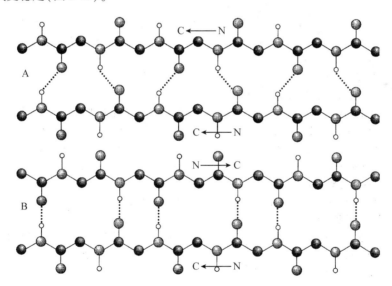

图 5-17　平行式（A）和反平行式（B）结构模型

③β-转角（图 5-18）　自然界的蛋白质大多数是球状蛋白质。而肽链必须经过弯曲、回折和重新定向过程，才能形成结实、球状的结构，这种弯曲、回折部位的构象即为β-转角，又称β-弯曲或发夹结构。

β-转角的结构特点如下：

第一，β-转角由肽链上 4 个连续的氨基酸残基组成，其中第 1 个氨基酸残基上的羰基氧原子与第 4 个氨基酸残基上的亚氨基氢原子之间形成氢键，维持该构象的稳定性。

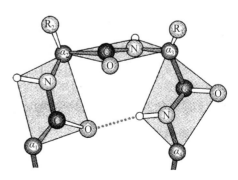

图 5-18　β-转角结构模型

第二，β-转角广泛存在于球状蛋白中，以改变肽链的走向。

第三，β-转角中甘氨酸和脯氨酸出现频率较高。

④无规则卷曲　又称自由回转，是指没有特定规律的松散肽链结构，常出现于球状蛋白质分子中。虽然无规则卷曲没有固定形式，但是在同一种蛋白质中，它也是明确而稳定的。

5.4.2.3　蛋白质分子的三级结构

蛋白质的三级结构是指一条多肽链在二级结构基础上进一步卷曲折叠，构成一个不规则的特定构象，包括全部主链、侧链在内的所有的原子排布，不包括肽链间的关系。

蛋白质三级结构的特征如下：

第一，大多数天然蛋白质的三级结构都是近似球形结构，其表面有一个空穴(也称裂沟、凹槽或口袋)，且疏水侧链埋藏在分子内部，亲水侧链暴露在分子表面。

第二，蛋白质三级结构的稳定性主要依靠次级键来维持，其中疏水相互作用发挥了最重要的作用。此外，氢键、盐键、二硫键和范德华力也有一定作用。

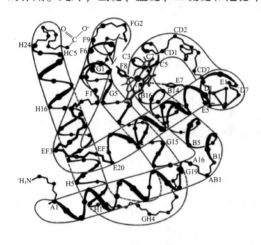

图 5-19　肌红蛋白的三级结构模型

例如，肌红蛋白是由 Kendrew 等用 X 射线衍射研究确定，并第一个被阐明三级结构的蛋白质(图 5-19)。它是哺乳动物肌肉中储氧的蛋白质，由一条肽链和一个血红素辅基构成。肽链由 α-螺旋和无规则卷曲共同卷曲折叠成十分紧密结实的球状结构，内部有一个可容纳 4 个 H_2O 分子的空间。极性氨基酸残基几乎全部分布于分子的表面，非极性氨基酸残基被埋在分子内部。辅基血红素(铁卟啉)处于肌红蛋白分子表面的一个洞穴内，血红素中心的 Fe^{2+} 有 6 个配位键，其中 4 个分别与卟啉环中的 4 个 N 原子结合，1 个与肽链 93 号位的组氨酸残基的咪唑基中的 N 原子结合，另一个处于开放状态，用来与 O_2 结合。

在二级结构和三级结构之间，还可以细化出超二级结构和结构域两个结构层次。

超二级结构是指蛋白质中相邻的二级结构单位(即单个 α-螺旋或 β-折叠或 β-转角)组合在一起，形成有规则的、在空间上能辨认的二级结构组合体，称为蛋白质超二级结构。常见的超二级结构有 αα、βββ、βαβ 3 种组合形式(图 5-20)。

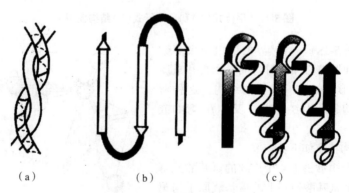

(a)　　　　　(b)　　　　　(c)

图 5-20　常见的超二级结构

(a)αα; (b)βββ; (c)βαβ

结构域是指肽链在二级结构或超二级结构基础上，进一步卷曲折叠成的相对独立、近似球形的三维实体(图 5-21)。它是蛋白质三级结构的基本单元，可由 40~400 个氨基酸残基组成。对于那些相对分子质量较小、结构较简单的蛋白质来说，它的结构域就是它的三级结构。而对于那些相对分子质量较小、结构较复杂的蛋白质来说，它的三级结构往往由两个或多个结构域缔合而成。且结构域之间常只有一段肽链链接，形成铰链区。这段铰链具有一定的柔性。

5.4.2.4　蛋白质分子的四级结构

由多条肽链组成的蛋白质分子中，每一条肽链都独立形成三级结构，这些三级结构单位主要通过非共价键相互缔合成的特定空间构象，即为蛋白质的四级结构。这样的蛋白质称为寡聚蛋白质，寡聚蛋白质分子中的每个三级结构单位称为一个亚基或亚单位。蛋白质的四级结构主要涉及亚基与亚基在空间上的相互关系和结合方式，不涉及亚基本身的构象。

寡聚蛋白质可由两个到几十个亚基组成。每一个亚基一般是由一条多肽链组成的，但有的亚基本身也可由两条或几条多肽链组成。每个亚基单独存在时往往没有生物活性，只有各亚基共同缔合成四级结构以后，才能表现出完整的生物功能。

稳定蛋白质四级结构的化学键包括氢键、疏水相互作用、范德华力及离子键。

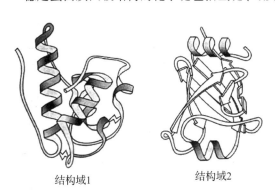

结构域1　　　　结构域2

图 5-21　木瓜蛋白酶的两个结构域

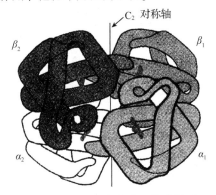

图 5-22　血红蛋白中亚基的排列

具有四级结构的蛋白质在结构和功能方面的优越性体现在提高蛋白质的稳定性，提高遗传经济性和效率，使催化基团汇集在一起及产生协同效应和别构效应等方面。

最简单的具有四级结构的蛋白质是血红蛋白。血红蛋白是红细胞中运输氧气的一种蛋白质。它是由 4 条肽链(2 条 α 链和 2 条 β 链)组成的四聚体，且每条肽链结合一个血红素辅基(图 5-22)。其中，α 链和 β 链的一级结构与肌红蛋白差别很大，但每条肽链的三级结构都与肌红蛋白的三级结构非常相似，相似的结构性决定了它们具有相似的功能。血红蛋白的外形类似球形，4 条肽链分别在相当于四面体的四个角。4 条肽链靠次级键结合在一起。

5.4.3　蛋白质结构与功能关系

蛋白质的结构与功能之间既有相互依赖的一面，又有相互制约的一面。一般来说，蛋白质的生物学功能是它的天然构象所具有的属性，同时生物学功能的发挥又依赖于蛋白质所具有的构象。

5.4.3.1　蛋白质的一级结构与功能的关系

蛋白质的一级结构决定它的空间结构，而空间结构是蛋白质发挥生物学功能所必需的。因此，从根本上来说，蛋白质实现生物学功能最终决定于它的一级结构。

(1)同功蛋白质的氨基酸种属差异和分子进化

同功蛋白质是指不同种属来源，执行相同生物学功能的蛋白质，也称同源蛋白质。这些蛋白质在一级结构上,既有明显的相似性,也存在种属差异性。所以,同功蛋白质的氨基酸组成可划分为两部分:存在于所有种属的同源蛋白质中,且排列位置不变的那部分氨基酸称为不变残基(保守残基),它们决定蛋白质的空间结构和功能;剩余部分的氨基酸对不同种属来说有较大差异,称为可变残基,它们不影响蛋白质的功能,但能体现种属差异(表5-5)。

表5-5 不同种属来源的胰岛素分子中部分氨基酸差异

胰岛素来源	氨基酸序列的部分差异				胰岛素来源	氨基酸序列的部分差异			
	A_8	A_9	A_{10}	B_{30}		A_8	A_9	A_{10}	B_{30}
人	Thr	Ser	Ile	Thr	羊	Ala	Gly	Val	Ala
猪	Thr	Ser	Ile	Ala	马	Thr	Gly	Ile	Ala
牛	Ala	Ser	Val	Ala	抹香鲸	Thr	Ser	Ile	Ala
狗	Thr	Ser	Ile	Ala	兔	Thr	Ser	Ile	Thr

此外,同功蛋白质在组成上的差异也可表现生物进化中亲缘关系的远近,可反映生物系统进化树,从而辩证地阐明分子进化。如细胞色素c是广泛存在于生物体内的含铁卟啉的一种色蛋白,大多数生物的细胞色素c由104个氨基酸残基组成,比较后发现,亲缘关系越近,其氨基酸组成越相似,差异性越小;亲缘关系越远,其氨基酸组成差异越大(表5-6)。

表5-6 不同细胞色素c的氨基酸差异(与人比较)

生物名称	与人不同的氨基酸数目	生物名称	与人不同的氨基酸数目	生物名称	与人不同的氨基酸数目
黑猩猩	0	狗、驴	11	狗鱼	23
恒河猴	1	马	12	果蝇	25
兔	9	鸡	13	小麦	35
袋鼠	10	响尾蛇	14	粗糙链孢霉	43
鲸	10	海龟	15	酵母	44
牛、猪、羊	10	金枪鱼	21		

(2)同种蛋白质的氨基酸个体差异和分子病

同种蛋白质是指来源于同一种生物,具有相同生物功能的蛋白质。在同一物种的不同个体中,同种蛋白质的氨基酸序列也存在细微差异,称为个体差异。这种差异往往由基因突变引起,并会导致蛋白质分子结构的改变,进而引起多种疾病,即分子病。例如,镰刀型细胞贫血病是最早被认识的一种分子病。该病患者由于遗传基因突变导致血红蛋白分子中 β 链上第6位氨基酸——谷氨酸被更换为缬氨酸,血红蛋白结构异常。在缺氧时,患者红细胞呈镰刀状,使运输氧的能力减弱,引起贫血症状。

(3)一级结构的局部断裂和蛋白质激活

在某些生化过程中,蛋白质分子的部分肽链要按特定的方式先断裂,然后才能呈现生物活性。例如,许多酶(胰蛋白酶、弹性蛋白酶及胰凝乳蛋白酶等)和许多激素(胰岛素、甲状旁腺素及生长激素等)都有一个不具备活性的前体,它们需要经专一性蛋白水解酶作用,切去一段肽后,才能表现活性。图5-23表示胰岛素原的激活过程。胰岛素原是由胰岛的 β 细胞合成的,含有86个氨基酸残基(人),分A、B、C 3段,不具备胰岛素的活性。它被胰蛋白酶作用后切去C肽段后,变成有活性的胰岛素。

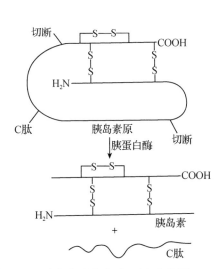

图 5-23　胰岛素原的激活（引自张洪渊，2006）

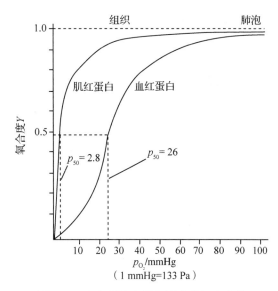

图 5-24　血红蛋白和肌红蛋白的氧合曲线

5.4.3.2　蛋白质的空间结构与功能的关系

蛋白质只有具备了特定的空间结构，它才能发挥相应的生物学功能，空间结构的变化必然会导致功能的改变。

（1）变构现象

有些蛋白质在完成其生物功能时空间结构发生一定的变化，从而改变分子的性质，以适应生理功能的需要，这种现象称为变构现象或别构现象（allostery）。该现象是蛋白质表现、调节其生物学功能的一种普遍现象。

血红蛋白在完成运输氧的功能时，就有变构现象发生。血红蛋白的氧合曲线呈"S"形，不同于肌红蛋白的双曲线（图 5-24）。分析原因主要是血红蛋白与氧结合前后的变构现象所致。血红蛋白是四聚体蛋白，每个亚基都结合有一个亚铁血红素辅基，血红蛋白结合氧的能力依赖于分子中的血红素辅基。与氧结合前，血红蛋白构象对氧亲和力低。但当血红蛋白氧合后，由于铁原子移到血红素中心，引起其余 3 个亚基的构象发生一系列变化，导致亚基的重排，整个分子的构象由致密态变成松弛态，各亚基都变得适合于与氧结合，最终表现为血红蛋白与氧的亲和力急剧增强。这种血红蛋白亚基与氧结合后增强其他亚基对氧的亲和力的现象称为协同效应。蛋白质与效应物的结合引起整个蛋白质分子构象发生改变的现象就称为蛋白质的变构效应。

（2）变性作用

变性作用（denaturation）是指天然蛋白质受到不同理化因素的影响，氢键、离子键等次级键维系的高级结构被破坏，分子内部结构发生改变，致使生物学性质、理化性质改变。例如，高温加热后的酶丧失催化活性、强酸强碱处理下的生长激素失去促生长能力，这些都是蛋白质发生变性作用的缘故。

变性作用是蛋白质空间结构与功能统一性的另一个重要体现，同时也是蛋白质具有的一个非常重要的性质。

5.5　蛋白质的性质

蛋白质是由氨基酸组成，所以它具有氨基酸的某些性质，如两性解离、紫外吸收、成盐及成酯等。然而作为生物大分子，蛋白质还有一些氨基酸所不具备的性质，如胶体性质、沉淀作用及变性作用等。

5.5.1　蛋白质分子的大小

蛋白质的相对分子质量很大，近年发展起来的常用且简便的蛋白质相对分子质量测定方法主要是凝胶过滤法和SDS-聚丙烯酰胺凝胶电泳法。

5.5.1.1　凝胶过滤法

凝胶过滤法又称凝胶过滤层析(gel filtration chromatography)、分子筛层析(molecular sieve chromatography)，该法既可用于蛋白质的分离纯化，又可用于蛋白质的相对分子质量测定。

凝胶过滤的原理是当不同分子大小的蛋白质(或者含杂质的蛋白质)流经凝胶层析柱时，大于凝胶孔径的分子由于不能进入凝胶颗粒内部，而从凝胶颗粒的间隙向下移动，并最先流出层析柱外，小于凝胶孔径的分子可以不同程度地进入凝胶颗粒的内部。这样由于不同大小的分子所经过的路径不同，大分子物质先被洗脱出来，小分子物质后被洗脱出来，达到了分离的目的(图5-25)。

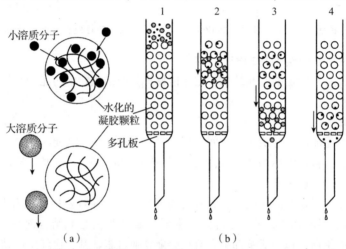

图 5-25　凝胶过滤层析分离的原理(引自金凤燮，2006)

(a)小分子由于扩散作用进入凝胶颗粒内部而被滞留，大分子被排阻在凝胶颗粒外，在凝胶颗粒之间迅速通过；

(b)1-蛋白质混合物上柱；2-开始洗脱，小分子进入凝胶颗粒内部，大分子被排阻在凝胶颗粒外，大小分子开始分开；3-大小分子完全分开，大分子已开始被洗出层析柱；4-大分子已被完全洗脱，小分子仍在进行中

凝胶过滤是通过一定的凝胶载体来实现的，凝胶颗粒的内部是多孔的网状结构。目前常用的凝胶有交联葡聚糖、聚丙烯酰胺凝胶和琼脂糖等。凝胶的网孔大小决定能被分离的蛋白质混合物的相对分子质量范围。如Sephadex G(交联葡聚糖)-75 的分级范围是 3 000~8 000，表示相对分子质量在此范围内的蛋白质或其他大分子能够用这种凝胶分开。

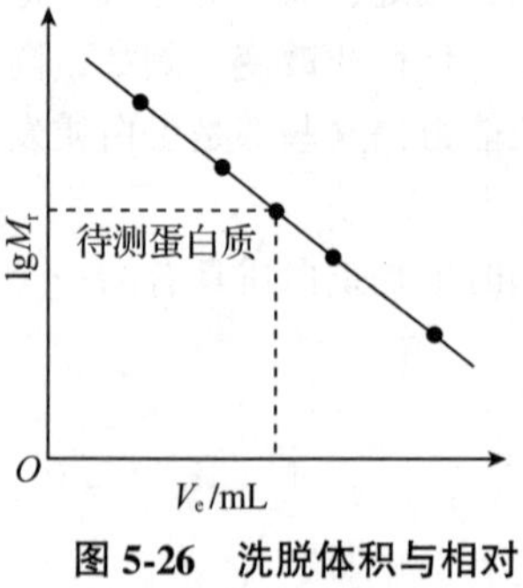

凝胶过滤法测定蛋白质的相对分子质量的具体过程如下：先用已知相对分子质量的蛋白质混合标准品进行层析。由于在层析条件完全相同的情况下，洗脱体积(从待测样品上层析柱开始到某种分子被洗脱下来为止的洗脱液体积称为该分子的洗脱体积，V_e)与相对分子质量的对数($\lg M_r$)之间存在线性关系(图5-26)，因此分别以 $\lg M_r$ 为纵坐标，以相应的 V_e 为横坐标作图，即可得到标准曲线。在同样的条件下测定待测蛋白的 V_e，通过标准曲线即可查得待测蛋白的相对分子质量。

图 5-26　洗脱体积与相对分子质量之间的关系

5.5.1.2　SDS-聚丙烯酰胺凝胶电泳

SDS-聚丙烯酰胺凝胶电泳(SDS-PAGE)是测定蛋白质相对分子质量和鉴定蛋白质纯度的常用方法。聚丙烯酰胺凝胶是由单体丙烯酰胺在交联剂甲叉双丙烯酰胺和加速剂四甲基乙二胺(TEMED)的作用下，聚合交联而成的具有三维网状结构的凝胶。改变单体丙烯酰胺的浓度或者单体丙烯酰胺与甲叉双丙烯酰胺的比例，可以得到不同孔径的凝胶。

蛋白质颗粒在聚丙烯酰胺凝胶中电泳时，它的迁移率与所带电荷、分子大小及分子形状等因素有关。如果在聚丙烯酰胺凝胶系统中加入十二烷基硫酸钠(SDS)和少量巯基乙醇，蛋白质分子的电泳迁移率则主要取决于它的分子大小，而与其所带电荷和分子形状无关。原因在于SDS作为一种有效的变性剂，它能破裂蛋白质分子中的氢键和疏水作用，而巯基乙醇作为一种还原剂，它能打开蛋白质分子中二硫键，故在二者存在情况下，单体蛋白质或寡聚蛋白质的亚基均处于展开状态。同时，SDS以其烃链与蛋白质分子的侧链结合成复合体。因SDS是阴离子，故SDS与蛋白质的结合使多肽链带上大量负电荷，该电荷量远超过蛋白质分子原有的电荷量，因而掩盖了不同蛋白质间原有的电荷差别。再者，SDS-蛋白质复合体在水溶液中均为近似雪茄烟形的长椭圆棒状，因而掩盖了不同蛋白质间原有的分子形状差别。

SDS-聚丙烯酰胺凝胶电泳过程中，蛋白质相对分子质量越大，在凝胶中迁移时受到的阻力越大，其相对迁移率(蛋白质分子的距离与指示染料的迁移距离之比)越小；蛋白质相对分子质量越小，在凝胶中迁移时受到的阻力越小，其相对迁移率越大。且蛋白质的相对迁移率与其相对分子质量的对数之间存在线性关系。因此，在测定未知蛋白质的相对分子质量时，先用已知相对分子质量的蛋白质混合标准品进行SDS-聚丙烯酰胺凝胶电泳。然后分别以每种蛋白质相对分子质量的对数为纵坐标，以相应的相对迁移率为横坐标作图，即可得到标准曲线(图5-27)。在同样的条件下测定待测蛋白质的相对迁移率，通过标准曲线即可查得待测蛋白质的相对分子质量。

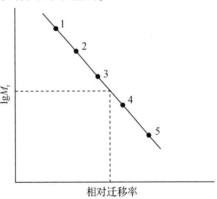

图 5-27　蛋白质相对分子质量对数与相对迁移率之间的关系

5.5.2　两性解离和等电点

蛋白质分子中除了N端有一个可解离的游离氨基，C端有一个可解离的游离羧基以外，参与蛋白质组成的某些氨基酸残基的侧链R基也带有可解离基团，如天冬氨酸和谷氨酸的侧链羧基、赖氨酸的侧链氨基、精氨酸的侧链胍基及组氨酸的侧链咪唑基等。因此，与氨基酸一样，蛋白质也是两性电解质。蛋白质中的可解离基团主要来自氨基酸残基的侧链R基，且由于在蛋白质分子受到临近电荷的影响，这些基团的解离常数与游离氨基酸中的解离常数不完全相同。

蛋白质的可解离基团在一定pH范围内解离时，会使基团带上一定电荷。由于蛋白质分子中含有多个可解离基团，所以它可发生多价解离。蛋白质分子所带电荷的种类和数量由蛋白质分子中的可解离基团的种类、数目及溶液的pH决定。蛋白质分子的解离情况可用下式表示：

$$
\begin{array}{ccccc}
\overset{+}{N}H_3 & & \overset{+}{N}H_3 & & NH_2 \\
| & & | & & | \\
Pr\!-\!COOH & \underset{H^+}{\overset{OH^-}{\rightleftharpoons}} & Pr\!-\!COO^- & \underset{H^+}{\overset{OH^-}{\rightleftharpoons}} & Pr\!-\!COO^- \\
(pH<pI) & & (pH=pI) & & (pH>pI) \\
阳离子 & & 两性离子 & & 阴离子
\end{array}
$$

由上式可以看出，当在某一 pH 时，蛋白质分子主要以两性离子形式存在。处于等电点的蛋白质分子在电场中不移动；当 pH<pI 时，有利于碱性解离，不利于酸性解离，蛋白质分子带上正电荷，在电场中向负极移动；当 pH>pI 时，有利于酸性解离，不利于碱性解离，蛋白质分子带上负电荷，在电场中向正极移动。

等电点并不是蛋白质的特征常数，它受溶液 pH、离子强度等因素的影响。因此，蛋白质等电点的测定需要在一定 pH、一定离子强度的溶液中进行。蛋白质在纯水中不受其他离子干扰时，使蛋白质分子所带正负电荷相等时的 pH 称为等离子点。等离子点是蛋白质的特征性常数。等电点不一定等于等离子点。

在等电点时，蛋白质的各种物理性质都发生变化，最显著的是由于蛋白质分子净电荷为零，分子间的斥力消失，双电层也被破坏，易凝结成大颗粒，因而最不稳定、溶解度最小，易沉淀析出。利用这一性质，可进行蛋白质的分离纯化。另外，此时蛋白质的导电性、黏度及渗透压等也都达到最小值。

5.5.3 胶体性质

蛋白质分子直径一般在 2~20 nm，属于胶体溶液质点大小范畴，所以蛋白质溶液是胶体溶液。

蛋白质溶液是稳定的胶体系统，原因在于：第一，蛋白质分子的大小在 1~100 nm 范围内，这样大小的质点能在介质中不断地进行布朗运动，在动力学上是稳定的；第二，蛋白质分子表面的—NH_2、—COOH 及—OH 等亲水基团能与水分子起水化作用，使蛋白质分子表面形成一个水化层；第三，蛋白质分子表面的可解离基团，在适当的 pH 条件下，都带有相同的净电荷，可与其周围带相反电荷的离子形成双电层结构，将蛋白质包住。由于带的是同种电荷，蛋白颗粒间相互排斥，不能聚集。

蛋白质作为胶体系统，具有典型的布朗运动、丁达尔现象和不能透过半透膜等特性。根据不能透过半透膜的特性，发展出透析和超滤两种重要的蛋白质分离纯化技术。

透析（渗析）是利用蛋白质分子不能透过半透膜的性质，使蛋白质与其他小分子物质（如无机盐、单糖）等分开的一种分离纯化技术。常用的半透膜有羊皮纸、玻璃纸、肠衣及一些合成材料等。半透膜的孔径大小不同，所选择透过和截流的分子大小也不同。透析时，将待纯化的蛋白质溶液装在半透膜制成的透析袋里，放入透析液（蒸馏水或者缓冲溶液）中。透析袋内的小分子可以顺着浓度梯度从透析袋进入透析液中，直至内外浓度相等，而蛋白质分子因不能透过半透膜，则只能留在透析袋内。通过不断更换透析液，可以将蛋白质溶液中的小分子物质含量降至最低，实现蛋白质的分离纯化（图 5-28）。

超滤是利用外加压力或离心力，强行使水和其他小分子透过半透膜，而蛋白质被截流在膜内的分离纯化技术。该方法既可以用于小量样品处理，也可用于规模生产。超滤过程中使用的半透膜称为超滤膜（图 5-29）。现在市售已有加压、抽滤和离心等多种形式的超滤装置可供选用。超滤膜也有多种规格，它的孔径大小决定它所能截流的蛋白质分子的大小。

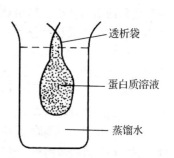

透析袋
蛋白质溶液
蒸馏水

图 5-28 透析装置
（引自张洪渊，2006）

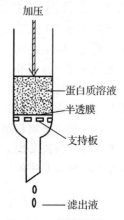

加压
蛋白质溶液
半透膜
支持板
滤出液

图 5-29 超滤装置
（引自张洪渊，2006）

5.5.4　沉淀作用

蛋白质溶液的稳定是相对的、有条件的。一旦条件改变，它的胶体系统会被破坏，蛋白质分子相互聚集而从溶液中析出，这种现象称为蛋白质的沉淀作用。蛋白质沉淀主要是破坏蛋白质稳定的两个因素：水化层和双电层。

沉淀蛋白质的方法有以下几种：

（1）盐析法

向蛋白质溶液中加入高浓度的中性盐，使蛋白质沉淀析出的现象称为盐析（salting out）。该法是蛋白质混合物分离纯化最常用的一种方法。常用的中性盐有硫酸铵、硫酸钠、氯化钠及氯化钾等。其中，硫酸铵在水溶液中可形成二价离子，且在水中的溶解度很大，在低温下仍以高浓度存在，因此在盐析中最为常用。

盐析现象的发生主要是高浓度的盐结合了大量的水，破坏了蛋白质的水化层，使蛋白质分子表面的疏水残基充分暴露。同时，高浓度的盐也中和了蛋白质所带的同种电荷，破坏了它的双电层，所以导致蛋白质颗粒相互聚集而沉淀。

盐析法的优点主要在于不会破坏蛋白质的生物活性。盐析过程中，不同蛋白质发生沉淀所需要的盐浓度不同。这与蛋白质的浓度、颗粒大小、亲水程度及溶液的 pH、温度等均有关。一般蛋白质溶液浓度在 2%~3% 较为合适。盐析时，控制溶液 pH 在蛋白质的等电点，盐析效果最好。

（2）有机溶剂沉淀法

向蛋白质溶液中加入一定量的极性有机溶剂，可使蛋白质脱去水化层，降低介电常数，增加带电质点间的相互作用，最终蛋白质颗粒凝集而沉淀。

该法常用的有机溶剂有甲醇、乙醇和丙酮等。其优点是所得蛋白质经干燥后，有机溶剂可完全除去。缺点是易导致蛋白质变性。但在低温下操作、缩短操作时间，可减慢变性速度。与盐析法一样，该法也可进行分级沉淀。

（3）重金属盐沉淀法

当溶液 pH 大于等电点时，蛋白质颗粒带负电荷，易与 Hg^{2+}、Pb^{2+}、Cu^{2+} 及 Ag^+ 等重金属离子结合，生成不溶性盐而沉淀。这种方法所得蛋白质通常是变性的。

对于误食了重金属盐者可通过大量服用牛奶或豆浆等高蛋白类食物，使蛋白质与重金属盐结合形成不溶性的盐，再经催吐的方式排出体外，进行解毒。

（4）生物碱试剂和某些酸类沉淀法

当溶液 pH 小于等电点时，蛋白质颗粒带正电荷，易与生物碱试剂（如鞣酸、苦味酸及钨酸等）和某些酸（如三氯乙酸、硝基水杨酸及硝酸等）的酸根负离子结合成不溶性盐而沉淀。

临床检验部门经常采用此方法除去待检样品中干扰测定的蛋白质。

（5）加热变性沉淀法

加热可以破坏蛋白质的高级结构，有规则的肽链结构被打开呈松散状，疏水基团暴露，破坏了水化层，蛋白质颗粒易聚集而沉淀。

几乎所有的蛋白质都可因加热变性而凝固，少量盐可促进蛋白质加热凝固。当蛋白质处于等电点时，由于带电荷状态发生改变，分子间无斥力存在，所以加热凝固最完全、最迅速。我国很早使用的制豆腐方法，就是将大豆蛋白质的浓溶液加热，并点入少量盐卤（含 $MgCl_2$），这是成功地应用加热变性沉淀蛋白的例子。

（6）等电点沉淀法

当溶液的 pH 达到蛋白质等电点时，蛋白质分子净电荷为零，分子间排斥力消失，蛋白质分子的双电层结构被破坏，此时蛋白质易发生聚集沉淀，溶解度最小。

该法可用于不同种类蛋白质混合物的分离纯化。且所得的蛋白质不发生变性。但有些蛋白质在等电点时由于亲水性很强，不易发生沉淀或沉淀不完全。

5.5.5　变性作用

蛋白质变性的概念在"蛋白质空间结构与功能的关系"部分已经介绍过。通过概念可知，蛋白质变性的本质是维持蛋白质空间构象的次级键被理化因素破坏，导致空间结构解体，但一级结构没有改变。

引起变性的因素有：加热、紫外线、超声波、剧烈振荡或搅拌、X射线及高压等物理因素和重金属盐、强酸、强碱、尿素、盐酸胍、三氯乙酸、钨酸及乙醇等化学因素。

变性后的蛋白质称为变性蛋白。变性蛋白与天然蛋白的主要区别：

①生物学活性丧失　这是蛋白质发生变性的主要特征。由于空间结构和蛋白质的生物学功能密切相关，空间结构的轻微改变就可以导致蛋白质生物学功能的丧失，如变性后的酶催化活性丧失，变性后的抗体失去识别或结合抗原的能力等。

②理化性质改变　蛋白质变性后，疏水基外露，溶解度降低，分子易相互凝集形成沉淀。另外，变性后蛋白质溶液的黏度增大，扩散系数变小，结晶能力丧失，且由于色氨酸、酪氨酸和苯丙氨酸的外露，变性后蛋白的紫外吸收增加。

③生物化学性质的改变　变性蛋白质分子结构伸展松散，易被蛋白酶水解。

蛋白质的变性有可逆变性和不可逆变性之分。如果变性条件剧烈，蛋白质的二级结构也遭到破坏，这种变性往往是不可逆的。如果变性条件不剧烈，蛋白质三级以上结构遭到破坏，这种变性往往是可逆的。

所谓可逆变性是指在除去变性因素之后，在适宜的条件下，变性的蛋白质可以从伸展态恢复到折叠态，并恢复全部的生物活性，这种现象也称为复性（renaturation）。蛋白质的复性是一个十分复杂的过程。分子质量较小的蛋白质，如牛胰核糖核酸酶，在不需要其他任何物质的帮助下，仅通过去除变性因素后，就可使其恢复天然构象。

去除变性因素的传统方法有稀释、透析和超滤等。目前有一些新的方法诱导蛋白质复性，如分子伴侣在防止蛋白质错误折叠中起着重要作用，所以可利用分子伴侣辅助蛋白质复性。

蛋白质的变性具有一定的应用意义，如利用高温、高压、紫外线及高浓度有机溶剂等促进和加深蛋白质变性，达到防治病虫害、消毒和灭菌等目的。但在生产制备酶制剂等有活性的蛋白质产品时，要防止蛋白质的变性，避免不利因素的影响。

5.5.6　颜色反应

蛋白质的颜色反应是指蛋白质的氨基酸残基侧链或者肽键等结构可与某些试剂发生反应而生成有色物质（表5-7）。其中有些反应与氨基酸具有的颜色反应相同，而有些反应是蛋白质特有的，如最典型的双缩脲反应，即在碱性溶液中，双缩脲与硫酸铜结合，生成紫红色或红色物质，这一反应称为双缩脲反应。任何一种氨基酸都不能发生这种颜色反应，只有含两个或两个以上肽键的化合物才能发生这种颜色反应，所以它是蛋白质的特殊颜色反应，可用于定性鉴定和定量测定蛋白质（比色波长为540 nm）。值得注意的是，二肽因含有一个肽键而不能发生双缩脲反应。反应式如下：

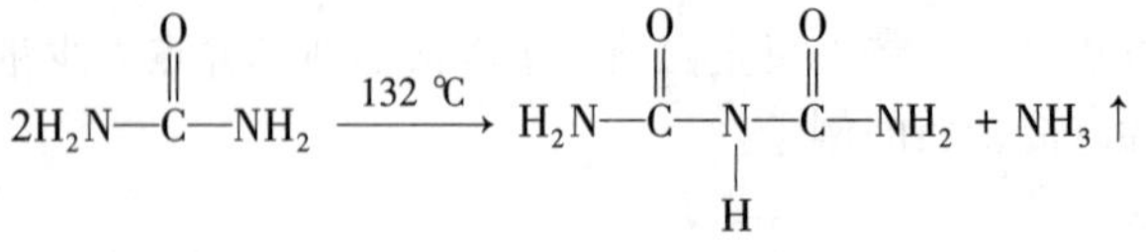

$$2H_2N-\overset{O}{\overset{\|}{C}}-NH_2 \xrightarrow{132\,℃} H_2N-\overset{O}{\overset{\|}{C}}-\underset{H}{N}-\overset{O}{\overset{\|}{C}}-NH_2 + NH_3\uparrow$$

尿素　　　　　　　　　双缩脲

$$双缩脲 \xrightarrow{CuSO_4+NaOH} 紫红色物质$$

表 5-7 蛋白质的颜色反应

反应名称	试剂	颜色	反应集团	有此反应的蛋白质或氨基酸
双缩脲反应	氢氧化钠及硫酸铜	紫红色	两个以上的肽键	所以蛋白质均具有此反应
米隆反应(Millon 反应)	硝酸及硝酸汞混合物	红色	酚基	酪氨酸、酪蛋白
黄色反应	浓硝酸及碱	黄色	苯基	苯丙氨酸、酪氨酸
乙醛酸反应	乙醛酸	紫色	吲哚基	色氨酸
茚三酮反应	茚三酮	蓝色	自由氨基及羧基	α-氨基酸、所有蛋白质
Folin-酚反应 (Folin-Cioculten 反应)	碱性硫酸铜及磷钨酸磷钼酸	蓝色	酚基、吲哚基	酪氨酸、色氨酸
α-萘酚-次氯酸盐反应 (坂口反应)	α-萘酚、次氯酸钠	红色	胍基	精氨酸

5.6 蛋白质分离纯化与分析测定

5.6.1 蛋白质分离纯化的一般原则

蛋白质在组织细胞中一般都是以复杂的混合物形式存在。混合物中除了含有各种蛋白质以外，还含有多糖、核酸、脂类、有机小分子及无机离子等各种杂质。分离纯化的目的是将目的蛋白质从复杂的混合物中分离出来，或者通过简单的操作除去一部分杂质，其总目标是增加单位质量蛋白质中目的蛋白质的含量(%)或生物活性(U/mg)。

蛋白质的分离纯化大致可分为前处理、粗分级分离和细分级分离 3 个步骤。

(1) 前处理

分离纯化某种蛋白质之前，需要根据不同的情况，选择适当的方法，将新鲜的组织或细胞破碎，使蛋白质从原来的组织或细胞中释放出来，并保持原来的天然形态，不丧失生物活性。细胞破碎后，用适当的溶剂(如缓冲液或水)抽提混合物中的目的蛋白质，经离心或过滤，除去细胞碎片。如果目的蛋白质处于某种特定的细胞器中，则需要通过差速离心的方法，将该细胞器与其他物质分开。然后再破碎细胞器膜，抽提目的蛋白质至溶液中。若目的蛋白质与生物膜结合在一起，可利用超声波或去污剂使膜结构解体，从而将蛋白质抽提出来。

待处理原料不同，所选用的细胞破碎方法不同。一般动物组织和细胞可用电动捣碎机、匀浆器或超声波等进行处理破碎；植物细胞壁含有纤维素、半纤维素和果胶等物质，所以在破碎植物组织或细胞时，一般需要与石英砂和适当的提取液一起研磨破碎或用纤维素酶处理以达到破碎目的；细菌的细胞壁骨架是一个由共价键连接而成的肽聚糖囊状分子，非常坚韧，所以在破碎细菌细胞时，常采用超声波振荡、石英砂研磨、高压挤压或溶菌酶处理(分解肽聚糖)等方法。

(2) 粗分级分离

经前处理得到的蛋白质溶液含有大量的杂质，常选用简便且可处理大量样品的方法(如盐析、有机溶剂沉淀、等电点沉淀、透析及超滤等)，先除去其中大部分杂质，得到纯度不是很高的粗分级分离蛋白制品。如果对产品的纯度要求不高，通过这一步骤，就可完成分离提纯的任务，如许多工业用酶，纯度不需要很高，通过超滤、有机溶剂沉淀等方法即可达到分离提取目的。如果需要得到纯度高的蛋白质，则要进一步分离纯化。

（3）细分级分离

细分级分离是在粗分级分离的基础上，对样品进一步分离纯化。常用的方法主要包括层析法（凝胶过滤层析、离子交换层析、吸附层析及亲和层析等）、电泳法（凝胶电泳、等电聚焦等）和离心法（密度梯度离心法等）。经过细分级分离，得到纯度较高的目的蛋白质溶液，可通过结晶和重结晶得到蛋白质晶体。细分级分离的特点是所用方法的分辨率较高，可基本除去杂质。但细分级分离往往规模较小，处理量不大，且所用仪器设备成本较高，难以满足大规模生产的需要。

5.6.2 蛋白质分离纯化的基本方法

5.6.2.1 柱层析法

（1）凝胶过滤层析

凝胶过滤层析是根据分子大小分离蛋白质混合物的最有效方法之一，详见本章"5.5 蛋白质的性质"。

（2）离子交换层析

离子交换层析（ion exchange chromatography，IEC）是利用不同分子所带电荷的种类和数量不同，与离子交换剂的结合能力不同，进而在层析过程中被洗脱的顺序不同而进行分离。

常用的离子交换剂有离子交换树脂、离子交换纤维素和离子交换凝胶。其中，离子交换树脂适用于小分子离子化合物（氨基酸、小肽等）的分离。离子交换纤维素和离子交换凝胶由于具有松散的亲水性网状结构和较大的表面积，适用于蛋白质等大分子离子化合物的分离。

离子交换凝胶是以交联葡聚糖、琼脂糖和聚丙烯酰胺等作为惰性支持物，连接上带电基团而形成的，如以交联葡聚糖为介质，可形成 DEAE-Sephadex（弱碱型）、QAB-Sephadex（强碱型）、CM-Sephadex（弱酸型）及 SE-Sephadex（强酸型）等不同种类。

常用的离子交换纤维素见表 5-8。

表 5-8　常见的离子交换纤维素

种类		名称	简写	解离基团
阳离子型	强酸型	磷酸纤维素	P-纤维素	$—O—PO_3H_3$
	弱酸型	黄乙基纤维素	SE-纤维素	$—O—CH_2—CH_2—SO_3H$
		羧甲基纤维素	CM-纤维素	$—O—CH_2—COOH$
阴离子型	强碱型	三乙基氨乙基纤维素	TEAE-纤维素	$—O—CH_2—CH_2—{}^+N(C_2H_5)_3$
	弱碱型	二乙基氨乙基纤维素	DEAE-纤维素	$—O—CH_2—CH_2—N(C_2H_5)_2$
		氨乙基纤维素	AE-纤维素	$—O—CH_2—CH_2—NH_2$

蛋白质是两性分子，在某一特定 pH 下，不同蛋白质分子所带的电荷种类和数量各不相同，因而与离子交换剂的结合能力不同。以 DEAE-纤维素分离胃蛋白酶（pI = 1.0）、胰岛素（pI = 5.3）、卵清蛋白（pI = 4.6）和细胞色素 c（pI = 10.7）4 种蛋白质组成的混合物为例，DEAE-纤维素表面带正电荷，能吸附带负电荷的基团，是一种阴离子交换剂。若 4 种蛋白混合溶液初始 pH 为 6.0，此时细胞色素 c 带正电荷，不能被 DEAE-纤维素吸附，在层析时最先从层析柱上被洗脱下来。另外 3 种蛋白质均因带负电荷而被吸附在层析柱上，以所带负电荷数和与 DEAE-纤维素结合的牢固程度划分，胃蛋白酶＞卵清蛋白＞胰岛素，因此，洗脱时，胰岛素先被洗脱，卵清蛋白次之，胃蛋白酶最后从层析柱上流出。洗脱时，可以采用保持洗脱剂成分一直不变的方式洗脱，也可以采用改变洗脱剂的盐浓度或（和）pH 的方式洗脱。

（3）吸附层析

吸附层析（adsorption chromatography）是利用待纯化的分子和杂质分子与吸附剂之间的吸附能力不同而达到分离目的的一种层析技术。

吸附剂分为极性吸附剂和非极性吸附剂两大类。硅胶、氧化铝等属于极性吸附剂，蛋白质分子主要通过离子键、氢键等与其结合。硅胶表面有硅烷醇（SiOH），呈微酸性，适用于分离碱性物质。氧化铝是微碱性，适用于分离酸性物质。活性炭等属于非极性吸附剂，蛋白质分子主要通过疏水相互作用、范德华力等与其结合。吸附层析的效果主要决定于吸附剂、溶剂和蛋白质性质 3 个因素。

（4）亲和层析

亲和层析（affinity chromatography）是利用共价连接有特异配体的层析介质，分离蛋白质混合物中与配体特异结合的目的蛋白质。由于是利用蛋白质分子对其配体分子特有的识别能力作为分离基础，所以该法具有高度选择性，是从复杂混合物中纯化蛋白质的最好方法。

该法常用琼脂糖、交联葡聚糖、纤维素及聚丙烯酰胺等作为亲和层析柱的固定相，这些固定相载体具有可以与特异性配基进行偶联反应的基团。

以伴刀豆球蛋白 A 的分离纯化为例，由于该蛋白对葡萄糖有专一性亲和吸附，因此可把葡萄糖通过适当的化学反应共价地连接到琼脂糖凝胶的载体表面。将这种多糖和载体偶联物颗粒装入一定规格的玻璃管中制成亲和色谱柱。当含有伴刀豆球蛋白 A 的提取液加到这种物质填充的柱的上部，并沿柱向下流动时，待纯化的蛋白质与其特异性配基结合而被吸附到柱上，其他蛋白质因不能与葡萄糖配基结合，将随着淋洗液流出柱外。然后采用一定的洗脱条件，如浓的葡萄糖溶液即可把该蛋白质洗脱下来，达到与其他蛋白质分离的目的（图 5-30）。

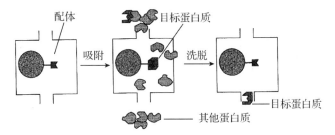

图 5-30　亲和层析原理（引自董晓燕，2010）

5.6.2.2　电泳法

电泳是溶液中带点粒子（离子）在电场中移动的现象。利用带点粒子在电场中移动速度不同而使目标分子分离的技术称为电泳技术。目前常用的分离蛋白质的电泳有 SDS-聚丙烯酰胺凝胶电泳和等电聚焦电泳。

（1）SDS-聚丙烯酰胺凝胶电泳

详见本章"5.5 蛋白质的性质"。

（2）等电聚焦电泳

等电聚焦电泳（isoelectric，IEF）是利用蛋白质分子在含有两性电解质载体的一个连续而稳定的线性 pH 梯度中进行的电泳，并根据等电点不同而分离、鉴定蛋白质的一种电泳技术。

采用不同的两性电解质，在电泳中可以形成不同的 pH 范围，如 pH 3～10、pH 4～6、pH 8～10 等。在等电聚焦电泳中，正极是酸性的，负极是碱性的，正负极之间形成一定范围内的 pH 梯度。当电场中蛋白质所处位置的 pH 大于它的 pI 时，分子带负电荷，向正极移动；当其所处位置的 pH 小于它的 pI 时，则分子带正电荷，向负极移动；当其所处位置的 pH 等于它的

pI 时，分子净电荷为零，在电场中不移动。也就是说，当电泳结束时，不同等电点的蛋白质分子各自停留于其等电点的位置，这样不同的蛋白质分子就得以分离（图 5-31）。蛋白质在等电聚焦电泳中所处的位置与分子的大小、形状无关，只与电泳介质的 pH 梯度和蛋白质本身的等电点有关。

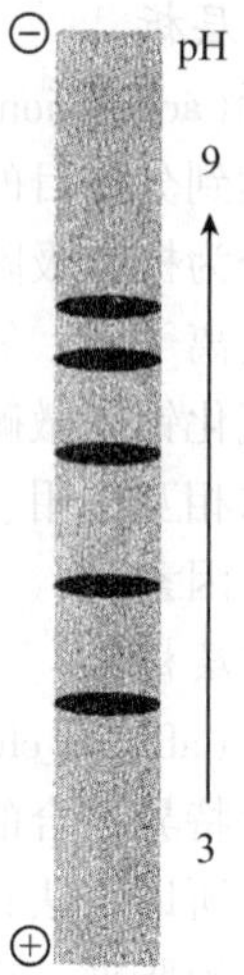

5.6.2.3　离心法

蛋白质分离纯化较常采用的离心法是密度梯度离心法。密度梯度离心法是指待分离物质在超离心力作用下通过某种介质提供的一个密度梯度环境，由于待分离物质中各组分在此环境中的沉降系数不同，形成各自的区带，从而达到分离的目的（图 5-32）。

通常以蔗糖为密度梯度介质，即在离心管中按照一定顺序依次加入不同浓度的蔗糖溶液，使离心管中蔗糖溶液的浓度从离心管底部到顶端逐渐减小，然后将蛋白质溶液加在梯度介质的最上层，进行超速离心，蛋白质开始发生沉降。当某种蛋白质沉降到与之密度相同蔗糖溶液中时，就不能继续往下沉降，于是在此处形成一条窄的区带。最终，不同蛋白质分子各自形成"差速区带"，进而得以分离。

5.6.3　蛋白质的分析测定

在蛋白质分离纯化过程中，经常需要对蛋白质进行含量测定和纯度鉴定。

5.6.3.1　蛋白质含量测定

蛋白质含量测定的常用方法有凯氏定氮法、双缩脲法、紫外吸收法、考马斯亮蓝结合法（Bradford 法）、Folin-酚试剂法（Lowry 法）及 BCA 法等。这些方法在常用的生物化学实验手册中都有详细叙述。其中，凯氏定氮法是经典的标准方法，也是食品中蛋白质测定的国家标准规定方法；双缩脲法检测快速，但并不十分精确；紫外吸收法（280 nm 处测定），操作简单，样品可以回收，但精确度不高；Bradford 法灵敏度高，能检出 1 μg 蛋白质，且重复性也好；Folin-酚试剂法是最灵敏的蛋白质含量测定方法之一，此法基于 Folin-酚试剂能定量地与 Cu^+ 反应，而 Cu^+ 是由蛋白质的易氧化成分（如巯基、酚基）还原 Cu^{2+} 而产生；BCA 法是基于 4,4'-二酸-2,2'-二喹啉（bisinhoninic acid，BCA）试剂在碱性溶液中 Cu^+ 反应，且 Cu^+ 则由蛋白质还原 Cu^{2+} 而产生。BCA 法原理与 Folin-酚试剂类似，但 BCA 试剂与 Cu^+ 反应比 Folin-酚试剂与 Cu^+ 反应更强。

5.6.3.2　蛋白质纯度鉴定

蛋白质纯度鉴定常采用物理化学的方法，如电泳（等电聚焦电泳、聚丙烯酰胺凝胶电泳、SDS-聚丙烯酰胺凝胶电泳）、沉降、高效液相色谱等。纯的蛋白质在不同 pH 条件下电泳时，都将以单一速度移动，因此其电泳图谱只呈现一个条带。同理，纯的蛋白质在超速离心场中，应以单一的沉降速度移动。但相比电泳，其分析效果稍差。高效液相色谱在分析高纯度蛋白制品时，其洗脱图谱上呈现单一的对称峰。

图 5-31　等电聚焦电泳示意图
（引自刘国琴和张曼夫，2011）

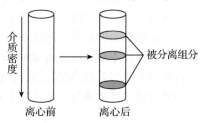

图 5-32　密度梯度离心示意图
（引自董晓燕，2010）

5.7　蛋白质在食品加工和储藏过程中的变化

食品在加工、储藏过程中会经受加热、冷冻、干燥等物理方式和酸碱、氧化等各种化学方式的处理，这些处理会引起食品中蛋白质发生变化，其中有些变化对食品的营养价值、感官品质、质构特性及保质期是有利的，而有些变化则是不利的。

5.7.1　物理因素引起的功能性质变化

5.7.1.1　热处理

热处理是最常用的食品加工方法，也是对蛋白质影响最大的处理方法，影响程度取决于热处理的时间、温度、湿度及有无氧化还原性物质等因素。

经受温和的热处理（60~90℃，1 h 或更短的时间）后，大多数食品蛋白质会发生变性，原来紧密的球状结构变得松散，易被消化酶作用，提高了消化率。同时，适度的热处理可以使食品中蛋白酶、脂酶、淀粉酶、脂肪氧合酶及多酚氧化酶等失活，避免食品在加工、储藏期间产生不良色泽、气味和质构变化等。此外，适度的热处理可以破坏一些植物（如豆类、油料种子）中的蛋白质抗营养因子，提高蛋白质的消化率。

经受过度的热处理后，蛋白质会发生分解、交联及氨基酸分解、脱氨、脱硫、脱二氧化碳等反应，蛋白质的营养价值降低，甚至产生有毒有害物质。例如，高温加热畜肉、鱼肉，会使蛋白质发生交联，损失某些必需氨基酸，降低了它们的消化率和营养价值。再如，高温烧烤肉类，蛋白质中的色氨酸和谷氨酸残基可热解形成致癌和致突变的化合物。

5.7.1.2　低温处理

低温处理是食品最常用的储藏方法之一，主要包括冷藏（冷却）和冷冻（冻藏）两类。

冷藏是将温度控制在稍高于冻结温度之上，使微生物生长、酶的活性及化学反应受到抑制，但此时蛋白质比较稳定，没有发生明显变化。

冷冻是将温度控制在低于冻结温度之下（一般为-18℃）。冷冻对蛋白质含量高的食品品质有重要影响。例如，肉类食品经冷冻、解冻处理后，细胞被破坏，释放出来的酶可使蛋白质发生酶解。此外，蛋白质分子之间的不可逆结合代替了水和蛋白质间的结合，使蛋白质的保水性降低，质地变硬。再如鱼蛋白质很不稳定，冷冻和冻藏处理后肌球蛋白变性，与肌动蛋白反应，导致肉质变硬、持水性降低，这就是解冻后鱼肉变得干而强韧的原因之一。

5.7.1.3　脱水处理

脱水干燥包括热风干燥、真空干燥、冷冻干燥及喷雾干燥等多种方式。食品经脱水干燥处理后，有利于储藏和运输。但在脱水处理，尤其是过度脱水时，蛋白质的水化膜被破坏，引起蛋白质分子大量聚集，同时蛋白质受到热、光和空气中氧的影响，会发生变性和氧化作用。

5.7.1.4　机械处理

机械处理对食品中的蛋白质影响较大。例如，对蛋白质粉或蛋白质浓缩物充分干磨，能使之形成小的颗粒和大的表面积，明显改善蛋白质的吸水性、溶解度、脂肪吸收及起泡性；在强剪切力作用下（如牛乳的均质），可使蛋白质聚集体（胶束）碎裂成亚基，改善了蛋白质的乳化能力；在空气水界面施加适当的剪切力，会引起蛋白质变性和聚集，有利于蛋白质泡沫的稳定。但是过度搅打（如过度搅打蛋清）则会引起蛋白质聚集，降低起泡力和泡沫稳定性；机械处理能促使蛋白质改变分子的定向排列、二硫键交换和蛋白质网络的形成，在面团或纤维形成过程中起着重要作用。

5.7.2　化学因素引起的功能性质变化

5.7.2.1　氧化剂

食品加工过程中经常使用各种氧化剂，如用过氧化氢对牛奶进行杀菌、处理含黄曲霉毒素的谷物、改善鱼蛋白浓缩物的色泽等。

在使用氧化剂处理食品时，食品中的蛋白质也会受到影响。其中，含硫氨基酸残基和色氨酸残基对氧化反应最敏感，其次是酪氨酸和组氨酸。氨基酸的氧化主要发生在侧链 R 基。在有氧和光照的条件下，特别是在核黄素等天然光敏物存在的情况下，氧化反应最易发生。

5.7.2.2　侧链修饰

对氨基酸残基进行侧链修饰(如酰化、烷基化、磷酸化、磺酸化、脱酰胺基、氧化及还原等)，往往会造成氨基酸的极性及其所带电荷发生改变，这可能会导致蛋白质分子出现新的折叠、伸展和(或)与其他蛋白质分子聚集，从而使蛋白质的功能性发生改变。例如，利用乙酰化反应可以提高牛奶蛋白质的乳化性；在面筋蛋白质分子中引入磷酸或硫酸根后，提高其吸水性、胶凝性和成膜能力；在酸性环境中加热，可使麦谷蛋白中 30% 的天冬酰胺和谷氨酰胺残基产生脱酰胺作用，提高了蛋白质的溶解度和乳化性。

5.7.2.3　共价交联

当有空气、氧化剂及氧化酶存在时，可促使蛋白质氨基酸残基中巯基氧化形成二硫键交联形式，这些反应的发生可提高面筋蛋白质的黏弹性。如果添加还原剂则可使二硫键断裂，但同时也丧失蛋白质的某些功能性。

5.7.2.4　酶处理

通过不同的酶处理后，蛋白质的功能性会发生很大变化。例如，木瓜蛋白酶充分水解蛋白质，能提高蛋白质的溶解度，降低胶凝性、气泡性和乳化性；胰蛋白酶水解蛋白质，能提高蛋白质的表面性质；转谷氨酰胺酶通过催化转酰基反应在蛋白质的赖氨酸残基和谷氨酸残基之间形成新的共价键，改变了蛋白质分子的大小和流变学性质。

本章小结

蛋白质的基本单位是氨基酸。组成蛋白质的常见氨基酸有 20 种，都是 α-氨基酸，为 L 构型，除甘氨酸外，均具有旋光性。氨基酸是两性电解质，不同氨基酸由于其所带的可解离基团不同，具有不同的等电点。

氨基酸的氨基和另一个氨基酸的羧基之间脱水形成肽键，氨基酸通过肽键相互连接而成的化合物称为肽，由几个至十几个氨基酸残基组成的肽链称为寡肽，更长的肽链称为多肽。

蛋白质是具有特定构象的大分子，可分为 4 个结构水平。一级结构指多肽链中氨基酸残基的排列顺序，主要靠肽键来维持其结构稳定性。二级结构是指多肽链主链骨架盘绕折叠所形成的有规律性的结构，不涉及侧链的构象，常见的有 α-螺旋、β-折叠、β-转角和无规则卷曲，主要靠氢键维持其结构稳定性。三级结构是在二级结构基础上形成的特定构象。四级结构是针对由多个亚基构成的蛋白质而言，主要涉及亚基在分子中的空间排布和作用方式。疏水作用是维持三、四级结构稳定的主要作用力，其次是范德华力、氢键、盐键及二硫键等。

蛋白质的结构与功能具有统一性。蛋白质的一级结构决定其高级结构，高级结构又是蛋白质发挥生物功能所必需的。如果蛋白质的高级结构被破坏，则其相应的功能也会随之发生改变，如变构现象和变性作用。但从根本上说，蛋白质的生物功能是由蛋白质的一级结构决定的，如果蛋白质的一级结构发生改变，蛋白质的生物功能会发生改变。

蛋白质是亲水胶体，基于此，可采用透析和超滤的方法纯化蛋白质。但如果破坏蛋白质水化层和双电层，蛋白质便会沉淀析出。利用这些性质，可从某一蛋白质混合液中分离制备所需要的蛋白质。不同蛋白质具有不同的等电点，且蛋白质等电点时的溶解度最小，可根据此特点分离蛋白质。蛋白质受到某些物理或化学因素作用，次级键被破坏，其天然构象解体，发生变性。但去除变性因素，有的蛋白质仍能恢复原来的构象和功能，称为复性。

根据蛋白质的分子大小不同、形状不同、在一定的 pH 条件下所带的电荷性质不同等，也可采用凝胶层析、离子交换层析及 SDS-聚丙烯酰胺凝胶电泳等方法分离纯化蛋白质。

思考题

1. 构成蛋白质的元素主要有哪几种？用凯氏定氮法测得 0.5 g 某啤酒大麦中含氮量为 8 mg，那么该大麦的粗蛋白含量为多少？

2. 天然氨基酸在结构上有何特点？氨基酸是否都含有不对称碳原子？是否都具有旋光性质？写出各氨基酸的结构式及三字母缩写符号。

3. 什么是氨基酸等电点？如果某氨基酸溶于 pH 为 7 的纯水中，所得到氨基酸溶液的 pH 为 6，那么该氨基酸的等电点大于 6、等于 6 还是小于 6？

4. 简述蛋白质的一、二、三、四级结构及维持相应结构的作用力。比较超二级结构、结构域和三级结构的异同。

5. 举例说明蛋白质结构与功能的关系。

6. 常用的测定蛋白质分子质量的方法有哪几种？分别说明其原理。

7. 蛋白质的胶体溶液稳定性与哪些因素有关？

8. 什么是蛋白质变性？其本质是什么？

9. 蛋白质的沉淀方法有哪些？

10. 简述蛋白质分离纯化的常用方法。

11. 蛋白质在加工、储藏过程中可能会发生哪些变化？

第6章 核酸化学

核酸（nucleic acid）是生物体内一种含有磷酸基团的重要生物大分子。作为遗传信息（genetic information）的载体，其担负着生命信息的存储和传递，是生命化学研究中一个重要领域。1868年，瑞士生物学家 Friedrich Miescher 从白细胞核中首次发现核酸，并称为"核素"。1929年，美国生化学家 Levene 发现核苷酸的基本结构，但并未对核酸生理功能进行探究。1944年，美国细菌学家 Oswald Avery 通过肺炎双球菌体外转化实验证明核酸是遗传物质。1953年 Watson 和 Crick 创立了 DNA 双螺旋结构模型，标志着核酸研究进入新的时代。此后的30年内，核酸生物学功能研究逐步发展，并进一步促进了核酸化学的发展。由于各种先进技术的使用，促进核酸提取和分离方法的发展，并推动核酸结构和功能的研究。随着遗传工程技术的突起，核酸在遗传中以及在蛋白质生物合成中的作用机理逐步被探明，为揭示生命现象的本质奠定了基础。

6.1 概述

6.1.1 核酸的概念

核酸是由多个核苷酸聚合而成的生物大分子，可分为脱氧核糖核酸（deoxyribonucleic acid，DNA）和核糖核酸（ribonucleic acid，RNA）两类。DNA 绝大部分存在于细胞核中，少量分布于线粒体、叶绿体中，是绝大多数生物的遗传物质。RNA 主要存在于生物细胞内，少量存在于细胞核内，是 DNA 的转录产物。与 DNA 一样，RNA 也在生物体生命活动中发挥着重要的作用。例如，RNA 可作为部分病毒（如烟草花叶病毒、流感病毒、SARS 病毒）以及类病毒中的遗传信息载体。

6.1.2 核酸的化学组成

核酸在核酸酶的作用下发生水解反应，生成多种中间产物。首先生成低聚核苷酸。低聚核苷酸一般由20个以下的核苷酸组成，是相对分子质量较小的多核苷酸片段。其在核酸酶的进一步作用下继续水解，生成核苷酸。核苷酸随后水解生成核苷和磷酸。核苷完全水解后，则生成戊糖和碱基（图6-1）。核苷酸的水解组分存在一定的比例关系。

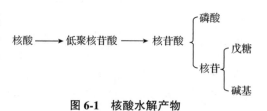

图6-1 核酸水解产物

6.1.2.1 核苷酸

核苷酸是 RNA 和 DNA 的基本结构单元，分布在各种器官、组织、细胞中。核苷酸由弱碱性含氮有机化合物（嘌呤碱基或嘧啶碱基）、戊糖（核糖或脱氧核糖）以及磷酸3种物质组成。其中，戊糖与碱基形成核苷，核苷与磷酸形成核苷酸。

（1）碱基

碱基又称核碱基、含氮碱基，是形成核苷酸的含氮有机化合物，可分为嘌呤（purine）和嘧啶（pyrimidine）两类。其中，嘌呤有 2 种，分别为腺嘌呤（6-氨基嘌呤，6-aminopurine，简称 A）和鸟嘌呤（2-氨基-6-氧嘌呤，2-amino-6-oxopurine，简称 G）。这两种嘌呤均存在于 DNA 和 RNA 中。嘧啶有 3 种，分别为胞嘧啶（2-氧-4-氨基嘧啶，2-oxo-4-aminopyrimidine，简称 C）、胸腺嘧啶（2,4-二氧-5-甲基嘧啶，2,4-dioxo-5-methylpyrimidine，简称 T）和尿嘧啶（2,4-二氧嘧啶，2,4-dioxopyrimidine，简称 U）（图 6-2）。其中，胞嘧啶存在于 DNA 和 RNA 中，胸腺嘧啶只存在于 DNA，尿嘧啶只存在于 RNA 中。

嘧啶是一种由两个氮原子取代苯分子间位上的两个碳形成的杂环化合物，而嘌呤是一个由嘧啶与咪唑融合在一起的双环结构，由于两种碱基都含有共轭双键，使得环呈平面。每个碱基本质上都是平面的和刚性的，其化学键会受到弯曲和拉伸振动的影响（图 6-2）。

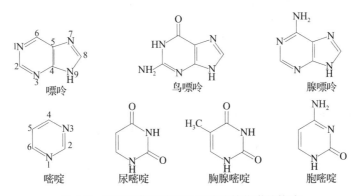

图 6-2　构成核苷酸的嘌呤和嘧啶的化学结构式

在 DNA 和 RNA 中还有一些含量甚少的碱基，称为稀有碱基（rare bases），又称修饰碱基。通常是在核酸转录后，通过甲基化、乙酰化、氢化、荧光及硫化产生。目前已经发现了 100 多个稀有碱基。其中大多数是甲基化碱基，如 5-甲基胞嘧啶。转移 RNA（transfer RNA，tRNA）中含有修饰碱基比较多，一些 tRNA 含有的稀有碱基达到 10%。

（2）戊糖

戊糖是构成核苷酸的另一个基本组分，其碳原子标为 C1′、C2′、C3′、C4′和 C5′。RNA 分子中的戊糖为核糖（D-呋喃核糖），DNA 分子中的戊糖为脱氧核糖（2-脱氧-D-呋喃核糖）（图 6-3）。核糖和脱氧核糖的差别仅在于脱氢核糖 C2′连接的是一个氢原子，而核糖 C2′连接的是羟基。脱氧核糖的化学稳定性优于核糖。

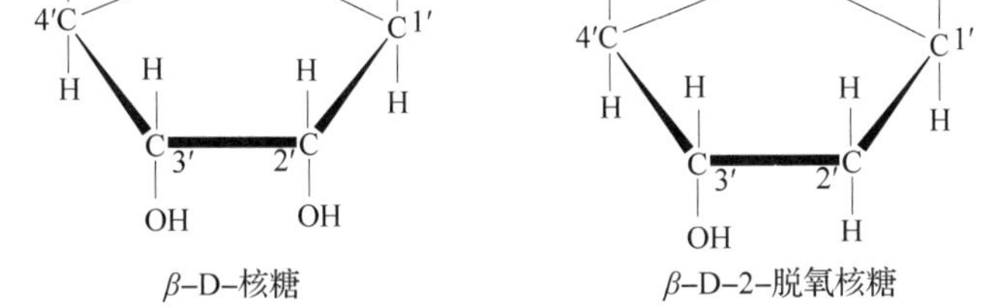

HOCH₂　O　OH　　HOCH₂　O　OH

β-D-核糖　　　　β-D-2-脱氧核糖

图 6-3　核糖及脱氧核糖的化学结构式

（3）核苷

核苷是碱基和戊糖缩合反应的产物。根据其所含戊糖的不同分为核糖核苷和脱氧核糖核苷。其中，戊糖 C1′上的羟基与嘌呤 N9 或嘧啶 N1 上的氢原子经脱水缩合形成糖苷键。生物体内主要的核糖核苷及脱氧核糖核苷的结构如图 6-4 所示。

根据碱基的名称对核苷进行命名，如含有腺嘌呤的核糖核苷称为腺嘌呤核苷，简称腺苷。尿嘧啶连接到 2′-脱氧核糖上，生成尿嘧啶-1-β-D-2′-脱氧呋喃核糖核苷，称为脱氧尿嘧啶核苷，简称脱氧尿苷。由稀有碱基形成的核苷称为稀有核苷，如假尿嘧啶核苷、次黄嘌呤核苷等。此外，核苷上羟基可发生烷基化(如甲基化)和酰化反应(如乙酰化)等。

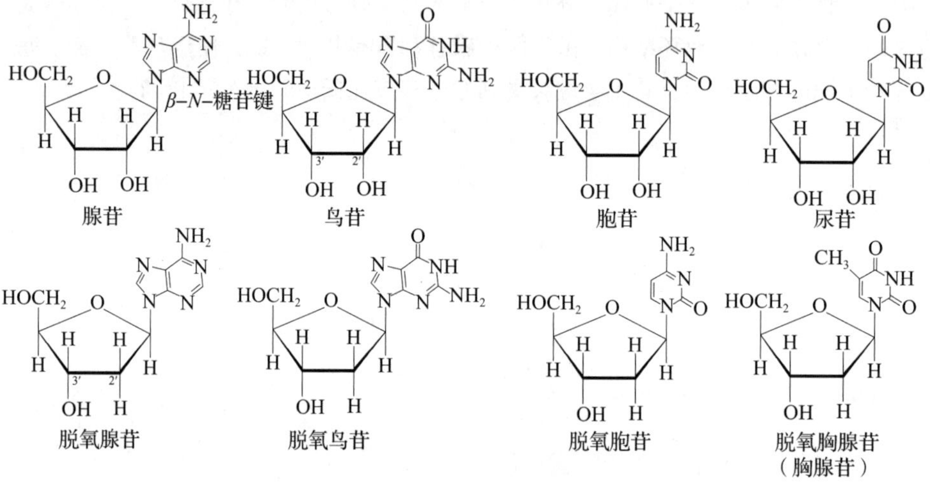

图 6-4　主要核苷的结构

(4)核苷酸

核苷或脱氧核苷的 C 原子上的羟基可以与磷酸反应，脱水后形成磷酯键，生成核苷酸(nucleotide)或脱氧核苷酸(deoxynucleotide)。其中，核苷可以被磷酸酯化的羟基(2′、3′和 5′)有 3 个，而脱氧核苷可以被磷酸酯化的羟基(3′和 5′)有 2 个。构成核酸的碱基、核苷(或脱氧核苷)以及核苷酸(或脱氧核苷酸)的中英文名称见表 6-1 和表 6-2。核苷酸根据连接磷酸基团数量不同，可分为核苷一磷酸(NMP)、核苷二磷酸(NDP)和核苷三磷酸(NTP)。它们分别以不同的形式存在于 DNA 和 RNA 之中。

表 6-1　构成 RNA 的碱基、核苷以及核苷酸的名称和符号

碱基 (base)	核苷 (nucleoside)	核苷一磷酸 (nucleoside monophosphate, NMP)
腺嘌呤 (adenine, A)	腺苷 (adenosine)	腺苷一磷酸 (adenosine monophosphate, AMP)
鸟嘌呤 (guanine, G)	鸟苷 (guanosine)	鸟苷一磷酸 (guanosine monophosphate, GMP)
胞嘧啶 (cytosine, C)	胞苷 (cytidine)	胞苷一磷酸 (cytidine monophosphate, CMP)
尿嘧啶 (uracil, U)	尿苷 (uridine)	尿苷一磷酸 (uridine monophosphate, UMP)

表 6-2　构成 DNA 的碱基、核苷以及核苷磷酸的名称和符号

碱基 （base）	脱氧核苷 （deoxynucleoside）	脱氧核苷—磷酸 （deoxynucleoside monophosphate，dNMP）
腺嘌呤 （adenine，A）	脱氧腺苷 （deoxyadenosine）	脱氧腺苷—磷酸 （deoxyadenosine monophosphate，dAMP）
鸟嘌呤 （guanine，G）	鸟苷 （deoxyguanosine）	脱氧鸟苷—磷酸 （deoxyguanosine monophosphate，dGMP）
胞嘧啶 （cytosine，C）	脱氧胞苷 （deoxycytidine）	脱氧胞苷—磷酸 （deoxycytidine monophosphate，dCMP）
胸腺嘧啶 （thymine，T）	脱氧胸苷 （deoxythymidine）	脱氧胸苷—磷酸 （deoxythymidine monophosphate，dTMP）

6.1.2.2　DNA 链的形成

DNA 是由多个脱氧核糖核苷酸以 3′,5′-磷酸二酯键（phosphodiester bond）组成的长链。磷酸二酯键是一分子磷酸与脱氧核糖的两个羟基（3′-OH，5′-OH）酯化而形成的两个酯键。DNA 链的一端是连接在 C5′原子上的磷酸基团，另一端是 C3′原子上的羟基，分别称为 DNA 链的 5′端和 3′端。这个链的 3′端羟基可与另一个游离的脱氧核糖核苷三磷酸的 α-磷酸基团发生缩合反应，形成新的 3′,5′-磷酸二酯键，并在 3′端增加一个脱氧核糖核苷酸。依次反应，形成多聚脱氧核苷酸链，即 DNA 链。DNA 链的延伸是有方向性的，只能从 3′端延伸，由此，DNA 链有了 5′端向 3′端的方向性。

6.1.2.3　RNA 链的形成

RNA 是由多个核糖核苷酸分子组成的长链。其在 RNA 聚合酶的作用下以 3′,5′-磷酸二酯键连接。同 DNA 类似，RNA 链也具有 5′端向 3′端的方向性。

6.1.3　核酸的生物学功能

核酸具有多种生物学功能，主要包括以下 6 个方面。

6.1.3.1　作为遗传信息的物质基础

DNA 是存储、复制和传递遗传信息的主要物质基础。RNA 的主要作用是实现蛋白质遗传信息的表达，并在遗传信息的传递中起桥梁作用。RNA 在蛋白质合成过程中起着重要作用，其中转运核糖核酸（tRNA），起着携带和转移活化氨基酸的作用；信使核糖核酸（mRNA），是合成蛋白质的模板；核糖体的核糖核酸（rRNA），是细胞合成蛋白质的主要场所。

6.1.3.2　作为体内能量的利用形式

三磷酸腺苷（adenosine triphosphate，ATP）参与能量代谢。ATP 由腺苷和 3 个磷酸基组成，其分子结构可简化为 A-P～P～P。其中，A 代表腺苷；P 代表磷酸基团；～代表高能磷酸键。ATP 中高能磷酸键断裂，促使磷酸基从 ATP 分子中释放出来，并释放能量。此外，三磷酸尿苷、三磷酸胞苷和三磷酸鸟苷也是一些物质合成的能量来源。因此，核酸可作为体内能量的重要利用形式。

6.1.3.3　作为生物合成的活性中间物

核苷酸衍生物参与多种生物合成途径，如腺苷二磷酸（ADP）、腺苷三磷酸（ATP）等物质作为中间产物常参与细胞代谢及能量转化；尿苷二磷酸（UDP）、腺苷二磷酸（ADP）和鸟苷二磷酸（GDP）等是多糖合成过程中糖基的供体；胞苷二磷酸（CDP）是合成磷脂的活性原料。

6.1.3.4 作为辅酶的组成成分

核苷酸还可作为辅酶的组成成分。烟酰胺腺嘌呤二核苷酸磷酸(nicotinamide adenine dinucleotide phosphate，$NADP^+$，辅酶Ⅱ)是一种极为重要的核苷酸类辅酶，它是烟酰胺腺嘌呤二核苷酸(NAD^+)中与腺嘌呤相连的核糖环系 2′位的磷酸化衍生物。辅酶Ⅱ参与脂类、脂肪酸和核苷酸的合成，同时与物质代谢、能量合成及 DNA 修复等多种生理活动密切相关。

6.1.3.5 作为代谢和生理调节因子

食物中的核酸在胃肠道中被酶解成核苷酸，然后被吸收到细胞中，在细胞中被进一步分解成较小的分子——碱基。其中，嘌呤可被继续分解生成尿酸，并排出体外。但当嘌呤代谢发生紊乱时，会导致尿酸合成增加，引起代谢性疾病——痛风。当肾功能异常时，尿酸水平也会随着肾脏尿酸排出率的下降而升高。当血浆中尿酸达到饱和状态时，尿酸单钠结晶沉积在远端关节周围相对缺乏血管的组织中，这种结晶可导致单关节或多关节的急性炎性滑膜炎。

6.1.3.6 作为细胞信息交流介导因子

环核苷酸是重要的“第二信使”，可放大激素作用信号，介导细胞信息交流。例如，环腺苷酸(cyclic adenosine monophosphate，cAMP)可作用于 cAMP 依赖性蛋白激酶，即蛋白激酶 A (protein kinase A，PKA)。PKA 活化后，使多种糖类、脂类代谢相关的酶类、离子通道和某些转录因子的丝氨酸或苏氨酸残基发生磷酸化，改变其活性状态。与其类似，环鸟苷酸(cyclic guanine monophosphate，cGMP)可作用于 cGMP 依赖性蛋白激酶，即蛋白激酶 G(protein kinase G，PKG)介导细胞信号传递。

6.2 核酸的结构

核酸是由数百、数千或数百万个核苷酸通过 3′,5′-磷酸二酯键连接组成的聚合物。根据特定的环境条件(pH、离子特性和离子浓度等)和局部核苷酸序列，DNA 链上的功能基团可以产生特殊的氢键、离子作用力、疏水作用力及空间位阻效应。DNA 的结构不仅影响着核酸序列中碱基排列方式及其相互关系，而且对基因表达、蛋白质翻译等都起着非常关键的作用。因此，DNA 分子结构与功能研究一直是生物学领域的热点课题。

6.2.1 核酸的一级结构

核酸的一级结构是指构成核酸的 4 种基本组成单位——脱氧核糖核苷酸(核糖核苷酸)，通过 3′,5′-磷酸二酯键彼此连接起来的线形多聚体，以及其基本单位脱氧核糖核苷酸(核糖核苷酸)的排列顺序。碱基序列有严格的方向性和多样性，核酸链的延伸只能从 3′端延伸至 5′端。一般将 5′-磷酸端作为多核苷酸链的“头”，书写时，写在左侧，磷酸用 p 表示，如 pACTG (5′→3′)，如图 6-5 所示。

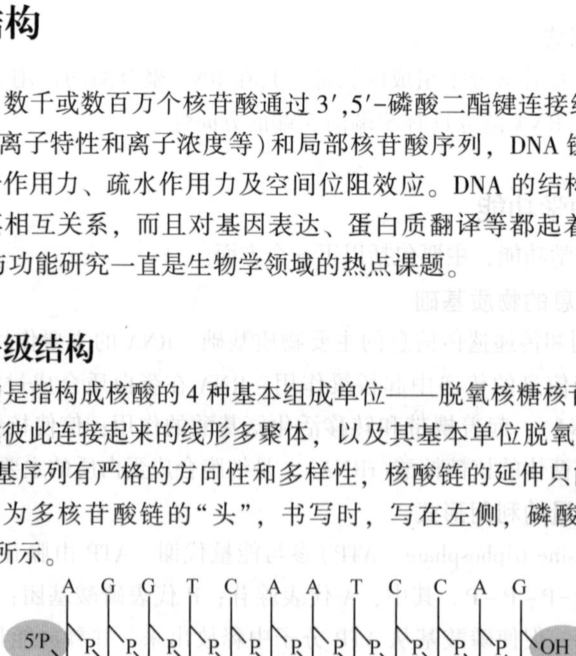
A G G T C A A T C C A G
5′P
P P P P P P P P P P P
OH 3′
5′ p-ApGpGpTpCpApApTpCpCpApG-OH 3′
5′AGGTCAATCCAG 3′
AGGTCAATCCAG

图 6-5 核酸的一级结构及书写方法

6.2.1.1　DNA 的一级结构

DNA 的一级结构是指 4 种脱氧核糖核苷酸(dAMT、dGMP、dCMP 及 dTMP)的连接及排列顺序。DNA 链的化学结构式如图 6-6 所示。在 DNA 的一级结构中,有一种特殊的结构序列,即双链 DNA 中含有的两个结构相同、方向相反的序列称为反向重复序列,每个单链在任一方向读取时都是相同的,称为回文结构序列。短回文结构可作为一种特殊的信号识别——限制性内切酶位点,更长的回文结构很容易转化为发夹结构,并参与转录的终止作用。由于绝大多数生物遗传信息都存储在 DNA 序列中,DNA 中不同的核苷酸排列顺序决定着生物多样性。

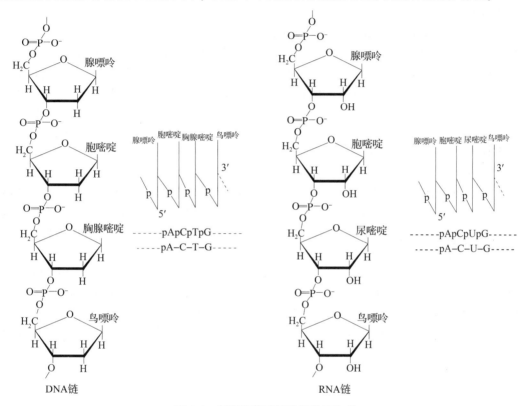

图 6-6　多聚核苷酸链的化学结构式

6.2.1.2　RNA 的一级结构

大多数天然 RNA 分子是以一条多聚核苷酸单链形式存在的,组成 RNA 的 4 种核苷酸(GTP、ATP、CTP 及 UTP)通过 3′,5′-磷酸二酯键有序排列起来而形成的原始核糖核苷酸链。多聚 RNA 链的化学结构式如图 6-6 所示。RNA 分子在 RNA 病毒中以双链结构存在,且与 DNA 具有相同的遗传作用。RNA 根据功能不同大体可以分为 4 类,分别为信使 RNA(mRNA)、核糖体 RNA(rRNA)、转运 RNA(tRNA)及非编码 RNA。

(1)mRNA

mRNA 是一类由 DNA 链为模板转录而成的单链 RNA。mRNA 是指导合成蛋白质的模板,是将遗传信息从 DNA 传递到蛋白质的信使。它具有拷贝数量少、寿命短和修饰成分少等特点。mRNA 存在于原核生物和真核生物的细胞质及真核细胞的某些细胞器(如线粒体和叶绿体)中。原核生物与真核生物的 mRNA 都是由 4 个核糖核苷酸组成,并由基因转录而来。但原核生物与真核生物的 mRNA 也有很多不同之处,具体如下:

①原核生物 mRNA 通常以多顺反子的形式存在,而真核生物的 mRNA 通常以单顺反子的

形式存在。多顺反子指一个 mRNA 分子编码多条多肽链。这些多肽链对应的 DNA 片段则位于同一转录单位内，各自拥有起始点和终止点。单顺反子是指一条 mRNA 模板只含有一个翻译起始点和一个终止点，编码一条多肽链。

②原核生物 mRNA 的原始转录产物一般不需要后加工就能直接作为翻译蛋白质的模板。真核生物 mRNA 的最初前体要经过核不均一 RNA(heterogeneous nuclear RNA，hnRNA)阶段，最终才能被加工成为成熟 mRNA。

③原核生物 mRNA 的半寿期很短，通常只有几分钟。而真核生物 mRNA 的半寿期较长，在胚胎中可以存活几天。

④原核生物 mRNA 一般在 5′端有一段不翻译区，称为前导顺序，3′端也有一段不翻译区，中间是蛋白质的编码区，通常可以编码几种蛋白质。真核生物的 mRNA 包括 5′端帽子结构、5′端不翻译区、翻译区(编码区)、3′端不翻译区和 3′端聚腺苷酸尾巴。最简单的帽子结构是指在真核生物中转录后修饰形成的成熟 mRNA 在 5′端的一个特殊结构，即由甲基化鸟苷酸经焦磷酸与 mRNA 的 5′端核苷酸相连，形成 5′,5′–三磷酸连接，又称为甲基鸟苷帽子。由于其稳定性差，所以通常用甲基化修饰法进行修饰。5′端帽子结构的形成不仅可以保护 mRNA，对稳定 mRNA 非常重要，而且可以提高 mRNA 的剪接效率。

(2)rRNA

rRNA 是细胞内最丰富的、相对分子质量最大的一类 RNA，约占 RNA 总量的 82%。rRNA 是一条单链，含有不等的 A 和 U、G 和 C，也含有广泛的双链区域。在双链区中，碱基因氢键相连，呈发夹式螺旋结构。rRNA 与多种蛋白质结合形成核糖体，将遗传信息从 DNA 传送到蛋白质合成位点，充当蛋白质生物合成的"装配机"。

原核生物有 3 种 rRNA：5S rRNA、16S rRNA 和 23S rRNA，分别含有 120、1 540、2 900 个核苷酸。真核生物有 4 种 rRNA：5S rRNA、5.8S rRNA、18S rRNA 和 28S rRNA，分别含有 120、160、1 900 和 4 700 个核苷酸。其中，S 是沉降系数(sedimentation coefficient)，该系数与粒子的大小和直径成正比，能间接地反映 rRNA 分子质量。rRNA 结构复杂，虽然已测出不少 rRNA 分子的一级结构，但对它们的二级、三级结构仍有待进一步研究。

(3)转运 RNA(tRNA)

tRNA 是一类携带和运输氨基酸的小分子 RNA，其含量约占细胞 RNA 总量的 15%。tRNA 种类繁多，大多数 tRNA 由 70~90 个核苷酸组成。自从 1965 年霍利等人首次分析了酵母丙氨酸 tRNA 的一级结构以来，已有超过 200 个来自不同生物、器官和细胞器的 tRNA 的一级结构被阐明。

tRNA 的主要功能是携带氨基酸进入核糖体，并在 mRNA 的引导下合成蛋白质，即以 mRNA 为模板，将其中具有密码意义的核苷酸顺序翻译成蛋白质中的氨基酸顺序。tRNA 和 mRNA 是通过反密码子和密码子之间的相互作用而发生关系的。在肽链生成过程中，第一个进入核糖体并与核糖体起始密码子结合的 tRNA 称为起始 tRNA。其余的 tRNA 参与肽链的延伸，称为延伸 tRNA，按照 mRNA 上密码的排列，携带特定氨基酸的 tRNA 依次进入核糖体。肽链形成后，tRNA 从核糖体中释放出来，整个过程称为 tRNA 循环。

每一个 tRNA 可以根据它所运输的氨基酸类型来命名，如运输丙氨酸的 tRNA 就被称为丙氨酸 tRNA。通常一个 tRNA 只能携带一个氨基酸，如丙氨酸 tRNA 只携带丙氨酸，但一种氨基酸可被多种 tRNA 携带。在同一生物，携带相同氨基酸的不同的 tRNA 被称为同功受体 tRNA。此外，携带同一种氨基酸的细胞器 tRNA 与细胞质 tRNA 也不一样。

(4)非编码 RNA

非编码 RNA(non-coding RNA)是指不编码蛋白质的 RNA。非编码 RNA 包括分子质量较小的核内小分子 RNA(small nuclear RNA，snRNA)、核仁小分子 RNA(small nucleolarRNAs，sno-RNA)、微 RNA(microRNA，miRNA)，以及分子质量较大的长非编码 RNA(long non-coding RNA，lncRNA)等多种已知功能的 RNA，还包括一些未知功能的 RNA。这些 RNA 的共同特点是都能从基因组上转录而来，但是不翻译成蛋白质，在 RNA 水平上就能行使各自的生物学功能。

6.2.2 核酸的空间结构

6.2.2.1 DNA 的空间结构

(1)DNA 的二级结构(双螺旋结构)

①DNA 双螺旋结构模型特征 DNA 双螺旋结构模型又称 Watson-Crick 结构模型。该模型为阐明核酸序列与功能之间的关系提供了重要的依据。DNA 双螺旋结构模型如图 6-7 所示，其主要特点如下：

a. DNA 由两条反向平行的脱氧核苷酸长链盘旋而成。亲水的脱氧核糖基和磷酸基骨架位于双链外侧，而碱基位于双链内侧。双螺旋的平均直径约为 2 nm，其螺距为 3.54 nm。

b. DNA 的两条链通过碱基间形成的氢键相连，且有严格的碱基配对原则。始终是 A 与 T 配对，C 与 G 配对，A 和 T 之前形成 2 个氢键，C 和 G 之前形成 3 个氢键。相邻碱基对之间的距离为 0.34 nm，每个螺旋包含大约 10 个碱基对。

c. 由于碱基对的积累和糖磷酸骨架的扭转，在与脱氧核糖–磷酸骨架平行的螺旋表面上形成了两个宽度不等的凹沟。较深的沟槽称为大沟(major groove)，较浅的沟称为小沟(minor groove)。大沟是一个开放区域，它允许核酸分子从周围进入其内部并进行组装。而小沟则限制了大分子物质向内流动，使之在一定程度上保持封闭状态。碱基一侧的功能基团暴露在大沟中，DNA 结合蛋白常常在大沟中结合。

d. 影响 DNA 双螺旋结构稳定性的主要作用力包括碱基堆积力、氢键和静电力。维持 DNA 双螺旋结构稳定性的力主要是碱基堆积力。碱基堆积力是指在 DNA 双螺旋结构中，相邻疏水性碱基在旋进中彼此堆积在一起相互吸引形成的力，是范德华力的一种形式。氢键是一种弱相互作用力，它能使分子间发生非共价结合。碱基堆积力与碱基对互补链之间的氢键共同维持 DNA 双螺旋结构的稳定性。

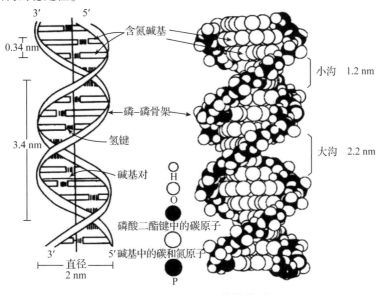

图 6-7 DNA 双螺旋结构模型

②几种不同类型的 DNA 双螺旋结构　大多数 DNA 都是以非常类似于标准 B-DNA 构象的形式存在，B-DNA 是 DNA 在水环境下和生理条件下最稳定的构象，也是活性最高的 DNA 构象。除此之外，还存在着 A-DNA 和 Z-DNA。A-DNA 是 B-DNA 的重要变构形式，拥有与 B-DNA 相似的右旋结构，但其螺旋较短、较紧密。A-DNA 的碱基对和主链比 B-DNA 的螺旋轴绕得更远，碱基对相对于螺旋轴明显倾斜。B-DNA 的小沟窄而深，A-DNA 的小沟宽而浅。B-DNA 可在低水合作用和加入醇的条件下转化为 A-DNA，这种转换是可逆的。Z-DNA 是一种左旋型双螺旋形式，是 B-DNA 的另一种变构形式，其活性较 B-DNA 和 A-DNA 明显降低。与 B-DNA 和 A-DNA 相比，Z-DNA 双螺旋体高而薄，直径约为 18 nm，螺距约为 45 nm。Z-DNA 单一凹槽窄而深，只有 6~7 个 A。Z-DNA 呈锯齿状，这是由于脱氧鸟嘌呤核苷酸的特异性及其糖环折叠形成的。它们的结构特点见表 6-3 所列，结构模型如图 6-8 所示。

表 6-3　A-DNA、B-DNA 和 Z-DNA 的主要结构特点

结构特点	A-DNA	B-DNA	Z-DNA
螺旋方向	右手	右手	左手
每一碱基对旋转角度	32.7°	34.6°	30.0°
每一螺旋的碱基对数	≈11.0	≈10.4	≈12.0
碱基对相对螺旋轴的倾斜角度	19.0°	1.2°	9.0°
每一碱基对沿螺旋轴上升的距离	0.23 nm	0.33 nm	0.38 nm
螺距	2.46 nm	3.40 nm	4.56 nm
螺旋直径	2.55 nm	2.37 nm	1.84 nm

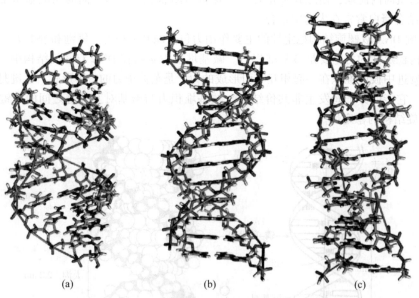

(a)　　　　　　　　(b)　　　　　　　　(c)

图 6-8　几种 DNA 的结构（引自 Harri Lönnberg，2020）
(a)A-DNA；(b)B-DNA；(c)Z-DNA

（2）DNA 的三级结构

双螺旋 DNA 可进一步扭曲和盘绕形成更高层次的空间构象，即 DNA 的三级结构。DNA 的三级结构包括：由线状 DNA 形成的纽结、超螺旋和多重螺旋；由环状 DNA 形成的节、超螺旋和连环。其中，超螺旋结构是 DNA 三级结构的主要形态，如图 6-9 所示。由于超螺旋是在双螺旋的张力下形成的，因此只有双链闭合环状 DNA 和两端固定的线性 DNA 才能形成超螺旋，而

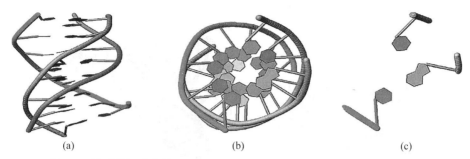

图 6-9 核磁共振确定的 DNA 三螺旋结构(引自 Creighton，Thomas，2010)
(a)三螺旋的垂直视图；(b)三螺旋的末端视图；(c)三螺旋结构的片段

带切口的 DNA 则不能形成超螺旋。

DNA 有两类超螺旋结构：正超螺旋和负超螺旋。真核生物的双链线形 DNA 和原核生物的双链环形 DNA 都以负超螺旋的形式存在于体内，密度一般为 100~200 bp 一圈。在研究细菌质粒 DNA 时，人们发现在自然状态下 DNA 以负超螺旋为主，稍有破坏，就会出现开环结构，两条链断裂成线性结构。此外，如果一条或两条链在链的不同部分产生断裂，它就会成为一个无旋曲的开环 DNA 分子。从细胞中提取质粒或病毒 DNA 都包含闭环和开环这两种分子。

DNA 超螺旋结构具有重要的生物学意义：①超螺旋结构在 DNA 组装中起着重要的作用，由于超螺旋 DNA 具有更紧密的形状，因此其体积大大减少；②可能涉及复制和转录的调控，DNA 的结构具有动态性，DNA 超螺旋程度的改变介导了 DNA 结构的变化，有利于其功能的发挥；③超螺旋 DNA 可以实现松弛态 DNA 所不能实现的结构转化，DNA 是一种热力学稳定的结构，引入超螺旋可以提高 DNA 的能量水平。

6.2.2.2 RNA 的空间结构

(1)RNA 的二级结构

RNA 的二级结构可分为螺旋和不同类型的环。大多数天然 RNA 分子是单链的，RNA 分子的部分区域相互折叠，碱基发生配对，并通过 A 和 U、G 和 C 之间的氢键形成双螺旋，不配对的碱基则形成突环，这种结构又称为"发夹型"结构或杆环结构。在 RNA 双螺旋结构中，碱基配对不像 DNA 那样严格。G 既可以和 C 配对，也可以与 U 配对。40%~70%的核苷酸参与螺旋的形成，因此 RNA 分子是多核苷酸链，具有短的、不完整螺旋区。茎环结构是一种碱基对螺旋结构，末端为短少的不成对环。这种茎环结构非常普遍，比较典型的如三叶草结构(即在tRNA 中的 4 个螺旋结点)，如图 6-10(a)所示。1965 年，Holley 等人在测定酵母丙氨酸 tRNA一级结构的基础上，提出了 tRNA 的三叶草型二级结构模型。三叶草型模型一般可分为 4 个臂和 4 个环。4 个环包括 D 环、反密码子环、TψC 环和可变环。4 个臂包括 D 臂、反密码臂、TψC 臂和氨基酸臂。其主要特点如下：

①A-U 和 G-C 成对的分子双螺旋区称为臂，未成对的称为环。

②三叶草的叶柄称为氨基酸臂，氨基酸接受区包括 tRNA 的 3′端和 5′端。在 3′端，有共同的—CCA—OH 结构，其羟基可与 tRNA 携带的氨基酸形成共价键，在蛋白质合成中起携带氨基酸的作用。

③反密码子环的顶端是由 3 个核苷酸组成的反密码子，它识别模版 RNA 上的密码子，从而对号入座。反密码区与氨基酸接受区相对，一般环中含有 7 个核苷酸残基，臂中含有 5 对碱基。

④二氢尿嘧啶环，也称 D 环，其可识别氨基酸 tRNA 的连接酶。环由 8~12 个核苷酸构成，臂由 3~4 对碱基组成。

⑤TψC 环在蛋白质合成时起识别核糖体的作用。

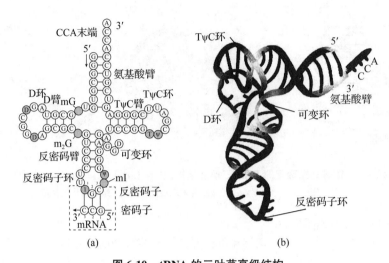

图 6-10　tRNA 的三叶草高级结构

(a)三叶草型二级结构；(b)倒"L"形三级结构

⑥可变环含有不同的碱基数目，通常由 3~18 个核苷酸构成。

⑦tRNA 分子中含有相对较多的修饰碱基。

（2）RNA 的三级结构

20 世纪 70 年代初科学家用 X 射线衍射技术分析发现 tRNA 的三级结构为倒"L"形，如图 6-10(b)所示。这是 tRNA 的三叶草型二级结构，经碱基配对，进一步通过次级键配对折叠而成。倒"L"形的短臂是三叶草的—OH 臂，反密码子环位于另一端，这种结构更紧凑、更稳定，还能使携带氨基酸的 tRNA 进入核糖体的特定部位。不同 tRNA 的可变臂长度不一，核苷酸数从二至十几不等。除了可变臂和 D 环外，每个位点的核苷酸和碱基对的数目基本不变，称为 tRNA 分子的守恒或半保守成分。这些成分对维持 tRNA 的三级结构很重要。

6.3　核酸的理化性质

6.3.1　核酸的溶解性和黏度特性

DNA 是一种白色纤维状固体，RNA 是粉末状的白色固体。DNA 和 RNA 都是极性化合物，微溶于水，可溶于 2-甲氧乙醇，不溶于乙醇、乙醚、氯仿等常见有机溶剂。因此，常用乙醇从溶液中沉淀 DNA 及 RNA。当乙醇浓度达到 50% 时，DNA 沉淀；当乙醇达到 75% 时，RNA 沉淀。此外，DNA 和 RNA 常与蛋白质结合形成核蛋白，两种核蛋白在盐溶液中溶解度不同。在 0.14 mol/L 的 NaCl 溶液中，DNA 核蛋白的溶解度最低，几乎不溶于水。在低浓度盐溶液中，DNA 核蛋白的溶解度随着盐浓度的增加而增加，其在 1 mol/L 的 NaCl 溶液中的溶解度是纯水中的 2 倍。RNA 核蛋白易溶于 0.14 mol/L 的 NaCl 溶液中，其溶解度不受盐浓度影响。因此，通常采用不同盐浓度溶液分离两种核蛋白，然后用蛋白质变性剂将蛋白质去除。

DNA 的水溶液黏度非常高，即使是很稀的 DNA 溶液，也有很高的黏度。原因是 DNA 的直径小，长度长，相对分子质量超过 10^6。线形 DNA 分子的形状非常细长，其直径与长度的比率高达 $1:10^7$。由于 RNA 分子比 DNA 分子小很多，所以 RNA 分子的黏度也比 DNA 小很多。

6.3.2　核酸的解离

核酸是较强的两性电解质，核酸分子在酸或碱条件下被解离是其最重要的物理特性。核酸的解离直接影响其电荷特性，主要核苷和碱基的 pK_a 见表 6-4。腺嘌呤、鸟嘌呤(N-7)和胞嘧啶的 pK_a 为 2~4.5，因此它们只能在酸性 pH 下电离。当 pH 超过 9 时，鸟嘌呤(N-1)、尿嘧啶和胸腺嘧啶会发生解离。核酸解离状态随着溶液 pH 的变化而变化。当核酸分子的酸性解离和碱性解离程度相等时，其所带的正电荷与负电荷相等，此时核酸溶液的 pH 就是等电点(pI)。核酸具有较低的等电点，如酵母 RNA 的等电点在 2.0~2.8。根据核酸在等电点时溶解度最小的性质，将 pH 调至 RNA 的等电点附近，可使 RNA 在溶液中沉淀。

DNA 与 RNA 对酸碱的耐受性差异很大。在 0.1 mol/L NaOH 溶液中，RNA 几乎可以完全水解，而 DNA 在相同条件下不受影响。酸对核酸的作用因酸的浓度、温度和作用时间长短而不同。在短时间内使用稀酸处理时，DNA 和 RNA 都不会降解。但在更高温度或强酸处理较长时间时，会导致核酸降解。如用中等强度的酸在 100℃ 下处理数小时，或用浓度较高的酸(如 2~6 mol/L HCl)处理时，可使嘧啶碱基水解，磷酸二酯键断裂，并加速核酸降解。此外，RNA 在稀碱条件下也会发生水解，生成 2′-核苷酸和 3′-核苷酸。用于 RNA 碱解的 KOH(或 NaOH)的浓度可根据温度和作用时间而变化。例如，使用 1 mol/L KOH(或 NaOH)在 80℃ 作用 1 h 或 0.3 mol/L KOH(或 NaOH)在 37℃ 时作用 16 h 均可使 RNA 水解为单核苷酸。而在相同的稀碱条件下，DNA 是稳定的，不会水解为单核苷酸。

表 6-4 主要核苷和碱基的 pK_a

碱基(质子化的位点)	核苷	3′-核苷酸	5′-核苷酸
腺嘌呤(N-1)	3.63	3.74	3.74
胞嘧啶(N-3)	4.11	4.30	4.56
鸟嘌呤(N-7)	2.20	2.30	2.40
鸟嘌呤(N-1)	9.50	9.36	9.40
胸腺嘧啶(N-3)	9.80	—	10.00
尿嘧啶(N-3)	9.25	9.43	9.50

6.3.3 核酸的光谱吸收

6.3.3.1 紫外吸收

嘌呤和嘧啶具有共轭双键，使碱基、核苷、核苷酸和核酸在 240~290 nm 的紫外波段有一个强烈的吸收峰，因此核酸具有紫外吸收特性。DNA 钠盐的紫外吸收在 260 nm 附近有最大吸收值(图 6-11)，其吸收率用 A_{260} 表示。DNA 在 230 nm 处为吸收低谷，RNA 钠盐的吸收曲线与 DNA 的吸收曲线没有显著差异。不同的核苷酸具有不同的吸收特性，因此实验室可以用紫外分光光度计对其进行定量和定性测定。如果待测样品为纯样品，则可通过紫外分光光度计读取 260 nm 和 280 nm 的 A 值。由于蛋白质的最大吸收波长为 280 nm，因此可以根据 A_{260}/A_{280} 来判断样品的纯度。纯 DNA 的 A_{260}/A_{280} 应为 1.8，纯 RNA 的 A_{260}/A_{280} 应为 2.0。如果样品含有其他蛋白质和苯酚，A_{260}/A_{280} 比率会显著降低。紫外吸收法定量只能用于测定核酸纯品。对于纯核酸溶液，还可通过核酸的比吸收系数计算溶液中的核酸含量。核酸的比吸收系数是指 1 μg/mL 核酸水溶液在 260 nm 处的吸光度，天然双链 DNA 的比吸收系数为 0.02，变性 DNA 和 RNA 的比吸收系数为 0.022。该方法快速、准确，不会浪费样品。

6.3.3.2 圆二色谱

核酸中所含糖有不对称的结构，它们所含的双螺旋结构也是不对称的。它们在 185~300 nm 范围内有特征的圆二色谱(circular dichroism, CD)，虽然圆二色谱与核酸的立体结构之间的关系不甚显著，但也可以用它研究某些立体结构。同时，圆二色谱与核酸的碱基配对数有关系，因此也可用圆二色谱研究核酸的化学组成。CD 光谱和紫外光谱的光谱信息互补，可以

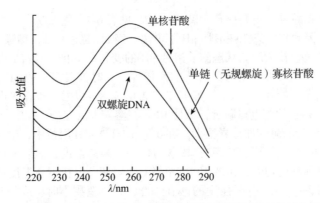

图 6-11 单核苷酸、单链(无规螺旋)寡核苷酸和双螺旋 DNA 等摩尔碱基浓度的
典型紫外吸收曲线(引自 G. Michael Blackburn, 2006)

快速、方便和准确地描述整个核酸溶液的整体构象。

G-四链体是由富含串联重复鸟嘌呤(G)的 DNA 或 RNA 折叠形成的高级结构,并通过特定的阳离子(K^+、Na^+、NH_4^+ 等)进一步稳定结构。B-DNA 的双链、单链和 G-四链体 DNA 的 CD 光谱表明,DNA 的每个二级结构都有各自的特征光谱(图 6-12)。CD 光谱还可以监测不同二级结构之间的相互转换。例如,将 NaCl 滴定到多聚脱氧鸟嘌呤核苷-脱氧胞嘧啶核苷(poly dG-dC)溶液中,当 NaCl 浓度超过 4 mol/L 时,多核苷酸从标准的右手 B 型螺旋结构转变为左手 Z 型螺旋结构。在测量 CD 光谱信号时,提高核酸溶液的温度也可以直接监测 DNA 从折叠双螺旋结构到无规卷曲单链的转化过程。

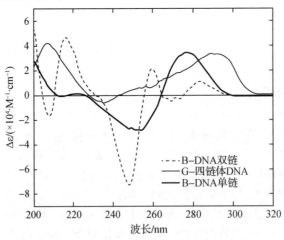

图 6-12 3 种不同构象 DNA 的 CD 光谱图(引自 G. Michael Blackburn, 2006)

6.3.4 核酸的沉降性质

如果核酸变性或降解,溶液的黏度会降低,核酸会在重力场中下沉。不同相对分子质量及不同构象(线性、开环、超螺旋结构)的核酸在超离心机的强引力场中,沉降速率有很大差异。超螺旋 DNA 沉淀速度快,而开环和线性 DNA 沉淀速度较慢。因此,可以通过超速离心纯化核酸、分离具有不同构象的核酸,以及测量核酸的沉降常数和相对分子质量。当采用密度梯度的介质分离核酸时,超速离心的效果更好。蔗糖梯度法通常用于 RNA 分离,氯化铯梯度法是 DNA 分离最常用的方法。利用菲啶溴红-氯化铯密度梯度平衡超离心,可以用于分离不同构象的 DNA 和 RNA。这种方法是目前实验室中纯化质粒 DNA 最常用的方法。

6.3.5 核酸的变性、复性及杂交

6.3.5.1 变性

变性(denaturation)是核酸的重要物理、化学性质。核酸变性是指由于核酸双螺旋区氢键断裂、碱基堆积力破坏,从而使 DNA 由双螺旋转化为单链不规则线圈,并伴随着核酸某些光学和流体力学性质的改变。变性会造成核酸部分或全部生物活性丧失,但并不涉及核酸一级结构的改变。所有可能破坏双螺旋稳定性的因素,如加热、极端 pH、有机试剂(如甲醇、乙醇、尿素和甲酰胺)等都可能导致核酸变性。例如,当 DNA 的稀盐溶液加热到 80~100℃时,DNA 双螺旋结构解体,两条链分离形成不规则的线圈。由温度升高引起的变性称为热变性,由 pH 变化引起的变性称为酸碱变性。尿素是聚丙烯酰胺凝胶电泳测定 DNA 序列常用的变性剂。

DNA 变性后,由于双螺旋的解体,碱基堆积不再存在,隐藏在螺旋中的碱基暴露出来,从而使变性后的 DNA 在 260 nm 处紫外光的吸光率显著高于变性前,这种现象称为增色效应(hyperchromic effect)。增色效应通常用于跟踪 DNA 的变性过程,了解 DNA 变性的程度。此外,变性 DNA 的一些物理、化学和生物性质也会发生变化。DNA 双螺旋是一个紧密的刚性结构,变性后则成为软而松散的不规则单链线性结构,导致 DNA 黏度显著降低。同时,变性 DNA 分子的对称性和分子的局部构象也会发生变化,从而使 DNA 溶液的旋光度发生改变。加热使 DNA 变性是实验室最常用的方法,称为热变性。DNA 变性是爆发式的,DNA 热变性发生在一个狭窄的温度范围内。当病毒或细菌 DNA 分子溶液缓慢加热引起变性时,溶液的紫外线吸收值会在达到一定温度时突然迅速增加,随后即使温度继续升高,吸收率也不会再发生显著变化。在核酸加热变性过程中,紫外线吸收值达到最大值的 50% 时的温度称为变性温度(melting temperature,T_m)。由于这种现象类似于晶体的熔化,所以也被称为熔化温度。DNA 的 T_m 值一般在 70~85℃,通常在 0.15 mol/L NaCl,0.015 mol/L 柠檬酸三钠(SSC)溶液中测量。

DNA 的 T_m 值大小与以下因素有关:

(1)DNA 的均一性

DNA 样品的均一性越高,熔化的过程就越发生在较小的温度范围内。

(2)G≡C 的含量

在一定条件下,T_m 的水平由 DNA 分子中 G≡C 的含量决定。G≡C 含量越高,T_m 值越高,且成正比。这是因为 G≡C 比 A=T 有更多的氢键,结构更稳定,断链需要更多的能量。因此,可以通过测量 T_m 值来计算 G≡C 的含量。

(3)DNA 所处的溶液条件

一般来说,在离子强度较低的介质中,DNA 的熔化温度较低,熔化温度范围较宽。在离子强度较高的介质中,T_m 较高,熔化温度范围较窄。因此,在表示某个 DNA 的 T_m 值时,必须指出其测定条件。DNA 样品通常储存在 1 mol/L 的 NaCl 溶液中。由于 RNA 分子中也存在局部双螺旋区域,因此 RNA 也可以变性,但 T_m 值较低,变性曲线不太陡峭。

6.3.5.2 复性

变性 DNA 在适当的条件下,两条彼此分开的 DNA 链完全或部分地重新缔合的过程称为 DNA 的复性(renaturation)。DNA 复性是变性的一种逆转过程。热变性 DNA 通常在缓慢冷却后复性,所以这个过程也称为"退火"。DNA 复性后,许多理化性质和生物活性可以部分恢复。复性过程基本上符合二级反应动力学,第一步相对较慢,因为两条链必须通过随机碰撞找到碱基配对部分,并首先形成双螺旋。第二步速度较快,其他未配对的部分根据碱基配对进行组合,像拉锁链一样形成双螺旋。DNA 复性通常只适用于同质病毒和细菌的 DNA。而哺乳动物细胞中的异质 DNA 很难恢复到原始结构状态,这是因为只要一定数量的碱基相互补充,它们

就可以重组成双螺旋结构，碱基不互补的区域就会形成一个突环。

一般认为，比 T_m 低 25℃左右的温度是复性的最佳条件。离这个温度越远，复性速度越慢。在极低温度（低于 4℃）条件下，分子的热运动显著减弱，互补链结合的机会大大减少。从热运动的角度来看，在 T_m 以下保持较高的温度更有利于复性。此外，复性过程中的温度下降必须是一个缓慢的过程。当热变性的 DNA 突然冷却时，DNA 无法复性。例如，当使用同位素标记的双链 DNA 片段进行分子杂交时，为了获得单链杂交探针，应将含有热变性 DNA 溶液的试管直接插入冰浴中，使溶液在冰浴中突然冷却至 0℃。由于温度的降低，单链 DNA 分子失去了碰撞的机会，因此无法复性并保持单链变性状态。这种处理过程称为淬火（guench），表明过短的冷却时间和较大的温差不利于复性。

DNA 复性后，其物理和化学性质得到恢复，但是其生物活性一般只能得到部分恢复。变性 DNA 重新折叠形成双螺旋结构，其在波长 260 nm 的紫外线吸收值降低，这种现象称为减色效应（hypochromic effect）。DNA 复性后，其碱基隐藏在双螺旋内部，碱基对被堆叠，它们之间的介电相互作用被恢复，这削弱了碱基吸收紫外线的能力，因此引起紫外线吸收值降低。DNA 的复性过程可以通过减色效应的大小来跟踪，以测量 DNA 复性的程度。影响复性速度的因素有：①简单序列的 DNA 分子比复杂序列的 DNA 分子的折叠速度更快；②单链片段浓度越高，随机碰撞频率越高，复性速度越快；③较大的单链段扩散困难，链间错配概率高，复性慢；④如果片段中有许多重复，很容易形成互补区域，因此复性很慢。

6.3.5.3　杂交

经过变性、分离和退火后，不同来源的多核苷酸之间存在互补的碱基序列，可以进一步发生杂交以形成 DNA-DNA 杂交和 DNA-RNA 杂交（图 6-13）。这种根据碱基互补配对而使不完全互补的两条多核苷酸相互结合的过程称为分子杂交（molecular hybridization）。基因探针（probe），即核酸探针，是一种带有检测标记和与目标基因互补的 DNA 或 RNA 序列。通常用放射性同位素法标记。根据杂交原理，作为探针的核酸序列必须至少满足以下两个条件：首先应为单链，若为双链，则必须先进行变性处理。其次应带有易于检测的标记。探针可以包括整个基因或只是基因的一部分，也可以是 DNA 本身，或是由之转录而来的 RNA。使用杂交方法，探针可以与特定的未知序列进行退火以形成杂合体，从而达到发现和识别特定序列的目的。

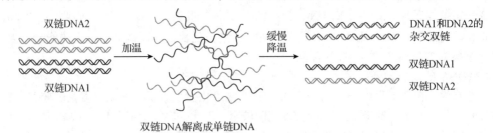

图 6-13　核酸分子复性和杂交的示意图（引自周春燕，2018）

核酸分子杂交是一种广泛应用于分子生物学和医学的技术。Southern 印迹（Southern blotting）、Northern 印迹（Northern blotting）、斑点印迹、原位杂交、PCR 扩增因子芯片等核酸检测方法均采用了核酸分子杂交原理。该技术广泛应用于研究 DNA 片段在基因组中的定位，识别核酸分子之间的序列相似性，检测待测样本中是否存在目标基因等。Southern 印迹是由英国分子生物学家 Southern 发明的，具体操作步骤是利用琼脂糖凝胶电泳分离经限制性内切酶消化的 DNA 片段，将凝胶浸泡在碱（NaOH）中使 DNA 变性，随后将变性 DNA 转移到硝化纤维素膜上（硝化纤维素膜只吸附变性 DNA），在 80℃下烘烤 4~6 h，使 DNA 牢固吸附在纤维素膜上。最后与相对应结构的标记探针进行杂交，用放射自显影或酶反应显色，从而检测特定 DNA 分子的含量。

除了 DNA，RNA 也可用作探针，常用³²P 在 3′ 或 5′ 端标记核酸。将 RNA 变性并转移到纤维素膜上进行杂交，这种方法称为 Northern 印迹法。Northern 印迹技术可以识别总 RNA 或 poly (A)+RNA 样本中同源 RNA 的存在，并确定样本中特定 mRNA 分子的大小和丰度，是分子生物学研究转录水平上基因表达调控和 cDNA 合成的重要手段。

6.4 核酸化学研究的重要技术

6.4.1 核酸的分离及含量的测定

核酸的分离纯化是研究核酸结构和功能的基础。核酸样品的质量直接关系到实验的成败。分离核酸时，应遵循两个原则：一是确保核酸一级结构的完整性，因为所有遗传信息都存储在一级结构中。同时，核酸的一级结构也决定了其高级结构的形式及其与其他生物大分子的结合方式。二是排除其他分子的污染，确保核酸样品的纯度。提取时使用的仪器和某些试剂需要高温灭菌，同时提取缓冲液中应添加核酸酶抑制剂。此外，在整个分离过程中，确保提取温度不能过高，控制 pH 范围(pH 5~9)，保持一定的离子强度，降低物理因素对核酸的机械剪切力。根据提取的生物材料不同，核酸的提取方法主要有十六烷基三甲基溴化铵(cetyltrimethylammonium bromide，CTAB)、十二烷基硫酸钠(sodium dodecyl sulfate，SDS)、酚类提取、密度梯度离心和 DNA 提取试剂盒。

核酸含量的测定主要有紫外吸收法、定磷法、二苯胺法、定量 PCR 法及核酸杂交半定量法等。最常用、简单、快速的方法是紫外吸收法。该方法利用核酸及其衍生物具有吸收紫外光的性质，通过测量未知浓度的核酸溶液的吸收值(260 nm)来计算 RNA 或 DNA 含量。该方法简单、快速、灵敏度高，一般可达 3 μg/mL 的检测水平，且样品无损，样品消耗量少。

6.4.2 核酸电泳

核酸电泳是核酸研究的重要手段。它是核酸探针、核酸扩增和序列分析不可缺少的组成部分。核酸电泳通常在琼脂糖凝胶或聚丙烯酰胺凝胶中进行。不同的琼脂糖和聚丙烯酰胺可以形成不同大小的分子筛凝胶，用于分离不同相对分子质量的核酸片段。

6.4.2.1 琼脂糖凝胶电泳

琼脂糖凝胶电泳是一种以琼脂或琼脂糖为支撑介质的电泳方法。对于相对分子质量较大的大分子核酸和病毒，可以使用孔径较大的琼脂糖凝胶进行电泳分离。由于琼脂糖产品中通常含有核糖核酸酶(RNase)杂质，因此在分析 RNA 时，必须向 RNA 酶中添加蛋白质变性剂(如甲醛)以钝化酶活。电泳后，凝胶在荧光染料菲啶溴红(0.5 μg/mL)的水溶液中染色。菲啶溴红是一种平面分子，很容易插入 DNA 碱基对之间。经紫外照射后，DNA 与菲啶溴红结合，可发出橙-红色可见荧光。该方法灵敏度高，可检测 0.1 μg DNA。DNA 样品的浓度可以根据荧光强度大致确定。如果在同一凝胶中加入已知浓度的 DNA 作为参考，则测得的样品浓度更准确。在紫外光照射下，可以用高灵敏度的负片将凝胶上所呈现的电泳图谱拍摄下来，以便进一步分析和长期保存。图 6-14 为核酸凝胶电泳图。

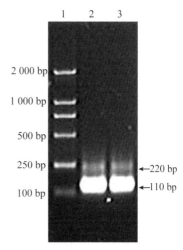

图 6-14 核酸琼脂糖凝胶电泳结果

电泳的迁移率由以下因素决定：

（1）DNA 相对分子质量

在一定浓度下，线性双链 DNA 分子在琼脂糖凝胶中的迁移率与 DNA 相对分子质量大小成反比。分子越大，阻力越大，在凝胶孔中移动越困难，迁移越慢。

（2）凝胶浓度

已知大小的线性 DNA 分子在不同浓度的琼脂糖凝胶中具有不同的迁移速度。迁移速度与凝胶浓度成反比。DNA 通常用 1% 的凝胶分离。

（3）DNA 构象

当 DNA 分子处于不同构象时，其在电场中的移动距离不仅与相对分子质量有关，还与自身构象有关。相同相对分子质量的 DNA 在琼脂糖凝胶中的迁移速率不同。一般情况下，超螺旋 DNA 的迁移速度最快，其次是线性 DNA，开环形最慢。

（4）电源电压

琼脂糖凝胶分离实验中，大分子 DNA 在低浓度、低电压下分离效果良好。在低电压条件下，线性 DNA 分子的电泳迁移率与所用电压成正比，电压一般不大于 5 V/cm。

（5）嵌入染料

荧光染料菲啶溴红用于检测琼脂糖凝胶中的 DNA，染料将嵌入堆叠的碱基对之间，并拉长线状和缺口环形 DNA，使其刚性更强，还会使线性 DNA 的迁移率降低 15%。

（6）离子强度

电泳缓冲液的组成及其离子强度影响 DNA 的电泳迁移率。在缓冲液没有离子的情况下，电导率最小，DNA 几乎不移动。在高离子强度的缓冲液中，电导率非常高，并产生明显的热量，这可能导致凝胶熔化或 DNA 变性。

6.4.2.2 聚丙烯酰胺凝胶电泳

由于聚丙烯酰胺凝胶的孔径小于琼脂糖凝胶，因此可用于分析相对分子质量小于 1 000 bp 的 DNA 片段。聚丙烯酰胺通常不含核糖核酸酶，因此可用于 RNA 分析。然而，要注意缓冲液和其他容器中的核糖核酸酶等因素的影响。聚丙烯酰胺凝胶上的核酸样品用菲啶溴红染色，并用紫外线照射。由于核酸的荧光很弱，因此用这种方法无法检测低浓度的核酸样品。

6.4.3 核酸序列的测定方法

核酸序列的分析，即核酸一级结构的测定，是现代分子生物学中一项重要技术。目前应用的两种快速序列测定技术是 Sanger 等（1977 年）提出的双脱氧链终止法、Maxam 和 Gilbert（1977 年）提出的化学降解法，其中最常用的核酸序列是双脱氧链终止法。这项技术与 DNA 电泳技术的发展密不可分。该方法将 2′,3′-双脱氧核苷三磷酸（2′,3′-ddNTP）加入新合成的 DNA 链中，由于加入的 2′,3′-ddNTP 缺乏 3′-羟基，因此不能与下一位核苷酸反应形成磷酸二酯键，链的延伸被终止以形成不同长度的 DNA 片段。通过分离不同长度的核酸片段（长度相邻者仅差一个碱基），并根据片段 3′端的双脱氧碱基依次读取合成片段的碱基排列顺序。样品 DNA 的核苷酸序列可以通过电泳分离和放射自显影进行鉴定。

6.4.4 重组 DNA 技术

DNA 重组（DNA recombination）是指在体外将两个或两个以上不同来源的 DNA 分子断裂、连接及重新组合，并在适当细胞中增殖形成新 DNA 分子的过程，也称为基因工程。

重组 DNA 技术首先需要限制性内切酶在特定位置切割外源 DNA。随后将分离的 DNA 片段与作为载体的第二条 DNA 连接。最后是将切下的目的基因片段插入质粒的切口处，再加入适量的 DNA 连接酶，使质粒与目的基因结合成重组质粒，这可以通过 DNA 杂交技术实现。重组DNA 技术主要包括 4 个步骤：目的基因的提取、目的基因与载体的结合、目的基因导入受体细胞、目的基因的检测和表达。重组 DNA 的载体通常是来自大肠埃希菌的质粒，该质粒具有在细菌细胞中自我复制的能力，修饰后的质粒含有氨苄青霉素抗性（Ampr）基因，并对插入的抗性基因进行后期筛选。

6.4.5 转基因技术

转基因技术的理论基础来自分子生物学。基因片段来源于提取特定生物体基因组中所需的目标基因，或者人工合成具有特定序列的 DNA 片段。DNA 片段被转移到特定的生物体中，发生基因组重组，然后从重组体中人工选择几代，以获得具有稳定表现的特定遗传性状的个体。该技术可以使重组生物增加人们所期望的新性状，培育出新品种。著名的转基因小鼠实验是将大鼠生长激素基因导入一个小鼠的受精卵里，让小鼠携带额外的生长激素基因，结果表明接受外源性生长激素基因的转基因鼠比同胞所生的小鼠生长速度快 2~3 倍，体积大 1 倍。转基因植物也已经成功培育，如抗虫番茄、保存期长的番茄、抗冻草莓及抗虫谷物等。目前转基因技术已经成功地应用在提高动物个体的生长速度、改良家畜的生产品质、增强抗逆和抵御疾病的能力等方面。例如，1998 年美国农业部的研究人员成功获得了促生长转基因猪（胰岛素样生长因子）。该促生长基因的导入，显著改变了猪的产肉性能，猪肉脂肪含量减少 10%，瘦肉含量增加 6%~8%，显著提高了猪的经济性能。

6.4.6 基因治疗

基因治疗（gene therapy）是指将外源正常基因导入靶细胞，以纠正或补偿由缺陷和异常基因引起的疾病，从而达到治疗的目的。纠正的方法可以是原位修复缺陷基因，也可以将功能正常的基因转移到细胞基因组的一部分以替换缺陷基因。目前，最成功的基因治疗方法是腺苷脱氨酶基因（adenosine deaminase，ADA），缺乏 ADA 的儿童会患有严重的联合免疫缺陷。基因治疗的过程通常是移除患者的体细胞，对体细胞进行基因治疗，然后将治疗后的体细胞返回给患者。同时，外源基因导入生物细胞必须依靠一定的技术方法或载体。基因转移的方法分为生物学方法、物理方法和化学方法。腺病毒载体是基因治疗最常用的病毒载体之一。目前，基因治疗的概念已经大大扩展，在核酸水平上用于疾病治疗的分子生物学方法和原理都可称为基因治疗。随着对疾病本质认识的深入和分子生物学新方法的不断涌现，未来基因治疗将有巨大发展潜力。

本章小结

核酸可以分为核糖核酸（ribonucleic acid，RNA）和脱氧核糖核酸（deoxyribonucleic acid，DNA）两类。核苷酸是 RNA 和 DNA 的基本结构单元，由弱碱性含氮有机化合物（嘌呤或嘧啶）、戊糖（核糖或脱氧核糖）以及磷酸基团组成。DNA 是由许多脱氧核糖核苷酸残基组成的长链，以 3′,5′-磷酸二酯键连接。RNA 是由多个核糖核苷酸分子组成的长链，在 RNA 聚合酶的作用下以 3′,5′-磷酸二酯键连接。DNA 和RNA 链的延伸都具有方向性的，只能从 3′端延伸。

核酸的一级结构是指构成核酸的 4 种基本组成单位——脱氧核糖核苷酸（核糖核苷酸），通过 3′,5′-磷酸二酯键彼此连接起来的线形多聚体，以及其基本单位脱氧核糖核苷酸（核糖核苷酸）的排列顺序。DNA 的二级结构是由两股多核苷酸以相反的平行方式缠绕在一起，并依靠成对碱基间的氢键结合形成的双螺旋结构。B-DNA、A-DNA 和 Z-DNA 是 DNA 主要的双螺旋结构类型。影响 DNA 双螺旋结构稳定性的主要作用力包括碱基堆积力、氢键和静电力。此外，DNA 双螺旋具有一定程度的柔韧性，可进一步扭曲和盘绕形成更高层次的空间构象，即 DNA 的三级结构。

生物体内存在 4 类 RNA，即 tRNA、rRNA、mRNA 和非编码 RNA。RNA 分子也具有形成双螺旋区域的能力。RNA 形成的 A 型双螺旋类似于 A-DNA，但是更稳定。RNA 的二级结构可分为螺旋和不同类型的环。tRNA 的三叶草型二级结构，经碱基配对，进一步通过次级键配对折叠而成倒"L"形三级结构。

DNA 和 RNA 是极性化合物，都微溶于水，它们的钠盐更易溶于水。核酸被酸或碱分解是其最重要的物理特性。核酸有紫外吸收的特性，其最大吸收峰在 260 nm，加热、极端 pH、有机试剂(如甲醇、乙醇、尿素和甲酰胺等)都可能导致核酸分子变性。变性 DNA 在适当的条件下，两条彼此分开的 DNA 链完全或部分地重新缔合的过程称为 DNA 的复性。核酸化学研究的重要技术，包括核酸分离及含量的测定，利用琼脂糖凝胶、聚丙烯酰胺凝胶电泳分离核酸，双脱氧链终止法测定核酸序列，重组 DNA 技术，转基因技术及基因治疗。

思考题

1. 名词解释：核苷酸、碱基互补原则、增色效应、核酸杂交、Southern 印迹、Northern 印迹、聚丙烯酰胺凝胶电泳。
2. 简述 B-DNA 分子双螺旋结构的要点。
3. 比较 DNA 及 RNA 的组成、结构和生物学功能。
4. 为什么双链的 DNA 比单链的 RNA 更适合充当遗传信息的存储者？
5. 何为 DNA 的变性和复性？
6. 核酸的理化性质有哪些？

第7章 酶

　　酶是生物体内新陈代谢的催化剂，生物的生长发育、繁殖、遗传、运动及神经传导等生命活动都与酶的催化过程紧密相关。可以说，没有酶的参与，生命活动一刻也不能进行。因此，从酶作用的分子水平上研究生命活动的本质及其规律无疑是十分重要的。

　　人们对酶的认识起源于生产与生活实践。我国人民在 8 000 年前就开始利用酶。约公元前 21 世纪夏禹时代，人们就会酿酒。公元前 12 世纪周代，人们已能制作饴糖和酱。2 000 多年前春秋战国时期，人们已知用曲治疗消化不良引起的疾病。西方国家 19 世纪对酿酒发酵过程进行了大量研究。1810 年 Jaseph 发现酵母可将糖类转化为乙醇。1857 年，Pasteur 认为发酵是活细胞活动的结果。1878 年 Kuhne 才给了酶一个统一的名词，把它命名为"酶"，英文名称是 enzyme，意思是"在酵母中"。1897 年，Buchner 兄弟证明不含细胞的酵母提取液也能使糖类发酵，说明发酵与细胞的活动无关，从而说明了发酵是酶作用的化学本质。

　　近几十年来，酶学研究得到很大发展，并提出了一些新理论和新概念。一方面在酶的分子水平上揭示酶和生命活动的关系，阐明酶在催化机制、遗传机制和细胞代谢调节等方面取得的进展；另一方面酶的应用研究得到迅速发展，酶工程已成为当代生物工程的重要支柱。利用酶的研究成果来指导有关医学实践和工农业生产，必将会为药物的开发，疾病的诊断、预防和治疗，农作物品种选育及病虫害的防治等提供理论依据和新思想、新途径。酶制剂除已普遍用于食品、发酵、日用化学及医药保健等领域，酶在生物工程、化学分析、生物传感器及环境保护方面的应用也日益扩大。

7.1　概述

7.1.1　酶的概念与化学本质

7.1.1.1　酶的概念

　　酶是由生物体产生的具有催化功能的生物催化剂。它们是一类具有特殊空间构象的生物大分子，包括蛋白质和核酸等。

7.1.1.2　酶的化学本质

　　关于酶化学本质的认识经过了漫长的研究过程。19 世纪初，人们就已知道生物体内存在能催化化学反应的热不稳定物质。美国生物化学家 Sumner 从刀豆得到脲酶结晶，第一次证明了脲酶的蛋白质本质。Northrop 等得到了胃蛋白酶、胰蛋白酶和胰凝乳蛋白酶的结晶，并进一步证明了酶是蛋白质。

　　这一结论经过物理和化学方法的多种分析，得到了一些理论支持。人们发现酶的化学成分与蛋白质一致，具有与蛋白质相同的一些特点：①酶经酸或碱水解后的最终产物是氨基酸，酶能被蛋白酶水解而失活；②酶是具有复杂空间结构的生物大分子，凡是使蛋白质变性的因素都可使酶变性失去催化活性；③酶是两性电解质，在不同 pH 下呈现不同的离子状态，具有特定的等电点，并能用电泳技术进行分离；④酶和蛋白质一样，具有不能通过半透膜等胶体的特性。以上事实表明酶在化学本质上属于蛋白质。但是不能说所有的蛋白质都是酶，只是具有催化作用的蛋白质才称为酶。

1982 年，美国 Cech 等发现四膜虫的 rRNA 前体能在完全没有蛋白质的情况下进行自我加工，发现 RNA 有催化活性。1983 年，美国 Altman 等研究核糖核酸酶 P（RNaseP）（由 20% 蛋白质和 80% 的 RNA 组成）时发现 RNaseP 中的 RNA 可催化大肠埃希菌 tRNA 的前体加工。Cech 和 Altman 各自独立地发现了 RNA 的催化活性，并命名这一类酶为核酶（ribozyme），两人共同获 1989 年诺贝尔化学奖。核酶也称核酸类酶、RNA。核酶一词用于描述具有催化活性的 RNA，即化学本质是核糖核酸(RNA)，却具有酶的催化功能。核酶的作用底物可以是不同的分子，也可以是同一 RNA 分子中的某些部位。核酶的功能很多，有的能够剪切 RNA，有的能够剪切 DNA，有的还具有 RNA 连接酶、磷酸酶等活性。大多数核酶通过催化转磷酸酯和磷酸二酯键水解反应参与 RNA 自身剪切、加工过程。与蛋白酶相比，核酶的催化效率较低，是一种较为原始的催化酶。核酶的发现丰富了酶学内涵，是对所有酶都是蛋白质的传统观念的挑战，也扩大了生物催化剂本质的范畴。

虽然如此，现在已知的酶基本上都是蛋白质，或以蛋白质为主导核心成分。

7.1.2　酶的催化特性

作为生物催化剂，酶具有与一般催化剂相同的性质，即只能催化热力学上允许进行的化学反应，缩短达到反应平衡的时间而不改变反应的平衡点，且酶在反应的前后没有质和量的变化。然而，与一般催化剂相比，酶又具有生物催化剂本身的特性，包括催化效率的高效性、催化作用的专一性、催化活性的可调控性及易失活性等。

7.1.2.1　催化效率的高效性

酶的催化效率极高，是非催化反应的 $10^8 \sim 10^{20}$ 倍，是一般催化剂的 $10^6 \sim 10^{13}$ 倍。蔗糖酶催化蔗糖水解的速度是 H^+ 催化速度的 2.5×10^{12} 倍。在过氧化氢分解反应中，1 mol 的化学催化剂 Fe^{2+}，1 min 内能催化 6×10^{-4} mol 的过氧化氢分解；同样条件下，1 mol 的过氧化氢酶在 1 min 内可催化 5×10^6 mol 的过氧化氢分解。二者相比，过氧化氢酶的催化效率大约是 Fe^{2+} 的 10^{10} 倍。

7.1.2.2　催化作用的专一性

酶的催化作用具有高度专一性，一种酶只作用于一种或一类化合物，催化特定的化学反应，生成特定的产物，这种催化作用特点称为酶的专一性。由于酶催化反应的专一性，生物体内的代谢过程才能表现出一定的方向和严格的顺序。根据酶对底物选择的严格程度，酶的专一性可分为 3 种类型。

（1）绝对专一性

有些酶对底物的要求非常严格，只能作用于某一特定的底物，而不能作用于其他任何物质，这种专一性称为酶的"绝对专一性"，如麦芽糖酶只催化水解麦芽糖；淀粉酶只催化水解淀粉；脲酶只催化水解尿素，而对尿素的各种衍生物均不起作用。

（2）相对专一性

有些酶对底物的要求不如绝对专一性高，可以作用于一类结构相近的化合物，这种专一性称为"相对专一性"，其包括基团专一性和键专一性两种。基团专一性对所催化的化学键两端的基团要求的严格程度不同，即只对其中一个基团要求严格，而对另一个基团没有要求。例如 α-D-葡萄糖苷酶，不仅要求水解 α-糖苷键，且要求 α-糖苷键一端必须是葡萄糖残基，而对另一端基团要求不严。键专一性只要求作用于底物一定的化学键，而对化学键两端的基团没有要求。例如蔗糖酶，其要求是 α-1,2-糖苷键就可水解，而对于两端基团没有要求。

（3）立体专一性

立体专一性是酶对具有立体异构体的底物，只能作用于其中的一种，而对另一种无效的性质。立体专一性可以进一步分为旋光异构专一性和几何异构专一性。旋光异构专一性是当底物有旋光异构体时，酶只作用于其中的一种，如 L-乳酸脱氢酶的底物只能是 L-乳酸，而不能是 D-乳酸；几何异构专一性是当底物有几何异构体时，酶只能作用于其中的一种，如琥珀酸脱氢酶只能催化延胡索酸(反丁烯二酸)加水生成苹果酸，而不能催化顺丁烯二酸的加水反应。

7.1.2.3　催化活性的可调控性

生物细胞内的代谢途径错综复杂，为了使体内代谢作用有条不紊地进行，生物体内酶催化活性受到严格的调节和控制。细胞内的酶的调控有多种方式，主要是通过改变酶的结构和浓度来进行调节，如酶的别构调节、酶的化学修饰、酶原的激活、代谢产物对酶的反馈调节及酶生物合成的诱导和阻遏等。

7.1.2.4　易失活性

酶的化学本质是蛋白质，因此，凡是使蛋白质变性的因素都可能使酶的结构遭到破坏而失去催化活性，如强酸、强碱、有机溶剂、重金属盐、高温、紫外线及剧烈振荡等。所以，酶所催化的反应多在比较温和的常温、常压和接近中性的酸碱条件下进行。

7.1.3　酶的分类

7.1.3.1　根据酶催化反应类型分类

根据各种酶催化反应的类型，国际酶学委员会将酶分为六大类。

(1) 氧化还原酶类

凡能催化底物发生氧化还原反应的酶，均属氧化还原酶类。生物体内的氧化还原反应以脱氢为主，还有脱电子及直接与氧化合的反应。其中数量最多的是脱氢酶催化的脱氢反应，具体反应可用通式表示为：

$$AH_2 + B \longrightarrow A + BH_2$$

例如，乳酸脱氢酶催化乳酸与丙酮酸之间的可逆反应。反应式如下：

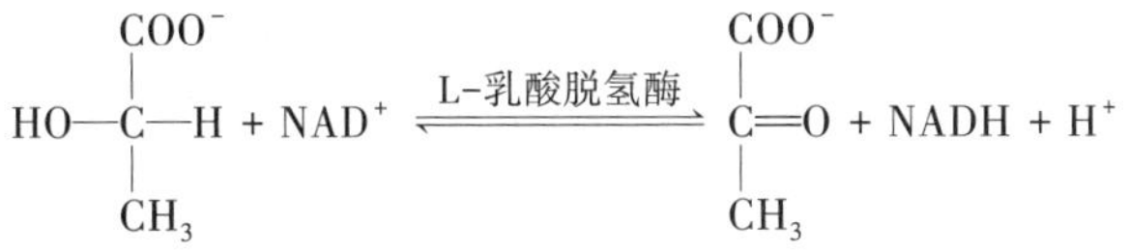

(2) 转移酶类

凡能催化底物发生基团转移或交换的酶，均属转移酶类。常见的转移酶有氨基转移酶、甲基转移酶、酰基转移酶、激酶及磷酸化酶。转移酶所催化的反应可用通式表示为：

$$A-R + C \longrightarrow A + C-R$$

例如，谷丙转氨酶催化 L-丙氨酸与 L-谷氨酸之间转换的可逆反应。反应式如下：

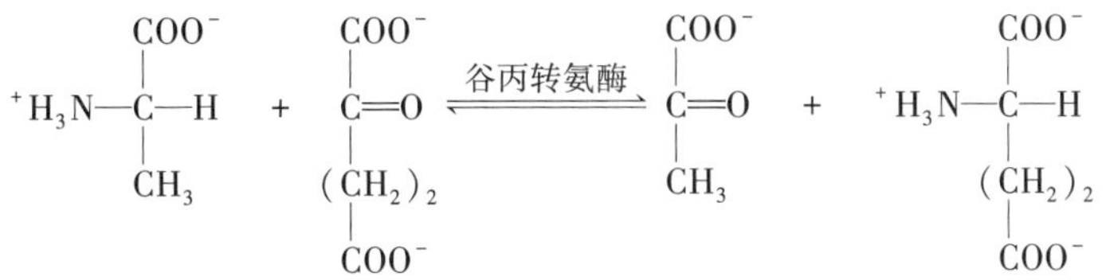

(3) 水解酶类

凡能催化底物发生水解反应的酶，均属水解酶类。常见的水解酶包括淀粉酶、麦芽糖酶、蛋白酶、肽酶、脂肪酶、核酸酶及磷酸酯酶等。水解酶所催化的反应通式表示为：

$$A-B + H_2O \longrightarrow A-H + B-OH$$

例如，焦磷酸酶催化无机焦磷酸水解形成两分子无机磷酸。反应式如下：

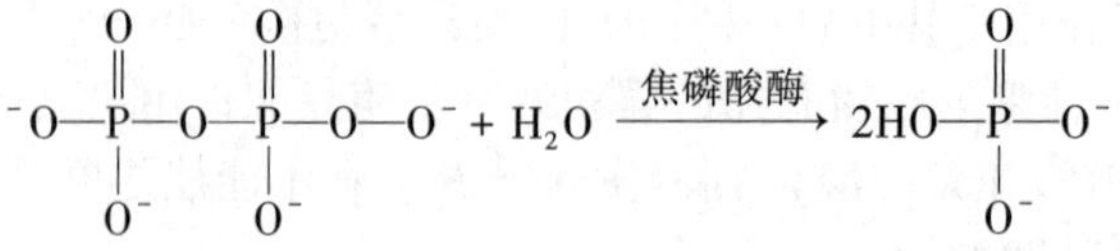

$$\text{焦磷酸} \;+\; H_2O \xrightarrow{\text{焦磷酸酶}} 2\,\text{磷酸}$$

焦磷酸　　　　　　　　　　　　　　　磷酸

（4）裂合酶类

凡能催化底物移去一个基团并形成双键的反应或逆反应的酶，均属裂合酶类。移去基团的反应不包括水解反应、氧化反应和消去反应。常见的裂合酶有醛缩酶、水化酶、脱水酶、脱羧酶及裂解酶等。裂解酶所催化的反应通式表示为：

$$A\text{-}B \rightarrow A + B$$

例如，丙酮酸脱羧酶催化丙酮酸分解成乙醛和二氧化碳。反应式如下：

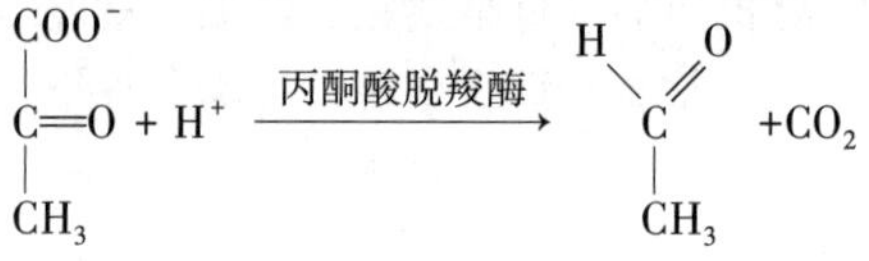

$$\text{丙酮酸} + H^+ \xrightarrow{\text{丙酮酸脱羧酶}} \text{乙醛} + CO_2$$

丙酮酸　　　　　　　　　　　　　　乙醛

（5）异构酶类

凡能催化底物分子发生几何学或结构学的同分异构体之间相互转变的酶，均为异构酶类。几何学上的变化有顺反异构、差向异构（表异构）和分子构型的改变；结构学上的变化有分子内部的基团转移（变位）和分子内的氧化还原。常见的异构酶有顺反异构酶、表异构酶、变位酶及消旋酶。异构酶所催化的反应通式表示为：

$$A \rightleftharpoons B$$

例如，6-磷酸葡萄糖异构酶催化6-磷酸葡萄糖和6-磷酸果糖间的可逆反应。反应式如下：

$$\text{6-磷酸葡萄糖} \xrightleftharpoons{\text{6-磷酸葡萄糖异构酶}} \text{6-磷酸果糖}$$

6-磷酸葡萄糖　　　　　　　　　　　　6-磷酸果糖

（6）连接酶类

凡是催化两分子底物合成为一分子化合物，同时偶联有ATP的磷酸键断裂释放能量的酶，均属连接酶类。常见的连接酶有丙酮酸羧化酶、谷氨酰胺合成酶和谷胱甘肽合成酶等。连接酶所催化的反应通式表示为：

$$A + B + ATP \longrightarrow A\text{-}B + ADP + Pi$$

例如，谷氨酰胺合成酶利用ATP水解产生的能量把谷氨酸和氨基连接起来产生谷氨酰胺。反应式如下：

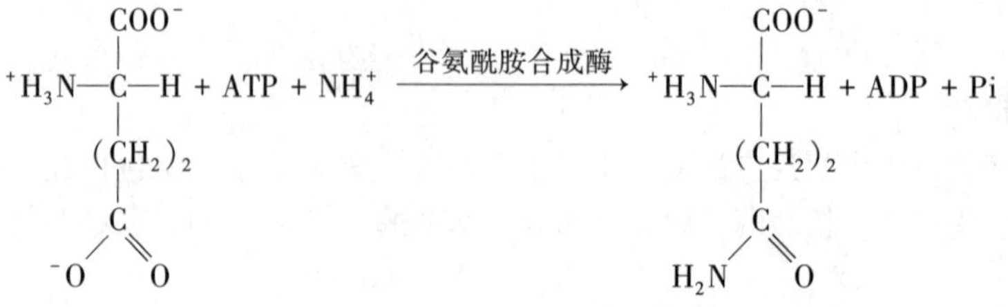

$$\text{L-谷氨酸} + ATP + NH_4^+ \xrightarrow{\text{谷氨酰胺合成酶}} \text{L-谷氨酰胺} + ADP + Pi$$

L-谷氨酸　　　　　　　　　　　　　　L-谷氨酰胺

7.1.3.2　根据酶蛋白结构特点分类

根据酶蛋白分子的结构特点，将酶分为 3 类：

（1）单体酶

单体酶由单一肽链组成，相对分子质量为 13 000~35 000，属于这一类的酶较少，一般是催化水解反应的酶，如溶菌酶、木瓜蛋白酶、胰蛋白酶及胃蛋白酶等。

（2）寡聚酶

寡聚酶由两个或两个以上亚基组成，相对分子质量从 35 000 到几百万。寡聚酶的亚基可以相同，也可以不相同，亚基之间以非共价键结合，每个单独的亚基一般无活性，亚基之间通过有序结合才有活性。因此，寡聚酶中有很多属于调节酶，在代谢调控时起重要作用，如磷酸化酶 a 和 3-磷酸甘油脱氢酶等。

（3）多酶复合体

多酶复合体又称多酶体系，由两种或两种以上的功能相关的酶嵌合而形成的复合体，不同的酶通常依靠非共价键聚集在一起，其相对分子质量大多都达到几百万以上。复合体中每一种酶分别催化一个反应，所有反应依次进行，构成一个代谢途径或代谢途径的一部分。多酶复合体有利于细胞中一系列反应的连续进行，以提高酶的催化效率，同时便于机体对代谢的调控，如大肠埃希菌的丙酮酸脱氢酶复合体由丙酮酸脱氢酶（pyruvate decarboxynase，EC 1.2.4.1）、二氢硫辛酸转乙酰基酶（dihydrolipoamide transacetylase，EC 2.3.1.12）和二氢硫辛酸脱氢酶（dihydrolipoamide dehydrogenase，EC 1.8.1.4）组成。

7.1.3.3　根据酶的分子组成分类

绝大多数酶的化学本质是蛋白质，其化学元素组成、结构单位与蛋白质类似，因此根据化学组成特点可将酶分为单纯酶类和结合酶类。

（1）单纯酶类

单纯酶类是指仅由氨基酸残基构成的酶，如催化水解反应的蛋白酶、淀粉酶和脂肪酶等。

（2）结合酶类

结合酶类是指由蛋白质部分和非蛋白质部分构成的酶。蛋白质部分称为酶蛋白，非蛋白质部分称为辅因子，酶蛋白与辅因子结合形成全酶，只有全酶才有催化活性，酶蛋白与辅因子单独存在时，均无催化活性。辅因子按化学本质主要包括小分子有机化合物和无机金属离子两类。

根据有机小分子与酶蛋白结合的紧密程度，将其分为辅酶和辅基两种。辅酶与酶蛋白结合疏松，可以用透析或超滤方法将其分离；辅基与酶蛋白结合紧密，用透析或超滤方法无法将其分离。辅酶（或辅基）是一类具有特殊化学结构和功能的化合物，参与的酶促反应主要为氧化还原反应或基团转移反应。大多数辅酶（或辅基）的前体主要是水溶性 B 族维生素。除了有机小分子外，金属离子（如 Fe^{2+}、Fe^{3+}、Zn^{2+}、Mg^{2+}、Na^+ 等）也可以作为辅因子，金属离子能与酶、底物形成络合物，有助于酶与底物的正确定向结合，对酶分子构象起稳定作用，金属离子还可作为电子、氢原子或某些基团的载体，参与反应。

7.1.4　酶的命名

7.1.4.1　习惯命名法

1961 年以前使用的酶的名称都是习惯沿用的，称为习惯名。习惯命名法所定的名称较短，使用起来方便，也便于记忆，主要依据以下两个原则：

（1）根据酶作用的底物命名

例如，催化淀粉水解的酶称为淀粉酶，催化蛋白质水解的酶称为蛋白酶。有时还根据来源命名以区别不同来源的同一类酶，如胃蛋白酶、胰蛋白酶、细菌淀粉酶及牛胰核糖核酸酶等。

（2）根据酶催化反应的性质及类型命名

例如，水解酶、转移酶、氧化酶等。

有的酶结合上述两个原则来命名，如琥珀酸脱氢酶是催化琥珀酸脱氢反应的酶，催化乳酸脱氢变为丙酮酸的酶称为乳酸脱氢酶，催化草酰乙酸脱去羧基变为丙酮酸的酶称为草酰乙酸脱羧酶。

习惯命名法缺乏科学性和系统性，易产生"一酶多名"或"一名多酶"的现象，常出现混乱，有的名称完全不能说明酶促反应的本质，如心肌黄酶、触酶等。为了克服习惯名称的弊端，国际酶学委员会于1961年提出了新的系统命名和分类原则。

7.1.4.2 系统命名法

系统命名法规定每一个酶都有一个系统名称，是以酶所催化的整体反应为基础的，规定每种酶的名称应当明确标明酶的底物及其催化的反应性质。如果一种酶催化两个底物起反应，应在它们的系统名称中包括两种底物的名称，并用"："将其隔开。若底物之一是水时，可将水略去不写，见表7-1所列。

表 7-1 酶系统命名法举例

习惯名称	系统名称	催化的反应
乙醇脱氢酶	乙醇：NAD^+氧化还原酶	乙醇+NAD^+→乙醛+NADH+H^+
谷丙转氨酶	丙氨酸：α-酮戊二酸氨基转移酶	丙氨酸+α-酮戊二酸→谷氨酸+丙酮酸
脂肪酶	脂肪：水解酶	脂肪+H_2O→脂肪酸+甘油

国际酶学委员会根据各种酶所催化反应的类型，将酶分为六大类，即氧化还原酶类、转移酶类、水解酶、裂合酶类、异构酶类及连接酶类，并分别用1、2、3、4、5、6来表示这六大类酶。然后再根据底物中被作用的基团或键的特点，将每一大类分为若干个亚类，每一个亚类又按顺序编成1、2、3、4等数字；每一个亚类可再分为亚亚类，仍用1、2、3、4……编号。每一个酶的分类编号由4个数字组成，数字间由"."隔开。第一个数字指明该酶属于六大类中的哪一类；第二个数字指出该酶属于哪一个亚类；第三个数字指出该酶属于哪一个亚亚类；第四个数字则表明该酶在亚亚类中的排号。

一般在酶的编号之前加上国际酶学委员会的英文缩写 EC（enzyme commission）。例如，EC 1.1.1 表示氧化还原酶，作用于羟基亚甲基基团（CHOH），受体是 NAD^+ 或 $NADP^+$，EC 1.1.1.1 为乙醇：NAD^+氧化还原酶；EC 1.1.2 表示氧化还原酶，作用于羟基亚甲基基团，受体是细胞色素，EC 1.1.2.3 为 L-乳酸脱氢酶；EC 1.1.3 表示氧化还原酶，作用于羟基亚甲基基团，受体是分子氧，EC 1.1.3.4 为 β-D 葡萄糖氧化还原酶。编号中第四个数字仅表示该酶在亚亚类中的位置。这种系统命名原则及系统编号是相当严格的，一种酶只可能有一个统一的名称和一个编号。一切新发现的酶都能按此系统得到适当的编号。从酶的编号可了解到该酶的类型和反应性质。

目前，每一种酶都有一个系统名称，同时也可能有一个习惯名称。

由于许多酶促反应是双底物或多底物反应，且许多底物的化学名称太长，这使许多酶的系统名称过长和过于复杂。为了应用方便，国际酶学委员会又从每种酶的数个习惯名称中选定一个简便实用的推荐名称。现将一些酶的系统名称和推荐名称举例列于表7-2中。

表 7-2 一些酶的分类与命名

分类	举例			
	编号	推荐名称	系统名称	催化的反应
氧化还原酶类	EC 1.4.1.3	谷氨酸脱氢酶	L-谷氨酸：NAD$^+$氧化还原酶	L-谷氨酸+H_2O+NAD$^+$⇌α-酮戊二酸+NH_3+NADH
转移酶类	EC 2.6.1.1	天冬氨酸氨基转移酶	L-天冬氨酸：α-酮戊二酸氨基转移酶	L-天冬氨酸+α-酮戊二酸⇌草酰乙酸+L-谷氨酸
水解酶类	EC 3.5.3.1	精氨酸酶	L-精氨酸脒基水解酶	L-精氨酸+H_2O⇌L-鸟氨酸+尿素
裂合酶类	EC 4.1.2.13	二磷酸果糖醛缩酶	D-1,6-二磷酸果糖：D-3-磷酸甘油醛裂合酶	D-1,6-二磷酸果糖⇌磷酸二羟丙酮+D-3-磷酸甘油醛
异构酶类	EC 5.3.1.9	磷酸葡萄糖异构酶	D-6-磷酸葡萄糖酮醇异构酶	D-6-磷酸葡萄糖⇌D-6-磷酸果糖
连接酶类	EC 6.3.1.2	谷氨酰胺合成酶	L-谷氨酸：氨连接酶	ATP+L-谷氨酸+NH_3⟶ADP+磷酸+L-谷氨酰胺

7.2 酶的催化作用机制

7.2.1 酶的分子结构与催化活性

酶蛋白的分子结构是其生物学功能的基础，其催化功能由酶蛋白分子上的活性部位实现，所以研究酶的结构与功能之间的关系，尤其是酶的活性部位是酶学领域的一个重要内容。

7.2.1.1 酶的活性中心的组成

在一个酶中，结合部位和催化部位必不可少。结合部位是酶分子与底物结合的部位，其在空间形状和氨基酸残基组成上，都有利于与底物形成复合物起到固定底物的作用。它与底物的匹配程度很大程度上决定了酶的专一性；催化部位是使底物发生化学变化的部位。因此，一般来说，结合部位决定了酶的专一性，催化部位决定了酶所催化反应的性质。酶的结合部位和催化部位合称为酶的活性部位或活性中心。

酶的活性中心从化学组成上看，是由一些氨基酸残基的侧链基团组成。酶分子中的各种化学基团并不一定都与酶的活性密切相关，那些与酶活性密切相关的化学基团称为酶的必需基团。常见的必需基团有亲核性基团和酸碱性基团。亲核性基团包括丝氨酸的羟基、半胱氨酸的巯基和组氨酸的咪唑基；酸碱性基团包括天门冬氨酸和谷氨酸的羧基、赖氨酸的氨基、酪氨酸的酚羟基、组氨酸的咪唑基和半胱氨酸的巯基等。必需基团在一级结构上可能相距甚远，甚至位于不同的肽链上，但在形成空间结构时通过肽键的盘绕、折叠会相互靠拢，构成了酶的活性中心。对于结合蛋白酶来说，辅助因子或其部分结构往往就是活性中心的组成成分。

此外，某些化学基团存在于活性中心以外，虽然不参与酶的活性中心组成，但却在维持活性中心的特定空间构象起重要作用，关系到酶活性中心各个必需基团的相对位置。这些基团如果被修饰，则会引起酶活性中心的特定构象发生改变，最终影响酶的活力。这些活性中心以外的基团称为活性中心外的必需基团。活性中心外的酶蛋白空间结构对于酶的催化功能来说，可能是次要的，但绝不是毫无意义的，它们至少为酶活性中心的形成提供了结构基础。当外界物理、化学因素破坏了酶的空间结构时，就可能影响酶活性中心的特定结构，结果会影响酶活性。

7.2.1.2 酶活性中心的结构特点

①酶活性中心在酶分子总体积中只占相当小的部分，通常只占整个酶分子体积的1%~2%，酶分子中大部分氨基酸残基并不与底物接触。其中，酶分子的催化部位一般只由2~3个氨基酸残基组成，而结合部分的氨基酸残基数目因不同酶而异，可能是一个，也可能是数个。

②酶活性中心是位于酶分子表面的一个凹穴或裂缝，有一定的大小和形状，但不是刚性的，而具有一定柔性。底物分子(或一部分)结合到凹穴或裂缝内才能发生催化作用。

③酶活性中心为相当疏水的微环境，含有较多的非极性基团，但是也含有某些极性的氨基酸残基，以便与底物结合并发生催化作用。非极性的微环境可以提高酶与底物结合，从而有利于催化作用。

④底物与酶通过形成较弱键力的次级键(包括氢键、盐键、范德华力和疏水相互作用)的相互作用并结合到酶的活性中心。

⑤酶的活性部位并不是和底物的形状正好吻合，而是在酶与底物结合的过程中，底物分子或酶分子或它们两者的构象同时发生一定变化后才相互契合，这时催化基团的位置也正好处于所催化底物的敏感化学键部位，这个动态的辨认过程称为诱导契合。

7.2.1.3　调控部位

在一些酶分子中存在着一些可以与其他分子发生某种程度的结合部位，随着它们的结合引起酶分子空间构象的改变，对酶产生激活或抑制作用，这些部位称为调控部位。

7.2.2　酶加速反应本质——降低活化能

在一个化学反应体系中，因为各个分子所具有的能量高低不同，每一瞬间并非全部反应物分子都能进行反应，只有那些具有较高能量，处于活化态的分子即活化分子才能在分子碰撞中发生化学反应。反应物中活化分子越多，则反应速率越快。活化分子比一般分子高出的能量称为活化能。其定义为，在一定温度下 1 mol 底物全部进入活化态所需要的自由能，单位为kJ/mol。反应所需的活化能越高，相对的活化分子数就越少，反应速率就越慢。在任何一种热力学允许的反应体系中，在反应的任何一瞬间，只有那些能量较高，达到或超过一定水平的活化分子(也称过渡态分子)才有可能发生化学反应。过渡态分子的结构介于底物和产物之间，不稳定，容易转变成产物或返回为底物。

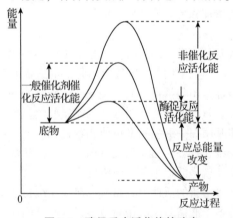

图 7-1　酶促反应活化能的改变

酶和一般催化剂一样，加速反应的作用都是通过降低反应的活化能来实现的。活化能也就是底物分子从初态转变到过渡态所需的能量。酶通过与底物特异地结合，使底物形成活泼的过渡态，进而转化为产物。由于酶与底物的特异结合是释能反应，释放的结合能是降低活化能的主要能量来源，比一般催化剂更有效地降低反应的活化能，使底物只需较少的能量便可进入过渡态(图 7-1)。据计算，在 25℃时活化能每减少 4.184 kJ/mol(1 kcal/mol)，反应速率可增高 5.4 倍。

例如，对于过氧化氢分解过程，在没有催化剂存在的情况下，非催化过程自由能的变化所需活化能为754 kJ/mol；用无机物液态钯作为催化剂时，所需活化能降低为 489 kJ/mol；当用过氧化氢酶催化时，则活化能只需 84 kJ/mol。再如，无催化剂时，使蔗糖水解所需活化能为 13 398 kJ/mol；用 H^+ 作为催化剂时，活化能降低为 1 047 kJ/mol；用蔗糖酶时，活化能只需要 394 kJ/mol。由此可见，酶作为催化剂比一般催化剂更显著地降低活化能，催化效率更高。

7.2.3　中间产物学说

酶之所以能降低活化能，加速化学反应，可用目前公认的中间产物学说来解释。中间产物学说也称复合物学说，在酶促反应中，酶首先和底物结合成不稳定的中间产物，然后生成产物，并释放出酶。反应式为 $S+E \rightleftharpoons ES \rightarrow E+P$，式中，S 代表底物，E 代表酶，ES 代表中间产物，P 代表反应的产物。酶的活性中心与底物定向结合生成 ES 复合物是酶催化作用的第一步。定向结合的能量来自酶活性中心功能基团与底物相互作用时形成的多种非共价键，如离子键、氢键、疏水相互作用及范德华力，它们结合时产生的能量为结合能。

若酶只与底物互补生成 ES 复合物，不能进一步促使底物进入过渡状态，那么酶的催化作用不能发生。这是因为酶与底物生成 ES 复合物后，尚需通过酶与底物分子间形成更多的非共价键，从而生成酶与底物过渡态互补的复合物，这样才能完成酶的催化作用。实际上在上述更多的非共价键生成的过程中，底物分子由原来的基态转变成过渡态，即底物分子成为活化分子，为底物分子进行化学反应所需基团的组合排布、瞬间不稳定电荷的生成及其他的转化等提供了条件。当酶与底物生成 ES 复合物并进一步形成过渡态时，这过程已释放较多的结合能，现知这部分结合能可以抵消部分反应物分子活化所需的活化能，从而使原先低于活化能阈的分子也成为活化分子，于是加速化学反应的速度。

7.2.4 酶作用专一性的机制

如前所述，酶催化反应具有专一性，目前对此有几种不同的假说。

7.2.4.1 "三点附着"假说

该学说是 Ogster 在研究甘油激酶催化甘油转变为磷酸甘油时提出来的。其要点是：底物在活性中心的结合有 3 个结合点，只有当这 3 个结合点都匹配的时候，酶才会催化相应的反应。该假说可以解释酶为什么能够区分一对对映异构体以及一个假手性碳上两个相同的基团。对于立体对映体中的一对底物虽然基团相同，但空间排布不同，那么这些基团与酶活性中心的有关基团能否互相匹配，则不好确定。

7.2.4.2 锁钥学说

锁钥学说是关于酶作用专一性的假说之一。早在 1894 年，德国化学家费歇尔(Fischer)发现水解糖苷的酶能够区分糖苷的立体异构体，因此根据酶作用的高度专一性提出了锁钥学说，又称为"模版"理论，以此来解释酶与底物结合的机制。这一学说认为酶与底物结合方式可用锁钥结合(或多点结合)假设做解释。该学说认为，底物和酶在结构上有严密的互补关系，酶表面具有特定的形状，就像一把锁，底物分子或其一部分就像钥匙一样，能专一性地插入酶的活性中心部位，从而实现酶与底物专一性结合，导致反应发生。倘若底物分子在结构上有微小的改变，就不能楔入酶活性中心，也就不能被作用。该学说强调指出，只有固定的底物才能楔入与它互补的酶表面，两者的特异结合是酶进行催化作用的基础。这一学说认为整个酶分子的天然构象是具有刚性结构的。

根据这种假设，底物至少有 3 个功能团与酶的 3 个功能团相结合。底物与酶的反应基团皆需要有特定的空间构象，如果有关基团的位置改变，则不可能有结合反应发生，因此酶对底物就表现出专一性，同时也可以解释为什么酶变性后就不再具有催化作用。

但是锁钥学说有较大的局限性，不能解释酶的逆反应。对于可逆反应而言，酶常能够催化正、逆两个方向的反应，此学说很难解释酶活性中心的结构与底物和产物的结构都非常吻合，因此锁钥学说把酶的结构看成固定不变是不切实际的，与大量实验结果不吻合。

7.2.4.3 诱导契合学说

1958 年，Koshland 提出诱导契合学说(Induced-fit Theory)，该学说认为酶与底物结合过程不是锁与钥匙之间的那种简单互补关系，酶的活性中心是柔性的而非刚性的。在酶与底物相互靠近结合的过程中，酶或底物分子或两者的构象均会发生改变，其结构相互诱导、相互适应，形成酶-底物复合物，这个动态的结合过程称为酶-底物结合的诱导契合（图 7-2）。近年来，采用 X 线晶体衍射法对羧肽酶研究的实验结果支持了这个学说，证明了酶与底物结合时，确有显著的构象变化。

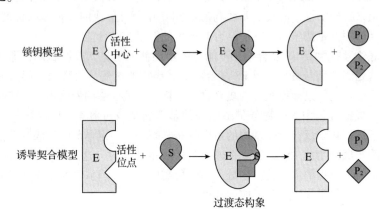

图 7-2   锁钥模型和诱导契合模型

7.2.5   酶作用高效性的机制

酶具有极高的催化效率。在酶催化反应中，酶一般首先与底物形成过渡态的酶-底物中间产物，再裂解释放出酶和产物。当处于过渡态时，酶的活性部位与底物形状完全匹配，相互作用力达到最强，酶-底物中间产物稳定，反应活化能大大降低，这是酶催化作用具有高效性的最根本原因。酶在进行催化时，会充分利用各种化学机制来实现过渡态的稳定并由此加速反应。酶作用高效性主要通过以下几种机制来实现。

7.2.5.1   酶与底物的邻近效应和定向效应

酶促反应是因为酶的特殊结构及功能使参加反应的底物结合在酶的活性中心上，使作用基团互相邻近并定向，大大提高了酶的催化效率。酶-底物复合物的形成过程不仅是专一性的识别过程，更重要的还是分子间反应变为分子内反应的过程。在这一过程中包括两种效应：邻近效应和定向效应，它们能使各底物正确定位于酶的活性中心。

邻近效应是指酶将底物富集并固定在活性中心附近，且反应基团相互邻近的一种效应。酶与底物结合形成中间产物时，由于酶具有对底物较高的亲和力，使游离的底物集中于酶活性中心区域，使活性中心区域的底物浓度得以极大提高，并同时使反应基团之间相互靠近，增加自由碰撞概率，在这种局部的高浓度下，反应速度显著提高。

定向效应是指底物在酶活性中心定向结合以及底物的反应基团与酶活性中心的催化基团之间的正确取位和严格定向的效应。在酶活性中心内，催化基团与底物反应基团之间，形成了正确的定向排列，分子轨道以正确方位相互交叠，按正确的方向相互作用形成中间产物，反应方式由分子间反应转变成分子内反应，从而降低了底物的活化能，提高了反应速率。

邻近效应提高了酶活性中心的底物浓度，定向效应缩短了底物与催化基团间的距离，反应速度提高 10^8 倍。

7.2.5.2   底物形变

当酶与底物相遇时，酶诱导底物中敏感键产生"电子张力"发生形变，从而更接近它的过渡态，由此降低了反应活化能并有利于催化反应的进行。底物形变是诱导契合产生的主要效应。酶对底物的诱导导致酶的活性中心与过渡态的亲和力高于它对底物的亲和力。

7.2.5.3 酸碱催化

酸碱催化作用是有机反应中常见的催化机制之一，可分为狭义的酸碱催化和广义的酸碱催化。狭义的酸碱催化，即 H^+ 与 OH^- 作为催化剂对化学反应的直接催化作用。在生物体内，生理条件下，细胞内的环境接近中性，H^+ 和 OH^- 的浓度都很低，两者作为催化剂的直接催化作用都相当微弱。广义的酸碱催化理论认为，凡是作为质子供体的为酸催化剂，作为质子受体的为碱催化剂，它们在酶催化反应中发挥重要作用。酶活性中心的某些极性基团是良好的质子供体或受体，在反应过程中瞬时地向底物提供质子或从底物接受质子以稳定过渡态，降低反应活化能，从而提高反应速度。发生在细胞内的许多种类型的有机反应都是广义的酸碱催化，如将水加到羰基上、羧酸酯及磷酸酯的水解、从双键上脱水、各种分子重排以及许多取代反应等。构成酶蛋白的氨基酸中含有多种可以进行广义酸碱催化作用的功能基团，如氨基、羧基、巯基、羟基及咪唑基等(表 7-3)。

表 7-3 酶活性中心常见酸碱基团

氨基酸残基	广义酸基团 (质子供体)	广义碱基团 (质子受体)
谷氨酸、天冬氨酸	—COOH	—COO⁻
赖氨酸、精氨酸	—NH₃⁺	—NH₂
半胱氨酸	—SH	—S⁻
酪氨酸	⬡—OH	⬡—O⁻
组氨酸	HN⬠NH⁺	HN⬠N

酸碱催化作用机制中，组氨酸咪唑基是酶催化作用中一个非常重要的功能基团。组氨酸咪唑基的解离常数约为 6.0，在生物体内接近中性条件下，有一半以酸形式存在，另一半以碱形式存在，即咪唑基既可以作为质子供体，又可以作为质子受体在酶催化反应中发挥作用，同时咪唑基供出或接受质子的速度十分迅速。因此，组氨酸的咪唑基存在于许多酶的活性中心。

由于酶分子中存在多种提供质子或接收质子的基团，因此酶的酸碱催化效率比一般酸碱催化剂高得多。例如，肽键在无酶存在下进行水解时，需要高浓度的 H^+ 或 OH^- 和在高温下长时间(10~24 h)作用，而以胰凝乳蛋白酶作为酸碱催化剂时，在常温、中性 pH 下很快就可使肽键水解。

7.2.5.4 共价催化

共价催化是指酶催化底物发生反应的过程中，酶活性中心的极性基团与底物结合，形成活性很高的过渡态共价中间产物，使反应所需的活化能大大降低，从而有效地加速酶催化的化学反应。

根据酶活性中心的极性基团对底物作用的方式不同，共价催化可分为亲核催化和亲电子催化。在催化时，亲核催化剂或亲电催化剂能分别放出电子或吸取电子，并作用于底物的缺电子中心或负电中心，迅速形成不稳定的共价中间复合物，降低反应活化能，使反应加速。

(1)亲核催化

酶活性中心有的基团属于亲核基团，可以提供电子给带有部分正电荷的过渡态中间复合物，从而加速产物的生成。此外，酶蛋白氨基酸侧链提供各种亲核中心。酶蛋白最常见的 3 种亲核基团，即丝氨酸羟基、半胱氨酸巯基和组氨酸咪唑基，容易攻击底物的亲电中心，形成酶-底物共价结合的中间复合物。底物的亲电中心包括磷酰基、酰基和羰基。形成的共价中间复合物在随后步骤中被水分子或第二种底物攻击，给出所需的产物。

（2）亲电催化

在亲电催化作用中，催化剂和底物的作用与亲核催化相反。也就是说，亲电催化剂从底物中吸取一对电子。酶的亲电子基团有亲核基团被质子化的共轭酸，如—NH_3^+。在酶的亲电催化过程中，有时必需的亲电子物质不是由共轭酸提供，而是由酶中非蛋白质组成的辅因子提供，其中金属阳离子是很重要的一类。

在进行亲电子催化作用时，酶活性中心的亲电子催化基团（如 Mg^{2+}、Mn^{2+}、Fe^{2+} 等）从底物的原子上夺取一对电子，形成活性很高的共价中间产物。

7.2.5.5　金属催化

近 1/3 酶的活性需要金属离子的存在，这些酶分为两类，一类为金属酶，另一类为金属激活酶。前者含有紧密结合的金属离子，多数为过渡金属，如 Fe^{2+}、Fe^{3+}、Cu^{2+}、Zn^{2+}、Mn^{2+} 和 Co^{3+}；后者与溶液中的金属离子松散地结合，通常是碱金属或碱土金属，如 Na^+、K^+、Mg^{2+} 和 Ca^{2+}。

金属离子参与的催化称为金属催化：①作为路易斯酸（Lewis）接受电子，使亲核集团或亲核分子的亲核性更强；②与带负电荷的底物结合，屏蔽负电荷，促进底物在反应中正确定向；③作为亲电催化剂，稳定过渡态中间物上的电荷；④通过价态的可逆变化，作为电子受体或电子供体参与氧化还原反应；⑤本身就是酶结构的一部分。

7.2.5.6　活性中心微环境的影响

微小的微生物个体所处的环境称为微环境。微环境直接决定微生物个体的活动状态。酶的稳定性除受分子组成和结构影响外，还与其所处的微环境有关。通常酶处于天然细胞或体液环境中较为稳定，但酶工程主要研究离体操作环境，酶失去了细胞内稳定的环境（如氧化还原势、结合蛋白、折叠酶、分子伴侣、稳定因子及膜保护作用等有利因素），而温度、光、氧化剂及变性剂等各种不稳定因素却大大增加。一旦环境作用超过临界水平，就可能改变酶各种作用力平衡的方向，破坏相对稳定的空间结构，部分或完全变性，造成酶不稳定或失活。因此，环境因素也是造成酶不稳定的重要原因，表 7-4 列举了微环境中的主要影响因素。实际应用中，酶浓度也与细胞内明显不同，而且要进行搅拌、升降温、改变 pH、改变盐和离子浓度及添加表面活性剂或有机溶剂等，这些都会使酶空间结构变化，并降低酶的稳定性。值得注意的是，无论环境中的何种因素，影响酶稳定性的本质都是通过改变酶空间结构相互作用力的平衡。

表 7-4　微环境造成酶不稳定的因素

不稳定部位	不稳定机制	微环境因素
酶分子（氨基酸侧链）	氧化、还原、脱酰胺、消旋、异构化等	辐射、光照、空气（氧）、高温、极端 pH 等
肽键	水解	酸、碱、污染蛋白质、杂菌
非共价键	疏水相互作用、氢键、离子键、范德华力等被破坏	有机溶剂、变性剂、重金属离子、表面活性剂、pH、温度、压力、电磁场、机械作用、吸附等
辅酶或辅基	脱离	螯合剂、透析、加热等
亚基	解离	极端 pH、高温或低温
酶分子	聚合、沉淀	加热、变性剂、机械作用、压力等

酶的活性中心凹穴内是疏水的非极性区，形成一个疏水微环境，其介电常数非常低。疏水微环境可排除水与酶、辅酶及底物中功能基团之间吸引和排斥的干扰，防止酶与底物之间形成水化膜，使酶与底物密切接触，有利于酶的催化作用。

　　以上介绍了几种影响酶高效催化的主要因素。实际上，它们不是同时在一个酶中起作用，也不是一种因素在所有酶中都起作用，更可能的情况是对不同的酶起作用的因素不同，各有其特点，可能分别受一种或几种因素影响。

7.3　酶促反应动力学

7.3.1　酶促反应速率与活力单位
7.3.1.1　酶的活力单位
　　无论酶的分离纯化过程还是酶的性质研究中，都要对酶活力进行分析测定。因此，酶活力测定是研究酶学必须掌握和解决的首要问题。所谓酶活力是指酶催化一定化学反应的能力，也称为酶活性，其大小可用在一定条件下催化某一化学反应的速率来表示。

　　酶的种类很多，催化的反应各不相同，活力的定量表示是相对复杂的问题。在酶制剂中，大多数酶制剂并不是纯酶，且酶在储存过程中会逐渐失活，另外有些酶的相对分子质量未知。因此，酶量无法准确用质量或摩尔浓度表示，只能采用酶活力单位表示，简称酶单位(active unit)。酶活力单位是衡量酶活力大小的尺度，它反映在规定条件下，酶促反应在单位时间(s、min 或 h)内生成一定量(mg、μg、mmol 等)产物或消耗一定量底物所需的酶量。

　　1961 年，国际酶学委员会及国际纯粹化学与应用化学联合会临床化学委员会提出采用统一的"国际单位"(IU)来表示酶活力。规定在最适反应条件(温度 25℃)下，每分钟催化 1 μmol 底物转化为产物所需的酶量为一个酶活力单位，即 1 IU = 1 μmol/min。

7.3.1.2　酶的比活力与酶的纯度
　　同一种酶采用不同酶活力测定方法所得到的酶单位数是不同的。即使是同一种酶活力测定方法，如果采用的实验条件(温度、pH 和缓冲液等)不同，所测得的酶活力单位数也有差异。酶活力单位仅解决单位的定义问题，不能直接表示酶制剂的相对酶活力，因此人们常用比活力来表示酶制剂的相对酶活力，常用 1 g 酶制剂或 1 mL 酶制剂含有多少个酶活力单位来表示(U/g 或 U/mL)。对于一个不纯的酶制剂来说，酶的含量可用 U/mL 表示。如果对一个比较纯的酶，通常以每毫克蛋白质为基数来表示酶活力，这就是比活力(specific activity)，其含义为每毫克蛋白质所含的酶活力单位，用 U/mg 表示。

　　比活力是酶学研究及生产中经常使用的数据。比活力大小可用来比较单位质量或单位体积中酶蛋白的催化能力。这样，酶在酶制剂中的有效含量就可以用每克酶蛋白或每毫升酶蛋白含有多少酶单位来表示。

$$固体酶比活力 = 活力(U)/蛋白质(mg) = 总活力(U)/总蛋白(mg)$$

　　酶的比活力也可以代表酶的纯度。根据国际酶学委员会的规定，酶的比活力可以用来比较每单位质量酶蛋白的催化能力，比活力越高说明酶纯度越高。

7.3.1.3　酶促反应速率
　　与一般的化学反应一样，酶促反应速率可用单位时间内底物的减少量($-d[S]/dt$)或产物的增加量($d[P]/dt$)来表示。在酶活力测定实验中，底物往往是过量的，因此底物的减少量只占总量的极小部分，测定时不准确。而产物相反，是从无到有，只要测定方法足够灵敏，就可以准确测定。由于在酶促反应中，底物减少与产物增加的速率有一定的规律，因此在实际酶活力测定中，一般以测定产物的增加量为准。

　　在酶促反应过程中，随着时间的延长，底物的减少量或产物的增加量并不是和时间一直保持线性关系，会出现向下的弯曲，即反应速率随时间的延长出现降低的现象，如图 7-3 所示。

　　从图 7-3 可知，反应速率只在最初一段时间内保持恒定，随着反应时间的延长，酶促反应

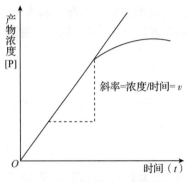

图 7-3 酶促反应的速率曲线

速率将随反应时间的延长而降低。下降的原因有以下几种：①底物浓度降低，减缓正反应的进行；②产物浓度的增高致使逆反应加强；③产物浓度增加，导致产物对酶起抑制作用；④酶在反应过程中部分失活。故一般规定在某一条件下(恒温、使用缓冲溶液)用反应的初速率来表示酶活力。因此，要真实反映出酶活力的大小，就应该在产物生成量与酶反应时间成正比的这一段时间内进行速率的测定，此速率称为初速率。一般将底物浓度变化在起始浓度的 5% 以下的速率定为初速率的近似值。一般来说，初速率与酶活力呈正比例关系，因此可以用初速率来测定酶制剂中的酶活力。在测定酶活力时，要求底物浓度要足够大，这样整个反应对底物来说是零级反应，而对酶来说是一级反应，这样测得的速率就可以比较可靠地反映酶的活力。

　　应该指出的是，在酶的催化反应中，应注意 pH、离子强度、温度、抑制剂、激活剂或酶本身的部分失活等复杂因素的影响。为了准确测定酶活力，这些影响都必须加以控制。

　　酶促反应是以酶作为催化剂进行的化学反应。酶促反应动力学主要研究酶促反应速率及影响酶促反应速率的各种因素。

7.3.2 底物浓度对酶促反应速率的影响

　　研究底物浓度和酶促反应速率之间的关系，是酶促反应动力学的核心内容。在酶浓度、温度和 pH 不变的情况下，底物浓度与酶促反应速率的相互关系呈矩形双曲线，如图 7-4 中的曲线所示。从该曲线图可以看出，当底物浓度较低时，反应速率按一定比率加快，反应速率与底物浓度之间呈正相关，反应表现为一级反应。随着底物浓度不断增加，反应速率不再按正比升高，呈逐渐减弱的趋势，此时反应表现为混合级反应。当底物浓度达到相当高时，底物浓度对反应速率影响逐渐变小，最后反应速率几

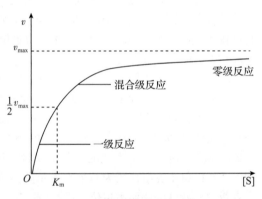

**图 7-4 底物浓度对酶促反应
速率的影响**

乎与增加底物浓度无关，这时反应达到最大反应速率，反应表现为零级反应。

　　中间产物学说最合理地解释了底物浓度对酶促反应速率的影响情况。在底物浓度较低时，只有少数的酶与底物作用生成中间产物，在这种情况下，增加底物的浓度，就会增加中间产物，从而增加酶促反应的速率。随着底物浓度增加，反应体系中游离态的酶越少，酶促反应速率的增加也趋缓。当底物浓度进一步增加到一定程度时，所有的酶都与底物结合生成中间产物，反应体系中已无游离态的酶，继续增加底物浓度也不能增加中间产物，酶促反应速率也不再加大，这时反应达到最大反应速率。酶的活性中心全都被底物分子结合时的底物浓度称为饱和浓度。各种酶都表现出这种饱和效应，但不同的酶产生饱和效应时所需要底物浓度不同。

　　(1)米氏方程式

　　1913 年，Michaelis 和 Menten 两位科学家在前人工作的基础上，根据酶促反应的中间产物学说，推导出著名的米氏方程，用来表示底物浓度与酶促反应速率之间的量化关系。方程式如下：

$$v = \frac{v_{\max}[\mathrm{S}]}{K_{\mathrm{m}} + [\mathrm{S}]}$$

式中，v_{max} 为该酶促反应的最大速率，[S]为底物浓度，K_m 为米氏常数，v 为在某一底物浓度时的反应速率。从米氏方程得出，在酶浓度恒定条件下，当底物浓度很小时（[S]$\ll K_m$），酶未被底物饱和，这时反应速率取决于底物浓度，即 $v = v_{max}[S]/K_m$，反应速率与底物浓度成正比关系。当底物浓度很高时（[S]$\gg K_m$），溶液中的酶全部被底物饱和，溶液中没有多余的酶，虽增加底物浓度也不会有更多的酶与底物的中间产物生成，因此酶促反应速率与底物无关，这时反应达到最大反应速率，$v = v_{max}$，继续增加底物的浓度也不再增加反应速率。

其中，米氏常数 K_m 的意义：

①K_m 值代表反应速率达到最大反应速率一半时的底物浓度。K_m 值是酶的一个特征性常数，也就是说 K_m 的大小只与酶本身的性质有关，而与酶浓度无关。

②K_m 值还可以用于判断酶的专一性和天然底物，K_m 值最小的底物往往称为该酶的最适底物或天然底物。

③K_m 可以作为酶与底物结合紧密程度的一个度量指标，用来表示酶与底物结合的亲和力大小。$1/K_m$ 可近似表示酶与底物的亲和力，$1/K_m$ 越大，酶与底物结合的亲和力越大。

④K_m 值还可以用来推断具体条件下某一代谢反应的方向和途径，只有 K_m 值小的酶促反应才会在竞争中占优势。

（2）K_m 和 v_{max} 的测定

从理论上讲，只要测出不同底物浓度及其相对应的酶促反应速率，绘制成矩形双曲线图，即可求得 K_m 和 v_{max}。但实际上，即使应用极高的底物浓度，也只能得到近似于 v_{max} 的反应速率，而达不到真正的 v_{max}，因此测不到准确的 K_m。为了得到准确的 K_m，可以把米氏方程的形式加以改变，使之成为直线方程，易于用作图法得到 K_m。目前最常用的是 Lineweaver-Burk 双倒数作图法，即米氏方程等号两边取倒数，此倒数方程称为林-贝氏方程。具体如下：

$$\frac{1}{v} = \frac{K_m}{v_{max}} \cdot \frac{1}{[S]} + \frac{1}{v_{max}}$$

以 $1/v$ 对 $1/[S]$ 作图（图7-5），得出一直线，外推至与横轴相交，横轴截距即为 $-1/K_m$，纵轴截距即为 $1/v_{max}$，由此作图法可精确求得 K_m 和 v_{max}。

上述讨论的关于酶促反应的米氏方程是对单底物而言，而对于比较复杂的酶促反应过程，如多底物、多酶体系、多产物的反应体系中，不仅要考虑不同种底物浓度之间的影响，还要考虑多种产物之间的相互影响，因此不能简单地用米氏方程来表示，必须借助复杂的计算过程来加以分析。

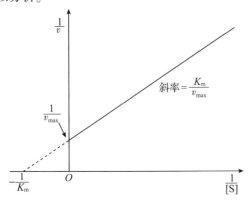

图7-5 米氏方程的双倒数作图法

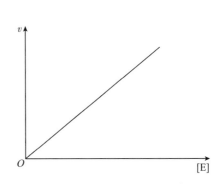

图7-6 酶浓度与酶促反应速率的关系

7.3.3 酶浓度对酶促反应速率的影响

酶作为一种高效的生物催化剂，一般情况下在生物体内含量很少。当酶促反应体系处于最适反应条件下，温度、pH 不变，底物浓度大到足以使酶饱和的情况下，酶促反应速率与酶浓度成正比关系(图 7-6)，即酶浓度越大，酶促反应速率越快。因为在酶促反应中，酶分子活性中心首先与底物分子发生诱导契合，生成活化的中间产物，而后再转变为最终产物。在底物浓度大到足以使酶饱和的情况下，可以设想，酶的浓度越大，则生成的中间产物越多，反应速率也就越快。相反，如果反应体系中底物浓度不足以使酶饱和的情况下，酶分子过量，现有的酶分子尚未发挥作用，在此情况下，即使再增加酶浓度，也不能增大酶促反应的速率。

7.3.4　pH 对酶促反应速率的影响

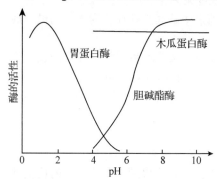

图 7-7　pH 对某些酶活性的影响

大多数酶的活性受其环境 pH 的影响。在一定的 pH 范围内，酶才具有催化反应能力。在某一环境 pH 时，酶表现其最高活性，酶促反应具有最大速率，高于或低于此值，酶促反应速率均下降，此环境 pH 称为该酶的最适 pH。酶的最适 pH 不是酶的特征性常数，其受多种因素影响，如底物的种类和浓度、缓冲液成分和浓度以及酶的纯度等因素。因此，酶的最适 pH 只是在一定的条件下才有意义。一般来说，大多数酶的最适 pH 在 5.0~8.0，动物体内的酶最适 pH 多在 6.5~8.0，植物和微生物体内的酶最适 pH 多在 4.5~6.5。但是也有例外，如胃蛋白酶的最适 pH 为 1.5，肝精氨酸酶的最适 pH 则为 9.8(图 7-7)。

pH 影响酶活力的原因可能有以下两个方面：

①影响酶蛋白的空间构象　过酸或过碱可以使酶的空间结构破坏，引起酶活性部位构象改变，使酶活力下降或丧失。当 pH 改变不是很剧烈时，酶虽未变性，但活力受到影响；当环境 pH 发生剧烈改变时，甚至会改变整个酶蛋白的结构，从而使酶活性丧失。

②pH 会影响底物分子的解离状态，也会影响酶分子的解离状态　pH 影响了底物的解离状态，或者使底物不能与酶结合，或者结合后不能生成产物；pH 影响酶分子活性中心上有关基团的解离，从而影响其与底物的结合或催化，进一步影响酶的活力；pH 也可影响中间复合物的解离状态，不利于催化生成产物。酶分子中的许多极性基团，在不同的 pH 条件下解离状态不同，其所带电荷的种类和数量也各不相同，酶活性中心的某些必需基团往往仅在某一解离状态时才最容易与底物结合或具有最大的催化活力。许多具有可解离基团的底物和辅酶(如 ATP、NAD^+、辅酶 A、氨基酸等)的电荷状态也受 pH 改变的影响，从而影响酶对它们的亲和力。

应当指出，酶在体外所测定的最适 pH 与它在生物体细胞内的生理 pH 并不一定相同。因为细胞内存在多种多样的酶，不同的酶对细胞内生理 pH 的敏感性不同。也就是说，生理 pH 对一些酶是最适 pH，而对另一些酶则不是，所以不同的酶表现出不同的活力。这种不同对控制细胞内复杂的代谢途径可能具有重要的意义。

7.3.5　温度对酶促反应速率的影响

酶的化学本质是蛋白质，所以温度对酶促反应速率的影响具有双重效应。一方面，当温度升高时，反应速率加快。反应温度升高 10℃，其反应速率与原来的反应速率之比称为反应的温度系数，用 Q_{10} 表示。对大多数酶来说，Q_{10} 多为 2~3，即温度每升高 10℃，酶促反应速率相对原反应速率升高的倍数。另一方面，升高温度同时增加酶变性的机会。由于酶是蛋白质，随着温度升高，使酶蛋白逐渐变性而失活，导致酶促反应速率下降。因此，在较低的温度范围内，酶促反应速率随温度的升高而加快，但是超过一定温度后，反应速率反而下降（图 7-8）。在某一温度下，反应速率达到最大值，这个温度通常称为酶促反应的最适温度（图 7-9）。酶所表现的最适温度是这两种效应的综合结果。在酶促反应的最初阶段，酶蛋白的变性尚未表现出来，因此反应速率随温度升高而增加。但高于最适温度时，酶蛋白变性逐渐突出，反应速率随温度升高的效率将逐渐为酶蛋白变性效应所抵消，反应速率迅速下降，因此表现出最适温度。每种酶在一定的条件下都有其最适温度，来自不同生物体内的酶，最适温度也不同，一般温血动物体内的酶最适温度为 35~40℃，植物体内的酶最适温度稍高，通常在 40~50℃，微生物中的酶最适温度差别则较大，如用于进行聚合酶链式反应（PCR）的 *Taq* DNA 聚合酶的最适温度可高达 72℃。

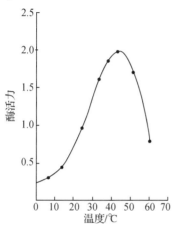
图 7-8　温度对酶活力的影响

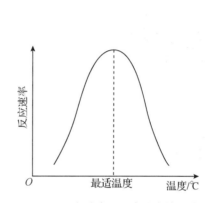
图 7-9　温度对酶促反应速率的影响

但应注意的是，酶的最适温度并不是酶的特征性物理常数。一种酶在不同反应条件下具有不同的最适温度，它主要受酶的纯度、底物、激活剂及抑制剂等因素的影响。此外，酶的最适温度也与酶促反应的持续时间有关。若酶促反应的持续时间长，温度使酶蛋白变性随时间累加，此时测得的最适温度就高；若酶促反应的持续时间短，引起酶蛋白变性少，此时测得的最适温度则偏低。酶对温度的稳定性与其存在形式有关，酶的固体状态比在酶溶液中对温度的耐受力更高。大多数酶在干燥的固体状态下比较稳定，酶的冰冻干粉置冰箱可保存数月，甚至更长时间；而酶溶液则必须保存于冰箱内，一般不宜超过两周。

7.3.6　激活剂对酶促反应速率的影响

凡是能提高酶活性的物质都称为酶的激活剂，常见的激活剂有以下几种：

（1）无机离子

作为激活剂的金属离子有 K^+、Na^+、Ca^{2+}、Mg^{2+}、Zn^{2+}、Fe^{2+} 等，其中 Mg^{2+} 是许多激酶和合成酶的激活剂。常见激活剂阴离子有 Cl^-、Br^-、NO_3^- 等，Cl^- 是动物唾液淀粉酶的激活剂，Br^- 对此酶也有激活作用，但作用较弱。这些激活剂离子可能作为辅基或辅酶的一部分参加反应，也可能与酶的活性基团结合，稳定酶发挥催化作用所需的空间构象，同时还可作为底物和酶之间联系的桥梁。

（2）小分子有机化合物

某些还原剂（如半胱氨酸、还原型谷胱甘肽、抗坏血酸等）对一些以巯基为活性基团的酶有激活作用，因为其能使这类巯基酶分子中被氧化生成的二硫键再还原为巯基。在分离提纯巯基酶过程中，其分子中的巯基常被氧化而降低活力，因此需要加入上述还原剂，以保护巯基不被氧化。此外，EDTA(乙二胺四乙酸)等金属螯合剂，能除去酶中重金属杂质，从而解除重金属离子对酶的抑制作用，通常也被认为是一种酶的激活剂。

(3)具有蛋白质属性的生物大分子

生物体内存在许多蛋白质激酶，它们可以选择性激活一些酶。例如，磷酸化酶 b 激酶，可使磷酸化酶 b 磷酸化而被激活，可视作磷酸化酶 b 的激活剂。

7.3.7 抑制剂对酶促反应速率的影响

凡能使酶活性降低或丧失，但并不引起酶蛋白变性的作用称为抑制作用。这类能抑制酶作用的物质统称为酶的抑制剂，如有机磷及有机汞化合物、重金属离子、氰化物、磺胺类药物等。抑制作用一般分为不可逆抑制作用和可逆抑制作用两种。

(1)不可逆抑制作用

抑制剂以共价键与酶活性中心的功能基团结合，使酶的活性丧失，而且不能用透析、超滤等物理方法再使酶恢复活性，这种抑制作用称为不可逆抑制。有机磷农药是常见的不可逆抑制剂，如对硫磷(1605)、敌百虫。神经毒气，如二异丙基磷酸氟化物(DIFP)也属于这类。它们能与酶活性部位的丝氨酸羟基共价结合，使酶的活性丧失。反应式如下：

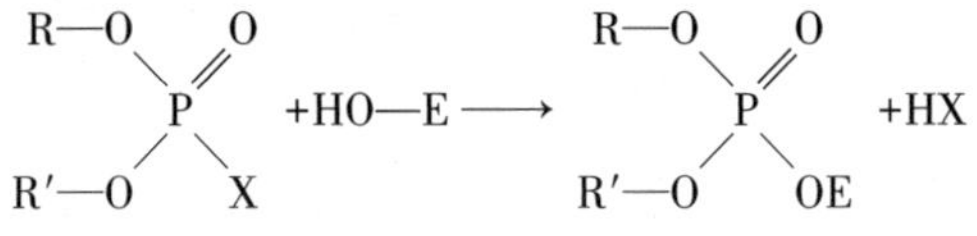

有机磷化合物　羟基酶　　　　失活的酶　酸

某些重金属离子(Hg^{2+}、Ag^+、Pb^{2+})及 As^{3+} 可与酶分子的巯基结合，使酶失去活性。化学毒剂路易氏剂是一种含砷的化合物，它能抑制生物体内的巯基酶而造成中毒现象。反应式如下：

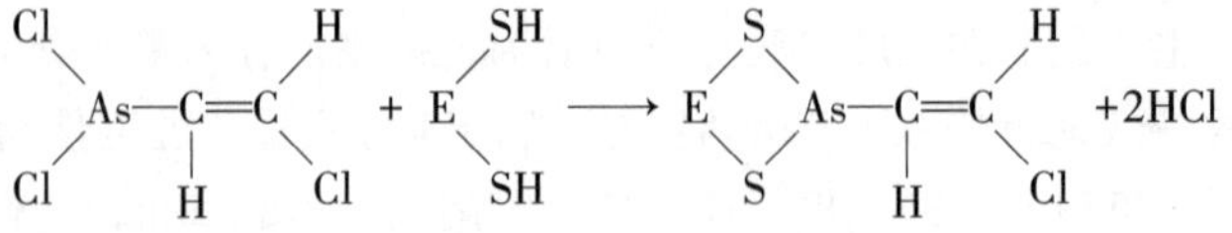

路易氏剂　　巯基酶　　　　　失活的酶　　　酸

(2)可逆抑制作用

抑制剂以非共价键可逆地与酶结合，使酶活性降低或丧失。在可逆抑制作用中，可逆抑制剂与酶结合比较松弛，可用透析或超滤等方法将抑制剂除去，恢复酶的活性。根据抑制剂与底物的关系，可逆抑制作用可分为以下 3 种类型：

①竞争性抑制作用　是最常见的一种抑制作用。竞争性抑制剂和底物结构极为相似，从而能与底物分子竞争性地结合到酶的活性中心，阻碍酶与底物结合形成中间产物，从而抑制酶催化作用(图 7-10)。竞争性抑制作用过程中，酶既可以结合底物也可以结合抑制剂，但不能与两者同时结合。竞争性抑制作用的强弱，取决于抑制剂与底物之间的相对浓度，当抑制剂浓度不变时，通过增加底物浓度可以减弱甚至解除竞争性抑制作用。

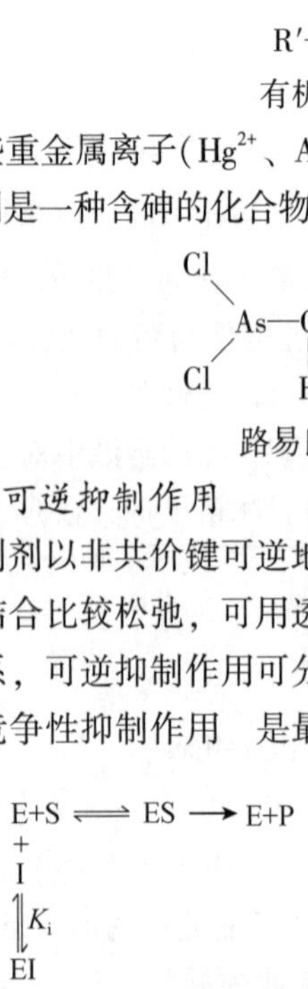

图 7-10　酶的竞争性抑制作用

E 表示酶；S 表示底物；I 表示抑制剂；ES 表示酶-底物复合物；EI 表示酶-抑制剂复合物；K_i 表示解离常数；P 表示产物

丙二酸对琥珀酸脱氢酶的抑制是典型的竞争性抑制。

在琥珀酸脱氢酶催化琥珀酸脱氢形成延胡索酸的反应过程中，由于丙二酸与琥珀酸的化学结构非常相似，两者能竞争地结合到琥珀酸脱氢酶的活性中心，酶的催化作用受到抑制。

根据米氏方程式可以推导出竞争性抑制剂对酶促反应的速率方程式为：

$$v = \frac{v_{max}[S]}{K_m(1 + [I]/K_i) + [S]}$$

式中 $K_i = \dfrac{[E][I]}{[EI]}$，将该式作图，可以得到图 7-11(a)，从中可以看出，加入竞争性抑制剂(I)后，v_{max} 没有变化，但达到 v_{max} 时所需底物浓度明显增大，即米氏常数变大。将上式做双倒数处理，得：

$$\frac{1}{v} = \frac{K_m}{v_{max}}\left(1 + \frac{[I]}{K_i}\right)\frac{1}{[S]} + \frac{1}{v_{max}}$$

用 $1/v$ 对 $1/[S]$ 作图，得到相应的 Linerweaver-Burk 图[图 7-11(b)]，从中可以看出，在不同浓度的竞争性抑制剂存在下，$1/v_{max}$ 不变，v_{max} 不变；$1/K_m$ 的绝对值降低，K_m 增加。

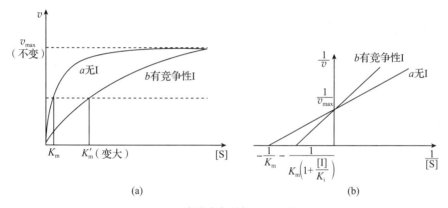

图 7-11　酶的竞争性抑制作用曲线

②非竞争性抑制　非竞争性抑制作用中，酶可以同时与底物和抑制剂结合。这是因为此类抑制剂与底物的结构不同，不会与底物共同竞争酶的活性中心，即底物与抑制剂之间无竞争关系。抑制剂既可与酶结合，也可与酶-底物复合物结合，导致酶分子构象改变，使酶催化活性受到抑制(图 7-12)。非竞争性抑制不能以增加底物浓度的方法来恢复酶的活性。

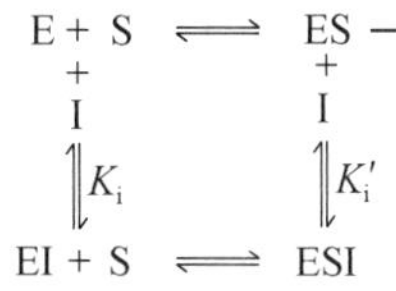

$$
\begin{array}{ccccc}
E + S & \rightleftharpoons & ES & \longrightarrow & E + P \\
+ & & + & & \\
I & & I & & \\
\Big\updownarrow K_i & & \Big\updownarrow K_i' & & \\
EI + S & \rightleftharpoons & ESI & &
\end{array}
$$

图 7-12　酶的非竞争性抑制作用

E 表示酶；S 表示底物；I 表示抑制剂；ES 表示酶-底物复合物；EI 表示酶-抑制剂复合物；
ESI 表示酶-底物-抑制剂复合物；K_i 表示解离常数；P 表示产物

根据米氏方程式可以推导出非竞争性抑制剂对酶促反应的速率方程式为：

$$v = \frac{v_{max}[S]}{(1 + [I]/K_i)(K_m + [S])}$$

对非竞争性抑制作用作图，得图 7-13(a)，从中可以看出，加入非竞争性抑制剂后，K_m 不变，表示酶与底物结合不受抑制剂的影响。而 v_{max} 降低，因为加入非竞争性抑制剂后，它与酶分子生成了不受[S]影响的 EI 和 ESI，降低了正常中间产物 ES 的浓度。将上式做双倒数处理，得：

$$\frac{1}{v} = \frac{K_m}{v_{max}}\left(1 + \frac{[I]}{K_i}\right)\frac{1}{[S]} + \frac{1}{v_{max}}\left(1 + \frac{[I]}{K_i}\right)$$

用 $1/v$ 对 $1/[S]$ 作图，得到相应的 Linerweaver-Burk 图[图 7-13(b)]，从中可以看出，在不同浓度的非竞争性抑制剂存在下，$1/v_{max}$ 增大，v_{max} 降低；$1/K_m$ 不变，K_m 不变。

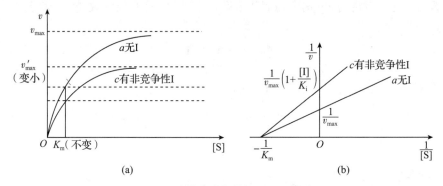

图 7-13　酶的非竞争性抑制作用曲线

③反竞争性抑制作用　反竞争性抑制作用中，抑制剂不与游离酶结合，仅与酶和底物形成的中间产物结合。产生这种现象的原因可能是底物和酶的结合改变了酶的构象，使其更易结合抑制剂。当 ES 与 I 结合后，ESI 不能转化分解成产物，酶的催化活性被抑制(图 7-14)。在反应体系中存在反竞争性抑制剂时，不仅不排斥 E 和 S 的结合，反而可增加二者的亲和力，这与竞争性抑制作用相反，故称为反竞争性作用，如芳香基硫酸基的肼解反应过程中氰化物对芳香硫酸酯酶的抑制。

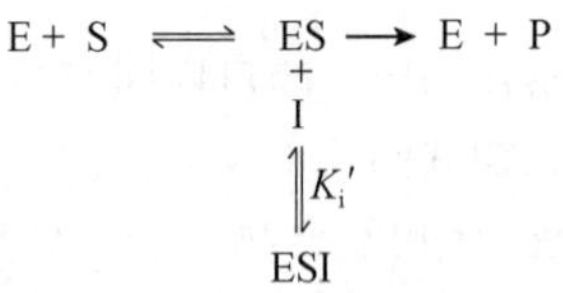

$$\begin{array}{c} E + S \rightleftharpoons ES \longrightarrow E + P \\ + \\ I \\ \Big\downarrow K_i' \\ ESI \end{array}$$

图 7-14　酶的反竞争性抑制作用

E 表示酶；S 表示底物；I 表示抑制剂；ES 表示酶-底物复合物；ESI 表示酶-底物-抑制剂复合物；
K_i' 表示解离常数；P 表示产物

根据米氏方程式可以推导出反竞争性抑制剂对酶促反应的速率方程式为：

$$v = \frac{v_{max}[S]}{K_m + (1 + [I]/K_i)[S]}$$

对反竞争性抑制作用作图，得图 7-15(a)，从中可以看出，加入反竞争性抑制剂后，K_m 和 v_{max} 都变小，而且降低同样的倍数。将上式做双倒数处理，得：

$$\frac{1}{v} = \frac{K_m}{v_{max}}\frac{1}{[S]} + \frac{1}{v_{max}}\left(1 + \frac{[I]}{K_i}\right)$$

用 $1/v$ 对 $1/[S]$ 作图，得到相应的 Linerweaver-Burk 图[图 7-15(b)]，从中可以看出，在不同浓度的反竞争性抑制剂存在下，v_{max} 降低，K_m 降低。

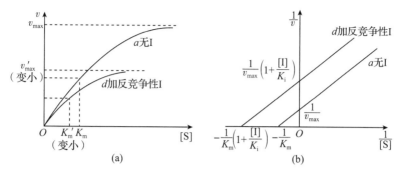

图 7-15 酶的反竞争性抑制作用曲线

现将无抑制剂和各种抑制剂存在时对酶促反应的影响归纳于表 7-5。

表 7-5 抑制剂对酶促反应的影响

类型	公式	v_{max}	K_m	斜率
无抑制剂	$v = \dfrac{v_{max}[S]}{K_m + [S]}$	v_{max}	K_m	$\dfrac{K_m}{v_{max}}$
竞争性抑制	$v = \dfrac{v_{max}[S]}{K_m(1 + [I]/K_i) + [S]}$	不变	增加	$\dfrac{K_m}{v_{max}}\left(1 + \dfrac{[I]}{K_i}\right)$
非竞争性抑制	$v = \dfrac{v_{max}[S]}{(1 + [I]/K_i)(K_m + [S])}$	减小	不变	$\dfrac{K_m}{v_{max}}\left(1 + \dfrac{[I]}{K_i}\right)$
反竞争性抑制	$v = \dfrac{v_{max}[S]}{K_m + (1 + [I]/K_i)[S]}$	减小	减小	不变

7.4 酶在食品工业中的应用

　　酶是一种具有催化功能的生物催化剂。酶制剂是人们采用适当的方法从生物组织或发酵液中提取出来，并加工成具有一定纯度标准的生化制品。酶制剂主要用于食品加工和制造业方面，它对食品生产效率和产量、改进产品风味和质量等方面有着其他催化剂无法替代的作用。另外，酶制剂在日化、纺织、环境保护和饲料等行业也有着较广泛的应用。

　　从早期的酿造、发酵食品开始，酶已广泛应用到各种食品上。随着生物科技发展，开发新的酶制剂已成为当今新食品原料开发、品质改良及工艺改造的重要环节。在食品工业中，酶作为一类食品添加剂，其品种不断增多，在食品领域中的应用方兴未艾。

7.4.1 酶在淀粉加工中的应用

　　淀粉工业应用酶制剂已有数十年的历史，淀粉加工用酶是酶制剂最大的市场，占比 15%。近年来淀粉酶类耐热性大大提高，并已通过基因工程技术改善其品质。淀粉类食品指含大量淀粉或以淀粉为主要原料加工而成的食品，是世界上产量最大的一类食品。在淀粉类食品的加工中，多种酶被广泛应用，主要有 α-淀粉酶、β-淀粉酶、糖化酶、支链淀粉酶、葡萄糖异构酶等。淀粉可以通过酶的水解作用生成糊精、低聚糖、麦芽糊精和葡萄糖等产物，这些产物又可以进一步转化为其他产物。

7.4.1.1　利用淀粉酶生产果葡糖浆

利用酶水解淀粉生产葡萄糖是酶催化工业的一项重大成就。现在国内外葡萄糖的生产绝大多数都是采用 α-淀粉酶将淀粉液化成糊精，再利用糖化酶生成葡萄糖。果葡糖浆是用葡萄糖异构酶催化葡萄糖异构化生成果糖而得到的含有葡萄糖和果糖的混合糖浆。异构化反应完成后，若将混合糖液经过脱色、精制、浓缩等过程，得到固形物含量达71%左右的果葡糖浆，其中含果糖42%左右，含葡萄糖52%左右，另有6%为低聚糖。若将异构化后的糖浆中的葡萄糖进一步转化为果糖，由此可生产出果糖含量达70%、90%甚至更高的混合糖浆，称为高果糖浆。高果糖浆与蔗糖相比具有甜度高、不易结晶、易发酵等特点，故备受糕点及冷饮加工业青睐。葡萄糖异构酶生产果糖的技术可用于大规模生产果糖而取代蔗糖作为甜味剂。现在国内普遍使用耐高温 α-淀粉酶生产葡萄糖，这种酶具有反应温度高、作用力强、反应速率快等优点，克服了普通 α-淀粉酶作用温度不高的缺点。耐高温 α-淀粉酶不仅可用于淀粉糖的制造，还广泛地用于发酵、制药、纺织及造纸等工业上。

7.4.1.2　生产淀粉基食品添加剂

以淀粉为原料，通过不同的淀粉酶分解还可以生产饴糖、麦芽糊精、麦芽糖浆、高麦芽糖、麦芽糖、麦芽糖醇及果糖等甜味剂。饴糖生产中所有的酶，除可以从添加的大麦芽中得到外，也可以采用直接添加酶的方法，添加的酶主要是 α-淀粉酶和 β-淀粉酶。

糊精是淀粉水解程度较低的产物，广泛应用于食品增稠剂、填充剂等方面。糊精和麦芽糊精可用酸法和酶法生产，现在大多采用酶法生产。

环状糊精能吸附各种小分子物质，起到稳定、缓释和乳化等作用，也可提高物质的溶解度和分散程度，在食品工业中有广泛用途。β-环状糊精的生产，一般采用嗜碱芽孢杆菌 N-227 菌 BGT。生产 β-环状糊精时，可使用木薯淀粉、马铃薯淀粉、甘薯淀粉及可溶性淀粉为原料，转化率高达 35%~40%。

7.4.1.3　制糖中的应用

葡聚糖是以葡萄糖为单体的聚合物总称。制糖工艺过程出现的葡聚糖主要为高分子黏性多糖：α-葡聚糖，又名右旋糖酐，由 α-D-吡喃葡萄糖单体构成，可由细菌发酵蔗糖产生。α-葡聚糖会引起蔗汁糖分损失，明显增大糖液的黏度，降低糖液的过滤性，使蔗糖结晶时生成异常形态的晶体，这不但增加精炼成本，同时也严重影响糖的品质。α-葡聚糖酶(EC 3.2.1.11)能够随机水解 α-葡聚糖中的 α-1,6-糖苷键。将 α-葡聚糖酶应用于蔗汁澄清，α-葡聚糖去除率超过90%，而应用于炼糖生产时，原糖糖浆中 α-葡聚糖去除率可达95%。α-葡聚糖酶特异性水解 α-葡聚糖的能力使其在制糖工艺中显示出广阔的应用前景。

7.4.2　酶在乳品加工中的应用

7.4.2.1　乳糖酶在乳制品中的应用

牛乳是人们熟悉的营养佳品，其中含有 4.5%~5% 的乳糖。随着年龄的增加，相当部分人体内乳糖分解酶活性降低甚至缺失，导致饮用牛乳后会出现腹胀、腹泻等症状，这种现象称为乳糖不耐受症。因此，低乳糖牛乳更能适应各类人群的需求。

乳糖酶又称 β-D-半乳糖苷酶，其作用是将乳糖分解成半乳糖和葡萄糖。乳糖酶水解乳除用于满足乳糖不耐受症者需求外，在乳制品加工中还可用于很多方面，如用于乳制品中可提高乳酪制品的消化性，提高乳清制品的利用率，减少浓缩乳制品中乳糖结晶等。乳糖酶广泛存在于扁桃、杏、桃、苹果等植物和大肠埃希菌、乳酸杆菌、酵母、霉菌等微生物中及幼小哺乳动物的小肠中。纯的乳糖酶制剂已从大肠埃希菌、酵母和霉菌中得到。20世纪70年代，一些发达国家已经将固定化乳糖酶用于低乳糖乳品的生产。固定化乳糖酶催化作用时条件温和、产物简单、不会破坏乳中其他营养成分,生产的低乳糖牛乳甜度适中、口感良好。由于固定化乳糖酶能反复回收利用,使生产成本较大幅度下降,利于产业化推广。同时,乳糖酶被"固定"在某个区域,不会泄露出来污染牛乳,有效地解决了食品安全问题。在采用牛乳为原料生产冰激凌类产品时,牛乳中的乳糖在温度低时易结晶,用固定化乳糖酶处理后,可以有效减少冰激凌类产品的结晶,增加甜度,改善口感。固定化乳糖酶还可以用来分解乳糖,生产具有葡萄糖和半乳糖甜味的糖浆。

用乳糖酶水解乳制造酸乳时,可以缩短乳凝固时间 15% ~ 20%,由于乳酸菌生长快、菌数多,可延长酸乳的货架寿命;用于加工干酪时,不仅缩短乳酪的凝固时间,而且乳酪凝固坚实,减少乳酪澄清造成的损失,降低成本。

用乳糖酶水解干酪及干酪素的副产品乳清,使乳清中 4.5% 的乳糖水解成半乳糖和葡萄糖,甜度可达蔗糖的 65% ~ 80%,溶解度增加 3 ~ 4 倍,称为乳清糖浆。乳清糖浆可以代替卵蛋白和蔗糖,用于面包、月饼、蛋糕、乳脂糖及乳脂软糖的加工,使产品风味和外观质量大大改善,此外还可以用于制作乳清饮料、乳清酒和格瓦斯等。乳清糖浆含有半乳糖和葡萄糖,若再经葡萄糖异构酶将其中的葡萄糖异构化生成果糖,则称为半乳果葡糖浆,其甜度与等浓度的蔗糖相当。这种糖浆主要代替蔗糖作为甜味剂,用作各种点心、饮料、罐头食品及冰激凌等的加工,效果很好。

7.4.2.2　凝乳酶在干酪生产中的应用

在干酪的生产和成熟期间,酶对其组织结构、风味和营养价值的提高起了非常重要的作用。这些酶中,按其来源可分为 3 类:添加到乳中的酶、乳中固有的酶、发酵剂产生的酶。

干酪生产中所添加的酶为凝乳酶,作用就是促进乳蛋白的凝固,提高产品的得率。凝乳酶是一种最早在未断奶的小牛胃中发现的天冬氨酸蛋白酶,可专一地切割乳中 κ-酪蛋白的 Phe105-Met106 之间的肽键,破坏酪蛋白胶束使牛奶凝结。凝乳酶的凝乳能力及蛋白水解能力使其成为干酪生产中形成质构和特殊风味的关键性酶,被广泛地应用于奶酪和酸奶的制作。动物凝乳酶是干酪生产中应用最早的一类酶,用它生产的干酪在风味、质地和产量等方面都优于其他酶类。传统干酪生产中应用的小牛皱胃酶含 75% ~ 95% 的凝乳酶和 5% ~ 25% 的胃蛋白酶。由于纯凝乳酶比胃蛋白酶有较高的凝乳特性,在干酪成熟期间蛋白质分解较弱,不会因蛋白质过度分解而产生苦味,因此干酪生产商都喜欢选择使用含凝乳酶较高的皱胃酶。

许多植物中存在着使乳凝固的凝乳酶,目前使用较多的是无花果蛋白酶、木瓜蛋白酶、菠萝蛋白酶、生姜蛋白酶、合欢蛋白酶及朝鲜蓟蛋白酶等。全世界约有 1% 的凝乳酶来源于植物,虽然这些酶来源广泛、价格便宜,但用于干酪生产时,凝乳质地松软,产量较低,且易产生苦味,因此这些酶在干酪生产中还不能大量使用。相信随着酶及蛋白质研究的不断深入,这类来源广泛、价格低廉的酶会具有广阔的应用前景。

微生物蛋白酶是目前最有开发潜力的一种凝乳酶,由于微生物繁殖速度快、周期短、可大量工业化生产,这类酶越来越受到人们的重视。目前,微生物蛋白酶已占据全球蛋白酶市场份额的 65%,微生物凝乳酶更是占到全球蛋白酶市场份额的 33%。一些研究表明,微生物蛋白酶对 pH 的敏感性比小牛皱胃酶小,并且酸化速度快,凝乳时间短,但是此酶蛋白水解特性较差,使干酪产量降低,并且成熟过程中易产生苦味,这也许是一些欧洲国家限制使用微生物凝乳酶的原因之一。

7.4.2.3　溶菌酶在乳品工业中的应用

溶菌酶具有一定的耐高温性能,能用于超高温瞬时杀菌乳中,可在包装前添加,也可以在杀菌前添加。在奶油、蛋糕中加入溶菌酶能起到一定的防霉变、保鲜效果。在干酪的生产和储藏中，添加一定量的溶菌酶，可防止因微生物污染而引起的酪酸发酵，溶菌酶（EC 3.2.1.17）又称胞壁质酶，化学名称为 N-乙酰胞壁质聚糖水解酶，是一种专门作用于微生物细胞壁的水解酶。人乳中含有大量的溶菌酶，而牛乳中很少。将溶菌酶添加至牛乳或其制品中，可使牛乳人乳化，以抑制肠道腐败微生物的生长，促进肠道中双歧杆菌的增殖。在奶粉或鲜乳中添加溶菌酶后，不但可以防腐保鲜、延长保存期，而且有利于婴儿肠道细菌正常化，增强婴儿的免疫力。由于溶菌酶具有一定的耐高温性能，也适用于超高温瞬时杀菌乳中。

7.4.2.4　脂肪酶在乳制品加工中的应用

脂肪酶应用于乳酯水解，包括奶酪和奶粉风味的增强、奶酪的熟化、代用奶制品的生产、奶油及冰激凌的酯解改性等。脂肪酶作用于乳酯并产生脂肪酸，能赋予奶制品独特的风味。脂肪酶释放的短碳链脂肪酸（$C_4 \sim C_6$）使产品具有一种独特强烈的奶味，而释放的中碳链脂肪酸（$C_{10} \sim C_{14}$）使产品具有皂味。同时，脂肪酶水解乳酯生成的脂肪酸与其他物质反应生成甲基酮类、风味酯类和乳酯类等新风味物质。对不同奶源的乳制品，脂肪酶的使用可大大改善其原有的不良风味，促使新的风味产生，并能改进乳制品的营养价值。

7.4.3　酶在水果加工中的应用

7.4.3.1　酶在果汁加工中的提高出汁率作用

纤维素是植物细胞壁的主要成分，也是造成果汁黏稠、出汁率低等问题的重要因素。纤维素酶是一类降解纤维素的多种酶的总称，包括内切葡聚糖酶、外切纤维二糖水解酶和 β-葡萄糖苷酶，多种酶协同作用可以将纤维素降解成分子质量较小的纤维二糖和葡萄糖。大部分水果细胞壁中含有丰富的纤维素，用纤维素酶处理可提高细胞壁的通透性，使细胞内溶物充分释放，提高出汁率和可溶性固形物含量，并有助于澄清果汁。

果胶酶是指能降解果胶质的一类酶的总称，主要包括原果胶酶（EC 3.2.1.99）、果胶酯酶（EC 3.1.1.11）、聚半乳糖醛酸酶（EC 3.2.1.15）、果胶酸裂解酶（EC 4.2.2.9 或 EC 4.2.2.2）及果胶裂解酶（EC 4.2.2.10）等。这几种酶协同作用可将果胶降解为小分子可溶解的寡聚物或单体。在早期果汁生产中主要使用聚半乳糖醛酸酶，随着对果胶结构的不断认识，发现果胶裂解酶有助于高酯化度果胶的水解。用含原果胶酶、果胶酯酶、果胶裂解酶和淀粉酶的复合酶制剂处理，能够有效提高果浆的出汁率。

7.4.3.2　酶在果汁加工中的脱苦作用

酶法脱苦具有操作简单、脱苦条件温和、脱苦效率高及便于应用等优点，受到广大柑橘类果汁生产厂家的青睐。柑橘类苦味物质主要分为两大类：一类是黄烷酮糖苷类化合物，主要代表物为柚皮苷、新橙皮苷等；另一类是三萜系化合物，主要代表物为柠檬苦素和诺米林等。由于柑橘类果汁特别是柚汁中，苦味的主要来源是柚皮苷，去除柚皮苷就会使果汁苦味减轻。酶法脱苦所用到的酶主要是柚皮苷酶，它由 α-L-鼠李糖苷酶和 β-D-葡萄糖苷酶组成。α-L-鼠李糖苷酶可将柑橘类果汁中黄烷酮糖苷类化合物的柚皮苷水解成樱桃苷和鼠李糖，樱桃苷的苦味约为柚皮苷的 1/3，因此苦味有所减轻；樱桃苷可在 β-D-葡萄糖苷酶的继续作用下，生成无苦味的柚皮素和葡萄糖。在柑橘类果汁中，用柚皮苷酶对柑橘类果汁进行脱苦具有良好的效果，且脱苦率达 90.55%。

7.4.3.3　酶在果汁加工中的护色作用

一些果汁加工过程中会发生非酶褐变反应。非酶褐变不仅会使果汁的香味和颜色发生不良变化，还能改变果汁的成分，降低果汁的营养价值，从而影响果汁的储藏寿命。抑制非酶褐变反应多采用隔绝氧气，降低加工温度，添加亚硫酸钠、抗坏血酸等抑制剂的方法。从非酶褐变的主要反应物总糖、氨基酸、维生素 C 和酚类物质的含量来看，果胶酶处理提高了这些非酶褐变反应物的含量，说明经果胶酶处理后，果汁非酶褐变反应物参与非酶褐变反应较少，因而果汁褐变程度较低。

7.4.3.4　酶在果汁加工中的增香作用

水果、茶叶等食品中不仅存在游离态、易挥发的多种风味物质，而且存在一些风味前体物质，如糖苷类物质。这些物质本身并无香味且不挥发，若经酸或酶水解，可产生有天然香气的风味物质。且绝大部分天然糖苷能被 β-葡萄糖苷酶水解，故 β-葡萄糖苷酶适于作为水果和茶叶等食品的风味酶。经菌株筛选及原生质体、等离子注入技术的改良，获得生产 β-葡萄糖苷酶活性较高的黑曲霉突变株，发酵后的提取酶液应用于果酒、茶叶、果汁等食品的增香。经 β-葡萄糖苷酶处理过的样品，除具有样品本身固有的特征香气外，在香气组成上，更显饱满、柔和、圆润，增强了感官效应。

7.4.3.5　酶用于果蔬的防腐保鲜

许多果蔬的变质都与氧气有关。葡萄糖氧化酶的作用是除氧，所以在食品保鲜与包装中添加葡萄糖氧化酶可以减少食品在储藏中的氧化和褐变反应。生鲜食品容易发生腐败，所以常常需要一定的防腐措施。溶菌酶可以水解细菌细胞壁肽聚糖的糖苷键，导致细菌自溶死亡，并且溶菌酶在含食盐、糖类等溶液中较稳定，耐酸和耐热性强，故非常适用于各种食品的防腐保鲜。

7.4.4　酶在酒类酿造中的应用

随着中国啤酒市场的不断发展和变化，越来越多的啤酒生产厂商认识到酶制剂在提高啤酒质量、降低生产成本和改进生产效率方面的作用，从而推动了酶制剂在啤酒工业上的应用。消费者对啤酒质量的要求是新鲜、清爽、低热量、泡沫丰富、口味醇正及清澈透明，而在啤酒酿造中，应用酶制剂可以协助实现上述要求。

7.4.4.1　酶在啤酒生产中的应用

(1) 提高啤酒辅料的比例

生产啤酒是以大麦芽为原料的，但在大麦发芽过程中，呼吸使大麦中的淀粉损耗很大，很不经济。因此，啤酒厂常用大麦、大米和玉米等作为辅助原料来代替一部分大麦芽。当辅料的比例提高到 30% 以上时，会引起淀粉酶和葡聚糖酶的不足，使淀粉糖化不充分，葡聚糖的降解不足，从而影响啤酒的风味和产率。在工业生产中，使用微生物的淀粉酶和葡聚糖酶等酶制剂来处理上述原料，可以补偿原料中酶活力不足的缺陷。上述原料糖化时，添加糖化酶可以增加发酵度，缩短糖化时间。

(2) 弥补低质量麦芽缺陷

在啤酒生产中，大麦质量和产量并不高时，制得的大麦芽的质量也不太好，而使用质量较差的大麦芽，常常出现糖化不完全、过滤困难、麦汁组成不理想及原料收得率低等现象。因此，生产上多依赖于价格较贵的进口大麦，但从经济角度考虑是不可行的，而采用酶制剂则可弥补大麦芽质量的缺陷。例如，添加淀粉酶制剂，可加速大麦芽的糖化，解决糖化不完全的问题；添加蛋白酶制剂，可促进蛋白质分解，提高麦汁 α-氨基氮含量，改善麦汁的合理组成；添加 β-葡聚糖酶制剂，可使 β-葡聚糖分解，从而降低糖化醪的黏度，加快麦汁过滤速度，缩短麦汁澄清时间，提高麦汁收得率。

(3) 提高啤酒的非生物稳定性

啤酒在销售、储存过程中所形成的浑浊主要是由于聚合的多酚物质与蛋白质缓慢结合引起的。在发酵和储酒期间，添加蛋白酶制剂，如木瓜蛋白酶、菠萝蛋白酶，可分解引起浑浊的蛋白质，使其不易与多酚物质缩合，从而提高啤酒的非生物稳定性。

（4）增加啤酒品种，生产高发酵度啤酒

干啤酒是使用特殊酵母使糖继续发酵，把糖降到一定浓度之下。其主要特色就是发酵度高，一般在72%以上，而一般啤酒的发酵度只有60%左右。干啤酒口味醇正、淡爽，色泽浅，苦味轻，残糖量和热值都很低，比较符合大众消费口味。要获得如此高的发酵度，必须将大麦芽中残存的淀粉和糊精降解，提高麦汁中可发酵性糖的含量。由于大麦中有45%~50%（干物质）的支链淀粉，有较多的$\alpha-1,6$键，必须加解支酶才能有效地提高麦汁中可发酵性糖含量。由于细菌发酵得到的异淀粉酶和根霉及黑曲霉发酵产生的糖化酶的应用条件不太符合麦汁生产和干啤酒的酿造，所以在麦汁生产和干啤酒的酿造过程中，一般是添加普鲁兰酶。该酶在糖化时加入量为1.5%，通过外加酶制剂协同糖化后，可得到麦汁极限发酵度>78%的10°麦汁，配合使用高发酵度的啤酒酵母，可以酿造出优质干啤酒。

（5）防止啤酒风味老化

啤酒的风味物质主要是高级醇、酯类、醛类及双乙酰酚类等酵母代谢副产物。而影响啤酒风味的主要物质是含羰基、醛基、硫基化合物及烯醇等，这些物质又极易氧化成糠醛、羟甲基糠醛结合物质及部分较高级醛类。氧化作用改变了啤酒原有的醇厚和清香，使酒花香味消失，产生不愉快的苦涩、老化味及其他异味。为了防止氧化，啤酒生产中常常加入葡萄糖氧化酶，该酶是一种对氧非常专一的生物高效除氧剂。它可以使氧与瓶颈中的葡萄糖生成葡萄糖酸内酯而消耗溶解氧，这种葡萄糖内酯较稳定，没有酸味，对啤酒的质量没有影响。所以，合理使用葡萄糖氧化酶可以有效防止啤酒的老化、变质，保持啤酒特有的色香味。

（6）缩短啤酒发酵周期，控制双乙酰的含量

啤酒中双乙酰含量的高低，是评价啤酒成熟与否的重要指标，加快双乙酰还原速度可以缩短成熟期和生产周期。双乙酰主要是由酵母合成缬氨酸、亮氨酸、异亮氨酸时的中间产物——α-乙酰乳酸氧化分解形成的。α-乙酰乳酸分解生成双乙酰的速度是十分缓慢的，在发酵过程中添加α-乙酰乳酸脱羧酶（α-ALDC酶）后，它可以使α-乙酰乳酸的代谢途径发生改变，可使α-乙酰乳酸直接快速地分解成乙偶姻，进而转化成2,3-丁二醇，从而大大减少由α-乙酰乳酸生成双乙酰的数量，缩短双乙酰的还原时间。同时，由于α-乙酰乳酸得到了较彻底的分解，因而可以有效地抑制成品啤酒中双乙酰的回升与反弹，从而保证啤酒的风味质量。

（7）促进啤酒的澄清

啤酒以其清晰度高、泡沫适中和口感好而受到人们的喜爱。但是，啤酒中含有一定量的蛋白质，它易与啤酒中游离的多酚、单宁等结合产生不溶性胶体或沉淀，造成啤酒浑浊，从而影响啤酒的品质。为防止出现浑浊，往往通过向啤酒中添加蛋白酶，水解啤酒中的蛋白质和多肽，但水解过度会影响啤酒保持泡沫的性能。目前啤酒生产企业多选择固定化的木瓜蛋白酶作用于啤酒的大罐冷藏或过滤后装瓶环节，并通过调节流速和反应时间，精确控制蛋白质的分解程度。

7.4.4.2　酶在果酒生产中的应用

葡萄酒生产过程中已广泛应用酶制剂，主要应用的酶有果胶酶和蛋白酶。果胶酶用于葡萄酒生产，不仅可以提高葡萄汁和葡萄酒的产率，有利于过滤和澄清，而且可以提高产品质量。例如，使用果胶酶后，葡萄中单宁的抽出率降低，使酿制的白葡萄酒风味更佳；在红葡萄酒酿制过程中使用果胶酶，可提高色素的抽提率，还有助于酒的老熟，增加酒香。除使用各种果胶酶外，还使用少量的纤维素酶和半纤维素酶。葡萄酒酿造过程中还可使用蛋白酶，以使酒中存在的蛋白质水解，防止出现蛋白质浑浊，使酒体清澈透明。除葡萄酒外，在其他果酒，如桃酒、荔枝酒等的生产过程中，也可以采用酶法处理，以提高产率和产品质量。

7.4.4.3 酶在白酒生产中的应用

(1)纤维素酶及半纤维素酶在白酒发酵中的应用

白酒发酵一般采用固态发酵工艺,酒醅中添加了大量的填充料,这些填充料含有大量的纤维素类物质,因此白酒原料中纤维素类物质含量很高。在酒醅中添加糖化酶,只能将酒醅中的淀粉类物质降解,而不能降解酒醅中的纤维素类物质。在酒醅中添加纤维素酶可将酒醅中少部分的纤维素类物质降解成糖,经发酵产生乙醇,增加白酒出酒率;同时在酒醅中添加纤维素酶能够破坏细胞壁,游离出内含物质,使酶催化效果增强,由此增加酒醅中营养物质的利用效率。

(2)酯化酶在白酒发酵中的应用

①白酒增香 在酶学中,并没有酯化酶这一术语,其在酶学上为解脂酶,是脂肪酶、酯合成酶、酶分解酶、磷酸酯酶的统称。在酿酒中起作用的酯化酶为酯合成酶及脂肪酶等。酯合成酶的理论基础为在酶的作用下,直接将酸与醇催化合成酯类,包括己酸乙酯、乙酸乙酯、乳酸乙酯及丁酸乙酯等酯类物质。脂肪酶主要作用是将酒醅中的一些大分子脂肪水解为甘油及对应的脂肪酸,这些脂肪酸也能够与醇酯化为酯类物质。这些酯化酶对白酒的增香具有极为重要的意义。脂肪酶能够对水相和非水相中的酯化反应有催化功能,对风味组分具有重要作用。在成品中加入不同类型的脂肪酶,白酒中的总酯浓度发生显著改变,脂肪酶能够缩短白酒的陈化时间。

②副产物利用 黄浆水是固态酿造白酒过程中的副产物,为棕黄色黏稠液体。黄浆水不仅含有丰富的醇、醛、酸和酯类物质,还含有丰富的有机酸、淀粉、还原糖、酵母自溶物等营养物质及生香的前体物质。如果直接将黄浆水做污水处理,不仅资源浪费严重且成本巨大。而通过酯化酶处理,可将黄浆水转化为可直接利用的酯化液,用于提高曲酒质量、改善风味。酯化液还可用于白酒的勾调,使酒体更加饱满、丰富,且更加经济环保。

杂醇油是谷类作物经发酵制取乙醇的主要副产物,包括正丙醇、异丁醇、异戊醇、活性戊醇及苯乙醇等。杂醇油虽具一定的芳香作用,但其中毒和麻醉作用比乙醇强,能使神经系统充血,使人头痛,是导致"上头"的主要因素。酯化酶可将这些高级醇转化为对应的酯类,不仅降低了杂醇油的含量,而且提高了白酒的整体风味。

(3)蛋白酶在白酒发酵中的应用

在白酒酿造过程中添加适量蛋白酶,能有效地水解原料中的蛋白质,增加醪液中可被菌株利用的有机氮源氨基酸,促进菌体的生长繁殖,提高发酵的速度,从而提高出酒率。且白酒中的香味组成成分较为复杂,一般有醇类、酸类、酯类、芳香族化合物、含氮化合物、呋喃化合物和醛酮类化合物等。作为香味成分的前体物质,发酵醪中氨基酸的浓度会明显影响白酒的风味。蛋白酶能够将原料中的蛋白质类物质水解成各种不同的氨基酸,再经微生物及酶的代谢后,形成多种香味物质。

(4)糖化酶在白酒发酵中的应用

酒醅中添加糖化酶具有加速原料糖化、提高出酒率及控制高级醇生成等作用。高级醇是在发酵过程中由蛋白质、氨基酸和糖类等物质通过复杂的生物化学反应生成的产物。它是白酒的主要呈香物质之一,适量的高级醇可赋予白酒芳香气味,但含量过高则会影响白酒的质量,使白酒口感苦涩。因此,控制高级醇的浓度,可使香味组分具有和谐的配比,能够使白酒品质得以有效改良。糖化酶能够在很大程度上抑制白酒中杂油醇的合成,它可降低酒体中正丁醇、正丙醇、2-丁醇、异戊醇、异丁醇的含量及杂醇油总量。

7.4.5　酶在肉、蛋、鱼类加工中的应用

肉制品经蛋白酶酶解会使其中的蛋白质发生内部交联反应，并产生特殊的化学基团，改变蛋白质内部结构，使肉制品中的蛋白质化学性质发生改变，从而改变其水溶性、水合性和乳化性等功能特性，进而改善肉制品的质量。

7.4.5.1　蛋白酶在肉制品中的应用

（1）蛋白酶提升肉制品的嫩度

目前，国际公认安全的蛋白酶有木瓜蛋白酶、菠萝蛋白酶、枯草杆菌蛋白酶及无花果蛋白酶等。这些蛋白酶能够通过对肌肉纤维和胶原蛋白进行不同程度降解，从而实现肉质嫩化。

蛋白酶实现肉质嫩化主要通过降解结缔组织和破坏肌肉纤维两种途径。利用蛋白酶降解结缔组织：降解肌肉结缔组织的蛋白质被认为是提升肉制品嫩度的关键步骤之一。植物蛋白酶能够破坏胶原蛋白的网状结构，增加其溶解性，从而提高肉制品的嫩度。利用蛋白酶破坏肌肉纤维：肌原纤维小片化指数（MFI）是衡量肌原纤维平均长度的指标，MFI值越大，代表肌肉中肌原纤维骨架蛋白降解程度越高，肉制品的嫩化程度越高。

（2）蛋白酶改善肉制品风味

利用蛋白酶能够使肉制品产生游离氨基酸等影响肉制品风味的前体物质或中间产物，有利于加速肉制品风味的产生，同时对改善肉制品风味具有一定的效果。腌制过程中添加复合酶（木瓜蛋白酶与菠萝蛋白酶1∶1）能显著提高牛肉的亮度，改善牛肉质构特性，使牛肉有较好的保水性和色泽，提高牛肉中游离氨基酸、必需氨基酸及与风味相关氨基酸的含量。

（3）蛋白酶增加肉制品副产物价值

肉制品加工中通常会产生大量的副产物或下脚料，蛋白酶可以将废弃蛋白转化成为供人类食用或作为饲料的蛋白浓缩物等。例如，利用蛋白酶水解金枪鱼加工下脚料，制备金枪鱼水解蛋白粉，并以胰蛋白酶作为水解用酶，制备出一种高蛋白低脂肪的溶解性较好的粉末，能够作为动物初期生长的高效营养饲料成分，也可以作为调味品或蛋白质营养剂。

7.4.5.2　谷氨酰胺转氨酶在肉制品加工中的应用

（1）提高原料利用率

谷氨酰胺转氨酶（EC 2.3.2.13，简称 TGase 或 TG）由于可以形成蛋白质分子内和分子间的交联，因而在肉制品重组中得到广泛的应用，这也是目前利用该酶最多的行业。由于谷氨酰胺转氨酶催化蛋白质分子内和分子间形成的异肽键属于共价键，在一般的非酶催化条件下很难断裂，所以用该酶处理碎肉使其成型后，虽经冷冻、切片、烹饪等也不会重新散开。肉类蛋白质之间发生交联后，使得肉制品更加富有弹性，形成良好的口感，而该酶对肉制品的其他风味不会产生影响。

（2）改善肉制品的质构

良好的质构不仅是评定产品质量的重要指标，而且是影响消费者选择的关键因素。因此，常采用腌制、滚揉、斩拌以及添加淀粉等填料来改善肉制品的品质，以期获得良好的弹性和切片性。在肉制品中，微生物源谷氨酰胺转氨酶（MTGase）可以通过交联作用使肌球蛋白重链结构发生变化，减少 α-螺旋结构，提高 β-折叠的百分比，有助于形成高分子聚合物，进而形成强凝胶结构，改善了产品的质地特性，如刚性、弹性、内聚力和黏附性，使肉的口感得到改善。

（3）拓宽原料的来源

利用谷氨酰胺转氨酶对猪肉或火鸡胸脯肉进行处理，然后加工成罐装或其他包装的火腿，产品的黏结能力、保水性大大提高，赋予了制品结实的质构。谷氨酰胺转氨酶可以与血液中血

红蛋白结合，添加到肉制品中，不仅可以改善制品的色泽，还可以作为抗氧化剂使产品品质维持稳定，延长货架期，此外也最大限度地保留了肉中的天然营养成分。

(4)提高产品的得率

肉制品的保水性是一项重要的质量指标，它影响肉制品的色香味、营养成分、多汁性及嫩度等食用品质。谷氨酰胺转氨酶可催化蛋白质形成牢固的空间网络结构，进而包容大量水分，提高产品嫩度，防止肉制品在加工过程中产生皱缩现象，同时也提高了产品的得率。

(5)提高肉制品的营养价值

谷氨酰胺转氨酶不仅能催化蛋白质分子内的谷氨酰胺残基和赖氨酸残基之间生成异肽键交联，还能催化蛋白质分子内的谷氨酰胺残基和小分子的伯胺发生缩合连接。利用谷氨酰胺转氨酶这一性质将小分子的氨基酸连接到蛋白质分子上去，一方面可以提高氨基酸的稳定性，增强蛋白质的功能性；另一方面赖氨酸与蛋白质交联后，可以避免发生美拉德反应，防止营养成分损失。

(6)开发新的低盐、保健肉制品

随着人们保健意识的增强，"低脂肪、低盐、低糖、高蛋白"的肉制品越来越受到人们的青睐。以低盐维也纳香肠的生产为例：原料为猪肉，分别加入不同剂量的食盐和谷氨酰胺转氨酶制剂，结果表明即使食盐用量降低到普通香肠的产品仍能获得同样的弹性，说明谷氨酰胺转氨酶能大大增强凝胶效果，弥补低盐造成的凝胶减弱，使产品具有与高盐同样的质构特征。在实际生产中还可利用谷氨酰胺转氨酶取代磷酸盐，生产低盐肉制品。此外，谷氨酰胺转氨酶交联蛋白质可作为脂肪的取代物。

(7)谷氨酰胺转氨酶在鱼肉加工中的应用

谷氨酰胺转氨酶在鱼胶、鱼糜、鱼糜凝胶等鱼肉制品中单独使用以及与其他添加剂联合使用，并配合不同的加工方法，可以显著提高鱼糜凝胶的强度，从而达到改善质构、改良外观、提高凝胶弹性、硬度及破断力等效果。利用谷氨酰胺转氨酶处理鱼肉制品，不但提高产品质量，同时还开发利用了大量易得的低值鱼资源，降低了生产成本，丰富了蛋白质产品市场。

7.4.5.3 溶菌酶在肉制品加工中的应用

溶菌酶是无毒的蛋白质，能选择性地使目标微生物的细胞壁溶解，使其失去活性，而食品中的其他营养成分几乎不会造成任何损失。因此，它可以完全替代对人体健康有害的化学防腐剂(如苯甲酸及其钠盐)等，以达到延长食品保质期的目的。

(1)溶菌酶在冷却肉中的保鲜

冷却肉采用的温度在0~4℃，并不能彻底抑制微生物的生长繁殖及其他有关变化的发生，因此冷却肉保鲜期较短。而将溶菌酶应用于冷却肉的保鲜中，可抑制细菌总数的增殖、减缓挥发性盐基氮(TVB-N)值上升，有效延长了冷却肉的保鲜期。

(2)溶菌酶在低温及软包装肉制品加工中的应用

低温肉制品与高温肉制品相比，由于采用低温处理，产品保持了肉原有的组织结构和天然成分，营养素破坏少，具有营养丰富、口感嫩滑的特点。将溶菌酶与Nisin、复合磷酸盐、茶多酚酪朊酸钠组成复合保鲜剂于滚揉过程中与原料肉混合，制成方腿，可延长其保质期。在软包装肉制品真空包装前添加一定量的溶菌酶保鲜剂，然后巴氏杀菌(80~100℃，25~30 min)，可获得良好的杀菌效果，有效地延长了小包装方便肉制品的货架期。

7.4.5.4 亚硝酸还原酶在肉制品中的应用

亚硝酸盐作为食品添加剂，在肉制品加工中被广泛使用。亚硝酸盐残留对人体有极大的危害，它能与各种氨基化合物反应，产生致癌的N-亚硝基化合物，如亚硝胺等。亚硝酸还原酶(nitrite reductase，简称NIR)，是一种降解亚硝酸盐的关键酶。NIR分为两类，分别以血红素

cd1 和 Cu 作为辅基(相应简称为 cd1NIR、CuNIR)。它们有异化亚硝酸还原酶或同化亚硝酸还原酶的作用,可把亚硝酸盐还原生成 NO 或 NH_4^+。目前,亚硝酸还原酶在肉制品加工中主要用来嫩化肉类、增加持水力以及肉的重组。

7.4.6 酶在焙烤食品加工中的应用

7.4.6.1 淀粉酶

淀粉酶根据作用方式分为 α-淀粉酶和 β-淀粉酶。在面包粉中添加适量的 α-淀粉酶,可将面团内的损伤淀粉分解为麦芽糖及葡萄糖,提供给酵母发酵,加快面团发酵速度,缩短发酵时间;淀粉酶对一部分淀粉分解可以使面团软化、伸展性增加,增大面包体积;淀粉酶改变淀粉性质,使淀粉的老化作用较为缓慢,面包能够保持柔软的时间更长。

7.4.6.2 蛋白酶

蛋白酶添加到面粉中,使面团中的蛋白质在一定程度上降解成肽和氨基酸,导致面团中的蛋白质含量下降,面团筋力减弱,满足了饼干、曲奇、比萨饼等对弱面筋力面团的要求。还有一些蛋白酶,如真菌蛋白酶,用于面包制作中,能够水解面筋内部的某特定位置化学键,从而改善面团延伸性,提高面包的对称性和均匀性,对面包的结构及风味均有改善。

7.4.6.3 脂肪氧合酶和巯基氧化酶

脂肪氧合酶能漂白小麦面粉,可影响面团的性质,从而作为面团改良剂使用。脂肪氧合酶催化面粉中的不饱和脂肪酸发生氧化,形成氢过氧化物,氢过氧化物氧化蛋白质分子中的巯基,形成二硫键,并能诱导蛋白质分子聚合,使蛋白质分子变得更大,从而增加面团的搅拌耐力。另外,脂肪氧合酶还能使面包芯变白。

巯基氧化酶是一种黑曲霉发酵所产的酶,酶活力稳定,在面制品中可以专一作用于面筋中巯基,形成二硫键,加强面筋蛋白的联结,从而达到强化面筋,增强面筋筋力的作用。巯基氧化酶对改善面团的弹性,提高面团强度,延长稳定时间,改良面包纹理结构,提高面包体积,抗面包老化方面都有明显效果。

7.4.6.4 葡萄糖氧化酶

葡萄糖氧化酶具有显著改善面粉中面筋强度和弹性,总体提高面粉品质的作用。葡萄糖氧化酶能将葡萄糖氧化生成葡萄糖酸和过氧化氢,后者可氧化面筋蛋白中的巯基生成二硫键,从而大大改善面筋的组织结构。因其具有良好的氧化性,可显著增强面团筋力,使面团不黏,有弹性;醒发后,面团洁白有光泽,组织细腻;烘烤后,体积膨大、气孔均匀、有韧性、不黏牙。同时,随着葡萄糖氧化酶添加量的增加,面包抗老化效果也随之增加。

7.4.6.5 漆酶

漆酶(对二苯酚氧化酶)是一类含铜的多酚氧化酶,是一种糖蛋白,也用作面团改良剂。漆酶的肽链一般由 500 个左右氨基酸组成;糖配基占整个分子的 10%~45%,组成包括氨基己糖、葡萄糖、甘露糖、半乳糖、岩藻糖和阿拉伯糖等。当漆酶加入面团中时,会使面团成分发生氧化作用,以提高它们之间的结合力。漆酶可增加面团体积,改善面团结构,提高柔软度,降低黏度,进而改善面团的加工性能。漆酶可加速面筋的形成,也能加速面筋蛋白的降解,加入阿魏酸可提高面团的加工性能。此外,漆酶单独使用时可降低阿拉伯木聚糖的水溶性,与阿魏酸复合使用时可提高氧化巯基的能力。

7.4.6.6 谷氨酰胺转氨酶

谷氨酰胺转氨酶应用于小麦粉中,促使面筋中 ε-赖氨酸与 γ-谷酰基间的交联,从而加强面筋网络结构,起到氧化剂的作用,改善面团的流变学性质,延长粉质稳定时间,改善面团的延伸性及持水率,增大面筋网络的持气性。

7.4.6.7 木聚糖酶

木聚糖酶是一类能够降解木聚糖的酶类。在面包加工过程中，木聚糖酶可作用于小麦粉中不溶性阿拉伯木聚糖，使其增容，并降低水不溶性阿拉伯木聚糖的交联程度，使其溶胀吸收更多水分，从而显著增加面包体积，延缓面包的老化。木聚糖酶对面包的各项指标都有一定的改善作用。

本章小结

酶作为生物体内的一种催化剂，具有反应条件温和、专一性强、反应高效的特点，已广泛应用于食品工业的各个生产领域。大多数酶的本质是蛋白质，但也有少数属于核酸类(本章讨论的主要为蛋白酶，不包括核酶)。按照酶的组成，众多酶可以分为单体酶和结合酶两大类，结合酶必须含有辅助因子才能具有催化能力，二者缺一不可。

对于酶的蛋白质空间结构来说，并不是酶的所有结构都参与到酶的催化反应中，只有酶活性中心的组成和结构对酶的催化功能起决定性作用。同时在酶的活性中心外也存在着必需基团，这些必需基团的改变会影响酶活性中心的变化，进而对酶的催化能力有调节作用。

酶之所以能够加速化学反应，是因为酶在催化反应过程中生成了酶与底物结合在一起的中间复合物，释放出部分结合能，进而降低反应体系的活化能，间接增加活化分子数，提高反应效率。诱导契合学说可以很好地解释酶的专一性特点。邻近效应和定向效应、底物形变、酸碱催化、共价催化及微环境的影响解释了酶促反应高效性的机制。

对于一个酶促反应体系，酶的催化能力受到多方面的影响，如底物浓度、温度、pH、抑制剂和激活剂等。为了获得高效的催化能力，必须多方面协同考虑。酶的催化能力可以用酶活力表示，酶的纯度用比活力表示。目前，酶制剂已经广泛应用在淀粉加工、乳品工业、果蔬加工等食品行业。

思考题

1. 酶与一般催化剂相比有何异同点？
2. 酶是如何实现高效催化作用机制的？
3. 举例说明酶催化活性主要受哪些因素的调节。
4. 为什么酶的最适温度、最适 pH 不是酶的特征常数？
5. 简述酶的抑制剂类型及其主要特点。
6. 当某一酶促反应的速率达到最大反应速率的 80% 时，底物与 K_m 之间的关系如何？

第8章 维生素与辅酶

维生素源于英语"vital"（重要）和"amine"（胺）的组合，后被命名为"vitamin"。维生素是体内必需微量营养素，其化学本质是低分子质量（<1 500 u）的有机化合物，不能作为细胞的组成元件，也无法为生命活动提供能量。目前为止，已经确定了 13 种可溶于水或脂肪的必需维生素，每类维生素的化学结构和在体内发挥的生物学功能都不相同。脂溶性维生素结构相似，如含脂肪族、芳香族功能基团，且具有一些共同特点，包括在空气中暴露、烹饪或加工过程中不容易因氧化或加热而被破坏；在肠道吸收、运输和分布方式相似，吸收依赖于胰岛素和结肠末端，主要是肝脏排出，能储存在脂肪组织，不能以尿液形式排出体外；过量服用，可能中毒甚至丧命。水溶性维生素在体内存量少，过量的水溶性维生素可通过尿液排出体外。相对于脂溶性维生素来说，机体更容易缺乏水溶性维生素。

8.1 概述

8.1.1 维生素的概念

维生素是维持正常生命活动所必需的、体内不能合成或合成量很少，必须从食物中摄取的小分子有机化合物，是人体的重要营养素之一。脂溶性维生素在体内可直接参与代谢的调节作用，水溶性维生素多以辅酶的形式参与机体代谢。

8.1.2 维生素的摄取

人体对维生素需求量甚少，每日摄取量仅为毫克（mg）或微克（μg）级别，主要通过以下两种方式获取维生素：

（1）饮食

由于大多数维生素人类均无法合成或合成量不足，因此必须从食物或补充剂中获得（维生素 D 除外，暴露在阳光或其他形式的紫外线下，可以在皮肤中合成维生素 D，类似激素功能）。

（2）肠道微生物

肠道微生物可以合成一些维生素，如维生素 K、生物素等。但维生素 K 由于合成量少，无法满足日常需求。而生物素的合成量则通常超过身体所需。

虽然人体对维生素需求量较少，如果饮食摄入不足或吸收障碍等情况下，会导致维生素缺乏症，表现为诱发疾病甚至死亡。

8.1.3 维生素的生物学功能

维生素是合成辅酶或酶的辅助因子的前体，参与物质代谢的调节、生长发育和维持正常生理功能等。维生素还能发挥人体的某些特殊功能。例如，维生素 A 在视觉形成过程中发挥重要作用。

一些维生素有多种化学形式或异构体。例如，在食物中有 4 种形式的维生素 E（生育酚），其中 α-生育酚活性最大；在自然界和食物中存在大量的类胡萝卜素，但只有少数维生素 A 具有活性，一些类胡萝卜素，如番茄红素，不具有维生素 A 活性。此外，天然维生素优于合成维生素，虽然两种形式的化学活性成分相同。然而，在膳食补充剂或食品中添加叶酸比食物中天然存在的叶酸更容易被吸收。

维生素的生物学功能主要分为两个方面：营养和生物化学。前者与最低每日需要量、饮食来源、生物利用度和缺乏症有关。后者关注于其结构，如何转化为辅酶、作用机制、运输和储存方式的代谢、生物化学的角色。迄今为止，已经确定了 13 种必需维生素。表 8-1 列出了脂溶性和水溶性维生素，以及缺乏症、膳食日需求量和食物来源。

表 8-1　维生素的饮食来源和中国成人每日需要量及缺乏症

维生素	膳食日需求量	缺乏症	食物来源
维生素 B$_1$（硫胺素）	男性：1.2 mg 女性：1.0 mg	脚气病和韦尼克-科萨科夫综合征	豆类、猪肉、肝脏、坚果、酵母、种子皮
维生素 B$_2$（核黄素）	男性：1.4 mg 女性：1.2 mg	口角炎	牛奶、鸡蛋、肝脏、绿叶蔬菜
维生素 PP（烟酸）	男性：12 mg 女性：10 mg	癞皮病	未加工谷物、酵母、肝脏、豆类、瘦肉
维生素 B$_6$（吡哆醇）	平均需要量：1.2 mg	低血色素小细胞贫血，皮炎	全麦谷物、小麦、玉米、坚果、肉类、肝脏和鱼类
泛酸	适宜摄入量：5 mg	罕见	酵母、肝脏、鸡蛋
生物素	平均需要量：40 μg	罕见	肝脏、肾脏、牛奶、蛋黄、玉米、豆奶
维生素 B$_{12}$（钴胺素）	平均需要量：2.0 μg	巨幼红细胞性贫血	肝脏、肾脏、肉类和牛奶
叶酸	平均需要量：320 μg	同型半胱氨酸血症	肝脏、酵母和绿色蔬菜
维生素 C（抗坏血酸）	平均需要量：85 mg	坏血病	柑橘类水果、土豆（尤其是土豆皮）、草莓、生的或最少煮熟的(绿色)蔬菜和番茄
维生素 A	男性：560 μg 女性：480 μg	夜盲症、皮肤损伤	肝脏、肾脏、牛油、油脂、蛋黄、绿叶蔬菜、水果
维生素 D	平均需要量：8 μg	儿童佝偻病、成人软骨病	咸水鱼、肝脏、蛋黄和黄油
维生素 E（生育酚）	适宜摄入量：14 mg	肝萎缩、红细胞溶血、神经系统疾病	蔬菜、牛奶、种子油、肝脏和鸡蛋
维生素 K	适宜摄入量：80 μg	容易出血	菠菜、卷心菜、蛋黄

8.1.4　维生素的命名及分类

8.1.4.1　命名

最初按照维生素发现的先后顺序，可在"维生素"（用 V 表示）后用英文的大写字母 A、B、C、D、E 来命名，通常多种维生素混合存在，根据其化学结构特征，可在英文字母右下方注以 1、2、3 等数字加以区别，如 B 族维生素中的维生素 B$_1$ 称为硫胺素，维生素 B$_2$ 称为核黄素。还可以根据其生理功能来命名，如维生素 D 称为抗佝偻病维生素，维生素 K 称为凝血维生素，维生素 A 称为抗干眼病维生素。也可根据其化学结构和生理功能来命名，如维生素 A 称为视黄醇。脂溶性维生素是维生素 A、D、E 和 K。

8.1.4.2　分类

根据维生素的溶解性不同，可将其分为脂溶性维生素（lipid-soluble vitamin）和水溶性维生素（water-soluble vitamin）。脂溶性维生素包括维生素 A、D、E 和 K，水溶性维生素由维生素 C

和 B 族维生素构成。

8.2　水溶性维生素与辅酶

水溶性维生素由 B 族维生素和维生素 C 两大类组成。其中，B 族维生素包括维生素 B_1(硫胺素)，维生素 B_2(核黄素)、维生素 PP(烟酸)、泛酸、维生素 B_6(吡哆醇)、维生素 B_{12}(钴胺素)、生物素和叶酸。B 族维生素通常以辅酶的形式参与体内各种代谢反应，如参与能量生成的维生素 B_1、维生素 B_2、维生素 PP、参与氨基酸代谢的维生素 B_6，参与核酸及细胞合成的维生素 B_{12} 和叶酸等。

8.2.1　维生素 B_1 与焦磷酸硫胺素

8.2.1.1　结构、性质、来源及代谢

维生素 B_1 是第一个被发现的水溶性维生素，因其化学结构中具有含硫的噻唑环和含氨基的嘧啶环，故称为硫胺素(thiamine)。维生素 B_1 广泛存在于酵母、瘦肉、豆类和种子外皮及胚芽中。维生素 B_1 为白色粉末状结晶，易溶于水，微溶于乙醇。在酸性条件下稳定，加热至 120℃ 仍不分解；中性和碱性条件下不稳定，易被氧化和受热破坏。

维生素 B_1 易被小肠吸收，经血液进入肝脏和大脑，在细胞内被激酶催化与 ATP 结合生成其活性形式硫胺素焦磷酸(thiamine pyrophosphate，TPP)(图 8-1)，占体内硫胺素总量的 80%。

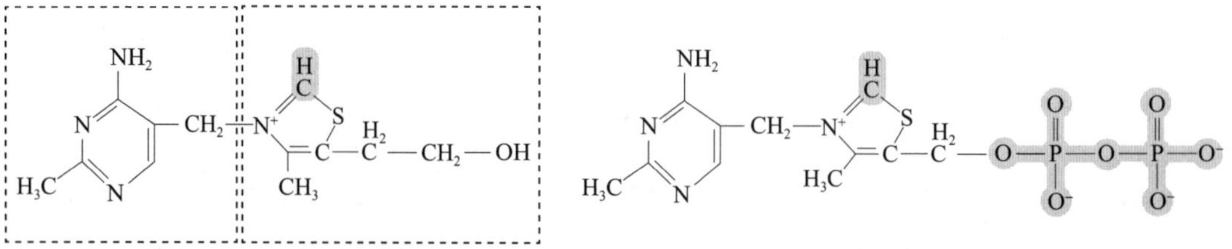

图 8-1　维生素 B_1 及其衍生的辅酶(TPP)的化学结构

8.2.1.2　生化作用与缺乏症

维生素 B_1 主要参与人体内的能量代谢。在糖酵解和三羧酸循环中，TPP 作为催化 α-酮酸氧化脱羧酶(如丙酮酸脱氢酶复合体，α-酮戊二酸脱氢酶)的辅酶参与转移醛基。反应中 TPP 噻唑环上的硫和氮原子间的碳原子易释放 H^+，形成碳负离子。后者与 α-酮酸的羧基结合，诱导其脱羧。在细胞质基质的磷酸戊糖途径中，TPP 作为转酮醇酶的辅酶，参与转酮醇作用(transketolation)。TPP 还可作为氨基酸代谢中支链氨基酸代谢脱氢酶的辅酶，在反应中噻唑环上的碳负离子直接作为亲核试剂参与催化反应。此外，维生素 B_1 参与乙酰辅酶 A 的生物合成，进而影响乙酰胆碱的生成；还可抑制胆碱酯酶水解乙酰胆碱，促进胃肠蠕动。

维生素 B_1 缺乏症常发生在精米为主食的人群中，膳食中维生素 B_1 含量不足为主要原因。此外，吸收障碍(慢性消化道疾病、腹泻等)和需求量增加(如感染、手术后、甲亢患者)和乙醇中毒也可导致其缺乏。

当维生素 B_1 缺乏时，TPP 合成不足、α-酮酸脱羧与磷酸戊糖途径障碍、神经组织利用糖的氧化分解供能受阻、神经细胞膜髓鞘磷脂合成障碍，导致慢性末梢神经炎和其他神经肌肉变性病变，临床特征为头痛，易于疲劳，恶心。同时糖代谢中间产物丙酮酸和乳酸在血液中堆积，使神经元因缺乏 ATP，无法传递神经冲动，造成手足麻木、精神不振、呼吸困难、四肢无

力及外周神经炎等症状，严重者可发生水肿、心力衰竭，临床称为脚气病，因此维生素 B_1 又称为抗脚气病维生素。

维生素 B_1 缺乏时，乙酰胆碱水解速率加快，消化液分泌减少，胃肠蠕动减慢，表现为食欲不振、消化不良等症状。补充维生素 B_1 可以调节食欲，促进消化。然而，每天摄入超过 3 g 的维生素 B_1 对成年人是有毒的，容易引起头痛、易怒和皮炎，极端情况甚至可能导致死亡。体内维生素 B_1 含量可通过测量红细胞中转酮醇酶的活性、尿液和血液中维生素 B_1 浓度来测定。

8.2.2 维生素 B_2 与黄素辅酶
8.2.2.1 结构、性质、来源及代谢

维生素 B_2 由核糖醇(ribitol)与 7,8-二甲基异咯嗪(iso-alloxazine)缩合而成，因其氧化形式呈现黄色针状结晶，又名核黄素(riboflavin)(图 8-2)。维生素 B_2 在酸性条件下稳定，烹饪过程中一般不会损坏食物中的核黄素。但在碱性条件下加热容易破坏，且其对紫外线敏感，易降解为无活性物质。其异咯嗪环上的 N1 和 N5 可加氢和脱氢，具有可逆的氧化还原特性。

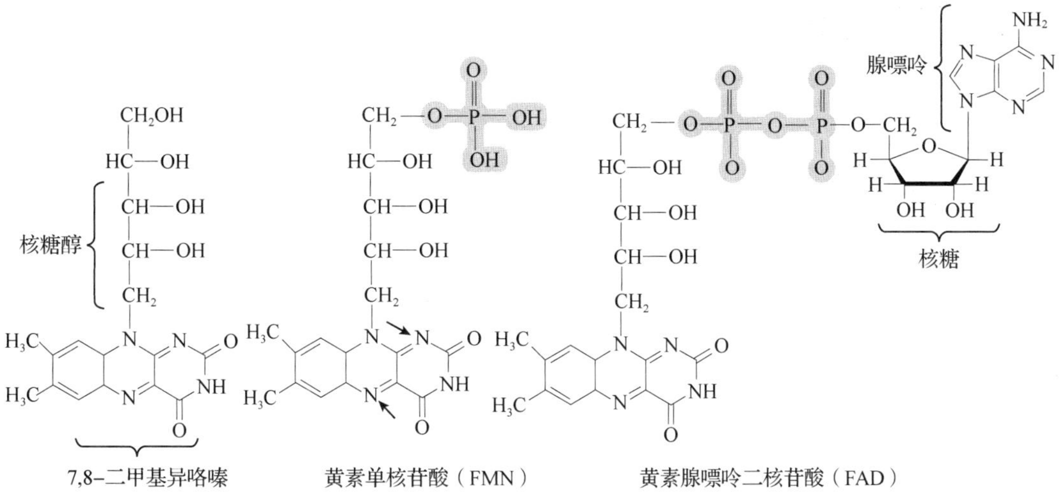

图 8-2 维生素 B_2 及其衍生的辅酶(FMN 和 FAD)的化学结构

维生素 B_2 主要来源于肝脏、杏仁、菇、绿叶菜、鱼、猪肉及牛奶等。食物中的核黄素通常以黄素蛋白质复合体的形式被摄入，在胃蛋白酶的作用下黄素单核苷酸(flavin mononucleotide, FMN)和黄素腺嘌呤二核苷酸(flavin adenine dinucleotide, FAD)从黄素蛋白质复合体中释放出来，游离的黄素进入小肠，以 ATP 依赖性形式通过转运蛋白主动吸收。吸收后的核黄素在小肠黏膜黄素激酶的催化下经磷酸化转变成 FMN，后者在焦磷酸化酶的催化下进一步生成 FAD，二者都是维生素 B_2 的活性形式。

8.2.2.2 生化作用与缺乏症

核黄素是辅酶 FMN 和 FAD 的组成部分，二者统称为黄嘌呤核苷酸。在小肠内，核黄素侧链连接磷酸盐形成 FMN。在肝脏中，腺苷通过磷酸基与 FMN 连接，腺苷化形成 FAD。FMN 和 FAD 是体内黄酶和黄素蛋白(如 NADH 脱氢酶、脂酰 CoA 脱氢酶、琥珀酸脱氢酶、黄嘌呤氧化酶等)的辅基，参与生物氧化、脂肪酸和氨基酸的氧化及三羧酸循环反应，促进糖类、脂类和蛋白质代谢。此外，FMN 和 FAD 还参与各种氧化还原反应，如色氨酸转化成烟酸的过程需要 FAD 参与；维生素 B_6 转化为磷酸吡哆醛时需要 FMN 参与；FAD 可作为谷胱甘肽还原酶的辅

酶，参与机体抗氧化应激系统，维持谷胱甘肽的还原性；FAD 与细胞色素 P450 共同参与药物在体内的生物转化。

膳食中维生素 B_2 需求量较低，肠道细菌可以合成。维生素 B_2 缺乏常见于膳食供应不足，如食物烹调不当(过度淘米、蔬菜切碎浸泡)、牛奶多次煮沸等因素导致维生素 B_2 被破坏。维生素 B_2 缺乏时，可引起口角炎、唇炎、阴囊炎及角膜血管增生等症。用光照疗法治疗新生儿生理性黄疸时，皮肤胆红素和核黄素同时被破坏，引起新生儿维生素 B_2 缺乏症。过量维生素 B_2 可随尿液排出，因其是黄绿色的荧光色素，所以尿液呈现黄色。

8.2.3 维生素 PP 与烟酰胺辅酶

8.2.3.1 结构、性质、来源及代谢

维生素 PP 包括烟酸(nicotinic acid)和烟酰胺(nicotinamide)。烟酸为稳定的白色针状结晶，不受酸、碱、光、氧或加热条件的影响。烟酰胺可与腺嘌呤、核糖、磷酸形成烟酰胺腺嘌呤二核苷酸(NAD^+，辅酶 I)和烟酰胺腺嘌呤二核苷酸($NADP^+$，辅酶 II)，两者是维生素 PP 的活性形式(图 8-3)。

维生素 PP 可由色氨酸代谢产生，缺乏色氨酸常伴随烟酸的缺乏。在维生素 B_1、B_2 和 B_6 的参与下，体内色氨酸可转变成维生素 PP。但 60 mg 色氨酸仅生成 1 mg 维生素 PP，合成量少，不足以维持机体需要，因此仍需要从食物中获得。

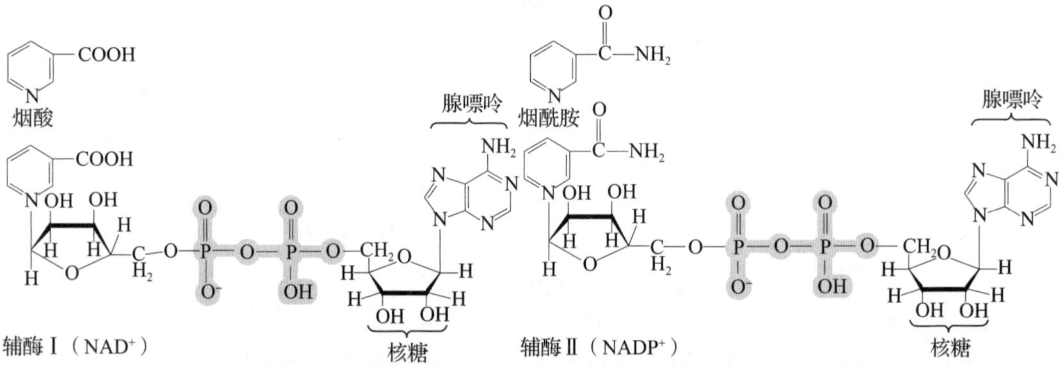

图 8-3 维生素 PP 及其衍生的辅酶 I 和 II 的化学结构

8.2.3.2 生化作用与缺乏症

NAD^+ 和 $NADP^+$ 在体内充当多种不需氧脱氢酶的辅酶，烟酰胺吡啶环中的 N 原子可以被还原，其对位碳可逆加氢、脱氢，分别生成 NADH(NADPH)及 NAD^+($NADP^+$)。因此，在氧化还原反应中发挥传递氢的作用。

人类维生素 PP 缺乏可引发癞皮病，表现为皮炎、腹泻及痴呆。维生素 PP 可抑制脂肪动员，减少游离脂肪酸生成，降低肝脏中极低密度脂蛋白(VLDL)的合成，故可作为临床降低胆固醇药物。然而过量服用维生素 PP(1~6 mg/d)会导致因生成前列腺素诱导的组胺合成而消化不良，面色潮红，阿司匹林可缓解症状。

8.2.4 维生素 B_6 与磷酸吡哆素

8.2.4.1 结构、性质、来源及代谢

维生素 B_6 包含吡哆醇(pyridoxine)、吡哆醛(pyridoxal)和吡哆胺(pyridoxamine)，在体内的活性形式为磷酸吡哆醇、磷酸吡哆醛和磷酸吡哆胺(图 8-4)。维生素 B_6 广泛分布于肝脏、鱼、

肉类、全麦、坚果、豆类、蛋黄及酵母等动植物食品。

体内约 80% 的维生素 B_6 以磷酸吡哆醛的形式存在于肌肉中，并与糖原磷酸化酶相结合。维生素 B_6 的磷酸盐在小肠碱性磷酸酶作用下水解，以去磷酸的形式被吸收。维生素 B_6 的主要循环形式是磷酸吡哆醛（pyridoxal phosphate，PLP）。经醛氧化酶催化，以吡哆酸形式从尿液中排泄。过量服用维生素 B_6 可引起中毒。日服用量超过 200 mg 可引起神经损伤，表现为周围感觉神经病。

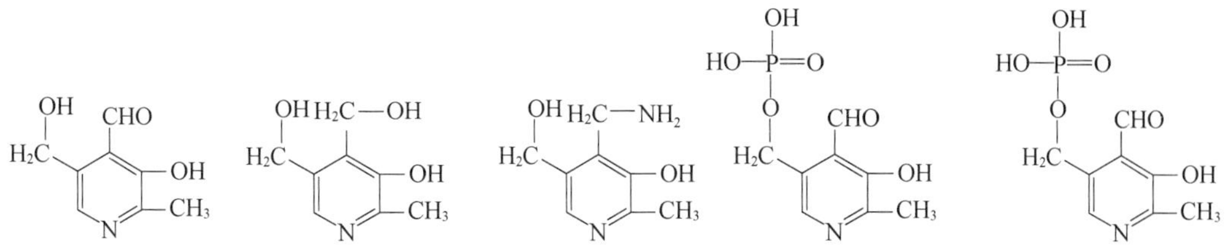

图 8-4 维生素 B_6 及其衍生的辅酶的化学结构

8.2.4.2 生化作用与缺乏症

PLP 是氨基酸代谢、糖代谢过程中多种代谢酶的辅酶。PLP 作为转氨酶的辅酶，促进氨基转移；PLP 作为谷氨酸脱羧酶和多巴脱羧酶的辅酶，促进大脑抑制性神经递质 γ-氨基丁酸（gamma-aminobutyric acid，GABA）和儿茶酚胺神经递质（肾上腺素、去甲肾上腺素、多巴胺）的生成。因此，临床上常用维生素 B_6 治疗小儿惊厥、妊娠呕吐和精神焦虑等。

PLP 还是血红素合成中限速酶 ALA（δ-aminolevulinate synthase）合酶的辅酶；PLP 作为丝氨酸羟甲基转移酶的辅酶参与一碳单位代谢，用于核酸合成；PLP 是甲硫氨酸合酶的辅酶，负责将蛋氨酸的硫转移至丝氨酸产生半胱氨酸；PLP 还是糖原磷酸化酶的辅助因子，负责丝氨酸、苏氨酸和半胱氨酸脱氨作用，参与鞘氨醇的生物合成。

维生素 B_6 分布广泛，罕见缺乏。在体内可通过多种方法测量其是否缺乏，如检测红细胞中天冬氨酸转氨酶活性、尿液中同型半胱氨酸、胱硫醚尿水平及尿液中吡哆酸和 PLP 含量。维生素 B_6 缺乏时血红素的合成受阻，造成小细胞低色素性贫血和血清铁增高。维生素 B_6 缺乏时还表现为口舌炎、抑郁、小儿出现代谢异常、惊厥等。由于抗结核药异烟肼能与磷酸吡哆醛的醛基结合，进而抑制其作为辅酶的作用，因此服用异烟肼时，要补充维生素 B_6。

与其他水溶性维生素不同，维生素 B_6 服用过量会引起中毒。每日摄入量超过 20 mg 即可引起周围感觉神经病。

8.2.5 泛酸及辅酶 A

8.2.5.1 结构、性质、来源及代谢

泛酸（pantothenic acid）是由二甲基羟丁酸与 β-丙氨酸通过酰胺键缩合而成的酸性物质，因其广泛存在于动植物组织中，因此称为泛酸或遍多酸。人类是否缺乏泛酸尚不清楚。

在小肠内被吸收后，泛酸被磷酸化，与半胱氨酸缩合生成 4-磷酸泛酰巯基乙胺，后者是辅酶 A（CoA）和脂肪酸合酶中酰基载体蛋白（acyl carrier protein，ACP）的组成成分。

8.2.5.2 生化作用与缺乏症

泛酸与巯基乙胺、焦磷酸及 $3'$-AMP 磷酸结合形成 CoA（图 8-5），其活性基团为巯基。人体内有 70 多种酶需要 CoA，CoA 与 ACP 是构成酰基转移酶的辅酶，参与糖类、脂类、蛋白质

图 8-5　泛酸及辅酶 A 的化学结构

代谢及肝的生物转化作用。CoA 的巯基(—SH)与许多有机酸形成硫酯键,并将其激活,如琥珀酸转化为琥珀酰 CoA、乙酸转化为乙酰 CoA,琥珀酰 CoA 是血红素生物合成途径的前体,乙酰 CoA 在脂肪生成中发挥作用。泛酸缺乏症少见,缺乏早期易疲劳、易患皮炎、肠炎及肾上腺机能不足,严重时出现四肢神经疼痛。

8.2.6　生物素

8.2.6.1　结构、性质、来源及代谢

生物素由一个脲基环和一个带有戊酸侧链的噻吩环组成,戊酸羧基连着酶蛋白中赖氨酸的 ε-氨基,又名维生素 H、维生素 B_7。

生物素是广泛分布于酵母、肝脏、蛋类、花生、牛奶及鱼类等食品中,人肠道菌群也可合成。食物中的生物素通过酰胺键与蛋白质结合,在肠道吸收前被切断。生物素为无色针状结晶体,耐酸,氧化剂及高温可使其失活。

8.2.6.2　生化作用与缺乏症

生物素是体内多种羧化酶的辅酶,其侧链中,戊酸的羧基通过肽键与酶蛋白中赖氨酸残基的 ε-氨基以酰胺键共价结合,形成生物胞素(图 8-6)。

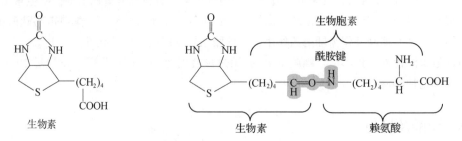

图 8-6　生物素及生物胞素的化学结构

生物素作为丙酮酸羧化酶、乙酰 CoA 羧化酶等的辅酶,参与 CO_2 的固定过程,作为载体将其转移给各种受体分子,如乙酰 CoA、丙酮酸、丙酰 CoA 等。生物素还参与细胞信号转导和基因表达,影响细胞周期、转录和 DNA 损伤的修复。

中国居民膳食生物素的适宜摄入量(AI)是 40 μg/d。人体肠道菌群合成量超过日常所需,粪便中分泌的生物素是每天膳食摄入量的 2~3 倍。因此,人体很少出现生物素缺乏症(除少数人喜欢食用大量的生鸡蛋)。鸡蛋的蛋白含有糖蛋白亲和素,一种同四聚体(MW 70000),可

与生物素咪唑基团结合，阻止生物素的小肠吸收。鸡蛋加热后抗生物素蛋白被破坏，不妨碍生物素的吸收。长期使用抗生素可抑制肠道细菌生长，导致肠道生物素合成减少。生物素缺乏的患者会发展为脂溢性皮炎、厌食症，以及伴有毛囊脱落的脱发。生物素酶缺乏的婴儿出现张力减退、癫痫发作、视神经萎缩、皮炎及结膜炎。

8.2.7　叶酸与四氢叶酸

8.2.7.1　结构、性质、来源及代谢

　　叶酸（folic acid）由蝶酸和谷氨酸缩合构成，因在植物绿叶中含量丰富而得名，由 L-谷氨酸、对氨基苯甲酸和 2-氨基-4-羟基-6-甲基蝶呤组成。1~7 个谷氨酸残基与第一谷氨酸通过异肽键（末端羧酸基团与下一个谷氨酸残基的氨基之间）相连接形成一个聚谷氨酰基尾巴（图 8-7）。酵母、肝脏、水果和绿叶蔬菜中叶酸含量丰富，肠道菌群也可合成叶酸，一般不易缺乏。

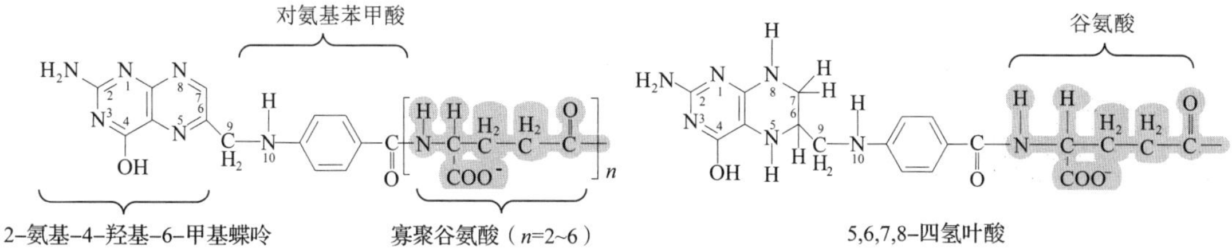

图 8-7　叶酸的化学结构

　　食物中的叶酸多在小肠被水解，生成蝶酰单谷氨酸。在肠腔吸收前，叶酸在两个谷氨酰基水解酶作用下去除一个谷氨酰基后，与两种球蛋白结合，并在血液中以甲基四氢叶酸的主要形式运输，到达肝脏后，甲基衍生物被肝细胞吸收产生各种形式的辅酶。

8.2.7.2　生化作用与缺乏症

　　叶酸在小肠、肝脏和骨骼等组织中可被叶酸还原酶还原，生成二氢叶酸，在二氢叶酸还原酶（dihydrofolate reductase，DHFR）的作用下，NADPH 脱氢，变成有活性的 5,6,7,8-四氢叶酸（FH_4）。四氢叶酸可被甲基化、甲酰基化、亚胺甲基化（图 8-8）。四氢叶酸是体内一碳单位转移酶的辅酶，分子中 N5 和（或）N10 是一碳单位的结合位点。一碳单位在体内参与嘌呤、胸腺嘧啶核苷酸等多种物质的合成。

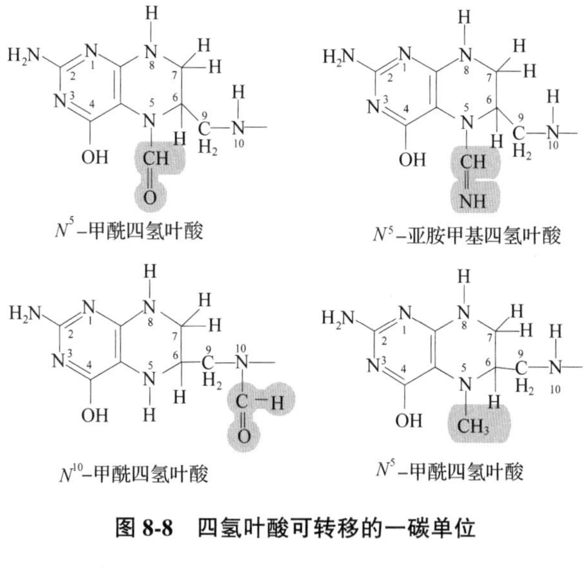

图 8-8　四氢叶酸可转移的一碳单位

叶酸一般不易缺乏。叶酸缺乏常见于摄入不足、吸收利用障碍、需求量增多的人群。在DNA复制和细胞分裂旺盛的细胞中需要大量叶酸，用于嘌呤和胸苷酸的合成。叶酸缺乏后，细胞质虽正常生长，但 DNA 复制和细胞分裂被抑制，细胞质变大(如巨幼细胞)。迅速分裂的骨髓细胞和肠黏膜细胞分裂延迟，细胞体积变大，造成巨幼红细胞性贫血。口服避孕药、抗惊厥药可影响叶酸的吸收和代谢，长期服药应适当补充叶酸。孕妇及哺乳期应适量补充叶酸。甲氨蝶呤和氨蝶呤因其结构与叶酸相似，能抑制二氢叶酸还原酶的活性，减少四氢叶酸合成，抑制体内胸腺嘧啶核苷酸的合成，临床上可作为抗癌药物使用。

8.2.8　维生素 B_{12} 及其辅酶

8.2.8.1　结构、性质、来源及代谢

维生素 B_{12} 又称钴胺素，是化学成分最复杂且唯一含金属元素的维生素。钴在由 4 个吡咯基组成的咕啉环体系的中心。维生素 B_{12} 在人体内有氰钴胺素、羟钴胺素、甲基钴胺素和 5′-脱氧腺苷钴胺素 4 种形式，后两者是维生素 B_{12} 的活性形式，也是其在血液中的主要存在形式(图 8-9)。

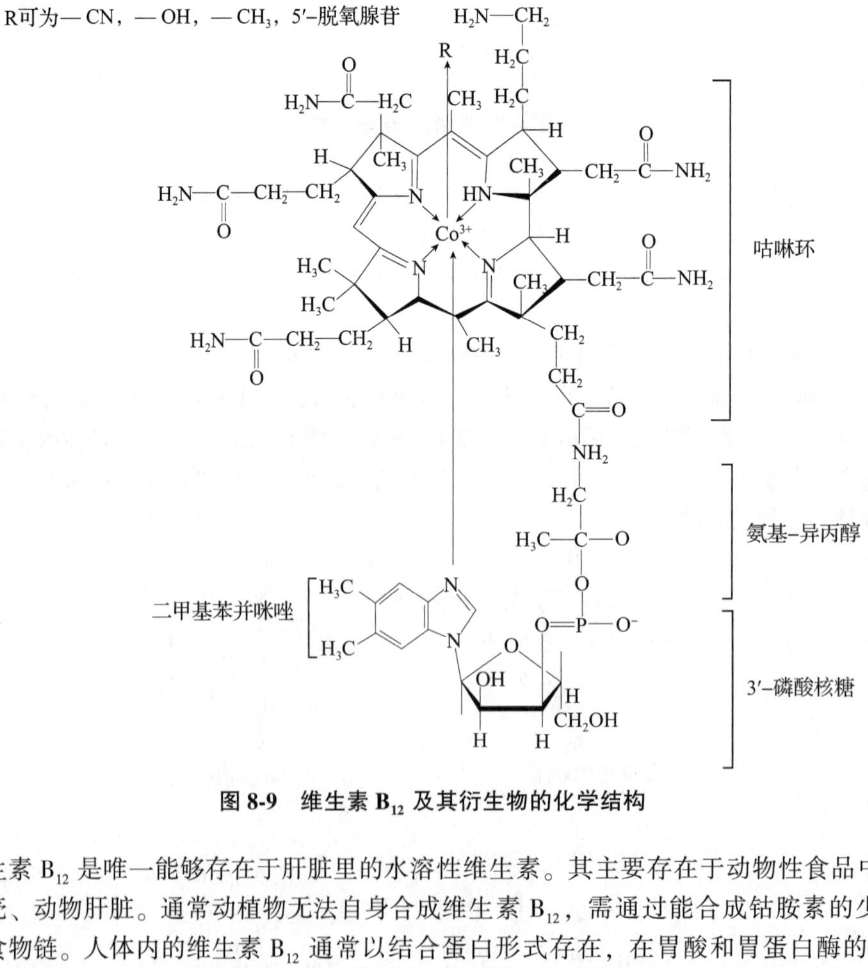

图 8-9　维生素 B_{12} 及其衍生物的化学结构

维生素 B_{12} 是唯一能够存在于肝脏里的水溶性维生素。其主要存在于动物性食品中，如蛋类、贝壳、动物肝脏。通常动植物无法自身合成维生素 B_{12}，需通过能合成钴胺素的少数微生物进入食物链。人体内的维生素 B_{12} 通常以结合蛋白形式存在，在胃酸和胃蛋白酶的作用下，维生素 B_{12} 游离出来，然后与来自唾液的亲钴蛋白结合。在十二指肠，亲钴蛋白-维生素 B_{12} 复合物经胰蛋白酶水解，游离出维生素 B_{12}，并与胃壁黏膜细胞分泌的糖蛋白(内因子，intrinsic factor，IF)结合，该复合体到回肠后，通过肠黏膜受体吸收。复合体分离释放维生素 B_{12} 转化

成甲基钴胺素释放到血液中。

8.2.8.2 生化作用与缺乏症

维生素 B_{12} 参与一碳单位的代谢。甲基钴胺素是甲基转移酶(甲硫氨酸合成酶)的辅酶,该酶以 N^5-CH_3-FH_4 为甲基供体,催化同型半胱氨酸甲基化生成甲硫氨酸。其中,甲基钴胺素向同型半胱氨酸提供一个甲基形成甲硫氨酸。失去甲基后,甲基钴胺素再转化为钴胺素。钴胺素接受甲基四氢叶酸提供的甲基重新形成甲基钴胺素。因此,钴胺素和叶酸一起参与甲基化反应。缺乏钴胺素会导致反应停止,生成四氢叶酸甲酯,N^5-CH_3-FH_4 上的甲基不能转移出去,导致甲硫氨酸合成减少;同时影响四氢叶酸的再生,组织中游离的四氢叶酸含量减少,一碳单位代谢受阻,核酸合成障碍,进而阻止细胞分裂,产生与叶酸缺乏相似的巨幼红细胞贫血(恶性贫血),因此,维生素 B_{12} 也被称为抗恶性贫血维生素。此外,高浓度的同型半胱氨酸可导致高同型半胱氨酸血症,增加动脉硬化和高血压的危险性。

维生素 B_{12} 还影响脂肪酸的合成,5′-脱氧腺苷钴胺素是 L-甲基丙二酰 CoA 变位酶的辅酶,可催化琥珀酰-4-磷酸泛酰巯基乙胺 CoA 的生成。缺乏维生素 B_{12} 会导致 L-甲基丙二酰 CoA 在体内的堆积,后者是丙二酰 CoA 的结构类似物,竞争性抑制脂肪酸的生物合成。当神经组织中脂肪酸合成异常时,神经髓鞘质变性退化,导致进行性脱髓鞘。

维生素 B_{12} 广泛存在于动物食品中,正常膳食者很难发生缺乏症,偶见于有严重吸收障碍疾患的患者及长期素食者。维生素 B_{12} 缺乏可导致神经系统疾病,因脂肪酸合成异常导致髓鞘变性退化,临床应用维生素 B_{12} 营养神经。

8.2.9 硫辛酸

8.2.9.1 结构、性质、来源及代谢

硫辛酸(lipoic acid)化学名称为 6,8-二硫辛酸,为含硫八碳酸,在 6、8 位上有二硫键相连(图 8-10),有氧化和还原两种形式。第 6 和第 8 位上巯基脱氢成为氧化型硫辛酸(两个硫原子通过二硫键相连),加氢还原为还原型二氢硫辛酸(二硫键还原为巯基)。硫辛酸及其还原形式均能促使维生素 C、维生素 E 的再生,发挥抗氧化

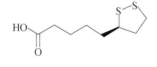

图 8-10 硫辛酸的化学结构

作用。硫辛酸在体内经肠道吸收后进入细胞,兼具脂溶性与水溶性的特性。硫辛酸在自然界分布广泛,肝脏和酵母细胞中含量尤为丰富。在食物中,硫辛酸常和维生素 B_1 同时存在。人体可以合成硫辛酸。尚未发现人类有硫辛酸的缺乏症。

8.2.9.2 生化作用与缺乏症

在肝脏中含量丰富的硫辛酸虽然不属于维生素,但可作为辅酶参与机体内物质代谢过程,起到递氢和转移酰基的作用(即作为氢载体和酰基载体),如在丙酮酸脱氢酶复合体和 α-酮戊二酸脱氢酶复合体中,硫辛酸可以接受酰基与丙酮酸的乙酰基,形成一个硫酯键,然后将乙酰基转移到 CoA 分子的硫原子上。形成辅基的二氢硫辛酰胺可再经二氢硫辛酰胺脱氢酶(需要 NAD^+)氧化,重新生成氧化型硫辛酰胺,因此具有与维生素相似的功能。

硫辛酸含有双硫五元环结构,电子密度很高,具有显著的亲电子性和与自由基反应的能力,因此它具有抗氧化性,能消除导致加速老化与致病的自由基。硫辛酸还是机体细胞利用糖类等能源物质产生能量所需的一种限制性必需营养物质,具有极高的保健功能和医用价值(如抗脂肪肝和降低血浆胆固醇的作用)。硫辛酸的巯基很容易进行氧化还原反应,故可保护巯基酶免受重金属离子的毒害。

8.2.10　维生素 C

8.2.10.1　结构、性质、来源及代谢

维生素 C 具有治疗坏血病(维生素 C 缺乏病)的功能,又称 L-抗坏血酸,呈酸性,对热不稳定。结构类似于单糖(己糖),自然界中存在 L 和 D 型异构体。只有 L 型具有维生素活性。抗坏血酸分子中 C2 和 C3 经氧化脱氢可生成脱氢抗坏血酸,进一步接受氢还原成抗坏血酸(图 8-11)。维生素 C 对碱和热不稳定,烹调不当可引起维生素 C 的大量丧失。

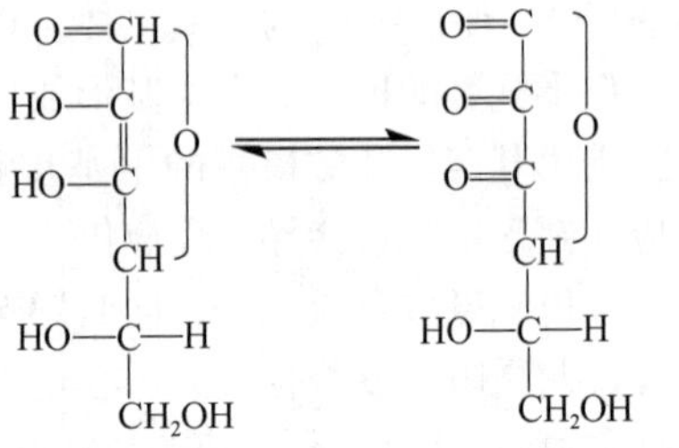

人类、高等灵长类动物、豚鼠及某些蝙蝠在进化过程中因 L-葡萄糖酸内酯氧化酶功能丢失,无法将葡萄糖酸内酯转化为抗坏血酸。因此,维生素 C 是这些动物必需的营养物质。大多数植物和动物通过糖醛酸途径可合成维生素 C。其通过小肠腔表面的载体参与吸收,转运类似于糖和氨基酸依赖钠的转运,吸收效率很高(80%~90%)。吸收后,在血浆、红细胞和白细胞中循环,肾上腺、脑垂体和视网膜的浓度最高。

图 8-11　维生素 C 的还原型和氧化型互变

维生素 C 广泛存在于新鲜蔬菜和水果中。植物中的抗坏血酸氧化酶能将维生素 C 氧化为二酮古洛糖酸,所以久存的水果和蔬菜中,维生素 C 含量会大量减少。干种子中虽然不含维生素 C,但其幼芽可以合成,因此豆芽等也是维生素 C 的重要来源。

8.2.10.2　生化作用与缺乏症

在人体中,抗坏血酸发挥还原剂和自由基清除剂(抗氧化剂)的作用。

(1)作为还原剂

抗坏血酸被迅速氧化为其生物等效的脱氢抗坏血酸,而脱氢抗坏血酸很容易被还原成抗坏血酸,因此可以维持金属辅助因子处于较低的价态,如 Fe^{2+} 和 Cu^+。

维生素 C 在骨骼、软骨和结缔组织基质的形成中发挥重要作用。在胶原生物合成过程中,脯氨酸和赖氨酸残基翻译后需要羟化,促进成熟胶原分子生成。作为羟化酶的辅酶,维生素 C 缺乏时,胶原蛋白不能正常合成,细胞连接发生障碍,新合成的胶原蛋白不能形成正常纤维。

去甲肾上腺素合成过程中,多巴胺 β-单加氧酶依赖于维生素 C。

肉碱的合成需要两个含 Fe^{2+} 抗坏血酸依赖性双加氧酶。肉碱缺乏,线粒体脂肪酸氧化减少,导致疲劳和坏血病。

肝脏线粒体中胆汁酸合成过程中,$7-\alpha$-羟化酶反应需要维生素 C,参与将 40% 的胆固醇转变成胆汁酸的反应。

维生素 C 将 Fe^{3+} 转变成 Fe^{2+},促进机体对铁的吸收。

维生素 C 参与肾上腺皮质类固醇羟化反应,酪氨酸分解代谢,骨骼矿物质的新陈代谢。

(2)作为抗氧化剂

维生素 C 可以降低 DNA 氧化,阻止蛋白质损伤,降低脂类过氧化并清除 LDL,降低中性粒细胞产生的氧化剂,因此,维生素可以防止动脉粥样硬化和心脏病。

维生素 C 参与预防和治疗癌症。例如,可抑制饮食中的亚硝酸盐和硝酸盐在胃中形成潜在致癌的亚硝胺;与其他膳食抗氧化剂、维生素 E 和类胡萝卜素具有协同作用,在预防癌症、心血管疾病和白内障形成方面发挥重要作用。

苯丙氨酸代谢过程中,羟基苯丙酮酸羟化酶催化对羟基苯丙酮酸羟化生成尿黑酸,维生素 C 缺乏时,尿中可出现大量对羟基苯丙酮酸。多巴胺羟化酶催化多巴胺羟化生成去甲肾上腺素,参与肾上腺髓质和中枢神经系统中儿茶酚胺的合成,维生素 C 的缺乏可引起这些器官中儿

茶酚胺的代谢异常。

维生素 C 缺乏导致坏血病，表现为毛细血管脆性增强、易破裂，牙根腐烂、牙齿松动，骨折及创伤不易愈合等。胶原蛋白的合成决定细胞连接，进而影响血管壁的强度、弹性。缺乏维生素 C，微血管容易破裂，血液流到邻近组织，皮肤表面容易形成淤血、紫癜；在体内发生，则引起疼痛和关节胀痛，严重时，在胃、肠道、鼻、肾及骨膜下面均可有出血现象，甚至死亡。

维生素 C 能预防牙龈萎缩、出血；预防动脉硬化，促进胆固醇的排泄，防止胆固醇在动脉内壁沉积；与其他抗氧化剂，如维生素 A、维生素 E 和不饱和脂肪酸等共同防止自由基对人体的伤害；治疗缺铁性贫血，使难以吸收利用的 Fe^{3+} 还原成 Fe^{2+}，促进肠道对铁的吸收，提高肝对铁的利用率；提高人体的免疫力，白细胞含有丰富的维生素 C，当机体感染时，白细胞内的维生素 C 急剧减少。此外，还可增强中性粒细胞的趋化和变形能力，提高杀菌能力。

每日摄取维生素 C 超过 100 mg，体内维生素 C 便可达到饱和。过量摄入的维生素 C 随尿排出体外。

本章小结

维生素是人体内不能合成或合成量很少、无法满足机体需要，必须从食物中摄取，用以维持正常生命活动的一类小分子有机化合物。维生素在调节人体物质代谢、促进生长发育和维持机体生理功能等方面发挥重要作用，是人体的必需营养素。人体对维生素的日需要量极少，然而长期摄入不足或吸收障碍，可致维生素缺乏症；长期过量摄取某些维生素，也可导致维生素中毒。按照溶解特性不同，分为脂溶性维生素和水溶性维生素两大类。

水溶性维生素主要包括 B 族维生素（B_1、B_2、PP、泛酸、B_6、B_{12}、生物素和叶酸）和维生素 C。维生素 B_1（硫胺素）的活性形式是硫胺素焦磷酸（TPP），是脱羧酶和转酮醇酶的辅酶。缺乏维生素 B_1 可引发脚气病。维生素 B_2（核黄素）的活性形式是 FMN 或 FAD，两者作为体内氧化还原酶的辅基参与氢的传递，在糖类、脂类、氨基酸代谢中发挥重要作用。缺乏维生素 B_2 引起口角炎等症状。维生素 PP（烟酸、烟酰胺）的活性形式为 NAD^+ 和 $NADP^+$，两者属于不需氧脱氢酶，发挥传递氢的作用。维生素 PP 缺乏可引发癞皮病。泛酸的活性形式是辅酶 A（CoA）及酰基载体蛋白（ACP），作为多种酰基转移酶的辅酶。生物素（维生素 B_7）天然即为活性形式，作为羧化酶的辅酶，参与二氧化碳的固定。维生素 B_6 的活性形式是磷酸吡哆醛及磷酸吡哆胺，作为氨基转移酶和氨基酸脱羧酶的辅酶，作为 ALA 合酶的辅酶，参与血红素的生物合成。维生素 B_6 缺乏会引发小细胞低色素性贫血和皮炎，摄入过量导致中毒。叶酸（蝶酰谷氨酸）的活性形式是四氢叶酸，作为一碳单位转移酶的辅酶，发挥携带和传递一碳单位的作用。维生素 B_{12}（钴胺素）是唯一含金属元素的维生素，活性形式为甲钴胺素和 5′-脱氧腺苷钴胺素，作为转甲基酶的辅酶参与甲硫氨酸循环。叶酸或维生素 B_{12} 缺乏均可导致恶性贫血和同型半胱氨酸血症。维生素 C（L-抗坏血酸）天然即为活性形式，作为还原剂参与胶原蛋白合成的羟基化反应，参与苯丙氨酸与胆汁酸代谢；作为抗氧化剂，维持机体谷胱甘肽还原性，提高人体免疫能力。维生素 C 缺乏可导致坏血病。

思考题

1. 简述 B 族维生素的来源、体内活性形式、生物化学作用及其缺乏症。
2. 维生素 C 如何在体内物质代谢中发挥作用？
3. 哪两种维生素缺乏可导致巨幼细胞贫血？请简述其分子机制。
4. 高蛋白膳食时何种维生素的需要量增多？为什么？
5. 为什么鸡蛋不宜生食？

第 2 篇 生物大分子的体内代谢及调节

第9章 生物氧化

生物体通过新陈代谢维持生命活动，新陈代谢包括物质代谢与能量代谢。物质代谢过程中伴随着能量的释放、转移、储存和利用。在自然界中，植物通过光合作用将光能转变为化学能，并储存于合成的有机化合物中。不能直接利用光能的微生物和摄取食物的动物则利用光合植物产生的有机化合物，在体内经过氧化分解，转化为化学能。生物体摄入营养物质（如食物中糖类、脂肪和蛋白质等）后，在体内经过（氧化）分解生成 H_2O 和 CO_2，同时释放能量。

体内营养物质氧化分解，释放能量主要分为 3 个阶段（图9-1）：第一阶段，营养物质在胃肠道内被消化，由大分子转变成小分子，如蛋白质被分解成氨基酸；第二阶段，消化产物被吸收，经分解产生共同代谢中间产物（如乙酰 CoA），进一步进入共同氧化途径——三羧酸循环，并最终氧化为 CO_2，此过程中产生 NADH 和 $FADH_2$；第三阶段，NADH 和 $FADH_2$ 进入能量释放场所——电子传递链（ETC）或呼吸链传递给氧生成 H_2O，同时伴随能量的逐级释放。

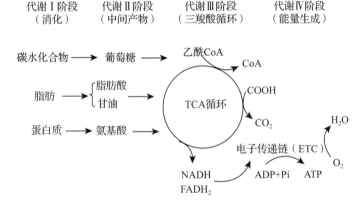

图 9-1　食物氧化的 3 个阶段

9.1　概述

生物体内物质的氧化在细胞线粒体内、外均可进行，其氧化过程各不相同。在线粒体内供能物质的氧化主要表现为细胞内 O_2 的消耗和 CO_2 的释放，同时伴有 ATP 的生成。而在线粒体外，如在内质网、过氧化物酶体系、微粒体系等发生的氧化反应主要对底物进行氧化修饰、转化等，不伴有 ATP 的生成，与代谢物或药物、毒物的生物转化有关。

9.1.1　生物氧化的概念

糖类、脂肪和蛋白质等有机物质在体内进行氧化分解，最终生成 CO_2 和 H_2O，并释放大量能量的过程称为生物氧化（biological oxidation）。其中一部分能量可使 ADP 磷酸化生成 ATP，供生命活动之需，其余能量以热能形式释放，用于维持体温恒定。因其发生在细胞内，又称为细胞呼吸（cellular respiration）。

9.1.2 生物氧化的基本过程和方式

化学上定义氧化反应失去电子，还原反应得到电子。因此，氧化分子(电子供体)与还原分子(电子受体)在反应中总是相互偶联。真核生物的生物氧化主要发生在线粒体，原核生物则发生在细胞膜上。生物氧化遵循氧化还原反应的一般规律(脱氢、加氧、失电子)，体内最常见的氧化还原方式是脱氢和失电子反应。

9.1.2.1 加氧酶催化氧分子直接加入底物

加氧酶参与许多代谢物的合成和降解。催化反应为两步：第一步，氧与酶活性中心结合；第二步，结合的氧被还原或转移到底物。加氧酶分为双加氧酶和单加氧酶。双加氧酶将氧分子中的两个原子加入底物，如尿黑酸氧化酶。反应通式如下：

$$A+O_2 \longrightarrow AO_2$$

单加氧酶，又称混合功能氧化酶、羟化酶，仅将分子氧的一个原子加入底物，另一个氧原子被还原成 H_2O，反应中需要电子供体或共底物(Z)参与，如苯丙氨酸羟化酶、酪氨酸羟化酶。反应通式如下：

$$A—H+O_2+ZH_2 \longrightarrow A—OH+H_2O+Z$$

9.1.2.2 不能利用氧作为氢受体的脱氢反应

体内常见的氧化方式是失去质子(H^+)和电子(e^-)。底物脱氢主要有两种方式：直接脱氢和加 H_2O 脱氢。直接脱氢指从底物分子上直接脱下两个氢原子，是生物氧化主要方式。加 H_2O 脱氢指底物与 H_2O 结合，脱去两个氢原子，在底物分子中加入一个来自 H_2O 的氧原子。例如：

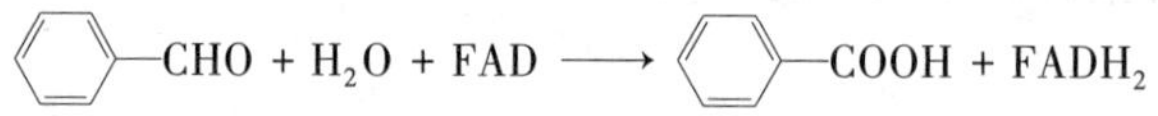

$$\text{苯甲醛} —CHO + H_2O + FAD \longrightarrow \text{苯甲酸} —COOH + FADH_2$$

$$HO—\overset{COOH}{\underset{CH_3}{C}}—H + NAD^+ \longrightarrow \overset{COOH}{\underset{CH_3}{C}}=O + NADH + H^+$$

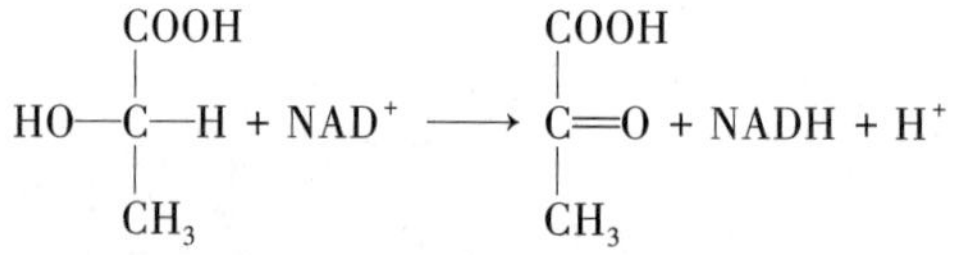

9.1.2.3 失去电子反应

从底物分子中脱下电子，如：

$$Fe^{2+} \rightleftharpoons Fe^{3+} + e^-$$

9.1.3 生物氧化的特点

物质在体内的生物氧化和体外的氧化(如燃烧)的化学本质相似，都遵循氧化还原的一般规律，在耗氧量、终产物和能量释放等方面均相同，但是体内生物氧化因反应环境、条件不同而有其自身特点：

①在生理条件下，细胞内发生的酶促反应，需要 37℃ 左右、常压、pH 近似中性的溶液介质中发生。

②体内 CO_2 主要是通过有机酸脱羧反应生成，区别于体外 C 和 O_2 直接反应生成。

③多步反应、能量逐级释放，大部分用于形成高能化合物(主要是 ATP)，适合能量的有效利用，减少对机体的损害，区别于体外瞬间释放大量光和热。

④H_2O 的产生方式是通过底物脱下 2H 经呼吸链逐步传递给 O_2，区别于体外燃烧 H_2 与 O_2 的直接反应。

9.2 呼吸链

真核需氧生物主要通过细胞内三羧酸循环和氧化磷酸化产能，发生场所主要在线粒体。在线粒体中，代谢物脱下来的高能电子经过内膜一系列中间传递体，最终传递给末端电子受体，此过程伴随着能量的逐级释放，这种由一系列电子传递体构成的链状复合体称为电子传递体系（electron transfer system，ETS），由于此过程与细胞呼吸相关，又称其为呼吸链（respiratory chain），主要功能是偶联氧化磷酸化，产生 ATP。

9.2.1 呼吸链的组成

9.2.1.1 呼吸链的基本组成成分

线粒体呼吸链由一系列氧化还原传递体组成，各个组分按氧化还原电位的增加而排列在线粒体内膜上，其中传递氢的酶或辅酶称为递氢体，传递电子的酶或辅酶称为电子传递体，两者均有传递电子的作用（$2H \rightleftharpoons 2H^+ + 2e^-$），包括黄素脱氢酶类、烟酰胺脱氢酶类、铁硫蛋白类、细胞色素类及泛醌。除泛醌外，其他组分都是结合蛋白，通过其辅基氧化型和还原型的互变反应传递电子。

（1）烟酰胺为辅酶的脱氢酶类

烟酰胺脱氢酶类（nicotinamide dehydrogenase）属于烟酸的衍生物，包括烟酰胺腺嘌呤二核苷酸（NAD$^+$，辅酶 Ⅰ）与烟酰胺腺嘌呤二核苷酸磷酸（NADP$^+$，辅酶 Ⅱ）。NAD$^+$或 NADP$^+$分子中烟酰胺的氮原子为五价，能接受电子成为三价氮。其对侧的碳原子也比较活泼，能进行可逆加氢与脱氢反应。NAD$^+$和 NADP$^+$虽然结构相似，但功能各异。NAD$^+$一般参与能量代谢和分解代谢中的氧化反应，如三羧酸循环和脂肪酸 β-氧化；而 NADP$^+$主要参与合成代谢中的还原反应，如脂肪酸和胆固醇的合成。

在脱氢酶的作用下，NAD$^+$接受来自底物的 H$^+$和电子，被还原成 NADH + H$^+$，电子中和辅酶上的正电荷分子。随后 NADH 离开酶的活性中心，进入呼吸链，留下的 H$^+$和电子再次与脱氢酶结合重复传递，往返于代谢物与呼吸链间，循环再生利用（图 9-2）。

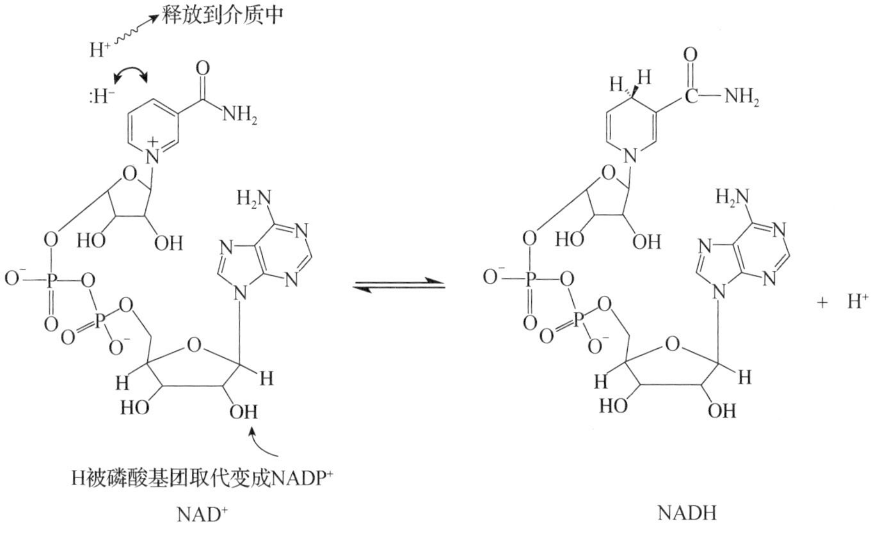

图 9-2 NAD$^+$ 与 NADH 的相互转变

（2）黄素及黄素偶联的脱氢酶类

黄素脱氢酶类（flavin dehydrogenase）以黄素单核苷酸（FMN）或黄素腺嘌呤二核苷酸（FAD）作为辅基，催化氧化还原反应。FMN 和 FAD 来源于维生素 B_2，其异咯嗪环中的 N1 和 N10 在接受 1 个 H^+ 和 1 个电子时形成 FMNH· 和 FADH·，接受 2 个 H^+ 和 2 个电子转变为还原型 $FMNH_2$ 和 $FADH_2$，进而发挥传递氢和电子的作用（图 9-3）。FMN 是 NADH 脱氢酶的辅基，它与酶蛋白紧密结合，不作为可扩散的共底物。FMN 与琥珀酸脱氢酶偶联，作为一种可扩散的共底物。

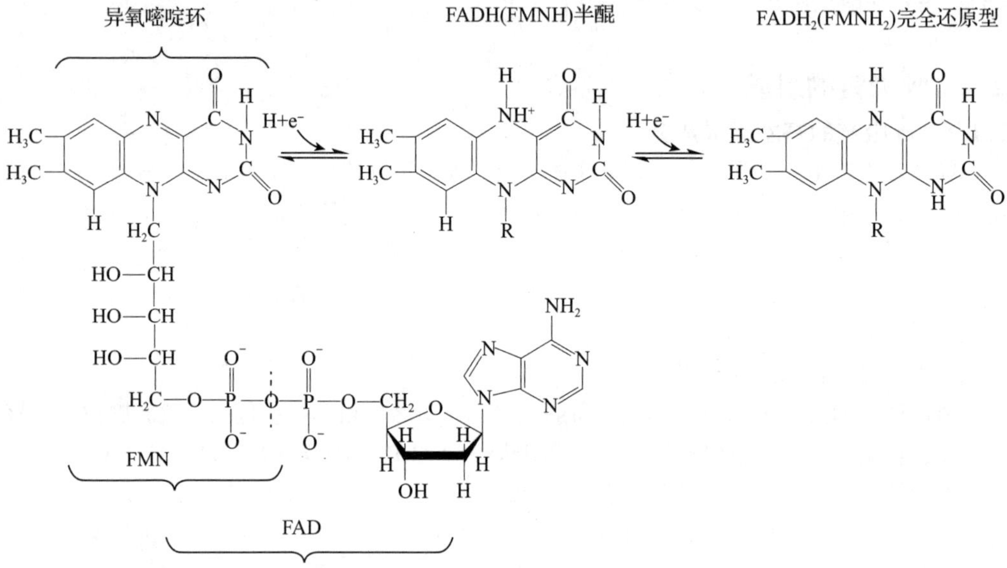

图 9-3　氧化型和还原型 FAD 和 FMN

（3）辅酶 Q

辅酶 Q（coenzyme Q，CoQ）是一类脂溶性醌类化合物，因广泛存在于生物界，植物与动物的结构相似，又名泛醌（ubiquinone，UQ）。其分子中苯环 C6 上含有一条由多个异戊二烯单位构成的侧链，具有较强的疏水作用，故局限于线粒体内膜，可在脂质双分子层内自由移动。不同来源的辅酶 Q 的侧链长度是不同的。下标（n）表示异戊二烯单元数。例如，CoQ_6 或 CoQ_{10} 分别含有 6 或 10 个异戊二烯单元。哺乳动物侧链异戊二烯数目为 10，所以辅酶 Q_{10} 简称为 Q_{10}。在呼吸链中泛醌可以根据电子传递体（单或双）的不同，分步传递来自 $FMNH_2$ 或 $FADH_2$ 的电子。泛醌能够接受 1 个电子和 1 个质子还原成半醌型泛醌，再接受 1 个电子和 1 个质子还原成二氢泛醌，后者也可脱去 2 个电子和 2 个 H^+ 被氧化为泛醌（图 9-4），然后转移到细胞色素上。

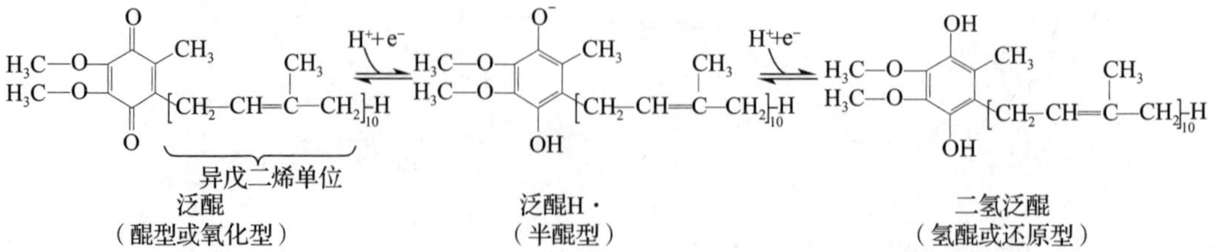

图 9-4　泛醌的结构及氧化还原反应

（4）铁硫蛋白类

铁硫蛋白（iron sulfur protein）位于线粒体内膜，其分子中心含有铁硫中心（iron-sulfur center，Fe-S center）。铁硫中心是非血红素铁离子与无机硫原子或蛋白质上的半胱氨酸（Cys）残基—SH 相互结合，且主要以单个铁离子与 4 个半胱氨酸残基的—SH 相连接，或以 Fe_2S_2 和 Fe_4S_4 的形式存在。铁硫蛋白通过 Fe^{3+} 和 Fe^{2+} 的转变传递电子，属于单电子传递体（图 9-5）。在复合体 I、II 和 III 中，铁硫蛋白的氧化还原电位较低，常与其他传递氢（或电子）的载体结合参与电子传递。

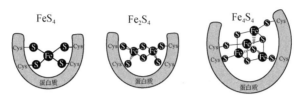

图 9-5 铁硫中心结构示意图

（5）细胞色素蛋白

细胞色素（cytochrome，Cyt）是一类含有铁卟啉（血红素）辅基的整合蛋白质，位于线粒体内膜（细胞色素 c 除外），是电子传递链的终端。其吸收光谱具有特殊的颜色，利用辅基中的 Fe^{2+} 和 Fe^{3+} 的互变传递电子，属于递电子体。

在线粒体中，根据细胞色素在还原状态下的吸收光谱和卟啉结构类型不同，可划分为 Cyt a、Cyt b、Cyt c 三类及不同的亚类（表 9-1），其所含的血红素辅基分别称为血红素 a、b、c（图 9-6）。Cyt b 含有 Cyt b_{560}（位于复合体 II）和 Cyt b_{562}，Cyt b_{566}（位于复合体 III），后者在 562 nm 或 566 nm 处有最大吸收峰，可以接受来自 Fe-S 中的 Fe^{2+} 的电子，使铁卟啉辅基上的 Fe^{3+} 转变为 Fe^{2+}。呼吸链中 Cyt a 含有 Cyt a_3，因为二者不易分开，通常写成 Cyt aa_3。细胞色素 c 是外周蛋白，位于线粒体内膜外侧，含有 Cyt c 和 Cyt c_1（位于复合体 III）。Cyt b、Cyt c 和 Cyt c_1 分子的铁卟啉辅基中的铁原子分别与卟啉环和蛋白质形成 6 个配位键。Cyt aa_3 的铁原子形成 5 个配位键，还保留一个配位键，将电子传递给氧，后者与线粒体基质中的 H^+ 结合形成 H_2O。

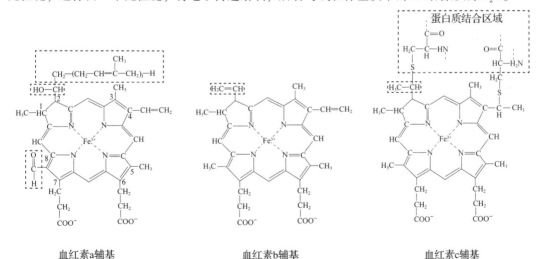

血红素a辅基　　　　血红素b辅基　　　　血红素c辅基

图 9-6 细胞色素上的血红素结构

（虚线框出的是结构不同之处）

表 9-1   各种还原型细胞色素的主要的光吸收峰

细胞色素	波长/nm			细胞色素	波长/nm		
	α	β	γ		α	β	γ
a	600	无	439	c	550	521	415
b	562	532	429	c_1	554	524	418

（6）氧的还原

参与呼吸链电子传递的细胞色素是单电子传递体，通过血红素中的铁离子化合价的转变，按照以下顺序传递电子：

$$Cyt\ b \rightarrow Cyt\ c_1 \rightarrow Cyt\ c \rightarrow Cyt\ aa_3 \rightarrow O_2$$

Cyt aa_3 因将 Cyt c 中的电子传递给氧，又被称为细胞色素 c 氧化酶（cytochrome c oxidase），是呼吸链传递的终端。参与该电子传递的还有铜离子（Cu^+、Cu^{2+}）。细胞色素 c 氧化酶含有细胞色素 a 和 a_3 以及与氧结合位点。一个完整的 O_2 分子，必须接受四个电子才能被还原成两个 H_2O 分子。细胞色素 c 氧化酶对 O_2 的亲和力比肌红蛋白（含血红素的）高，因此，O_2 从红细胞中的血红蛋白转给肌红蛋白，再传递给细胞色素 c 氧化酶，最终被还原生成 H_2O。

9.2.1.2   呼吸链中各组分的排列顺序

线粒体是真核细胞生成 ATP 的主要部位，代谢物生成的 NADH 和 $FADH_2$ 在线粒体呼吸链中通过连续的酶促反应被氧化，逐步释放能量，用于产生 ATP 和热能。呼吸链主要由位于线粒体内膜上 4 种蛋白复合体（Ⅰ、Ⅱ、Ⅲ、Ⅳ）按照氧化还原电位由低向高的顺序和方向排列（图 9-7）。人线粒体呼吸链各复合体由酶、金属离子、辅酶或辅基组成（表 9-2），电子的传递主要通过以下 3 种方式：①经 NADH，以 1 个氢负离子（H^-）的形式传递 2 个电子和一个质子；②经 FMN 和 CoQ，以 $H^+ + e^-$ 的形式传递 1 个电子和一个质子；③电子（e^-）的直接转移，如在细胞色素，Fe-S 和 Cu 间的传递。

表 9-2   人线粒体呼吸链复合体特点

复合体	酶成分	相对分子质量	酶含亚基数目	辅酶或辅基	含结合位点
Ⅰ	NADH 脱氢酶	850	43	FMN，Fe-S	NADH（基质）CoQ（脂质）
Ⅱ	琥珀酸脱氢酶	140	4	FAD，Fe-S	琥珀酸（基质）CoQ（脂质）
Ⅲ	CoQ-细胞色素 c 还原酶	250	11	血红素，Fe-S	Cyt c（膜间隙）
Ⅳ	细胞色素 c 氧化酶	162	13	血红素，Cu_A，Cu_B	Cyt c（膜间隙）

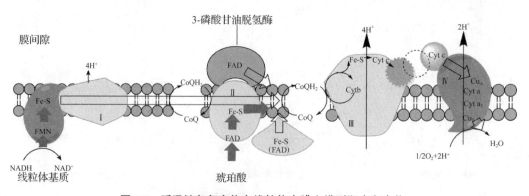

图 9-7   呼吸链各复合体在线粒体内膜上排列顺序和定位

（1）复合体 Ⅰ

复合体 Ⅰ 又称 NADH-CoQ 还原酶或 NADH 脱氢酶，是呼吸链的主要入口。该复合体构象呈现"L"形，一端突出在线粒体基质中，包括黄素蛋白（FMN 和 Fe-S 作为辅基）、铁硫蛋白（含 Fe-S 辅基），可结合基质中的 NADH；嵌于内膜的疏水部分含有 Fe-S 辅基。

当电子对从 NADH 流向复合体 Ⅰ 时，黄素蛋白辅基 FMN 接受 2 个电子和 2 个 H^+，生成 $FMNH_2$。经过 Fe-S 传递给 CoQ，形成 $CoQH_2$。CoQ 含有柔性脂溶性长臂，能够在线粒体内膜上自由移动，作为电子载体在复合体间募集、传递电子（图 9-8）。电子传递开始于双电子供体（NADH），流经几个单电子传递体（Fe-S），FMN 充当双电子和单电子传递体之间的纽带。1 对电子流过复合体 Ⅰ，有 4 个 H^+ 泵出线粒体基质进入膜间隙。

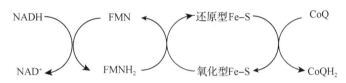

图 9-8　复合体 Ⅰ 中电子传递顺序

（2）复合体 Ⅱ

复合体 Ⅱ 又称琥珀酸-CoQ 还原酶（succinate-Q reductase）或琥珀酸脱氢酶（三羧酸循环中），复合体 Ⅱ 含有 4 条多肽链，以 FAD、3 个 Fe-S 和 Cyt b 为辅基，其功能是将来自 $FADH_2$ 的电子转移至 CoQ（通过细胞色素 b_{560} 和 Fe-S）和将其还原为 $CoQH_2$，后者参与复合体 Ⅲ 的还原（图 9-9）。

由于琥珀酸-CoQ 还原酶氧化底物时绕过了复合体 Ⅰ，直接交给 CoQ，所以没有释放出足够的能量来充当质子泵，无质子离开线粒体基质。故 $FADH_2$ 作为底物仅产生 1.5 个 ATP，而 $NADH_2$ 作为底物产生 2.5 个 ATP。以 FAD 为辅基将电子传递给 CoQ 的 3 种酶是琥珀酸脱氢酶、脂肪酰 CoA 脱氢酶和线粒体磷酸甘油脱氢酶。

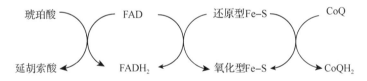

图 9-9　复合体 Ⅱ 中电子传递顺序

（3）复合体 Ⅲ

复合体 Ⅲ 又称 CoQ-细胞色素 c 还原酶，该复合体由铁硫蛋白、含有血红素辅基的 Cyt b（b_{562}、b_{566}）、Cyt c_1 组成。CoQ 收集来自复合体 Ⅰ 和 Ⅱ 的氢，还原成 $CoQH_2$，穿梭进入复合体 Ⅲ 后，将电子传递给 Cyt c 蛋白（图 9-10）。由于 CoQ 是双电子传递体，可将 2 个电子传递给 CoQ-细胞色素 c 还原酶，而 Cyt c 是单电子传递体，只能接受 1 个电子，因此，复合体 Ⅲ 主要通过 Q 循环（Q cycle）的方式将电子从 $CoQH_2$ 传递给 Cyt c（图 9-11）。Q 循环发生在双电子载体泛醌（还原型）和单电子载体-细胞色素 b 的低电位血红素 b_L、高电位血红素 b_H 及细胞色素 c_1 和 c 之间，导致线粒体基质侧获取 2 个质子，并且当一对电子通过复合体 Ⅲ 传递到细胞色素 c 时释放 4 个质子到线粒体膜间隙。复合体 Ⅲ 有两个结合 Q 的位点：Q_0 和 Q_1。QH_2 在 Q_0 位点被氧化后，2 个电子经两种路径传递。第一种路径：一个电子传递路径为 Fe-S→Cyt c_1→Cyt c。还原型 QH（$·Q^-$）半醌接着将另一个电子转移至细胞色素 b 低电位的 b_L 血红素，接着传递给高电位 b_H 血红素。b_H 血红素位于线粒体基质的 Q_1 位点，将氧化型 Q 还原成 QH 半醌，这个过程不断重复。第二种路径：另一分子 QH_2 经过上述途径，将一个电子经过细胞色素 c 还原酶的铁硫蛋白，再经过细胞色素 c_1 传递给细胞色素 c，这个 QH_2 的另一个电子又使它形成一个新的半醌阴离子 $\cdot Q^-$，这个半醌阴离子上的电子经过血红素 b_L 传递给血红素 b_H。这次 b_H 上的电子传递给第一路径形成的那个半醌阴离子 $\cdot Q^-$，这就使这个半醌阴离子转变成了 QH_2。

总之，2 个 QH_2 参与电子传递，使 2 个细胞色素 c 还原，此过程中又产生一个新的 QH_2 分子。因此，一个 QH_2 分子净传递 2 个电子给 2 分子的细胞色素 c。因为 H^+ 消耗反应发生在线粒体基质，而 H^+ 释放发生在膜间隙，Q 循环驱动形成 H^+ 浓度梯度，用于 ATP 的合成。细胞色素 c 是水溶性球状蛋白质，与线粒体外膜的外表面输送结合，不包含在上述复合体中，细胞色素 c 从复合体Ⅲ中的 Cyt c_1 获得电子传递到复合体Ⅳ。

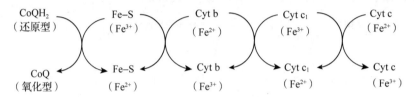

图 9-10　复合体Ⅲ中电子传递顺序

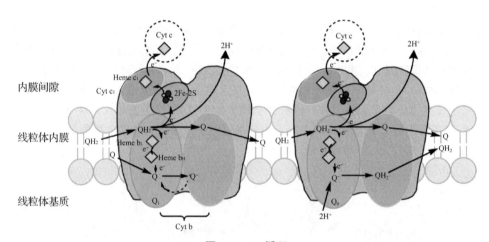

图 9-11　Q 循环

（改绘自 *Lehninger Principles of Biochemistry*，2013）

（4）复合体Ⅳ

复合体Ⅳ又称细胞色素 c 氧化酶（cytochrome c oxidase），是呼吸链电子传递最终受体。其将来自复合体Ⅲ的电子经过细胞色素 c 传递给 O_2，形成 H_2O。复合物Ⅳ包含 13 个亚基，2 个细胞色素（a、a_3）和 2 个铜中心（2 个 Cu_A 和 1 个 Cu_B）。Cyt a 与 Cu_A 配对，Cyt a_3 与 Cu_B 配对，形成聚簇（Fe-Cu 中心）。在电子转移过程中，Cu_A 接受 Cyt c 中的 4 个电子，再将电子传递给 Cyt a_3-Cu_B 聚簇，使 Cu^{2+} 转变成 Cu^+，Fe^{3+} 转变成 Fe^{2+}，最终将电子交给 O_2，形成 2 分子 H_2O（图 9-12）。此过程中 2 个 H^+ 从线粒体内膜基质被泵出到细胞质侧。在 O_2 被还原过程中，与 Cyt a_3 和 Cu 紧密结合，直到完全被还原成 H_2O 才被释放。

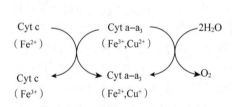

图 9-12　复合体Ⅳ中电子传递顺序

9.2.2 线粒体内两条重要的呼吸链

呼吸链各个组分的排列顺序是综合氧化还原电位
测定、各成分吸收光谱分析、特异性抑制剂阻断分析及在体外将呼吸链拆分重组进行结构分析
等实验共同确认。在真核细胞中，根据代谢物上脱下的 H^+ 与电子的传递过程不同，主要组成
NADH 和 $FADH_2$ 两条呼吸链，分别由复合体 I、III、IV组成和复合体 II、III、IV组成。这两
条呼吸链定位于线粒体内膜，CoQ 则位于这两条呼吸链的交汇点上。部分代谢途径产物进入呼
吸链的电子传递顺序如图 9-13 所示。

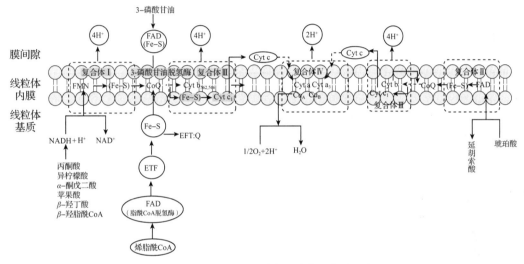

图 9-13 体内重要代谢产物的电子传递顺序

(改绘自 *Harper's Illustrated Biochemistry*，2015)

ETF-电子传递黄素蛋白；Q-辅酶 Q

(1) NADH 呼吸链

以 NAD^+ 为辅酶的脱氢酶，如乳酸脱氢酶、苹果酸脱氢酶等(表 9-3)，催化代谢物脱下的
$2H(H^+ + e^-)$，被 NAD^+ 接受生成 $NADH + H^+$。在 NADH-CoQ 还原酶的催化下，将电子经复合体
I($FMN \rightarrow Fe-S$)传递给 CoQ，生成 $CoQH_2$。$CoQH_2$ 解离成 $2H^+$ 和 $2e^-$，经过复合体III(Cyt $b_{562} \rightarrow$
Cyt $b_{566} \rightarrow Fe-S \rightarrow$ Cyt c_1)传递给复合体 IV($Cu_A \rightarrow$ Cyt $aa_3 \rightarrow Cu_B$)，最后传递给 O_2 生成 O^{2-}，后者
与游离的 $2H^+$ 结合生成 H_2O，此过程释放的能量为 2.5 ATP。

(2) 琥珀酸($FADH_2$)呼吸链

以 FAD 为辅基的黄素蛋白酶类，如琥珀酸脱氢酶、3-磷酸甘油脱氢酶等(表 9-3)，催化代
谢物脱下的 $2H(H^+ + e^-)$ 交给 FAD 生成 $FADH_2$，电子经过复合体 II($FAD \rightarrow Fe-S \rightarrow$ Cyt b_{560})传递
给 CoQ，再经过复合体III和复合体 IV，最终传递给 O_2 生成 H_2O。由于 $FADH_2$ 在 Fe-S 协助下将
H^+ 与电子直接传给 CoQ，因此缺少 NADH 氧化呼吸链中 FMN 参与递氢过程，故该过程释放能
量为 1.5 ATP。

表 9-3 常见的 FAD 和 NAD⁺ 偶联的脱氢酶

酶	催化反应	细胞定位
NAD⁺ 偶联		
丙酮酸脱氢酶	丙酮酸→乙酰 CoA	线粒体
异柠檬酸脱氢酶	异柠檬酸→α-酮戊二酸	线粒体
苹果酸脱氢酶	苹果酸→草酰乙酸	线粒体
α-酮戊二酸脱氢酶	α-酮戊二酸→琥珀酰 CoA	线粒体
乳酸脱氢酶	乳酸→丙酮酸	细胞质
FAD 偶联		
琥珀酸脱氢酶	琥珀酸→延胡索酸	线粒体
脂肪酰 CoA 脱氢酶	脂肪酰 CoA→烯脂酰 CoA	线粒体
3-磷酸甘油脱氢酶	3-磷酸甘油→磷酸二羟丙酮	线粒体

9.2.3 线粒体外氧化

9.2.3.1 线粒体内膜的转运蛋白

线粒体的基质与细胞质之间有线粒体内、外膜相隔。线粒体内膜上的跨膜转运蛋白具有交换扩散功能，可对阴离子(OH^-)与阳离子(H^+)进行及时交换，在保持电位和渗透平衡基础上，摄取和输出电离代谢物，最终保证生物氧化和线粒体基质内物质代谢的顺利进行。

（1）线粒体内膜运输系统

线粒体内膜可自由透入不带电的小分子，如 O_2、H_2O、CO_2、NH_3、未解离状态的 3-羟基丁酸、乙酰乙酸、乙酸及较多可溶性脂质等；长链脂肪酸通过肉碱系统被运输到线粒体中；丙酮酸含有特殊载体，利用 H^+ 从线粒体外到线粒体内进行同向转移；二羧酸盐、三羧酸盐阴离子（如苹果酸、柠檬酸）和氨基酸需要特异性运输系统（表 9-4）。

表 9-4 线粒体膜内部的运输系统转运蛋白质对代谢物的转运

转运蛋白质	进入线粒体	出线粒体
ATP-ADP 转位酶	ADP^{3-}	ATP^{4-}
磷酸盐转运蛋白	$H_2PO_4^- + H^+$	
二羧酸转运蛋白	HPO_4^{2-}	苹果酸
α-酮戊二酸转运蛋白	苹果酸	α-酮戊二酸
天冬氨酸-谷氨酸转运蛋白	谷氨酸	天冬氨酸
单羧酸转运蛋白	丙酮酸	OH^-
三羧酸转运蛋白	苹果酸	柠檬酸
碱性氨基酸转运蛋白	鸟氨酸	瓜氨酸
肉碱转运蛋白	脂酰肉碱	肉碱

（2）ATP-ADP 转位酶

ATP-ADP 转位酶位于线粒体内膜，又名腺苷酸移位酶，可将 ATP^{4-} 运输至线粒体外利用，ADP^{3-} 运回线粒体内产生 ATP，用以维持线粒体腺苷酸水平的基本平衡（图 9-14）。此过程中，从线粒体基质每输出 4 个负电荷，转运入 3 个 H^+，跨膜电化学梯度（质子动力）有利于 ATP 的输出。简单地说，细胞质中的 Pi⁻ 和 H^+ 经磷酸盐转运蛋白同向转运到线粒体基质侧，所以每合成 1 分子 ATP 时，各有 1 分子 ADP^{3-} 和 ATP^{4-} 的转运，同时 $H_2PO_4^-$ 和 H^+ 也发生了转运，相当于 1 个 H^+ 作为原料转入线粒体基质侧。而 ATP 合酶驱动 1 分子 ATP 的生成则需要 3 个 H^+ 回流到基质侧。因此，生成 1 分子 ATP 共需要 4 个 H^+ 回流到线粒体基质侧。按此计算方式，1 对电子经 NADH 呼吸链传递可向细胞质侧泵出 10 个 H^+，生成 2.5(10/4)个 ATP；而 1 对电子经琥珀酸呼吸链传递可向细胞质侧泵出 6 个 H^+，生成 1.5(6/4)个 ATP。

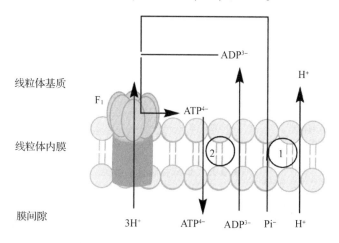

图 9-14　ATP、ADP 及磷酸(Pi)的转运

(改绘自 *Harper's Illustrated Biochemistry*，2015)

9.2.3.2　细胞质中 NADH 的氧化

在真核生物中，呼吸链的主要功能是再生 NAD^+ 用于糖酵解。在有氧条件下，线粒体内 NADH 因带有腺嘌呤核苷酸，负电性强，进出线粒体不需转运体协助，生成后直接参加呼吸链氧化过程。而细胞质中的 NADH 不能自由通过线粒体内膜转运，必须通过特殊的机制在细胞溶胶和线粒体基质间转运 H^+ 和电子，再经呼吸链氧化。机体主要通过 α-磷酸甘油穿梭(glycerophosphate shuttle)和苹果酸穿梭(malate-asparate shuttle)两种转运机制发挥作用。

(1)α-磷酸甘油穿梭系统

α-磷酸甘油穿梭系统在骨骼肌、脑等组织细胞中比较活跃，在骨骼肌中尤为突出。代谢物脱氢生成的 NADH+H^+，在细胞质中 3-磷酸甘油脱氢酶(NAD^+ 为辅酶)的催化下，将磷酸二羟丙酮还原为 3-磷酸甘油(图 9-15 步骤①)。后者通过线粒体外膜进入膜间隙，再由线粒体内膜上 3-磷酸甘油脱氢酶(FAD 为辅基)催化脱氢，再生磷酸二羟丙酮和 $FADH_2$(图 9-15 步骤②)，这个过程包括 FAD 还原成 $FADH_2$，再将传递至 CoQ(图 9-15 步骤③)，就像线粒体内 NADH 转移电子到辅酶 CoQ 一样。再生后的磷酸二羟丙酮穿出线粒体，返回到细胞质(图 9-15 步骤④)。通过 α-磷酸甘油穿梭可将细胞质 NADH 转移到线粒体 $FADH_2$，进入呼吸链，生成 1.5 个 ATP 分子。

(2)苹果酸穿梭系统

苹果酸穿梭系统在肝脏、肾脏和心肌等组织细胞比较活跃。首先，在细胞质中，NADH 苹果酸脱氢酶同工酶(辅酶为 NAD^+)将草酰乙酸还原成苹果酸(图 9-16 步骤①)，后者通过线粒体内膜上的 α-酮戊二酸/苹果酸转运体(I)运输至线粒体基质，经三羧酸循环中的苹果酸脱氢酶(辅酶为 NAD^+)重新被氧化生成草酰乙酸和 NADH+H^+，NADH 进入呼吸链进行氧化磷酸化(图 9-16 步骤②)，生成 2.5 个 ATP 分子。线粒体基质中产生的 NADH 又被复合体 I 氧化(图 9-16 步骤③)。因为草酰乙酸不能穿过内膜，在谷草转氨酶催化下，与谷氨酸反应生成天冬氨

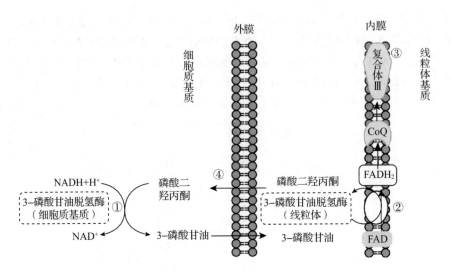

图 9-15　磷酸甘油穿梭途径

酸(图 9-16 步骤④)，后者经天冬氨酸-谷氨酸转运蛋白(Ⅱ)跨膜转运出。进入细胞质后，天冬氨酸在谷草转氨酶催化下重新生成草酰乙酸(图 9-16 步骤⑤)，开始新的循环。由于发生氨基转移，这个过程需要 α-酮戊二酸被连续转运出线粒体，谷氨酸被不断输送进来。这种平衡是由两种交换蛋白对底物选择的特异性决定。该穿梭途径可逆，可将 H⁺ 和电子从线粒体基质转移至细胞质。

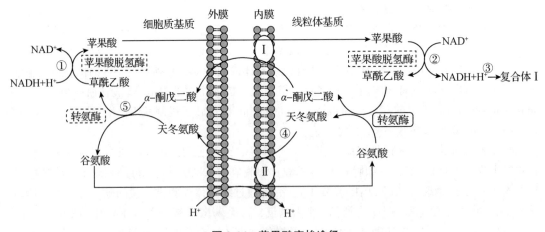

图 9-16　苹果酸穿梭途径

Ⅰ-天冬氨酸/α-酮戊二酸转运体；Ⅱ-谷氨酸/天冬氨酸转运体

9.3　生物氧化中能量的生成及利用

生物体利用营养物质代谢获得的能量，主要以生物氧化形式逐级、有序地释放。其中约 60%转化为热能以维持体温及散失于环境中，其余以化学能的形式参与高能生物分子(如 ATP)生成，作为能量储备，以便机体需要时(如运动、分泌、吸收、神经传导等)分解释放，供机体生理活动利用。从外源性能量储存到内源性能量利用，ATP 在自由能的传递中起着核心作用。

9.3.1 高能键及高能化合物

在物质代谢过程中容易水解并能在水解过程中释放出大量自由能的分子总称为高能化合物。生物体释放、储存和利用能量的载体以高能磷酸化合物为主，如 ATP、磷酸肌酸。高能化学物水解时，断裂一个化学键，能释放出 20.9 kJ/mol 以上的自由能，此键被称为高能键，用"~"表示。几种常见的高能化合物见表 9-5。

表 9-5 常见的高能化合物

高能化合物名称	高能键类型	高能键水解后的产物	高能键水解的 $\Delta G^{0'}$/(kJ/mol)
磷酸烯醇式丙酮酸	磷氧键	丙酮酸+Pi	−62
1,3-二磷酸甘油酸	磷氧键	3-磷酸甘油酸+Pi	−49.6
磷酸肌酸	氮磷键	肌酸+Pi	−43.3
乙酰磷酸	磷氧键	乙酸+Pi	−43.3
ATP	磷氧键	ADP+Pi/AMP+Pi	−35.7
琥珀酰 CoA	硫酯键	琥珀酸+CoA	−33.9
PPi	磷酯键	2Pi	−33.6
二磷酸尿苷葡萄糖	磷氧键	UDP+葡萄糖	−31.9
乙酰 CoA	硫酯键	乙酸+CoA	−31.5
S-腺苷甲硫氨酸	甲硫键	腺苷+Met	−25.6

9.3.2 ATP 的生成

生物体通过生物氧化合成 ATP 的方式有两种，一种是底物水平磷酸化，另一种是呼吸链磷酸化，也称氧化磷酸化。氧化磷酸化是机体产生 ATP 的主要形式。

9.3.2.1 底物水平磷酸化

在分解代谢过程中，底物脱氢或脱水反应，引起分子内部能量重新排布，直接将高能代谢物分子中的能量转移至 ADP 磷酸化而生成 ATP 的过程，称为底物水平磷酸化(substrate-level phosphorylation)。反应通式如下：

$$X \sim P + ADP \longrightarrow XH + ATP$$

式中，X~P 表示底物在氧化过程中所形成的高能磷酸化合物。

底物水平磷酸化是发酵中通过生物氧化获取能量的唯一方式。底物水平磷酸化和氧的存在与否无关，在 ATP 生成中没有氧分子参与，也不经过呼吸链传递电子。

9.3.2.2 氧化磷酸化

氧化磷酸化(oxidative phosphorylation)指代谢物脱下的氢($NADH+H^+$ 或 $FADH_2$)经呼吸链电子传递到分子氧形成水的过程中所释放的能量，驱动 ADP 磷酸化生成 ATP 的过程，即呼吸链的电子传递与 ADP 磷酸化相偶联的过程。真核生物氧化磷酸化过程在线粒体内膜上进行，原核生物在细胞膜上进行。

(1)氧化磷酸化偶联部位

电子在呼吸链中按顺序逐步传递，并释放自由能。所释放自由能用来形成 ATP 的电子传递部位称为偶联部位(coupling site)。呼吸链上的电子传递与氧化磷酸化偶联有两层含义：第一，电子在呼吸链上传递时必发生氧化磷酸化；第二，只有发生氧化磷酸化，电子才能在呼吸链上进行传递。因此，当用抑制剂阻断呼吸链时，氧化磷酸化就被抑制。反之，当氧化磷酸化被抑制后，电子就无法正常地在呼吸链上传递。呼吸链的 4 个复合体中，复合体 I、III、IV 是偶联部位，主要依据如下：

①P/O 比值 P/O 比值是指物质氧化过程中，每消耗 1mol 氧原子所需无机磷的摩尔数（或 ADP 摩尔数），即生成 ATP 的摩尔数。实验表明，β-羟丁酸脱氢反应通过 NADH 氧化呼吸链，测得 P/O 比值为 2.4~2.8，说明每传递一对电子给 1 个氧原子需要消耗 2.5 分子的磷酸，因此 NADH 氧化呼吸链可能存在 3 个 ATP 生成部位（表 9-6）。而琥珀酸脱氢时，测得 P/O 比值接近 1.5，说明 $FADH_2$ 呼吸链可能存在 2 个 ATP 生成部位。

根据 NADH 与 $FADH_2$ 呼吸链 P/O 比值的差异，可以推测在 NADH 与 CoQ 之间（复合体 I）存在 1 个生成 ATP 的部位。体外加入抗坏血酸底物可直接通过呼吸链的 Cyt c 传递电子进行氧化，其 P/O 比值接近 1，因此推测在 CoQ 和 Cyt c 之间（复合体 III）存在另外一个生成 ATP 的部位。因此利用不同的抑制剂阻断呼吸链（图 9-17），并通过不同底物 P/O 比值的测定，可以确定复合体 I、III、IV 存在氧化磷酸化的偶联部位，用于生成 ATP。

表 9-6 离体线粒体实验测得的一些底物的 P/O 比值

底物	呼吸链中顺序	P/O 比值	合成 ATP 数目
β-羟丁酸	$NAD^+ \rightarrow FMN \rightarrow CoQ \rightarrow Cyt \rightarrow O_2$	2.4~2.8	2.5
琥珀酸	$FAD \rightarrow CoQ \rightarrow Cyt \rightarrow O_2$	1.7	1.5
抗坏血酸	$Cyt\ c \rightarrow Cyt\ aa_3 \rightarrow O_2$	0.88	1
Cyt c	$Cyt\ aa_3 \rightarrow O_2$	0.61~0.68	1

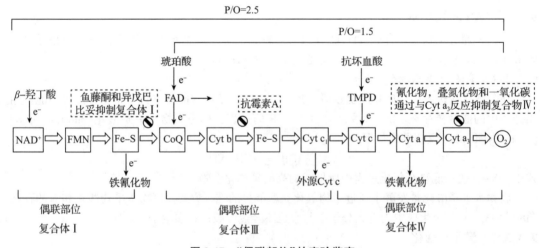

图 9-17 "偶联部位"的实验鉴定

TMPD-四甲基-p-亚苯基二胺

②自由能变化 总能量在恒温/恒压下可做功的部分称为自由能（free energy，G）。根据热力学公式，pH 7.0 时标准自由能变化（ΔG）与还原电位（ΔE，标准还原电位表示物质对电子的亲和力）之间的关系如下：

$$\Delta G = nF\Delta E$$

式中：n——传递电子数；

F——法拉第常数（96.5 C/mol）。

在呼吸链中 3 个部位：从 $NAD^+ \rightarrow CoQ$、$CoQ \rightarrow Cyt\ c$、$Cyt\ aa_3 \rightarrow O_2$，氧化还原电位差分别为

0.36 V、0.19 V、0.58 V，经推算，自由能变化分别为-69.5 kJ/mol、-36.7 kJ/mol、-112 kJ/mol（分别对应于复合体 Ⅰ、Ⅲ、Ⅳ 的电子传递），而每生成 1 mol ATP 需能 30.5 kJ/mol。可见以上 3 处均能提供足够生成 ATP 所需要的能量。然而偶联部位并非代表单个复合体是直接产生 ATP 的部位，而是指电子传递释放的能量，能满足 ADP 磷酸化生成 ATP 的需要。

（2）呼吸链和相关电子载体的标准氧化还原电位

$E^{\ominus}{}'$ 值表示物质失去电子的能力，其值越小，代表还原性越强，越容易失去电子而被氧化；反之，其值越大，氧化性越强，越容易得到电子而被还原。因此，呼吸链中各种组分的排列顺序是由低 $E^{\ominus}{}'$ 向高 $E^{\ominus}{}'$ 依次排列。呼吸链和相关电子载体的标准氧化还原电位见表 9-7。

表 9-7　呼吸链和相关电子载体的标准氧化还原电位

氧化还原（半反应）	$E^{\ominus}{}'/V$
$NAD^+ + H^+ + 2e^- \rightarrow NADH + H^+$	-0.320
$NADP + H^+ + 2e^- \rightarrow NADPH$	-0.324
NADH 脱氢酶（FMN）$+ 2H^+ + 2e^- \rightarrow$ NADH 脱氢酶（$FMNH_2$）	-0.300
$CoQ + 2H^+ + 2e^- \rightarrow CoQH_2$	0.045
Cyt b(Fe^{3+}) $+ e^- \rightarrow$ Cyt b(Fe^{2+})	0.077
Cyt c_1(Fe^{3+}) $+ e^- \rightarrow$ Cyt c_1(Fe^{2+})	0.220
Cyt c(Fe^{3+}) $+ e^- \rightarrow$ Cyt c(Fe^{2+})	0.254
Cyt a(Fe^{3+}) $+ e^- \rightarrow$ Cyt a(Fe^{2+})	0.290
Cyt a_3(Fe^{3+}) $+ e^- \rightarrow$ Cyt a_3(Fe^{2+})	0.350
$1/2O_2 + 2H^+ + 2e^- \rightarrow H_2O$	0.817

9.3.2.3　氧化磷酸化偶联的机制

（1）化学渗透学说

1961 年，英国生物化学家 Mitchell 提出的化学渗透学说（chemiosmotic hypothesis）对氧化磷酸化的机制做了合理的解释。该学说认为：①电子经过呼吸链时释放能量，通过复合体的质子泵供能，将 H^+ 从线粒体基质转运至线粒体膜间隙；②由于 H^+ 不能自由穿过线粒体内膜返回基质，从而形成跨线粒体内膜的 H^+ 电化学梯度（H^+ 浓度梯度和跨膜电位差），以此存储电子传递释放的能量；③H^+ 的电化学梯度转变为驱动 H^+ 从线粒体膜间隙顺浓度梯度回流至线粒体基质、释放储存的势能，用于驱动 ADP 与 Pi 反应生成 ATP（图 9-18）。

化学渗透假说目前已被广泛接受，因为它能对下列现象做出合理的解释。①ATP 合成依赖于完整的线粒体内膜进行氧化磷酸化；②线粒体内膜对 H^+、OH^-、K^+、Cl^- 是不通透的；③电子传递导致 H^+ 从线粒体内膜转运出，因此产生 H^+ 梯度增加；④增加线粒体内膜通透性的化合物（如 2,4-二硝基苯酚），允许呼吸链的电子继续传递，但会消除电化学梯度，抑制 ATP 合成，也就是电子传递与磷酸化解偶联。增加线粒体内膜外侧的酸度，能够促进 ATP 的生成。

（2）ATP 合酶

跨越线粒体膜的质子驱动力被 ATP 合酶（ATP synthase）利用合成 ATP。该酶又称复合体 Ⅴ（complex Ⅴ）或 F_1F_0-ATP 酶，位于线粒体内膜的基质侧，主要由 F_0（疏水跨膜蛋白）和 F_1（亲水外周膜蛋白）两个功能部分组成，形成许多颗粒状突起。F_0 由 $a_1b_2c_{9-12}$ 亚基组成，通过 c 亚基的 61 位关键天冬氨酸残基的羧基端结合质子。c 亚基与疏水内膜接触而发生转动，质子梯度的

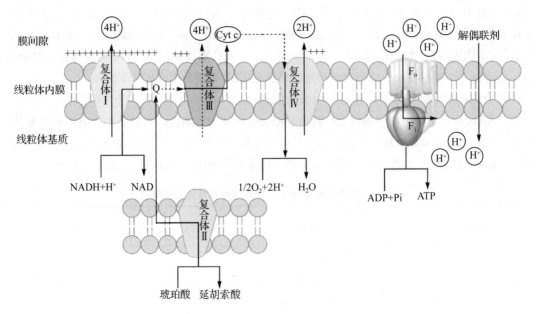

图 9-18　氧化磷酸化的化学渗透学说
(改绘自 *Harper's Illustrated Biochemistry*，2015)

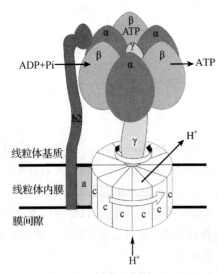

图 9-19　ATP 酶复合体
(改绘自 *Harper's Illustrated Biochemistry*，2015)

势能将迫使将天冬氨酸残基的羧基端释放质子，这样质子从线粒体膜间隙侧转移至线粒体基质侧，因此 F_o 具有质子通道的作用。而 F_1 主要由 $\alpha_3\beta_3\gamma\delta\varepsilon$ 亚基复合体和寡霉素敏感蛋白(oligomycin sensitive conferring protein，OSCP)组成，其功能基团单位是 $\alpha\beta$，具有催化生成 ATP 的能力(图 9-19)，当 H^+ 顺浓度梯度经 F_o 回流时可驱动 ATP 的生成。

1977 年 Boyer 提出 ATP 的结合变构机制(binding change mechanism)，该学说能正确解释 ATP 合酶的工作机制。即 β 亚基有 3 种构象：开放型(open，O)无活性，与 ATP 亲和力低；疏松型(loose，L)无活性，可与 ADP 和 Pi 底物疏松结合；紧密型(tight，T)有催化 ATP 合成的活性，可紧密结合 ATP。当 γ 亚基转动时，会依次接触 3 组 αβ 单元中的 β 亚基，其相互作用导致 β 亚基的构象发生周期性循环变化，ADP 和 Pi 底物结合于 L 型的 β 亚基，质子流能量驱动合酶的转子部分进行转动，使该 β 亚基变构为 T 型，用于合成 ATP，再次转动使 β 亚基变构为 O 型，释放出 ATP(图 9-20)。注意结合变构机制中的"结合"指的是质子与 c 亚基的结合，而"变构"指的是 β 亚基的构象变化。质子流能量用于驱动 β 亚基构象按顺序改变，分别结合 ADP 和 Pi，合成的 ATP 可从活性中心释放，而在 β 亚基的活性中心是疏水的，合成 ATP 与水解 ATP 是可逆进行的，反应的实际自由能 $\Delta G = 2.2$ kJ/mol，与合成 ATP 的标准自由能不同($\Delta G^{0'} = -30.5$ kJ/mol)。

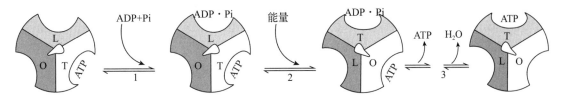

图 9-20　ATP 合酶合成 ATP 的能量依赖性结合变构机制

（改绘自 *Donald Voet and Judith Voet*，2011）

9.3.2.4　影响氧化磷酸化的因素

（1）ADP 的调节

ATP 是机体能量的主要来源，主要通过氧化磷酸化产生，而机体的能量状态决定氧化磷酸化的速率，即可以通过感应 ADP/ATP 比值来调节各代谢途径的速率。当机体利用 ATP 增多，ADP 浓度增高，ADP 激活糖酵解、三羧酸循环及脂肪酸氧化等途径中的关键酶而激发营养物质的氧化，促进 NADH 和 FADH$_2$ 的生成，进而加快氧化磷酸化的速率；反之，ADP 不足，ATP 浓度比较高，ATP 抑制糖酵解、三羧酸循环及脂肪酸氧化等途径中的关键酶，物质氧化速率减慢，NADH 和 FADH$_2$ 的生成减少，氧化磷酸化速度减慢。这种调节作用可使 ATP 的生成速率适应生理需要。

（2）抑制剂

氧化磷酸化过程受到许多化学因素的作用，能够阻断氧化磷酸化的化合物称为抑制剂。根据其对呼吸链的作用机理不同可分为呼吸链抑制剂、氧化磷酸化抑制剂和解偶联剂三大类（图 9-21）。

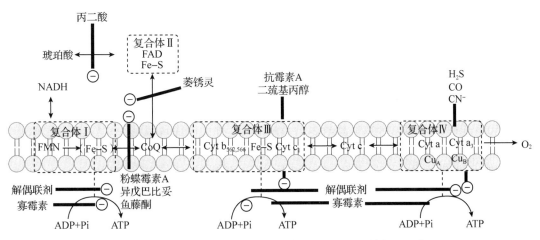

图 9-21　特异的药物、化学试剂及抗生素作用于呼吸链的抑制位点（⊖）

（改绘自 *Harper's Illustrated Biochemistry*，2015）

①呼吸链抑制剂　呼吸链抑制剂能够结合电子传递链中某一位点，阻断电子向下游转移，进而抑制氧化磷酸化。

鱼藤酮（rotenone）、粉蝶霉素 A（piericidin A）、异戊巴比妥（amobarbital）可与复合体Ⅰ中的铁硫蛋白结合，从而阻断电子传递。

抗霉素 A（antimycin A）、二巯基丙醇（dimercaptopropanol，BAL）能够抑制复合物Ⅲ中电子从 Cyt b 向 Cyt c$_1$ 传递。

经典毒物 CO、CN⁻ 及 H_2S 能抑制复合体Ⅳ中 Cyt c 氧化酶中的电子流动，与 Cyt aa₃ 的铁卟啉结合形成复合物，抑制细胞色素氧化酶的活性，阻断电子由 Cyt aa₃ 向 O_2 的传递。这类抑制剂的特点是抑制了电子传递，在刚开始作用时，磷酸化可以进行，但是一旦电子传递停止，质子将不再从基质侧泵入膜间隙，磷酸化也会逐渐减慢，直至停止，因为膜间隙不再有足够的质子从 ATP 合酶回流至基质侧。

②氧化磷酸化抑制剂　氧化磷酸化抑制剂对电子传递和 ADP 磷酸化均有抑制作用，如寡霉素(oligomycin)。这种聚酮类抗生素通常与 ATP 合酶 F_o 亚基上的寡霉素敏感蛋白质(oligomycin sensitivity conferring protein, OSCP)结合，阻止质子从 ATP 合酶 F_o 质子通道回流，进而抑制 ATP 生成。此时由于线粒体内膜两侧电化学梯度增高，影响呼吸链质子泵的功能，因而抑制了电子传递。

③解偶联剂(uncoupler)　解偶联剂能够使电子传递与磷酸化解偶联，即只有氧化过程而没有磷酸化作用。以缬氨霉素(valinomycin)和二硝基苯酚(dinitrophenol, DNP)为代表。解偶联剂的基本作用机制是不直接作用于电子传递体或 ATP 合酶，而是使呼吸链传递电子过程中泵出的 H^+ 不经 ATP 合酶的 F_o 质子通道回流，而通过线粒体内膜中其他途径返回线粒体基质，从而消除跨膜的质子浓度梯度或电位梯度，使 ATP 的生成受到抑制，以电化学梯度储存的能量以热能形式释放。

呼吸链调节失控时，耗氧量增加，导致大量 NADH 被氧化。因此，摄入解偶联剂可以消耗代谢物产生的大部分能量，并以热能形式释放。DNP 曾被用作减肥药，因其副作用已被禁止食用。除了药物，人体内还有天然存在的解偶联剂，如解偶联蛋白(uncoupling protein, UCP)存在棕色脂肪组织线粒体内膜中存在，在内膜上形成质子通道，H^+ 可经此通道返回线粒体基质中，同时释放热能，有利于新生儿保暖和动物冬眠。

9.3.3　能量的利用、转化和储存

细胞内多数生物大分子间以非共价键连接，通常无法承受能量骤然变化的化学反应。因此，代谢反应释放的能量通常是逐步、有序进行。细胞中能量一般储存在高能化合物中，后者是含有磷酸键或者硫酯键的化合物，水解时能释放较大自由能，通常其释放的标准自由能 $\Delta G^{0'}$ 大于 25 kJ/mol。将水解时释放能量较多的磷酸酯键，称为高能磷酸键，用"~P"符号表示。ATP 属于典型的高能磷酸化合物，能够为细胞提供直接利用的能量。其分子末端有 3 个磷酸基团，β 和 γ 酸酐键为水解位点，可分别水解下末端磷酸基团和焦磷酸，水解时的自由能变化 $\Delta G^{0'}$ 分别为−30.5kJ/mol 和−45.6 kJ/mol。另外，在代谢反应过程中，如果消耗 ATP 生成 AMP 和焦磷酸，焦磷酸很容易被细胞内的焦磷酸酶进一步水解生成无机磷酸，所以此时等价于消耗 2 个高能磷酸键。

作为磷酸基团共同中间传递体，ATP 发挥着能量携带者和转运者的作用，故称为生物界的"能量货币"。然而，ATP 并不是能量储存者，生物体内有许多合成反应所需能量并非直接来自 ATP，如糖类合成所需的能量物质为 UTP，磷脂合成则需 CTP，而蛋白质合成需要 GTP。这些能量物质的合成一般不能从物质氧化过程中直接生成，只能在核苷二磷酸激酶的催化下由二磷酸核苷激酶催化，并从 ATP 中获得~P，例如：

$$ATP+UDP \rightleftharpoons ADP+UTP$$
$$ATP+GDP \rightleftharpoons ADP+GTP$$
$$ATP+CDP \rightleftharpoons ADP+CTP$$

当体内 ATP 消耗过多(如肌肉剧烈收缩)时，ADP 累积，在腺苷酸激酶(adenylate kinase)催化下由 ADP 转变成 ATP 被利用。此反应是可逆的，当 ATP 需要量降低时，AMP 从 ATP 中获得~P 生成 ADP。

$$ADP+ADP \rightleftharpoons AMP+ATP$$

以高能磷酸形式储存能量的物质称为"磷酸原"，在脊椎动物中以磷酸肌酸形式存在。ATP 可将 ~P 转移给肌酸生成磷酸肌酸(creatine phosphate，CP)，作为肌肉和脑组织中能量的一种储存形式。当机体 ATP 不足，ADP 过量时，磷酸肌酸将 ~P 转移给 ADP，生成 ATP。ATP 的水解放能反应可以和细胞内吸能的反应偶联起来，共同完成合成代谢，如肌肉收缩、物质的吸收、分泌及运输等生理生化过程。由此可见，生物体内能量的储存和利用都以 ATP 为中心(图 9-22)。

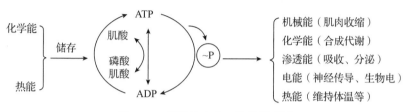

图 9-22 能量的产生、转移及利用

本章小结

生物氧化主要是指糖类、脂肪、蛋白质等有机物质在体内进行氧化分解，最终生成 CO_2 和 H_2O，并释放大量能量的过程。真核生物的生物氧化主要在线粒体内膜上进行，用去垢剂处理线粒体内膜，可得到呼吸链的 4 种功能复合体，即复合体 I、复合体 II、复合体 III 和复合体 IV，从而得到两条不同的呼吸链：NADH 呼吸链和 $FADH_2$ 呼吸链。氧化磷酸化是生成 ATP 的主要方式，即除底物磷酸化外，代谢物脱下的 H^+ 和电子经呼吸链中多种递氢体和递电子体的传递，最终与 O_2 结合生成 H_2O，释放的能量用于 ADP 磷酸化生成 ATP。

NADH 呼吸链存在 3 个偶联部位，生成 2.5 分子 ATP；$FADH_2$ 呼吸链存在 2 个偶联部位，生成 1.5 分子 ATP。细胞质中生成的 NADH 不能直接进入线粒体，必须经 α-磷酸甘油穿梭系统或苹果酸穿梭系统进入线粒体后才能进行氧化，分别生成 1.5 分子或 2.5 分子 ATP。呼吸链抑制剂、解偶联剂和氧化磷酸化抑制剂对氧化磷酸化均有抑制作用。生物体内能量的转化、储存和利用都以 ATP 为中心。在肌肉和脑组织中，磷酸肌酸可作为 ATP 高能磷酸键的储存形式。

思考题

1. 生物氧化有何特点？比较体内氧化和体外氧化的异同。
2. 何谓高能化合物？体内 ATP 有哪些生理功能？
3. 比较两条呼吸链的异同。
4. 常见呼吸链抑制剂有哪些？它们的作用机制是什么？
5. 生物氧化和磷酸化是怎样偶联的？
6. 细胞质中 NADH 的 H^+ 如何生成 H_2O？

第 10 章　糖类代谢

　　糖类代谢就是糖在体内的一系列连续的化学反应，包括分解代谢和合成代谢两个方面。糖的分解代谢指大分子糖经酶促降解，生成小分子单糖后，进一步氧化分解，并释放能量的过程。其分解代谢的最终产物是 CO_2 和 H_2O，代谢中间物质又可为其他含碳化合物（如氨基酸、核苷酸、脂肪酸及类固醇等）的合成代谢提供碳原子和碳骨架，同时其分解代谢产生的能量用以满足生命活动的需要，所以糖类可为生物体提供重要的能源和碳源。糖的合成代谢指绿色植物和光合微生物利用太阳能、CO_2 和 H_2O 合成葡萄糖并释放 O_2，进一步由葡萄糖合成淀粉。而在人和动物机体中，糖的合成代谢则是利用葡萄糖合成糖原，或利用非糖物质转化成糖。糖类代谢与脂类、蛋白质等物质代谢相互联系、相互转化，构成了代谢的统一整体。

10.1　糖的消化与吸收

10.1.1　糖的消化

　　作为异养生物能源和碳源的多糖或寡糖主要是淀粉和糖原，它们需要经过酶的作用降解成单糖才能进入分解代谢途径。多糖在细胞内和细胞外的降解方式不同。细胞内的降解主要以磷酸解（加磷酸分解）方式进行；细胞外的降解是一种水解的过程。糖在动物消化道内的消化过程和微生物的胞外酶作用都属于细胞外降解。

10.1.1.1　糖在消化道的降解

　　人类食物中的糖有植物淀粉、动物糖原、蔗糖、乳糖、麦芽糖、葡萄糖、果糖及纤维素等。纤维素和动物糖原不被消化，但纤维素能促进肠道蠕动，其余的糖被消化道中水解酶类分解为单糖后才被吸收。

　　对人和哺乳动物而言，食物中淀粉的消化从口腔开始。淀粉被摄入口腔后，口腔唾液内含有 α-淀粉酶，可作用于淀粉分子中的 α-1,4-糖苷键，淀粉被部分水解成麦芽糖。由于食物在口腔中停留时间短，所以水解程度不大。当食团进入胃中，其中所包含的唾液淀粉酶仍可以使淀粉水解，但这种酶很容易受胃酸及胃蛋白酶水解而被破坏，因而淀粉酶的消化作用也就停止了，并且胃液中不含水解糖的酶类，所以淀粉的消化主要在小肠进行。当食糜由胃进入十二指肠后，其酸度被胰腺和胆汁中和，此时活力很强的胰 α-淀粉酶与胰 β-淀粉酶起作用，将淀粉水解为麦芽糖、麦芽低聚糖、异麦芽糖及 4~9 个葡萄糖组成的临界糊精和少量的葡萄糖等。最后，小肠黏膜刷状缘含有的 α-葡萄糖苷酶（包括麦芽糖酶）可将麦芽糖和麦芽三糖水解为葡萄糖，α-极限糊精酶（包括异麦芽糖酶）则可作用于 α-1,4-糖苷键和 α-1,6-糖苷键，将 α-糊精和异麦芽糖水解为葡萄糖。肠黏膜细胞还存在有蔗糖酶等，可分别水解蔗糖和乳糖。有些人由于乳糖酶缺乏，在食用牛奶后发生乳糖消化吸收障碍，而引起腹胀、腹泻等症状。

10.1.1.2　糖的胞内降解——糖原的磷酸解

　　糖原（glycogen）是由许多葡萄糖缩合成的支链多糖，是动物体内糖的储存形式。糖原的分子结构与支链淀粉相似，主要由 D-葡萄糖通过 α-1,4-糖苷键连接组成糖链，并通过 α-1,6-糖苷键连接产生支链。糖原分子中分支比支链淀粉还多，平均每间隔 12 个 α-1,4-糖苷键连接的葡萄糖就是一个分支点。

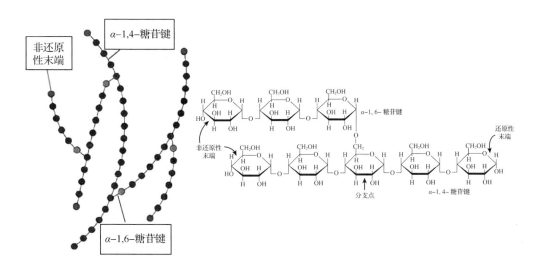

图 10-1　**糖原的结构及其连接方式**(引自宁正祥，2013)

糖原的分子质量范围从几百万至几千万。糖原的结构及其连接方式如图 10-1 所示。

糖原可被糖原磷酸化酶作用，进行磷酸解，每次生成 1-磷酸葡萄糖和少一个葡萄糖的糖原：

$$糖原 + Pi \xrightarrow{\text{糖原磷酸化酶}} 糖原_{m-1} + 1\text{-}磷酸葡萄糖$$

糖原磷酸化酶只能水解某些 α-1,4-糖苷键，并不能作用糖原分子分支部分的 α-1,6-糖苷键。而且，对于与分支点相距 3 个葡糖残基的 α-1,4-糖苷键，糖原磷酸化酶同样是无能为力，因此糖原的磷酸解还需要糖原脱支酶的帮助。

糖原脱支酶是一种双功能酶，它催化糖原脱支的两个反应。第一种功能是 4-α-葡聚糖基转移酶活性，即将糖原上四葡聚糖分支链上的三葡聚糖基转移到酶蛋白上，然后交给同一糖原分子或相邻糖原分子末端具有 4-羟基自由基的葡萄糖残基上，生成 α-1,4-糖苷键，结果直链延长 3 个葡萄糖，而 α-1,6 分支处只留下 1 个葡萄糖残基。然后在脱支酶的另一功能，即 1,6-葡萄糖苷酶活性催化下，这个葡萄糖基被水解脱下，成为游离的葡萄糖。在磷酸化酶与脱支酶的协同和反复的作用下，糖原可以完全磷酸化和水解。

10.1.2　糖的吸收

食物中的糖被消化为单糖后，在小肠中被黏膜细胞吸收，经门静脉进入肝脏。其中一部分转变为肝糖原，其余则经肝静脉进入血液循环，运输至全身各组织器官进行代谢。糖在人及哺乳动物体内主要是以糖原的形式储存。小肠黏膜细胞对葡萄糖的摄取是一个依赖于特定载体转运的主动耗能过程，其所需要的能量来自细胞膜两侧 Na^+ 浓度梯度。在吸收过程中伴随有 Na^+ 一起运输进入细胞，这种运输称为协同运输(图 10-2)。这类葡萄糖转运体称为依赖型葡萄糖转运体，它存在于小肠黏膜和肾小管上皮细胞。

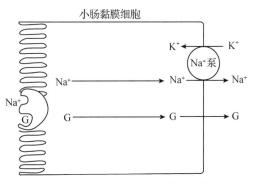

图 10-2　**小肠吸收葡萄糖(G)的协同运输过程**

10.2 糖的分解代谢

糖的分解代谢分为无氧代谢(无氧氧化)和有氧代谢(有氧氧化)。在无氧条件下,细胞分解单糖生成多种中间代谢物,且在不同的微生物细胞中及不同的环境条件下,这些中间代谢物进一步转化成各种不同的发酵产物。在有氧条件下,糖可以被彻底氧化为 CO_2 和 H_2O,同时为细胞的合成代谢和其他生命活动提供大量的能量。有氧代谢途径的中间产物是细胞合成各种非糖物质的主要碳骨架来源。

10.2.1 糖的无氧氧化

糖的无氧氧化是指在无氧或缺氧的情况下,葡萄糖或糖原在细胞质中分解生成乳酸,并伴有少量 ATP 生成的过程。由于此过程与酵母菌使糖生醇发酵的过程基本相似,故又称糖酵解。在全身各组织细胞均可进行糖酵解,尤以肌肉组织、红细胞、皮肤及肿瘤组织中进行特别旺盛。

发酵和酵解是糖无氧氧化的两种主要形式。在分解代谢中,这两种途径的主要代谢步骤都是相同的,发酵的起始物质是葡萄糖,酵解的起始物质是葡萄糖或糖原。从葡萄糖生成丙酮酸的过程,二者是相同的,其后由丙酮酸转变为乙醇,称为发酵;由丙酮酸还原为乳酸,则称为酵解。发酵和酵解均在细胞质中进行。

10.2.1.1 糖酵解的反应过程及能量变化

糖酵解过程被认为是生物界最古老、最原始获取能量的方式。在自然发展过程中出现的大多数高等生物,虽然已进化为利用有氧条件进行生物氧化获取大量能量,但仍保留了这种原始的方式。这一过程是最早阐明的酶促反应系统。

糖酵解的阐明是许多科学家连续工作的结果。1875 年,法国科学家 Pasteur 发现了葡萄糖在无氧条件下可被酵母菌分解生成乙醇的现象。1897 年,德国的 Hans Buchner 和 Edward Buchner 兄弟发现发酵作用可在不含细胞的酵母液中进行。用抽提液替代完整的活细胞,为发酵的研究带来了新纪元,使新陈代谢变成了可以认识的化学过程,从而打开了现代生物化学发展的大门。1905 年,Harden 和 Young 在实验中证明了无机磷酸的作用,阐明了磷酸盐参与发酵过程中间产物的形成,而没有磷酸盐会直接阻碍发酵作用的进行。他们还发现,酵母液透析后无发酵能力。1940 年,德国生物化学家 Embden 和 Meyerhof 等人阐明了糖酵解的整个途径,并发现肌肉中也存在着与酵母发酵十分相似的代谢过程。为了纪念三位对糖酵解有贡献的德国科学家 Embden、Meyerhof 和 Parnas,糖酵解途径又称为 EMP 途径。此过程是动物、植物和微生物细胞中葡萄糖分解的共同代谢途径。

(1)糖酵解的反应过程

糖酵解的底物(substrate)一般是葡萄糖。葡萄糖在己糖激酶(hexokinase)的作用下形成 6-磷酸葡萄糖,经过一系列变化分解成丙酮酸。全过程是在细胞质中进行,参与糖酵解反应的各种酶都存在于细胞质中。

糖酵解过程包括 10 步反应,可分为 3 个阶段。第一阶段是葡萄糖经磷酸化生成 1,6-二磷酸果糖,此阶段为糖的活化过程,主要变化是磷酸化和异构化;第二阶段是 1,6-二磷酸果糖(二磷酸己糖)裂解为 2 分子磷酸丙糖,这是酵解过程中的一步关键步骤,葡萄糖的分解反应实际上是从这一步开始的;第三阶段是丙酮酸的生成,这一阶段的特点是高能磷酸键的生成。

①葡萄糖磷酸化生成 6-磷酸葡萄糖　葡萄糖进入细胞后发生磷酸化反应,生成 6-磷酸葡萄糖。磷酸化后的葡萄糖不能自由通过细胞膜而逸出细胞。催化此反应的是己糖激酶,需要

Mg^{2+}，这个反应是不可逆反应。哺乳动物体内已发现有 2 种己糖激酶同工酶（Ⅰ型或Ⅵ型）。肝细胞中存在的是Ⅵ型，称为葡萄糖激酶。它对葡萄糖的亲和力很低，K_m 值在 0.1 mmol/L 左右。此酶的另一个特点是受激素控制，这些特性使葡萄糖激酶在维持血糖水平和糖代谢中起着重要作用。反应式如下：

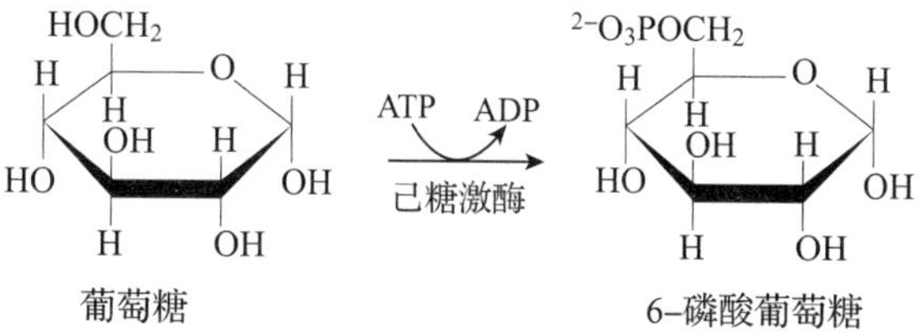

葡萄糖   6-磷酸葡萄糖

反应涉及葡萄糖 C6 的磷酸化作用，这是葡萄糖代谢的第一个限速反应，所谓限速反应（limiting step）是指在反应过程中推动整个代谢途径进行的化学反应。从 ATP 转移磷酸基团到受体上的酶称为激酶（kinase）。己糖激酶是从 ATP 转移磷酸基团到各种六碳糖（如葡萄糖、果糖等）上的酶。而葡萄糖激酶是一种诱导酶，可以经葡萄糖的诱导作用而合成。激酶都需要 Mg^{2+} 离子作为活化剂。

②6-磷酸葡萄糖异构化生成 6-磷酸果糖　这是由磷酸己糖异构酶催化的醛糖与酮糖间的异构反应。6-磷酸葡萄糖转变为 6-磷酸果糖是需要 Mg^{2+} 参与的可逆反应。反应式如下：

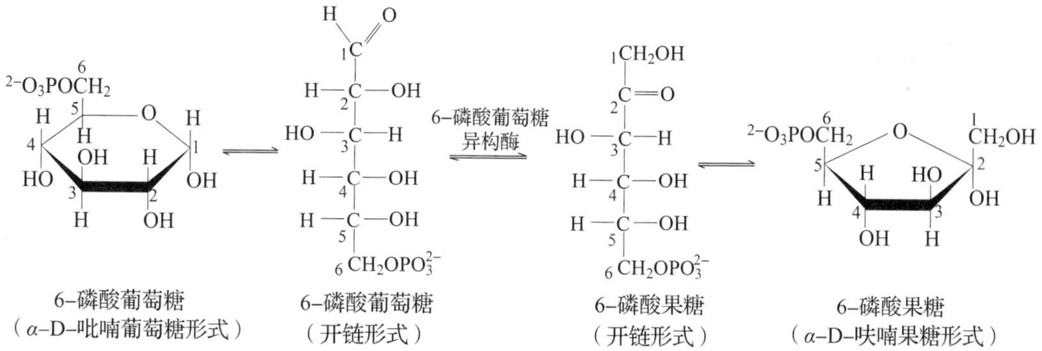

6-磷酸葡萄糖   6-磷酸葡萄糖   6-磷酸果糖   6-磷酸果糖
（α-D-吡喃葡萄糖形式）   （开链形式）   （开链形式）   （α-D-呋喃果糖形式）

③6-磷酸葡萄糖磷酸化生成 1,6-二磷酸果糖　这是第二个磷酸化反应，需要 ATP 和 Mg^{2+}，由 6-磷酸果糖激酶催化，是非平衡反应，倾向于生成 1,6-二磷酸果糖。磷酸果糖激酶是一个典型的四聚体变构酶。此步反应是糖酵解途径的第二个限速反应。反应式如下：

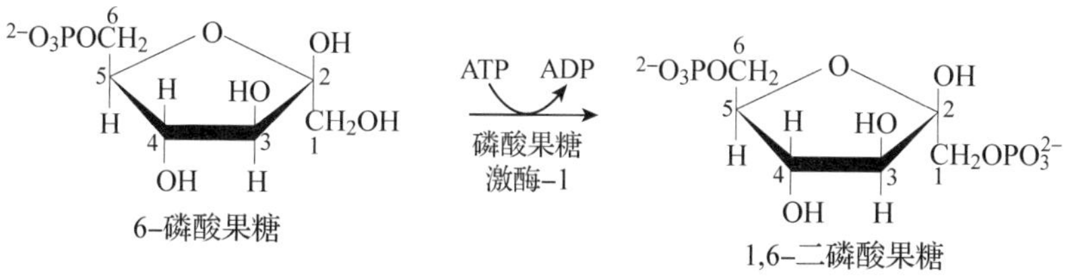

6-磷酸果糖   1,6-二磷酸果糖

④1,6-二磷酸果糖裂解为 2 个三碳化合物　该步反应由醛缩酶（aldolase）催化，将一个 1,6-二磷酸果糖裂解为磷酸二羟丙酮和 3-磷酸甘油醛。此反应是可逆反应。醛缩酶的命名来源于上述反应的逆反应（醇醛缩合作用）。在动物体内，醛缩酶有 3 种同工酶，分别称为 A、B、C 型。A 型主要存在于肌肉中，B 型主要存在于肝中，而 C 型主要存在于脑中。

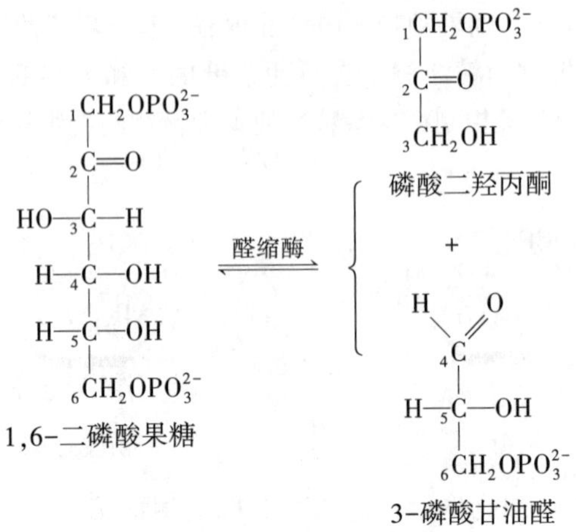

$$\text{1,6-二磷酸果糖} \quad \xrightleftharpoons{\text{醛缩酶}} \quad \text{磷酸二羟丙酮} + \text{3-磷酸甘油醛}$$

⑤磷酸二羟丙酮与 3-磷酸甘油醛的异构化　磷酸丙糖的异构化反应由磷酸丙糖异构酶催化，是一个吸收能量的反应，且是可逆反应。反应的平衡偏向左，但由于在后面的反应中 3-磷酸甘油醛被不断利用，使之浓度降低，反应仍向右进行，趋向生成醛糖。反应式如下：

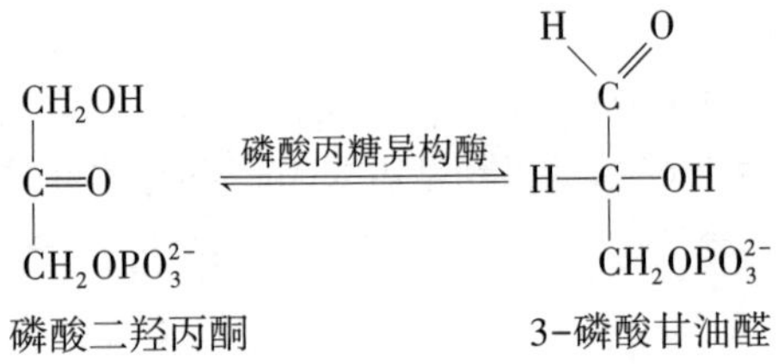

$$\text{磷酸二羟丙酮} \quad \xrightleftharpoons{\text{磷酸丙糖异构酶}} \quad \text{3-磷酸甘油醛}$$

磷酸丙糖异构酶的催化反应很快，任何加速其催化效率的措施都不能再提高反应速度。其结构是由 8 股平行折叠链环抱构成一个中心核，在 β 折叠链周围环绕着与每条折叠相对应的 α 螺旋链，β 折叠链与 α 螺旋链之间以无规则的卷曲肽链相连接。

上述 5 步反应为酵解途径中的耗能阶段，1 分子葡萄糖的代谢消耗了 2 分子 ATP，产生了 2 分子 3-磷酸甘油。而在以后的 5 步反应中，磷酸丙糖转变为丙酮酸，总共生成 4 分子 ATP，为能量的释放和储存阶段。

⑥3-磷酸甘油醛氧化成 1,3-二磷酸甘油酸　该反应中 3-磷酸甘油醛的醛基氧化成羧基及羧基的磷酸化均由 3-磷酸甘油醛脱氢酶催化。该酶是一种巯基酶，以 NAD^+ 为辅酶接受氢，它的半胱氨酸残基的—SH 是活性部位。重金属离子和烷化剂，如碘乙酸能抑制该酶的活性。反应式如下：

$$\text{3-磷酸甘油醛} + NAD^+ + Pi \quad \xrightleftharpoons{\text{3-磷酸甘油醛脱氢酶}} \quad \text{1,3-二磷酸甘油酸} + NADH + H^+$$

该反应有无机磷酸参加，反应放出的强烈能量储存到产物 1,3-二磷酸甘油酸分子内，形成一个高能化合物。该化合物上的高能磷酸基团可以伴随能量转移到 ADP 分子上，形成 ATP。

⑦1,3-二磷酸甘油酸将磷酸基团转移至 ADP 生成 ATP 和 3-磷酸甘油酸　磷酸甘油酸激酶（phosphoglycerate kinase）催化 1,3-二磷酸甘油酸的磷酸基团从羧基转移到 ADP，形成 ATP 和 3-磷酸甘油酸。反应需要 Mg^{2+}，这是糖酵解过程中第一次产生 ATP 的反应。此反应是放能的可逆反应，属于底物水平磷酸化反应，生成 1 分子 ATP。反应式如下：

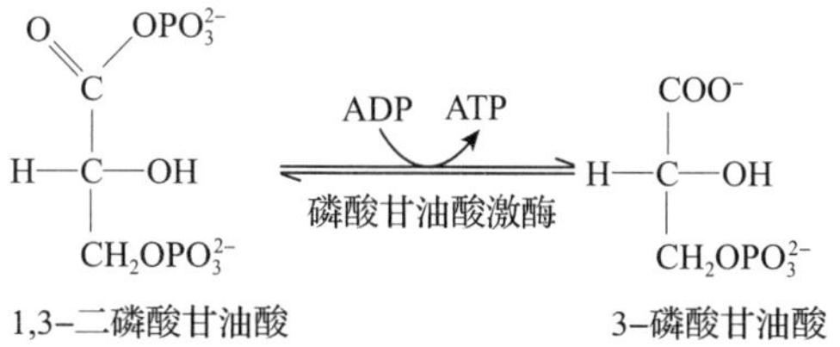

1,3-二磷酸甘油酸　　　　　　　　　　　　　3-磷酸甘油酸

⑧3-磷酸甘油酸转变成 2-磷酸甘油酸　该步反应由磷酸甘油酸变位酶（phosphoglycerate mutase）催化磷酸基团从 3-磷酸甘油酸的 C3 转移到 C2，这步反应是可逆反应。反应式如下：

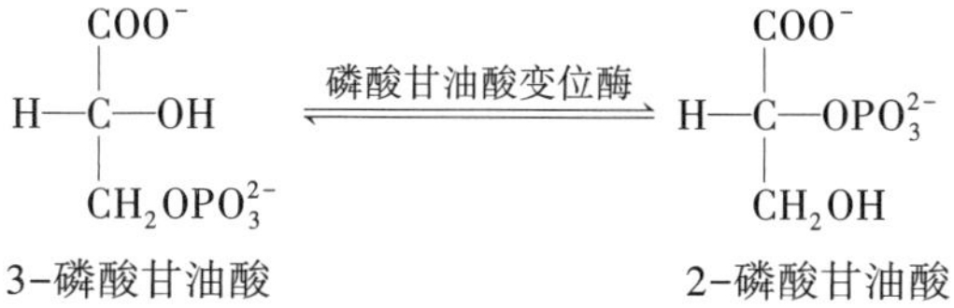

3-磷酸甘油酸　　　　　　　　　　　　　　2-磷酸甘油酸

磷酸甘油酸变位酶需要 Mg^{2+} 作为辅助因子，其与磷酸基团结合的残基是酶活性部位中第 8 位的组氨酸。

⑨2-磷酸甘油酸脱水形成磷酸烯醇式丙酮酸　该步反应由烯醇化酶（enolase）催化 2-磷酸甘油酸脱水生成磷酸烯醇式丙酮酸。尽管这个反应的标准自由能改变比较小，但改变时可引起分子内部的电子重排和能量重新分布，形成了一个高能磷酸键，这就为下一步反应做了准备。该反应是可逆反应。烯醇化酶是一个二聚体，需要 Mg^{2+} 或 Mn^{2+} 作为辅助因子。其活性可被 F^- 抑制。反应式如下：

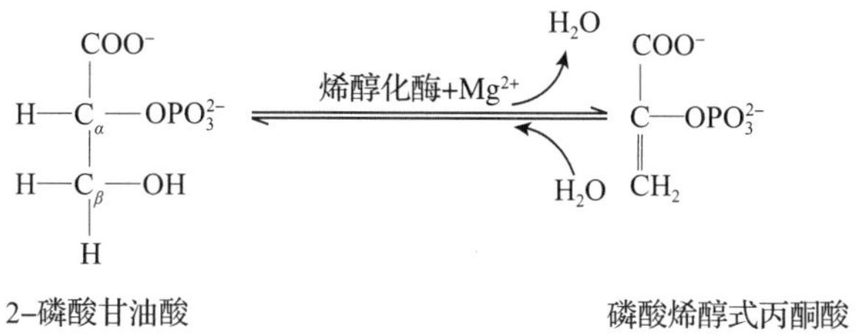

2-磷酸甘油酸　　　　　　　　　　　　磷酸烯醇式丙酮酸

⑩磷酸烯醇式丙酮酸将高能磷酸基团转移给 ADP 形成 ATP 和烯醇式丙酮酸　这是糖酵解途径的最后一步反应，即在丙酮酸激酶催化下，磷酸烯醇式丙酮酸生成烯醇式丙酮酸，然后烯醇式丙酮酸迅速发生分子重排，转变成丙酮酸。在胞内，丙酮酸激酶催化的此反应是放能的、不可逆反应，也是糖酵解途径的第三个限速反应。反应式如下：

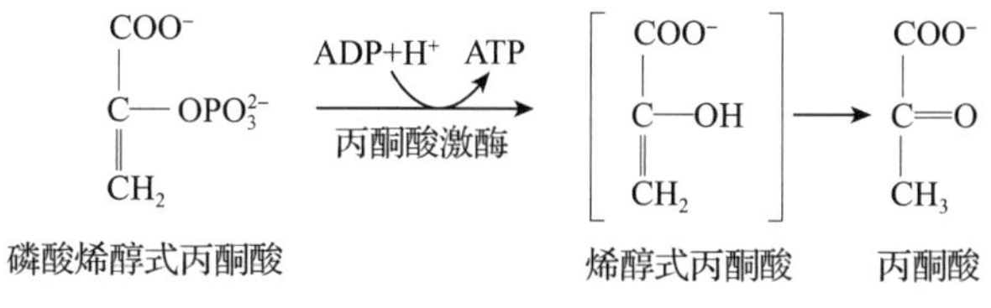

磷酸烯醇式丙酮酸　　　　　　　　　　烯醇式丙酮酸　　　丙酮酸

丙酮酸激酶是一个变构酶，需要 K^+、Mg^+ 和 Mn^{2+} 作为辅助因子。该反应是糖酵解途径过程中第二次产生 ATP 的反应，也是属于底物水平的磷酸化反应。

糖酵解过程用图解表示如图 10-3 所示。

⑪丙酮酸的去向　在有氧条件下，丙酮酸脱羧生成乙酰 CoA，进入三羧酸循环，氧化成 CO_2 和 H_2O，同时释放出能量生产 ATP。在无氧条件下，丙酮酸在乳糖脱氢酶的催化下还原生成乳酸，或者在丙酮酸脱羧酶和乙醇脱氢酶作用下生成乙醇。

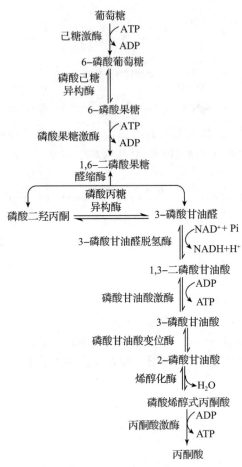

图 10-3 糖酵解过程

从葡萄糖到丙酮酸的糖酵解途径总反应式为：

$$葡萄糖+2NAD^++2ADP+Pi \longrightarrow 2\overline{丙酮酸}+2H_2O+2NADH+2H^++2ATP$$

（2）糖酵解能量化学计量

糖酵解特点是全部反应过程无氧参与。据测定，1 分子葡萄糖经糖酵解产生 2 分子丙酮酸，并放出 197 kJ 的能量。其中生物体以 ATP 的形式捕获了 61 kJ 的能量，相当于 2 分子的 ATP，即净生成 2 分子 ATP，其余的以热能的形式散失掉或在生化变化过程中损失掉。在糖酵解过程中，ATP 的消耗和产生位置见表 10-1 所列。

表 10-1 糖酵解中 ATP 的消耗和产生

反应步骤	ATP 的消耗或生成 （+号代表产生，−号代表消耗）
葡萄糖→6-磷酸葡萄糖	−1
6-磷酸果糖→1,6-二磷酸果糖	−1
2(1,3-二磷酸甘油酸→3-磷酸甘油酸)	+1×2
2(烯醇式丙酮酸→丙酮酸)	+1×2
合计	+2

糖酵解获能效率：

$$获能效率=\frac{61\ kJ}{197\ kJ}\times100\%=31\%$$

（3）进入糖酵解的其他单糖

除了葡萄糖外，其他糖类也可作为底物进入糖酵解代谢，途径如下：

①果糖 果糖可通过两条途径转变为糖酵解的中间产物，然后进入糖酵解途径。其中一条存在于肌肉和脂肪，另一条存在于肝脏。

果糖在肌肉和脂肪中的分解代谢：在肌肉和脂肪组织中，果糖在己糖激酶的催化下，直接生成 6-磷酸果糖，进入糖酵解途径。该反应需 ATP 提供磷酸基团，也需 Mg^{2+} 的参与。反应表示如下：

$$果糖+ATP \xrightarrow[Mg^{2+}]{己糖激酶} 6-磷酸果糖+ADP$$

果糖在肝脏中的分解代谢：在肝脏中，果糖利用 1-磷酸果糖途径代谢。在果糖激酶的作用下，使 C1 位磷酸化，生成 1-磷酸果糖。该反应需消耗 ATP，也需 Mg^{2+} 或 Mn^{2+}。反应式如下：

$$果糖+ATP \xrightarrow[Mg^{2+}]{果糖激酶} 1-磷酸果糖+ADP$$

然后，1-磷酸果糖被醛缩酶裂解为磷酸二羟丙酮和甘油醛。反应式如下：

$$1-磷酸果糖 \xrightleftharpoons{醛缩酶} 磷酸二羟丙酮+甘油醛$$

最后，磷酸二羟丙酮直接进入糖酵解途径，而甘油醛则在丙糖激酶的催化下，形成 3-磷酸甘油酸而进入糖酵解途径。

②半乳糖 半乳糖可转变为糖酵解的中间产物，然后进入糖酵解途径。该过程经过几个步骤：

半乳糖在半乳糖激酶作用下，使 C4 位磷酸化，生成 1-磷酸半乳糖。

$$半乳糖+ATP \xrightarrow{半乳糖激酶} 1-磷酸半乳糖+ADP$$

1-磷酸半乳糖和尿苷二磷酸葡萄糖（UDPG）在 1-磷酸半乳糖尿苷酰转移酶（galatose-1-phosphate uridylyl transferase）催化的作用下生成 1-磷酸葡萄糖和 UDP-半乳糖。

$$1-磷酸半乳糖+UDPG \xrightarrow{1-磷酸半乳糖尿苷酰转移酶} 1-磷酸葡萄糖+UDP-半乳糖$$

在生长阶段，UDP-半乳糖也可由 1-磷酸半乳糖在 UDP-半乳糖焦磷酸化酶催化下，消耗 UTP 而生成。

$$1-磷酸半乳糖+UTP \xrightarrow{UDP-半乳糖焦磷酸化酶} 1-磷酸葡萄糖+UDP-半乳糖$$

UDP-半乳糖在 UDP-半乳糖差向异构酶（UDPG-galatose-4-epimerase）作用下生成 UDP-葡萄糖，其作为上一反应的底物继续反应。

$$UDP-半乳糖 \xrightarrow{UDP-半乳糖差向异构酶} UDP-葡萄糖$$

UDP-葡萄糖经焦磷酸化酶作用生成 1-磷酸葡萄糖。

$$UDP-葡萄糖+PPi \xrightarrow{UDP-葡萄糖焦磷酸化酶} 1-磷酸葡萄糖+UDP$$

1-磷酸葡萄糖在磷酸葡萄糖变位酶的催化下生成 6-磷酸葡萄糖，然后进入糖酵解途径。

③甘露糖 甘露糖经过二步反应形成 6-磷酸果糖后，进入糖酵解途径。

甘露糖首先在己糖激酶的催化下，形成 6-磷酸甘露糖，然后在 6-磷酸甘露糖异构酶（phosphomannose isomerase）的催化下，形成 6-磷酸果糖进入糖酵解途径。

$$\text{甘露糖} \xrightarrow[\text{ATP} \quad \text{ADP}]{\text{己糖激酶}} \text{6-磷酸甘露糖} \xrightleftharpoons[\text{6-磷酸甘露糖异构酶}]{} \text{6-磷酸果糖}$$

（4）无氧条件下丙酮酸的代谢去路

在糖酵解过程中生成的丙酮酸和还原型辅酶都不是最终代谢产物，它们的去路因不同条件和不同生物而异。在有氧条件和无氧条件下，其代谢的最终产物也有所不同。在无氧条件下，丙酮酸有两条去路，即生成乙醇和乳酸。

①生成乙醇（酒精发酵）　酵母和有些微生物及植物细胞，在无氧的条件下，将丙酮酸转变为乙醇和 CO_2。该过程包含两个步骤，具体如下：

a. 丙酮酸脱羧形成乙醛：该反应由丙酮酸脱羧酶（pyruvate decarboxylase）催化，为可逆反应。动物细胞中不存在该酶。它以硫胺素焦磷酸（TPP）为辅酶。TPP 以非共价键和酶紧密结合。反应式如下：

$$\text{丙酮酸} \xrightarrow{\text{丙酮酸脱羧酶}} \text{乙醛} + CO_2$$

TPP 的活性末端是一个噻唑环。它的第二个碳原子由于相邻的四价氮原子上正电荷的影响而具有相对酸性。氮原子上的正电荷使质子解离后形成的碳负离子得以稳定。这一两性负碳离子是 TPP 的活性形式。

丙酮酸脱羧酶催化的脱羧过程可归纳为 4 个反应步骤：第一步，TPP 的内鎓离子对丙酮酸的羰基碳进行亲核攻击；第二步，释放 CO_2 并生成一个共振稳定的负碳离子加合物，在这个加合物上 TPP 的噻唑环起着电子陷阱的作用；第三步，负碳离子质子化；第四步，乙醛被释放又形成游离的活性酶。

b. 乙醛还原成乙醇：该反应由乙醇脱氢酶（alcohol dehydrogenase，ADH）催化，为可逆反应。酵母的乙醇脱氢酶是含有 4 个亚基的四聚体，每个亚基结合一个 NADH 和一个 Zn^{2+}。反应式如下：

$$\text{乙醛} + \text{NADH} + H^+ \xrightleftharpoons{\text{乙醇脱氢酶}} \text{乙醇} + NAD^+$$

由葡萄糖转变成乙醇的总的反应式可表示为：

$$\text{葡萄糖} + 2Pi + 2ADP + 2H^+ \longrightarrow 2\ \text{乙醇} + 2ATP + 2H_2O + 2CO_2$$

②生成乳酸（乳酸发酵）　厌氧乳酸菌在无氧条件下，或动物包括人在激烈运动时，或由于呼吸、循环系统障碍而发生供养不足时，缺氧的细胞必须用糖酵解产生的 ATP 分子暂时满足对能量的需要。丙酮酸可在乳酸脱氢酶（lactate dehydrogenase）的作用下，作为 NADH 的受氢体，使细胞在无氧条件重新生成 NAD^+，同时丙酮酸的羰基被还原，生成乳酸。催化该反应的酶为乳酸脱氢酶。

$$\begin{array}{ccc}
\overset{O}{\underset{\displaystyle \underset{CH_3}{\overset{\displaystyle |}{C=O}}}{\underset{\displaystyle |}{\overset{\displaystyle \|}{C}-OH}}} & \xrightleftharpoons[]{+NADH+H^+ \quad \text{乳酸脱氢酶}} & \overset{O}{\underset{\displaystyle \underset{CH_3}{\overset{\displaystyle |}{H-C-OH}}}{\underset{\displaystyle |}{\overset{\displaystyle \|}{C}-OH}}} \quad +NAD^+ \\
\text{丙酮酸} & & \text{乳酸}
\end{array}$$

在无氧的条件下，每分子葡萄糖变成乳酸的总反应式为：

$$\text{葡萄糖} + 2Pi + 2ADP \longrightarrow 2\ \text{乳酸} + 2ATP + 2H_2O$$

由于糖酵解产生等摩尔的 NADH 和丙酮酸，所以一分子葡萄糖所产生的 2 个 NADH 分子，都可通过利用 2 个丙酮酸分子而重新被氧化。

哺乳动物有两种不同的乳酸脱氢酶亚基，一种是 M 型(或称为 A 型)；另一种是 H 型(或称为 B 型)。这两种亚基类构型构成 5 种同工酶：M_4、M_3H、M_2H_2、MH_3、H_4。这 5 种同工酶催化相同的反应。但每种同工酶都有对底物(丙酮酸和 NADH 或乳酸和 NAD^+)特有的 K_m 值。M_4 和 M_3H 型对丙酮酸有较小的 K_m 值，即亲和力较高，它们在骨骼肌和其他一些依赖糖酵解获得能量的组织中占优势。而心肌中是 H_4 型，H_4 型对丙酮酸的亲和力最小。这确保了在心肌中丙酮酸不能转变为乳酸，而有利于丙酮酸脱氢酶的催化，使其朝有氧代谢方向进行。

L-乳酸是重要的食品酸味剂和化工原料。人(或动物)因剧烈运动而造成肌肉细胞暂时缺氧状态时，或由于呼吸循环系统机能障碍暂时供氧不足时，均可通过乳酸发酵提供能量。

10.2.1.2　糖酵解途径的调节

在一个代谢途径中，各种酶所催化的反应对整个代谢途径所起的作用不是等同的。在物质代谢的整个反应链中，某一步反应常常决定整个反应链的速度，这一步反应称为限速反应或关键反应，催化此步反应的酶称为限速酶(rate-limiting enzyme)或关键酶。多种调节因素可通过作用于限速酶实现对代谢途径的调控。

糖酵解代谢途径有 3 个关键酶即己糖激酶、磷酸果糖激酶和丙酮酸激酶。

(1)己糖激酶

己糖激酶是一个变构酶。它的活性受其本身反应产物的抑制。当细胞内 6-磷酸葡萄糖浓度高时，己糖激酶的活性立即受到抑制，因而阻止了葡萄糖的磷酸化反应，直到过剩的 6-磷酸葡萄糖被代谢所消耗，己糖激酶才得以恢复。

(2)磷酸果糖激酶

①ATP/AMP 的调节　ATP 是磷酸果糖激酶的别构抑制剂。该酶对 ATP 有两种结合位点，具有高亲和力的底物结合部位和低亲和力的抑制剂结合部位。当 ATP 的浓度高时，它结合到酶的别构部位而降低酶活性；当 ATP 浓度低时，它与酶的活性部位结合，同时，高浓度的 AMP 与酶的别构部位结合，解除 ATP 的抑制作用。

②柠檬酸的调节　磷酸果糖激酶受柠檬酸的别构抑制。柠檬酸是糖类有氧分解的中间产物。糖酵解的作用不只是在无氧的情况下提供能量，也为生物合成提供碳骨架。柠檬酸对磷酸果糖激酶的抑制作用正具有这种意义。高浓度的柠檬酸意味着丰富的生物合成前体存在，葡萄糖无须为提供合成前体而分解。

③2,6-二磷酸果糖的调节　2,6-二磷酸果糖是磷酸果糖激酶的别构激活剂。6-磷酸果糖经磷酸果糖激酶催化，其 C2 位磷酸化，形成 2,6-二磷酸果糖。后者又可被 2,6-二磷酸果糖酯酶水解生成 6-磷酸果糖，这两种催化活性相反的酶集中在同一条肽链上，是一种双功能酶。6-磷酸果糖激发 2,6-二磷酸果糖的合成，并抑制其降解，因此，当 6-磷酸果糖水平高时，可导致高浓度 2,6-二磷酸果糖的形成，而 2,6-二磷酸果糖又进一步激活磷酸果糖激酶。

④H^+ 的调节　磷酸果糖激酶被 H^+ 抑制。因此，当 pH 明显下降时，糖酵解速度降低，这可以防止在缺氧的条件下形成过量乳酸而导致中毒。

(3)丙酮酸激酶

6-磷酸果糖和 1,6-二磷酸果糖是丙酮酸激酶的变构激活剂，而 ATP 是它的变构抑制剂。此外，丙氨酸、乙酰 CoA 和脂肪酸也是它的抑制剂。该酶通过两种方式调节活性，一种是共价修饰：丙酮酸激酶磷酸化后失去活性；另一种是聚合与解聚：丙酮酸激酶有二聚体和四聚体两种形式，通常两者保持动态平衡。该酶也通过二聚体与四聚体的互变来调节活性的高低。当底物或上述酵解中间物激活剂存在时，平衡倾向于形成四聚体，此时酶的活力升高，K_m 值减小；而上述抑制因子则可稳定二聚体的构象，使酶的活力降低，K_m 值增大。

10.2.1.3　糖酵解的生理意义

糖酵解是从低等生物到高等生物都普遍存在的无氧氧化途经，是一种在生物进化中被保留下来的古老代谢方式。在生命进化的初期，地球缺氧，生物主要依靠该途径获取能量来维持生命。现在，该途径也广泛存在于生物中，起积极辅助作用：

①通过糖酵解途径，生物机体或组织可获得缺氧条件下所需的能量。1 分子葡萄糖进入糖酵解途径，可净生成 2 分子 ATP。ATP 是高能化合物，其可用于生物合成反应、运动及发光等生命活动中。在厌氧生物中，糖酵解是主要的能量来源。而在高等生物中，由于其以有氧氧化为主，糖酵解仅为辅助作用，可适应缺氧条件下的短暂能量供应。例如，农作物在涝害时，由于缺氧而抑制有氧氧化，此时，糖酵解途径便起积极作用。

②通过糖酵解途径，形成很多中间产物，可为其他代谢提供原料。例如，6-磷酸葡萄糖可作为磷酸戊糖途径的底物；磷酸二羟丙酮可转变成磷酸甘油，从而与脂肪合成联系起来；磷酸烯醇式丙酮酸可以合成四碳二羧酸，作为其他代谢的中间产物，也可沿糖酵解逆转合成六碳糖和多糖，还可以用于合成芳香族氨基酸。丙酮酸可经转氨作用形成丙氨酸，与氨基酸和蛋白质代谢联系起来。

10.2.2　糖的有氧氧化

10.2.2.1　糖有氧氧化的反应过程及能量变化

有关糖有氧氧化的知识，早期研究都是以动物肌肉为实验材料获得的。研究人员观察到切碎的鸽子肌肉糜呼吸旺盛，在有氧的条件下不但没有乳酸的积累，也没有丙酮酸的累积，说明丙酮酸可能是有氧氧化过程中的一个中间产物。用丙酮酸与肌肉组织一起在有氧条件下保温，丙酮酸可以被彻底氧化，形成 CO_2 和 H_2O。因此认为葡萄糖或糖原的有氧氧化也依照糖酵解途径进行，也可认为有氧呼吸(aerobic respiration)是无氧呼吸(anaerobic respiration)的继续。

1937 年，Krebs 通过总结大量的实验结果，提出了三羧酸循环(tricarboxylic acid cycle, TCA cycle)假说。以后在微生物、植物和动物的其他组织均证明有三羧酸循环的存在。它不仅是糖类代谢的重要途径，也是脂肪、蛋白质分解的最终途径。为了纪念 Krebs 在阐明三羧酸循环中所作的重要贡献，这一循环又称为 Krebs 循环。1953 年，该研究成果获得了诺贝尔奖。

糖的有氧氧化途径是指在有氧的条件下，葡萄糖彻底分解，最后形成 CO_2 和 H_2O 的过程。该途径分为两个阶段，即细胞质阶段和线粒体阶段，前者与糖的无氧氧化过程中葡萄糖生成丙酮酸的过程(EMP)相同，后者包括丙酮酸在线粒体氧化脱羧生成乙酰 CoA 和三羧酸循环。

(1)丙酮酸氧化脱羧形成乙酰 CoA

糖酵解生成的丙酮酸可穿过线粒体膜进入线粒体内，在丙酮酸脱氢酶复合物的催化下脱氢脱羧，生成乙酰 CoA。反应式如下：

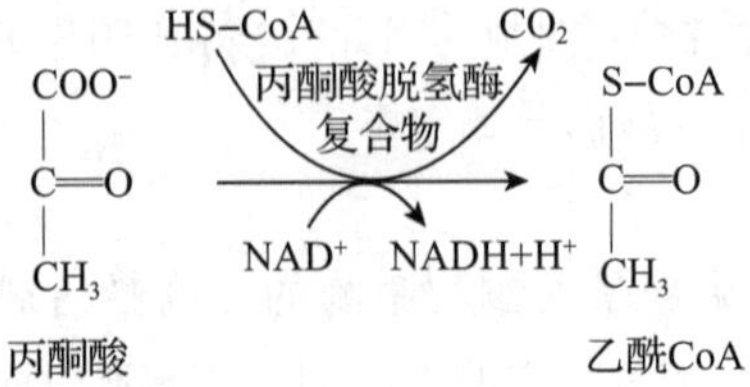

丙酮酸脱氢酶复合物又称丙酮酸脱氢酶系，该复合物中的酶分子通过非共价键联系在一

起，催化一个连续反应，即酶复合物中一个酶反应中形成的产物立刻被复合物中下一个酶作用。丙酮酸脱氢酶复合物位于线粒体膜上，由丙酮酸脱氢酶（E_1）、二氢硫辛酰胺转乙酰基酶（E_2）和二氢硫辛酰胺脱氢酶（E_3）3 种酶，以及 TPP（焦磷酸硫胺素）、辅酶 A（CoA-SH）、硫辛酸、FAD、NAD^+ 和 Mg^{2+} 6 种辅助因子组成的。共包含 5 步反应，具体如下：

①由丙酮酸脱氢酶将丙酮酸脱羧，生成羟乙基-TPP 复合物。

②羟乙基被二氢硫辛酰胺转乙酰基酶氧化成乙酰基，并转移到氧化型硫辛酸上，形成乙酰二氢硫辛酰胺。

③乙酰二氢硫辛酰胺在二氢硫辛酰胺转乙酰基酶的催化下，生成乙酰 CoA 和二氢硫辛酰胺。

④二氢硫辛酰胺和 FAD 在二氢硫辛酰胺脱氢酶作用下，生成硫辛酰胺和 $FADH_2$。

⑤二氢硫辛酰胺脱氢酶将 $FADH_2$ 上的氢转移给 NAD^+，生成 NADH。至此，准备阶段反应完成。

图 10-4 给出了丙酮酸脱氢酶复合物催化丙酮酸转化为乙酰 CoA 和 CO_2 的反应过程。

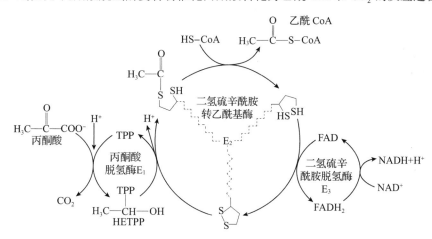

图 10-4　丙酮酸脱氢酶复合物催化丙酮酸转化为乙酰 CoA 和 CO_2 的过程

（2）三羧酸循环的反应过程

在有氧条件下，葡萄糖的分解并不仅停留在生成丙酮酸，而是继续进行有氧分解，最后形成 CO_2 和 H_2O，并释放出大量能量。该过程由于有几个中间产物具有 3 个羧基，因此称为三羧酸循环，简称 TCA 循环，也称柠檬酸循环。三羧酸循环是在细胞的线粒体中进行的，所以在细胞质中形成的丙酮酸需运输进入线粒体后才能进入该循环，同时需要有氧气的参与。

三羧酸循环反应过程是从乙酰 CoA 开始的，全过程有 8 步反应。每步反应分述如下：

①柠檬酸的形成　乙酰 CoA 在柠檬酸合酶（citrate synthase）的催化下，与草酰乙酸缩合形成柠檬酸。乙酰 CoA 中的高能硫酯键分解以提供能量。所得柠檬酸有一个对称平面，没有旋光性，但具有手性。该反应为不可逆反应，是三羧酸循环中第一个可调控的限速步骤。反应式如下：

柠檬酸合酶起初称为柠檬酸缩合酶。此酶是由两个亚基构成的二聚体。由每个亚基的两个结构域构成一个深的裂缝，其中含有一个草酰乙酸结合位点。当酶与草酰乙酸结合后，其较小的那个结构域随即发生 18° 的转向（相对于较大的结构域），造成酶分子的裂缝合拢，同时又暴露出与乙酰 CoA 的结合部位。这一现象是一个典型的由于底物与酶结合而诱导产生的"诱导契合"模型。柠檬酸合酶催化的反应属于醛醇-克莱森酯缩合反应，反应可分为 3 步：

第一步，柠檬酸合酶的组氨酸残基与乙酰 CoA 的甲基作用，使它的甲基失去一个氢离子而形成负碳离子。此负碳离子由于与 CoA 相接的硫酯的存在，可发生烯醇化作用。

第二步，乙酰 CoA 负碳离子向草酰乙酸的羰基进行亲核攻击，形成柠檬酰 CoA，且该化合物仍连接在酶分子上。

第三步，柠檬酰 CoA 水解为柠檬酸和 CoA。柠檬酰 CoA 水解的标准自由能变化 $\Delta G^{0'}$ 为 -31.5 kJ/mol。它保证了反应向水解的方向进行。

②柠檬酸异构化形成异柠檬酸　柠檬酸异构化形成异柠檬酸是适应柠檬酸进一步氧化的需要。因为柠檬酸是一个叔醇化合物，它的羟基所处的位置妨碍柠檬酸进一步氧化，所以柠檬酸通过失水形成顺乌头酸，然后加水到顺乌头酸这一不饱和的中间产物上，把羟基从原来的位置转移到相邻的碳原子上，从而形成异柠檬酸。而异柠檬酸是可以氧化的仲醇。反应式如下：

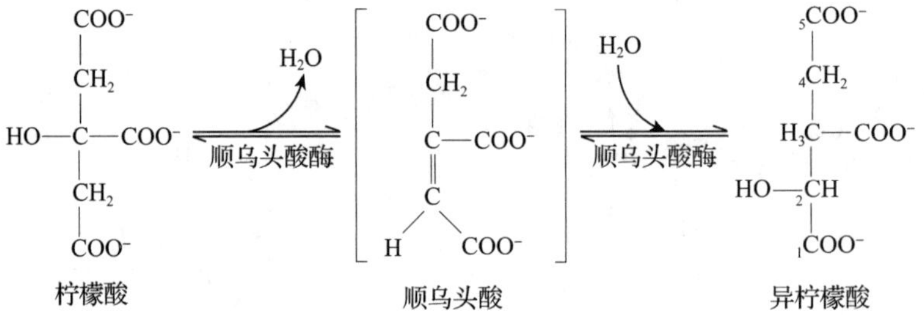

催化柠檬酸转变为异柠檬酸的酶，称为顺乌头酸酶。因该酶在催化过程中形成顺乌头酸中间产物而得名。顺乌头酸酶催化的顺乌头酸双键加水的反应可在两个方向进行。一个方向导致形成柠檬酸，另一个方向导致形成异柠檬酸。顺乌头酸在一般情况下是与酶结合的中间物，它极缓慢地与酶脱离。用氚标记底物的实验证明，H—和—OH 总是加在顺乌头酸双键的正、反两个方向。

③异柠檬酸氧化形成 α-酮戊二酸　异柠檬酸氧化脱羧是一个氧化还原步骤，也是柠檬酸循环中两次氧化脱羧反应中的第一个反应。氧化中间产物是一个不稳定的酮酸，即草酰琥珀酸。催化这一氧化脱羧的酶称为异柠檬酸脱氢酶。反应式如下：

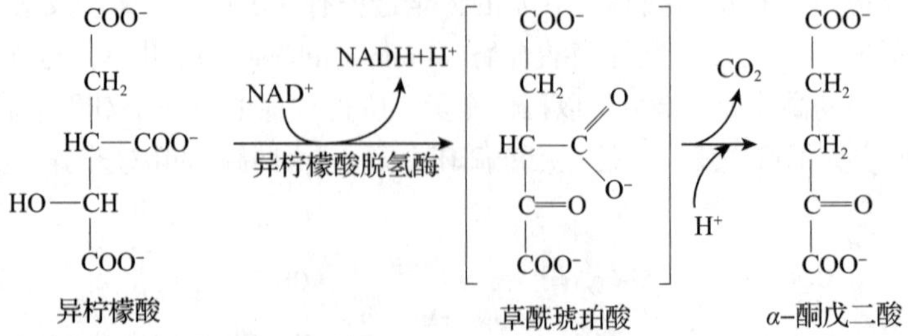

异柠檬酸脱氢酶在高等动物以及大多数微生物中有两种形式：一种以 NAD^+ 为辅酶，另一种以 $NADP^+$ 为辅酶。前者只存在于线粒体中，需要有 Mg^{2+} 或 Mn^{2+} 激活；后者存在细胞溶胶中。该反应为不可逆反应，是三羧酸循环中第二个可调控的限速步骤。

④α-酮戊二酸氧化脱羧形成琥珀酰 CoA　在 α-酮戊二酸脱氢酶复合物(含 3 种酶和 6 种辅助因子，涉及 5 步反应)(α-ketoglutarate dehydrogenase system)的催化下，α-酮戊二酸转变为琥珀酰辅酶 A(succinylcoenzyme A)。该反应为不可逆反应，是三羧酸循环中第三个可调控的限速步骤。反应式如下：

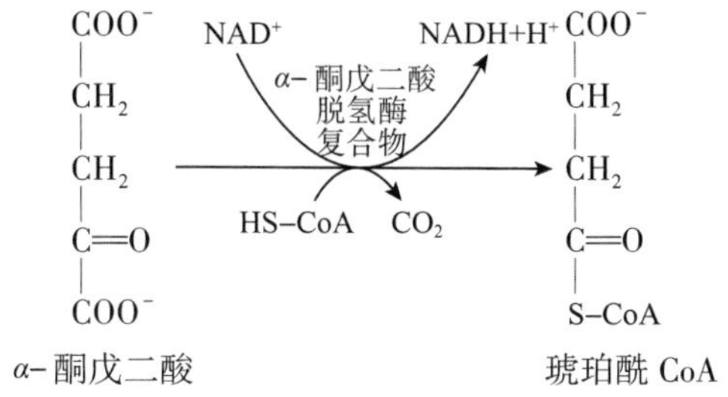

α-酮戊二酸脱氢酶复合物又称 α-酮戊二酸脱氢酶系，也简称为 α-酮戊二酸脱氢酶，与丙酮酸脱氢酶复合物极其相似，也是一个多酶复合体，由 α-酮戊二酸脱氢酶、二氢硫辛酰转琥珀酰酶、二氢硫辛酰脱氢酶组成。这里的二氢硫辛酸脱氢酶实际上和丙酮酸脱氢酶复合体中的二氢硫辛酰脱氢酶是相同的。

⑤琥珀酰 CoA 合成酶催化底物水平磷酸化　琥珀酰 CoA 在 GDP 和 Pi 的参与下，经琥珀酰 CoA 合成酶(succinyl CoA synthetase)的催化，生成琥珀酸、GTP 和辅酶 A。该反应为可逆反应。反应式如下：

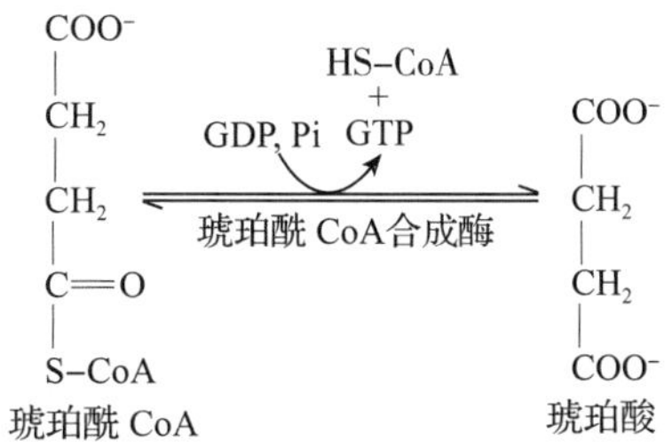

⑥琥珀酸脱氢酶催化琥珀酸脱氢生产延胡索酸　琥珀酸在琥珀酸脱氢酶(succinate dehydrogenase)的催化下，进行脱氢，生成延胡索酸(fumarate)。琥珀酸脱氢酶是一个铁硫蛋白，由两个亚基组成。该反应为可逆反应。反应式如下：

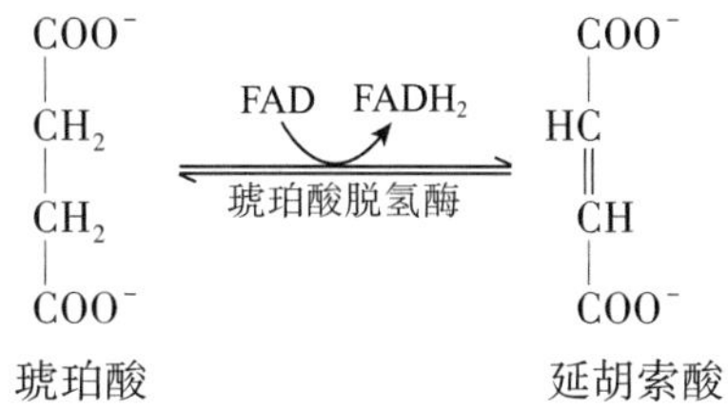

从上式可看到琥珀酸的两个中间碳原子各脱掉一个氢原子形成反式的丁烯二酸(又称延胡索酸)。催化这一反应的酶称为琥珀酸脱氢酶。这个酶是以 FAD 作为其脱下电子的受体，而不是 NAD^+。

⑦延胡索酸酶催化延胡索酸水化生成 L-苹果酸　延胡索酸在延胡索酸酶(fumarase)的催化下，加水生成苹果酸(malic acid)。该反应为可逆反应。反应式如下：

延胡索酸   L-苹果酸

催化延胡索酸水合形成苹果酸的酶称为延胡索酸酶。该酶的催化反应具有严格的立体专一性。用重氢标记的 D_2O 观察该酶的催化情况表明，—OD(—OH)严格地加到延胡索酸双键的一侧，而另一个 D 原子则加到相反的另一侧。因此，形成的苹果酸只有 L-苹果酸(S-苹果酸)。

⑧苹果酸脱氢酶催化苹果酸氧化重新形成草酰乙酸，完成一轮三羧酸循环　在苹果酸脱氢酶(malate dehydrogenase)的催化下，苹果酸被氧化脱氢转变成草酰乙酸(oxaloacetate)。该反应为可逆反应。反应式如下：

L-苹果酸   草酰乙酸

这一步反应是再生成草酰乙酸完成三羧酸循环的最后一个步骤。L-苹果酸的羟基氧化形成羰基。催化这个反应的酶称为苹果酸脱氢酶，它的辅酶 NAD^+。苹果酸氧化的 $\Delta G^{0'} = +29.7$ kJ/mol，在热力学上尽管是不利的反应，但由于草酰乙酸和乙酰 CoA 的缩合反应是高度的放能反应($\Delta G^{0'} = -31.5$ kJ/mol)，所以通过草酰乙酸不断地消耗，使得苹果酸氧化成为草酰乙酸得以进行。这正是我们在代谢总论及生物能学中强调过的，在热力学上一个不利的反应可由一个有利的反应所推动。而且由于柠檬酰 CoA 的硫酯键水解时的高度放能，使得草酰乙酸在低的生理浓度下也可向生成柠檬酸的方向进行。

至此，完成了三羧酸循环过程。由于草酰乙酸的重新生成，它可继续与另一分子的乙酰CoA 作用，再次生成柠檬酸，重复以上各步反应。

三羧酸循环总反应式为：

乙酰 CoA+2H_2O+3NAD^++FAD+GDP+Pi $\longrightarrow$ 2CO_2+3NADH+3H^++$FADH_2$+CoA—SH+GTP

(3)三羧酸循环的化学计量和特点

①三羧酸循环产生的 ATP　从三羧酸循环途径可以看出：

每循环一次，1 分子乙酰 CoA 经两步脱羧反应，脱去 2 个碳原子，生成 2 分子 CO_2。

每循环一次，发生 4 步脱氢氧化反应。其中三步是以 NAD^+ 为电子受体，一步以 FAD 为电子受体，即形成 3 分子 NADH 和 1 分子 $FADH_2$。

每循环一次，消耗 2 分子 H_2O。其中 1 分子用于柠檬酸的合成，另 1 分子用于苹果酸的合成。

三羧酸循环中 4 次脱氢反应产生的 NADH+H^+ 和 $FADH_2$ 可传递给呼吸链生成 ATP。除三羧酸循环外，其他代谢途径中生成的 NADH+H^+ 或 $FADH_2$，也可经呼吸链生成 ATP。NADH+H^+ 的氢传递给氧时，可生成 2.5 个 ATP，$FADH_2$ 的氢被氧化时只能生成 1.5 个 ATP。加上底物水平磷酸化生成的 1 个 ATP，乙酰 CoA 经三羧酸循环彻底氧化分解共生成 10 个 ATP。若从丙酮酸脱氢开始计算，共产生 12.5 分子 ATP。1 mol 的葡萄糖彻底氧化生成 CO_2 和 H_2O，可净生成 5

表 10-2 葡萄糖有氧氧化生成的 ATP

阶 段	反 应	辅酶	最终获得 ATP
第一阶段	葡萄糖→6-磷酸葡萄糖		−1
	6-磷酸果糖→1,6-二磷酸果糖		−1
	2×3-磷酸甘油醛→2×1,3-二磷酸甘油酸	2NADH(细胞质)	3 或 5
	2×1,3-二磷酸甘油酸→2×3-磷酸甘油酸		2
	2×磷酸烯醇式丙酮酸→2×丙酮酸		2
第二阶段	2×丙酮酸→2×乙酰 CoA	2NADH(线粒体基质)	5
第三阶段	2×异柠檬酸→2×α-酮戊二酸	2NADH(线粒体基质)	5
	2×α-酮戊二酸→2×琥珀酰 CoA	2NADH	5
	2×琥珀酰 CoA→2×琥珀酸		2
	2×琥珀酸→2×延胡索酸	2FADH$_2$	3
	2×苹果酸→2×草酰乙酸	2NADH	5
由一个葡萄糖共获得 ATP 数			30 或 32

或 $7+2×12.5=30$ 或 32 mol ATP(表 10-2)。

②特点

第一,三羧酸循环反应在线粒体中进行,为需氧不可逆反应。

第二,三羧酸循环中有 2 次脱羧反应,生成 2 分子 CO_2。在此循环中,最初草酰乙酸因参加反应而消耗,但经过循环又重新生成。所以每循环一次,净结果为 1 个乙酰基通过 2 次脱羧而被消耗。循环中有机酸脱羧产生的 CO_2 是机体中 CO_2 的主要来源。

第三,在三羧酸循环中,共有 4 次脱氢反应,脱下的氢原子以 NADH+H$^+$ 和 FADH$_2$ 的形式进入呼吸链,最后传递给氧生成水,在此过程中释放的能量可以合成 ATP。

第四,乙酰 CoA 不仅来自糖的分解,也可由脂肪酸和氨基酸的分解代谢产生。以上途径产生的乙酰 CoA 都进入三羧酸循环彻底氧化。此外,凡是能转变成三羧酸循环中任何一种中间代谢物的物质都能通过三羧酸循环而被氧化。所以,三羧酸循环实际是糖类、脂类和蛋白质等有机物在生物体内末端氧化的共同途径。

第五,三羧酸循环为一些物质的生物合成提供了前体分子。例如,草酰乙酸是合成天冬氨酸的前体,α-酮戊二酸是合成谷氨酸的前体,一些氨基酸还可通过此途径转化成糖。因此,三羧酸循环的中间物质必须补充与更新。

第六,三羧酸循环的关键酶是柠檬酸合酶、异柠檬酸脱氢酶和 α-酮戊二酸脱氢酶系,且 α-酮戊二酸脱氢酶系的结构与丙酮酸脱氢酶系相似,辅助因子完全相同。

10.2.2.2 糖有氧氧化途径的调节

(1)柠檬酸合酶的调控

柠檬酸合酶催化草酰乙酸和乙酰 CoA 合成柠檬酸。因为由乙酰 CoA 游离出 CoA 是放能反应($\Delta G^{0'}=-32.23$ kJ),以致平衡趋于生成柠檬酸的方向。此酶控制三羧酸循环的入口,受到多种调控。这个酶是一个变构酶。当体内 ATP 含量较高时,抑制酶的活性。此外,NADH、脂酰 CoA、琥珀酰 CoA 和柠檬酸对该酶都有抑制作用。这步酶促反应是三羧酸循环的限速步骤。

(2)异柠檬酸脱氢酶的调控

异柠檬酸脱氢酶是一个变构调节酶。它的活性受 ADP 变构激活。ADP 可增强酶与底物的亲和力。该酶与异柠檬酸、Mg^{2+}、NAD$^+$ 及 ADP 的结合有相互协同作用。与 NAD$^+$、ADP 的作用相反，NADH、ATP 对该酶起变构抑制作用。在能荷低的情况下（能荷 = ［ATP+1/2［ADP］/［ATP］+［ADP］+［AMP］)，NAD$^+$ 的含量升高，不仅有利于柠檬酸脱氢酶，对其他需要以 NAD$^+$ 为辅助因子的酶促反应也有推动作用。异柠檬酸脱氢酶所具有的这些性质，使它在柠檬酸循环中起到调节作用。

（3）α-酮戊二酸脱氢酶系的调控

α-酮戊二酸酶系催化 α-酮戊二酸氧化脱羧生成琥珀酰 CoA。当琥珀酰 CoA 和 NADH 浓度较高时，抑制该酶的活性。同时其活性也受细胞内过量 ATP 的抑制。

（4）丙酮酸脱氢酶复合物的调控

丙酮酸脱氢酶复合物受别构效应及共价修饰两种方式的调节。该酶系的反应产物乙酰CoA、NADH 和 ATP 对酶有反馈抑制作用，且这种抑制可被长链脂肪酸所加强。当进入三羧酸循环的乙酰 CoA 减少，使 AMP、CoA、NAD$^+$ 累积，酶系被别构激活。Ca^{2+} 对丙酮酸脱氢酶复合物有激活作用。丙酮酸脱氢酶复合物可被丙酮酸脱氢激酶磷酸化，这种共价修饰使酶蛋白变构而失活。丙酮酸脱氢磷酸酶使其去磷酸而恢复活性。乙酰 CoA、NADH 和 ATP 除对酶系有直接的抑制作用外，还可通过增强丙酮酸脱氢激酶的活性而使其失活。

（5）ATP、ADP 和 Ca^{2+} 对三羧酸循环的调节

机体活动增加总要消耗更多的 ATP，与 ATP 水解速度相伴随的是 ADP 浓度的增加。ADP是异柠檬酸脱氢酶的变构促进剂，从而增加了该酶对底物的亲和力。机体活动处于静息状态时，ATP 的消耗下降，浓度上升，对该酶产生抑制效应。

Ca^{2+} 在机体内的生物功能是多方面的，它对三羧酸循环也间接地起着重要作用。它刺激糖原的降解，启动肌肉收缩，还对许多激素的信号起中介作用，在三羧酸循环中它对丙酮酸脱氢酶磷酸酶、异柠檬酸脱氢酶和 α-酮戊二酸脱氢酶系都有激活作用。

肝脏可合成机体所需的多种物质，包括葡萄糖、脂肪酸、胆固醇、氨基酸及卟啉类等。因此，肝脏中三羧酸循环不仅在提供能量中起重要作用，还具有为其他代谢提供中间产物的作用。尽管各种组织中三羧酸循环的调控机制是相同的，但肝脏中三羧酸循环受到的调控关系显得更为错综复杂。

10.2.3 糖有氧氧化的生理意义

10.2.3.1 为细胞提供能量

糖在有氧条件下彻底氧化释放出的总能量远远大于糖无氧氧化时释放的能量，进而所生成的 ATP 也远多于糖无氧氧化所生成的 ATP。代谢所产生的 ATP 可用于机体代谢的各个方面，如生物合成、物质主动运输、运动及生物发光等。

巴斯德效应（Pasteur effect）可用三羧酸循环形成大量能量的事实加以解释。早在 1860 年，巴斯德发现，如果在厌氧条件下向高速酵解的酵母培养体系中通入氧气，则葡萄糖消耗的速度急剧下降，所积累的乳酸也迅速消失。将这种由消耗氧气而导致的葡萄糖消耗减少、乳酸堆积终止的现象称为巴斯德效应。这是因为在供养充足条件下葡萄糖进行有氧氧化，产生大量的ATP，在高能荷情况下，ATP 反馈抑制 6-磷酸果糖激酶和丙酮酸激酶，使 6-磷酸果糖和 6-磷酸葡萄糖增加，后者为己糖激酶（hexokinase，HK）的抑制剂，从而使葡萄糖的利用减少。

10.2.3.2 三羧酸循环是机体代谢的枢纽

三羧酸循环是绝大多数生物体的主要分解代谢途径，同时也是提供大量自由能的重要代谢系统，三羧酸循环具有分解代谢和合成代谢双重作用。糖的有氧代谢也是机体内其他物质（如

甘油、氨基酸、脂肪酸)氧化的共同通路，同时它的许多中间产物又是体内合成其他物质的原料，糖的有氧代谢与其他物质的代谢密切相关。通过三羧酸循环可把细胞内糖类、脂类、蛋白质类以及氨基酸等的代谢有机地联系起来。在三羧酸循环中，α-酮戊二酸是合成谷氨酸、谷氨酰胺、脯氨酸、羟脯氨酸及精氨酸的前体物质；草酰乙酸是合成天冬氨酸、天冬酰胺、赖氨酸、苏氨酸、甲硫氨酸及异亮氨酸的前体物质；延胡索酸是酪氨酸、苯丙氨酸代谢的产物，因而又与蛋白质代谢联系起来；三羧酸循环中的琥珀酰 CoA 是合成叶绿素和血红素的前体物质；乙酰 CoA 是用于合成脂肪的原料；脂肪氧化后变成乙酰 CoA 进入三羧酸循环；乙酰 CoA 又能经乙醛酸途径转变成琥珀酸，通过糖异生作用合成葡萄糖等其他碳水化合物。由此可见，三羧酸循环是联系各类物质代谢的枢纽。

10.2.3.3　三羧酸循环的产物可以得到最经济的利用

三羧酸循环的产物可以得到最经济的利用，如能量的利用、中间产物的利用等。循环中产生的 CO_2 部分被用于某些物质的生物合成。

三羧酸循环为其他代谢提供原料，中间产物被抽走，因而会影响三羧酸循环的运行。生物体可以通过其他途径回补三羧酸循环中间产物，这种补充反应称为回补反应(anaplerotic reaction)，在三羧酸循环中有重要作用。

①丙酮酸羧化

$$\text{丙酮酸} + CO_2 + ATP + H_2O \xrightarrow{\text{丙酮酸羧化酶}} \text{草酰乙酸} + ADP + Pi$$

②磷酸烯醇式丙酮酸羧化

$$\text{磷酸烯醇式丙酮酸} + CO_2 + H_2O \xrightarrow{\text{磷酸烯醇式丙酮酸羧化酶}} \text{草酰乙酸} + H_3PO_4$$

③其他　谷氨酸经转氨作用生成 α-酮戊二酸；奇数脂肪酸的氧化；异亮氨酸、甲硫氨酸、缬氨酸的分解可产生琥珀酰 CoA；天冬氨酸经脱氨作用生成苹果酸。

10.2.4　磷酸戊糖途径

在生物体内，葡萄糖除了通过糖酵解、三羧酸循环进行分解外，还存在另一条氧化分解途径，即磷酸戊糖途径(phosphopentose pathway，简称为 PPP)，又称戊糖支路(pentose shunt)、磷酸己糖支路(hexose monophosphate shunt，简称 HMS)或磷酸葡萄糖氧化途径。该途径在细胞质中进行，该途径在细胞中进行，反应将葡萄糖氧化分解生成五碳糖、CO_2、无机磷酸和 NADPH。

磷酸戊糖途径的发现是从研究糖酵解的过程中开始的。向供研究糖酵解用的组织匀浆中加入碘乙酸、氰化物等抑制物，葡萄糖的利用仍将进行。1931 年，Warburg 和 Lipman 等人发现了 6-磷酸葡萄糖脱氢酶(glucose-6-phosphate dehydrogenase)和 6-磷酸葡萄糖酸脱氢酶(6-phosphogluconate dehydrogenase)，这些酶促使葡萄糖走向糖酵解外的未知途径。1951 年，Scott 和 Cohen 最早分离得到 5-磷酸核糖。1953 年，Dickens 总结了前人对磷酸戊糖途径研究成果，发表在英国的医学杂志 *British Medical Bulletin* 上。

10.2.4.1　磷酸戊糖途径的反应过程

磷酸戊糖途径的反应分为两个阶段：氧化阶段和非氧化阶段，反应共分 8 步。氧化阶段包括六碳糖脱羧生成五碳糖，并使 $NADP^+$ 还原形成 $NADPH + H^+$。非氧化阶段包括 5-磷酸核酮糖通过差向异构和异构形成 5-磷酸木酮糖和 5-磷酸核糖，再通过转酮基反应和转醛基反应，将磷酸戊糖途径与糖酵解联系起来，并使 6-磷酸葡萄糖再生。

(1)氧化阶段

氧化阶段共包括 3 步反应：

①6-磷酸葡萄糖脱氢反应　6-磷酸葡萄糖脱氢酶以 $NADP^+$ 为辅酶，催化 6-磷酸葡萄糖脱氢生成 6-磷酸葡萄糖酸-δ-内酯。反应式如下：

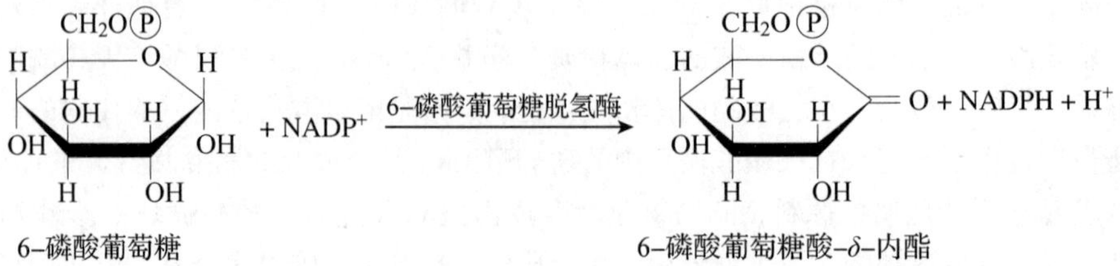

6-磷酸葡萄糖　+ $NADP^+$ $\xrightarrow{\text{6-磷酸葡萄糖脱氢酶}}$ 6-磷酸葡萄糖酸-δ-内酯 + $NADPH + H^+$

②6-磷酸葡萄糖酸的生成　6-磷酸葡萄糖酸-δ-内酯在内酯酶的水解作用下，生成 6-磷酸葡萄糖酸。反应式如下：

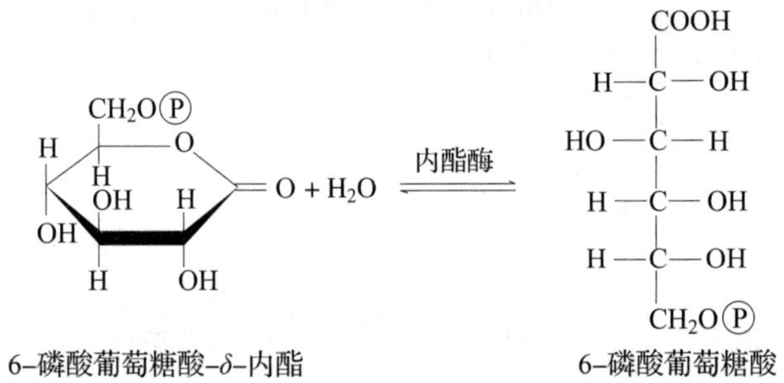

6-磷酸葡萄糖酸-δ-内酯 + H_2O $\xrightleftharpoons{\text{内酯酶}}$ 6-磷酸葡萄糖酸

③5-磷酸核酮糖的生成　由 6-磷酸葡萄糖酸脱氢酶催化 6-磷酸葡萄糖酸脱氢并脱羧生成5-磷酸核酮糖，再次以 $NADP^+$ 作为氢的受体。反应式如下：

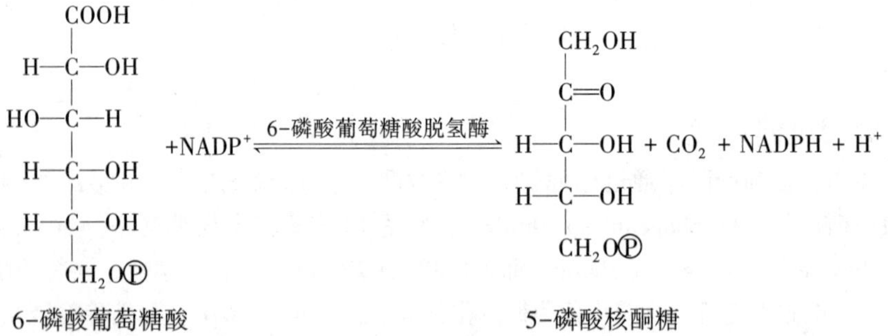

6-磷酸葡萄糖酸 + $NADP^+$ $\xrightleftharpoons{\text{6-磷酸葡萄糖酸脱氢酶}}$ 5-磷酸核酮糖 + CO_2 + $NADPH + H^+$

（2）非氧化反应阶段

①5-磷酸核酮糖的异构化　5-磷酸核酮糖经磷酸戊糖异构酶作用形成 5-磷酸核糖，经差向异构酶形成 5-磷酸木酮糖。反应式如下：

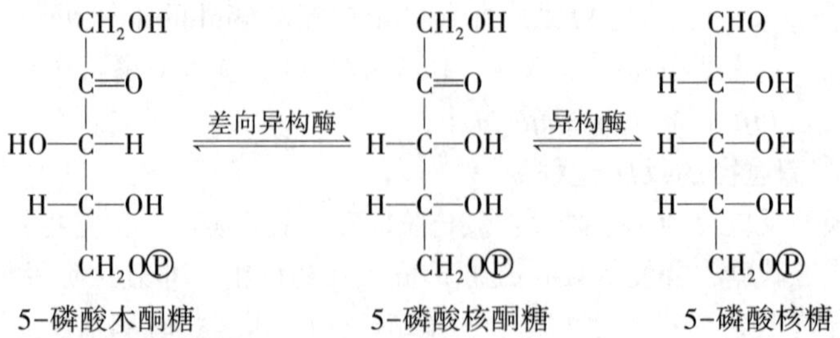

5-磷酸木酮糖 $\xrightleftharpoons{\text{差向异构酶}}$ 5-磷酸核酮糖 $\xrightleftharpoons{\text{异构酶}}$ 5-磷酸核糖

②转酮基反应　5-磷酸木酮糖经转酮酶的作用，将二碳单位转移到 5-磷酸核糖上，形成3-磷酸甘油醛和 7-磷酸景天庚酮糖。反应式如下：

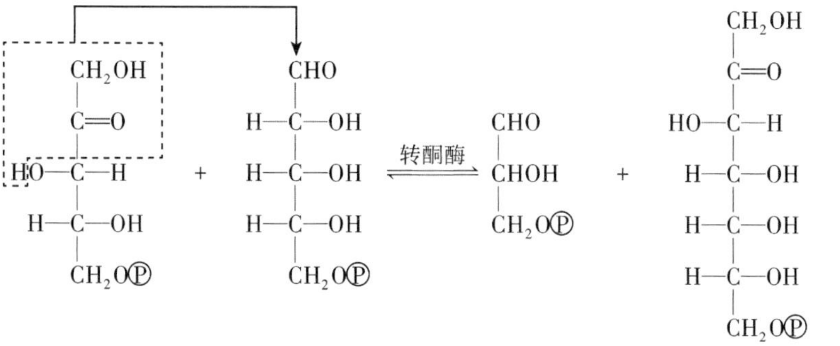

5-磷酸木酮糖　　　5-磷酸核糖　　　3-磷酸甘油醛　　　7-磷酸景天庚酮糖

③转醛基反应　7-磷酸景天庚酮糖经转醛酶的作用，将三碳单位转移到3-磷酸甘油醛上，形成4-磷酸赤藓糖和6-磷酸果糖。反应式如下：

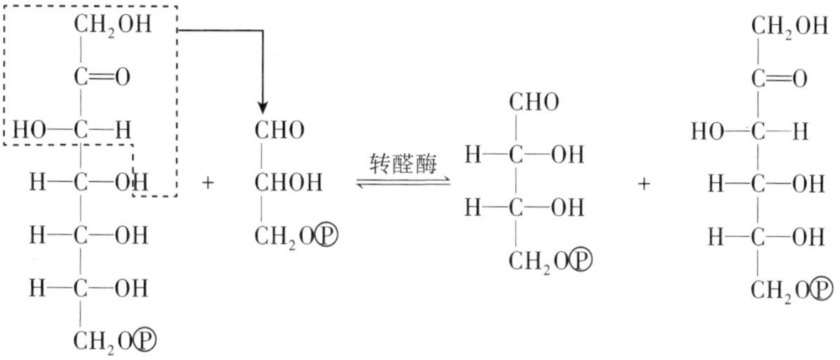

7-磷酸景天庚酮糖　　　3-磷酸甘油醛　　　4-磷酸赤藓糖　　　6-磷酸果糖

④转酮基反应　4-磷酸赤藓糖和5-磷酸木酮糖经转酮酶的作用，转移二碳单位，形成3-磷酸甘油醛和6-磷酸果糖。反应式如下：

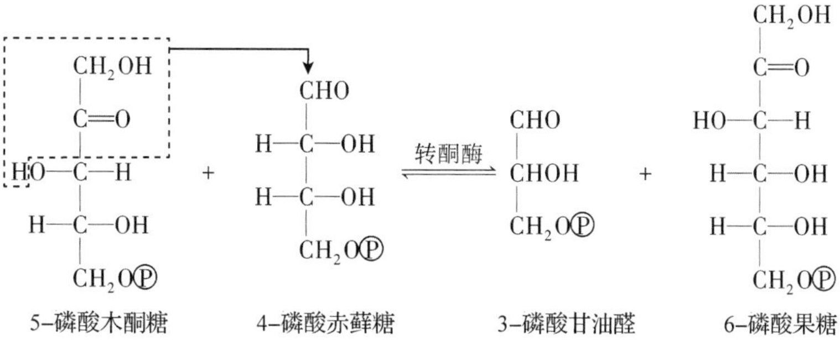

5-磷酸木酮糖　　　4-磷酸赤藓糖　　　3-磷酸甘油醛　　　6-磷酸果糖

⑤异构化反应　6-磷酸果糖经异构化形成6-磷酸葡萄糖。反应式如下：

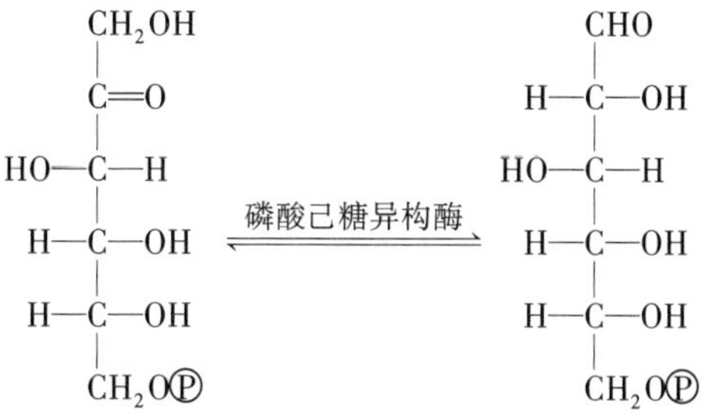

6-磷酸果糖　　　6-磷酸葡萄糖

（3）磷酸戊糖途径的化学计量和特点

①磷酸戊糖途径的化学计量　磷酸戊糖途径的总反应式：

$$6\ 6\text{-磷酸葡萄糖} + 12NADP^+ + 7H_2O \longrightarrow 5\ 6\text{-磷酸葡萄糖} + 6CO_2 + 12NADPH + 12H^+ + Pi$$

6分子6-磷酸葡萄糖循环一圈变成5分子6-磷酸葡萄糖，净结果是1分子6-磷酸葡萄糖彻底氧化成 CO_2 和 H_2O，在这个过程中，净产生12分子的 NADPH，为细胞的各种合成反应提供还原剂。

②磷酸戊糖途径全过程　如图 10-5 所示。

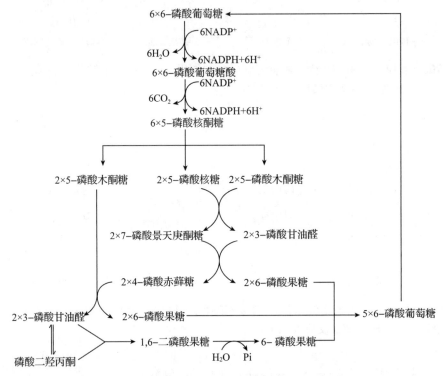

图 10-5　磷酸戊糖途径

10.2.4.2　磷酸戊糖途径的调节

（1）6-磷酸葡萄糖脱氢酶的调节

6-磷酸葡萄糖脱氢酶所催化的反应是不可逆反应，因而是磷酸戊糖途径的限速步骤。其活性受到了 $NADP^+$ 的促进。当 $NADP^+$ 浓度较高时，加速6-磷酸葡萄糖转变为6-磷酸葡萄糖酸。

（2）6-磷酸葡萄糖酸脱氢酶的调节

6-磷酸葡萄糖酸脱氢酶所催化的反应是不可逆反应，因而是磷酸戊糖途径的限速步骤。其活性受到产物5-磷酸核酮糖和 NADPH 的抑制。

（3）6-磷酸葡萄糖去路的调节

6-磷酸葡萄糖可进入磷酸戊糖途径，也可进入糖酵解途径。当 $NADP^+$ 浓度较高时，加速6-磷酸葡萄糖转变为6-磷酸葡萄糖酸。由于6-磷酸葡萄糖酸转化为5-磷酸核酮糖的速度较慢，导致6-磷酸葡萄糖酸累积。而6-磷酸葡萄糖酸可抑制磷酸己糖异构酶的活性，从而抑制6-磷酸葡萄糖向糖酵解方向转化，促进磷酸戊糖途径的转化。当6-磷酸葡萄糖浓度增大时，又抑制己糖激酶的活性，导致6-磷酸葡萄糖含量下降，进一步可使6-磷酸葡萄糖酸含量下降，这样就解除了6-磷酸葡萄糖酸对糖酵解的抑制，使糖酵解恢复，从而使6-磷酸葡萄糖按正常比例进入磷酸戊糖途径和糖酵解途径。

10.2.4.3　磷酸戊糖途径的生理意义

磷酸戊糖途径的生理意义可概括为两个方面：

（1）为核酸的生物合成提供核糖

核糖是核酸和游离核苷酸的组成成分。体内的核糖并不依赖从食物输入，可以从葡萄糖通过磷酸戊糖途径生成。葡萄糖既可经 6-磷酸葡萄糖脱氢、脱羧的氧化反应产生磷酸核糖，也可通过糖酵解途径的中间产物 3-磷酸甘油醛和 6-磷酸果糖经过前述的基团转移反应而生成磷酸核糖。这两种方式的相对重要性因物种而异。人类主要通过氧化反应生成核糖。肌肉组织内缺乏 6-磷酸葡萄糖脱氢酶，磷酸核糖靠基团转移反应生成。

（2）提供 NADPH 作为供氢体参与多种代谢反应

NADPH 与 NADH 不同，它携带的氢不是通过呼吸链氧化以释放能量，而是参与许多代谢反应，发挥不同的功能。

①NADPH 是体内许多合成代谢的供氢体　如从乙酰 CoA 合成脂肪酸、胆固醇，又如机体合成非必需氨基酸时，先由 α-酮戊二酸与 NADPH 及 NH_3 生成谷氨酸。谷氨酸可与其他 α-酮戊二酸进行转氨基反应而生成相应的氨基酸。

②NADPH 参与体内羟化反应　有些羟化反应与生物合成有关。例如，从鲨烯合成胆固醇，从胆固醇合成胆汁酸、类固醇激素等。有些羟化反应则与生物转化有关。

③NADPH 用于维持谷胱甘肽的还原状态　谷胱甘肽（GSH）是一个三肽，2 分子 GSH 可以脱氢氧化成为 GSSG，而后者可在谷胱甘肽还原酶作用下，被 NADPH 重新还原成为还原型谷胱甘肽。还原型谷胱甘肽是体内重要的抗氧化剂，可以保护一些含巯基的蛋白质或酶免受氧化剂尤其是过氧化物的损害。在红细胞中还原型谷胱甘肽更具有重要作用，它可以保护红细胞膜蛋白的完整性。

10.3　糖的合成代谢

糖的合成代谢包括植物和部分微生物的光合作用、细胞内非糖物质转变为葡萄糖的异生作用和糖原的合成。

10.3.1　糖异生

糖异生作用是由非糖物质合成葡萄糖的过程，这些非糖物质包括乳酸、丙酮酸、三羧酸循环中间体、大部分氨基酸的碳骨架及甘油等。糖异生作用对人体尤为重要，因为脑和红细胞几乎唯一地依赖葡萄糖作为它们能量的来源。机体内进行糖异生补充血糖的主要器官是肝脏，肾脏在正常情况下糖异生的能力只有肝脏的 1/10，长期饥饿时肾脏糖异生能力则可增强。在饥饿时，葡萄糖的形成主要是通过糖异生作用，特别是利用蛋白质降解的氨基酸和脂肪分解的甘油进行糖异生。在运动期间，脑和骨骼肌所要求的血糖水平由肝脏利用肌肉产生的乳酸异生成葡萄糖来维持。高等植物糖异生过程主要发生在油料种子萌发时，它将脂肪酸氧化产物和甘油转化为糖。

10.3.1.1　糖异生途径

糖异生作用大部分利用糖酵解的逆反应。但在糖酵解中，由己糖激酶、磷酸果糖激酶和丙酮酸激酶催化的反应是不可逆的，这 3 个步骤必须用其他酶使其逆转，因此，糖异生并不是糖酵解的简单逆转。实现糖酵解 3 步不可逆步骤逆转的反应过程如下：

（1）需绕过由丙酮酸激酶催化的反应

该反应可由下列 2 步反应代替：

①丙酮酸在丙酮酸羧化酶的作用下，形成草酰乙酸。催化该反应需消耗 ATP。反应式如下：

$$丙酮酸+CO_2+ATP \xrightarrow{丙酮酸羧化酶} 草酰乙酸+ADP+H_3PO_4$$

丙酮酸羧化酶（pyruvate carboxylase）是一个含生物素的酶，乙酰 CoA 是该酶强有力的别构激活剂。丙酮酸羧化酶分布于线粒体中，因此，在细胞质中由乳酸或磷酸烯醇式丙酮酸形成的丙酮酸均须进入线粒体才能起作用。

②形成的草酰乙酸在磷酸烯醇式丙酮酸羧激酶（PEP carboxykinase）的作用下，形成磷酸烯醇式丙酮酸，进入糖酵解逆转过程。催化该反应需消耗 GTP。反应式如下：

$$草酰乙酸+GTP \xrightarrow{磷酸烯醇式丙酮酸羧激酶} 磷酸烯醇式丙酮酸+CO_2+GDP$$

磷酸烯醇式丙酮酸羧激酶在线粒体和细胞质中都存在，且在细胞中的分布因物种的不同而不同，如在猪、兔和豚鼠的肝脏线粒体中含量丰富。其中，草酰乙酸可在线粒体中直接转变为磷酸烯醇式丙酮酸再进入细胞质，也可在细胞质中被转变为磷酸烯醇式丙酮酸。但是，草酰乙酸不能直接透过线粒体膜，需借助两种方式将其转运入细胞质。一种方式是经苹果酸脱氢酶作用，将其还原成苹果酸，然后通过线粒体膜进入细胞质，再由细胞质中苹果酸脱氢酶将苹果酸脱氢氧化为草酰乙酸而进入糖异生反应途径。另一种方式是经谷草转氨酶的作用，生成天冬氨酸后再逸出线粒体，进入细胞质中的天冬氨酸再经细胞质中谷草转氨酶的催化而恢复生成草酰乙酸。

上述由丙酮酸羧化酶和磷酸烯醇式丙酮酸羧激酶催化丙酮酸形成磷酸烯醇式丙酮酸的代谢途径称为丙酮酸羧化支路（pyruvate carboxylation pathway）。

（2）需绕过由磷酸果糖激酶催化的反应

该反应由 1,6-二磷酸果糖磷酸酶（fructose-1,6-diphos-phatase）（又称 1,6-二磷酸果糖磷酸酯酶）催化反应代替。反应式如下：

$$1,6-二磷酸果糖 \xrightarrow[磷酸果糖激酶]{1,6-二磷酸果糖磷酸酶} 6-磷酸果糖$$

（3）需绕过由己糖激酶催化的反应

该反应由 6-磷酸葡萄糖磷酸酶（glucose-6-phosphatase）（又称葡萄糖-6-磷酸葡萄糖磷酸酯酶）催化反应代替。该反应也是作用物循环的例子。反应式如下：

$$6-磷酸葡萄糖 \xrightarrow[己糖激酶]{6-磷酸葡萄糖磷酸酶} 葡萄糖$$

上述 3 步迂回措施实际上是由不同的酶绕过了糖酵解中 3 个不可逆的反应，使丙酮酸或草酰乙酸等中间产物能很好地转化为葡萄糖。它们的变化转化过程可用图 10-6 表示。除了丙酮酸和草酰乙酸外，其他物质（如丙氨酸或天冬氨酸等）可以转化为丙酮酸和草酰乙酸，再进一步合成葡萄糖。

10.3.1.2　糖异生的生物学意义

糖异生是糖合成代谢中的一条重要途径，其生物学意义主要有以下几方面：

（1）糖异生可将非糖物质转化为糖

生物体内的非糖类物质很多，如有机酸、脂肪、氨基酸及蛋白质等。通过糖异生作用增加了糖类物质的来源，为糖的供应和能量转化提供新的途径。例如，哺乳动物的大脑和神经组织、红细胞及肾髓质等都以葡萄糖作为唯一的能源物质。当外源糖的供应缺乏时，通过糖异生

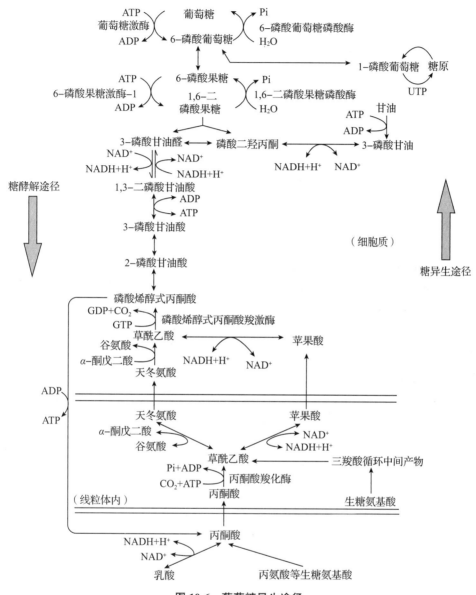

图 10-6 葡萄糖异生途径

作用使体内糖的供应得到保障。植物在种子萌发期间，储存的非糖类营养物质通过糖异生作用转化为糖，除了补充能源供应外，还为纤维素等细胞壁结构的合成提供原料，满足植物的生长。

（2）沟通糖类、脂类及蛋白质之间的代谢

糖分解代谢的中间产物可通过糖异生途径转化成脂类或氨基酸等物质，脂类和氨基酸等物质也可通过糖异生途径转化为糖，以此实现了使糖类、脂类及蛋白质之间的相互转化，达到物质代谢的沟通和平衡。

（3）动物的乳酸代谢出路

动物通过糖异生重新利用乳酸具有特殊意义。肌肉剧烈运动时，由于供氧不足又缺乏能量，使糖酵解加速，进而产生大量的乳酸。乳酸只有通过糖异生重新转化为葡萄糖才能再利用。如若乳酸积累过多，会产生肌肉酸痛，严重时则引起代谢性酸中毒。肌肉等组织不能进行糖异生，乳酸可经血液运至肝脏进行糖异生，生成葡萄糖后再经血液返回肌肉等需糖较多的组织中，这一循环称为乳酸循环。

（4）有利于维持酸碱平衡

长期禁食或饥饿时，肾脏糖异生作用增强，有利于维持酸碱平衡。因长期禁食或饥饿造成的代谢性酸中毒，此时体液 pH 降低，促进肾小管中磷酸烯醇式丙酮酸羧激酶的合成，从而使糖异生作用增强。另外，当肾脏中 α-酮戊二酸因异生成糖而减少时，可促进谷氨酰胺脱氨生成谷氨酸以及谷氨酸的脱氨反应，肾小管细胞将 NH_3 分泌入管腔中，与原尿中 H^+ 结合，降低原尿 H^+ 的浓度，有利于排氢保钠作用的进行，对于防止酸中毒有重要作用。

（5）某些微生物生存方式

大多数微生物以糖类作为主要的能源物质，也有些不依赖糖类的微生物，长期生存在无糖条件下，它们必须以糖异生的方式利用非糖物质合成糖类，以维持生存。

10.3.1.3 糖异生的调节

动物糖异生作用的调控主要包括一些效应物和激素等信息物质对糖异生途径中调节酶的调控。

（1）酶的别构调节

糖异生途径中 4 个关键的调节酶有丙酮酸羧化酶、磷酸烯醇式丙酮酸羧激酶、1,6-二磷酸果糖磷酸酶和 6-磷酸葡萄糖磷酸酶。

丙酮酸羧化酶存在于线粒体中，是别构酶。乙酰 CoA 是正效应物。此酶催化丙酮酸产生草酰乙酸。当能量供应充足时，三羧酸循环减慢，导致乙酰 CoA 的积累，从而激活丙酮酸羧化酶，启动糖异生途径。当能量供应不足时，三羧酸循环加快，乙酰 CoA 减少，丙酮酸羧化酶活性随之降低，抑制糖异生途径。ADP 抑制丙酮酸羧化酶，使得草酰乙酸的含量减少，ADP 进一步抑制磷酸烯醇式丙酮酸羧激酶活性，使磷酸烯醇式丙酮酸的含量也减少，从而促进糖酵解。

1,6-二磷酸果糖磷酸酶的正效应物为 ATP，1,6-二磷酸果糖磷酸酶受到 AMP 和 2,6-二磷酸果糖的强烈抑制。但 2,6-二磷酸果糖的抑制作用比较复杂，受激素的调控。磷酸烯醇式丙酮酸羧激酶在细胞质中也是调节酶，活性受 GTP 反馈调节。

6-磷酸葡萄糖在 6-磷酸葡萄糖磷酸酶的催化作用下水解生产葡萄糖和磷酸，此过程主要受己糖激酶与 6-磷酸葡萄糖磷酸酶的活性调节，另外葡萄糖与 6-磷酸葡萄糖的浓度也会对该过程造成影响。

（2）糖异生与糖酵解的联合调节

①磷酸果糖激酶和 1,6-二磷酸果糖磷酸酶的调节　在糖酵解和糖异生途径中，很多调节酶起到了联合调节的作用。例如，糖酵解的关键酶都受到 ATP 的抑制，受到 AMP 或 ADP 的激活。而糖异生途径中的关键酶几乎都受到 ATP 的促进或激活，而受到 AMP 或 ADP 的抑制。这种联合调节是依赖于调节物的浓度变化，即取决于能荷状态。

2,6-二磷酸果糖也是糖酵解和糖异生的共同效应物（调节物），促进糖酵解而抑制糖异生作用，值得重视的是 2,6-二磷酸果糖的生成和降解受到不同激素的影响。

2,6-二磷酸果糖是磷酸果糖激酶 I（phosphofructokinase-1，PFK-1）的强力正效应物，可消除 ATP 对 PFK_1 的抑制。同时又是 2,6-二磷酸果糖磷酸酶（fructose-2,6-bisphosphatase）的强力负效应物。2,6-二磷酸果糖与 1,6-二磷酸果糖都来自 6-磷酸果糖的磷酸化。磷酸果糖激酶 II（phosphofructokinase-2，PFK-2）催化 6-磷酸果糖转化为 2,6-二磷酸果糖。2,6-二磷酸果糖磷酸酶催化 2,6-二磷酸果糖水解为 6-磷酸果糖。

具有特别意义的是磷酸果糖激酶 II 与 2,6-二磷酸果糖磷酸酶是同一个酶分子，相对分子质量为 53 000，差别只在于一个丝氨酸残基的磷酸化与否，这种酶称为前后酶或双功能酶。酶分子的磷酸化状态具有果糖二磷酸酯酶活性，而脱磷酸化状态具有激酶活性。

当来自机体的信息物质(激素等)传递到细胞表面，被受体接受传递到细胞内，可引发蛋白激酶活化，使该双功能酶执行果糖-2,6-二磷酸酯酶活性，催化2,6-二磷酸果糖转变为6-磷酸果糖。当另一种信息物质作用于细胞时，会引发蛋白磷酸酶活化，使该双功能酶执行磷酸果糖激酶Ⅱ的活性，将6-磷酸果糖转变成2,6-二磷酸果糖。双功能酶通过磷酸化与去磷酸化的共价修饰来调节2,6-二磷酸果糖的浓度，从而调节糖异生和糖酵解的相互消长和平衡，不至于糖酵解和糖异生同时进行(图10-7)。

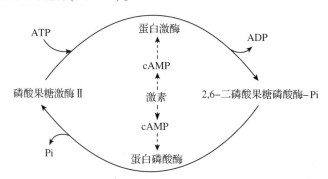

图 10-7　磷酸果糖激酶与 2,6-二磷酸果糖磷酸酶的转化

对这一双功能酶起调节作用的信息物质主要是胰高血糖素和胰岛素。当饥饿时，机体血糖含量下降，胰高血糖素水平升高，被细胞膜受体接收，引发受体的联动，通过一种G蛋白使膜内侧的腺苷酸环化酶激活，使ATP环化为cAMP。cAMP作为第二信使激活蛋白激酶，使蛋白质发生磷酸化，由此活化2,6-二磷酸果糖磷酸酶而抑制磷酸果糖激酶Ⅱ，降低2,6-二磷酸果糖的浓度，使葡萄糖异生作用处于优势。葡萄糖合成加速，以增加血糖浓度。

在饱食状态下，血糖浓度升高，血液中胰岛素的水平升高，胰高血糖素水平降低，引发与饥饿时相反的调节，造成2,6-二磷酸果糖浓度升高。由于2,6-二磷酸果糖对磷酸果糖激酶的激活作用及对1,6-二磷酸果糖磷酸酶的抑制作用，从而加速糖酵解过程，使糖异生受到抑制。

②丙酮酸激酶、丙酮酸羧化酶和磷酸烯醇式丙酮酸羧激酶的调节　高水平的ATP和丙氨酸抑制丙酮酸激酶，因此当ATP和生物合成的中间产物充足时，糖酵解被抑制，同时高水平的乙酰CoA活化丙酮酸羧化酶，有助于糖异生作用的进行。反之，当细胞的供能状态低迷时，高水平的ADP抑制丙酮酸羧化酶和磷酸烯醇式丙酮酸羧激酶的活性，则糖异生作用关闭，糖酵解作用开始。1,6-二磷酸果糖活化丙酮酸激酶，当糖酵解加速时，丙酮酸激酶的活性相应提高。

在饥饿期间，为了保证脑和肌肉的血糖供应，肝脏中的丙酮酸激酶受到抑制，限制了糖酵解的进行，因胰高血糖素分泌到血液，并激活cAMP的级联效应，导致丙酮酸激酶因磷酸化而失活。

③Cori循环　人体(或动物)经历剧烈运动，在氧有限的条件下，糖酵解过程中生成的NADH超过呼吸链氧化其再生NAD⁺的能力。于是在肌肉中，由糖酵解产生的丙酮酸被乳酸脱氢酶转化为乳酸，该反应使NAD⁺再生，以保证糖酵解的继续进行，并产生ATP。生成的乳酸随血液流入肝脏，被肝细胞中的乳酸脱氢酶氧化为丙酮酸。经糖异生作用，丙酮酸生成葡萄糖，新生成的葡萄糖被释放回血液中。这种循环过程叫作Cori循环。

10.3.2　糖原的合成

糖原是人体及动物的营养储藏性多糖，俗称动物淀粉。有些微生物也以糖原作为储藏营养。糖原作为葡萄糖储备的生物学意义在于当机体需要葡萄糖时，它可以迅速被利用，以供急需，而脂肪则不能。糖原的合成主要在肝细胞和肌细胞中进行。

10.3.2.1　糖原直链的合成

进入肝脏的葡萄糖首先磷酸化为 6-磷酸葡萄糖，后者再转变为 1-磷酸葡萄糖。1-磷酸葡萄糖在尿苷二磷酸葡萄糖焦磷酸化酶作用下，与 UTP 反应生成尿苷二磷酸葡萄糖（UDPG）和焦磷酸（PPi），焦磷酸的水解推动糖原可逆反应单向进行到底。尿苷二磷酸葡萄糖是葡萄糖的活化形式。反应式如下：

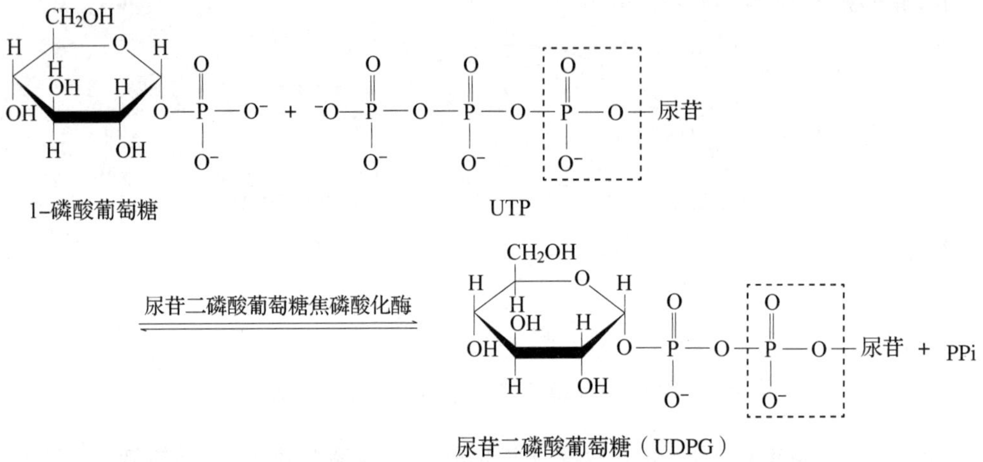

1-磷酸葡萄糖　　　　　　　　　　　UTP

尿苷二磷酸葡萄糖焦磷酸化酶

尿苷二磷酸葡萄糖（UDPG）

在糖原合酶作用下，将葡萄糖基转移给糖原引物的非还原末端，形成 α-1,4-糖苷键。糖原引物是细胞内较小的糖原分子，游离的葡萄糖不能作为尿苷二磷酸葡萄糖的葡萄糖基受体。该酶只能催化形成 α-1,4-糖苷键，不能形成 α-1,6-糖苷键。反应式如下：

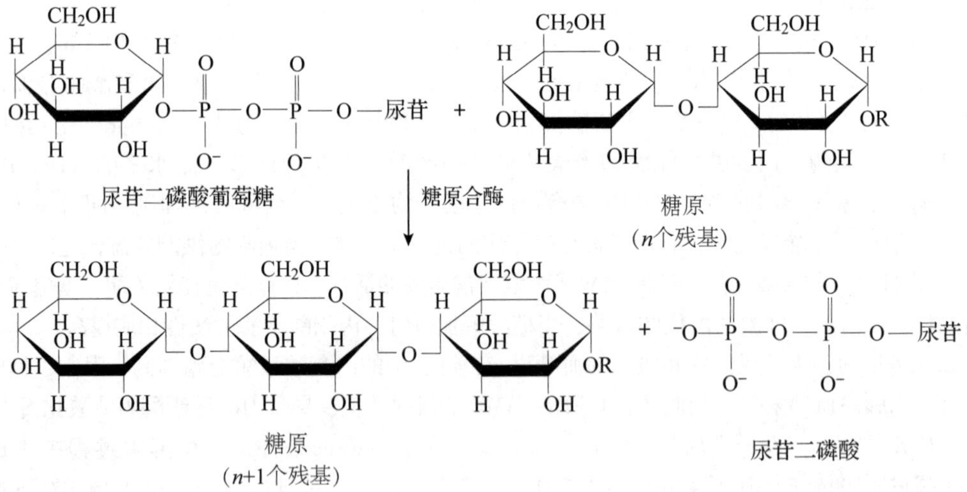

尿苷二磷酸葡萄糖　　　　　　　　　　　　糖原
　　　　　　　　　　　　　　　　　　　（n个残基）

糖原合酶

糖原
（n+1个残基）

尿苷二磷酸

10.3.2.2　糖原分支的合成

在糖原合酶作用下，糖链只能延长，不能形成分支。当糖链延长到超过 11 个葡萄糖残基后，糖原分支酶（branching enzyme）可将约 7 个葡萄糖基的一段糖链转移至邻近糖链上，以 α-1,6-糖苷键相连，形成分支（图 10-8）。糖原的分解与合成均在分支的非还原末端进行，多分支的形成可以提高糖原合成与分解的速度，同时增加糖原的水溶性。

糖原合成过程总结如图 10-9 所示。

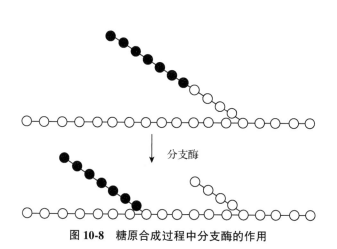

图 10-8　糖原合成过程中分支酶的作用

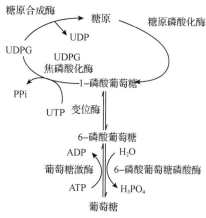

图 10-9　糖原合成过程

10.3.3　其他多糖的合成

10.3.3.1　淀粉的生物合成

淀粉的合成与糖原的合成很相似，也需要寡聚葡萄糖引物，引物为至少 4 个葡萄糖基的糖链，以提供非还原端的第四位碳原子的羟基。淀粉的合成分为两步，首先合成直链淀粉，然后合成更为复杂的支链淀粉。

（1）直链淀粉的合成

催化淀粉中 α-1,4-糖苷键形成的酶为淀粉合成酶，葡萄糖的供体是腺苷二磷酸葡萄糖（ADPG）和尿苷二磷酸葡萄糖（UDPG）。近年来认为高等植物合成淀粉的主要途径是以 ADPG 为葡萄糖的供体。ADPG（UDPG）可将葡萄糖转移到受体引物上，引物可以是小分子的葡聚糖，也可以是淀粉分子。

$$ADPG（UDPG）+引物[（葡萄糖）_n] \xrightarrow{淀粉合成酶} 引物[（葡萄糖）_{n+1}]+ADP（UDP）$$

（2）支链淀粉的合成

支链淀粉除含有 α-1,4-糖苷键外，还有 α-1,6-糖苷键。因此，支链淀粉的合成是在淀粉合成酶和 α-1,4-葡聚糖分支酶（原称 Q 酶）共同作用下完成的。淀粉合成酶催化葡萄糖以 α-1,4-糖苷键结合，α-1,4-葡聚糖分支酶可以从直链淀粉的非还原端拆开一个低聚糖片段，并将其转移到毗邻的直链片段的某个残基上，以 α-1,6-糖苷键与之相连，即形成一个分支（图 10-10）。

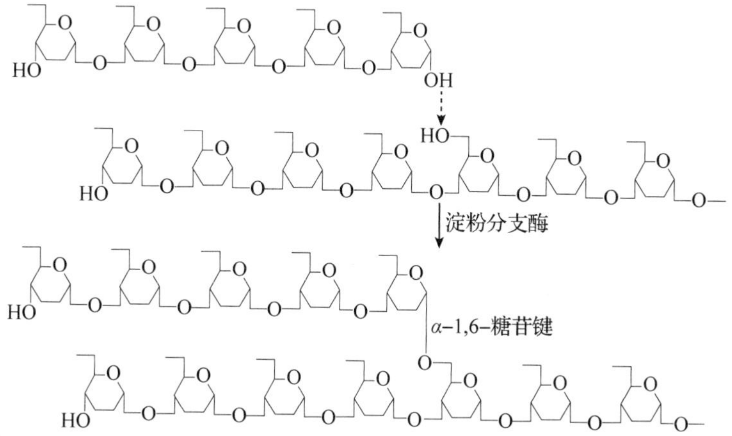

图 10-10　支链淀粉的合成

10.3.3.2 纤维素的生物合成

纤维素的合成与蔗糖、淀粉、糖原等一样都是以糖核苷酸作为葡萄糖供体的。在一些植物中，糖基供体是 UDPG(尿苷二磷酸葡萄糖)，如棉花；而在另一些植物中，糖基供体是 GDPG (鸟苷二磷酸葡萄糖)，如玉米、茄子、绿豆、豌豆等。细菌细胞中合成纤维素时，葡萄糖供体只能是 UDPG。纤维素合成时，催化 β-1,4-糖苷键形成的酶为纤维素合成酶，与此同时需要一段由 β-1,4-糖苷键连接的葡聚糖作为"引物"。纤维素合成反应过程可以表示为：

$$GDPG + (葡萄糖)_n \xrightarrow{纤维素合成酶} (葡萄糖)_{n+1} + GDP$$

葡萄糖核苷二磷酸上的葡萄糖残基加在引物葡聚糖链上，使引物糖链加长一个葡萄糖单位，直至形成一个长链的纤维素大分子。

10.3.3.3 蔗糖的生物合成

蔗糖是高等植物光合作用的主要产物，也是植物体中糖类的主要运输形式，蔗糖更是重要的食品原料。蔗糖的合成可通过蔗糖合成酶和磷酸蔗糖合成酶两种途径。

(1)蔗糖合成酶途径

蔗糖合成酶(sucrose synthetase)又称 UDPG 转移酶(UDPG transferase)，它催化 UDPG 与果糖反应合成蔗糖。

$$UDPG + 磷酸蔗糖 \xrightarrow{蔗糖合成酶} UDP + 蔗糖$$

从玉米和绿豆中分离、提纯的蔗糖合成酶，具有 4 个相同的亚基，是均一的寡聚酶，相对分子质量为 375 000。此后，在许多高等植物中发现此酶。蔗糖合成酶不但可以 UDPG 为糖基合成蔗糖，也可以 ADPG、TDPG、CDPG 及 GDPG 等作为糖基合成蔗糖。

(2)磷酸蔗糖合成酶途径

磷酸蔗糖合成酶(sucrose phosphate synthetase)普遍存在于植物的光合组织中。其催化 UDPG 与 6-磷酸果糖合成磷酸蔗糖，然后经磷酸蔗糖酶水解，生成蔗糖。

$$UDPG + 6-磷酸果糖 \xrightarrow{磷酸蔗糖合成酶} 磷酸蔗糖 + UDP$$

$$磷酸蔗糖 + H_2O \xrightarrow{磷酸蔗糖酯酶} 蔗糖 + Pi$$

该合成途径主要在细胞质中进行，是蔗糖生物合成的主要途径。磷酸蔗糖合成酶的活性较高，平衡常数有利于蔗糖的合成，且植物光合组织中磷酸蔗糖合成酶的含量丰富。因此，一般认为磷酸蔗糖合成酶途径是蔗糖合成的主要途径。

10.3.3.4 乳糖的生物合成

乳糖是哺乳动物乳汁中的糖分，由半乳糖和葡萄糖以 β-糖苷键相连。乳糖的合成要利用活化的半乳糖，即尿苷二磷酸半乳糖，它的来源与半乳糖分解代谢途径相同。生成的尿苷二磷酸半乳糖在乳糖合酶的催化下，将半乳糖基转移给葡萄糖生成乳糖(图 10-11)。

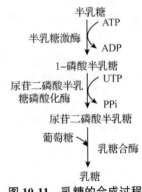

图 10-11　乳糖的合成过程

10.4　糖类代谢各途径间的联系

糖类在生物体内的代谢途经主要包括糖酵解、糖的有氧氧化、磷酸戊糖途径、糖异生、糖原的分解与合成等。这些代谢途径的生理功能不同，有的是释放能量的分解过程，有的是消耗能量的合成过程。它们通过共同的代谢中间产物相互联系和沟通，形成一个整体。糖代谢各途径间的联系如图 10-12 所示。

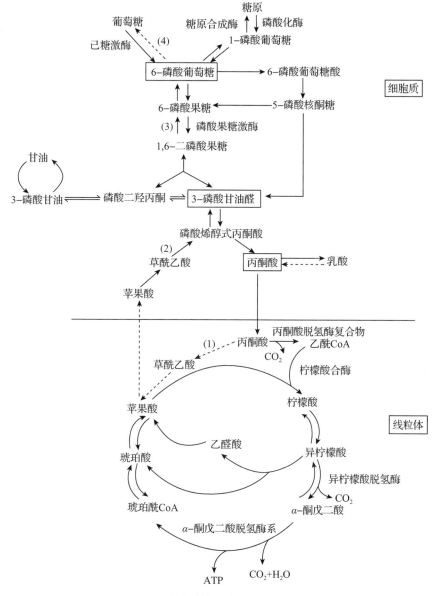

图 10-12　糖代谢各途径间的联系示意图
（1）~（4）是糖异生作用的关键反应

　　糖代谢的第一个交汇点是 6-磷酸葡萄糖。它沟通所有糖代谢途径。通过 6-磷酸葡萄糖实现了葡萄糖与糖原之间的相互转变，而且各种非糖物质（乳酸、甘油）都要经过它异生为葡萄糖。在糖的分解代谢中，葡萄糖或糖原要先转变为 6-磷酸葡萄糖，再进入糖酵解、有氧氧化或磷酸戊糖途径。

　　糖代谢的第二个交汇点是 3-磷酸甘油醛。它是糖酵解和有氧氧化的中间物质，也是磷酸戊糖途径的中间产物。

　　糖代谢的第三个交汇点是丙酮酸。它是糖有氧与无氧代谢的分界点。在无氧的条件下，葡萄糖经酵解转变为丙酮酸，在不同生物体内进一步转变为乳酸或乙醇。在有氧的条件下，丙酮酸转变为乙酰 CoA，再进入三羧酸循环彻底氧化为 CO_2 和 H_2O。另外，丙酮酸还经草酰乙酸异生为葡萄糖，它也是其他许多非糖物质异生的必经之路。

此外，磷酸戊糖途径沟通了五碳糖与六碳糖之间的代谢，而其他单糖进入葡萄糖酵解途径沟通了六碳糖之间的代谢。

总之，糖代谢的各条途径虽然是分别叙述的，但它们是相互联系、紧密制约的关系。并且不仅糖代谢要利用这些途径，蛋白质、脂肪等的代谢也要通过丙酮酸、乙酰 CoA 及三羧酸循环中间产物与之沟通。因此，糖代谢途径是物质代谢的基础与纽带，通过对糖代谢的调节，可以实现对生物整体的代谢调控。

10.5   糖代谢在食品工业中的应用

糖代谢在食品工业中的应用主要是糖类的无氧分解。糖类经过发酵和酵解这两个过程，可将葡萄糖或糖原分解成丙酮酸，且根据生物以后所处的环境和种类的不同，丙酮酸的转化可分为两种情况：一种是在食品中的乳酸发酵。乳酸发酵可用于生产奶酪、酸奶及食用泡菜等。另一种是转化为乙醇。乙醇发酵可用于酿酒、面包制作及酒精生产等。

10.5.1   乙醇的生产

乙醇可由微生物发酵和化学合成制得。化学合成法制得的乙醇往往夹杂异物高级醇类，对人体神经中枢有麻痹作用，不能食用，一般被称为工业乙醇。微生物发酵是在微生物的作用下，以玉米、小麦、薯类、甘蔗及纤维素等为原料，通过醪液态发酵得到含有 5%~15% 乙醇的发酵成熟醪液。然后成熟醪液再经过精馏工艺脱去有害杂质和大部分水，得到各种规格的液态发酵的乙醇产品，主要分为食用乙醇、无水乙醇和燃料乙醇。

发酵乙醇可分为淀粉质原料乙醇、糖质原料乙醇和纤维质原料乙醇 3 类。我国用淀粉质原料生产的乙醇产量占总产量的 95.5%。淀粉质原料乙醇生产工艺流程如图 10-13 所示。

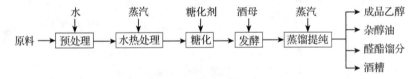

图 10-13   淀粉质原料乙醇生产工艺流程

10.5.1.1   预处理

淀粉质原料在正式进入生产过程之前，必须经过预处理，以保证生产的正常进行和提高生产效益，预处理包括原料清杂和粉碎工艺。

10.5.1.2   水热处理

在糖化之前，淀粉质原料要经过水热处理，使淀粉从细胞中游离出来，并转化为溶解状态，同时借加热粉浆对粉浆灭菌，保证糖化和发酵的顺利进行。水热处理中淀粉的变化：淀粉→可溶性淀粉→糊精、低聚糖等。

10.5.1.3   糖化与乙醇发酵

糖化是利用糖化酶（也称葡萄糖淀粉酶）将淀粉液化产物糊精及低聚糖进一步水解成葡萄糖的过程。近年美国有的乙醇企业开始采用只液化、不糖化的工艺，即将液化醪液降温后直接送入发酵罐，然后使用专用糖化酶，边糖化边发酵，使整个工艺变得更加简捷，提高了乙醇产率，缩短了总体工艺时间。尤其是专家认为取消单独糖化工艺后，可减少耐高温细菌的污染。

乙醇发酵属于厌氧发酵，在此过程中发生着复杂的生化反应。其中糖化醪液中淀粉和糊精继续被淀粉酶水解成糖，蛋白质在曲霉蛋白酶水解下生成肽和氨基酸。这些物质一部分被酵母吸收合成菌体细胞，另一部分被发酵生成乙醇和 CO_2。

10.5.1.4　蒸馏提纯

成熟醪液中除了乙醇外，还含有许多固形物及其他杂质。蒸馏提纯即把成熟醪液中所含的乙醇提取出来，经粗馏与精馏，最终得到合格的乙醇，同时还有杂醇油等副产物，大量酒糟被除去。

另外，以糖蜜为例的糖质原料乙醇生产工艺如图 10-14 所示。

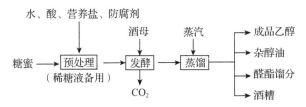

图 10-14　以糖蜜为原料发酵乙醇

糖蜜是制糖生产的副产品，其中含有较丰富的可发酵性糖，是生产乙醇的好原料。糖蜜中干物质浓度在 $80° \sim 90°Bx$（糖度），糖分在 50% 以上。在此浓度下，酵母菌的生长、繁殖、合成酶系以及通过细胞膜均难以进行，所以糖蜜首先必须稀释才能进行乙醇发酵。在糖蜜稀释液中接入培养成熟的酒母，其中的糖分在酵母菌的作用下分两大步发酵生成乙醇：

第一步是酵母菌首先将体内的转化酶（即蔗糖酶）借扩散作用分泌到细胞体外，将发酵液中的蔗糖进行水解转化为葡萄糖和果糖，反应式如下：

$$C_{12}H_{22}O_{11}+H_2O \xrightarrow{\text{转化酶}} C_6H_{12}O_6(\text{葡萄糖})+C_6H_{12}O_6(\text{果糖})$$

第二步是葡萄糖和果糖通过扩散作用进入酵母细胞体内，在酵母体内酒化（胞内酶）的作用下发酵变成乙醇和 CO_2，反应式如下：

$$C_6H_{12}O_6 \xrightarrow{\text{酒化酶}} 2C_2H_5OH+CO_2$$

10.5.2　啤酒的生产

葡萄糖经由糖酵解—丙酮酸—乙醇途径进行发酵的生化机制是乙醇制造和酒类酿造最基础的理论。啤酒酿造中，克拉勃屈利效应使 96% 的可发酵性糖经由该途径生成乙醇和 CO_2，糖酵解途径的产物还是许多其他代谢产物的前体。

普通啤酒中尚含有一定量的残糖，而低热值的淡爽型啤酒发酵度高、残糖低、CO_2 含量高、口味清爽，饮后在口中不甜、干净，且不留余味，适宜发胖的人饮用，称为干啤酒。干啤酒生产用原料与啤酒类似，原料采用淡色麦芽，辅料为小麦芽、大米，或者是成本更低的淀粉或糖浆。发酵时使用特殊的酵母使真正发酵度在 72% 以上，把残糖降到一定的浓度之下。

干啤酒的生产可以采用两种方法：一种是直接制备所需浓度的麦汁，再经接种发酵酿制而成；另一种是稀释法，即先生产度数较高的麦汁（如 $12°P$），发酵后再稀释成所需的浓度。干啤酒的糖度多为 $7° \sim 10°P$，其中 $10°P$ 干啤酒是国内生产量较大的产品。干啤酒生产工艺流程如图 10-15 所示。

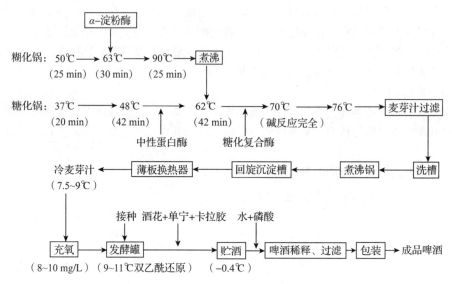

图 10-15   稀释法生产 10°P 干啤酒工艺流程

糊化锅配料：淀粉 3 440 kg，水 11 t，α-淀粉酶 2 000 mL。

糖化锅配料：进口麦芽 900 kg，国产麦芽 900 kg，小麦芽 1 300 kg，石膏 3.2 kg，磷酸 1 900 mL，糖化复合酶 1.55 kg，中性蛋白酶 3.1 kg，水 12.5 t，酒花 15.7 kg。

10.5.3 氨基酸的发酵

氨基酸在人和动物的营养健康方面发挥着重要的作用，目前已广泛用于医药、食品、保健品、饲料、化妆品、农药、肥料及制革等领域。经过 30 多年的发展，全球氨基酸市场主要分为食品型氨基酸、饲料型氨基酸和其他用途氨基酸。食品型氨基酸主要有谷氨酸、苯丙氨酸、丙氨酸、天冬氨酸及脯氨酸等，约占氨基酸市场份额的 50%，其中谷氨酸主要用于味精（谷氨酸单钠盐）的生产，苯丙氨酸和天冬氨酸主要用作甜味肽 L-天冬氨酰-L-苯丙氨酸甲酯（阿斯巴甜）的合成起始原料。饲料型氨基酸主要指赖氨酸、甲硫氨酸、苏氨酸及色氨酸，约占据氨基酸市场份额的 30%。其他氨基酸（如精氨酸、苏氨酸）多用于医药和化妆品行业及其他用途，约占据氨基酸市场份额的 20%。

本节以谷氨酸发酵为例进行说明。

谷氨酸产生菌能够生长于 10% 以上高浓度的葡萄糖培养基中，生成 5% 以上高浓度的谷氨酸，这是菌体细胞的异常生理现象。谷氨酸产生菌能积累较多谷氨酸与菌体特异生理性质有关，包括生物素缺陷、α-酮戊二酸氧化能力微弱或缺损、谷氨酸脱氢酶或谷氨酸合成酶的活性强。

当谷氨酸发酵时，糖的降解分为两个阶段。第一阶段即糖酵解途径，生成的丙酮酸可被 NADH 还原成乳酸（或乙醇）。第二阶段是在有氧存在的情况下，NADH 被氧分子氧化，丙酮酸即不被还原，部分经过氧化脱羧作用变成乙酰 CoA，部分固定 CO_2，生成草酰乙酸或苹果酸，草酰乙酸与乙酰 CoA 在柠檬酸合酶催化作用下缩合生成柠檬酸。柠檬酸再依次氧化成异柠檬酸和 α-酮戊二酸；α-酮戊二酸经还原共轭的氨基化反应而生成谷氨酸。谷氨酸产生菌的 α-酮戊二酸脱氢酶活力低，尤其当生物素缺乏条件下，三羧酸循环到生成 α-酮戊二酸时，即受到阻挡。在氨离子的存在下，α-酮戊二酸因谷氨酸脱氢酶的作用，转变为谷氨酸（图 10-16）。

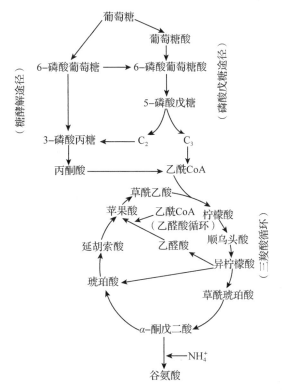

图 10-16　谷氨酸合成途径图

　　当谷氨酸生物合成时，乙醛酸循环居显著地位（图 10-17）。乙酰 CoA 与草酰乙酸相互作用，生成柠檬酸，柠檬酸再变为异柠檬酸。异柠檬酸的转化分为两路：一路是生成乙醛酸和琥珀酸（即乙醛酸循环）；另一路是生成 α-酮戊二酸（即三羧酸循环）。

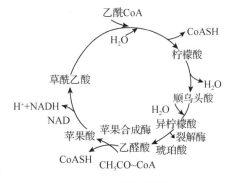

图 10-17　乙醛酸循环

　　谷氨酸生产菌株为缺陷型，生产过程分为菌体生长期和谷氨酸积累期。在谷氨酸发酵的菌体生长期，由于三羧酸循环中的缺陷（丧失 α-酮戊二酸脱氢酶氧化能力或氧化能力微弱），谷氨酸产生菌采用乙醛酸循环途径进行代谢，提供四碳二羧酸及菌体合成所需的中间产物等，乙醛酸循环活性越高，谷氨酸越不易生成与积累。在菌体生长期之后，进入谷氨酸积累期，封用乙醛酸循环，积累 α-酮戊二酸，就能够大量生成并积累谷氨酸。因此，在谷氨酸发酵中，菌体生长期的最适条件和谷氨酸积累期的最适条件是不一样的。

　　此外，谷氨酸发酵时，生物素过剩有利于菌体的生长，而不利于产物累积，为完全氧化型；生物素适量则异柠檬酸酶、琥珀酸氧化以及苹果酸和草酰乙酸变为丙酮酸的脱羧作用均呈停滞状态，同时由于过剩 NH_3 的存在，使得柠檬酸变为谷氨酸的反应大量进行。

　　在谷氨酸生成期，若 CO_2 固定反应完全不起作用，丙酮酸在丙酮酸脱氢酶的催化作用下，脱氢脱羧全部氧化成乙酰 CoA，通过乙醛酸循环供给四碳二羧酸。因此，在谷氨酸合成过程中，糖的分解代谢途径与 CO_2 固定的适当比例是提高谷氨酸收率的关键问题。

本章小结

　　糖类代谢是新陈代谢的重要途径，具有重要的生理意义。单糖的分解代谢主要以葡萄糖代谢为核心，主要有 3 个途径：糖酵解、有氧氧化及磷酸戊糖途径。

　　糖酵解是无氧条件下葡萄糖生成丙酮酸并释放能量的过程，其中有 3 步不可逆反应，催化这 3 步反应的酶分别为己糖激酶、6-磷酸果糖激酶和丙酮酸激酶。它们是糖酵解 3 个调控位点的关键酶，其中最主要的是 6-磷酸果糖激酶，它是一种变构酶，受柠檬酸和 ATP 的抑制。

　　有氧氧化包括 3 个阶段：葡萄糖生成丙酮酸，丙酮酸生成乙酰 CoA，乙酰 CoA 彻底氧化分解。实际上无论在有氧或是无氧的条件下，葡萄糖都会生成丙酮酸。只不过在无氧条件下丙酮酸被还原成乳酸（或乙醇），在有氧条件下进一步氧化生成乙酰 CoA。乙酰 CoA 彻底氧化分解又称三羧酸循环（TCA 循环），是联系糖类、脂类和蛋白质三大物质代谢的枢纽，也是三大物质彻底氧化分解的最终途径。该途径有 3 步不可逆反应，催化的这 3 步反应的酶分别为柠檬酸合酶、异柠檬酸脱氢酶和 α-酮戊二酸脱氢酶系。它们是 TCA 循环的 3 个调控位点的关键酶，其中最主要的是柠檬酸合酶，它是一个变构酶，受柠檬酸和 ATP 的抑制。

　　非糖物质生成葡萄糖或糖原叫作糖异生。从丙酮酸异生成葡萄糖并不是糖酵解的简单逆转，必须绕过糖酵解的 3 步不可逆步骤。从丙酮酸到磷酸烯醇式丙酮酸需经过两次膜障和两次能障，从细胞质进入线粒体，再从线粒体至细胞质，催化的主要耗能的酶为丙酮酸羧化酶、磷酸烯醇式丙酮酸羧激酶。从 1,6-二磷酸果糖到 6-磷酸果糖由 1,6-二磷酸果糖磷酸酶催化完成。6-磷酸葡萄糖到葡萄糖由葡萄糖磷酸酯酶催化完成。其他物质异生成葡萄糖只要转变成糖代谢过程中间物，即可沿糖异生途径生成葡萄糖。这样由不同的酶催化的正逆反应称为底物循环。

　　淀粉（分支）在己糖激酶、磷酸葡萄变位酶、UDPG 焦磷酸化酶、淀粉合成酶及 Q 酶作用下由葡萄糖合成。淀粉分解包括淀粉水解和淀粉磷酸解。淀粉水解是在淀粉酶、麦芽糖酶和脱支酶催化下完成；淀粉磷酸解是在淀粉磷酸化酶、转移酶和脱支酶的作用完成的。糖原的分解、合成与淀粉类似，略有不同。

思考题

　　1. 为什么糖酵解途径中产生的 NADH 必须被氧化成 NAD^+ 才能被循环利用？

　　2. 糖酵解中的调节酶有哪几个？受哪些因素调节？

　　3. 为什么说三羧酸循环是糖类、脂类和蛋白质三大物质代谢的共同通路？该循环有什么重要的生理意义？

　　4. 糖异生作用是如何绕过糖分解代谢中的 3 个不可逆反应过程的？

　　5. 磷酸戊糖途径有什么生理意义？

第11章 脂类代谢

脂类主要包括三酰甘油、磷脂和胆固醇等，其在生物体中主要有 4 种重要功能：其一，生物膜的主要组成成分，如磷脂和糖脂；其二，脂肪酸与糖蛋白以共价键相连，经过修饰的糖蛋白在脂肪酸残基的辅助下被锚定在膜上；其三，脂肪酸是燃料分子，它们以三酰甘油形式储存起来；其四，脂肪酸的某些衍生物担当着激素及胞内信使的职能。

由于脂类的主要成分是脂肪酸，所以脂类代谢主要是指脂肪酸的分解代谢和生物合成。本章主要介绍脂类的消化、吸收与转运，脂肪的分解代谢与合成代谢，类脂的代谢及脂类代谢在食品工业中的应用。

11.1 脂类的消化、吸收及转运

从食物中摄入的脂类物质主要有三酰甘油、磷脂、胆固醇及胆固醇酯，其中以三酰甘油含量最多。通常说的油脂即是指连接着脂肪酸的三酰甘油，它是植物和动物细胞中的主要脂类物质。脂类物质不溶于水，必须乳化后才能被进一步消化吸收。

11.1.1 脂类的消化

食物进入胃中会被消化成酸性食物糜，胃液中虽然含有少量脂肪酶，但在胃液的强酸性环境下，脂肪酶无活性，因此脂肪在胃中不能被消化。在食物糜的刺激下，胆囊和胰腺分别分泌出胆汁及胰液，然后进入十二指肠，进行脂类的消化。

胆汁的成分复杂，含有胆汁酸盐、胆色素、胆固醇、卵磷脂、钾及钠等，但胆汁中没有消化酶存在。胆汁酸盐是一种较强的乳化剂，可充分乳化三酰甘油和胆固醇酯等疏水的脂类物质，并将它们分散成细小的微粒散布在水中，从而增加消化酶与脂类成分接触的表面积，有利于脂类的消化。

胰液中包含的多种水解酶是分解脂类的重要物质。在人和动物的胰液中含有多种脂类物质水解酶，其中最主要的有 3 种：胰脂酶、磷脂酶及胆固醇酯酶。

胰脂酶(pancreatic lipase)是胰腺分泌的一种脂肪酶，可水解三酰甘油的 C1、C3 酯键，产生 2-单脂酰甘油和两个游离的脂肪酸。胰腺分泌的脂肪酶原在小肠内转变为活性的脂肪酶，它的激活需要胆汁和一种特殊的被称为辅脂酶(colipase)的蛋白辅因子的存在，脂肪酶在辅脂酶的协助下结合到三酰甘油的脂滴表面上，再进一步发挥其水解作用。

磷脂酶(phospholipase)是生物体内存在的可以水解甘油磷脂的一类酶，其中主要包括磷脂酶 A_1、A_2、B、C 和 D，它们特异地作用于磷脂分子内部的各个酯键，催化磷脂的酯键水解，形成脂肪酸及溶血磷脂等不同的产物。

胆固醇酯酶(cholesterol esterase)是可水解胆固醇酯产生胆固醇和脂肪酸的一类水解酶。

11.1.2 脂类的吸收

脂类水解产生的单酰甘油、脂肪酸、胆固醇及溶血磷脂等消化产物又与胆汁酸盐结合，进一步形成体积更小、极性更大的混合微团(mixed micelles)，这种微团更易穿过小肠黏膜的表面水层，在十二指肠下段及空肠上段被肠黏膜细胞所吸收。

约有40％的脂肪经脂肪酶的作用可完全水解为脂肪酸和甘油，甘油溶于水，与其他水溶性物质一起进入肠黏膜；脂肪酸虽不溶于水，但能与胆盐按一定比例结合，形成可溶于水的复合物，从而使脂肪酸也可透过肠黏膜细胞；少量未水解的脂肪经胆汁酸盐乳化为脂肪微滴(drop-let)后被直接吸收。进入肠黏膜细胞后甘油及中短链脂肪酸可经门静脉直接进入血液循环；长链脂肪酸在光面内质网上脂酰CoA转移酶的催化下，与单酰甘油结合重新生成三酰甘油。三酰甘油再与糙面内质网合成的载脂蛋白以及磷脂、胆固醇结合形成乳糜微粒，最后经淋巴进入血液循环，这种方式也称为单酰甘油合成途径(图11-1)。

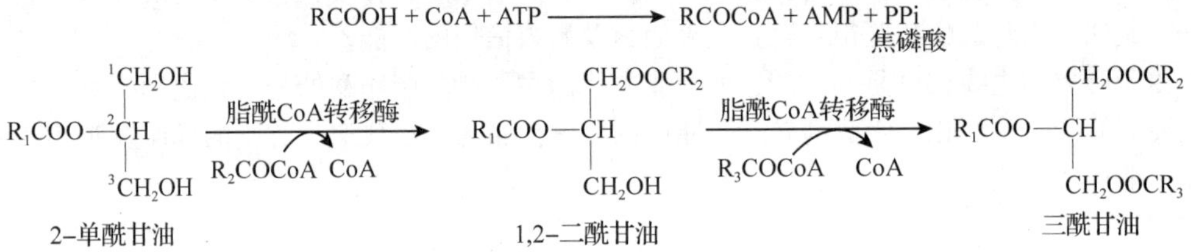

$$RCOOH + CoA + ATP \longrightarrow RCOCoA + AMP + PPi$$
$$\text{焦磷酸}$$

图 11-1　单酰甘油合成途径

在胆盐的协助下，肠内约有25％的磷脂可直接被吸收，但大部分磷脂仍是水解后被吸收的。磷脂水解产物在肠壁重新合成完整的磷脂分子，再进入血液分布于全身。胆固醇作为脂溶性物质，需要借助胆盐的乳化作用才能在肠内被吸收。吸收后的胆固醇约有2/3在肠黏膜细胞内经酶的催化又重新酯化成胆固醇酯，然后进入淋巴管。

未被吸收的脂肪和类脂进入大肠，被肠道微生物分解成各种组分，并被微生物利用。胆固醇被还原生成粪固醇而排出体外。

11.1.3　脂类的转运

脂类在体内都是通过血液循环进行转运的。脂类不溶于水，血液中的脂类物质主要与一些蛋白质以非共价键(疏水作用、范德华力和静电作用)结合形成具有亲水性的血浆脂蛋白，才能在血液中运输，脂蛋白中的蛋白质部分称为载脂蛋白。

11.1.3.1　血浆脂蛋白的分类

血浆脂蛋白不是单一的分子形式，其脂类和蛋白质的组成有很大的差异，密度、颗粒大小、分子质量、表面电荷以及免疫原性等也极不均一。血浆脂蛋白一般具有类似的结构，呈球状，在颗粒表面是极性分子(如蛋白质、磷脂)，故具有亲水性；非极性分子(如三酰甘油、胆固醇酯)则藏于其内部。

血浆脂蛋白的分类方法主要有电泳法和超速离心法。

(1)电泳法

根据不同脂蛋白表面所带电荷不同，在一定外加电场作用下其电泳迁移率不同来进行分类。根据电泳法可将血浆脂蛋白分为乳糜微粒、β-脂蛋白、前β-脂蛋白和α-脂蛋白。其中，α-脂蛋白中蛋白质含量最高，在电场作用下，电荷量大，分子质量小，电泳速度最快；而乳糜微粒的蛋白质含量很低，98％是不带电荷的脂类，特别是三酰甘油含量最高，所以在电场中几乎不移动。

(2)超速离心法

根据不同脂蛋白在一定密度的介质中进行离心时，因分子沉降速度不同而进行分离的方法。脂蛋白由比重不同的蛋白质和脂质组成，蛋白质含量高者，比重大；相反，脂类含量高者，比重小。通常可将血浆脂蛋白分为乳糜微粒(chylomicron，CM)、极低密度脂蛋白(very low density lipoprotein，VLDL)、低密度脂蛋白(low density lipoprotein，LDL)和高密度脂蛋白(high density lipoprotein，HDL)四大类。

11.1.3.2　血浆脂蛋白的代谢与功能

(1)乳糜微粒

乳糜微粒密度极低，颗粒大，直径约为 500 nm，其特点是脂类含量高(约占 90%)而蛋白质含量少。乳糜微粒由小肠黏膜细胞在吸收食物脂类(主要是三酰甘油)时合成，经乳糜导管、胸导管进入血液。乳糜微粒主要的代谢功能就是将外源性三酰甘油转运至脂肪、心和肌肉等肝外组织而利用，同时将食物中外源性胆固醇转运至肝脏，乳糜微粒为外源性三酰甘油和胆固醇的主要运输形式。

(2)极低密度脂蛋白

极低密度脂蛋白主要在肝脏内生成，其组成特点与乳糜微粒相似，主要成分是肝细胞利用糖和脂肪酸(来自脂肪动员或乳糜微粒残余颗粒)自身合成的三酰甘油，肝细胞合成的载脂蛋白、少量磷脂和胆固醇及其酯；小肠黏膜细胞也能生成少量极低密度脂蛋白。极低密度脂蛋白进入血液后，流经到脂肪组织、肝肌肉等部位的毛细血管时，会被管壁的脂蛋白脂酶水解，水解所得的大部分产物将进入细胞，被氧化或重新合成脂肪而存储起来。极低密度脂蛋白是内源性三酰甘油和胆固醇的主要运输形式。

(3)低密度脂蛋白

低密度脂蛋白由极低密度脂蛋白转变而来，低密度脂蛋白中主要脂类是胆固醇及胆固醇酯。其在血液中可被肝及肝外组织细胞表面存在的载脂蛋白受体识别，通过此受体介导，吞入细胞内，与溶酶体融合，胆固醇酯水解为胆固醇及脂肪酸。这种胆固醇除可参与细胞生物膜的生成之外，还对细胞内胆固醇的代谢具有重要的调节作用。低密度脂蛋白可将肝脏合成的内源性胆固醇运到肝外组织，保证组织细胞对胆固醇的需求。

(4)高密度脂蛋白

高密度脂蛋白在肝脏和小肠中生成，是一类不均一的脂蛋白，可分成若干亚族。高密度脂蛋白中的载脂蛋白含量很多，脂类以磷脂为主。高密度脂蛋白分泌入血后，可摄取血液中肝外细胞释放的过量的游离胆固醇，卵磷脂胆固醇酰基转移酶(lecithin cholesterol acyltransferase，LCAT)将卵磷脂上的脂肪酸残基转移到胆固醇上生成胆固醇酯，然后将这些胆固醇酯运输到肝。肝脏将过量的胆固醇转化为胆汁酸，这样可防止胆固醇在血中聚积，防止动脉粥样硬化。高密度脂蛋白是临床上某些疾病的诊断和治疗过程的重要指标，流行病学调查表明血浆高密度脂蛋白浓度与动脉粥样硬化的发生呈负相关。

以上 4 种血浆脂蛋白的组成中均含有磷脂，故磷脂是血浆脂蛋白不可缺少的成分。

11.2　脂肪的分解代谢

脂肪(三酰甘油)是动物体内重要的储能物质，脂肪的分解代谢是机体能量的重要来源。脂肪分子中，氢原子所占的比例比糖分子中要高得多，而氧原子所占比例相对较少。因此，同样质量的脂肪和糖，在完全氧化生成 CO_2 和 H_2O 时，脂肪所释放的能量要比糖多。脂肪的氧化必须有充分的氧供应才能进行，这和糖在无氧条件下也能进行分解(糖酵解)是不同的。

动物体内各组织细胞，除了成熟的红细胞外，几乎都具有分解脂肪的能力；脂库中储存的脂肪也经常有一部分会被水解。

11.2.1   脂肪的水解

当机体缺乏能量时，储存在脂肪细胞中的脂肪会被脂肪酶(lipase)逐步水解，生成甘油和游离脂肪酸，并释放进入血液，再进一步被其他组织氧化利用，这一过程也称为脂肪的动员。

组织中有3种脂肪酶：即脂肪酶、二酰甘油脂肪酶和单酰甘油脂肪酶。三酰甘油经过逐步水解，最后生成甘油和脂肪酸，反应过程如图11-2所示。其中三酰甘油脂肪酶是脂肪动员的限速酶，受多种激素调控，故称为激素敏感性脂肪酶(hormone-sensitive triglyceride lipase, HSL)。

当机体处于禁食、饥饿或兴奋状态时，肾上腺素、胰高血糖素等激素分泌增加，激素作用于脂肪细胞膜上的相应受体，激活脂肪细胞膜上的腺苷酸环化酶，使胞内 cAMP 浓度增加，cAMP 再激活蛋白激酶 A，从而使三酰甘油脂肪酶磷酸化而被活化。肾上腺素、胰高血糖素、促肾上腺皮质激素及促甲状腺素都可促进脂肪动员，故称为脂解激素。与此相反，胰岛素、前列腺素及烟酸等能抑制 cAMP 活化，进而抑制脂肪动员，对三酰甘油脂肪酶起负调节作用，称为抗脂解激素。正常人血液中的胰岛素和胰高血糖素等激素会保持平衡，使得脂肪的储存和动员也处于动态平衡。

植物也有类似的脂肪分解作用，如油料作物的种子萌发时，种子内脂肪酶活力增加，会促使脂肪分解产生能量。

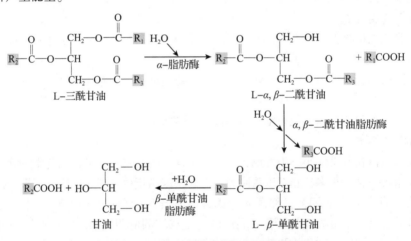

图 11-2   三酰甘油在脂肪酶催化下的水解反应

11.2.2   甘油的分解代谢

脂肪水解产生的甘油可被甘油激酶磷酸化，但肌肉和脂肪组织中甘油激酶的活性很低，所以，这两种组织利用甘油的能力很弱。而甘油易溶于水，可通过血液运输至肝、肾和肠等组织中加以利用，其中以肝细胞的甘油激酶活性最高。甘油激酶可催化甘油转变为3-磷酸甘油，而后在磷酸甘油脱氢酶的作用下，生成磷酸二羟丙酮(图11-3)，磷酸二羟丙酮可以同3-磷酸甘油醛自由转化，再通过3-磷酸甘油醛进入糖异生作用转变为糖或经糖酵解途径氧化分解。

由于甘油只占整个脂肪分子中很小一部分，所以脂肪氧化提供的能量主要还是来自脂肪酸分解。

11.2.3   脂肪酸的分解代谢

游离脂肪酸穿越脂肪细胞和毛细血管内皮细胞与血浆清蛋白结合后，以扩散的方式由血液

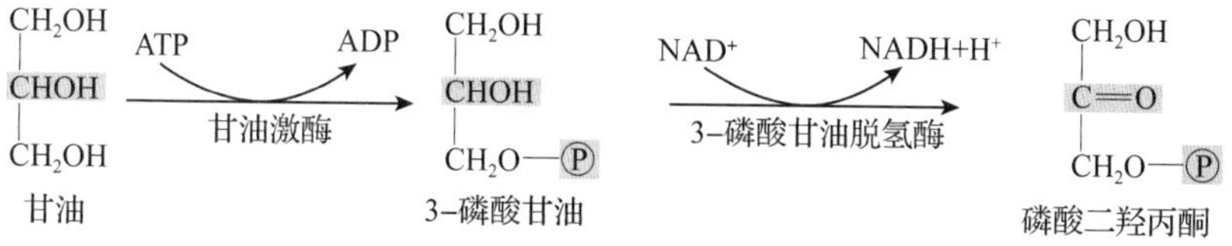

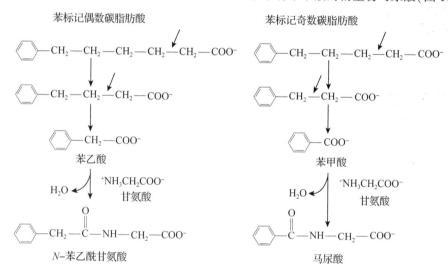

图 11-3　甘油的分解代谢

运送至全身，主要在心、肝和骨骼肌等组织中被摄取利用。除脑组织外，大多数组织均能氧化脂肪酸，其中以肝和肌肉最为活跃。在氧气充足的条件下，脂肪酸在体内彻底氧化分解成 CO_2 和 H_2O，并释放大量能量，以 ATP 的形式为机体供能。

11. 2. 3. 1　饱和脂肪酸的 β-氧化作用

脂肪酸在体内氧化分解代谢的最主要途径为 β-氧化作用，由 Franz Knoop 在 1904 年首先提出。Knoop 做了一个经典的生化实验，他将末端碳（ω 碳）连有苯环（体内无法降解）的脂肪酸衍生物喂饲狗，然后检测狗尿液中的产物。结果发现，食用含偶数碳脂肪酸的狗尿液中有苯乙酸的衍生物苯乙尿酸，而食用含奇数碳脂肪酸的狗尿液中有苯甲酸的衍生物马尿酸（图 11-4）。

图 11-4　Knoop 的脂肪酸标记实验

Knoop 由此推测无论脂肪酸链的长短，脂肪酸的降解总是每次水解下两个碳原子，以后的实验进一步证明其推测的准确性。由于这种氧化作用总是在脂肪酸的 β-位碳原子进行，故称为 β-氧化作用。

真核生物中，β-氧化作用是在线粒体基质中进行的。β-氧化作用并不是一步完成的，而是要经过活化、转运，然后进入氧化过程。

（1）脂肪酸的活化

脂肪酸氧化前必须进行活化，活化在线粒体外进行。脂肪酸进入细胞后，首先被内质网及线粒体外膜上的脂酰 CoA 合成酶（acyl-CoA synthetase）催化生成其活化形式脂酰 CoA，反应需要 ATP、CoA-SH 和 Mg^{2+} 参与（图 11-5）。生成的脂酰 CoA 含有高能硫酯键，其水溶性和代谢活性大大提高。

脂肪酸活化反应产生 AMP 和焦磷酸（PPi），焦磷酸在无机磷酸酶作用下进一步被水解。故活化 1 分子脂肪酸，实际上消耗了 2 个高能磷酸键。

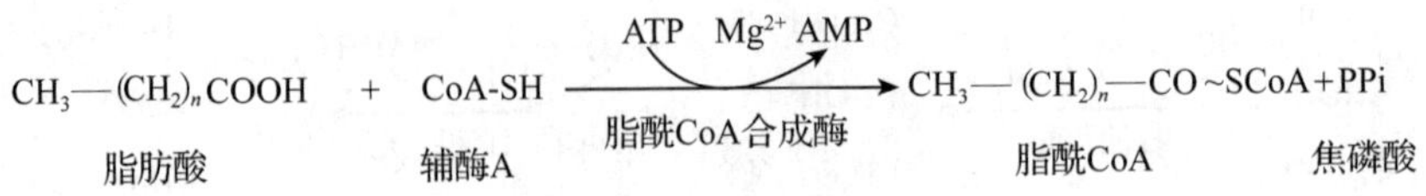

$$CH_3—(CH_2)_n COOH + CoA-SH \xrightarrow[\text{脂酰CoA合成酶}]{ATP \quad Mg^{2+} \quad AMP} CH_3—(CH_2)_n—CO{\sim}SCoA+PPi$$

脂肪酸　　　　　　辅酶A　　　　　　　　　　　　　　　脂酰CoA　　　　焦磷酸

图 11-5　脂肪酸的活化

（2）脂酰 CoA 的跨膜转运进入线粒体

脂肪酸的活化在细胞质中进行，但催化脂肪酸氧化的酶系却存在于线粒体基质内，故活化的脂酰 CoA 必须先进入线粒体才能氧化代谢。短或中长链的脂酰 CoA 分子（12 个碳原子以下）可直接渗透通过线粒体内膜，但是更长链的脂酰 CoA 不能直接通过线粒体内膜，因此需要一种特异的转运系统将线粒体外脂酰 CoA 转运到线粒体基质中。

活化的脂酰 CoA 首先在位于线粒体外膜上的肉碱脂酰转移酶Ⅰ（carnitine acyltransferase Ⅰ）的作用下，与肉碱结合生成脂酰肉碱。脂酰肉碱通过肉碱脂酰肉碱转位酶穿过线粒体的内膜进入线粒体基质中，接着再在肉碱脂酰转移酶Ⅱ的作用下，脂酰肉碱与线粒体基质中的辅酶 A 结合，重新产生脂酰 CoA，并释放肉碱，最后肉碱经肉碱脂酰肉碱转位酶协助，又回到线粒体内膜外膜间隙中，准备进行下一轮转运，整个转运过程如图 11-6 所示。整体上看，转运系统是将细胞质中的酰基转运到了线粒体基质中。

脂酰 CoA 的转运过程是脂肪酸分解代谢的限速步骤，肉碱脂酰转移酶Ⅰ的活性直接影响脂肪酸的转运速度。在饥饿、高脂低糖膳食或患糖尿病的状况下，机体主要靠脂肪酸氧化供能，肉碱脂酰转移酶Ⅰ活性增加。相反，高糖低脂膳食时，肉碱脂酰转移酶Ⅰ活性受抑制，脂肪酸氧化减少。

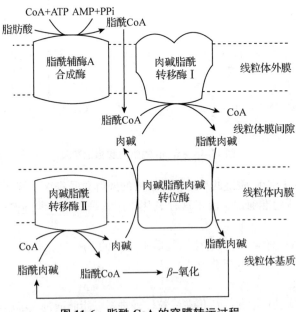

图 11-6　脂酰 CoA 的穿膜转运过程

（3）β-氧化的过程

脂酰 CoA 进入线粒体后，在基质中进行 β-氧化作用，包括 4 个基本反应：第一次氧化脱氢反应、加水反应、第二次氧化脱氢反应和硫解反应，具体反应过程如图 11-7 所示。

① 脱氢　在脂酰 CoA 脱氢酶（acyl CoA dehydrogenase）的催化下，脂酰 CoA 的 C2 和 C3（即 α 碳和 β 碳）之间各脱下一个氢原子，在 α 碳和 β 碳之间形成一个双键，生成反 Δ^2-烯脂酰 CoA，

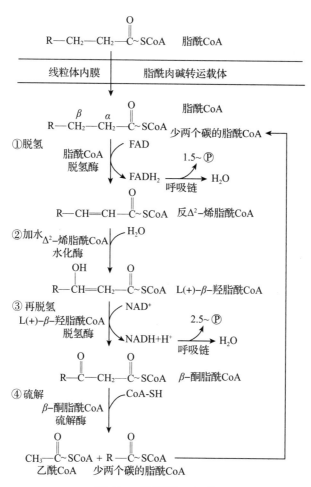

图 11-7 脂肪酸 β-氧化

脱下的 2 个氢由脂酰 CoA 脱氢酶的辅酶 FAD 接受生成 FADH₂。

②加水 反 Δ²-烯脂酰 CoA 在 Δ²-烯脂酰 CoA 水化酶(enoyl CoA hydratase)的催化下，在 α 碳和 β 碳之间的双键上加上 1 分子水，但由于该酶催化的立体特异性，只催化 L-异构体的生成，故只生成 L(+)-β-羟脂酰 CoA。

③再脱氢 在 β-羟脂酰 CoA 脱氢酶(L-β-hydroxyacyl CoA dehydrogenase)催化下，L(+)-β-羟脂酰 CoA 的 C3(β 位)上的羟基脱氢氧化成 β-酮脂酰 CoA，同时脱氢酶的辅酶 NAD⁺ 接受氢被还原成 NADH+H⁺。

④硫解 β-酮脂酰 CoA 在 β-酮脂酰 CoA 硫解酶，简称硫解酶(thiolase)催化下，α 和 β 位之间被 1 分子 CoA-SH 硫解，产生 1 分子乙酰 CoA 和比原来脂酰 CoA 少了两个碳原子的脂酰 CoA。该反应步骤被称为硫解是因为有巯基参与，反应类似于水参与的水解反应。

以上 4 步反应都是可逆反应，但由于第四步硫解是高度放能反应，从而使整个 β-氧化过程朝着脂降解的方向进行。少了两个碳的脂酰 CoA 再作为底物重复上述①~④反应，每次降解下一个二碳单位，反复进行，直至成为二碳的乙酰 CoA(含偶数 C 的脂肪酸)或三碳的丙酰 CoA(含奇数碳的脂肪酸)。

(4)脂肪酸 β-氧化的能量计算

脂肪酸每经过一次 β-氧化过程,就会形成 1 分子乙酰 CoA,同时会将 1 分子 FAD 还原为 $FADH_2$,并将 1 分子 NAD^+ 还原为 $NADH+H^+$。脂肪酸 β-氧化生成的乙酰 CoA 都进入三羧酸循环,而且 β-氧化和三羧酸循环生成的所有的 $FADH_2$ 和 NADH 都经过呼吸链彻底氧化生成 CO_2 和 H_2O,这会产生大量能量。

以十六碳软脂酸为例,经 β-氧化后的总反应为:

软脂酰 $CoA+7CoA-SH+7FAD+7NAD^++7H_2O \longrightarrow 8$ 乙酰 $CoA+7FADH_2+7NADH+7H^+$

1 分子软脂酸经过 7 轮上述的 β-氧化循环,转变成 8 分子的乙酰 CoA,7 分子 $FADH_2$,7 分子 $NADH+H^+$。由于 β-氧化发生在线粒体内,还原型辅酶可以直接进入电子传递链。经过电子传递链和氧化磷酸化,1 分子 $FADH_2$ 氧化生成 1.5 分子 ATP;1 分子 $NADH+H^+$ 氧化生成 2.5 分子 ATP。另外,每分子乙酰 CoA 经过三羧酸循环、电子传递链和氧化磷酸化可以生成 10 分子 ATP(3 分子 $NADH+H^+$、1 分子 $FADH_2$、1 分子 GTP)。所以,1 分子软脂酰 CoA 经 β-氧化、三羧酸循环、电子传递完全氧化产生的能量为:

$7FADH_2$	$7\times1.5=10.5ATP$
$7NADH+H^+$	$7\times2.5=17.5ATP$
8 乙酰 CoA	$8\times10=80ATP$
总计	108ATP

此外,由于脂肪酸的活化阶段,软脂酸活化为软脂酰 CoA 消耗 1 分子 ATP 中的 2 个高能磷酸键的能量,因此净生成的能量为 $108-2=106$ 个 ATP。

将葡萄糖氧化与脂肪酸氧化产生的能量做比较,1 分子葡萄糖氧化成 CO_2 和 H_2O,可以产生 30(或 32)分子 ATP,不过葡萄糖分子只含有 6 个碳,如果是 16 个碳应当生成 $(16/6)\times30$(或 32)$=80(85.3)ATP$,产生的 ATP 只是 16 碳软脂酸氧化生成能量的 74%(或 78%)。所以,脂肪酸中单个碳的氧化要比糖分子中的单个碳氧化提供更多的能量,这主要是因为糖中的碳已经被部分氧化了。

11.2.3.2 不饱和脂肪酸的氧化

在生物体内,大约有一半以上的脂肪酸残基是不饱和脂肪酸,其氧化途径与饱和脂肪酸的氧化途径基本相似,但饱和脂肪酸 β-氧化产生的反 Δ^2-烯脂酰 CoA 的双键是反式(trans),而天然存在的不饱和脂肪酸的双键大都是顺式(cis)构型,其不能被烯脂酰 CoA 水合酶作用,所以还需其他酶来参与催化。

(1)单不饱和脂肪酸的 β-氧化

对于单不饱和脂肪酸来说,无论不饱和双键在什么位置,它们开始都能以 β-氧化方式降解,经过连续的 β-氧化过程,会产生顺 Δ^3-烯脂酰 CoA 或顺 Δ^2-烯脂酰 CoA 的中间产物。但是顺 Δ^3-烯脂酰 CoA,其 C3 和 C4 之间的双键妨碍反 Δ^2 双键的形成,所以需经线粒体烯脂酰 CoA 异构酶催化,转变成反 Δ^2-烯脂酰 CoA 才能进行 β-氧化;而顺 Δ^2-烯脂酰 CoA 虽然可以发生加水反应,但生成的却是 $D(-)-\beta$-羟脂酰 CoA,需经线粒体 $D(-)-\beta$-羟脂酰 CoA 表构酶催化,将右旋异构体转变成 β-氧化所需的 $L(+)-\beta$-羟脂酰 CoA,才能沿 β-氧化途径继续氧化分解(图 11-8)。

不饱和脂肪酸与相同碳原子数的饱和脂肪酸比较,由于分子内氢原子数目少,通过氧化呼吸链传递的电子数目少,因而氧化产生的 ATP 数目也相对较少。

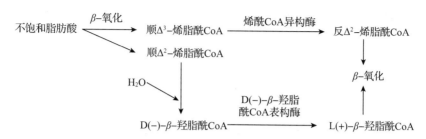

图 11-8　单不饱和脂肪酸的 β-氧化过程

（2）多不饱和脂肪酸的 β-氧化

多不饱和脂肪酸的氧化还需要另外一个特殊的还原酶。以亚油酸为例，亚油酸是十八碳二烯酸（含有两个双键），具有顺 Δ^9，顺 Δ^{12} 构型。亚油酸首先在细胞质中被活化形成亚油酰 CoA，然后经肉碱转运系统转运到线粒体内被氧化。

亚油酰 CoA 首先进行 3 轮 β-氧化过程，生成 3 分子乙酰 CoA 和顺 Δ^3，顺 Δ^6-十二烯脂酰 CoA，后者经烯脂酰 CoA 异构酶催化生成反 Δ^2，顺 Δ^6-十二烯脂酰 CoA。经一轮 β-氧化后生成顺 Δ^4-十烯脂酰 CoA，然后经过酰基 CoA 脱氢酶催化生成反 Δ^2，顺 Δ^4-十烯脂酰 CoA，再经特殊的还原酶 2,4-二烯脂酰 CoA 还原酶催化生成反 Δ^3-十烯脂酰 CoA，再经 2,3-二烯脂酰 CoA 异构酶作用，重新进入 β-氧化，最终 1 分子亚油酸降解为 9 分子乙酰 CoA（图 11-9）。

图 11-9　多不饱和脂肪酸的 β-氧化过程

11.2.3.3 奇数碳原子脂肪酸的 β-氧化作用

自然界中的脂肪酸多数是偶数碳脂肪酸，但在许多植物、微生物等生物体内还存在奇数碳脂肪酸。哺乳动物组织中奇数碳脂肪酸比较少见，但在反刍动物(如牛、羊)中，奇数碳脂肪酸氧化提供的能量相当于它们所需能量的 25%。奇数碳脂肪酸也像偶数碳脂肪酸一样进行 β-氧化，但最终产物中除了乙酰 CoA 外，还有丙酰 CoA；丙酰 CoA 可以通过 3 步酶催化反应转化为琥珀酰 CoA(图 11-10)。

首先丙酰 CoA 在丙酰 CoA 羧化酶(propiony-CoA carboxylase)(以生物素作为辅基)的催化下结合 HCO_3^- 形成 D-甲基丙二酸单酰 CoA；然后甲基丙二酸单酰 CoA 消旋酶(methylmalonyl-CoA racemase)催化 D-甲基丙二酸单酰 CoA 转化为它的 L-异构体；最后 L-甲基丙二酸单酰 CoA 在甲基丙二酸单酰 CoA 变位酶(methylmalonyl-CoA mutase)的催化下形成琥珀酰 CoA，这步反应需要腺苷钴胺素作为辅酶。

生成的琥珀酰 CoA 又可转换成草酰乙酸，由于草酰乙酸可用作糖异生的底物，因此来自奇数碳脂肪酸的丙酰基可以净转化为葡萄糖。此外异亮氨酸、缬氨酸和蛋氨酸氧化降解时也会产生丙酰 CoA，它也会遵循以上的代谢途径。

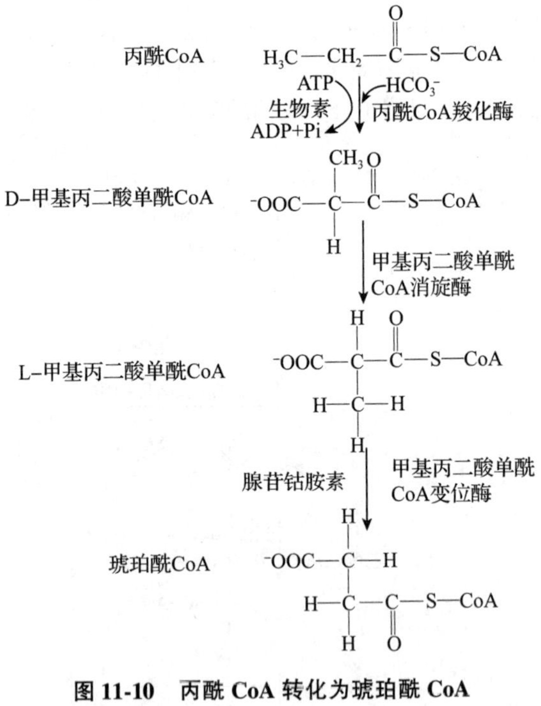

图 11-10 丙酰 CoA 转化为琥珀酰 CoA

11.2.3.4 脂肪酸的其他氧化方式

β-氧化是脂肪酸分解代谢的主要途径，除此之外，人们在生物体内还发现了脂肪酸的一些其他氧化方式，这些氧化方式对某些生物的脂类代谢是不可缺少的。

(1)脂肪酸的 α-氧化

脂肪酸的 α-氧化是指脂肪酸在一些酶的催化下，其 α 碳原子发生氧化，结果生成 1 分子 CO_2 和比原来少 1 个碳原子的脂肪酸。这种代谢途径发生在某些因 β 碳被封闭(如连有甲基)而无法进行 β-氧化的脂肪酸中。例如植烷酸，由于在 C3 位上有一个甲基取代基，因此植烷酸不能被脂酰 CoA 脱氢酶氧化。植烷酸降解的第一步是由脂肪酸 α-羟化酶(fatty acid α-hydroxy-lase)在植烷酸的 α 位发生羟基化，羟基化的中间体进一步脱羧，形成降植烷酸(pristanic acid)

和 CO_2，降植烷酸可以进入 β-氧化而按照常例被代谢掉(图 11-11)。

α-氧化对降解带甲基的支链脂肪酸有重要作用。对于人类，如果缺少 α-氧化作用系统，就会造成植烷酸的积累。有一种遗传性疾病——Refsum 病(遗传性共济失调多发性神经炎样病，又称植烷酸贮积病)，患者由于先天性 α-氧化酶系缺陷，不能氧化降解植烷酸，导致植烷酸在血浆和组织中大量堆积，从而引起神经系统功能的损害。

不同于 β-氧化的是，α-氧化可以发生在游离的脂肪酸上，不需要进行脂肪酸活化，而且这种过程不产生 ATP，既可在内质网发生，也可在线粒体或过氧化物酶体发生。

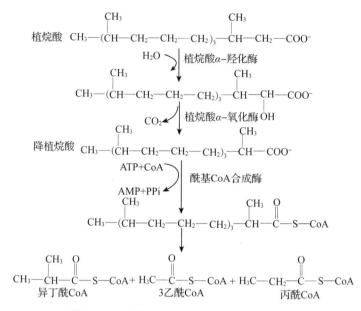

图 11-11　植烷酸 α-氧化后产物进入 β-氧化

(2)脂肪酸的 ω-氧化

脂肪酸的 ω-氧化作用是指脂肪酸在混合功能氧化酶等酶(羟化酶、脱氢酶、$NADPH+H^+$、细胞色素 P_{450} 等)的催化下，其 ω 碳(远离羧基端的末端甲基碳)原子发生氧化，经 ω-羟基脂肪酸、ω-醛基脂肪酸，最后氧化生成 α,ω-二羧酸的反应过程。其后 α,ω-二羧酸可以从两端任一侧或两端同时进行 β-氧化降解，ω-氧化加速了脂肪酸降解的速度。此种氧化形式在肝脏微粒体或细菌中均有发现。

$$CH_3(CH_2)_n COOH \xrightarrow{\omega-\text{氧化}} HOOC(CH_2)_n COOH \longrightarrow \beta-\text{氧化}$$

11.2.3.5　酮体的代谢

脂肪酸在肌肉、心肌等许多肝外组织中，能够被彻底氧化生成 CO_2 和 H_2O。但在肝脏中，脂肪酸 β-氧化产生的乙酰 CoA，除进入三羧酸循环彻底氧化生成 ATP 外，其余的乙酰 CoA 还有另外一条去路，形成乙酰乙酸(acetoacetate)、β-羟丁酸(β-hydroxybutyrate)及丙酮(acetone)，这三者统称为酮体(ketone body)。酮体是脂肪酸在肝脏氧化分解时特有的代谢中间产物，是肝脏输出能量的一种形式，这是由于肝脏具有活性较强的合成酮体的酶系，同时又缺乏利用酮体的酶系。

(1)酮体的合成

如图 11-12 所示，肝基质中乙酰乙酸形成的第一步反应是 2 分子的乙酰 CoA 在乙酰乙酰 CoA 硫解酶(thiolase)的催化作用下缩合，脱去 1 分子 CoA-SH，生成乙酰乙酰 CoA。这是 β-氧化最后一步的逆向反应，只有当乙酰 CoA 水平升高时才发生。第二步反应是乙酰乙酰 CoA 再与 1 分子乙酰 CoA 缩合生成 β-羟甲基戊二酸单酰 CoA(β-hydroxy-β-methylglutaryl-CoA，HMG-CoA)，同时释出一分子 CoA-SH，该反应是在 HMG-CoA 合酶的催化作用下完成的。第三步反应是 HMG-CoA 在 HMG-CoA 裂解酶催化下的裂解形成乙酰 CoA 和乙酰乙酸。

这样形成的游离乙酰乙酸经线粒体基质酶 β-羟丁酸脱氢酶(β-hydoxybutyrate dehydogenase)作用(需 NADH)被还原为 β-羟丁酸。少量乙酰乙酸还可在乙酰乙酸脱羧酶作用下自然脱羧，生成丙酮。对于健康的人，由乙酰乙酸脱羧形成丙酮的量是极少的。

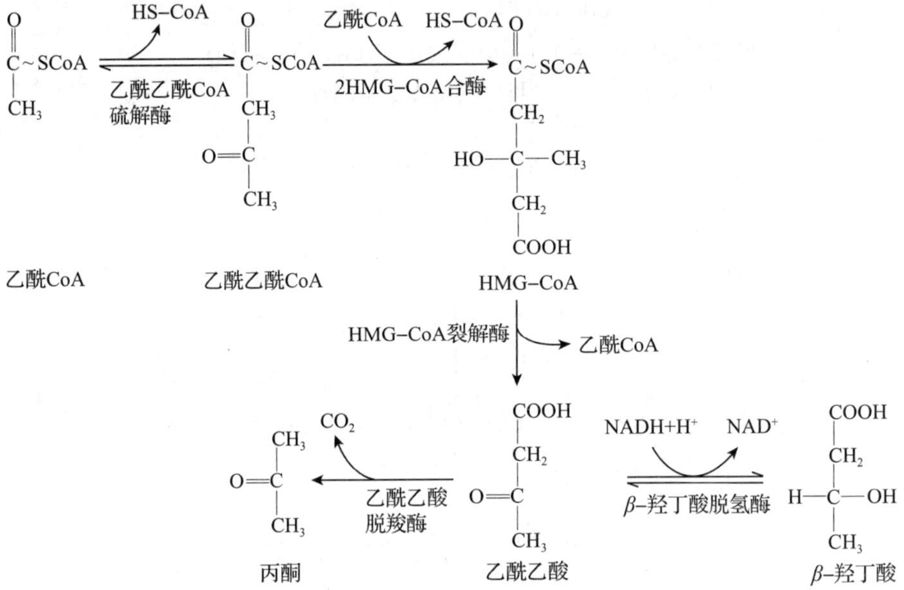

图 11-12　酮体的生成过程

(2)酮体的利用

酮体是很多组织的重要能源物质，肝脏中的酮体作为脂肪酸的代谢产物，通过血液向其他组织输入能源。β-羟丁酸和乙酰乙酸可以进入线粒体，β-羟丁酸脱氢酶催化 β-羟丁酸形成乙酰乙酸。乙酰乙酸在琥珀酰 CoA 转移酶(succinyl CoA transferase)催化下与琥珀酰 CoA 反应形成乙酰乙酰 CoA。乙酰乙酰 CoA 在硫解酶的作用下被转化为 2 分子乙酰 CoA，生成的乙酰 CoA 经三羧酸循环氧化(图 11-13)。

酮体可以被很多组织利用，包括中枢神经系统，但肝脏和红细胞除外，因为红细胞中没有线粒体，而肝脏中缺少激活酮体的酶。心肌和肾脏优先利用乙酰乙酸。脑在正常代谢时主要利用葡萄糖供给能量，但在糖源供应不足或糖利用出现障碍时，酮体可以替代葡萄糖被大脑所利用；酮体易溶于水，分子小能通过血脑屏障，脑组织不能氧化脂肪酸，却有较强的利用酮体的能力，糖源供应不足时脑组织 75% 的主要能源是乙酰乙酸。

(3)酮体生成的调节

酮体的生成受糖代谢、激素水平等多种因素影响。当人体严重饥饿时，肾上腺素、胰高血糖素等脂解激素分泌增加，或糖尿病等原因引起糖的利用受阻，此时脂肪动员加强，进入肝细胞的脂肪酸增多；同时肝内糖代谢减弱，生成 ATP 减少，这都有利于脂肪酸的 β-氧化及酮体生成。相反，在饱食及糖利用充分的情况下，一方面抗脂解激素胰岛素分泌增加抑制脂肪动员，进入肝内脂肪酸减少；另一方面糖代谢旺盛，产生充足的 ATP，进入肝细胞的脂肪酸主要用于酯化生成三酰甘油及磷脂，酮体生成就会减少。

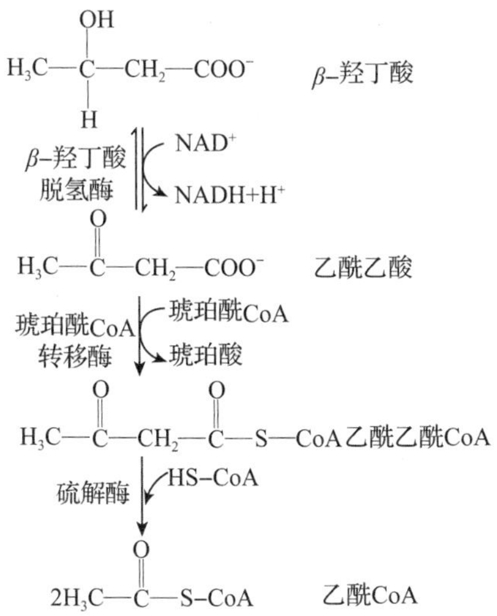

图 11-13 β-羟丁酸和乙酰乙酸转化为 2 分子乙酰 CoA

在正常情况下，乙酰 CoA 顺利进入三羧酸循环，脂肪酸的合成作用也正常进行。肝脏中乙酰 CoA 的浓度不会增高，所以肝中产生的酮体很少，血液中酮体浓度相对恒定，大致在 20~50 mg/L，尿液中检查不出酮体。当饥饿、高脂低糖膳食或糖尿病时，由于肝脏产生过多的酮体超过了肝外组织氧化利用酮体的能力，造成酮体堆积，进而引起血液中酮体水平升高。由于酮体主要成分是酸性的物质，其大量积存的结果常导致动物酸碱平衡失调，严重时还会造成酮症酸中毒（ketoacidosis），此时称为酮血症（ketonemia）。血中酮体升高超过肾阈值时，酮体则随尿排出，引起酮尿症（ketonuria）。另外，酮体中的丙酮为挥发性物质，也可经呼吸道排出，这也是为什么有些糖尿病患者呼出的气体有腐烂水果味道的原因。

11.3 脂肪的合成代谢

从食物中摄入的脂肪酸及机体自身合成的脂肪酸，大多以酯化的形式储存在体内，如脂肪、胆固醇酯等。其中脂肪主要储存在脂肪组织中，是机体能量的储存形式。生物机体内脂类的合成十分活跃，尤其是高等动物的肝脏、脂肪组织和乳腺组织。脂肪的生物合成可以分为 3 个阶段：磷酸甘油的生物合成；脂肪酸的生物合成；脂肪的生物合成。

11.3.1 磷酸甘油的生物合成

高等动物合成脂肪所必需的前体之一是磷酸甘油，生物体内磷酸甘油有两个来源（图 11-14）：一是糖酵解的中间体磷酸二羟丙酮，它是糖酵解中醛缩酶作用的产物。细胞质中的磷酸二羟丙酮在 3-磷酸甘油脱氢酶（glycerol phosphate dehydrogenase）作用下，可被还原为磷酸甘油，反应中 NADH+H$^+$ 作为氢供体被氧化为 NAD$^+$。二是甘油降解中的一步，即甘油的磷酸化。甘油酯水解产生的甘油直接被机体吸收利用，在甘油激酶的催化下，与 ATP 作用生成磷酸甘油。由于脂肪组织中缺乏有活性的甘油激酶，因此脂肪组织中的磷酸甘油都来自糖代谢。

11.3.2 脂肪酸的生物合成

哺乳动物的肝脏和脂肪组织中都可以合成脂肪酸，特殊条件下，特殊细胞内也可以合成少

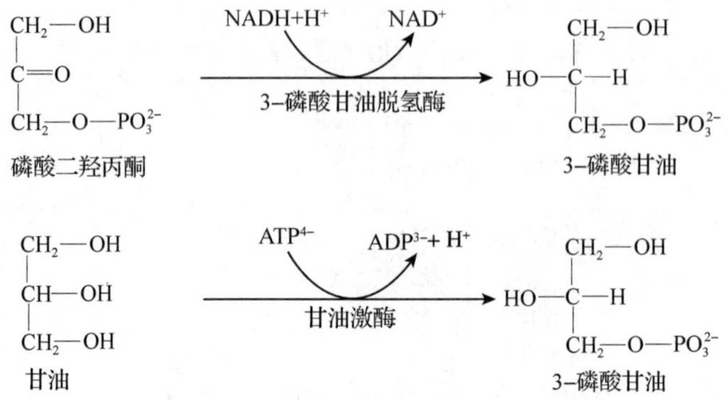

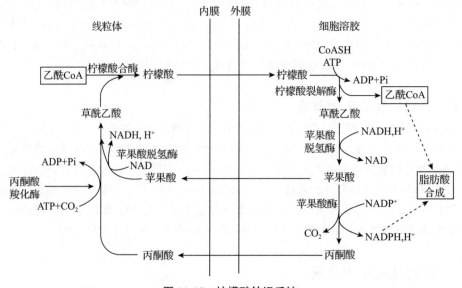

图 11-14　磷酸甘油的生物合成途径

量的脂肪酸，如泌乳期的乳腺细胞就可合成脂肪酸。脂肪酸的合成过程复杂，合成的原料是乙酰 CoA，主要来自糖酵解生成的丙酮酸，同时还需要有多种酶和载体蛋白参加。脂肪酸的合成可分为饱和脂肪酸的从头合成、脂肪酸碳链的延长和不饱和脂肪酸的合成三大主要部分。

11.3.2.1　饱和脂肪酸的从头合成

（1）乙酰 CoA 的转运与活化

真核生物中的脂肪酸生物合成发生在细胞质中，而脂肪酸合成的原料乙酰 CoA 全部在线粒体基质中产生，而乙酰 CoA 不能直接穿过线粒体内膜进入细胞质中，在这里有一穿梭机制取代直接的运送，这个机制称为柠檬酸转运系统（citrate transport system），它使用柠檬酸作为乙酰基的载体把乙酰 CoA 转运至细胞质中（图 11-15）。

在此循环中，线粒体内的乙酰 CoA 先与草酰乙酸在柠檬酸合酶作用下缩合生成柠檬酸，柠檬酸通过线粒体内膜上的载体转运至细胞质，然后在细胞质中由柠檬酸裂解酶催化裂解，重新生成乙酰 CoA 和草酰乙酸。此时细胞质中生成的乙酰 CoA 用于合成脂肪酸，而草酰乙酸在苹果酸脱氢酶催化下还原成苹果酸，这是三羧酸循环中 L-苹果酸氧化的逆反应。细胞质中的苹果酸在苹果酸酶的催化下氧化脱羧生成丙酮酸。丙酮酸可再通过线粒体内膜上的载体转运至线粒体内，羧化生成草酰乙酸然后再重新参与乙酰 CoA 的转运。

图 11-15　柠檬酸转运系统

整个过程反复循环，乙酰 CoA 便可不断地从线粒体内转运至细胞质中。柠檬酸转运系统是个耗能的过程，转运 1 分子乙酰 CoA 需要消耗 2 分子的 ATP。

（2）丙二酸单酰 CoA 的合成

脂肪酸合成起始于乙酰 CoA 转化成丙二酸单酰 CoA。这步反应是在乙酰 CoA 羧化酶（acetyl CoA carboxylase）作用下实现的，该步反应是脂肪酸合成的重要步骤。原核生物如大肠埃希菌（*Escherichia coli*）的乙酰 CoA 羧化酶，是 3 种蛋白质构成的复合体，一种是生物素羧基载体蛋白（biotin carboxyl carrier protein，BCCP），它的作用是生物素的载体；另外两种蛋白质是生物素羧化酶（biotin carboxylase）和转羧酶（transcarboxylase）。而哺乳动物和鸟类的乙酰 CoA 羧化酶是两个相同亚单位（相对分子质量各为 260 000）的二聚体，其生物素羧化酶和转羧酶以及生物素羧基载体在同一条肽链上。

在细胞质中，乙酰 CoA 羧化酶催化乙酰 CoA 生成丙二酸单酰 CoA。乙酰 CoA 羧化酶的辅基是生物素，反应机制类似于丙酮酸羧化酶。HCO_3^- 在 ATP 参与下与生物素形成羧基生物素，激活 CO_2 被转移给乙酰 CoA，形成丙二酸单酰 CoA（图 11-16）。

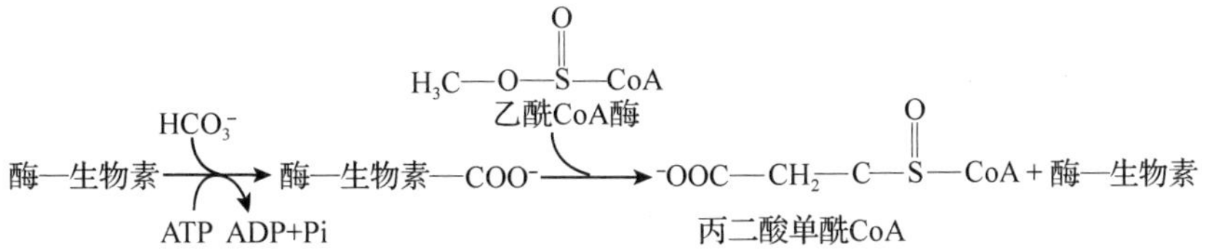

图 11-16　丙二酸单酰 CoA 的合成

（3）脂肪酸合成的加成反应

由乙酰 CoA 以及丙二酸单酰 CoA 合成长链脂肪酸，实际上是一个重复加成的过程，每次加成可以延长一个二碳单位。十六碳软脂酸的合成需经过连续 7 次重复加成（缩合）反应。

脂肪酸合成过程需要 7 种酶的催化作用，不同生物体内 7 种酶的排布有所不同。真核生物体内，这 7 种酶的活性结构区和 1 个相当于脂酰基载体蛋白（acylcarrier protein，ACP）的结构区均在同一条多肽链上，属于一个基因编码的多功能酶。两条完全相同的多肽链（亚基）首尾相连组成的二聚体，是有活性的脂肪酸合酶（fatty acid synthase）；若二聚体解离成单体则酶活性丧失。原核生物如大肠埃希菌，脂肪酸合成过程是由 7 种不同的酶共同催化完成的，其中除硫酯酶外，其他 6 种酶与 1 个 ACP 分子组成脂肪酸合酶多酶复合体。

反应历程以乙酰 CoA 为起点，由丙二酸单酰 CoA 在羧基端逐步添加二碳单位，合成出不超过十六碳的脂酰基，最后脂酰基被水解成游离的脂肪酸，反应过程如下：

①负载　乙酰 CoA 的乙酰基在乙酰 CoA-ACP 转移酶（acetyl CoA-ACP transacetylase）催化下，转移到酰基载体蛋白中央的巯基上，生成乙酰 ACP。然后，乙酰 ACP 中的乙酰基再转移到 β-酮脂酰 ACP 合酶上。丙二酸单酰 CoA 在丙二酸单酰 CoA-ACP 转酰基酶（malonyl-CoA-ACP transacetylase）催化下，丙二酸单酰基被转移到 ACP 上，生成丙二酸单酰 ACP。反应式如下：

$$CH_3CO\sim SCoA + ACP \overset{\text{乙酰 CoA-ACP 转移酶}}{\rightleftharpoons} CH_3CO\sim SACP + CoA-SH$$

乙酰 CoA　　　　　　　　　　　　　　　乙酰 ACP

$$HOOCCH_2CO\sim SCoA + ACP \overset{\text{丙二酸单酰 CoA-ACP 转移酶}}{\rightleftharpoons} HOOCCH_2CO\sim SACP + CoA-SH$$

丙二酸单酰 CoA　　　　　　　　　　　　丙二酸单酰 ACP

②缩合　在 β-酮脂酰 ACP 合酶（β-ketoacyl ACPsynthase）催化下，连接在 β-酮脂酰 ACP 合酶上的乙酰基转移到丙二酸单酰 ACP 上，形成乙酰乙酰 ACP，并释放出 1 分子 CO_2。反应式如下：

$$CH_3CO\sim SACP + HOOCCH_2CSACP \xrightarrow[\beta-酮脂酰 ACP 合酶]{H^+ \quad ACP + CO_2} CH_3COCH_2CO\sim SACP$$

乙酰 ACP　　　丙二酸单酰 ACP　　　　　　　　　　　　　　　　乙酰乙酰 ACP

③还原　在 β-酮脂酰 ACP 还原酶(β-ketoacyl ACP reductase)催化下，乙酰乙酰 ACP 的 β 羰基被还原成羟基，生成 D-β-羟丁酰 ACP，NADPH 作为该酶的辅酶。反应式如下：

$$CH_3COCH_2COACP \xrightarrow[NADPH+H^+ \quad NADP^+]{\beta-酮脂酰 ACP 还原酶} CH_3\underset{OH}{CH}CH_2COACP$$

乙酰乙酰 ACP　　　　　　　　　　　　　　　D-β-羟丁酰ACP

④脱水　在 β-羟丁酰 ACP 脱水酶(β-ketoacyl ACP dehydratase)催化下，D-β-羟丁酰 ACP 的 α,β 碳原子间脱水生成反丁烯酰 ACP。反应式如下：

$$CH_3\underset{OH}{CH}CH_2COACP \xrightarrow[H_2O]{\beta-羟脂酰 ACP 脱水酶} CH_3C\overset{H}{=}\underset{H}{C}COACP$$

D-β-羟丁酰ACP　　　　　　　　　　　　α,β-反式-丁烯酰 ACP

⑤还原　在烯脂酰 ACP 还原酶(β-enoy ACP reductase)催化下，α,β-反式-丁烯酰 ACP 被还原成丁酰 ACP，NADPH 作为该酶的辅酶。至此，生成延长了两个碳单位的丁酰 ACP。反应式如下：

$$CH_3CH=CHCOACP \xrightarrow[NADPH+H^+ \quad NADP^+]{烯脂酰 ACP 还原酶} CH_3CH_2CH_2COACP$$

α,β-反式-丁烯酰 ACP　　　　　　　　　　　丁酰 ACP

如此反复进行②~⑤的合成过程，每一个循环碳链延伸一个二碳单位。但起始底物是已经加长了两个碳的酰基-ACP，每一轮都有一个新的丙二酸单酰 CoA 分子参与，直至生成含有不超过十六碳的酯酰-ACP 为止。

⑥脂酰基水解　当脂酰基延到一定程度(不超过十六碳)后，在硫酯酶的作用下，酯酰-ACP 水解即可生成脂肪酸和 HS-ACP。反应式如下：

$$脂酰-ACP + H_2O \xrightarrow{硫酯酶} 脂肪酸 + HS-ACP$$

(4)脂肪酸合成途径与 β-氧化的比较

脂肪酸的合成与 β-氧化并不是简单的可逆过程，两条途径的异同可归纳如下：两条途径的发生场所不同，脂肪酸合成发生于细胞质，降解发生于线粒体。连接脂肪酸的载体不同，脂肪酸合成中载体为 ACP，降解中的载体则为 CoA。两个途径中有 4 步反应从化学式上看，一条途径的 4 步反应是另一途径的 4 步反应的逆方向，脂肪酸合成中的 4 步反应是缩合、还原、脱水和还原，在脂肪酸降解中的这 4 步反应是氧化、水合、氧化和裂解，但它们所用的酶和辅助因子不相同。两条途径都具有转运机制，在脂肪酸合成中是柠檬酸转运系统，在脂肪酸降解中是肉碱转运系统。在脂肪酸合成中脂肪链每次延长获取的二碳单元来自丙二酸单酰 CoA，在脂肪酸降解中则是使乙酰 CoA 形式的二碳单元离去，以实现脂肪链的缩短。脂肪酸合成是从分子的甲基一端开始到羧基为止，即羧基是最后形成的，脂肪酸降解则持相反的方向，羧基的离去开始于第一步。羟酯基中间体在脂肪酸合成中有着 D 构型，但在脂肪酸降解中则为 L 构型。脂肪酸合成由还原途径构成，需要有 NADPH 参与；脂肪酸降解则由氧化途径构成，需要有 FAD 和 NAD 参与。

11.3.2.2　脂肪酸链的延长

细胞质中的脂肪酸合酶只能合成到十六碳的软脂酸，当要合成比软脂酸碳链更长的脂肪酸时，则是需要通过对软脂酸的加工，使碳链延长来完成。在哺乳动物体内，脂肪酸碳链的延长可经两条途径完成，一条是线粒体脂肪酸延长途径，另一条是内质网脂肪酸延长途径。

（1）线粒体脂肪酸延长途径

线粒体基质中含有催化脂肪酸延长的酶系，按照与脂肪酸 β-氧化逆反应过程基本相似的过程，使软脂酸的碳链延长，只是第四个酶——烯脂酰 CoA 还原酶代替了 β-氧化过程中的脂酰 CoA 脱氢酶，最后一步还原反应中的辅酶是 NADPH。

以此方式，每一轮反应使脂肪酸碳链新增加 2 个碳原子，一般可以延长至二十四或二十六碳脂肪酸，不过仍以硬脂酸生成最多。

（2）内质网脂肪酸延长途径

动物、植物都存在内质网延长系统，反应过程与脂肪酸从头合成相似。在内质网中含有催化脂肪酸延长酶系，以丙二酸单酰 CoA 作为二碳单位的供体，NADPH 供氢，通过缩合、还原、脱水以及再还原等反应，使脂肪酸碳链逐步延长。但不同的是反应中脂酰基不是以 ACP 为载体，而是连接在辅酶 A 上，此途径可以合成二十四碳的脂肪酸。不过还是以软脂酸合成硬脂酸为主。

11.3.2.3　不饱和脂肪酸的合成

生物体内存在大量的各种不饱和脂肪酸，最主要的如棕榈油酸、油酸、亚油酸、亚麻酸、花生四烯酸等。脂肪酸的去饱和，即在脂肪酸中引入双键的反应，主要发生在内质网，是由脂酰 CoA 去饱和酶(fatty acyl CoA desaturase)催化的氧化反应，反应需要 O_2 和 NAD(P)H 参与。

脂酰 CoA 去饱和酶是一种混合功能氧化酶，在反应中，去饱和酶的两个底物脂肪酸和 NAD^+ 相继经历氧化作用，电子传递体包括黄素蛋白（细胞色素 b_5 还原酶）和细胞色素（细胞色素 b_5），二者与脂酰 CoA 去饱和酶全都存在于光面内质网中，分子氧作为电子受体参与反应，但不反映在被氧化的产物中，哺乳动物的去饱和酶电子传递系统如图 11-17 所示。

动物细胞中的去饱和酶可催化远离脂肪酸羧基端的第 9 位碳去饱和，动物组织中棕榈油酸（$16:1$，Δ^9）和油酸（$18:1$，Δ^9）是两种常见的不饱和脂肪酸。而 9 碳以上的去饱和则只有植物中的去饱和酶才能催化，如亚油酸（$18:2$，$\Delta^{9,12}$）和亚麻酸（$18:3$，$\Delta^{9,12,15}$）。因为人和其他哺乳动物缺乏在脂肪酸第 9 位碳原子以上位置引入双键的酶系，必须从植物中获得亚油酸和亚麻酸，因此这两种脂肪酸称为营养必需脂肪酸。

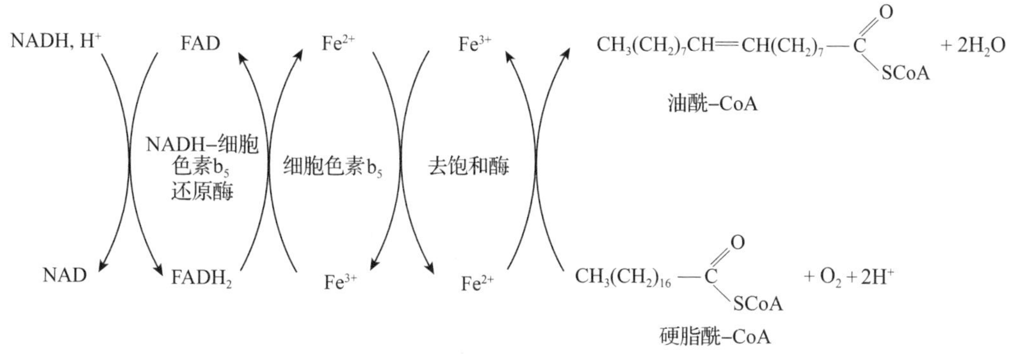

图 11-17　哺乳动物体内脂肪酸去饱和酶的电子传递系统

11.3.3 脂肪的生物合成

在动物体内，脂肪(即三酰甘油)可在小肠、肝脏及脂肪等组织中合成，合成使用的主要原料是磷酸甘油和脂酰 CoA，合成途径主要有两条：单酰甘油途径和二酰甘油途径。

11.3.3.1 单酰甘油途径

单酰甘油途径是小肠黏膜上皮细胞合成三酰甘油的主要途径。小肠黏膜细胞利用食物消化吸收的脂肪酸在 ATP、Mg^{2+}、辅酶 A 存在的条件下，被内质网脂酰 CoA 合成酶催化生成脂酰 CoA，又在内质网脂酰 CoA 转移酶的作用下，脂酰 CoA 与食物消化吸收的单酰甘油反应，生成二酰甘油，最终生成三酰甘油，此途径如本章图 11-1 所示。

11.3.3.2 二酰甘油途径

二酰甘油途径是肝细胞及脂肪细胞合成三酰甘油的主要途径。葡萄糖酵解途径生成的磷酸二羟丙酮经还原生成 3-磷酸甘油，3-磷酸甘油在酰基转移酶的作用下，依次加上 2 分子脂酰 CoA 生成磷脂酸，磷脂酸在磷脂酸磷酸酶的作用下，水解脱去磷酸生成 1,2-二酰甘油，然后在酰基转移酶催化下，再加上 1 分子脂酰基，即生成三酰甘油(图 11-18)。

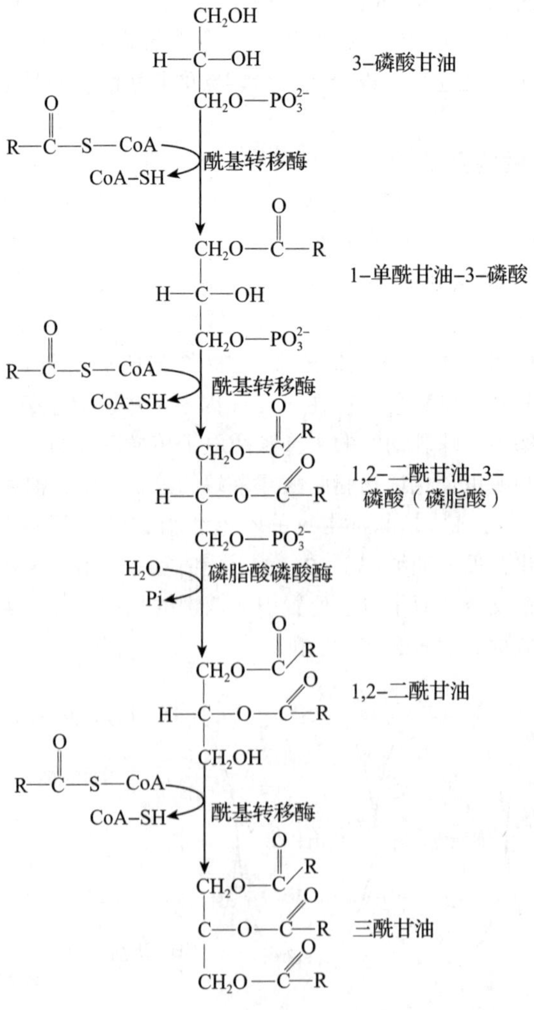

图 11-18 二酰甘油途径

11.4 类脂的代谢

类脂是指生物体内除脂肪外的所有脂类，主要包括磷脂、鞘脂、糖脂、脂蛋白、类固醇及固醇等。类脂是构成生物膜的主要成分，也可以转化成体内重要的生物活性物质，参与细胞间识别、细胞信号转导等活动，还可以构成血浆脂蛋白。

由于类脂种类很多，本节仅以甘油磷脂和胆固醇为例，介绍这两种类脂在生物体内的代谢。

11.4.1 甘油磷脂的代谢

甘油磷脂是最常见的磷脂，它是细胞膜、细胞器膜的主要组成部分。甘油磷脂属于具有亲水性和疏水性的兼性分子，水解后产生磷酸和脂肪酸。甘油磷脂种类繁多，在生物体内更新较快。

11.4.1.1 甘油磷脂的分解代谢

生物体内存在多种可以水解甘油磷脂的磷脂酶（phospholipase），它们在自然界中分布很广，存在于动物、植物、细菌、真菌中。磷脂酶分 4 类，即磷脂酶 A_1、A_2、C 和 D，它们分别作用于不同的酯键，形成不同的产物，图 11-19 为各磷脂酶作用的位点。

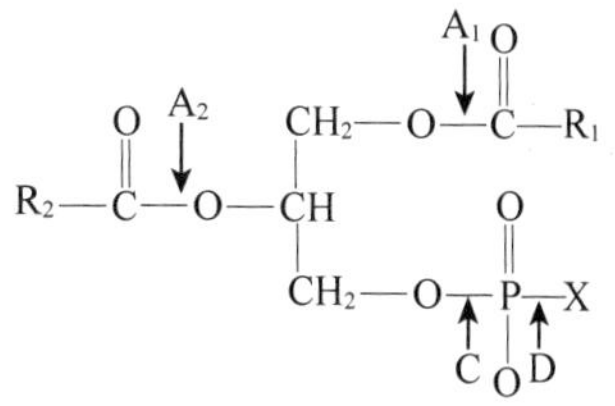

图 11-19 各磷脂酶作用的酯键

甘油磷脂经磷脂酶催化，可被水解为甘油、脂肪酸、磷酸及各种含氮化合物（如胆碱、乙醇胺、丝氨酸）等。甘油可进入糖解或糖异生途径代谢，脂肪酸进行 β-氧化或再合成脂肪。磷酸进入糖代谢或钙磷代谢，而含氮化合物进入氨基酸代谢或再合成新的磷脂。

11.4.1.2 甘油磷脂的合成代谢

人体各组织细胞的内质网均含有合成磷脂的酶系，因此各组织均能合成甘油磷脂，其中以肝脏、肾脏及小肠等组织最为活跃。

甘油磷脂的合成途径在生成磷脂酸之前相同，葡萄糖酵解途径生成的磷酸二羟丙酮经还原生成 3-磷酸甘油，3-磷酸甘油在脂酰 CoA 转移酶的作用下，依次加上 2 分子脂酰 CoA 生成磷脂酸。然后磷脂酸在磷脂酸磷酸酶催化下去磷酸，生成 1,2-二酰甘油，如图 11-20 第一步所示。

乙醇胺和胆碱要活化形成 CDP-乙醇胺和 CDP-胆碱的形式，才能和 1,2-二酰甘油进一步反应。乙醇胺和胆碱分别在乙醇胺激酶和胆碱激酶的作用下生成磷酸乙醇胺和磷酸胆碱；磷酸乙醇胺和磷酸胆碱分别在 CTP：磷酸乙醇胺胞苷转移酶和 CTP：磷酸胆碱胞苷转移酶的作用下分别与 CTP 反应，生成 CDP-乙醇胺和 CDP-胆碱（图 11-20）。

CDP-胆碱在磷酸胆碱转移酶催化下与 1,2-二酰甘油生成磷脂酰胆碱；CDP-乙醇胺在磷酸乙醇胺转移酶催化下与 1,2-二酰甘油反应生成磷脂酰乙醇胺（图 11-21）。

11.4.2 胆固醇的代谢

胆固醇（cholesterol）是一种具有羟基的固醇类化合物，其基本结构为环戊烷多氢菲（perhydrocyclopentanophenanthrene）。胆固醇是类固醇（steroid）家族中最主要的成员，它是真核生物膜的重要组成成分。此外，它又是类固醇的另外两类成员——类固醇激素（steroid hormone）和

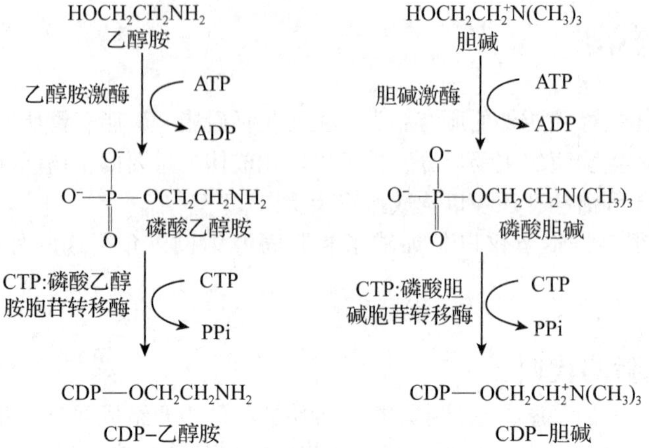

图 11-20 CDP-乙醇胺和 CDP-胆碱的合成

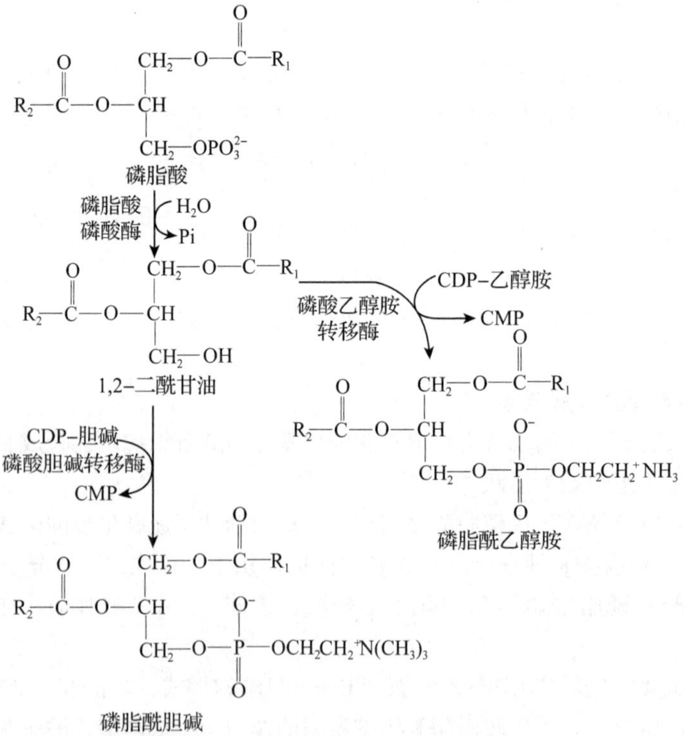

图 11-21 磷脂酰胆碱和磷脂酰乙醇胺的合成

胆汁酸(bile acid)的前体。人体内的胆固醇，一部分来自动物性食物，称为外源性胆固醇，另一部分由体内各组织细胞合成，称为内源性胆固醇。

11.4.2.1 胆固醇的生物合成

除成年动物脑组织和成熟红细胞外，几乎全身各组织均可合成胆固醇，肝脏的合成能力最强，占总量的 70%~80%，小肠内的合成量约为 10%。胆固醇合成酶系存在于细胞质及滑面内质网膜上，因此胆固醇的合成主要在细胞的细胞质及内质网中进行。乙酰 CoA 是合成胆固醇的起始原料。每合成 1 分子胆固醇需要 18 分子乙酰 CoA、36 分子 ATP 及 16 分子 NADPH+H⁺。乙酰 CoA 及 ATP 主要来自线粒体中糖的有氧氧化及脂肪酸的 β-氧化，NADPH+H⁺主要来自细胞质中的磷酸戊糖通路。胆固醇的合成过程极其复杂，有近 30 步酶促反应，大致分为 3 个阶段：

（1）甲羟戊酸的合成

在细胞质中，2 分子乙酰 CoA 在乙酰乙酰硫解酶的作用下，首先缩合成乙酰乙酰 CoA，然后与 1 分子乙酰 CoA 缩合生成羟甲基戊二酸单酰 CoA（HMG-CoA）。HMG-CoA 是合成胆固醇的重要中间产物，其利用磷酸戊糖途径中产生的 NADPH 提供氢，在内质网上 HMG-CoA 还原酶的作用下，被还原成甲羟戊酸。HMG-CoA 还原酶是合成胆固醇的限速酶，因此，这步反应也是胆固醇生物合成的限速步骤。

（2）鲨烯的合成

甲羟戊酸在细胞质中一系列酶的催化作用下，经磷酸化、脱羧及脱羟基等酶促反应生成活泼的异戊酰焦磷酸（isopentenyl pyrophosphate，IPP）（五碳化合物）和二甲基丙烯焦磷酸酯（dimethylallyl pyrophosphate，DPP）（五碳化合物）。然后 IPP 和 DPP 合成二甲基辛二烯醇焦磷酸酯（geranyl pyrophosphate，GPP）。GPP 与另 1 分子 IPP 缩合成三甲基十二碳三烯焦磷酸酯，又称焦磷酸法尼酯（farnesyl pyrophosphate，FPP）（十五碳化合物）。最后，由 2 分子 FPP 脱去 2 分子焦磷酸，再缩合、还原生成鲨烯（三十碳六烯化合物）。

（3）胆固醇的合成

鲨烯再经环化、氧化、脱羧及还原等步骤，最终生成含有 27 个碳原子的胆固醇。

11.4.2.2　胆固醇在体内的代谢转化

机体内的胆固醇来源于食物和自身生物合成。胆固醇在体内虽然不能彻底分解，但其支链可被氧化，使胆固醇在体内转化成多种重要有生理活性的类胆固醇化合物，参与或调节机体物质的代谢。

（1）转化为胆汁酸

人体内约 80% 的胆固醇在肝细胞内转变为胆汁酸，胆汁酸在胆汁中以钠盐或钾盐的形式储存称为胆盐。胆盐可以帮助油脂的消化和脂溶性维生素的吸收，同时也是体内胆固醇最重要的排泄途径。

（2）转化为 7-脱氢胆固醇

7-脱氢胆固醇是一种固醇类物质，存在于动物皮肤内的皮脂腺及其分泌物中，在人体内可由胆固醇转化而成。7-脱氢胆固醇是维生素 D_3 的前体，经血液循环运送至皮肤，再经紫外线照射可转变为维生素 D_3。维生素 D_3 本身没有活性，需经肝、肾的代谢转化才能生成有活性的 1,25-二羟维生素 D_3。1,25-二羟维生素 D_3 具有显著的调节钙、磷代谢的活性，能促进钙磷的吸收，有利于骨骼的生成。

（3）转化为类固醇激素

在体内一些内分泌腺中，胆固醇可以合成类固醇激素。例如，肾上腺的皮质细胞可以分别合成雄性激素、氢化可的松及睾酮；睾丸间质细胞、卵巢的卵泡内膜细胞和黄体也可以利用胆固醇合成睾酮、雌二醇和黄体酮这些性激素，它们对调节生理功能和诱发病理改变起着重要的作用。

（4）转化为胆固醇酯

在肝、肾上腺皮质和小肠等组织中，胆固醇与脂酰 CoA 在脂酰 CoA 胆固醇酰基转移酶作用下，生成胆固醇酯。

胆固醇在人体内不能彻底氧化，部分胆固醇可由肝脏细胞分泌到胆管，随胆汁进入肠道，或者在肠腔通过肠黏膜脱落进入肠中。入肠后，胆固醇一部分被肠肝循环重新吸收进入血液，一部分在肠道被细菌作用还原为粪固醇，随粪便排出体外。

11.5　脂类代谢在食品工业中的应用

人类食用和工业用的脂类主要来源于植物和动物。动植物中的脂类按极性可以分为两大类——中性脂类和极性(双亲)脂类。其中,中性脂类包括脂肪酸($>C_{12}$)、酰基甘油(单酰、二酰、三酰甘油)、固醇、固醇酯、类胡萝卜素、蜡及生育酚等;极性脂类包括甘油磷脂、甘油糖脂、鞘磷脂及鞘糖脂等。食品中含有以上所有脂类物质,但其中最重要的就是酰基甘油和极性脂类。酰基甘油是脂类中最丰富的一类,它是动物储存脂肪和植物油的主要形式。极性脂类是生物膜的主要成分,在食品中通常仅占不到2%,但它们会对食品的感官品质有很大影响。

在食品中,脂类不仅是很好的能量来源,它还可以赋予食品色泽、良好的风味和口感,并增加消费者的食欲和饱腹感。在食品工业中,脂类的应用范围极广,而脂代谢的相关应用目前还主要是集中在脂肪酶上。

11.5.1　脂肪酶简介

脂肪酶是一种特殊的酯键水解酶,它可作用于三酰甘油的酯键,使三酰甘油降解为二酰甘油、单酰甘油、甘油和脂肪酸。脂肪酶广泛地存在于动物、植物和微生物中。

植物中含脂肪酶较多的是油料作物的种子,如蓖麻籽、油菜籽。当油料种子发芽时,脂肪酶能与其他的酶协同发挥作用,催化分解油脂类物质生成糖类,提供种子生根发芽所必需的养料和能量。

动物体内含脂肪酶较多的是高等动物的胰脏和脂肪组织,在肠液中也含有少量的脂肪酶,用于补充胰脂肪酶对脂肪消化的不足。在动物体内,各类脂肪酶控制着消化、吸收、脂肪重建及脂蛋白代谢等过程。

细菌、真菌和酵母中的脂肪酶含量更为丰富,由于微生物种类多、繁殖快,易发生遗传变异,具有比动植物更广的作用pH、作用温度范围及底物专一性,且微生物来源的脂肪酶一般都是分泌性的胞外酶,适用于工业化大生产和获得高纯度样品,因此微生物脂肪酶(主要来自黑曲霉、假丝酵母)是工业用脂肪酶的重要来源。

11.5.2　脂肪酶在脂肪和油脂产业中的应用

脂肪和油脂是食品中重要的成分,其脂肪酸在甘油主链中的位置、脂肪酸的链长以及不饱和程度等因素都会影响三酰甘油的营养、感官评价和物理性质。脂肪酶可以催化酯交换、酯转移、水解等反应,所以在油脂工业中被广泛应用。

脂肪酶通过改变脂肪酸的位置或者替换其中一个(或多个)脂肪酸来改良脂质的性质,这样一来一个相对廉价的利用价值不高的脂质就可以转变成高价值的脂肪。低价值的脂质也可以通过化学方法来转变成更高利用价值的脂肪,但是这种方式处理出来的脂肪有很大的不确定性,所以油脂企业还是更倾向于用脂肪酶的酯交换作用来改变低价脂质的性能,如用棕榈油来制造可可脂。棕榈油中软脂酸酯含量较高,熔点在23℃,常温下呈液态;而可可脂含硬脂酸酯比较多,且熔点在37℃,可可脂在口中融化会给人一种清凉爽滑的感觉。全世界每年棕榈油产量可达7 000万t,利用脂肪酶将价格低廉的棕榈油转变为价格昂贵的巧克力生产的原材料——代可可脂,这一工艺的经济价值可见一斑。

脂肪酶催化酯交换作用还有很多应用,如婴儿配方奶粉中的模拟母乳脂肪,生产一些重要的多不饱和脂肪酸,用菜油生产生物柴油。另外,脂肪酶也用于玉米油、葵花籽油、花生油、橄榄油及大豆油的生物精炼。

应用脂肪酶在脂肪和油脂产业有如下优点：生产需要的温度不用太高，一方面减少了矿物燃料的消耗从而降低了成本，另一方面因为温度低，不饱和脂肪酸的热降解也会减少，这样就可以保留不饱和脂肪酸的高营养价值；多不饱和脂肪酸还可以保护生产过程中的单酰甘油和二酰甘油，二酰甘油是新型烹饪油中的主要成分，这样的油脂可以减缓血液中三酰甘油的增长从而可以控制人体脂肪的堆积和高胆固醇症。

11.5.3　脂肪酶在食品风味改善和质量改进中的应用

脂肪酶加入食品中可以通过合成短链脂肪酸酯、醇类、丙酮、乙醛、二甲硫醚及低级脂肪酸等香气成分，调整或增强食品香味。例如，在奶酪生产中，脂肪酶将脂肪降解为游离脂肪酸，游离脂肪酸分解形成有挥发性的脂肪酸、异戊醛、二乙酰及3-羟基丁酮等呈味物质，改善了奶酪风味，并产生特殊香味。脂肪酶还能催化脂肪释放中链（C_{12}、C_{14}）脂肪酸，使食品产生爽滑口感。释放出游离脂肪酸还可以参与化学反应，诱发合成乙酰乙酸、β-酮类酸、甲基酮、香味酯及内酯等香味成分。

在瘦肉的生产过程中，通过添加脂肪酶可以除去多余的脂肪；香肠生产过程中的发酵环节，脂肪酶也起着非常重要的作用，它决定了成熟过程中长链脂肪酸的释放；脂肪酶也被用于改进大米的风味，改良豆浆口感，改进果酒的口味，提高果酒的发酵速度。

11.5.4　脂肪酶在烘焙食品中的应用

烘焙食品是以面粉、酵母、食盐、砂糖和水为基本原料，添加适量的油脂、乳品、鸡蛋、食品添加剂等，经一系列复杂工艺手段烘焙而成的方便食品，深受消费者喜爱。最近几十年，人们开始利用脂肪酶代替烘焙制品中的乳化剂——双乙酰酒石酸单甘油酯（DATEM）和硬脂酰乳酸钠（SSL）。

脂肪酶的添加可以强筋、增加面包的入炉膨胀率，做出来的面包不仅体积更大而且面包芯更白。关于脂肪酶对面团强筋作用的机理，一种研究认为：因为面粉中的脂肪分极性脂质和非极性脂质，面团中的强极性脂如磷脂，利于面筋网络的形成，非极性脂质如三酰甘油则损害面团的筋力结构。脂肪酶作用于三酰甘油阻止了其与谷蛋白的结合，从而起到增筋作用。另外，三酰甘油的水解有利于磷脂的形成，使面筋网络增强，从而提高了面团的筋力，改善了面粉蛋白质的流变学特性，增加了面团的强度和耐搅拌性，以及面包的入炉急胀能力，使其组织细腻均匀、面包芯柔软、口感更好。另一种研究认为：脂肪酶在面团内氧化不饱和脂肪酸，使之形成过氧化物。过氧化物可氧化面粉蛋白质当中的巯基基团，形成分子内和分子间二硫键，并能够诱导蛋白质分子产生聚合，使蛋白质分子变得更大，从而提高了面团的筋力。最近还有研究发现，脂肪酶在面包制作中对改善面团结构的纹理也有着出色的作用。

11.5.5　脂肪酶在茶叶加工过程中的应用

红茶质量的好坏很大程度上依赖于加工过程中的脱水、机械切割和发酵。在红茶生产中，膜脂的酶促氧化分解能产生特有的挥发性风味物质，这更强调了脂质对风味形成的重要性。米赫根毛霉产生的脂肪酶可减少茶叶中的脂质成分，增强多不饱和脂肪酸的浓度，从而保证了茶叶的风味。

脂肪酶作为一种多功能酶在食品等产业有着很广泛的应用。但由于脂肪酶来源不同，其结构和性质存在多样性、不稳定性等特点，致使脂肪酶研究和应用相对缓慢。固定化脂肪酶可重复利用，并提高酶稳定性，还有利于降低生产成本，是今后脂肪酶应用发展的主要方向。

本章小结

三酰甘油是机体重要的储能物质。小肠是人体脂类消化吸收的场所，食物中的脂类物质被消化吸收后经门静脉或淋巴进入血液循环。血浆中，三酰甘油、磷脂、游离脂肪酸、胆固醇及胆固醇酯与载脂蛋白组成血浆脂蛋白，在机体内进行脂类转运。

组织中有脂肪酶、二酰甘油脂肪酶和单酰甘油脂肪酶，可将三酰甘油水解为甘油和游离脂肪酸。

肝脏、肾脏、小肠等组织利用甘油激酶将甘油转变为 3-磷酸甘油，3-磷酸甘油在磷酸甘油脱氢酶的作用下，生成磷酸二羟丙酮，进入糖异生途径转变为糖或进入糖酵解途径氧化分解。

脂肪酸是人及哺乳动物主要的能源物质，在氧气供给充足的条件下，脂肪酸在体内彻底氧化分解成 CO_2 和 H_2O，并释放大量能量，以 ATP 的形式供机体利用。

脂肪酸首先活化成脂酰辅酶 A，以脂酰肉碱的形式穿膜运送进入线粒体，然后脱氢、加水、再脱氢、硫解完成 β-氧化的过程。

不饱和脂肪酸在它的 β-氧化途径中，需有更多的酶(异构酶)参加反应。

奇数碳原子的脂肪酸在最后的一步循环后，生成乙酰 CoA 及丙酰 CoA。

β-氧化产生的乙酰 CoA 在肝脏及肾脏细胞中还有另外一条去路，即形成乙酰乙酸、D-β-羟丁酸和丙酮，合称为酮体。

脂肪酸合成过程中，乙酰 CoA 是碳原子的唯一来源，其来自糖的氧化分解或氨基酸的分解。在哺乳动物体内，脂肪酸生物合成的酶几乎都在一个酶复合体内，经缩合、还原、脱水、还原反应，每一循环脂肪链延长两个碳原子，如此循环反复进行，生成了十六碳的软脂酰-ACP，再由软脂酰-ACP 水解生成软脂酸。更加长链的脂肪酸或不饱和脂肪酸，需要在形成软脂酸后，另加多步酶反应去完成。

脂肪的合成代谢有两种途径：单酰甘油途径和二酰甘油途径。

思考题

1. 脂类物质在体内如何进行消化吸收？
2. 说明肉碱脂酰转移酶在脂肪酸氧化过程中的作用。
3. 试比较脂肪酸合成和脂肪酸 β-氧化的异同。
4. 1 mol 软脂酸经 β-氧化生成多少乙酰 CoA？彻底氧化为 CO_2 和 H_2O 时净生成多少 ATP？
5. 不饱和脂肪酸是如何进行分解代谢的？
6. 酮体在肝脏内是如何生成的？酮体是如何被肝外组织利用的？
7. 脂肪酸可由乙酰 CoA 和丙二酰 CoA 装配成，在脂肪酸合成酶系催化的反应中，如果用 ^{14}C 标记乙酰 CoA 的两个碳原子，并加入过量的丙二酰 CoA，如果所合成的软脂酸只有两个碳位被标记，问被标记的部位是 C1 和 C2，还是 C15 和 C16？为什么？
8. 在动物体内，三酰甘油的合成途径主要有哪些？

第 12 章　氨基酸与核苷酸的代谢

氨基酸是蛋白质的基本组成单位，其在体内的代谢包括合成代谢和分解代谢两个方面。合成代谢主要是合成多肽、蛋白质或转变成其他含氮化合物，分解代谢主要是通过脱氨基作用生成氨和 α-酮酸。大部分氨最终经肝脏的鸟氨酸循环合成尿素随尿液排出。α-酮酸可进一步转变为糖或脂质，或经氨基化再合成某些非必需氨基酸，也可进入三羧酸循环彻底氧化分解并提供能量。本章重点介绍氨基酸的分解代谢。

核苷酸是核酸的基本组成单位，其在体内的代谢也包括合成代谢和分解代谢两个方面。与氨基酸不同的是，核苷酸主要由自身合成，因此不属于营养必需物质，不需要从食物中摄取核苷酸类物质进行补充。本章重点介绍核苷酸的合成代谢。

12.1　蛋白质的消化吸收

蛋白质是构成组织细胞的主要成分，是生命的物质基础。人体每日需要摄入足够量的蛋白质才能维持机体正常的生理活动。但蛋白质是一类生物大分子，且食物蛋白具有免疫原性，需要经过胃肠道的消化，分解为小分子的氨基酸，才能被机体吸收利用，避免引起机体的过敏和毒性反应。

12.1.1　蛋白质的消化

食物蛋白质的消化、吸收是体内氨基酸的主要来源。食物蛋白在消化道不同部位由不同来源的蛋白酶催化水解，其中小肠是主要的消化部位。

12.1.1.1　胃的消化

食物蛋白质的消化由胃开始。胃主细胞可分泌胃蛋白酶原（pepsinogen），经盐酸激活后，转变为有活性的胃蛋白酶（pepsin），胃蛋白酶又可反过来激活胃蛋白酶原，完成自身催化作用（autocatalysis）。胃蛋白酶的特异性较差，主要水解由芳香族氨基酸、甲硫氨酸及亮氨酸形成的肽键。食物蛋白质经胃蛋白酶的作用水解为多肽及少量氨基酸。

12.1.1.2　小肠的消化

蛋白质消化的主要场所是小肠。食物在胃内停留时间较短，随即进入小肠。小肠内有胰腺和肠黏膜细胞分泌的多种蛋白酶和肽酶。

（1）胰腺分泌的蛋白酶

胰腺分泌的蛋白酶统称胰酶，分为内肽酶（endopeptidase）和外肽酶（exopeptidase）两大类。内肽酶特异性地水解肽链内部的肽键，如胰蛋白酶（trypsin）水解碱性氨基酸羧基端的肽键，胰凝乳蛋白酶（chymotrypsin，糜蛋白酶）水解芳香族氨基酸羧基端的肽键，弹性蛋白酶（elastase）主要水解脂肪族氨基酸羧基端的肽键。外肽酶主要包括羧肽酶（carboxypeptidase）和氨肽酶（aminopeptidase），可逐个水解肽链羧基末端或氨基末端的肽键，得到游离氨基酸。胰酶中的外肽酶主要有羧肽酶 A 和羧肽酶 B，前者主要水解除赖氨酸、精氨酸和脯氨酸以外的氨基酸组成的末端肽键，后者主要水解碱性氨基酸组成的末端肽键。

（2）肠黏膜细胞分泌的蛋白酶

肠黏膜细胞分泌的蛋白酶包括肠激酶（enteropeptidase）和寡肽酶（oligopeptidase）。肠激酶是十二指肠黏膜细胞分泌的一种蛋白水解酶，可特异性地激活胰蛋白酶原。胰腺细胞分泌的蛋白酶最初是以无活性的酶原形式存在，同时胰液中又存在胰蛋白酶抑制剂，因而可使胰腺组织免受蛋白酶的自身消化。胰液中的胰蛋白酶原进入十二指肠后被迅速激活。肠激酶可从胰蛋白酶原的氨基末端水解掉 1 分子六肽，从而将其转变为有活性的胰蛋白酶，胰蛋白酶又进而激活胰凝乳蛋白酶原、弹性蛋白酶原和羧肽酶原。胰蛋白酶也可发生微弱的自身激活作用。

食物蛋白质经多种胰腺分泌的蛋白酶水解后，生成的产物中约 1/3 为氨基酸，2/3 为寡肽。寡肽可在小肠黏膜细胞内继续水解。小肠黏膜细胞可产生两种寡肽酶：氨肽酶和二肽酶。氨肽酶从寡肽氨基末端逐个水解肽键，肽链逐渐缩短直至变为二肽，二肽再由二肽酶水解最终生成氨基酸。

12.1.2　蛋白质的吸收

食物蛋白质经消化水解成氨基酸和寡肽后，主要在小肠内通过主动转运机制被吸收。小肠黏膜细胞膜上存在转运氨基酸和寡肽的载体蛋白（carrier protein），又称转运蛋白（transporter）。转运蛋白与氨基酸或寡肽以及 Na^+ 形成三联体，将氨基酸或寡肽和 Na^+ 转运到细胞内，之后 Na^+ 由钠泵排出细胞，此过程需要消耗 ATP。根据氨基酸和寡肽结构的不同，其转运需要借助不同的转运蛋白。目前已知至少有 7 种转运蛋白参与氨基酸和寡肽的吸收过程，包括酸性氨基酸转运蛋白、碱性氨基酸转运蛋白、中性氨基酸转运蛋白、亚氨基酸转运蛋白、β-氨基酸转运蛋白、二肽转运蛋白及三肽转运蛋白。当某些氨基酸共用同一转运蛋白时，由于结构上有一定的相似性，这些氨基酸在吸收过程中存在竞争作用。除小肠黏膜细胞以外，氨基酸还可通过肾小管细胞和肌细胞等细胞膜上的转运蛋白进行吸收。

12.2　氨基酸的代谢

体内组织蛋白质降解产生的氨基酸及自身合成的非必需氨基酸属于内源性氨基酸，与食物蛋白质经消化而被吸收的外源性氨基酸不分彼此，分布于体内各处，共同参与代谢，称为氨基酸代谢库（amino acid metabolic pool）。以下着重介绍氨基酸的分解代谢。

12.2.1　氨基酸脱氨基作用

脱氨基作用是氨基酸分解代谢的主要反应。脱氨基作用可发生在体内大多数组织中。脱氨基作用的方式主要包括转氨基、氧化脱氨基、联合脱氨基等。

12.2.1.1　转氨基作用

转氨基作用（transamination）是指在氨基转移酶（aminotransferase）或称转氨酶（transaminase）的催化下，可逆地将一个氨基酸的 α-氨基转移给一个 α-酮酸，结果是氨基酸脱去氨基生成相应的 α-酮酸，而原来的 α-酮酸接受氨基后转变为另一种氨基酸。不同氨基酸的转氨基作用由不同的转氨酶催化，但每一种转氨酶都需要磷酸吡哆醛作为辅基。反应式如下：

$$\underset{R_1}{\overset{{}^+H_3N\quad H}{\text{-OOC}}} + \underset{R_2}{\overset{O}{\text{-OOC}}} \xrightleftharpoons{\text{转氨酶}} \underset{R_1}{\overset{O}{\text{-OOC}}} + \underset{R_2}{\overset{{}^+H_3N\quad H}{\text{-OOC}}}$$

转氨基作用是完全可逆的，因此它既是氨基酸的分解代谢过程，又是非必需氨基酸合成的重要途径。除苏氨酸、赖氨酸、脯氨酸外，大多数编码氨基酸均可发生转氨基作用。另外，某些氨基酸侧链末端的氨基，如鸟氨酸的 δ-氨基也可通过转氨基作用脱去。

体内大多数转氨酶优先利用谷氨酸作为氨基的供体，或以 α-酮戊二酸作为氨基的受体。例如两种重要的转氨酶：丙氨酸转氨酶(alanine transaminase，ALT)又称谷丙转氨酶(glutamic pyruvate transaminase，GPT)；天冬氨酸转氨酶(aspartate transaminase，AST)又称谷草转氨酶(glutamic oxaloacetate transaminase，GOT)。

转氨酶广泛存在于体内各组织中，尤以肝和心肌含量最为丰富。在正常情况下，肝细胞中 ALT 活性最高，心肌细胞中 AST 活性最高，血清中两者活性很低。当组织受损时，细胞膜通透性增加或细胞破裂，转氨酶大量入血，使血清转氨酶活性显著升高。例如，急性肝炎患者血清 ALT 活性明显上升，心肌梗死患者血清 AST 活性显著升高。因此，临床上可据此作为相关组织器官疾病的诊断和预后的参考指标之一。

12. 2. 1. 2　氧化脱氨基作用

氧化脱氨基作用是指氨基酸在酶的催化下，氧化脱氢、水解脱氨，生成游离氨和 α-酮酸的反应。L-谷氨酸脱氢酶在肝、肾和脑等组织中广泛存在，且能以较高速率催化 L-谷氨酸氧化脱氨生成 α-酮戊二酸和氨，是参与氨基酸氧化脱氨基作用的主要酶。该酶存在于哺乳动物的线粒体基质中，以 NAD^+ 或 $NADP^+$ 为辅酶，属于不需氧脱氢酶。反应式如下：

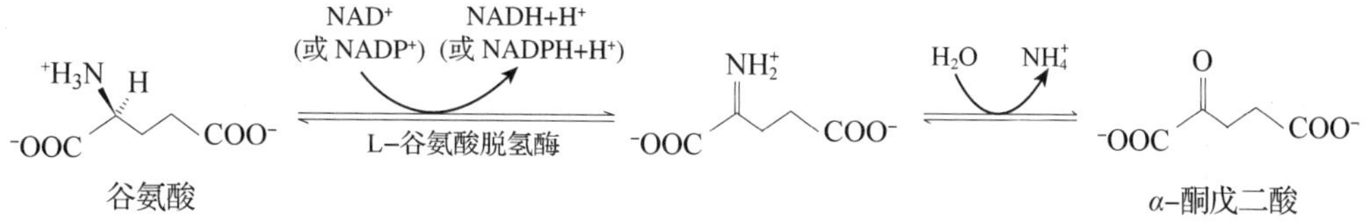

12. 2. 1. 3　联合脱氨基作用

氨基酸的转氨基作用虽然普遍存在，但只是将分子中的氨基转移给其他 α-酮酸，并没有真正实现脱氨基的目的。若将各种氨基酸首先在氨基转移酶的作用下，将氨基转移给 α-酮戊二酸生成 L-谷氨酸，再由 L-谷氨酸脱氢酶将氨基脱去，就可把氨基酸的氨基转变成游离的氨。反应式如下：

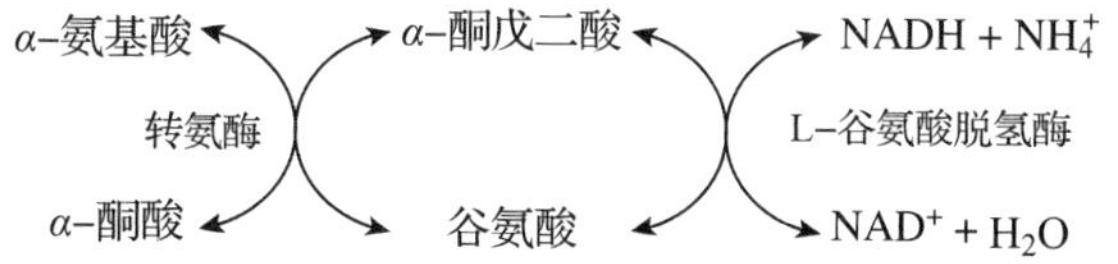

这种将转氨基作用与 L-谷氨酸氧化脱氨基作用相结合的方式称为转氨脱氨作用(transdeamination)，又称联合脱氨基作用。联合脱氨基由氨基转移酶和 L-谷氨酸脱氢酶联合催化，这些酶在体内广泛存在，因此联合脱氨基是体内氨基酸脱氨基的主要方式。联合脱氨基反应可逆，其逆过程又是体内合成非必需氨基酸的主要途径。

12. 2. 2　氨基酸的脱羧基作用

氨基酸分解代谢的主要途径是脱氨基作用，但部分氨基酸还可在氨基酸脱羧酶(amino acid decarboxylase)的催化下发生脱羧基作用(decarboxylation)，生成相应的胺类和 CO_2。反应式如下：

$$R-\underset{\underset{\text{氨基酸}}{|}}{\overset{\overset{\displaystyle COO^-}{|}}{CH}}-\overset{+}{NH_3} \xrightarrow[\text{氨基酸脱羧酶}]{CO_2} R-CH_2-\overset{+}{NH_3}$$

不同的氨基酸脱羧作用需要特异的氨基酸脱羧酶催化，但辅酶均为磷酸吡哆醛。体内胺类物质含量虽低，但具有重要的生理功能。下面列举几种氨基酸脱羧基产生的重要胺类物质。

12.2.2.1 γ-氨基丁酸

谷氨酸经 L-谷氨酸脱羧酶催化，脱去羧基生成 γ-氨基丁酸（γ-aminobutyric，GABA）。L-谷氨酸脱羧酶在脑组织中活性很高，因而脑中 GABA 含量较高。GABA 是一种重要的抑制性神经递质，对中枢神经系统的传导有抑制作用。

12.2.2.2 5-羟色胺

色氨酸先由色氨酸羟化酶催化生成 5-羟色氨酸，再经芳香族氨基酸脱羧酶催化脱去羧基生成 5-羟色胺（5-hydroxytryptamine，5-HT）。在脑组织中，5-HT 也是一种抑制性神经递质，与调节睡眠、体温、镇痛等有关；在外周组织，5-HT 具有强烈的血管收缩作用，可刺激平滑肌收缩；在松果体，5-HT 通过乙酰化和甲基化等反应生成褪黑素，参与生物节律、神经系统、生殖系统及免疫系统等调节。

12.2.2.3 组胺

组氨酸经组氨酸脱羧酶催化脱去羧基生成组胺（histamine）。组胺具有强烈的血管舒张作用，增加毛细血管通透性，引起血压下降；组胺可使平滑肌收缩，引起支气管痉挛导致哮喘；组胺还可刺激胃酸及胃蛋白酶原分泌；组胺也是一种兴奋性神经递质，与调控睡眠、情感和记忆等功能有关。

12.2.2.4 多胺类

鸟氨酸、赖氨酸和甲硫氨酸等经脱羧基作用生成腐胺（putrescine）、尸胺（cadaverine）、亚精胺（spermidine）和精胺（spermine）等含多个氨基的化合物，统称为多胺（polyamine）。多胺通过参与染色质组装促进细胞增殖。在生长旺盛的组织，如胚胎、再生肝和肿瘤组织等，鸟氨酸脱羧酶活性较强，多胺含量较高。因此，临床常把患者血液或尿液中多胺的含量作为肿瘤诊断和预后的辅助指标。

胺类物质大多活性较高，如果体内生成过多，将导致神经或心血管等系统的功能紊乱。但体内广泛存在的胺氧化酶，可催化胺类氧化为醛，再进一步氧化成羧酸，最终氧化分解为 CO_2 和 H_2O 或随尿排出，从而避免胺类蓄积。胺氧化酶属于黄素蛋白，在肝脏中活性最高。

12.2.3 氨的代谢

体内代谢产生的氨及消化道吸收的氨进入血液，形成血氨。氨对动物组织具有毒性，脑组织尤为敏感，因而正常人血氨浓度极低，一般不超过 60 μmol/L。除一小部分被用于合成含氮化合物外，大部分氨主要在肝脏中合成尿素后随尿排出体外。严重肝病患者尿素合成功能降低，血氨升高，可引起脑功能紊乱。

12.2.3.1 氨的来源和去路

（1）氨的来源

①氨基酸脱氨基作用和胺类分解产氨　氨基酸脱氨基作用产生的氨是体内氨的主要来源。胺类分解也可以产氨。此外，嘌呤、嘧啶的分解也产生少量氨。

②肠道内腐败和尿素分解产氨　肠道有两种产氨方式，即蛋白质和氨基酸经肠道细菌腐败作用产氨，肠道尿素经细菌尿素酶水解产氨。肠道产氨量较多，每天约为 4 g，其中 90% 来自

尿素的水解。肠道内产生的氨主要在结肠吸收入血。

③肾小管上皮细胞泌氨 肾小管上皮细胞内的谷氨酰胺在谷氨酰胺酶（glutaminase）的催化下水解生成谷氨酸和氨，这部分氨通常分泌到肾小管管腔中与 H^+ 结合生成 NH_4^+，经肾脏排泄。酸性尿有利于肾小管细胞的排氨，碱性尿则抑制氨的分泌，导致氨重吸收入血，成为血氨的另一个来源。

（2）氨的去路

①合成尿素 由肝合成尿素，经肾排出体外，是体内氨的最主要去路，占总排出氮的 80%~95%（每日约 450 mmol，约合每年 10 kg）。

②合成非必需氨基酸及其他含氮化合物 氨可通过联合脱氨基作用的逆反应生成某些非必需氨基酸，少量氨还可用于合成嘌呤、嘧啶等其他含氮化合物。

③合成谷氨酰胺 在脑和肌肉等组织中，部分氨与谷氨酸合成谷氨酰胺运输到肾，水解产生 NH_3，在酸性环境中以 NH_4^+ 形式排出体外（每日约 40 mmol）。

12.2.3.2 氨的转运

氨具有毒性，各组织产生的氨必须以无毒的形式经血液运输到肝来合成尿素，或运至肾以铵盐的形成排出体外。丙氨酸和谷氨酰胺是血液中氨转运的两种主要形式。

（1）丙氨酸-葡萄糖循环

骨骼肌中的氨主要经丙氨酸-葡萄糖循环运送到肝。骨骼肌中的氨基酸通过两步转氨反应将氨基转移给丙酮酸生成丙氨酸，丙氨酸经血液运到肝。在肝中，丙氨酸通过联合脱氨基作用生成丙酮酸，并释放出氨。氨用于合成尿素，丙酮酸可经糖异生途径生成葡萄糖。葡萄糖由血液运送到骨骼肌，沿糖酵解途径转变成丙酮酸，后者再接受氨基而生成丙氨酸。丙氨酸和葡萄糖周而复始地转变，完成氨在骨骼肌和肝之间的转运，故将这一途径称为丙氨酸-葡萄糖循环（alanine-glucose cycle）（图 12-1）。经此循环，既实现了骨骼肌中氨的无毒转运，又得以使肝为肌肉活动提供能量。

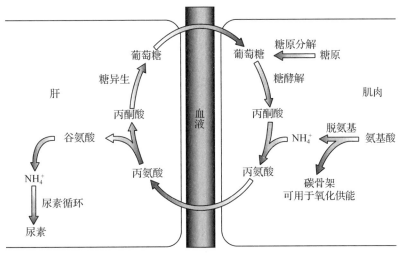

图 12-1 丙氨酸-葡萄糖循环

（2）谷氨酰胺的运氨作用

脑和肌肉组织中的氨主要由谷氨酰胺运送至肝或肾。在脑和肌肉组织中产生的游离氨与谷氨酸在谷氨酰胺合成酶（glutamine synthetase）的催化下生成谷氨酰胺，经血液运输到肝或肾，再由谷氨酰胺酶的催化水解成谷氨酸及氨。生成的氨可在肝合成尿素，或在肾与 H^+ 结合成

NH_4^+，随尿排出体外。反应式如下：

$$\text{谷氨酸}+NH_3 \xrightarrow[\text{谷氨酰胺合成酶}]{ATP \quad ADP+Pi} \text{谷氨酰胺}$$

$$\text{谷氨酰胺}+H_2O \xrightarrow{\text{谷氨酰胺酶}} \text{谷氨酸}+NH_3$$

12.2.3.3 尿素的生成

正常情况下体内的氨主要在肝中合成尿素，只有少部分氨在肾以铵盐形式随尿排出。肝是氨的主要解毒器官。

(1)鸟氨酸循环学说

1932 年，德国学者 Krebs 和 Henseleit 首次提出了尿素合成的鸟氨酸循环(ornithine cycle)学说：在肝脏中，鸟氨酸与氨及 CO_2 结合生成瓜氨酸，然后瓜氨酸再接受 1 分子氨生成精氨酸，最后精氨酸水解产生尿素和鸟氨酸，后者又进入下一轮循环，称为尿素循环(urea cycle)。因循环反应中鸟氨酸的重要性，尿素循环又称为鸟氨酸循环。

(2)尿素合成过程

尿素合成的反应过程共有 5 步，前 2 步发生在线粒体，后 3 步在细胞质中进行，反应均不可逆。

①氨基甲酰磷酸的合成　尿素循环开始于游离 NH_3 与 HCO_3^- 生成氨基甲酰磷酸(carbamoyl phosphate)。该反应在氨基甲酰磷酸合成酶 I(carbamoyl phosphate synthetase I，CPS-I)的催化下通过 3 步合成。反应式如下：

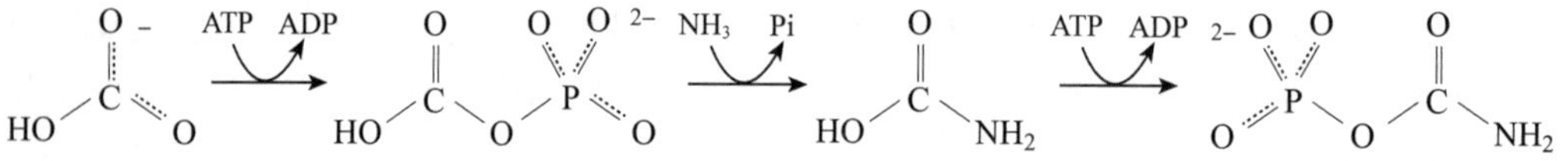

碳酸氢盐　　羧基磷酸　　氨基甲酸　　氨基甲酰磷酸

CPS-I 是鸟氨酸循环过程中的关键酶。*N*-乙酰谷氨酸(*N*-acetyl glutamic acid，AGA)是此酶的变构激活剂，可诱导 CPS-I 的构象发生改变，进而增加酶与 ATP 的亲和力。CPS-I 和 AGA 都存在于肝细胞线粒体中。此反应消耗 2 分子 ATP。

②瓜氨酸的合成　氨基甲酰磷酸在鸟氨酸氨基甲酰转移酶(ornithine carbamoyl transferase，OCT)催化下，将氨基甲酰基转移给鸟氨酸，生成瓜氨酸和磷酸。OCT 也存在于肝细胞线粒体中。瓜氨酸在线粒体合成后即被转运到细胞质。反应式如下：

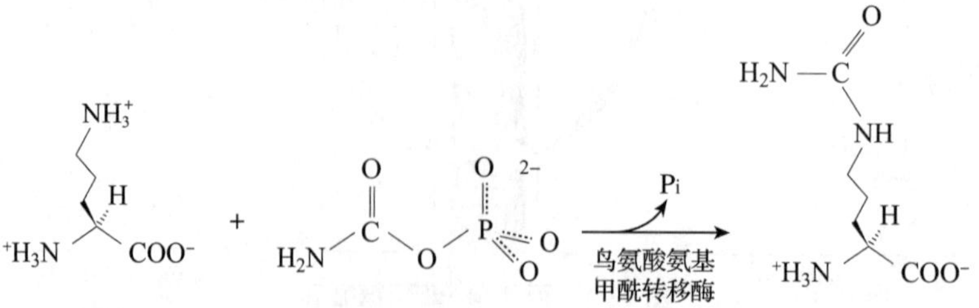

鸟氨酸　　氨基甲酰磷酸　　瓜氨酸

③精氨酸代琥珀酸的合成　在 ATP 与 Mg^{2+} 存在时，瓜氨酸在精氨酸代琥珀酸合成酶(argininosuecinate synthetase)催化下与天冬氨酸发生缩合反应，生成精氨酸代琥珀酸(arginino-suecinate)。反应式如下：

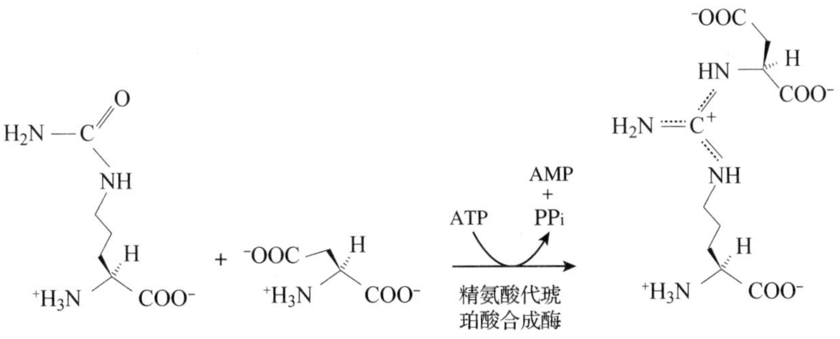

瓜氨酸　　　　　　天冬氨酸　　　　　　　　　　　　精氨酸代琥珀酸

精氨酸代琥珀酸合成酶

AMP + PPi

ATP

天冬氨酸提供了尿素中的第二个氮原子。精氨酸代琥珀酸合成酶也是鸟氨酸循环过程中的关键酶。这是一步高耗能的反应，ATP 被裂解为 AMP 和 PPi，PPi 又在焦磷酸酶的催化下迅速水解为无机磷酸，因此该反应实际上消耗了 2 分子 ATP。

④精氨酸代琥珀酸裂解　精氨酸代琥珀酸在精氨酸代琥珀酸裂解酶（argininosuccinase）催化下生成精氨酸和延胡索酸。反应式如下：

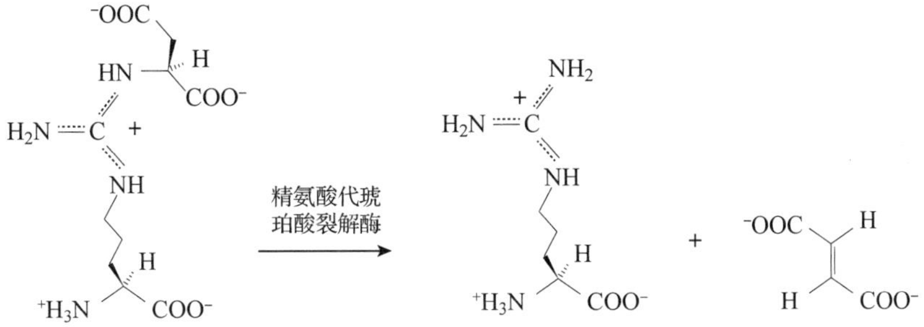

精氨酸代琥珀酸　　　　　　精氨酸代琥珀酸裂解酶　　　　　精氨酸　　　　　　延胡索酸

延胡索酸可经三羧酸循环变为草酰乙酸，后者与谷氨酸进行转氨作用又可变回天冬氨酸。而谷氨酸的氨基可来自其他氨基酸与 α-酮戊二酸的转氨基作用。因此，体内多种氨基酸的氨基可通过天冬氨酸的形式参与尿素的合成。通过延胡索酸和天冬氨酸，可将鸟氨酸循环、三羧酸循环和转氨基作用相互联系起来（图 12-2）。

⑤尿素的生成　精氨酸在精氨酸酶催化下生成尿素和鸟氨酸。反应式如下：

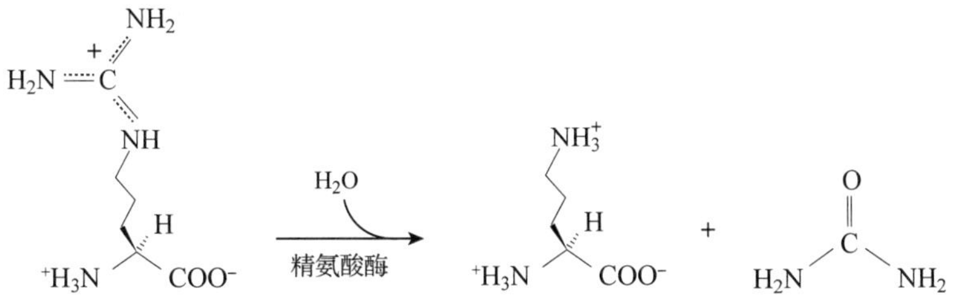

精氨酸　　　　　精氨酸酶　　　　鸟氨酸　　　　　　尿素

H_2O

鸟氨酸通过线粒体内膜上载体的转运又进入线粒体中，重新参与瓜氨酸的合成。如此反复，完成鸟氨酸循环。尿素作为代谢终产物排出体外。

综上，尿素合成的总反应式为：

$$HCO_3^- + NH_3 + 3ATP + 天冬氨酸 + 2H_2O \longrightarrow 尿素 + 2ADP + Pi + AMP + PPi + 延胡索酸$$

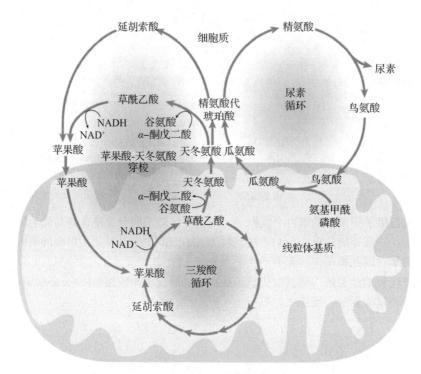

图 12-2　尿素循环与三羧酸循环的联系

即每产生 1 分子尿素，需消耗 1 分子 CO_2、2 分子氨(包括 1 分子游离氨和 1 分子天冬氨酸提供的氨基)、3 分子 ATP(共消耗 4 个高能键)。

12.2.4　α-酮酸的代谢

氨基酸脱氨基后生成的 α-酮酸主要有以下 3 条代谢途径。

(1)氧化供能

α-酮酸在体内可以转化为乙酰 CoA、丙酮酸或草酰乙酸，经三羧酸循环彻底氧化为 CO_2，产生的还原当量经呼吸链生成水，同时释放能量，以满足生理活动需求。因此，氨基酸也是一类能源物质，但一般情况下氧化供能并非其主要功能。

(2)合成非必需氨基酸

体内的一些营养非必需氨基酸可由相应的 α-酮酸氨基化而生成。例如，丙酮酸、草酰乙酸、α-酮戊二酸经氨基化分别转变为丙氨酸、天冬氨酸和谷氨酸。这些 α-酮酸既可来自氨基酸的脱氨基作用，也可来自糖类代谢和三羧酸循环的产物。

(3)转变成糖类及脂类

α-酮酸在体内还可转变成糖或脂。根据氨基酸转化产物的不同，可分为生糖氨基酸、生酮氨基酸及生糖兼生酮氨基酸。

①生糖氨基酸　某些氨基酸脱氨后生成的 α-酮酸能在代谢过程中转变为丙酮酸、α-酮戊二酸、琥珀酰 CoA、延胡索酸或草酰乙酸，它们可作为糖异生的前体转变为葡萄糖，这些氨基酸称为生糖氨基酸(glucogenic amino acid)。它包括甘氨酸、丙氨酸、苏氨酸、丝氨酸、缬氨酸、组氨酸、精氨酸、脯氨酸、半胱氨酸、甲硫氨酸、天冬氨酸、天冬酰胺、谷氨酸、谷氨酰胺。

②生酮氨基酸　亮氨酸和赖氨酸在分解过程中转变为乙酰 CoA 或乙酰乙酰 CoA，这两种物

质可在肝中转变为酮体，称为生酮氨基酸（ketogenic amino acid）。

③生糖兼生酮氨基酸　还有一些氨基酸如异亮氨酸、苯丙氨酸、色氨酸和酪氨酸，其代谢产物中部分可转变为葡萄糖，部分可转变为酮体，称为生糖兼生酮氨基酸（glucogenic and ketogenic amino acid）（图 12-3）。

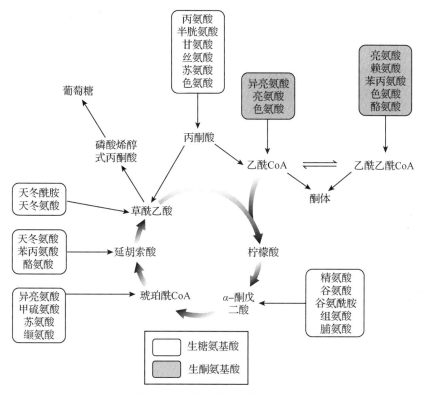

图 12-3　氨基酸转变为糖或酮体

由此可见，氨基酸的代谢与糖和脂类的代谢密切相关。三羧酸循环是物质代谢的总枢纽，通过它可使糖类、脂肪酸及氨基酸完全氧化，氨基酸可转变为糖和脂质，糖也可以转变为脂质和多数非必需氨基酸的碳骨架部分，从而实现三大类物质代谢的统一。

12.3　个别氨基酸的代谢

氨基酸代谢除脱氨基和脱羧基等共有代谢途径外，因其侧链不同，有些氨基酸还存在特殊的代谢途径，并具有重要的生理意义。

12.3.1　一碳单位

部分氨基酸在体内分解代谢过程中产生的含有一个碳原子的活性基团，称为一碳单位（one carbon unit）。体内重要的一碳单位主要有甲基（—CH_3）、亚甲基（—CH_2—）、次甲基（—CH＝）、甲酰基（—CHO）及亚氨甲基（—CH＝NH）等。它们主要来自丝氨酸、甘氨酸、组氨酸及色氨酸的分解代谢，苏氨酸通过间接转变为甘氨酸也可以产生一碳单位。一碳单位是一类化学基团，不能游离存在，需由四氢叶酸作为载体参与代谢。一碳单位由氨基酸生成的同时即结合在四氢叶酸的 N5、N10 位上。

一碳单位的主要功能是参与核苷酸的合成。例如，N^{10}-甲酰基四氢叶酸为嘌呤碱基的合成提供 C2 和 C8，N^5, N^{10}-亚甲基四氢叶酸为脱氧胸腺嘧啶核苷酸的合成提供 C5 位的甲基。另外，N^5-甲基四氢叶酸可通过甲硫氨酸循环传递甲基，参与体内重要甲基化合物的合成。

12.3.2　甘氨酸及丝氨酸的代谢

甘氨酸代谢主要通过 3 条途径：①甘氨酸在丝氨酸羟甲基转移酶催化下转化为丝氨酸，丝氨酸羟甲基转移酶需要磷酸吡哆醛和四氢叶酸（N^5, N^{10}-亚甲基四氢叶酸）作为辅酶；②甘氨酸在甘氨酸合酶催化下完全分解为 CO_2 和氨，这是甘氨酸在动物细胞中的主要去路；③甘氨酸还可以被 D-氨基酸氧化酶转化为乙醛酸（图 12-4）。

丝氨酸在丝氨酸羟甲基转移酶的作用下，将羟甲基转移给四氢叶酸，重新生成 N^5, N^{10}-亚甲基四氢叶酸和甘氨酸。丝氨酸还可在丝氨酸脱水酶的催化下进一步脱水脱氨生成丙酮酸（图 12-4）。

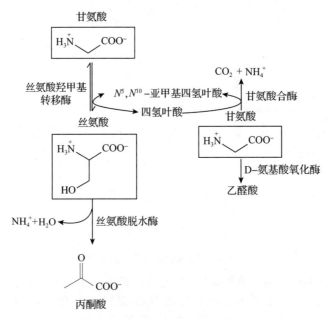

图 12-4　甘氨酸及丝氨酸代谢

12.3.3　芳香族氨基酸的代谢

芳香族氨基酸包括苯丙氨酸、酪氨酸和色氨酸。酪氨酸可由苯丙氨酸羟化生成。苯丙氨酸和色氨酸为营养必需氨基酸。

12.3.3.1　苯丙氨酸羟化为酪氨酸

正常情况下，苯丙氨酸的主要代谢途径是在苯丙氨酸羟化酶（phenylalanine hydroxylase）的作用下生成酪氨酸。反应式如下：

苯丙氨酸羟化酶是一种单加氧酶，其辅酶是四氢生物蝶呤，催化的反应不可逆，因而酪氨酸不能变为苯丙氨酸。当先天性缺乏苯丙氨酸羟化酶时，苯丙氨酸不能正常地转变成酪氨酸，转而经转氨基作用生成苯丙酮酸，苯丙酮酸进一步转变成苯乙酸、苯乳酸等衍生物。大量的苯丙酮酸及部分衍生物可由尿排出，称为苯丙酮酸尿症（phenylketonuria，PKU）。苯丙酮酸及其衍生物的堆积对中枢神经系统有毒性，使大脑发育障碍，患儿智力低下。治疗原则是早期发现，并适当限制膳食中苯丙氨酸的摄入。

12.3.3.2　酪氨酸合成儿茶酚胺和黑色素

在神经组织或肾上腺髓质，酪氨酸在酪氨酸羟化酶的作用下生成3,4-二羟苯丙氨酸（3,4-dihydroxyphenyl alanine，DOPA），又称多巴。多巴在芳香族氨基酸脱羧酶（又称多巴脱羧酶）的催化下转变成多巴胺（dopamine）。多巴胺再经多巴胺-β-羟化酶催化生成去甲肾上腺素（norepinephrine），后者经苯乙醇胺-N-甲基转移酶催化，接受 S-腺苷甲硫氨酸提供的甲基，转化为肾上腺素（epinephrine）（图 12-5）。

多巴胺、去甲肾上腺素及肾上腺素统称为儿茶酚胺（catecholamine），即含邻苯二酚的胺类。酪氨酸羟化酶以四氢生物蝶呤作为辅助因子，是儿茶酚胺合成的关键酶，受终产物儿茶酚胺的反馈调节。儿茶酚胺是重要的生物活性物质，其中多巴胺的生成不足是帕金森病（Parkinson disease）发生的重要原因。

在皮肤、毛囊等的黑色素细胞中，酪氨酸在酪氨酸羟化酶催化下生成 L-多巴，后者经酪氨酸酶氧化生成多巴醌，再经一系列反应最终合成黑色素（melanin），成为这些组织中的色素来源（图 12-5）。当人体先天性缺乏酪氨酸酶时，黑色素合成障碍，毛发、皮肤等组织色素缺少而呈白色的现象，称为白化病（albinism）。患者对阳光敏感，易患皮肤癌。

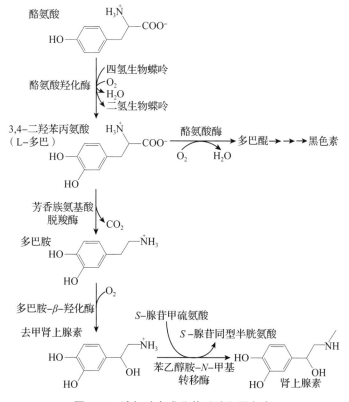

图 12-5　酪氨酸合成儿茶酚胺和黑色素

12.3.3.3　苯丙氨酸和酪氨酸氧化分解

苯丙氨酸羟化生成酪氨酸后，酪氨酸可在酪氨酸转氨酶（tyrosine transaminase）的催化下脱去氨基生成对羟基苯丙酮酸，后者在对羟基苯丙酮酸双加氧酶的催化下进一步氧化、脱羧生成尿黑酸（homogentisic acid）。尿黑酸再经尿黑酸 1,2-双加氧酶（尿黑酸氧化酶）催化生成马来酰乙酰乙酸，再经马来酰乙酰乙酸异构酶催化异构为延胡索酰乙酰乙酸，最终由延胡索酰乙酰乙酸酶催化水解为延胡索酸和乙酰乙酸，两者可分别进入糖异生和酮体代谢途径（图 12-6）。

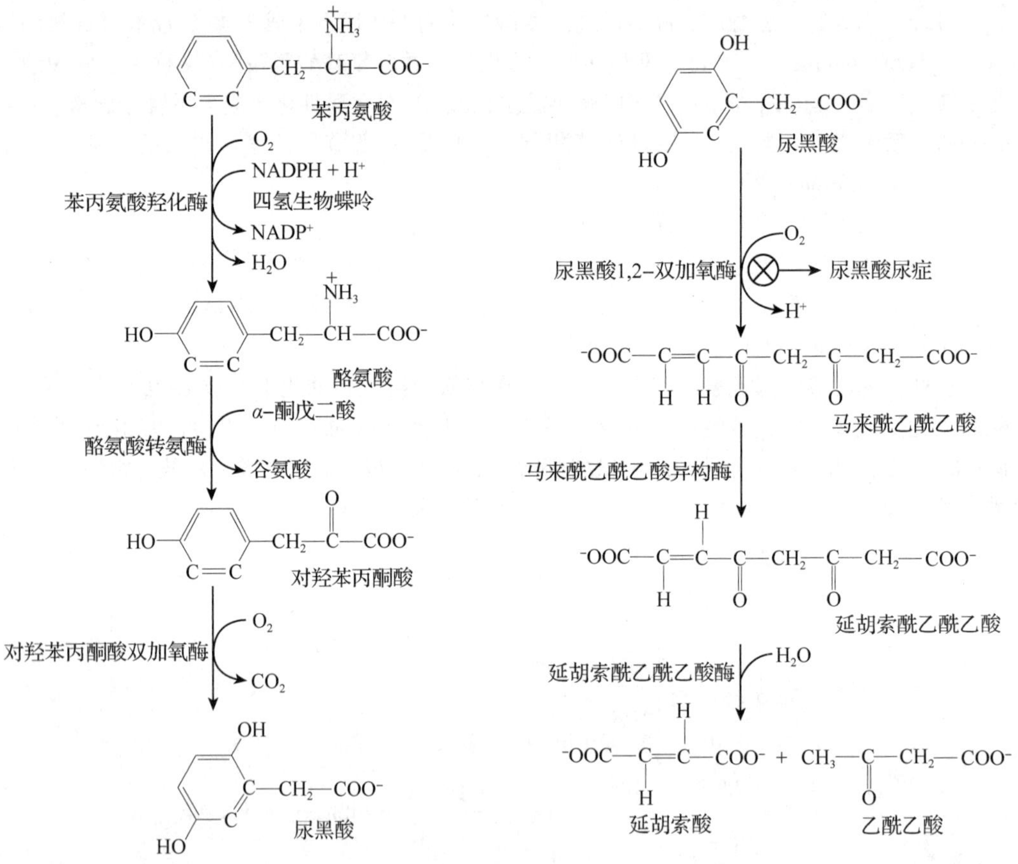

图 12-6　苯丙氨酸和酪氨酸的氧化分解

当先天性缺乏尿黑酸氧化酶时，尿黑酸的分解受阻，大量尿黑酸随尿排出，被氧化后呈黑色，称为尿黑酸尿症（alkaptonuria）。患者的骨等结缔组织也有广泛的黑色物质沉积。

12.3.3.4　色氨酸氧化分解

色氨酸除生成 5-羟色胺外，还可经多种加氧酶催化分解产生丙氨酸和乙酰乙酸，两者可分别进入糖异生和酮体代谢途径，故色氨酸也是一种生糖兼生酮氨基酸。此外，色氨酸还可转变为烟酸，但合成量很少，不能满足机体的需要，仍需从食物中摄取。

12.3.4　含硫氨基酸的代谢

含硫氨基酸包括甲硫氨酸、半胱氨酸和胱氨酸，这 3 种氨基酸的代谢相互联系。甲硫氨酸可以转变为半胱氨酸和胱氨酸，半胱氨酸和胱氨酸之间也可以相互转变，但这二者均不能转变为甲硫氨酸，因此甲硫氨酸属于必需氨基酸。

12.3.4.1　甲硫氨酸的代谢

甲硫氨酸除了作为蛋白质合成的原料外，还可在甲硫氨酸循环中传递甲基，参与体内许多重要甲基化合物的合成。

甲硫氨酸与 ATP 作用生成 S-腺苷甲硫氨酸（S-adenosylmethionine，SAM），此反应由甲硫氨酸腺苷转移酶（methionine adenosyl transferase）催化。SAM 中的甲基称为活性甲基，故 SAM 称为活性甲硫氨酸。SAM 在甲基转移酶（methyltransferase）作用下可将甲基转移至另一种物质，使其甲基化（methylation）（图 12-7）。据统计，体内有 50 多种物质需要 SAM 提供甲基生成相应的甲基化合物。例如，去甲肾上腺素、胍乙酸、乙醇胺等获得甲基后，分别生成肾上腺素、肌酸、胆碱。DNA 碱基、组蛋白、RNA 核糖 2′-羟基、mRNA 5′-帽子的甲基化也由 SAM 提供甲基。因此，SAM 是体内最重要的甲基直接供体。

SAM 转出甲基后生成 S-腺苷同型半胱氨酸（S-adenosylhomocysteine，SAH），后者在 S-腺苷同型半胱氨酸酶的催化下脱去腺苷进一步转变成同型半胱氨酸（homocysteine）。同型半胱氨酸在 N^5-甲基四氢叶酸转甲基酶（又称甲硫氨酸合成酶，辅酶是维生素 B_{12}）催化下，接受 N^5-甲基四氢叶酸提供的甲基，重新生成甲硫氨酸，形成一个循环过程，称为甲硫氨酸循环（methionine cycle）（图 12-7）。

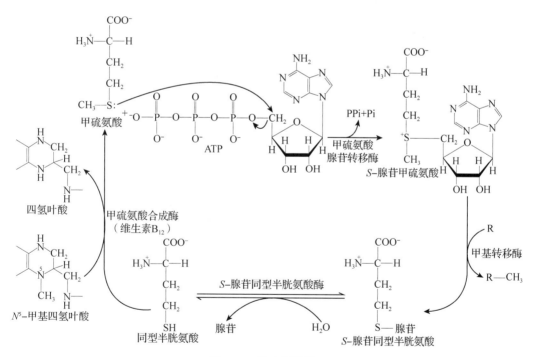

图 12-7　甲硫氨酸循环

此循环的生理意义是由 N^5-甲基四氢叶酸提供甲基生成甲硫氨酸，再通过 SAM 参与体内广泛存在的甲基化反应。由此，N^5-甲基四氢叶酸可看成是体内甲基的间接供体。尽管此循环可以生成甲硫氨酸，但同型半胱氨酸只能由甲硫氨酸转变而来，体内不能合成，因此，甲硫氨酸必须由食物提供，自身无法合成。

12.3.4.2 半胱氨酸代谢

半胱氨酸可生成多种含硫的生物活性物质。

(1) 与胱氨酸互变

半胱氨酸含有巯基（—SH），2分子半胱氨酸可以通过巯基的脱氢氧化转化为以二硫键（—S—S—）相连的胱氨酸。反之，胱氨酸的二硫键又可断裂还原，重新生成2分子半胱氨酸。反应式如下：

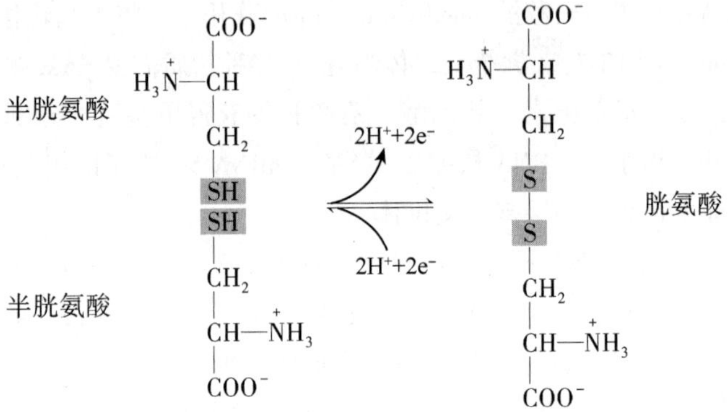

(2) 氧化脱羧生成牛磺酸

半胱氨酸首先氧化生成磺基丙氨酸，再经磺基丙氨酸脱羧酶催化脱羧生成牛磺酸（图12-8）。牛磺酸是结合胆汁酸的组成成分之一。

(3) 氧化分解生成活性硫酸根

含硫氨基酸氧化分解均可以产生硫酸根，半胱氨酸是体内硫酸根的主要来源。半胱氨酸可氧化脱硫、脱氨基生成丙酮酸、氨和硫酸。体内的硫酸根一部分以无机盐形式随尿排出，另一部分与 ATP 反应生成 3′-磷酸腺苷-5′-磷酰硫酸（3′-phospho-adenosine-5′-phosphosulfate，PAPS），即活性硫酸根（图12-8）。

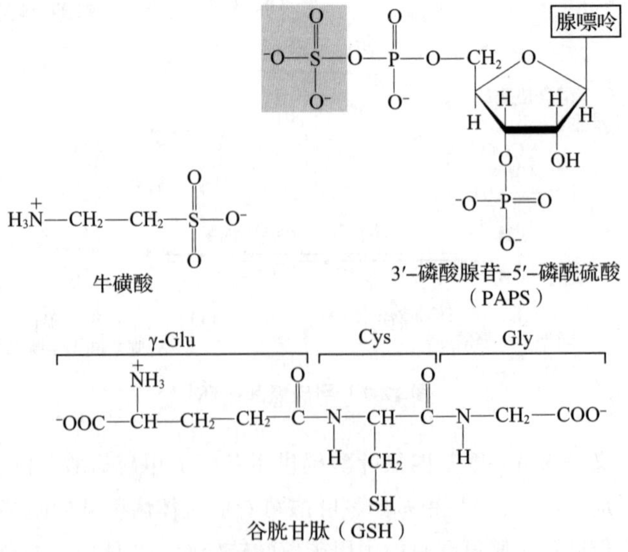

图 12-8 半胱氨酸生成的含硫活性物质

PAPS 性质活泼，可提供硫酸根参与合成硫酸软骨素、硫酸角质素和肝素等黏多糖，进而与蛋白质结合形成蛋白聚糖。在肝的生物转化中，PAPS 也可提供硫酸根与固醇类或酚类等物质结合，形成硫酸酯而排出体外。

（4）合成还原型谷胱甘肽

还原型谷胱甘肽（GSH）是由谷氨酸、半胱氨酸和甘氨酸合成的三肽（图 12-8）。GSH 中的巯基具有还原性，是体内重要的抗氧化剂，可保护体内许多蛋白质分子的巯基、血红素亚铁免遭氧化，也可清除活性氧及其他氧化剂。GSH 还可参与肝生物转化的第二相反应，与外源性的药物或毒物结合，抑制这些物质对 DNA、RNA 及蛋白质结构的破坏和功能的干扰。

12.4 核苷酸的分解代谢

核苷酸是核酸的基本结构单位。核苷酸根据碱基组成不同，分为嘌呤核苷酸和嘧啶核苷酸。这两种核苷酸的代谢均包括分解代谢和合成代谢。体内核苷酸的分解代谢类似于食物中核苷酸的消化过程。核苷酸在核苷酸酶的作用下水解成核苷和磷酸，核苷经核苷磷酸化酶作用磷酸解成自由的碱基及核糖-1-磷酸。嘌呤和嘧啶可进一步被分解而排出体外。

12.4.1 嘌呤核苷酸的分解代谢

在核苷酸酶催化下，腺嘌呤核苷酸（AMP）、次黄嘌呤核苷酸（IMP）及鸟嘌呤核苷酸（GMP）分别水解释放磷酸，生成腺苷、肌苷和鸟苷。腺苷在腺苷脱氨基酶的作用下也可转化为肌苷。肌苷在嘌呤核苷磷酸化酶的作用下水解生成核糖-1-磷酸和次黄嘌呤。次黄嘌呤在黄嘌呤氧化酶（xanthine oxidase）的作用下先氧化成黄嘌呤，再转变成尿酸（uric acid）。鸟苷在嘌呤核苷磷酸化酶的作用下生成鸟嘌呤。鸟嘌呤在鸟嘌呤脱氨基酶的作用下水解脱去氨基后变成黄嘌呤，最终同样由黄嘌呤氧化酶催化转变为尿酸（图 12-9）。

嘌呤核苷酸的分解代谢主要发生在肝、小肠和肾中，黄嘌呤氧化酶在这些部位活性较高。黄嘌呤氧化酶是一个双功能酶，含多个辅基，包括[2Fe-2S]型铁硫中心 2 个，FAD、钼蝶呤和 NAD^+ 各 1 个，可依次催化次黄嘌呤脱氢生成黄嘌呤、黄嘌呤氧化生成尿酸。

尿酸是人体嘌呤分解的最终产物，由肾排泄。由于尿酸的水溶性小，当体内尿酸浓度过高时，以尿酸盐结晶的形式沉积于关节、软骨组织等，出现关节肿痛等表现，即为痛风。引起痛风的原因可能是进食高嘌呤饮食、嘌呤核苷酸分解增多（如先天性代谢缺陷、白血病等）及尿酸排泄障碍（如肾功能减退等）。别嘌呤醇（allopurinol）是次黄嘌呤的结构类似物，能竞争性抑制黄嘌呤氧化酶，抑制尿酸的生成，临床常用于痛风的治疗。

12.4.2 嘧啶核苷酸的分解代谢

胞嘧啶核苷酸（CMP）、尿嘧啶核苷酸（UMP）和脱氧胸腺嘧啶核苷酸（dTMP）通过共同的 3 个反应途径降解。CMP、UMP 和 dTMP 首先被核苷酸酶去磷酸化生成相应的核苷。核苷经嘧啶磷酸化酶去除核糖，生成游离碱基（胞苷首先由胞苷脱氨基酶转化为尿苷）。在共同降解途径的第一个反应中，二氢嘧啶脱氢酶（dihydropyrimidine dehydrogenase，DPD）催化尿嘧啶还原为二氢尿嘧啶，胸腺嘧啶还原为二氢胸腺嘧啶。DPD 是嘧啶降解途径中的限速酶。在第二个反应

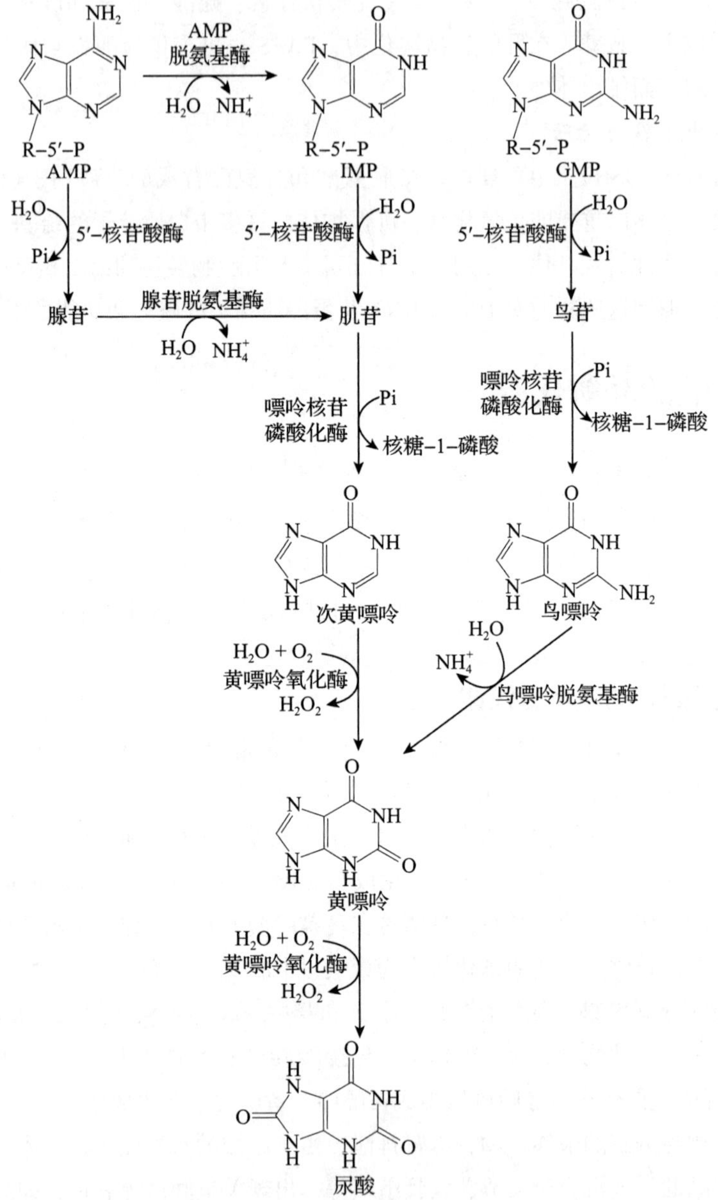

图 12-9　嘌呤核苷酸的分解代谢

中，二氢嘧啶酶催化水解、裂解，打开嘧啶环，产生 *N*-氨基甲酰-*β*-丙氨酸(尿嘧啶降解)和 *N*-氨基甲酰-*β*-氨基异丁酸(胸腺嘧啶降解)。在第三个反应中，*β*-脲基丙酸酶将 *N*-氨基甲酰-*β*-丙氨酸转化为 *β*-丙氨酸，而 *N*-氨基甲酰-*β*-氨基异丁酸转化为 *β*-氨基异丁酸(图 12-10)。

　　嘧啶碱的分解代谢主要在肝中进行。与嘌呤分解代谢所产生的终产物尿酸不同，嘧啶分解代谢的终产物均易溶于水。*β*-丙氨酸和 *β*-氨基异丁酸可直接随尿排出，也可进一步分别转化为乙酰 CoA 或琥珀酰 CoA 进入糖代谢途径。摄入 DNA 含量丰富的食物的人以及经放射治疗或化学治疗后的患者的尿中 *β*-氨基异丁酸排出量增多。

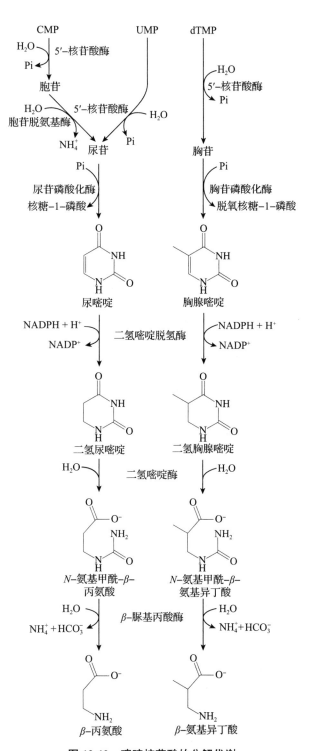

图 12-10　嘧啶核苷酸的分解代谢

12.5　核苷酸的合成代谢

核苷酸可来自食物核酸的消化吸收，但主要由机体自身合成。嘌呤核苷酸和嘧啶核苷酸在体内的合成受到严格的调控，并由反馈调节机制加以协调，以确保合成的时间和数量适合不同的生理需求。它们在体内的合成均有两条途径，即从头合成途径和补救合成途径。

12.5.1　嘌呤核苷酸的合成代谢

生物体内细胞利用磷酸核糖、氨基酸、一碳单位及 CO_2 等简单物质为原料，经过一系列酶促反应合成嘌呤核苷酸，称为从头合成途径(*de novo* synthesis)；利用体内游离的嘌呤或嘌呤核苷，经过简单的反应过程合成嘌呤核苷酸，称为补救合成途径(salvage pathway)。一般情况下，从头合成途径是嘌呤核苷酸合成的主要途径。

12.5.1.1　嘌呤核苷酸的从头合成

嘌呤核苷酸的从头合成主要在肝、小肠和胸腺的细胞质中进行，其过程是从核糖-5-磷酸起始，逐步合成嘌呤环。嘌呤环的 N1 由天冬氨酸提供，C2 和 C8 来源于 N^{10}-甲酰基四氢叶酸，N3 和 N9 来源于谷氨酰胺的酰胺基，C4、C5 和 N7 均由甘氨酸提供，C6 来源于 CO_2(图 12-11)。

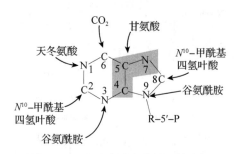

图 12-11　嘌呤合成中各原子的来源

嘌呤核苷酸的从头合成分为两个阶段：首先合成次黄嘌呤核苷酸(IMP)，然后 IMP 转变成腺嘌呤核苷酸(AMP)和鸟嘌呤核苷酸(GMP)。

(1)IMP 的合成

核糖-5-磷酸由磷酸核糖焦磷酸合成酶催化生成 5-磷酸核糖焦磷酸，由谷氨酰胺提供酰胺基生成 5-磷酸核糖胺(关键反应)，然后与甘氨酸缩合并从 N^{10}-甲酰基四氢叶酸获得甲酰基，生成甲酰甘氨酰胺核苷酸，再从谷氨酰胺获得酰胺基，脱水环化生成 5-氨基咪唑核苷酸，至此合成了嘌呤环中的咪唑环部分。5-氨基咪唑核苷酸被 CO_2 羧化后从天冬氨酸获得氨基，然后从 N-甲酰基四氢叶酸获得甲酰基，脱水环化生成 IMP(图 12-12)。

(2)AMP 和 GMP 的生成

IMP 是嘌呤核苷酸合成的重要中间产物，其在一系列酶促反应下可以进一步转变成 AMP 和 GMP。

①AMP 的生成　IMP 与天冬氨酸在腺苷酸代琥珀酸合成酶的作用下生成腺苷酸代琥珀酸(adenylosuccinate)，此反应消耗 1 分子 GTP；腺苷酸代琥珀酸再经腺苷酸代琥珀酸裂解酶的作用下裂解为延胡索酸和 AMP。

②GMP 的生成　IMP 在次黄苷酸脱氢酶催化下，加水脱氢生成黄苷酸(xanthosine monophosphate，XMP)；XMP 在黄苷酸-谷氨酰胺酰胺转移酶的催化下，接受谷氨酰胺提供的氨基生成 GMP(图 12-13)。

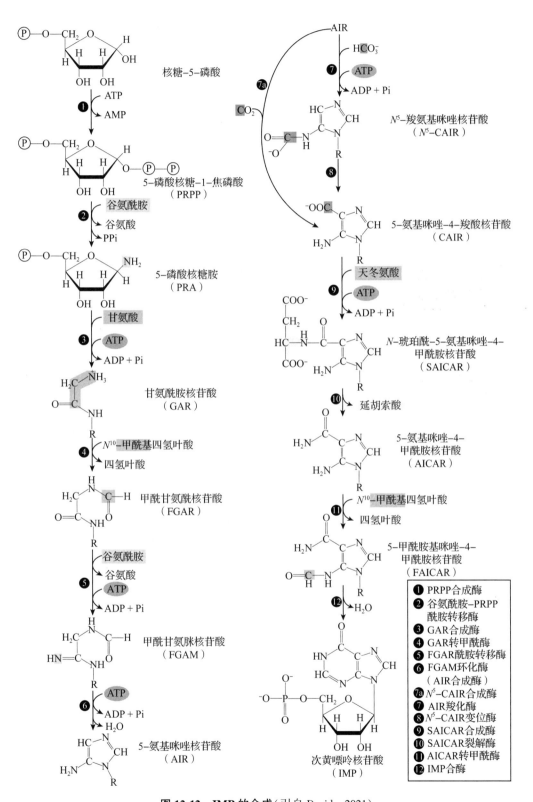

图 12-12 IMP 的合成(引自 David，2021)

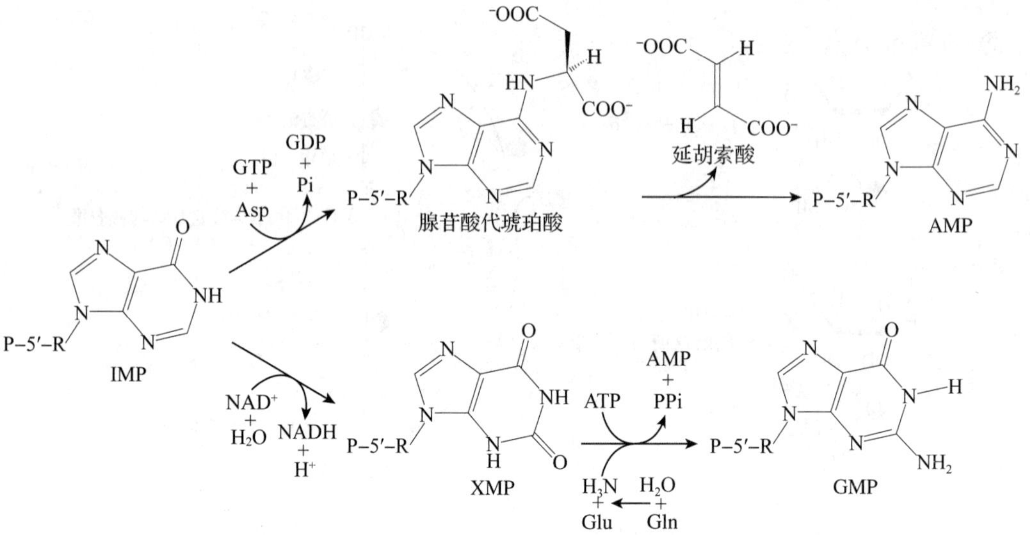

图 12-13　AMP 和 GMP 的生成

(3) ATP 和 GTP 的生成

AMP 和 GMP 在各自的核苷一磷酸激酶的催化下，接受 ATP 的磷酸基分别生成 ADP 和 GDP。GDP 再经核苷二磷酸激酶的催化生成 GTP，ADP 则通过底物水平磷酸化或氧化磷酸化生成 ATP。反应式如下：

$$\text{GMP} \xrightarrow[\text{ATP}\ \ \text{ADP}]{\text{鸟苷酸激酶}} \text{GDP} \xrightarrow[\text{ATP}\ \ \text{ADP}]{\text{核苷二磷酸激酶}} \text{GTP}$$

$$\text{AMP} \xrightarrow[\text{ATP}\ \ \text{ADP}]{\text{腺苷酸激酶}} \text{ADP} \xrightarrow{\text{底物水平/氧化磷酸化}} \text{ATP}$$

12.5.1.2　嘌呤核苷酸的补救合成

嘌呤核苷酸的补救合成主要在脑、骨髓等组织中进行。该途径是在酶的催化下机体直接利用现有的嘌呤或嘌呤核糖核苷合成嘌呤核糖核苷酸的过程。补救合成途径比较简单，与从头合成途径相比，能量消耗较少。补救合成主要涉及以下两种机制。

(1) 利用嘌呤合成嘌呤核苷酸

在腺嘌呤磷酸核糖转移酶(adenine phosphoribosyl transferase，APRT)催化下，PRPP 分子的磷酸核糖转移给腺嘌呤生成 AMP；在次黄嘌呤-鸟嘌呤磷酸核糖转移酶(hypoxanthine-guanine phosphoribosyl transferase，HGPRT)催化下，PRPP 分子中的磷酸核糖分别转移给鸟嘌呤或次黄嘌呤生成 GMP 或 IMP。反应式如下：

$$\text{腺嘌呤+PRPP} \xrightarrow{\text{APRT}} \text{AMP+PPi}$$

$$\text{鸟嘌呤+PRPP} \xrightarrow{\text{HGPRT}} \text{GMP+PPi}$$

$$\text{次黄嘌呤+PRPP} \xrightarrow{\text{HGPRT}} \text{IMP+PPi}$$

(2) 利用嘌呤核苷合成嘌呤核苷酸

人体内只有腺苷激酶，因此利用嘌呤核苷补救合成嘌呤核苷酸的反应只有腺苷激酶催化腺苷与 ATP 反应生成 AMP。反应式如下：

$$\text{腺嘌呤核苷+ATP} \xrightarrow{\text{腺苷激酶}} \text{AMP+ADP}$$

12.5.2　嘧啶核苷酸的合成代谢

同嘌呤核苷酸一样，体内嘧啶核苷酸的合成也包括两条途径，即从头合成和补救合成。

12.5.2.1　嘧啶核苷酸的从头合成

嘧啶核苷酸的从头合成主要在肝的细胞质和线粒体内进行。PRPP 提供磷酸核糖，天冬氨酸、CO_2 和谷氨酰胺是嘧啶环合成的原料。其中，嘧啶环的 N1、C4、C5 和 C6 来源于天冬氨酸，C2 由 CO_2 提供，N3 来源于谷氨酰胺的酰胺基（图 12-14）。

图 12-14　嘧啶合成中各原子的来源

与嘌呤核苷酸是在磷酸核糖分子上逐步合成嘌呤环不同，嘧啶核苷酸的从头合成是首先由谷氨酰胺、CO_2 和天冬氨酸合成嘧啶环，再和 PRPP 提供的磷酸核糖结合生成乳清酸核苷酸（orotidine-5′-monophosphate，OMP），再进一步转化为尿嘧啶核苷酸（UMP）以及三磷酸胞苷（CTP）。

（1）UMP 的合成

在氨基甲酰磷酸合成酶 II（carbamoyl phosphate synthetase II，CPS-II）催化下，谷氨酰胺与 CO_2 及 ATP 反应生成氨基甲酰磷酸。该反应是嘧啶核苷酸从头合成的限速步骤（图 12-15）。

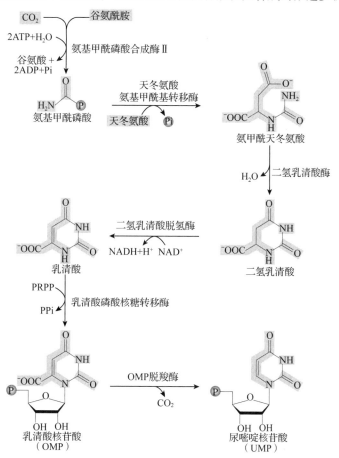

图 12-15　UMP 的合成

CPS-Ⅱ存在于细胞质，是一种别构酶，可受 UMP 的别构抑制和 PRPP 的别构激活。值得注意的是，在尿素合成(鸟氨酸循环)过程中也有合成氨基甲酰磷酸的反应，但其合成的原料是 NH_3、CO_2 及 ATP，由 CPS-Ⅰ 催化。

氨基甲酰磷酸通过 3 步反应合成含嘧啶环的乳清酸。乳清酸再与 PRPP 缩合并脱羧生成 UMP(图 12-15)。

(2)UTP 和 CTP 的合成

UMP 依次在尿苷酸激酶、二磷酸核苷激酶催化下，与 ATP 反应磷酸化生成 UDP、UTP。UTP 又可在 CTP 合成酶催化下，接受谷氨酰胺提供的氨基转变为 CTP，此反应也消耗 1 分子 ATP(图 12-16)。

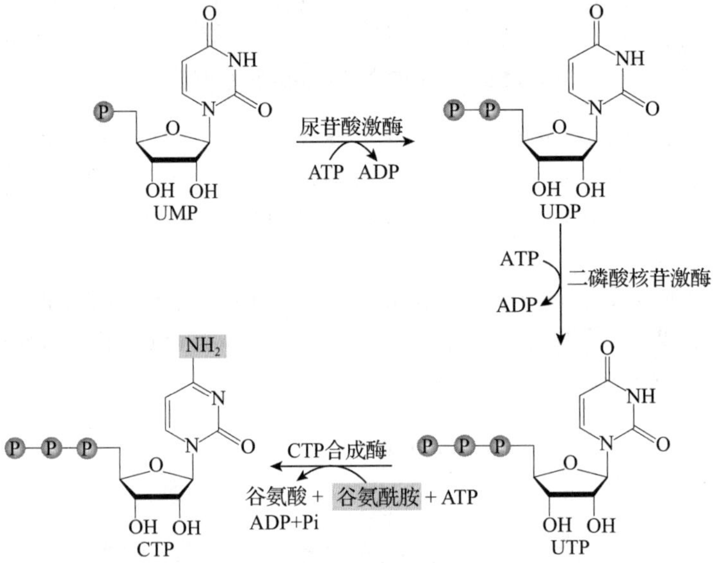

图 12-16　UTP 和 CTP 的合成

12.5.2.2　嘧啶核苷酸的补救合成

与嘌呤核苷酸的补救合成类似，细胞可直接利用现有的嘧啶或嘧啶核苷进行嘧啶核苷酸的补救合成。嘧啶磷酸核糖转移酶是参与嘧啶核苷酸补救合成的主要酶，催化的反应如下：

$$嘧啶 + PRPP \xrightarrow{\text{嘧啶磷酸核糖转移酶}} 磷酸嘧啶核苷 + PPi$$

嘧啶磷酸核糖转移酶实际上和乳清酸磷酸核糖转移酶是同一种酶，可利用尿嘧啶、胸腺嘧啶及乳清酸作为底物，催化嘧啶核苷酸的合成，但对胞嘧啶不起作用。

尿苷激酶也是一种补救合成酶。在尿苷激酶催化下，尿苷可接受 ATP 提供的磷酸基生成 UMP。

胸苷激酶还可催化脱氧胸苷生成 dTMP。该酶在正常细胞中活性很低，但在再生肝和恶性肿瘤细胞中活性显著增强，并与肿瘤的恶性程度相关。

12.5.3　脱氧核糖核苷酸的合成代谢

DNA 主要由 4 种脱氧核糖核苷酸组成。除脱氧胸腺嘧啶核苷酸(dTMP)是由脱氧尿嘧啶核苷酸(dUMP)转变而来以外，体内其他脱氧核糖核苷酸的合成是在二磷酸核苷(NDP)水平上直接还原而成的。

(1)脱氧核糖核苷酸的生成

在核糖核苷酸还原酶(ribonucleotide reductase，RR)催化下，NDP 加氢脱水，转变为二磷酸脱氧核苷（dNDP）。dNDP 再经二磷酸核苷激酶催化，与 ATP 反应生成三磷酸脱氧核苷（dNTP）。dNTP 是 DNA 合成的原料。

将二磷酸核苷中的核糖还原为脱氧核糖需要 1 对氢原子，这对氢原子以硫氧还蛋白（thioredoxin）作为载体由 NADPH+H$^+$供给。在核糖核苷酸还原酶催化下，还原型硫氧还蛋白所含巯基可将 NDP 还原为 dNDP，其氧化型（含有二硫键）在硫氧还蛋白还原酶（thioredoxin reductase，TR）（FAD 为辅因子）的催化下被 NADPH+H$^+$重新还原，由此构成一个复杂的酶体系（图 12-17）。

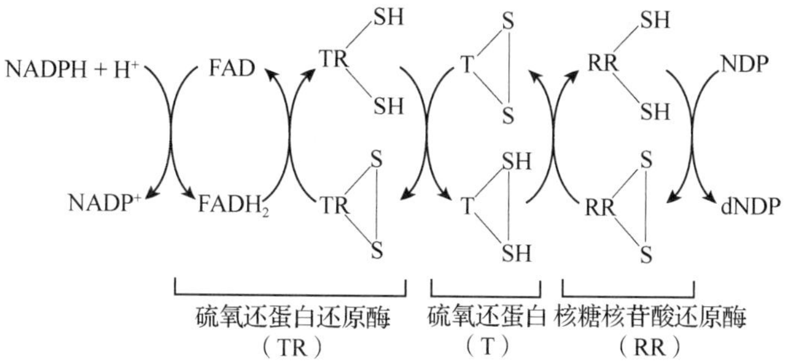

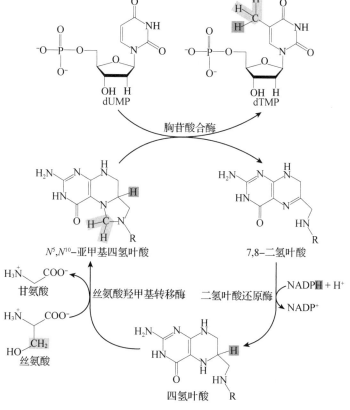

图 12-17　核糖核苷酸还原酶催化 NDP 生成 dNDP

（2）dTMP 的生成

dTMP 是由 dUMP 经甲基化而生成的。在胸苷酸合酶（thymidylate synthase）催化下，dUMP 接受 N^5,N^{10}-亚甲基四氢叶酸提供的甲基转化为 dTMP，同时生成的二氢叶酸又可在二氢叶酸还原酶、丝氨酸羟甲基转移酶的作用下实现 N^5,N^{10}-亚甲基四氢叶酸的再生（图 12-18）。

图 12-18　dTMP 的生成

细胞中的 dUMP 有 3 种来源：①dUTP 二磷酸酶对 dUTP 的去磷酸化生成 dUMP；②dCTP 脱氨生成 dUTP，后者再被 dUTP 二磷酸酶转化为 dUMP；③脱氧尿苷经胸苷激酶磷酸化生成 dUMP（图 12-19）。

dTMP 可经胸苷酸激酶、二磷酸核苷激酶的磷酸化最终生成 dTTP，作为 DNA 合成的原料（图 12-19）。

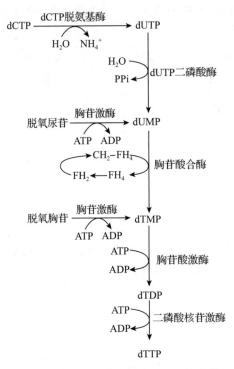

图 12-19　dUMP 的来源及 dTTP 的生成

本章小结

氨基酸除了作为合成蛋白质的原料外，还可转变成某些激素、神经递质及核苷酸等含氮物质。食物蛋白质经消化吸收产生的外源性氨基酸与体内蛋白质降解产生及自身合成的内源性氨基酸共同构成氨基酸代谢库，参与体内代谢。

脱氨基作用是氨基酸分解代谢的主要反应。氨基酸通过转氨基、氧化脱氨基等方式脱去氨基，生成游离的氨和相应的 α-酮酸。转氨基作用与 L-谷氨酸氧化脱氨基作用相结合的联合脱氨基作用是体内氨基酸脱氨基的主要方式，其逆过程又是体内合成非必需氨基酸的主要途径。除脱氨基作用之外，部分氨基酸还可发生脱羧基作用，生成具有重要的生理功能的胺类，如 γ-氨基丁酸、5-羟色胺、组胺及多胺等。

体内氨的来源主要有 3 条途径：氨基酸脱氨基作用和胺类分解产氨，肠道内腐败和尿素分解产氨以及肾小管上皮细胞泌氨。氨是有毒物质。体内的氨以丙氨酸和谷氨酰胺的形式运往肝或肾。正常情况下体内的氨大部分在肝中合成尿素，是氨代谢的主要去路。少部分氨在肾以铵盐形式随尿排出。α-酮酸可彻底氧化分解并提供能量，可经氨基化生成营养非必需氨基酸，也可转变成糖或脂质。

氨基酸代谢除脱氨基和脱羧基等共有代谢途径外，因其侧链不同，有些氨基酸还存在特殊的代谢途径。某些氨基酸如甘氨酸、丝氨酸等可在体内分解产生一碳单位，由四氢叶酸作为载体传递，主要用于嘌呤和嘧啶核苷酸的合成。芳香族氨基酸代谢中，苯丙氨酸可经羟化作用转变为酪氨酸，后者可进一步生成儿茶酚胺、黑色素等重要活性物质。含硫氨基酸代谢产生的活性甲基参与体内重要含甲基化合物的合成。

核苷酸在体内的代谢主要包括分解代谢和合成代谢。核苷酸水解除去磷酸及核糖，产生的碱基可进一步分解。嘌呤在人体内分解代谢的终产物为尿酸，黄嘌呤氧化酶是这个代谢过程的重要酶。嘌呤代谢异常，尿酸生成过多可引发痛风。嘧啶分解生成的 β-丙氨酸或 β-氨基异丁酸可直接随尿排出或进一步代谢。

体内嘌呤核苷酸和嘧啶核苷酸的合成均有两条途径：从头合成和补救合成。从头合成途径是利用磷酸核糖、氨基酸、一碳单位和 CO_2 等简单物质合成核苷酸的过程，主要在肝进行，是核苷酸合成的主要途径。补救合成实际上是体内现有碱基或核苷的重新利用，主要在脑与骨髓中进行。除 dTMP 是由 dUMP 甲基化转变而来，体内脱氧核苷酸由各自相应的二磷酸核苷还原生成。

思考题

1. 为什么转氨基作用常以 α-酮戊二酸为氨基受体？
2. 氨在血液中是如何以无毒的形式运输的？
3. 谷氨酸参与的代谢途径有哪些？
4. 鸟氨酸循环有何特点？
5. 氨甲酰磷酸合成酶 I 和 II 有何异同？
6. 嘌呤核苷酸与嘧啶核苷酸的从头合成途径有何异同？
7. 体内的核苷酸是如何相互转变的？

第13章 核酸和蛋白质的生物合成

DNA 是生物遗传的主要物质基础。生物机体的遗传信息以密码的形式编码在 DNA 分子上，并通过 DNA 的复制（replication）由亲代传递给子代。在后代的生长发育过程中，遗传信息自 DNA 转录（transcription）给 RNA，然后翻译（translation）成特异的蛋白质，以执行各种生命功能，使后代表现出与亲代相似的遗传性状，即遗传信息的表达（expression）。

13.1 中心法则

自 1958 年 Crick 提出中心法则的理论以来，中心法则经历了半个多世纪的检验和发展。中心法则曾经为分子生物学的建立奠定基础，也是现代生物学最基本、最重要的规律之一。

1957 年，Crick 提出在 DNA 与蛋白质之间，RNA 可能是中间体。1958 年他又提出，在作为模板的 RNA 同把氨基酸携带到蛋白质肽链的合成之间可能存在着一个中间受体。根据这些推论，Crick 提出了著名的连接物假说，讨论了核酸中碱基顺序同蛋白质中氨基酸顺序之间的线性对应关系，详细阐述了中心法则。1958 年，WeiSS 和 Hurwitz 等发现依赖于 DNA 的 RNA 聚合酶；1961 年，Hall 和 Spiege-lman 用 RNA-DNA 杂交证明 mRNA 与 DNA 序列互补，逐步阐明了 RNA 转录合成的机制。与此同时，认识到蛋白质是通过接受 RNA 的遗传信息而合成的。20 世纪 50 年代初，Zamecnik 等在形态学和分离亚细胞组分实验中发现微粒体（microsome）是细胞内蛋白质合成的部位；1957 年，Hoagland、Zamecnik 和 StephenSon 等分离出 tRNA，并对它们在合成蛋白质中转运氨基酸的功能提出了假设；1961 年，Brenner 及 GroSS 等观察到在蛋白质合成过程中 mRNA 与核糖体的结合；1961 年，Jacob 和 Monod 证明在 DNA 与蛋白质之间的中间体是 mRNA。1965 年，Holley 首次测出了酵母丙氨酸 tRNA 的一级结构；特别是在 20 世纪 60 年代 Nirenberg、Ochoa 及 Khorana 等科学家的共同努力下破译了 RNA 上编码合成蛋白质的遗传密码，随后研究表明这套遗传密码在生物界具有通用性，从而认识了蛋白质翻译合成的基本过程。随着遗传密码的破译，到 20 世纪 60 年代基本上揭示了蛋白质的合成过程。这样就得到了中心法则最初的基本形式。

Crick 在提出中心法则时，把中心法则的公式表述为"DNA→RNA→蛋白质"。并且认为中心法则的一个基本特征是遗传信息流是从核酸到蛋白质的单向信息传递，而且这种单向信息流是永远不可逆的。然而，通过 1960—1970 年这 11 年的研究，Temin 和 Baltimore 等发现并证实了反转录酶的存在，使反转录现象得到了公认。这样中心法则就得到了修正。1970 年，Temin 和 Baltimore 也从鸡肉瘤病毒颗粒中发现以 RNA 为模板合成 DNA 的反转录酶，进一步补充和完善了遗传信息传递的中心法则。

上述重要发现共同建立了以中心法则为基础的分子遗传学基本理论体系，因此，如图 13-1 所示，中心法则是指遗传信息从 DNA 传递给 RNA，再从 RNA 传递给蛋白质的转录和翻译的过程，以及遗传信息从 DNA 传递给 DNA 的复制过程。这是所有有细胞结构的生物所遵循的法则。在某些病毒中的 RNA 自我复制（如烟草花叶病毒等）和在某些病毒中能以 RNA 为模板逆转录成 DNA 的过程（某些致癌病毒）是对中心法则的补充。RNA 的自我复制和逆转录过程，在病毒单独存在时是不能进行的，只有寄生到寄主细胞中后才发生。

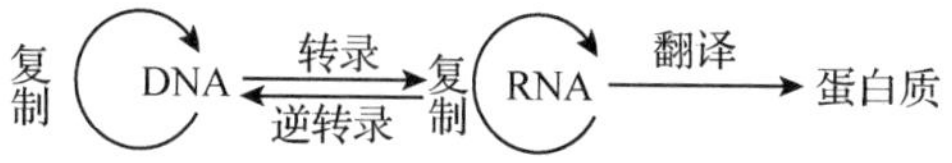

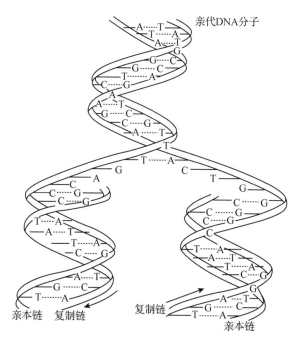

图 13-1　中心法则

13.2　DNA 的生物合成

原核生物每个细胞只含有一个染色体，真核生物每个细胞常含有多个染色体。在细胞增殖周期的一定阶段，整个染色体组都将发生精确的复制，随后以染色体为单位将复制的基因组分配到两个子代细胞中。细胞内存在极为复杂的系统，以确保 DNA 复制的正确进行，并纠正可能出现的误差。

13.2.1　DNA 的半保留复制理论

DNA 由两条螺旋盘绕的多核苷酸链所组成，两条链通过碱基对之间的氢键连接在一起，所以这两条链是互补的。一条链上的核苷酸排列顺序决定了另一条链上的核苷酸排列顺序。由此可见，DNA 分子的每一条链都含有合成它的互补链所必需的全部遗传信息。Watson 和 Crick 在提出 DNA 双螺旋结构模型时即推测在复制过程中首先碱基间氢键破裂，并使双链解开，然后每条链可作为模板在其上合成新的互补链(图 13-2)。在此过程中，每个子代分子的一条链来自亲代 DNA，另一条链则是新合成的，这种方式称为半保留复制(图 13-3)。这是双链 DNA 普遍的复制机制。

图 13-2　Watson 和 Crick 提出的 DNA 双螺旋复制模型

1963 年 Cairns 用放射自显影(autoradiography)的方法第一次观察到完整的正在复制的大肠埃希菌染色体 DNA。他将 ^{3}H-脱氧胸苷标记大肠埃希菌 DNA，然后用溶菌酶把细胞壁消化掉，使完整的染色体 DNA 释放出来，铺在一张透析膜上，在暗处用感光乳胶覆盖于干燥的膜表面，

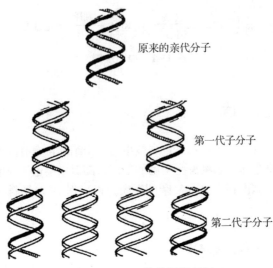

图 13-3 DNA 的半保留复制

放置若干星期。在这期间 ^3H 由于放射性衰变而放出 β 粒子，使乳胶曝光生成银粒。显影以后银粒黑点轨迹勾画出 DNA 分子的形状，黑点数目代表了 ^3H 在 DNA 分子中的密度。把显影后的片子放在光学显影镜下就可以观察到大肠埃希菌染色体的全貌。借助这种方法，Cairns 阐明了大肠埃希菌染色体 DNA 是一个环状分子，并以半保留的方式进行复制（图 13-4）。

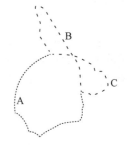

图 13-4 复制中的大肠埃希菌染色体放射自显影图

13.2.2 参与 DNA 复制的酶

DNA 由脱氧核糖核苷酸聚合而成。与 DNA 聚合反应有关的酶包括 DNA 聚合酶、DNA 连接酶、引物酶、解链酶、单链结合蛋白及 DNA 旋转酶等。

13.2.2.1 DNA 的聚合反应和聚合酶

（1）DNA 的聚合反应

在有适量 DNA 和 Mg^{2+} 存在时，DNA 聚合酶能催化 4 种脱氧核糖核苷三磷酸（dATP、dGTP、dCTP 及 dTTP）合成 DNA，所合成的 DNA 具有与天然 DNA 同样的化学结构和物理化学性质。在 DNA 聚合酶催化的 DNA 链延长反应中，DNA 链的游离 3′-OH 对进入的脱氧核糖核苷三磷酸 α-磷原子发生亲核攻击，从而形成 3′,5′-磷酸二酯键，并脱下焦磷酸（图 13-5）。形成磷酸二酯键所需要的能量来自 α-与 β-磷酸基之间高能键的裂解。聚合反应是可逆的，但随后焦磷酸的水解可推动反应的完成。DNA 链由 5′向 3′方向延长。DNA 聚合酶只能催化脱氧核糖核苷酸加到已有核酸链的游离 3′-OH 上，而不能使脱氧核糖核苷酸自身发生聚合，即 DNA 聚合酶需要引物链（primer strand）的存在。

此外，DNA 聚合酶催化的反应按模板的指令（instruction）进行。只有当进入的核苷酸碱基能与模板链的碱基形成 Watson-Crick 类型的碱基对时，才能在该酶催化下形成磷酸二酯键。因此，DNA 聚合酶是一种模板指导的酶。

综上所述，DNA 聚合酶的反应特点为：①以 4 种脱氧核糖核苷三磷酸作底物；②反应需要接受模板的指导；③反应需要有引物 3′-OH 存在；④DNA 链的延长方向为 5′→3′；⑤产物 DNA 的性质与模板相同。这就表明了 DNA 聚合酶合成的产物是模板的复制物。

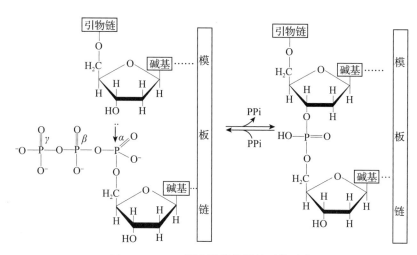

图 13-5　DNA 聚合酶催化的链延长反应

（2）大肠埃希菌 DNA 聚合酶

大肠埃希菌中共含有 5 种不同的 DNA 聚合酶，分别称为 DNA 聚合酶 Ⅰ、Ⅱ、Ⅲ、Ⅳ和 Ⅴ。

①DNA 聚合酶 Ⅰ　是一个多功能酶。它可以催化以下的反应：

a. 以单链 DNA 作为模板，4 种脱氧核苷三磷酸作为底物，与模板 DNA 链互补的一段具有 3′-OH 末端的低聚脱氧核苷酸为引物，按照 5′→3′方向（DNA 聚合酶活性）合成与模板 DNA 链互补的 DNA 链。此外，反应需要 Mg^{2+} 和 Mn^{2+}。

b. 由 3′端水解 DNA 链（3′→5′核酸外切酶活性）。

c. 由 5′端水解 DNA 链（5′→3′核酸外切酶活性）。

d. 由 3′端使 DNA 链发生焦磷酸解。

e. 无机焦磷酸盐与脱氧核糖核苷三磷酸之间的焦磷酸基交换。焦磷酸解是聚合反应的逆反应，焦磷酸交换反应则是由前两个反应连续重复多次引起的。

因此，DNA 聚合酶 Ⅰ 兼有聚合酶、3′→5′核酸外切酶和 5′→3′核酸外切酶的活性，且 DNA 聚合酶 Ⅰ 的 5′→3′核酸外切酶活性只作用于双链 DNA 的碱基配对部分，从 5′末端水解下核苷酸或寡核苷酸。

②DNA 聚合酶 Ⅱ 和 Ⅲ　均具有 5′→3′DNA 聚合酶活性，催化反应所需要的条件也与 DNA 聚合酶 Ⅰ 基本相同，只是所需引物为 RNA。另外，DNA 聚合酶 Ⅱ 和 Ⅲ 均具有 3′→5′核酸外切活力，无 5′→3′外切酶活力。DNA 聚合酶 Ⅱ 不是复制酶，而是一种修复酶。

DNA 聚合酶 Ⅲ 是由多个亚基组成的蛋白质，是大肠埃希菌细胞内真正负责重新合成 DNA 的复制酶（replicase）。

③DNA 聚合酶 Ⅳ 和 Ⅴ　于 1999 年被发现。在 DNA 受到较严重损伤时，可诱导产生这两个酶。它们涉及 DNA 的易错修复（error-prone repair）。虽然其修复缺乏准确性（accuracy），出现高突变率，致使许多细胞死亡，但至少可以克服复制障碍，使某些突变的细胞得以存活。

13.2.2.2　DNA 连接酶

DNA 连接酶（DNA ligase）催化双链 DNA 切口处的 5′-磷酸基和 3′-OH 生成磷酸二酯键。但不能将两条游离的 DNA 链连接起来。该酶催化的连接反应需要供给能量。大肠埃希菌和其他细菌的 DNA 连接酶以 NAD^+ 作为能量来源，动物细胞和噬菌体的连接酶则以 ATP 作为能量来源（图 13-6）。

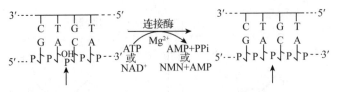

图 13-6　DNA 连接酶催化的反应

13.2.2.3　引物酶

引物酶又称引发酶。细胞内的 DNA 复制需要引物，引物酶可合成 6~10 个碱基的 RNA 引物，提供游离 $3'-OH$，DNA 聚合酶再催化 dNTP 加到引物的 $3'-OH$ 端。

13.2.2.4　解链酶

解链酶将 DNA 两条链解开，解链酶沿着模板链的 $5'→3'$ 方向随着复制叉的前进而移动，它能通过水解 ATP 获得能量，以解开双链 DNA。

13.2.2.5　单链结合蛋白

复制叉上的解链酶沿双链 DNA 前进，产生单链区。大量的单链结合蛋白(single-stranded binding protein，SSB)与单链区结合，阻止复性和保护单链 DNA 不被核酸酶降解。SSB 以四聚体的形式存在于复制叉处，待单链复制后才脱下来，重新循环。SSB 只保持单链的存在，不起解旋作用。

13.2.2.6　DNA 旋转酶

DNA 旋转酶属拓扑异构酶，可引入负超螺旋，消除复制叉前进时带来的扭曲张力。拓扑异构酶分两类：拓扑异构酶Ⅰ和拓扑异构酶Ⅱ，广泛存在于原核生物和真核生物中。拓扑异构酶Ⅰ使 DNA 的一条链发生断裂和再连接，反应无须供给能量，主要集中在活性转录区，与转录有关。拓扑异构酶Ⅱ使 DNA 的两条链同时断裂和再连接，当它引入超螺旋时需要由 ATP 供给能量。它主要分布在染色质骨架蛋白和核基质部分，与复制有关。

13.2.3　DNA 复制的过程

13.2.3.1　DNA 的复制起点和复制方式

(1)DNA 的复制起点

基因组能独立进行复制的单位称为复制子(replicon)。每个复制子都含有控制复制起始的起点(origin)。复制是在起始阶段进行控制，一旦复制开始，它即继续下去，直到整个复制子完成复制或复制受阻。

原核生物的染色体和质粒、真核生物的细胞器 DNA 都是环状双链分子。它们都在一个固定的起点开始复制，复制方向大多是双向的(bidirectional)，即形成两个复制叉(replication fork)或生长点(growing point)，分别向两侧进行复制；也有一些是单向的(unidirectional)，只形成一个复制叉或生长点(图 13-7)。通常复制是对称的，两条链同时进行复制；有些则是不对称的，一条链复制后再进行另一条链的复制。DNA 在复制叉处两条链解开，各自合成其互补链，在电子显微镜下可以看到形如眼的结构，环状 DNA 的复制眼形成希腊字母 θ 形结构(图 13-8)。

真核生物染色体 DNA 是线性双链分子，含有许多复制起点，因此是多复制子(multireplicon)。病毒 DNA 有多种多样，或是环状分子，或是线性分子，或是双链，或是单链。每一个病毒基因组 DNA 分子是一个复制子，它们的复制方式也多种多样：双向的或单向的；对称的或不对称的。有些病毒线性 DNA 分子在侵入细胞后可转变成环状分子，而另一些线性 DNA 分子的复制起点在末端。

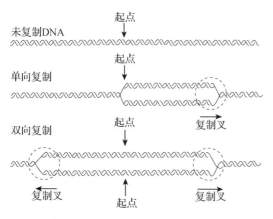

图 13-7　DNA 的双向或单向复制

图 13-8　环状 DNA 的复制眼形成 θ 结构

（2）DNA 的半不连续复制

在生物体内，DNA 的两条链都能作为模板，同时合成出两条新的互补链。DNA 分子的两条链反向平行，一条链的走向为 5′→3′，另一条链是 3′→5′。但已知 DNA 聚合酶的合成方向都是 5′→3′，而不是 3′→5′。这就很难理解，DNA 在复制时两条链如何能够同时作为模板合成其互补链。为了解决这个矛盾，日本学者冈崎等提出了 DNA 的不连续复制模型，认为 3′→5′ 走向合成的 DNA 实际上是由许多 5′→3′ 方向的 DNA 片段连接起来的（图 13-9）。

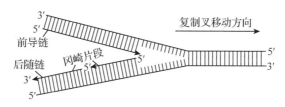

图 13-9　DNA 的一条链以不连续方式合成

1968 年，冈崎等用 ^{3}H-脱氧胸苷标记噬菌体 T4 感染的大肠埃希菌，然后通过碱性密度梯度离心法分离标记的 DNA 产物，发现短时间内首先合成的是较短的 DNA 片段，接着出现较大的分子，最初出现的 DNA 片段长度约为 1 000 个核苷酸，一般称为冈崎片段（Okazaki fragment）。之后的研究进一步证明，DNA 的不连续合成不只限于细菌，真核生物染色体 DNA 的复制也是如此。细菌的冈崎片段长度为 1 000~2 000 个核苷酸，相当于一个顺反子（cistron），即基因的大小；真核生物的冈崎片段长度为 100~200 个核苷酸，相当于一个核小体 DNA 的大小。冈崎等最初的实验不能判断 DNA 链的不连续合成只发生在一条链上，还是两条链都如此。他们对冈崎片段进行测定，结果测得的数量远超过新合成 DNA 的一半，似乎两条链都是不连续的。后来发现这是由于尿嘧啶取代胸腺嘧啶掺入 DNA 所造成的假象。DNA 中的尿嘧啶可被尿嘧啶-DNA-糖苷酶（uracil-DNA-glycosidase）切除，随后该处的磷酸二酯键断裂，在此过程中也会产生一些类似冈崎片段的 DNA 片段。用缺乏糖苷酶的大肠埃希菌变异株（ung⁻）进行实验时，DNA 的尿嘧啶将不再被切除，新合成 DNA 大约有一半放射性标记出现于冈崎片段中，另一半直接进入长的 DNA 链。由此可见，当 DNA 复制时，一条链是连续的，另一条链是不连续的，因此称为半不连续复制（semidiscontinuous replication）。

以复制叉向前移动的方向为标准，一条模板链是 3′→5′ 走向，在其上 DNA 能以 5′→3′ 方向连续合成，称为前导链（leading strand）；另一条模板链是 5′→3′ 走向，在其上 DNA 也是从 5′→

3'方向合成，但是与复制叉移动的方向正好相反，所以随着复制叉的移动，形成许多不连续的片段，最后连成一条完整的 DNA 链，该链称为后随链(lagging strand)。

用大肠埃希菌提取液进行 DNA 合成实验表明，冈崎片段的合成除需要 4 种脱氧核糖核苷三磷酸外，还需要 4 种核糖核苷三磷酸(ATP、GTP、CTP 和 UTP)。此外，冈崎片段的合成需要 RNA 引物。RNA 引物是在 DNA 模板链的一定部位合成，并互补于 DNA 链，合成方向也是5'→3'，催化该反应的酶称为引物(合成)酶(primase)，又称引发酶。引物的长度通常为几个核苷酸至十多个核苷酸，DNA 聚合酶Ⅲ可在其上聚合脱氧核糖核苷酸，直至完成冈崎片段的合成。RNA 引物的消除和缺口的填补是由 DNA 聚合酶Ⅰ来完成的。最后由 DNA 连接酶将冈崎片段连成长链。

13.2.3.2　DNA 的复制过程与复制体变化

大肠埃希菌染色体 DNA 的复制过程可分为 3 个阶段：起始、延伸和终止。其间的反应和参与的酶与辅助因子各有不同。在 DNA 合成的生长点(growth point)即复制叉上，分布着各种各样与复制有关的酶和蛋白质因子，它们构成的多蛋白复合体称为复制体(replisome)。DNA 复制的阶段表现在其复制体结构的变化。

(1)复制的起始

大肠埃希菌的复制起点称为 oriC，由 245 个 bp 构成，其序列和控制元件在细菌复制起点中十分保守。关键序列在于两组短的重复：3 个 13 bp 的序列和 4 个 9 bp 序列(图 13-10)。

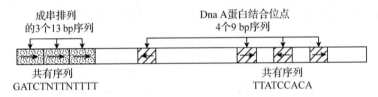

图 13-10　大肠埃希菌复制起点成串排列的重复序列

复制起点上 4 个 9 bp 重复序列为 Dna A 蛋白的结合位点，约 20~40 个 Dna A 蛋白各带一个 ATP 结合在此位点上，并聚集在一起，DNA 缠绕其上，形成起始复合物(initial complex)。HU 蛋白是细菌的类组蛋白，可与 DNA 结合，促使双链 DNA 弯曲。受其影响，邻近 3 个成串富含 AT 的 13 bp 序列被变性，成为开链复合物(open complex)，所需能量由 ATP 供给。Dna B (解旋酶)六聚体随即在 Dna C 帮助下结合于解链区(unwound region)，借助水解 ATP 产生的能量沿 DNA 链 5'→3'方向移动，解开 DNA 的双链，此时构成前引发复合物(prepriming complex)。DNA 双链的解开还需要 DNA 旋转酶(拓扑异构酶Ⅱ)和 SSB。前者可消除解旋酶产生的拓扑张力，后者保护单链并防止恢复双链。复制的起始要求 DNA 呈负超螺旋，并且起点附近的基因处于转录状态。这是因为 Dna A 只能与负超螺旋的 DNA 相结合。

(2)复制的延伸

复制的延伸阶段同时进行前导链和后随链的合成。这两条链合成的基本反应相同，并且都由 DNA 聚合酶Ⅲ催化。但两条链的合成也有差别，前者持续合成，后者分段合成，因此参与的蛋白质因子也有不同。复制起点解开后形成两个复制叉，即可进行双向复制。前导链的合成通常是连续进行的。先由引物酶(Dna G 蛋白)在起点处合成一段 RNA 引物，该引物一般比冈崎片段的引物略长一些，约为 10~60 个核苷酸。随后 DNA 聚合酶Ⅲ在引物上加入脱氧核糖核苷酸。前导链的合成与复制叉的移动保持同步。

后随链的合成是分段进行的，需要不断合成冈崎片段的 RNA 引物，然后由 DNA 聚合酶Ⅲ加入脱氧核糖核苷酸。后随链合成的复杂性在于如何保持它与前导链合成的协调一致。由于

DNA 的两条互补链方向相反，为使后随链能与前导链被同一个 DNA 聚合酶Ⅲ的不对称二聚体所合成，后随链必须绕成一个突环(loop)。合成冈崎片段需要 DNA 聚合酶Ⅲ不断与模板脱开，然后在新的位置又与模板结合。

（3）复制的终止

两个复制叉在终止区相遇而停止复制，复制体解体，其间仍有 50~100 bp 未被复制。其后两条亲代链解开，通过修复方式填补空缺。此时两环状染色体互相缠绕，成为连锁体(catenane)。此连锁体在细胞分裂前必须解开，否则将导致细胞分裂失败，细胞可能因此死亡。大肠埃希菌分开连锁环需要拓扑异构酶Ⅳ（属于拓扑异构酶Ⅱ）的参与。该酶每次催化可以使 DNA 两链断开和再连接，因而使两个连锁的闭环双链 DNA 彼此解开。

13.2.3.3 真核生物 DNA 的复制

真核生物染色体有多个复制起点。酵母的复制起点称为自主复制序列(autonomously replicating sequence，ARS)或复制基因(replicator)。其 ARS 元件大约为 150 bp，含有几个基本的保守序列。单倍体酵母有 16 个染色体，其基因组约有 400 个复制基因。在复制起点上有一个由 6 个蛋白质组成、相对分子质量约为 400 000 的起点识别复合物(origin recognition complex，ORC)。它与 DNA 的结合需要 ATP。

真核生物 DNA 的复制速度比原核生物慢。细菌 DNA 复制叉的移动速度为 50 000 bp/min，哺乳动物复制叉移动速度实际仅 1 000~3 000 bp/min，相差约 20~50 倍，然而哺乳动物的复制子只有细菌的几十分之一，所以从每个复制单位而言，复制所需时间在同一数量级。真核生物与原核生物染色体 DNA 的复制还有一个明显的区别：真核生物染色体在全部复制完成之前，起点不再重新开始复制；而在快速生长的原核生物中，起点可以不断重新发动复制。真核生物在快速生长时，往往采用更多的复制起点。例如，黑腹果蝇的早期胚胎细胞中相邻两复制起点的平均距离为 7.9 kb，培养的成体细胞中复制起点的平均距离为 40 kb，说明成体细胞只利用一部分复制起点。

真核生物有多种 DNA 聚合酶。从哺乳动物细胞中分出的 DNA 聚合酶多达 15 种，主要有 5 种，分别以 α、β、γ、δ、ε 来命名。它们的性质列于表 13-1 中。真核生物 DNA 聚合酶和细菌 DNA 聚合酶的基本性质相同，均以 4 种脱氧核糖核苷三磷酸为底物，需 Mg^{2+} 激活，聚合时必须有模板和引物 3′-OH 存在，链的延伸方向为 5′→3′。

表 13-1 哺乳动物的 DNA 聚合酶 *

	DNA 聚合酶 α（Ⅰ）	DNA 聚合酶 β（Ⅳ）	DNA 聚合酶 γ（M）	DNA 聚合酶 δ（Ⅲ）	DNA 聚合酶 ε（Ⅱ）
定位	细胞核	细胞核	线粒体	细胞核	细胞核
亚基数目	4	1	2	4	4
外切酶活性	无	无	3′→5′外切酶	3′→5′外切酶	3′→5′外切酶
引物合成酶活性	有	无	无	无	无
功能	引物合成	修复	线粒体 DNA 复制和修复	核 DNA 复制和修复	核 DNA 复制和修复

注：*酵母相应 DNA 聚合酶以括号内罗马数字和 M 表示。

13.2.4 DNA 的损伤与修复

DNA 在复制过程中可能产生错配。DNA 重组、病毒基因的整合，更常常会局部破坏 DNA 的双螺旋结构。某些物理化学因子，如紫外线、电离辐射和化学诱变剂等也能作用于 DNA，破坏 DNA 的碱基、糖或磷酸二酯键。然而在一定条件下，生物体能使其 DNA 的损伤得到修复。

目前已知细胞对 DNA 损伤的修复系统有 5 种：错配修复(mismatch repair)、直接修复(direct repair)、切除修复(excision repair)、重组修复(recombination repair)及易错修复(error-prone repair)。

13.2.4.1　错配修复

DNA 的错配修复需分辨新旧链，否则如果模板链被校正，错配就会被固定。细菌借助半甲基化 DNA 区分"旧"链和"新"链。Dam 甲基化酶可使 DNA 的 GATC 序列中腺嘌呤 N6 甲基化。复制后 DNA 在短期内(数分钟)保持半甲基化的 GATC 序列，一旦发现错配碱基，即将未甲基化链的一段核苷酸切除，并以甲基化链为模板进行修复合成。

大肠埃希菌参与错配修复的蛋白质至少有 12 种。其中几个特有的蛋白质由 *mut* 基因编码。Mut S 二聚体识别并结合到 DNA 的错配碱基部位，Mut L 二聚体与之结合。二者组成的复合物可沿 DNA 双链向前移动，DNA 由此形成突环，水解 ATP 提供所需能量，直至遇到 GATC 序列为止。随后 Mut H 核酸内切酶结合到 Mut SL 上，并在未甲基化链 GATC 位点的 5′端切开。如果切开处位于错配碱基的 3′侧，由核酸外切酶Ⅰ或核酸外切酶 X 沿 3′→5′方向切除核酸链；如果切开处位于 5′侧，由核酸外切酶Ⅶ或 Rec J 核酸外切酶沿 5′→3′方向切除核酸链。在此切除链的过程中，解旋酶Ⅱ和 SSB 帮助链的解开。切除的链可长达 1 000 个核苷酸以上，直到将错配碱基切除。新的 DNA 链由 DNA 聚合酶Ⅲ和 DNA 连接酶合成并连接。

真核生物的 DNA 错配修复机制与原核生物相似，也存在 Mut S 和 Mut L 同源的蛋白质，分别称为 MSH(Mut S homolog)和 MLH(Mut L homolog)。但是，真核生物没有 Mut H 的同源物，并且不靠半甲基化的 GATC 来区别"旧"链和"新"链。最近的研究表明，人的 Mut S 类似物(MSH)可与复制体的滑动夹子相互作用，推测它可紧附其上，随着复制过程检查错配。后随链冈崎片段间的断开处就相当于 Mut H 的切口，由外切酶自此逐个切下核苷酸，直至切除错配碱基。前导链则能自 3′端生长点切除核苷酸，然后由聚合酶和连接酶填补缺口。这就是说真核生物是在 DNA 复制过程中进行错配修复，一旦发现错配即重新合成的链上加以切除。

13.2.4.2　直接修复

紫外线照射可以使 DNA 分子中同一条链两相邻胸腺嘧啶碱基之间形成二聚体(TT)。其他嘧啶碱基之间也能形成类似的二聚体(CT、CC)，但数量较少。

胸腺嘧啶二聚体的形成和修复机制研究得最多，也最清楚。其常见的修复方式包括光复活修复(photo reactivation repair)和暗修复(dark repair)。光复活修复机制是可见光(最有效波长为 400 nm 左右)激活了光复活酶(photo reactivating enzyme)，它能分解由于紫外线照射而形成的嘧啶二聚体(图 13-11)。

光复活作用是一种高度专一的直接修复方式。它只作用于紫外线引起的 DNA 嘧啶二聚体。光复活酶在生物界分布很广，从低等单细胞生物一直到鸟类都有，而高等的哺乳动物却没有。高等动物更重要的是暗修复，即切除含嘧啶二聚体的核酸链，再修复合成。

13.2.4.3　切除修复

所谓切除修复指在一系列酶的作用下，将 DNA 分子中受损伤部分切除掉，并以完整的那一条链为模板，合成出切去的部分，使 DNA 恢复正常结构的过程。这是比较普遍的修复机制，它对多种损伤均能起修复作用。

切除修复包括两个过程：一是由细胞内特异的酶找到 DNA 的损伤部位，切除含有损伤结构的核酸链；二是修复合成并连接。过程总结如图 13-12 所示。

DNA 切除碱基的部位为无嘌呤(apurinic)或无嘧啶位点(apyrimidinic site)，简称 AP 位点。一旦 AP 位点形成后，即有 AP 核酸内切酶在 AP 位点附近将 DNA 链切开。不同 AP 核酸内切酶的作用方式不同，或在 5′侧切开，或在 3′侧切开。然后核酸外切酶将包括 AP 位点在内的 DNA

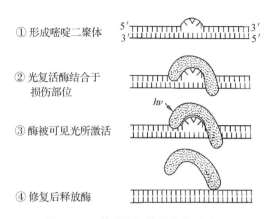

① 形成嘧啶二聚体

② 光复活酶结合于
损伤部位

③ 酶被可见光所激活

④ 修复后释放酶

图 13-11 紫外线损伤的光复活过程

链切除。DNA 聚合酶 I 兼有聚合酶和外切酶活性，它使 DNA 链 3′端延伸以填补空缺，而后由 DNA 连接酶将链连上。

通常只有单个碱基缺陷才以碱基切除修复(base-excision repair)方式进行修复。如果 DNA 损伤造成 DNA 螺旋结构较大变形，则需要以核苷酸切除修复(nucleotide-excision repair)方式进行修复。损伤链由切除酶(excinuclease)切除。它是一种核酸内切酶，但在链的损伤部位两侧同时切开。该酶由多个亚基组成。大肠埃希菌 ABC 切除酶包括 3 种亚基：Uvr A(相对分子质量 104 000)、Uvr B(相对分子质量 78 000)和 Uvr C(相对分子质量 68 000)。由 Uvr A 和 Uvr B 蛋白组成复合物(AB)，寻找并结合在损伤部位。Uvr A 二聚体随即解离(此步需要 ATP)，留下 Uvr B 与 DNA 牢固结合。然后 Uvr C 蛋白结合到 Uvr B 上，Uvr B 切开损伤部位 3′侧距离 3～4 个核苷酸的磷酸二酯键，Uvr C 切开 5′侧 7 个核苷酸磷酸二酯键。结果 12～13 个核苷酸片段 (决定于损伤碱基是 1 个还是 2 个)在 Uvr D 解旋酶帮助下被除去，空缺由 DNA 聚合酶 I 和 DNA 连接酶填补。

切除酶可以识别许多种 DNA 损伤，包括紫外线引起的嘧啶二聚体、碱基的加合物(如 DNA 暴露于烟雾中形成的苯并芘鸟嘌呤)和其他各种反应物等。真核生物具有功能上类似的切除酶，但在亚基结构上与原核生物并不相同。切除修复过程发生在 DNA 复制之前的，称为复制前修复。

13.2.4.4 重组修复

DNA 发动复制时，尚未修复的损伤部位也可以先复制，再修复。例如，含有嘧啶二聚体、烷基化交联和其他结构损伤的 DNA，仍然可以进行复制。当复制酶系在损伤部位无法通过碱基配对合成子代 DNA 链时，它就跳过损伤部位，在下一个冈崎片段的起始位置或前导链的相应位置上重新合成引物和 DNA 链，结果子代链在损伤相对应处留下缺口。这种遗传信息有缺损的子代 DNA 分子可通过遗传重组而加以弥补，即从同源 DNA 的母链上将相应核苷酸序列片段移至子链缺口处，然后用再合成的序列来补上母链的空缺(图 13-13)。此过程称为重组修复，因为发生在复制之后，又称为复制后修复(post-replication repair)。

在重组修复过程中，DNA 链的损伤并未除去。在进行第二轮复制时，留在母链上的损伤仍会给复制带来困难，复制经过损伤部位时所产生的缺口还需通过同样的重组过程来弥补，直至损伤被切除修复所消除。但是，随着复制的不断进行，若干代后，即使损伤始终未从亲代链中除去，而在后代细胞群中也已被稀释，实际上消除了损伤对群体的影响。

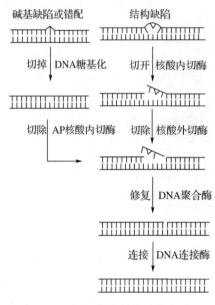

图 13-12　DNA 损伤的切除修复过程

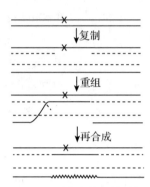

图 13-13　重组修复的过程

×表示 DNA 链受损伤的部位；虚线表示通过复制新合成的
DNA 链；锯齿线表示重组后缺口处再合成的 DNA 链

13.2.4.5　应急反应和易错修复

许多能造成 DNA 损伤或抑制复制的因素均能应急产生一系列复杂的诱导效应，称为应急反应(SOS response)。SOS 反应包括诱导 DNA 损伤修复、诱变效应、细胞分裂的抑制及溶原性细菌释放噬菌体等。

SOS 反应诱导的修复系统包括避免差错的修复(error-free repair，又称免错修复或无差错修复)和易错修复(error-prone repair)两类。错配修复、直接修复、切除修复及重组修复能够识别 DNA 的损伤或错配碱基而加以消除，在它们的修复过程中并不引入错配碱基，因此属于避免差错的修复。而 SOS 反应还能诱导产生缺乏校对功能的 DNA 聚合酶(Ⅳ和Ⅴ)，它们不具有 3′核酸外切酶校正功能，可在 DNA 链的损伤部位引入任意核苷酸，也能跨越损伤进行 DNA 合成(translesion synthesis，TLS)。在此情况下，允许错配可增加存活的机会，但却带来了高的变异率，这种修复就是所谓的易错修复。

13.2.5　依赖 RNA 的 DNA 合成

以 RNA 为模板，按照 RNA 中的核苷酸序列合成 DNA，这与通常转录过程中遗传信息流从 DNA 到 RNA 的方向相反，故称为逆转录(reverse transcription)。催化逆转录反应的酶最初是在致癌 RNA 病毒中发现的。

13.2.5.1　逆转录酶

逆转录酶催化的 DNA 合成反应以 4 种脱氧核苷三磷酸作为底物，需要模板和引物，此外还需要适当浓度的二价阳离子(Mg^{2+} 和 Mn^{2+})和还原剂(以保护酶蛋白中的巯基)，DNA 链的延长方向为 5′→3′。这些性质都与 DNA 聚合酶相类似。当以其自身病毒 RNA 作为模板时，该酶表现出最大的逆转录活力。带有适当引物的任何种类 RNA 都能作为合成 DNA 的模板。引物既可以是寡聚脱氧核糖核苷酸，也可以是寡聚核糖核苷酸，但必须与模板互补，并且具有游离3′-OH 末端，其长度至少有 4 个核苷酸。

逆转录酶是一种多功能酶，它兼有 3 种酶的活力。①它可以利用 RNA 作模板，在其上合成出一条互补的 DNA 链，形成 RNA-DNA 杂合分子（RNA 指导的 DNA 聚合酶活力）；②它还可以在新合成的 DNA 链上合成另一条互补 DNA 链，形成双链 DNA 分子（DNA 指导的 DNA 聚合酶活力）；③除了聚合酶活力外，它还有核糖核酸酶 H 的活力，专门水解 RNA-DNA 杂合分子中的 RNA。

13.2.5.2　逆转录的过程

逆转录病毒的生活周期十分复杂（图 13-14）。其借助表面蛋白和跨膜蛋白与宿主细胞相融合，所携带的基因组 RNA、逆转录及整合所需要的引物（tRNA）和酶（逆转录酶、整合酶）得以进入宿主细胞。在细胞质内病毒 RNA 逆转录成 cDNA，进入细胞核，并整合到宿主染色体 DNA 内，成为前病毒（provirus）。前病毒可随宿主染色体 DNA 一起复制和转录，只有整合后的前病毒 DNA 转录的 mRNA，才能翻译产生病毒蛋白质，刚进入细胞的病毒 RNA 是无翻译活性的。由此可见，在逆转录病毒生活周期中最关键的是逆转录过程。

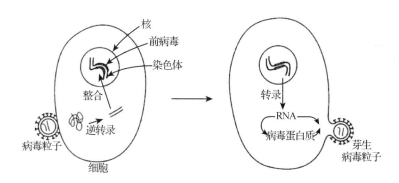

图 13-14　逆转录病毒的生活周期

逆转录过程可分为 10 步反应，其中需要经过逆转录酶两次转换模板（或称为两次跳跃）。第一步，由结合在靠近 5′端引物结合位点（primer-binding site，PBS）的 tRNA 作为引物，在逆转录酶作用下合成 U5（unique to the 5′end）和 R（repeat）区的互补序列。第二步，由逆转录酶的 RNase H 将模板 RNA 的 U5 和 R 区水解掉。第三步，新合成的（-）链 DNA 3′端 R 区与模板 RNA 3′端的 R 区配对，这是第一次逆转录酶转换模板（跳跃）。第四步，（-）链 DNA 继续延长。第五步，模板 RNA 的 U3（unique to the 3′end）、R 和 poly(A)$_n$ 被水解掉，5′端也开始被水解，保留 3′端附近的多聚嘌呤片段（poly purinetract，PPT）作为合成（+）链 DNA 的引物。第六步，（+）链 DNA 开始合成。第七步，引物 tRNA 被降解掉。第八步，（+）链 DNA 与（-）链 DNA 在 PBS 位点处配对，酶第二次转换模板（跳跃）。第九步，继续合成双链 DNA。第十步，两末端序列重复合成形成长末端重复序列（long terminal repeat，LTR）。

13.3　RNA 的生物合成

储存于 DNA 中的遗传信息需通过转录和翻译而得到表达。在转录过程中，RNA 聚合酶以 DNA 的一条链作为模板，通过碱基配对的方式合成出与模板链互补的 RNA。最初转录的 RNA 产物通常都需要经过一系列加工和修饰才能成为成熟的 RNA 分子。RNA 所携带的遗传信息也可以用于指导 RNA 的合成，即 RNA 复制。

13.3.1　RNA 聚合酶

1960—1961 年，由微生物和动物细胞中分别分离得到 DNA 指导的 RNA 聚合酶(DNA-directed RNA polymerase)。该酶需要以 4 种核糖核苷三磷酸(NTP)作为底物，DNA 作为模板，且 Mg^{2+} 能促进聚合反应。RNA 链的合成方向也是 $5'\rightarrow3'$，第一个核苷酸带有 3 个磷酸基，其后每加入一个核苷酸脱去一个焦磷酸，形成磷酸二酯键，反应是可逆的，但焦磷酸的分解可推动反应趋向聚合。与 DNA 聚合酶不同，RNA 聚合酶无需引物，它能直接在模板上合成 RNA 链。此外，在体外 RNA 聚合酶能使 DNA 的两条链同时进行转录；但在体内 DNA 两条链中仅有一条链可用于转录，或者某些区域以这条链转录，另一些区域以另一条链转录。

13.3.1.1　原核生物的 RNA 聚合酶

大肠埃希菌的 RNA 聚合酶全酶(holoenzyme)相对分子质量 465 000，由 5 个亚基($\alpha_2\beta\beta'\sigma$)组成，还含有两个金属离子，它们与 β' 亚基相结合。没有 σ 亚基的酶($\alpha_2\beta\beta'$)叫作核心酶(core enzyme)。核心酶只能使已开始合成的 RNA 链延长，但不具有起始合成 RNA 的能力。这就是说，在开始合成 RNA 链时必须有 σ 亚基参与作用，因此称 σ 亚基为起始亚基。

σ 因子(σ 亚基)的功能在于引导 RNA 聚合酶稳定地结合到 DNA 启动子上。单独核心酶也能与 DNA 结合。β' 亚基是一碱性蛋白，与酸性 DNA 之间可借静电引力结合。β 亚基则借疏水相互作用与 DNA 结合，但此种结合与 DNA 的特殊序列无关，DNA 仍保持其双链形式。当 σ 因子与核心酶结合后，与 DNA 一般序列的结合常数为 10^5，而与 DNA 启动子的结合常数达到 10^{12}。

RNA 聚合酶全酶可通过扩散与 DNA 任意部位结合，这种结合是疏松的，并且是可逆的。RNA 聚合酶全酶不断改变与 DNA 的结合部位，直到遇上启动子序列，随即由疏松结合转变为牢固结合，并且 DNA 双链被局部解开。但 RNA 聚合酶的校对作用十分有限。

13.3.1.2　真核生物的 RNA 聚合酶

真核生物 RNA 聚合酶主要有 3 类，分别为 RNA 聚合酶 Ⅰ、RNA 聚合酶 Ⅱ 和 RNA 聚合酶 Ⅲ。它们的相对分子质量大致在 500 000 左右，通常有 10~15 个亚基，并含有二价金属离子。原核生物 RNA 聚合酶的亚基(除 σ 亚基)在真核生物的 RNA 聚合酶中都有其对应物。

真核生物 RNA 聚合酶 Ⅰ 转录 45S rRNA 前体，经转录后加工产生 5.8S rRNA、18S rRNA 和 28S rRNA。RNA 聚合酶 Ⅱ 转录所有 mRNA 前体和大多数核内小 RNA(small nuclear RNA，snRNA)。RNA 聚合酶 Ⅲ 转录 tRNA、5S rRNA、U6 snRNA 和胞质小 RNA(small cytoplasmic RNA，scRNA)等小分子转录物。真核生物 RNA 聚合酶中没有原核生物 RNA 聚合酶的 σ 因子的对应物，必须借助各种转录因子才能选择和结合到启动子上。因此，真核生物转录反应可分为 4 个阶段：装配、起始、延伸和终止。

13.3.2　转录过程

RNA 合成与 DNA 复制非常类似，也需要一个聚合酶执行转录任务，但该聚合酶是 RNA 聚合酶。在整个转录期间，合成的 RNA 链的延伸方向也是 $5'\rightarrow3'$，但 DNA 与 RNA 合成之间存在几个重要的差别：①RNA 是由核糖核苷酸合成的，而不是脱氧核糖核苷酸；②在 RNA 合成中，尿嘧啶取代胸腺嘧啶与腺嘌呤配对；③RNA 的合成不需要一个预先存在的引物；④RNA 合成的选择性非常强，基因组中只有很小的一部分被转录。

转录以 DNA 为模板，但模板只是双链 DNA 中的某一条链。作为模板的链称为模板链(template chain)，也称为反义链(antisense chain)，与此链互补的链称为编码链(coding chain)，也称为有义链(sense chain)。

13.3.2.1 转录的起始

RNA 链的转录起始于 DNA 模板的一个特定位点，并在另一位点终止，此转录区域称为一个转录单位。一个转录单位既可以是一个基因(真核)，也可以是多个基因(原核)。转录的起始由 DNA 的启动子(promoter)控制，终止由 DNA 上的终止子(terminator)控制。

转录起始过程中，RNA 聚合酶的 σ 因子起关键作用。它能识别 DNA 的启动子序列，并引导 RNA 聚合酶迅速地与启动子结合。σ 亚基与 β' 结合时，β' 亚基的构象有利于核心酶与启动子紧密结合。RNA 聚合酶结合到启动子后，DNA 局部解开双螺旋，第一个核苷酸掺入转录起始位点，从此开始 RNA 链的延伸。在新合成的 RNA 链的 5′ 端，通常为带有 3 个磷酸基团的鸟苷或腺苷(pppG 或 pppA)，即合成的第一个底物是 GTP 或 ATP。转录单位的起点核苷酸为+1，转录起点右边为下游(转录区)，用正数表示：+2、+3、+4⋯⋯转录起点左边为上游，用负数表示：−1、−2、−3⋯⋯核心酶覆盖 60 bp 的 DNA 区域，其中解链部分 17 bp 左右，RNA-DNA 杂合链约 12 bp。

13.3.2.2 转录的延伸

转录起始后，σ 亚基释放，离开核心酶，使核心酶的 β' 亚基构象变化，与 DNA 模板的亲和力下降，在 DNA 上移动速度加快，使 RNA 链不断延长。RNA 聚合酶核心酶沿着 5′→3′ 方向进行 RNA 的延伸反应。转录过程中会出现错误，大约每 10 000 个核苷酸就会出现一个错误碱基的插入。因为每个基因可制造出许多转录产物，而且大多数转录产物都小于 10 kb，所以这样的错误率是可以接受的。

13.3.2.3 转录的终止

大肠埃希菌存在两类终止子：一类称为不依赖于 rho(ρ)的终止子，即内在终止子或简单终止子；另一类称为依赖于 rho(ρ)的终止子(图 13-15)。

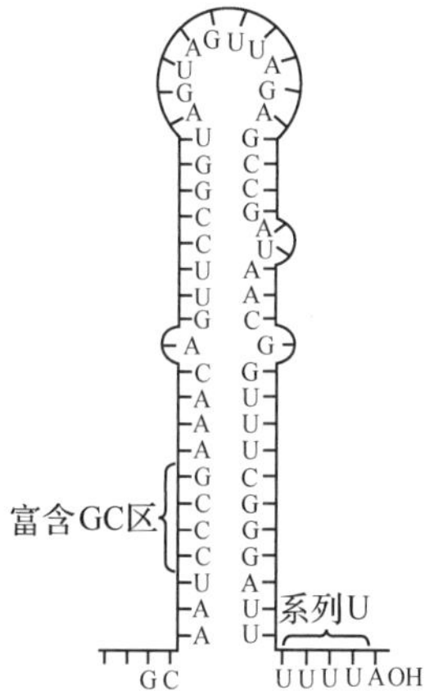

简单终止子回文对称区通常有一段富含 G-C 的序列，在终点前还有一系列 U 核苷酸(约有 6 个)。由 rU-dA 组成的 RNA-DNA 杂交分子具有特别弱的碱基配对结构。当 RNA 聚合酶暂停时，RNA-DNA 杂交分子即在 rU-dA 弱键结合的末端区解开。

依赖于 rho(ρ)的终止子必须在 rho(ρ)因子存在时才发生终止作用。其结构特点是胞苷酸含量高，可能存在短的回文结构，但不含富有 G-C 区，短的回文结构之后也无寡聚 U。依赖于 rho 的终止子在细菌染色体中少见，而在噬菌体中广泛存在。

rho 因子是一种相对分子质量约为 275 000 的六聚体蛋白质，在有 RNA 存在时它能水解腺苷三磷酸，即具有依赖 RNA 的 ATPase 活性。由此推测，rho 结合在新产生的 RNA 链上，借助水解 ATP 获得的能量可推动其沿着 RNA 链移动。当 RNA 聚合酶遇到终止子时发生暂停，使得 rho 追上 RNA 聚合酶，并与其相互作用，RNA 得以释放，同时 RNA 聚合酶与该因子一起从 DNA 上脱落下来。

图 13-15 不依赖于 rho 的终止子

有关真核生物转录的终止信号和终止过程了解甚少。实验表明，RNA 聚合酶Ⅱ的转录产物是在 3′ 末端切断，然后腺苷酸化，而并无终止作用。RNA 聚合酶Ⅰ和 RNA 聚合酶Ⅲ转录产物末端常有连续的 U，有的为 2 个、有的 3 个，甚至 4 个。显然，仅仅连续 U 的本身不足以成为终止信号。很可能 U 序列附近的特殊序列结构在终止反应中起重要作用。

13.3.3 转录后加工

在细胞内,由 RNA 聚合酶合成的原初转录物(primary transcript)往往需要经过一系列的变化,包括 RNA 链的裂解、5′端与 3′端的切除、末端特殊结构的形成、核苷的修饰、糖苷键的改变以及剪接和编辑等加工过程,才能转变为成熟的 RNA 分子。此过程称为 RNA 的成熟或转录后加工(post-transcriptional processing)。

13.3.3.1 原核生物中 RNA 的加工

原核生物的 mRNA 一经转录通常立即进行翻译,除少数例外,一般不进行转录后加工。但 rRNA 和 tRNA 都要经过一系列加工才能成为有活性的分子。rRNA 的基因与某些 tRNA 的基因组成混合操纵子,其余的 tRNA 基因也成簇存在,并与编码蛋白质的基因组成操纵子。它们在形成多顺反子转录物后,经断链成为 rRNA 和 tRNA 的前体,然后进一步加工成熟。

(1)原核生物 rRNA 前体的加工

大肠埃希菌共有 7 个 rRNA 的转录单位。每个转录单位由 16S rRNA、23S rRNA、5S rRNA 以及一个或几个 tRNA 基因所组成。16S rRNA 和 23S rRNA 前体的两侧序列互补,形成茎环结构,经 RNase Ⅲ 识别特定的 RNA 双螺旋区,并于茎部切割,产生 16S 和 23S rRNA 前体 P16 和 P23。5S rRNA 前体 P5 在 RNase E 作用下产生,它可识别 P5 两端形成的茎环结构。P5、P16 和 P23 两端的多余附加序列需进一步由核酸酶切除。可能 rRNA 前体需先经甲基化修饰,再被核酸内切酶和核酸外切酶切割(图 13-16)。不同细菌 rRNA 前体的加工过程并不完全相同,但基本过程类似。

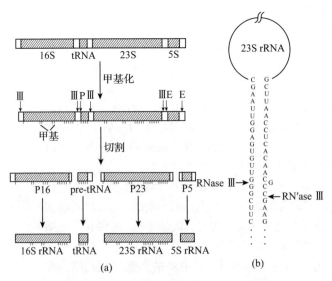

图 13-16 大肠埃希菌 rRNA 前体的加工过程

(a)rRNA 前体先经甲基化修饰,再被核酸内切酶切割;(b)23S rRNA 两端多余附加序列进一步由核酸外切酶切除

此外,原核生物 rRNA 含有多个甲基化修饰成分,包括甲基化碱基和甲基化核糖,尤其常见的是 2′-甲基核糖。16S rRNA 含有约 10 个甲基,23S rRNA 约 20 个甲基,其中 $N^4,2′-O-$二甲基胞苷(m^4Cm)是 16S rRNA 特有的成分。一般 5S rRNA 中无修饰成分,不进行甲基化反应。

(2)原核生物 tRNA 前体的加工

大肠埃希菌染色体基因组共有 tRNA 基因约 60 个。tRNA 的基因大多成簇存在,或与 rRNA 基因,或与编码蛋白质的基因组成混合转录单位。tRNA 前体的加工包括:①由核酸内切酶在

tRNA 两端切断(cutting)；②由核酸外切酶逐个切去多余序列进行修剪(trimming)；③核苷酸的修饰和异构化；④在 tRNA 3′端加上胞苷酸-胞苷酸-腺苷酸(-CCA)。

大肠埃希菌 RNase P 是 tRNA 的 5′端成熟酶。几乎所有大肠埃希菌及其噬菌体 tRNA 前体都是在该酶作用下内切出成熟的 tRNA 5′端。其含有蛋白质和 RNA 两部分。在某些条件下(提高 Mg^{2+}浓度或加入多胺类物质)，RNase P 中的 RNA 单独也能切断 tRNA 前体的 5′端序列。

加工 tRNA 前体 3′端的序列需要另外的核酸内切酶，如 RNase F。它从靠近 tRNA 前体 3′端处进行修剪，直至 tRNA 的 3′端。此外，还需要核酸外切酶 RNase D，这个酶由相对分子质量为 38 000 的单一多肽链所组成，具有严格的选择活性。它识别整个 tRNA 结构，而不是 3′端的特异序列。

所有成熟 tRNA 分子的 3′端都有-CCA 结构，它对于接受氨酰基的活性是必要的。细菌的 tRNA 前体存在两类不同的 3′端序列。一类其自身具有 CCA 三核苷酸，位于成熟 RNA 序列与 3′端附加序列之间，当附加序列被切除后即显露出该末端结构；另一类其自身并无 CCA 序列，当前体切除 3′端附加序列后，必须在 tRNA 核苷酰转移酶(nucleotidyl transferase)催化下由 CTP 和 ATP 供给胞苷酸和腺苷酸，反应式如下：

$$\text{tRNA+CTP} \longrightarrow \text{tRNA-C+PPi}$$
$$\text{tRNA-C+CTP} \longrightarrow \text{tRNA-CC+PPi}$$
$$\text{tRNA-CC+ATP} \longrightarrow \text{tRNA-CCA+PPi}$$

成熟的 tRNA 分子中存在众多的修饰成分，其中包括各种甲基化碱基和假尿嘧啶核苷。tRNA 甲基化酶对碱基及 tRNA 序列均有严格要求，甲基供体一般为 S-腺苷甲硫氨酸(SAM)。tRNA 假尿嘧啶核苷合酶催化尿苷的糖苷键发生移位反应，由尿嘧啶的 N1 变为 C5。细菌 tRNA 前体的加工如图 13-17 所示。

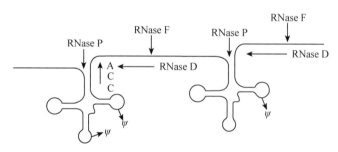

图 13-17　tRNA 前体分子的加工

向下箭头表示核酸内切酶的作用；向左箭头表示核酸外切酶的作用；
向上箭头表示核苷酸转移酶的作用；斜向箭头表示异构化酶的作用

(3)原核生物 mRNA 前体的加工

细菌中用于指导蛋白质合成的 mRNA 大多不需要加工，一经转录即可直接进行翻译。但也有少数多顺反子 mRNA 需通过核酸内切酶切成较小的单位，然后进行翻译。例如，核糖体大亚基蛋白 L10 和 L7/L12 与 RNA 聚合酶 β 和 β'亚基的基因组成混合操纵子，它在转录出多顺反子 mRNA 后，须通过 RNase Ⅲ 将核糖体蛋白质与 RNA 聚合酶亚基的 mRNA 切开，然后各自进行翻译。

13.3.3.2　真核生物中 RNA 的一般加工

真核生物 rRNA 和 tRNA 前体的加工过程与原核生物相似。而 mRNA 前体必须经复杂的加工过程，这与原核生物大不相同。且真核生物大多数基因含有居间序列(intervening sequence)，即内含子(intron)，需在转录后的加工过程中予以切除，并通过剪接(splicing)使编码区成为连续序列。

（1）真核生物 rRNA 前体的加工

真核生物 rRNA 基因成簇排列在一起，由 16S~18S、5.8S 和 26S~28S rRNA 基因组成一个转录单位，彼此被间隔区分开，且由 RNA 聚合酶Ⅰ转录产生一个长的 rRNA 前体。不同生物的 rRNA 前体大小不同。哺乳动物 18S、5.8S 和 28S rRNA 基因转录产生 45S rRNA 前体。果蝇 18S、5.8S 和 28S rRNA 基因的转录产物为 38S rRNA 前体。酵母 17S、5.8S 和 26S rRNA 基因的转录产物为 37S 的 rRNA 前体。

在真核生物中 5S rRNA 基因也是成簇排列的，中间隔以不被转录的区域。它由 RNA 聚合酶Ⅲ转录，经过适当加工即与 28S rRNA 和 5.8S rRNA 以及有关蛋白质一起组成核糖体的大亚基。18S rRNA 与有关蛋白质则组成小亚基。核仁是 rRNA 合成、加工和装配成核糖体的场所。然后它们通过核孔再转移到细胞质中参与核糖体循环。

rRNA 在成熟过程中可被甲基化，主要的甲基化位置也在核糖 2′-羟基上。真核生物 rRNA 的甲基化程度比原核生物 rRNA 的甲基化程度高。真核生物 rRNA 前体的甲基化、假尿苷酸化（pseudouridylation）和切割是由核仁小 RNA（small nucleolar RNA，snoRNA）指导的。

（2）真核生物 tRNA 前体的加工

真核生物 tRNA 基因的数目比原核生物 tRNA 基因的数目要大得多。例如，大肠埃希菌基因组约有 60 个 tRNA 基因，啤酒酵母有 320~400 个，果蝇 850 个，爪蟾 1 150 个，而人体细胞则有 1 300 个。真核生物的 tRNA 基因也成簇排列，并且被间隔区所分开。tRNA 基因由 RNA 聚合酶Ⅲ转录而来，转录产物为 4.5S 或稍大的 tRNA 前体，相当于 100 个左右的核苷酸。成熟的 tRNA 分子为 4S，为 70~80 个核苷酸。前体分子在 tRNA 的 5′端和 3′端都有附加序列，需由核酸内切酶和外切酶加以切除。与原核生物类似，RNase P 可切除 5′端的附加序列，但真核生物 RNase P 中的 RNA 单独并无切割活性。3′端附加序列的切除需要多种核酸内切酶和核酸外切酶的作用。

真核生物 tRNA 前体的 3′端不含 CCA 序列，成熟 tRNA 3′端的 CCA 是后加上去的，由核苷酰转移酶催化，CTP 和 ATP 供给胞苷酰基和腺苷酰基。tRNA 的修饰成分由特异的修饰酶所催化。真核生物的 tRNA 除含有修饰碱基外，还有 2′-O-甲基核糖。具有居间序列的 tRNA 前体还须将这部分序列切掉。

（3）真核生物 mRNA 前体的加工

真核生物的 mRNA 为单顺反子。mRNA 的原初转录物在核内加工过程中形成分子大小不等的中间物，称为核内不均一 RNA（hnRNA），它们在核内迅速合成和降解，半寿期很短，比细胞质 mRNA 更不稳定。由 hnRNA 转变成 mRNA 的加工过程包括：①5′端形成特殊的帽子结构（m7G5′ppp5′NmpNp-）；②在链的 3′端切断并加上多聚腺苷酸（polyA）尾巴；③通过剪接除去内含子序列；④链内部核苷被甲基化。

5′端加帽：真核生物的 mRNA 都有 5′端帽子结构，该特殊结构也存在于 hnRNA 中。原初转录的巨大核内不均一 RNA 分子 5′端为嘌呤核苷三磷酸（pppPu），转录起始后不久从 5′端三磷酸脱去一个磷酸，然后与 GTP 反应生成 5′,5′-三磷酸相连的键，并释放出焦磷酸，最后用 S-腺苷甲硫氨酸（SAM），在鸟嘌呤-7-甲基转移酶和 2′-O-甲基转移酶催化下，分别对鸟嘌呤和起始核苷酸（N1 和 N2）进行甲基化，产生所谓的帽子结构。

5′端帽子的确切功能还不十分清楚，推测它能在翻译过程中被识别以及对 mRNA 起稳定作用。用化学方法除去 m7G 的珠蛋白 mRNA 在麦胚无细胞系统中不能有效地翻译，表明帽子结构对翻译功能是很重要的。

3′末端的产生和多聚腺苷酸化：真核生物 mRNA 的 3′端通常都有 20~200 个腺苷酸残基，构成多聚腺苷酸的尾部结构。核内 hnRNA 的 3′端也有多聚腺苷酸，表明加尾过程早在核内已完成。hnRNA 中的多聚腺苷酸比 mRNA 的略长，平均长度为 150~200 个核苷酸。

实验表明，RNA 聚合酶 II 的转录产物是在 3′端切断，然后多聚腺苷酸化(polyadenylation)。高等真核生物(酵母除外)细胞在靠近 3′端区都有一段非常保守的序列 AAUAAA，这一序列离多聚腺苷酸加入位点的距离不一，大致在 11~30 个核苷酸范围内。一般认为，这一序列为链的切断和多聚腺苷酸化提供了某种信号。

除去多聚腺苷酸尾巴的 mRNA 稳定性较差，可被体内有关酶所降解，翻译效率下降。当 mRNA 由细胞核转移到细胞质中时，其多聚腺苷酸尾部常有不同程度的缩短。由此可见，多聚腺苷酸尾巴至少可以起某种缓冲作用，防止核酸外切酶对 mRNA 信息序列的降解作用。

13.3.3.3　RNA 的剪接、编辑和再编码

大多数真核基因都是断裂基因，但也有少数编码蛋白质的基因以及一些 tRNA 和 rRNA 基因是连续的。断裂基因的转录产物需通过剪接，去除插入部分(即内含子)，使编码区(外显子)成为连续序列。这是基因表达调控的一个重要环节。内含子具有多种多样的结构，剪接机制也是多种多样的。有些内含子可以催化自我剪接(self-splicing)，有些内含子需在剪接体(spliceosome)作用下才能剪接。RNA 编码序列的改变称为编辑(editing)。RNA 编码和读码方式的改变称为再编码(recoding)。由于存在选择性剪接(alterative splicing)、编辑和再编码，一个基因可以产生多种蛋白质。

13.3.4　RNA 的复制

从感染 RNA 病毒的细胞中可以分离出 RNA 复制酶。这种酶以病毒 RNA 作模板，在 4 种核苷三磷酸和 Mg^{2+} 存在时，合成出互补链，最后产生病毒 RNA。用复制产物去感染细胞，能产生正常的病毒。可见，病毒的全部遗传信息，包括合成病毒外壳蛋白质(coat protein)和各种有关酶的信息均储存在被复制的 RNA 之中。

RNA 病毒的种类很多，其复制方式也是多种多样的，归纳起来可以分成以下几类：

(1)病毒含有正链 RNA

脊髓灰质炎病毒(poliovirus)即是这种类型的代表。该病毒是一种小 RNA 病毒(picornavirus)。它感染细胞后，病毒 RNA 即与宿主核糖体结合，产生一条长的多肽链，在宿主蛋白酶的作用下水解成 6 个蛋白质，其中包括 1 个复制酶、4 个外壳蛋白和 1 个功能还不清楚的蛋白质。在形成复制酶后，病毒 RNA 才开始复制。

(2)病毒含有负链 RNA 和复制酶

例如，狂犬病病毒(rabies virus)和马水疱性口炎病毒(vesicular-stomatitis virus)。这类病毒侵入细胞后，借助于病毒带进去的复制酶合成出正链 RNA，再以正链 RNA 为模板，合成病毒蛋白质和复制病毒 RNA。

(3)病毒含有双链 RNA 和复制酶

例如，呼肠孤病毒(reovirus)。这类病毒以双链 RNA 为模板，在病毒复制酶的作用下通过不对称的转录，合成出正链 RNA，并以正链 RNA 为模板翻译成病毒蛋白质。然后合成病毒负链 RNA，形成双链 RNA 分子。

(4)致癌 RNA 病毒

主要包括白血病病毒(leukemia virus)和肉瘤病毒(sarcoma virus)等逆转录病毒。它们的复制需经过 DNA 前病毒阶段，由逆转录酶所催化。

13.4　蛋白质的生物合成

蛋白质的生物合成是遗传信息表达的最终阶段，在细胞代谢中占有十分重要的地位。蛋白

质生物合成在细胞各种生物合成中机制是最复杂的，细胞用于合成蛋白质消耗的能量可占到所有生物合成总能耗的90%。各种细胞需要不断以极高的速度合成新蛋白质以满足代谢需要及对环境的变化。

13.4.1　参与蛋白质生物合成的物质

蛋白质生物合成的过程极其复杂，涉及细胞内4种RNA和几十种蛋白质因子。其合成原料为20种氨基酸，合成场所为核糖体，反应所需能量由ATP和GTP提供。

13.4.1.1　氨基酸和遗传密码

任何一种天然多肽都有其特定的严格的氨基酸序列。而氨基酸的排列次序最终由DNA上核苷酸的排列次序决定，而直接决定多肽上氨基酸次序的却是mRNA。构成mRNA的4种核苷酸编制成遗传密码，翻译20种氨基酸组成具有特定氨基酸序列的多肽。

（1）密码子单位

应用生物化学和遗传学的研究技术，已经充分证明3个碱基编码一个氨基酸，所以称为三联体密码子或密码子（codon）。1965年完全确定了编码20种天然氨基酸的60多组密码子，编出了遗传密码字典（表13-2）。

表 13-2　遗传密码字典

5'-磷酸端的碱基	中间的碱基				3'-OH端的碱基
	U	C	A	G	
U	苯丙氨酸	丝氨酸	酪氨酸	半胱氨酸	U
	苯丙氨酸	丝氨酸	酪氨酸	半胱氨酸	C
	亮氨酸	丝氨酸	终止信号	终止信号	A
	亮氨酸	丝氨酸	终止信号	色氨酸	G
C	亮氨酸	脯氨酸	组氨酸	精氨酸	U
	亮氨酸	脯氨酸	组氨酸	精氨酸	C
	亮氨酸	脯氨酸	谷氨酰胺	精氨酸	A
	亮氨酸	脯氨酸	谷氨酰胺	精氨酸	G
A	异亮氨酸	苏氨酸	天冬酰胺	丝氨酸	U
	异亮氨酸	苏氨酸	天冬酰胺	丝氨酸	C
	异亮氨酸	苏氨酸	赖氨酸	精氨酸	A
	甲硫氨酸和甲酰甲硫氨酸	苏氨酸	赖氨酸	精氨酸	G
G	缬氨酸	丙氨酸	天冬氨酸	甘氨酸	U
	缬氨酸	丙氨酸	天冬氨酸	甘氨酸	C
	缬氨酸	丙氨酸	谷氨酸	甘氨酸	A
	缬氨酸	丙氨酸	谷氨酸	甘氨酸	G

（2）遗传密码的基本特性

①密码子无标点符号　两个密码子之间没有任何起标点符号作用的密码子来加以隔开。若插入或删去一个碱基，就会使这以后的读码发生错误，造成移码突变。

②一般情形下遗传密码不重叠　假设mRNA上的核苷酸序列为ABCDEFGHIJKL……按不重叠规则读码时应读为ABC DEF GHI JKL等，每3个碱基编码一个氨基酸，碱基的使用不发生重复。

③密码子的简并性（degeneracy）　大多数氨基酸都可以具有几组不同的密码子，如UUA、UUG、CUU、CUC、CUA及CUG 6组密码子都编码亮氨酸，这一现象称为密码子的简并。可以

编码相同氨基酸的密码子称为同义密码子(synonym codon)。只有色氨酸及甲硫氨酸有一个密码子。密码子的简并性对生物物种的稳定具有一定意义。

④密码子中第三位碱基具有较小的专一性　密码子的简并性往往只涉及第三位碱基。例如，丙氨酸有 4 组密码子：GCU、GCC、GCA、GCG，前两位碱基都相同，均为 GC，只是第三位不相同。已经证明，密码子的专一性主要由前两位碱基决定，第三位碱基的重要性不大。Crick 对第三位碱基的这一特性给予一个专门的术语，称为"摆动性"。当第三位碱基发生突变时，仍能翻译出正确的氨基酸来，从而使合成的多肽仍具有生物学活力。

⑤不编码任何氨基酸的终止密码子　64 组密码子中，有 3 组不编码任何氨基酸，而是多肽合成的终止密码子(termination codon)，分别为 UAG、UAA、UGA。

⑥密码子近于完全通用　各种高等和低等的生物(包括病毒、细菌及真核生物等)在大多程度上可共用同一套密码子。

13.4.1.2　核糖体

"核糖体"(ribosome)这一名词是 1957 年才开始采用，专指参与蛋白质合成的核糖核蛋白颗粒。核糖体广泛存在于真细菌、古细菌和真核生物细胞，以及线粒体和叶缘体等细胞器中。细菌和细胞器的核糖体小一些，真核生物细胞的核糖体相对更大一些，但它们都是由大、小两个亚基所组成。

大肠埃希菌核糖体近似一个不规则椭圆球体(13.5 nm×20.0 nm×40.0 nm)，沉降系数 70S，分别由 50S 和 30S 两个大、小亚基组成(图 13-18)。核糖体的大小亚基与 mRNA 有不同的结合特性。30S 亚基能单独与 mRNA 结合形成 30S 核糖-mRNA 复合体，后者又可与 tRNA 专一结合。50S 亚基不能单独与 mRNA 结合，但可非专一地与 tRNA 相结合。50S 亚基上有两个 tRNA 位点：氨酰基位点(A 位点)与肽酰基位点(P 位点)，这两个位点的位置可能是在 50S 亚基与

30S 亚基相结合的表面上；50S 亚基上还有一个在肽酰-tRNA 移位过程中使 GTP 水解的位点；在 50S 与 30S 亚基的接触面上有一个结合 mRNA 的位点。此外，核糖体上还有许多与起始因子、延伸因子、释放因子及与各种酶相结合的位点。

真核生物的核糖体无论在结构上还是功能上都与原核生物的核糖体十分类似，但是显然真核生物核糖体更大、更复杂。哺乳动物的核糖体沉降系数为 80S，由 40S 和 60S 两个亚基所组成。其中，小亚基含有 18S rRNA 和 33 种蛋白质；大亚基含有 5S、5.8S 和 28S 3 个 rRNA 分子以及 49 种蛋白质。5.8S rRNA 与原核生物 23S rRNA 5′端序列同源，可见它是在进化过程中通过转录后加工方式的突变而产生的第四种 rRNA。哺乳动物核糖体的 RNA 比细菌增加约 50%，但蛋白质增加近 1 倍，表明有更多蛋白质参与作用。

采用温和的条件从细胞中采用超速离心法分离核糖体，可以得到数个成串甚至上百个成串的核糖体，称为多(聚)核糖体(polysome)。这表明核糖体可以依次与 mRNA 结合，沿 mRNA 由 5′向 3′端方向移动以合成多肽链，提高了蛋白质合成

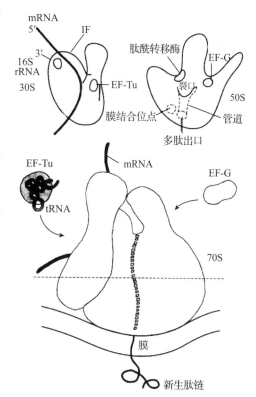

图 13-18　原核生物核糖体的功能位点

的效率。

13.4.1.3 mRNA

mRNA 以核苷酸序列的方式携带遗传信息，通过这些信息来指导合成多肽链中氨基酸的序列。每一个氨基酸可通过 mRNA 上 3 个核苷酸序列组成的遗传密码来决定，这些密码子以连续的方式连接，组成读码框架(reading frame)。读码框架之外的序列称作非编码区，这些区域通常与遗传信息的表达调控有关。读码框架的 5′端是由起始密码子(start codon) AUG 开始的，它编码一个甲硫氨酸。在读码框架的 3′端，含有一个或一个以上的终止密码子(stop codon)：UAA、UAG 和 UGA，其功能是终止这一多肽链的合成。

mRNA 分子的 5′端序列对起始密码子的选择有重要作用，这种作用对原核生物和真核生物还有所差别。原核生物中在 mRNA 分子起始密码子的上游含有一段特殊的核糖体结合位点(ribosome-binding site)序列，这一结合位点使得核糖体能够识别正确的起始密码子 AUG。原核生物的 mRNA 通常是多基因的，分子内的核糖体结合位点使得多个基因可独立地进行读码框架的翻译，得到不同的蛋白质。而对于真核生物而言，其 mRNA 通常只为一条多肽链编码，核糖体与 mRNA 5′端的核糖体进入部位(ribosome entry site)结合之后，通过一种扫描机制向 3′端移动来寻找起始密码子，mRNA 5′端的帽子结构可能对核糖体进入部位的识别起着一定作用。翻译的起始通常开始于从核糖体进入部位向下游扫描到的第一个 AUG 序列(图 13-19)。

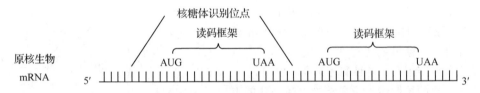

图 13-19 真核生物及原核生物 mRNA 结构简图

13.4.1.4 tRNA

tRNA 的主要功能是携带氨基酸到核糖体上，在蛋白质合成中起翻译作用，包括校正 tRNA 的校正作用。它具有三叶草形二级结构，并借助茎环结构之间的作用力折叠形成倒 L 形三级结构。其中，反密码子的碱基和接受氨基酸的 CCA 末端位于倒"L"形 tRNA 的两端，以保证其生物功能的完成。

tRNA 在识别 mRNA 分子上的密码子时，具有接头(adaptor)的作用。氨基酸一旦与 tRNA 形成氨酰-tRNA 后，进一步的去向就由 tRNA 来决定了。tRNA 凭借自身的反密码子与 mRNA 分子上的密码子相识别(图 13-20)，并把所带的氨基酸送到肽链的一定位置上。

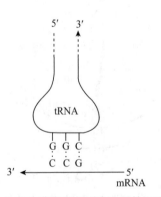

图 13-20 密码子与反密码子的识别

13.4.1.5 氨酰-tRNA 合成酶

合成蛋白质的氨基酸共 20 种，氨酰-tRNA 合成酶也相应有 20 种。氨酰-tRNA 合成酶催化两步反应：

①氨基酸与 ATP 反应而被激活，形成氨酰-腺苷酸(aminoacyl-adenylate)。反应通式如下：

$$\underset{\text{氨基酸}}{R-\overset{\overset{\displaystyle H}{|}}{\underset{\underset{\displaystyle NH_3^+}{|}}{C}}-\overset{\displaystyle O}{\overset{\|}{C}}\overset{\displaystyle O}{\underset{O^-}{}}} +ATP \rightleftharpoons \underset{\text{氨酰-腺苷酸(氨酰-AMP)}}{R-\overset{\overset{\displaystyle H}{|}}{\underset{\underset{\displaystyle NH_3^+}{|}}{C}}-\overset{\displaystyle O}{\overset{\|}{C}}-O-\overset{\displaystyle O}{\overset{\|}{\underset{\underset{\displaystyle O^-}{|}}{P}}}-O-核糖-腺嘌呤} +PPi$$

②上述混合酸酐(氨酰-AMP)与相应 tRNA 反应，形成氨酰-tRNA。反应通式如下：

$$\text{氨酰-AMP + tRNA} \rightarrow \text{氨酰-tRNA+AMP}$$

氨酰-tRNA 是一种高能化合物，故第一步反应需由 ATP 激活氨基酸，反应中产生的 PPi 水解可推动反应的完成。氨基酸激活与脂肪酸的激活反应十分类似，主要差别在于前者的受体是 tRNA，后者为辅酶 A。

氨酰-tRNA 合成酶能够识别特异的氨基酸和相关 tRNA。这种识别能力与通常酶对底物识别的主要不同之处在于：第一，氨酰-tRNA 合成酶能够区分结构极为相似的氨基酸，一旦发现反应错误还能予以校正，即具有双重校对功能(核酸聚合酶也有此功能)。第二，它能识别对应于同一种氨基酸的多种 tRNA。所有 tRNA 都有十分类似的二级结构和三级结构，氨酰-tRNA 合成酶是如何使具有不同序列和不同反密码子的同工 tRNA(isoacceptor tRNA)携带上同一种氨基酸的？科学家认为翻译过程存在两套遗传密码：第一套遗传密码即氨基酸的三联体(三核苷酸)密码，携带氨基酸的 tRNA 借以辨认模板核酸上的指令以指导多肽链合成；第二套遗传密码为 tRNA 个性要素(identify element)的识别标志，氨基酸特异的酶借以辨认同工 tRNA，使氨基酸与相应 tRNA 连接。

13.4.2　蛋白质生物合成过程

蛋白质多肽链的合成由 N 端向 C 端进行，这与 DNA 和 RNA 链由 5′向 3′方向编码和合成是一致的。蛋白质生物合成可分为 5 个步骤：①氨酰-tRNA 的合成(aminoacyl-tRNA synthesis)；②多肽链合成的起始(initiation)；③多肽链合成的延伸(elongation)；④多肽链合成的终止(termination)；⑤多肽链的折叠与加工(folding and processing)。

13.4.2.1　氨基酸活化

蛋白质合成的第一步是胞质中 20 种不同的氨基酸与各自的 tRNA 以酯键结合，催化这一步的酶为氨酰-tRNA 合成酶。每种酶对于一种氨基酸和一种或多种相应的 tRNA 是特异的。这一步十分关键。第一，氨基酸必须结合在特定的 tRNA 分子上，才能由 tRNA 携带，通过其反密码子对 mRNA 密码子进行识别，并得以掺入多肽链的指定位置。第二，由游离氨基酸合成肽键需要供给能量。氨酰-tRNA 合成酶利用 ATP 使氨基酸腺苷酸化，从而使氨基酸激活，与 tRNA 反应形成高能酯键，有利于下一步肽键的合成。反应通式如下：

$$\text{氨基酸+tRNA+ATP} \xrightarrow{\text{氨酰-tRNA 合成酶}} \text{氨酰-tRNA+AMP+PPi}$$

ATP、氨基酸和相关的 tRNA 分别结合在氨酰-tRNA 合成酶活性部位的适当位置。在酶催化下，ATP 与氨基酸反应产生氨酰腺苷酸和焦磷酸，反应平衡常数大约为 1，ATP 中磷酸酐键水解所释放的能量继续保存在氨酰-AMP 的混合酸酐分子中，这时中间产物氨酰-AMP 仍然紧密结合在酶分子表面(图 13-21)。

由氨酰腺苷酸与相应 tRNA 产生氨酰-tRNA，并释放出 AMP，反应平衡常数接近 1，自由能降低极少。氨基酸与 tRNA 之间的酯键与高能磷酸键相仿，水解时产生高的负标准自由能($\Delta G^{0'} = -29$ kJ/mol)。ATP 激活氨基酸产生的焦磷酸被焦磷酸酶水解成无机磷酸，推动反应的完成。因此产生一分子氨酰-tRNA，消耗 2 个高能磷酸键。

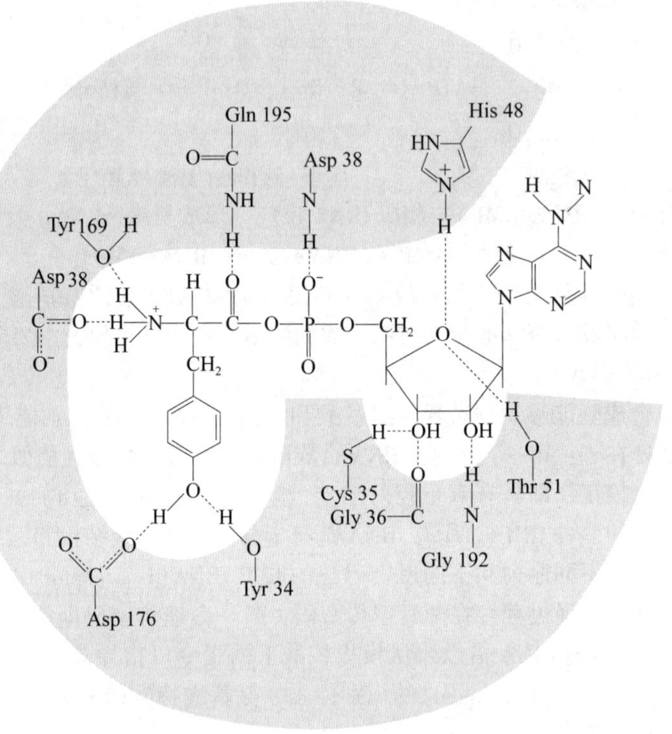

图 13-21　酪氨酸-tRNA 合成酶与反应中间物酪氨酸-腺苷酸复合物的相互作用

反应中间物结合在酶分子的深沟中，两者间形成 11 个氢键

13.4.2.2　肽链的合成过程

（1）多肽链合成的起始

所有多肽链的合成都以甲硫氨酸作为 N 端的起始氨基酸，但在翻译后的加工过程中有些被保留，有些则被除去。编码多肽链的阅读框架通常以 AUG 为起始密码子，但在细菌中有时也用 GUG（偶尔用 UUG）为起始密码子。甲硫氨酸的 tRNA 有两种，一种用于识别起始密码子（无论是 AUG 或 GUG 或 UUG），另一种识别阅读框架内部的 AUG 密码子。两种 tRNA 分别以 $tRNA_i^{Met}$ 和 $tRNA_m^{Met}$ 来表示。甲硫氨酰-tRNA 合成酶则只有一种。

原核生物细胞中起始 tRNA 所携带甲硫氨酸通常其氨基都被甲酰化，此 tRNA 可写作 $tRNA_f^{fMet}$ 或 $tRNA_f^{Met}$。甲硫氨酰-$tRNA_f$ 甲酰化后氨基被封闭，不能再参与肽链的延伸过程，可以防止起始 tRNA 误读阅读框架内部密码子。真核细胞起始 tRNA 在辅助因子帮助下，严格识别起始密码子 AUG，故无甲酰化。甲酰化反应由特异的甲酰化酶所催化，甲酰基来自 N^{10}-甲酰基四氢叶酸，反应式如下：

$$N^{10}\text{-甲酰基四氢叶酸}+\text{Met-}tRNA_f^{Met} \longrightarrow \text{四氢叶酸}+\text{fMet-}tRNA_f^{Met}$$

原核生物参与起始的蛋白质因子有 3 个，起始因子（initiation factor，IF）1、起始因子 2 和起始因子 3。在起始因子帮助下，由 30S 小亚基、mRNA、fMet-$tRNA_f^{Met}$ 及 50S 大亚基依次结合，形成起始复合物（initiation complex），过程共分 3 步：①30S-mRNA 复合物的形成；②fMet-$tRNA_f^{Met}$ 的加入；③50S 亚基的加入。

步骤 1：IF-1 和 IF-3 两个起始因子与 30S 小亚基结合。IF-1 占据小亚基的 A 位点，空出 P 位点留待 fMet-$tRNA_f^{Met}$ 的进入。A 位点在多肽链延伸阶段供非起始 tRNA 携带氨基酸进入核糖体之用。同时，IF-1 结合在 30S 小亚基上也阻止它与 50S 大亚基的结合。IF-3 有两个功能：第一，IF-3 与 50S 大亚基在 30S 小亚基上的结合部位相互重叠，小亚基结合 IF-3 后就不能再与大亚基结合。第二，它促使小亚基与 mRNA 结合。核糖体小亚基 16S rRNA3′端序列与 mRNA 的 SD 序列互补，两者结合，并在 IF-3 的帮助下使 mRNA 的起始密码子正好落在 P 位点。

步骤 2：上述复合物（30S-mRNA、IF-1、IF-3）与 IF-2 结合。IF-2 能特异结合 fMet-tRNA$_f^{Met}$，并使其进入 P 位点，于是 tRNA$_f^{Met}$ 的反密码子得以与起始密码子正确配对。

步骤 3：IF-3 离开 30S 小亚基，以便 50S 大亚基加入复合物形成完整的 70S 核糖体。IF-1 和 IF-2 随即离开核糖体，同时结合在 IF-2 上的 GTP 水解成 GDP 和 Pi，产生的能量用于推动核糖体构象改变，使其成为活化的起始复合物。

真核生物多肽链合成的起始过程与原核生物基本类似，但也有不同点。主要差别为：①真核生物多肽链合成的起始甲硫氨酸不被甲酰化，仅借助起始 tRNA$_i^{Met}$ 与内部 tRNA$_m^{Met}$ 的差别，依靠辅助因子来区分起始和阅读框架内部的密码子；②真核生物有 10 多个起始因子（eukaryotic initiation factor，eIF），原核生物则只有 3 个；③真核生物 mRNA 无 SD 序列，核糖体结合位点（ribosome binding site，RBS）在起始密码子 AUG 附近，最常见的 RBS 为 GCCAGCCAUGG；④与原核生物相反，Met-tRNA$_i$ 先于 mRNA 与 40S 小亚基结合；⑤真核生物 40S 小亚基在起始因子帮助下从 mRNA5′端移向 RBS，需要水解 ATP 供给能量，以解开 mRNA 的二级结构。

真核生物多肽链合成的起始阶段也分为 3 个步骤。步骤 1：eIF3 结合 40S 小亚基，阻止其与大亚基结合；eIF2 帮助 Met-tRNA$_i$ 结合于 P 位点，它带有 GTP，以便在解离时水解成 GDP 和 Pi。mRNA 的 5′端帽子与 eIF4A、eIF4B、eIF4E、eIF4G 结合，其中真正的帽结合蛋白（cap-binding protein，CBP）是 eIF4E，余者均通过衔接蛋白（adapter protein）eIF4G 结合到 eIF4E 上。mRNA 3′端 poly（A）通过 poly（A）结合蛋白［poly（A）-binding protien，PABP］也结合在 eIF4G 上。步骤 2：40S 小亚基上的 eIF3 与衔接蛋白 eIF4G 结合，连带小亚基与 mRNA 结合，在 eIF1 和 eIF1A 的帮助下沿 mRNA 移动，扫描到核糖体结合位点，通过 Met-tRNA$_i$ 的反密码子识别起始密码子并与之结合。步骤 3：脱去完成功能的起始因子，在 eIF5 的帮助下 60S 大亚基与小亚基结合，形成核糖体起始复合物（图 13-22）。

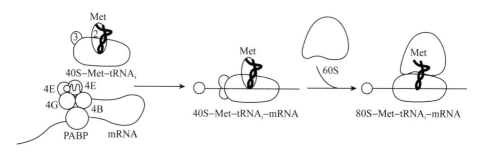

图 13-22　真核生物多肽链合成的起始步骤

（2）多肽链合成的延伸

核糖体与起始氨酰-tRNA 和 mRNA 组成起始复合物后，多肽链合成即进入延伸阶段，mRNA 上编码序列的翻译由 3 个连续的重复反应来完成。每循环一次，多肽链羧基端添加一个新的氨基酸残基。延伸反应在进化过程中十分保守，原核生物和真核生物基本相同，并且都需要 3 个延伸因子（elongation factor，EF）参与作用。细菌的 3 个延伸因子是 EF-Tu、EF-TS 和 EF-G。值得指出的是，肽键的形成并不需要由蛋白质的酶来催化，而是由核糖体大亚基中的 rRNA 催化。延伸过程共分 3 步：①进位，氨酰-tRNA 结合（binding）到核糖体 A 位点上；②转肽，进行转肽反应（transpeptidation）；③移位，核糖体沿 mRNA 移位（translocation）。

步骤 1：进位。所有氨酰-tRNA 都是在 EF-Tu 的帮助下，进入核糖体结合在 A 位点。延伸因子 EF-Tu 与起始因子 IF-2 与功能类似，两者都起着运送氨酰-tRNA 到核糖体上的作用，并且都有水解 GTP 的酶活性（GTPase）。但前者特异识别 fMet-tRNA$_f$，将其引导到 P 位点；后者识别除了起始氨酰-tRNA 外的各种氨酰-tRNA，导入 A 位点。结合了 GTP 的 EF-Tu 可与氨酰-tRNA 形成三元复合物（氨酰-tRNA·EF-Tu·GTP）。该复合物进入 A 位点后，由 tRNA 的反密码子与位于 A 位点的 mRNA 密码子配对，碱基正确配对触发核糖体构象改变，导致 tRNA 的结合变稳定，并且引起 EF-Tu 对 GTP 的水解，形成二元复合物 EF-Tu·GDP。当反密码子与密码子配对时，所携带氨基酸正好落在 50S 大亚基的肽基转移酶活性中心，引发催化反应。二元复合物 EF-Tu·GDP 随即被释放。

另一因子 EF-TS 的功能是帮助无活性的 EF-Tu·GDP 再生为有活性的 EF-Tu·GTP。首先 EF-TS 置换 GDP，形成 EF-Tu·EF-TS 复合物；再被 GTP 置换，重新形成 EF-Tu·GTP。EF-TS 可以反复使用，使细胞内有充裕的 EF-Tu·GTP，以供多肽链合成之用。

步骤 2：转肽。肽酰转移反应由 23S rRNA 所催化。反应实质是使起始氨酰基（fMet）或肽酰基（peptidyl）的酯键转变成肽键，即由 P 位点的 tRNA 上转移到 A 位点氨酰-tRNA 的氨基上。通过转肽，新生肽链得以由 N 端向 C 端延伸。反应是由新加入氨基酸的氨基向起始氨酰-或肽酰-tRNA 上酯键的羰基做亲核攻击所发动（图 13-23）。

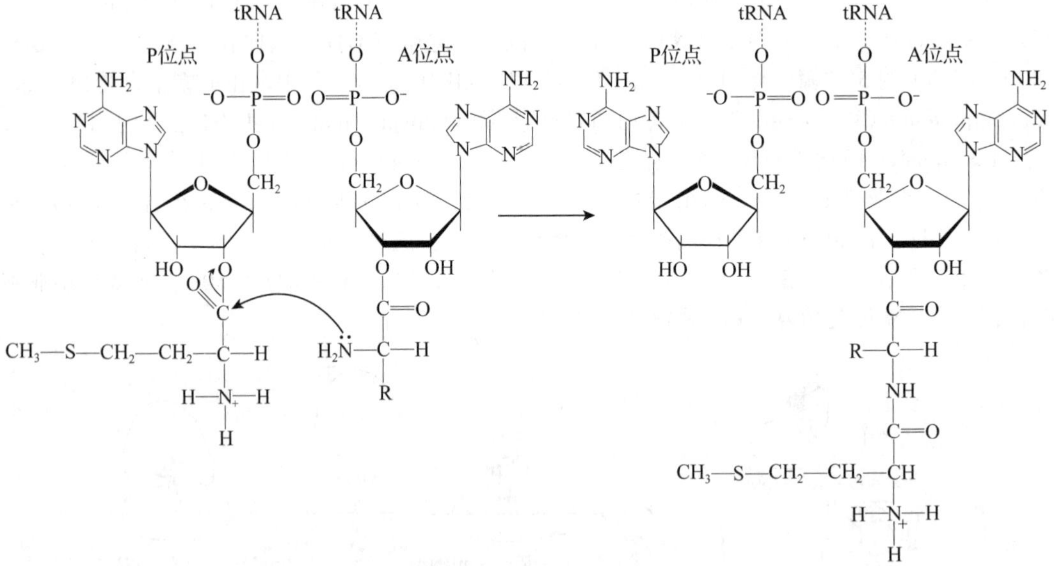

图 13-23　多肽链合成中第一个肽键的形成

步骤 3：移位。转肽反应之后，核糖体沿 mRNA 由 5′向 3′方向移动一个密码子，以便继续翻译。移位依赖于 EF-G 和 GTP。核糖体不能同时结合 EF-Tu 和 EF-G，必须在 EF-Tu·GDP 离开后 EF-G·GTP 才能结合上去；同样只有在 EF-G·GDP 离开后，新的氨酰-tRNA·EF-Tu·GTP 三元复合物才能进入 A 位点。氨酰-tRNA·EF-Tu·GTP 的三级结构与 EF-G 的三级结构十分相似，两者有共同的保守结构，EF-G 的其余部分模拟了 EF-Tu·tRNA 中的 tRNA 成分，故可以进入前者在核糖体上的结合位置（图 13-24）。

移位是一个十分复杂的过程，核心问题是核糖体、tRNA 和 mRNA 三者间究竟如何进行相对移动。移位后，卸去氨酰基的 tRNA 由 P 位点转至 E 位点，然后脱落；肽酰-tRNA 由 A 位点转至 P 位点，空出的 A 位点又可接受新的氨酰-tRNA。对此，一种较可信的解释是移位可分两步进行：首先由大亚基与小亚基交错运动形成杂合位点，即 50SE/30SP 和 50SP/30SA。此时两

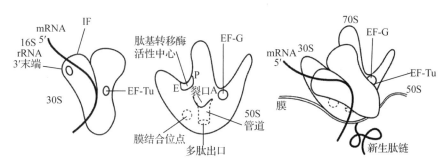

图 13-24 原核生物核糖体的功能位点

tRNA 的 CCA 末端脱开 50S 大亚基原来位置的束缚，进入新的位置。然后大亚基与小亚基再次交错运动以恢复原状。两 tRNA 的反密码子末端脱开 30S 小亚基束缚，也进入新的位置。mRNA 借助密码子与反密码子之间的碱基对结合，跟随 tRNA 一起移动。移位发生在 GTP 水解之后，想必 GTP 水解产生的能量先引起 EF-G 的构象改变，进而引起核糖体构象的改变。核糖体与 tRNA 的相对移动不涉及碱基对的重新配对。原核生物多肽链合成的延伸循环如图 13-25 所示。

真核生物多肽链合成的延伸循环与原核生物十分相似，3 个延伸因子（eukaryotic elongation factor，eEF）分别称为 eEF1A、eEF1B 和 eEF2。eEF1A 和 eEF1B 分别相当于原核生物的 EF-Tu

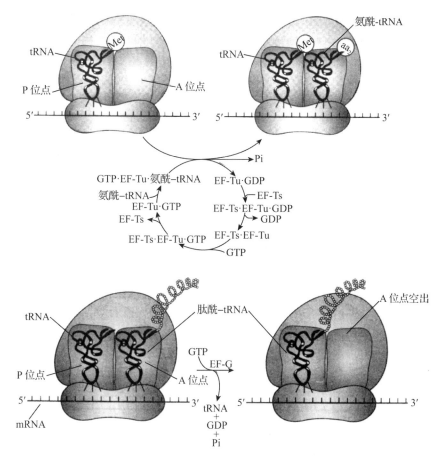

图 13-25 原核生物多肽链合成的延伸过程

和 EF-TS, eEF2 相当于 EF-G。真核生物核糖体无 E 位点, 脱酰 tRNA 直接从 P 位点脱落。

（3）多肽链合成的终止

多肽链合成的终止需要终止密码子和释放因子（release factor, RF）参与作用。tRNA 只能识别氨基酸密码子, 不能识别终止密码子, 需由释放因子来识别终止密码子。当 mRNA 的终止密码子进入核糖体 A 位点时, 多肽链合成即停止, 由相应释放因子识别, 并结合其上。细菌有 3 个释放因子 RF-1、RF-2 和 RF-3。RF-1 识别 UAA 和 UAG, RF-2 识别 UAA 和 UGA。RF-1 和 RF-2 三级结构的形状十分类似 tRNA, 它们结合到 A 位点后可活化核糖体的肽基转移酶活性, 使肽酰基转移到水分子上, 多肽链被水解下来。RF-3 是一个 GTP 结合蛋白, 它与 EF-Tu 和 EF-G 类似, 结合到核糖体后引起 GTP 水解, 并使 RF-1 或 RF-2 脱落。核糖体与 tRNA 和 mRNA 的解离还需要核糖体再循环因子（ribosome recycling factor, RRF）、EF-G 和 IF-3 参与作用, 并水解 GTP。

真核生物的一个释放因子（eukaryotic release factor, eRF）eRF1 可识别所有 3 个终止密码子并使多肽链水解下来。大部分真核生物只含 eRF1, 而无 eRF2。eRF1 的外形类似于 tRNA, 当其进入核糖体 A 位点时, 顶端 3 个氨基酸 GGQ 正好在氨酰-tRNA 的氨酰基位置, Q（谷氨酰胺）的酰胺基结合一分子 H_2O, 肽酰基转移其上而被水解下来。少部分真核生物还有 eRF3, eRF3 为 GTP 结合蛋白, 进入 A 位点后水解 GTP, 使 eRF1 脱落, 并与 eRF1 合作、帮助多肽从核糖体释放。

13.4.3 肽链合成后的加工修饰

13.4.3.1 新生多肽链的折叠

新生多肽链在合成过程中或合成后, 借助自身主链间和各侧链的相互作用, 形成氢键、范德华力、离子键以及疏水相互作用, 发生折叠, 获得其天然的构象。

新生多肽链的折叠与变性蛋白质的再折叠并不完全相同, 新生多肽链通常边合成边折叠, 并需要不断调整其已折叠的结构。20 世纪 70 年代发现, 多肽链折叠和寡聚蛋白的组装需要一类称为分子伴侣（molecular chaperone）的蛋白质参与作用。这类蛋白质某些方面与酶相似, 能帮助多肽链折叠与组装。但它与酶又不一样, 一是对底物不具有高度专一性, 同一分子伴侣可以作用于多种不同多肽链的折叠; 二是并不促进正确折叠, 只是防止错误折叠。分子伴侣作用于新生多肽链的折叠、跨膜蛋白的解折叠和再折叠、变性或错折叠蛋白的重折叠及蛋白质分子的装配。

由于细胞内蛋白质的浓度极高, 并且存在诸多各类化学分子, 多肽链的折叠易受到干扰, 可能产生非天然的折叠, 并使多肽链各疏水区段发生聚集和形成沉淀。携带 ATP 的分子伴侣可以与多肽链的疏水区段结合, ATP 水解成 ADP 后分子伴侣即脱落, ADP 被 ATP 替换后又可与多肽链结合。分子伴侣脱落的间隙, 多肽链进行正常的折叠, 不断与多肽链结合的分子伴侣起着阻止多肽链疏水区段聚集的作用, 直至完成折叠为止。

13.4.3.2 翻译后的加工与修饰

多肽链合成后常常不是其最后具有生物学活性的形式, 而需要经过一系列的加工和修饰。加工和修饰主要有以下几类:

①氨基末端和羧基末端的修饰　所有多肽链合成最起始的残基都是甲酰甲硫氨酸（细菌中）或甲硫氨酸（真核生物中）。在合成后, 甲酰基、氨基末端的甲硫氨酸残基甚至多个氨基酸残基或是羧基末端的残基常被酶切除, 因此它们并不出现在最后有功能的蛋白质中。在真核生物的蛋白质中约有 50% 氨基末端残基的氨基都被 N-乙酰化。有时羧基末端残基也被修饰。

②信号肽被切除　分泌蛋白和膜蛋白的氨基末端存在一段序列长 15～30 个残基, 它引导蛋白质穿越质膜（细菌）或内质网膜（真核生物）。这段序列在穿膜后即被信号肽酶所切除。

③个别氨基酸被修饰　蛋白质某些丝氨酸、苏氨酸和酪氨酸残基上的羟基可被激酶利用 ATP

进行磷酸化。不同蛋白质磷酸化的意义是不一样的。例如，乳液中酪蛋白的磷酸化可增加 Ca^{2+} 的结合，有利于幼儿营养。细胞内许多酶和调节蛋白可借助磷酸化和去磷酸化以调节其活性。

凝血机制中的关键成分凝血酶原，其氨基末端区的谷氨酸残基常被增加一个 γ-羧基，催化该反应的酶为羧化酶，需要维生素 K 作为辅酶。这些羧基可结合 Ca^{2+}，为凝血机制所需要。

此外，在某些肌肉蛋白和细胞色素 c 中还存在甲基赖氨酸和二甲基赖氨酸残基。有些生物的钙调蛋白（calmodulin）中有三甲基赖氨酸。这些甲基位于赖氨酸残基的 ε-氨基上。还有些蛋白质谷氨酸的 γ-羧基可被甲基化形成酯。

④连接糖类的侧链　在肽链合成过程中或合成后某些位点被连以糖类侧链，糖蛋白有重要生物学功能。糖链或连在天冬酰胺残基上（N-连接寡糖）；或连在丝氨酸、苏氨酸、羟赖氨酸及羟脯氨酸残基上（O-连接寡糖）；少数可以连在天冬氨酸、谷氨酸和半胱氨酸残基上。

⑤连接异戊二烯基　一些真核生物的蛋白质可通过连接异戊二烯基（isoprenyl）衍生物进行修饰。例如，胞质蛋白与异戊二烯衍生的十五碳法尼基焦磷酸反应（farnesyl pyrophosphate）生成羧酸酯，使蛋白质疏水的羧基端"锚"在膜上。又如，ras 癌基因和原癌基因的产物 Ras 蛋白以半胱氨酸与法尼基焦磷酸生成硫酯键。

⑥连接辅基　缀合蛋白的活性与其辅基（prosthetic group）有关，多肽链合成后需与辅基以共价键或配位键结合，如金属蛋白的金属离子，血红素蛋白的血红素，黄素蛋白的核黄素辅基等。

⑦酶解加工　许多蛋白质最初合成较大的、无活性的前体蛋白质，合成后需经蛋白酶的酶解加工（proteolytic processing）产生较小的、活性形式。蛋白酶解加工可用于控制蛋白质的活性，如酶和激素常见先合成其非活性形式蛋白原（proprotein），在额外序列被蛋白酶切去后产生活性蛋白质。选择性酶解可以产生多种不同的蛋白质，如病毒的多蛋白质、哺乳动物的脑肽。

⑧二硫键的形成　在多肽链折叠形成天然的构象后，链内或链间的半胱氨酸残基间有时会产生二硫键。二硫键可以保护蛋白质的天然构象，以免分子内外条件改变或凝聚力较低的情况下引起变性。

13.4.3.3　蛋白质的运输和定位

蛋白质的运输尽管比较复杂，但生物体中蛋白质的运输机制基本上已了解。每一需要运输的蛋白质都含有一段氨基酸序列，称为信号肽或导肽序列（signal or leader sequence），引导蛋白质至特定的位置。在真核细胞中，核糖体以游离状态停留在细胞质中，它们中一部分合成细胞质蛋白质或成为线粒体及叶绿体的膜蛋白质；另一部分受新合成多肽链 N 端上信号肽（signal sequence）的引导而到内质网膜上，使原来表面光洁的光面内质网（smooth ER）变成带有核糖体的粗面内质网（rough ER）。停留在内质网上的核糖体可合成 3 类主要的蛋白质：溶酶体蛋白、分泌蛋白和构成质膜骨架的蛋白。

信号肽的概念首先是由 Sabatini 和 Blobel 于 1970 年所提出。以后，Milstein 和 Brownlee 在体外合成免疫球蛋白肽链的 N 端找到了这种信号肽，但在体内合成经过加工的成熟免疫球蛋白上找不到它。因为多肽链在体内合成后的加工过程中，信号肽被信号肽酶（signal peptidase）切掉了。例如，胰岛素 mRNA 通过翻译，可得到前胰岛素原蛋白，其前面 23 个氨基酸残基的信号肽在转运至高尔基体的过程中被切除。以后在很多真核细胞的分泌蛋白中都发现有信号肽。

信号肽序列通常在被转运多肽链的 N 端，长度在 10～40 个氨基酸残基范围，氨基端至少含有一个带正电荷的氨基酸，中部有一段长度为 10～15 个疏水性氨基酸，如丙氨酸、亮氨酸、缬氨酸、异亮氨酸及苯丙氨酸。这个疏水区极其重要，其中某一个氨基酸被极性氨基酸置换时，信号肽即失去其功能，推测信号肽引导蛋白质通过细胞膜至特定的细胞部位可能与这段疏水肽段有关。信号肽的位置并不完全一定在新生肽的 N 端，有些蛋白质（如卵清蛋白）的信号肽位于多肽链的内部，24～45 残基处，它们不被切除，但其功能相同。

信号肽可被信号识别颗粒(signal recognition particle，SRP)识别。SRP 的相对分子质量为 325 000，由 1 分子 7S LRNA(长 300 核苷酸)和 6 个不同的多肽分子组成。SRP 有两个功能域，一个用以识别信号肽，另一个用以干扰进入核糖体的氨酰-tRNA 和肽基转移酶的反应，以停止多肽链的延伸。信号肽与 SRP 的结合发生在蛋白质合成开始不久，即 N 端的新生肽链刚一出现时，一旦 SRP 与带有新生肽链的核糖体相结合，肽链的延伸作用暂时停止或延伸速度大大降低。SRP-核糖体复合物随即移到内质网上并与那里的 SRP 受体停泊蛋白(docking protein)相结合。SRP 与受体结合后，蛋白质合成的延伸作用又重新开始。SRP 受体是一个二聚体蛋白，由相对分子质量为 69 000 的 α 亚基与相对分子质量为 30 000 的 β 亚基组成。然后，带有新生肽链的核糖体被送到多肽链转运装置(translocation machinery)上，SRP 被释放到细胞质中，新生肽链又继续延长。SRP 和 SRP 受体都结合了 GTP，当它们解离时均伴有 GTP 的水解。多肽链转运装置含有两个整合膜蛋白(integral membrane protein)，即核糖体受体蛋白 I 和 II(ribophorin I and II)。多肽链通过转运装置送入内质网腔，此过程由 ATP 所驱动。多肽链进入内质网腔后，信号肽即被信号肽酶所切除。信号肽指导新生肽链进入内质网腔的过程如图 13-26 所示。进入内质网腔的多肽链在信号肽切除后即进行折叠、糖基化及二硫键形成等加工过程。膜蛋白肽链的 C 端一般有 11~25 个疏水氨基酸残基，紧接着是一些碱性氨基酸残基，它们的作用与信号肽相反，引起膜上核糖体受体及孔道的解聚，使多肽链"锚"在内质网膜上。

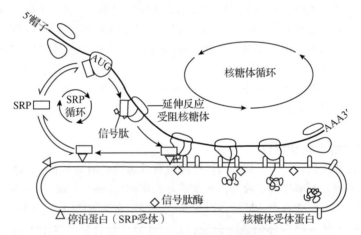

图 13-26 信号肽的识别过程

细菌的分泌蛋白和膜蛋白也依赖于信号肽指导跨膜运输。真核细胞多肽链在信号肽指导下对内质网膜的跨膜运输是边翻译边转运，故称为共翻译转运(cotranslational translocation)。细菌除存在类似的共翻译转运外，还存在翻译后转运(post-translational translocation)。

细菌的 SRP 由 4.5S RNA 与 Ffh 和 Fts Y 蛋白所组成，它将核糖体上新合成的多肽链带到位于内膜的转运子(translocon)上。转运子或称转运装置、转运复合物，是形成多肽链通过的孔道。除此之外，细菌还另有转运系统，其中包括 Sec A、Sec B、Sec D、Sec F 和 Sec YEG。其中，Sec B 是一种分子伴侣，当新生肽合成后，Sec B 即与之结合。Sec B 有两个功能：第一，与蛋白质的信号肽或其他特征序列结合，防止多肽链的进一步折叠，以便于转运；第二，将结合的多肽链带到 Sec A 上，因其与 Sec A 有很高的亲和力。Sec A 位于内膜表面，既是受体，又是转运的 ATP 酶。Sec D 和 Sec G 协助 Sec A 作用。多肽链由 Sec B 转移到 Sec A，然后送到膜上的转运复合物 Sec Y、Sec E 和 Sec G 上。Sec A 借助构象的变化，将多肽链推进到转运复合物的孔道内，通过水解 ATP 获得的能量来推动多肽链运动，每分解 1 分子 ATP 多肽链前进约 20 个氨基酸残基，直至全部肽链通过(图 13-27)。多肽链的"锚"序列还可使多肽链插入内膜或外膜。

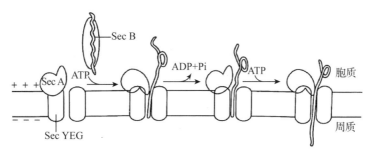

图 13-27　细菌蛋白质转运示意图

本章小结

中心法则用于理解遗传信息在生物大分子之间传递的顺序，包括复制、转录、翻译等主要过程。

DNA 复制是半保留复制，每个子代分子的一条链来自亲代 DNA，另一条链则是新合成的。DNA 聚合酶催化 DNA 链由 5′向 3′方向延长。DNA 分子中前导链的合成是连续的，合成方向与复制叉方向一致；后随链的合成是不连续的，合成方向与复制叉方向相反。

转录是在 DNA 的指导下，由 RNA 聚合酶和转录因子共同合成 RNA 的过程。转录产物通常需要经过一系列后加工过程才能成为成熟的 mRNA、rRNA 和 tRNA。真核细胞 DNA 转录产物的加工过程远比原核细胞复杂。

原核生物与真核生物肽链合成时延伸的方向都是从 N 端到 C 端，mRNA 上密码阅读的方向是从 5′端向 3′端。氨基酸首先需要在氨酰-tRNA 合成酶催化下活化成氨酰-tRNA 后才能参与肽链合成。原核生物肽链合成起始于甲酰甲硫氨酸，真核生物则起始于甲硫氨酸。肽链延长经历进位、转肽和移位 3 个步骤。肽链合成的终止需要有肽链释放因子，当碰到 mRNA 的终止信号时，释放因子可完成终止信号的识别并使肽链释放。

由 mRNA 翻译出来的多肽链，一般要经过各种方式的"加工处理"才能转变成有一定生物学功能的蛋白质。这些加工包括：N 端甲酰基或 N 端氨基酸的切除、切除信号肽、形成二硫键、氨基酸修饰、糖基化、分子折叠等。蛋白质合成的定向转运的机制较为复杂，目前普遍为人接受的是信号肽理论。

思考题

1. 什么是 DNA 的半保留复制？它的实验依据是什么？

2. 在 DNA 复制中起关键作用的酶是什么？

3. 比较原核生物和真核生物 DNA 复制的特点。

4. 简答引起 DNA 分子损伤的因素及 DNA 的损伤修复机制。

5. RNA 的生物合成与 DNA 的复制有什么区别？说明转录中的 σ 因子和核心酶。

6. RNA 合成后的加工方式是什么？

7. 简答遗传密码的特征。什么是起始密码和终止密码？

8. 归纳 3 种类型 RNA 在蛋白质生物合成中各自的作用和参与蛋白质合成的其他重要物质。

9. 简述蛋白质生物合成的基本过程。

10. 写出肽链延长的基本过程。

11. 列表比较 DNA、RNA、蛋白质合成的模板、原料、主要的酶、合成方向、产物及过程。

12. 简述肽链合成后的加工修饰方式。

第14章 物质代谢的联系与调控

代谢是生物体为维持生命而发生的一系列有序化学反应的总称。生物体内各种物质的代谢途径通过一些共同的中间代谢产物或代谢环节广泛地形成网络，相互影响、相互转化，形成一个协调统一的整体。机体的代谢调节包括细胞水平调节、激素水平调节和中枢神经系统主导的整体水平调节。在细胞水平调节中，关键是调节酶的活性和酶的合成量。在激素水平调节中，激素与靶细胞受体特异性结合，将代谢信号转化为细胞内的一系列信号转导级联过程，以调节特定基因的表达。神经系统调节则通过间接调节内分泌腺体，影响组织器官的新陈代谢，从而使机体适应不断变化的外部环境。

14.1 物质代谢的关系

糖类、脂类、蛋白质及核酸是机体最重要的组成成分，参与机体主要能量及物质代谢。虽然具有各自独立的代谢途径，但各种物质的代谢相互联系、相互制约（图 14-1）。其中，糖酵解（EMP）途径和三羧酸（TCA）循环是沟通代谢关系的中枢代谢途径。此外，在一定条件下，各物质可以转化。以下分别讨论了糖类、脂类、蛋白质和核酸 4 种主要物质代谢的关系。

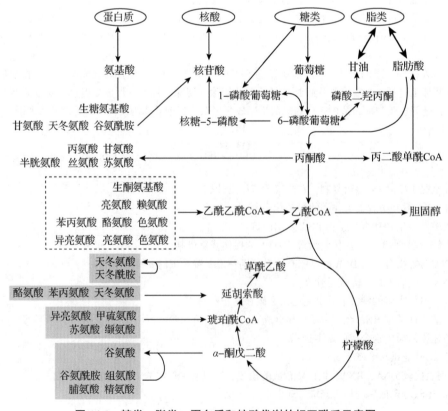

图 14-1 糖类、脂类、蛋白质和核酸代谢的相互联系示意图

14.1.1　糖类代谢与蛋白质代谢的关系

14.1.1.1　氨基酸代谢产物转变为糖

构成人体蛋白质的 20 种氨基酸中，除生酮氨基酸(亮氨酸和赖氨酸)外，其他 18 种氨基酸可通过脱氨基作用生成丙酮酸、α-酮戊二酸、琥珀酰 CoA、延胡索酸及草酰乙酸等糖代谢中间产物。这些中间产物可进一步通过糖异生途径转变生成糖。当机体缺乏糖类摄入(如饥饿)时，蛋白质的分解会加强，以满足机体对葡萄糖的需求，并维持血糖水平的稳定。

14.1.1.2　糖代谢产物转变为非必需氨基酸

糖代谢的中间产物可以转变为非必需氨基酸，如丙酮酸、草酰乙酸和 α-酮戊二酸可通过转氨作用转化为丙氨酸、天冬氨酸和谷氨酸。谷氨酸可以进一步转化为脯氨酸、羟脯氨酸、组氨酸、精氨酸及其他氨基酸。但苏氨酸、甲硫氨酸、赖氨酸、亮氨酸、异亮氨酸、缬氨酸、苯丙氨酸及色氨酸 8 种必需氨基酸则不能通过糖代谢中间产物转化而来。

14.1.2　糖类代谢与脂类代谢的相互关系

14.1.2.1　糖类代谢产物转变成脂类

糖类和脂类都是以碳氢元素为主的化合物，它们在新陈代谢中密切相关。一般来说，当糖供应充足或超过机体需要时，糖可以转化为脂肪并大量储存。糖酵解产生的磷酸二羟丙酮，可还原为 3-磷酸甘油。磷酸二羟丙酮还可以通过糖酵解继续形成丙酮酸。丙酮酸在氧化脱羧后转化为乙酰 CoA。乙酰 CoA 是合成胆固醇和脂肪酸的原料。脂肪酸和胆固醇合成所需的 NAD-PH 通过磷酸戊糖途径提供，因此，三酰甘油的每个碳原子都可以由糖转化而来。糖转化为脂肪的代谢过程在植物、动物和微生物中很常见。例如，油料作物种子中的脂肪积累，以及用含有大量糖分的饲料喂养牲畜，可以获得肥育牲畜的效果。此外，一些酵母在含糖培养基中培养，细胞中合成的脂肪可达到干重的 40%。这些都是糖转化为脂肪的典型例子。

14.1.2.2　脂类代谢产物转变成糖类

脂肪分解产物也可以转化为糖。脂肪分解产生的甘油和脂肪酸可以以不同的方式转化为糖。甘油通过磷酸化转化为 α-磷酸甘油，再转化为磷酸二羟丙酮，最后通过糖酵解的逆反应形成糖。脂肪酸氧化生成乙酰 CoA，乙酰 CoA 在植物或微生物中通过乙醛酸循环生成琥珀酸，然后通过三羧酸循环生成草酰乙酸，最后通过糖异生成糖。由于三羧酸循环不能在人类和动物体内完成，脂肪酸也不能转化为糖。因此，对于人类和动物来说，只有脂肪中的甘油部分可以转化为糖。由于甘油占脂肪的量相对很少，因此甘油转化成的糖数量有限。然而，脂肪酸的氧化和利用可以减少对糖的需求。当糖供应不足时，脂肪可以代替糖提供能量，这样血糖浓度就不会下降太多。

14.1.2.3　能量相互利用

糖类和脂肪代谢可以完成能源使用。磷酸戊糖途径产生的 NADPH 可直接用于合成脂肪酸，脂肪分解产生的能量还可以用于合成糖。当机体处于饥饿，糖供应不足、糖代谢紊乱状态或胰岛素缺乏、胰岛素拮抗激素(如胰高血糖素、儿茶酚胺、生长激素等)增加时，促进脂肪分解代谢供能。但同时造成酮体生成增加，当酮体生成超过组织利用和肾脏排泄时，血液酮体浓度显著增加，最终引起高血压酮症。

14.1.3　蛋白质代谢和脂类代谢的关系

14.1.3.1　蛋白质转变为脂肪、胆固醇

构成蛋白质的所有氨基酸都可以在动物体内转变为脂肪。生糖氨基酸、生酮氨基酸(亮氨

酸、赖氨酸)以及生酮兼生糖氨基酸(如异亮氨酸、苯丙氨酸、色氨酸和酪氨酸)可以代谢生成乙酰 CoA。乙酰 CoA 经还原缩合反应可合成脂肪酸,然后合成脂肪。氨基酸分解产生的乙酰 CoA 也可用于合成胆固醇。

14.1.3.2 氨基酸参与磷脂合成

氨基酸也可用作合成磷脂的原料。例如,丝氨酸经脱羧后转变为乙醇胺,乙醇胺经甲基化后转变为胆胺。从 S-腺苷蛋氨酸接收甲基后,胆胺进一步形成胆碱。丝氨酸、乙醇胺和胆碱分别是合成丝氨酸磷脂、脑磷脂和卵磷脂的原料。

14.1.3.3 脂肪代谢产物转变为非必需氨基酸

脂肪经酶促水解生成甘油和脂肪酸,甘油可进一步转化为丙酮酸,丙酮酸进一步代谢成草酰乙酸、α-酮戊二酸后,再接受氨基转变为天冬氨酸和谷氨酸。脂肪酸经 β-氧化生成乙酰 CoA,经三羧酸循环生成 α-酮戊二酸,α-酮戊二酸接受氨基可转变为谷氨酸,进一步可再转化为其他氨基酸。由于生成 α-酮戊二酸的过程需要由蛋白质和糖产生的草酰乙酸,所以脂肪转变成氨基酸的数量是有限的。此外,在一些微生物和油料作物中,存在乙醛酸循环,乙酰 CoA 可通过乙醛酸循环转变为琥珀酸,经由三羧酸循环生成草酰乙酸,从而促进脂肪酸反应合成氨基酸。

14.1.4 核酸与其他物质代谢的关系

核酸是细胞中重要的遗传物质,通过控制蛋白质的合成来影响细胞的成分和代谢类型。虽然核酸不是重要的能量供体,但许多核苷酸在代谢中起着重要作用。糖代谢中,磷酸戊糖途径产生的戊糖是核苷酸生物合成的重要原料。糖异生途径需要 ATP,糖合成需要 UTP。因此,核苷酸与糖代谢密切相关。脂肪酸和脂肪的合成需要 ATP,磷脂的合成需要 CTP。因此,核苷酸也与脂肪代谢密切相关。氨基酸是体内合成核酸的重要原料。例如,嘌呤生物合成是以与核糖磷酸结合的形式由氨(通过天冬氨酸、谷氨酰胺)、甘氨酸、甲酸和 CO_2 所合成的。同时,磷酸核糖由磷酸戊糖途径提供。磷酸戊糖途径,也称为磷酸己糖支路,提供核糖-5-磷酸和 $NADPH+H^+$,其中核糖-5-磷酸用于核酸生物合成。此外,核苷酸在调节代谢方面也起着重要作用。ATP 是能量货币和转移磷酸基团的主要分子。UTP 参与单糖的转化和多糖的合成,CTP 参与磷脂的合成,GTP 参与蛋白质多肽链的生物合成。许多重要的辅酶辅因子,如辅酶 A、NAD^+ 和 FAD,是腺嘌呤核苷酸的衍生物,参与酶的催化作用。环核苷酸(如 cAMP 和 cGMP),作为细胞内信号分子(第二信使)参与细胞信号转导。

14.2 物质代谢调节与控制

代谢调节普遍存在于生物界,是生物体在长期进化过程中形成的适应环境变化的能力。在漫长的生物进化过程中,机体的结构、代谢和生理功能越来越复杂,代谢调控机制也越来越复杂。高等生物代谢调节主要包括细胞水平调节、激素水平调节和以中枢神经系统为主的整体水平调节。代谢调节的实质是统一指挥、组织体内的酶,相互配合,使整个代谢过程适应生理活动的需要。一旦这种调节不足以协调各种物质代谢之间的平衡,不能满足机体内外环境变化的需要,就会导致细胞和机体的功能障碍,从而导致疾病的发生。

14.2.1 酶的区域化定位

细胞具有精细的区域化或各种细胞器,催化不同代谢途径的酶通常形成各种多酶系统。它分布在细胞的特定区域或亚细胞结构中，因此不同的代谢途径在细胞的不同区域进行，这种现象称为酶区域化。例如，核膜上有大量的酶，它们与糖代谢、脂代谢、蛋白质代谢、核酸运输、复制、转录、加工及修饰有关。这些酶嵌入核膜或结合到膜表面，有利于各种反应的定向进行。细胞质中存在糖酵解、糖异生、磷酸戊糖途径、糖、脂、氨基酸及核苷酸生物合成等酶系。粗面内质网与蛋白加工有关，滑面内质网与糖类和脂类的合成有关，细胞磷脂和胆固醇几乎都是由内质网酶合成的。三羧酸循环、β-氧化、氨基酸分解等酶类定位于线粒体。主要的水解酶类酶系存在于溶酶体中。大多数用于核酸合成的酶系统集中在细胞核中。

细胞内多酶系统的区域化为酶水平的调节创造了有利条件，使一些调节因子可以特异性地影响细胞某一部分的酶活性，而不影响其他部分的酶活性。这种酶的区隔分布可以避免不同代谢途径之间的干扰，使同一代谢途径中的一系列酶反应能够更顺利、更连续地进行，不仅提高了代谢途径的速度，而且有利于调控。表 14-1 列出了细胞内主要代谢途径(多酶系统)的区域分布。

表 14-1 主要代谢途径(多酶系统)的区域分布

多酶体系	分布	多酶体系	分布
DNA 及 RNA 合成	细胞核	糖酵解	细胞质
蛋白质合成	内质网、细胞质	戊糖磷酸途径	细胞质
糖原合成	细胞质	糖异生	细胞质
脂酸合成	细胞质	脂酸 β-氧化	线粒体
胆固醇合成	内质网、细胞质	多种水解酶	溶酶体
磷脂合成	内质网	三羧酸循环	线粒体
血红素合成	细胞质、线粒体	氧化磷酸化	线粒体
尿素合成	细胞质、线粒体	呼吸链	线粒体

14.2.2 酶活性的调节

生物体的代谢途径通常由一系列酶促反应组成，其反应速率和方向由其中一个或几个具有调节作用的酶所决定。这些具有调控作用的酶称为关键酶(key enzymes)或调控酶(regulatory enzymes)。关键酶具有 3 个特点：①活性低，它催化的反应速度最慢，限制了该途径的总速度，因此也称为限速酶；②催化单向反应，它往往催化单向反应，其活性决定整个代谢途径的方向；③它经常受到多种效应物(如底物和代谢产物)的调控。

代谢调节主要是通过调节关键酶的活性来实现的。酶调节细胞代谢主要有两种途径：①通过激活或抑制改变细胞内已有酶的活性；②影响酶分子的合成或降解来改变酶分子的含量。这种酶水平的调节机制是代谢最本质的调节。酶活性调控主要包括酶原激活、共价修饰、变构调节、酶的聚合和解聚调节及酶的反馈调节等。

14.2.2.1 酶原激活

有些酶在细胞中合成或分泌时没有活性，只有在一定条件下水解一个或几个特定的肽键来改变它们的构象，才能表现出酶的活性。这种没有活性的酶的前体称为酶原。某种物质作用于酶原使之转变成有活性的酶的过程称为酶原激活。酶原激活具有重要的生理意义：一方面，它确保合成酶的细胞不被蛋白酶消化和破坏；另一方面，使酶在特定的生理条件和特定的部位被激活并发挥其生理作用。

14.2.2.2 酶的化学修饰

蛋白肽链中的一些残基在酶的催化下发生可逆共价修饰(covalent modification)，导致酶活性的变化，这种调节称为酶的化学修饰。酶的化学修饰包括磷酸化和去磷酸化、乙酰化和脱乙酰化、甲基化和去甲基化、腺苷化和脱腺苷化以及—SH 和—S—S—互变异构（表 14-2）。其中，以磷酸化和去磷酸化最为常见。酶蛋白分子中丝氨酸、苏氨酸和酪氨酸的羟基是磷酸化修饰位点，在蛋白激酶（protein kinase）催化下，ATP 提供磷酸基团和能量，完成磷酸化；在磷酸酶（phosphatase）催化下，发生水解反应，形成去磷酸化（图 14-2）。化学修饰的特点如下：①在修饰过程中，酶活性变化为两种状态，即非活性（或低活性）和活性（或高活性）；②共价修饰的互变是由不同的酶催化的；③属于酶活性的快速调节；④同一种酶可以同时通过变构调节和化学修饰进行调节，并与激素调节偶联，形成由信号分子（激素等）、信号转导分子和效应分子（受化学修饰调节的关键酶）组成的级联反应，从而使细胞内酶活的调节更加精细协调。

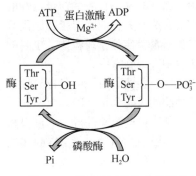

图 14-2　酶的磷酸化和去磷酸化

表 14-2　酶的化学修饰及活性变化

酶	化学修饰类型	酶活性改变
糖原磷酸化酶	磷酸化/脱磷酸	激活/抑制
磷酸化酶 b 激酶	磷酸化/脱磷酸	激活/抑制
糖原合酶	磷酸化/脱磷酸	抑制/激活
丙酮酸脱羧酶	磷酸化/脱磷酸	抑制/激活
磷酸果糖激酶	磷酸化/脱磷酸	抑制/激活
丙酮酸脱氢酶	磷酸化/脱磷酸	抑制/激活
HMG-CoA 还原酶	磷酸化/脱磷酸	抑制/激活
HMG-CoA 还原酶激酶	磷酸化/脱磷酸	激活/抑制
乙酰 CoA 羧化酶	磷酸化/脱磷酸	抑制/激活
脂肪细胞三酰甘油脂肪酶	磷酸化/脱磷酸	激活/抑制
黄嘌呤氧化脱氢酶	SH/—S—S—	脱氢酶/氧化酶

14.2.2.3　酶的变构调节

小分子化合物特异性地结合到酶分子活性中心以外的部分，引起酶蛋白分子的构象变化，从而改变酶的活性。这种调节称为变构调节或别构调节（allosteric regulation）。这种受调节的酶称为变构酶或别构酶（allosteric enzyme）。变构酶通常是代谢途径的起始关键酶。引起酶变构效应的物质称为变构效应剂（allosteric effector）。其中，变构激活剂是增加酶活性的变构效应剂，变构抑制剂是降低酶活性的变构效应剂。变构酶通常是代谢途径的起始关键酶，而变构效应剂通常是代谢途径的最终产物，且变构效应剂通常通过反馈（包括正反馈和负反馈）来调节代谢起始关键酶。例如，天冬氨酸氨甲酰转移酶是嘧啶核苷酸合成途径初始阶段的一种酶，该合成途径最终产物三磷酸胞苷（CTP）则作为一种变构抑制剂对天冬氨酸氨甲酰转移酶进行反馈抑制。表 14-3 列出了常见的变构酶和变构效应剂。

变构酶一般为多亚基构成的聚合体，通常有两个以上的底物结合位点。当底物与亚基的活性中心结合时，可以通过改变相邻亚基的构象来改变其对配体的亲和力，这种效应称为变构酶的协同效应（cooperative effect）。如果其他亚基的活性中心与底物之间的结合能力增强，则称为正协同效应（positive cooperative effect）。在大多数情况下，底物对其变构酶的作用表现出正协

表 14-3 主要代谢途径中的别构酶及其效应剂

代谢途径	别构酶	别构激活剂	别构抑制剂
糖酵解	磷酸果糖激酶-1	2,6-二磷酸果糖、AMP、ADP、1,6-二磷酸果糖	柠檬酸、ATP
	丙酮酸激酶	1,6-二磷酸果糖、ADP、AMP	ATP、丙氨酸
	己糖激酶		6-磷酸葡萄糖
丙酮酸氧化脱羧	丙酮酸脱氢酶复合体	AMP、CoA、NAD、ADP、AMP	ATP、乙酰 CoA、NADH
三羧酸循环	柠檬酸合酶	乙酰 CoA、草酰乙酸、ADP	柠檬酸、NADH、ATP
	α-酮戊二酸脱氢酶复合体		琥珀酰 CoA、NADH
	异柠檬酸脱氢酶	ADP、AMP	ATP
糖原分解	糖原磷酸化酶(肌)	AMP	ATP、6-磷酸葡萄糖
	糖原磷酸化酶(肝)		葡萄糖、1,6-二磷酸果糖、1-磷酸果糖
糖异生	丙酮酸羧化酶	乙酰 CoA	AMP
脂肪酸合成	乙酰 CoA 羧化酶	乙酰 CoA 柠檬酸异柠檬酸	软脂酰 CoA、长链脂酰 CoA
氨基酸代谢	谷氨酸脱氢酶	ADP、GDP	ATP、GTP
嘌呤合成	PRPP 酰胺转移酶	PRPP	IMP、AMP、GMP
嘧啶合成	氨基甲酰磷酸合成酶Ⅱ		UMP

同效应,但有时,当底物与一个亚基的活性中心结合后,其他亚基的活性中心与底物的结合会减少,表现出负协同效应(negative cooperative effect)。例如,3-磷酸甘油醛脱氢酶与 NAD^+ 的结合是一种负协同效应。如果是同种配体所产生的影响,则称为同促协同效应。如果是不同配体之间产生的影响则称为异促协同效应。

变构调节是细胞水平调节中常见的一种快速调节,具有重要的生理意义。代谢终产物可反馈抑制反应途径中的酶,致使终产物不会产生太多。ATP 可以通过变构抑制磷酸果糖激酶、丙酮酸激酶和柠檬酸合成酶,从而抑制糖酵解、有氧氧化和三羧酸循环,使 ATP 的生成不致过多,避免浪费,使能量得以有效利用。此外,变构调节协调不同的代谢途径,维持整体代谢稳态。例如,当三羧酸循环活跃时,异柠檬酸增加,ATP/ADP 比率增加。ATP 可变构抑制异柠檬酸脱氢酶,异柠檬酸变构激活乙酰 CoA 羧化酶,从而抑制三羧酸循环,促进脂肪酸合成。

14.2.2.4 酶的聚合与解聚调节

在大多数情况下,酶与一些小分子调节剂结合,引起酶的聚合和解聚,实现酶的活性和非活性状态之间的相互转换,这是一种非共价组合。一些寡聚酶通过亚基的聚合和解聚表现出不同的催化活性,从而调节代谢。例如,碱性磷酸酶的两个亚基在聚合时表现出催化活性,在解离过程中,构象发生变化而没有活性。又如 cAMP 与蛋白激酶的调节亚基结合,改变构象,解离出催化亚基,并显示催化活性,当催化亚基与调节亚基聚集时,则无催化活性。

14.2.2.5 酶的前馈和反馈调节

前馈和反馈是来自电子工程的术语。前者指"投入对产出的影响",后者指"产出对投入的影响"。它们分别用于说明底物和代谢物对代谢过程的调节作用(图 14-3)。在一个系统中,系统本身的工作效果,反过来又作为信息调节该系统的工作,

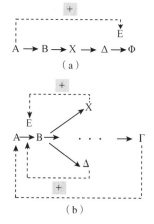

图 14-3 酶的前馈和反馈调节
(a)酶的前馈;(b)酶的反馈

这种调节方式叫作反馈调节(生物学)。在生物化学中,反馈调节指代谢反应的终产物(或某些中间产物)对生物化学反应关键酶的影响。下丘脑在大脑皮层的影响下,通过垂体调节和控制某些内分泌腺体激素的合成和分泌。激素进入血液后,可以反过来调节与下丘脑和垂体相关的激素的合成和分泌。这是机体维持内部环境稳态的重要途径。这种调节可以是正调节,也可以是负调节,其调节机制是通过酶的变构效应来实现的。

(1)前馈激活

前馈激活是指代谢途径中的一种酶被该途径前面产生的代谢物激活的现象。它是指在一个反应序列中,前面的代谢物可以激活后面的酶,促进反应向前进行。例如,在糖原合成中,6-磷酸葡萄糖是糖原合成酶的变构激活剂,可促进糖原的合成(图14-4)。

图 14-4　糖原的合成

(2)反馈抑制

反馈抑制指由代谢终产物作为变构剂来抑制在此产物合成过程中某一酶(通常为限速酶)活性的作用。这是一种负反馈机制,产物本身在反馈抑制中起调节作用。当产物较少时,关键酶活性增加,整个途径的速度加快,产物增多;当产物过多时,会发生反馈抑制,从而减慢合成速度并减少产物。同时,调节中的受控酶是起始酶,而不是催化后续反应的其他酶,因此可以避免反应中间体的积累,有利于原料的合理利用,节约机体能量。这是一种非常经济的调控模式,反馈抑制有多种形式,具体如下:

①单价反馈抑制　在线性代谢途径中,单一的末端产物反馈抑制催化关键步骤的酶(图14-5)。

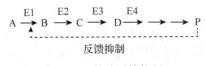

图 14-5　单价反馈抑制

②顺序反馈抑制　终产物 X 和 Y 首先分别抑制各支路上的第一种酶,从而积累中间产物 D。然后,共同途径中的第一种酶被中间产物 D 反馈抑制,如图14-6所示。顺序反馈抑制主要存在于芳香族氨基酸的合成中。

③协同反馈抑制　由两个或多个终产物产生的对一种酶的反馈抑制。其中,某个终产物单独过量时,只抑制其分支反应速度,当所有终产物达到一定浓度后才对共同途径的第一个酶活性产生抑制(图14-7)。

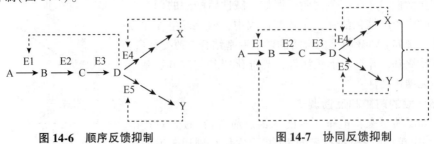

图 14-6　顺序反馈抑制　　　图 14-7　协同反馈抑制

④同工酶反馈抑制　同工酶是一种能催化同一生化反应,但酶蛋白分子结构不同的酶。在分支代谢途径中,如果分支点之前的反应由多个同工酶催化,则分支代谢的多个终产物通常会

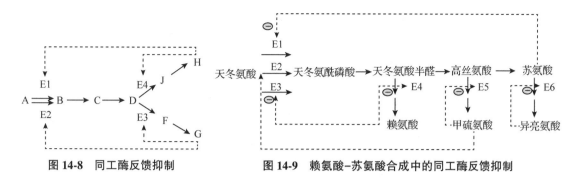

图 14-8　同工酶反馈抑制　　　　图 14-9　赖氨酸-苏氨酸合成中的同工酶反馈抑制

分别抑制这些同工酶(图 14-8)。同工酶反馈抑制主要是在赖氨酸-苏氨酸的合成中(图 14-9)。

　　⑤累积反馈抑制　多个终产物中，任何一种过量都可以单独或部分抑制共同途径中前面的关键酶(E_1)，并且每个终产物对共同关键酶的抑制具有累积效应。只有当它们一起达到一定浓度时，才能产生最大的抑制作用，如图 14-10 所示。谷氨酰胺合成酶受到各种终产物的累积反馈抑制，如图 14-11 所示。

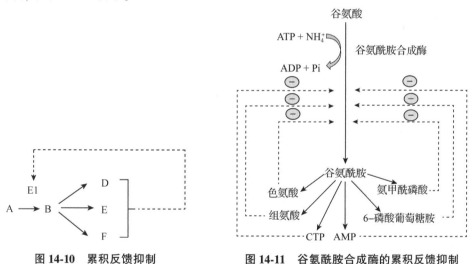

图 14-10　累积反馈抑制　　　　图 14-11　谷氨酰胺合成酶的累积反馈抑制

14.2.2.6　酶辅助因子的调节

　　细胞中的许多代谢反应都需要辅助因子和提供能量的分子(如 ATP)参与。因此，辅助因子和能荷也会影响酶促反应的进程，从而在代谢调节中发挥作用。

　　(1)NAD$^+$/NADH 对代谢的调节

　　NAD$^+$(辅酶Ⅰ)的还原形式为 NADH。NADH 在分解代谢反应中产生，并通过电子传递链获得能量。NADP$^+$(辅酶Ⅱ)的还原形式是 NADPH。NADPH 主要用于合成代谢和作为抗氧化剂。它主要在动物细胞磷酸戊糖途径的氧化阶段中产生。NAD$^+$和 NADH 参与细胞的能量代谢和氧化还原反应。NAD$^+$和 NADH 的比例会影响代谢速度。在细胞中，NAD$^+$/NADH 较高(比值可达 700)，而 NADP$^+$/NADPH 较低(正常比值 0.005)。更多的 NAD$^+$被用作分解代谢的氧化剂，更多的 NADPH 被用作合成代谢的还原剂。磷酸基团的存在使 NADPH 和 NADH 的空间构象不同，它们可以与不同的酶结合。因此，细胞可以独立调节两种代谢的电子供应。例如，当糖的有氧氧化过快时，NAD$^+$/NADH 比值降低，NADH 含量增加，对磷酸果糖激酶、异柠檬酸脱氢酶和 α-酮戊二酸脱氢酶具有抑制作用，可以降低糖的消耗率。谷氨酸棒杆菌在糖质原料合成 L-丝氨酸的过程中产生两个 NADH，而 L-丝氨酸的合成过程不涉及 NAD$^+$的产生。

NADH/NAD⁺比值的不平衡可能会影响菌株的生长和产酸能力。

（2）能荷的调节

能荷调节，也称为腺苷酸调节，指细胞通过调节 ATP、ADP 和 AMP 两者或三者之间的比例来调节其代谢活动。当能荷较低时，ATP 的酶合成系统被激活，ATP 的消耗酶系统被抑制。这表明低能荷促进 ATP 的产生，主要是促进糖酵解、三羧酸循环及氧化磷酸化等过程。相反，当能荷较高时，这些通路被抑制。例如，高浓度的 ATP 抑制了磷酸果糖激酶的活性。当 ADP 和 AMP 浓度较高时，磷酸果糖激酶活性被激活。能荷还可以调节能量代谢反应的氧化磷酸化强度。当细胞生长旺盛时，它们消耗大量 ATP，产生 ADP，并加速氧化磷酸化。当 ATP 浓度增加到一定值时，会抑制氧化磷酸化的强度。通过这种调节，细胞内的能荷处于一定范围内，维持机体代谢平衡。

（3）金属离子及其他

酶的常见辅助因子包括金属离子和一些小相对分子质量的有机化合物。常见的金属离子包括 Zn^{2+}、Mg^{2+}、Fe^{3+} 和 Cu^{2+}。例如，醇脱氢酶含有 Zn^{2+}，精氨酸酶含有 Mn^{2+}，多酚氧化酶含有 Cu^{2+} 等。金属离子作为辅助因子的功能包括：稳定酶蛋白的活性构象；参与酶的活性中心；连接酶与底物之间的桥梁；中和阴离子。

14.2.3　酶合成的调节

酶合成调节通过调节酶的合成量来完成。这是一种粗调，它主要发生在遗传学水平上，即基因转录水平上。一方面，生物体可以合成正常生长发育所需的酶；另一方面，当环境发生变化时，生物体也能合成与之相应的酶。生物生长发育过程中，基因表达可以按照一定的时间程序发生变化，并随着内外部环境条件的变化进行调节，这就是基因表达的时序调节和适应调节。蛋白酶基因表达的调控可以在不同的分子水平上进行。酶生物合成的调控包括转录水平的调节、转录产物的加工调节、翻译水平的调节、翻译产物的加工调节及酶降解的调节等。任何环节的异常都会影响基因表达水平，其中转录起始是基因表达最基本的控制点。

14.2.3.1　原核生物的表达调控

除个别基因外，原核生物中的大多数基因都是按功能相关性成簇地聚集在染色体上的，形成一个转录单元——操纵子。操纵子通常由两个以上的编码序列与启动序列、操纵序列以及其他调节序列在基因组中成簇串联组成（图 14-12）。1961 年，Jacob 和 Monod 提出了操纵子模型，成功地解释了酶的诱导和阻遏，并于 1965 年获得诺贝尔奖。原核基因的协调表达是通过调控单个启动序列的活性来实现的。操纵子只包含一个启动子序列和几个可转录的编码基因，通常有 2~6 个编码基因。在同一启动序列的控制下，可以转录多个顺反子。原核生物中的大多数基因表达调控是通过操纵子机制实现的。下面以乳糖操纵子（*lac* 操纵子）和色氨酸操纵子（*trp* 操纵子）为例说明其调控机制。

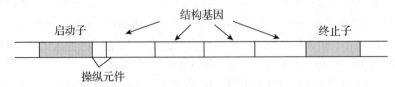

图 14-12　操纵子结构示意图

（1）乳糖操纵子

乳糖操纵子是参与乳糖分解的基因群，由乳糖系统的阻遏物和操纵序列组成。在大肠埃希菌乳糖操纵子中，β-半乳糖苷酶、半乳糖苷通透酶和半乳糖苷转酰酶的结构基因分别按 Z、Y 和 A 的顺序排列在质粒上。在 Z 上游有操纵序列 O，更前面有启动子 P。编码乳糖操纵系统中阻遏物的调节基因 I 位于启动子 P 上游的邻近位置(图 14-13)。

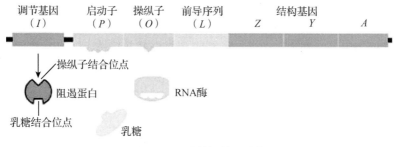

图 14-13 乳糖操纵子结构

乳糖操纵子是一种典型的可诱导操纵子。其转录起始受降解物基因活化蛋白(catabolite gene activator protein，CAP)和阻遏蛋白的调控，即正调控和负调控。如果没有调节蛋白，则结构基因的活性是关闭的，加入调节蛋白后，结构基因的活性被开启。这种控制系统称为正性调节。CAP 蛋白是一种由 cAMP 控制的分解代谢物基因活化蛋白，cAMP 结合于 CAP，使 CAP 与 DNA 结合，促进 RNA 聚合酶与启动子结合，转录被激活。lac 操纵子的正性调节与 CAP 直接相关。当没有 cAMP 时，CAP 处于非活性状态。当 CAP 与 cAMP 结合时，CAP 的构象发生变化，成为活性形式的 cAMP-CAP，从而提高对 DNA 位点的亲和力，激活 RNA 聚合酶并促进结构基因的表达(图 14-14)。

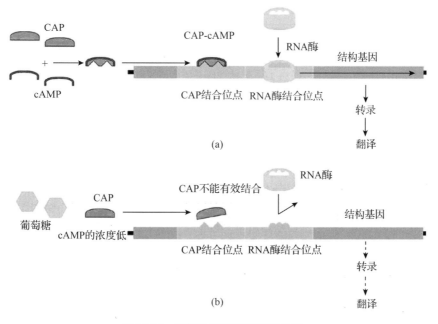

图 14-14 乳糖操纵子的正调控机制

(a)培养基中无葡萄糖；(b)培养基中有葡萄糖

当乳糖存在时，一小部分乳糖可以产生异乳糖。阻遏蛋白的每个亚单位可以与一分子异乳糖结合，以改变阻遏蛋白的构象，并使阻遏蛋白失活。失活的阻遏蛋白不能与操纵元件结合，导致半乳糖苷酶、半乳糖苷通透酶和半乳糖苷转乙酰酶的合成。如果阻遏蛋白已与操纵元件结合，异乳糖也可与阻遏蛋白结合，并将其与 DNA 解离，这是乳糖操纵子的负调控机制（图 14-15）。实验中常用的诱导剂是异丙基硫代半乳糖苷（isopropyl thiogalactoside, IPTG），它是乳糖和异乳糖的类似物。可以诱导乳糖操纵子的表达，但本身不进行代谢。

乳糖操纵子阻遏蛋白的负调控和 CAP 的正调控协同作用。当阻遏蛋白阻遏转录时，CAP 不能在该系统中发挥作用。然而，如果没有 CAP 来增强转录活性，即使阻遏蛋白从操纵序列上解离，它仍然几乎没有转录活性。可以看出，这两种机制是相辅相成、相互协调、相互制约的。由于野生型 *lac* 启动子的作用很弱，CAP 是必不可少的。

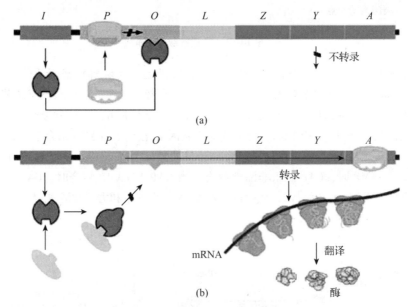

图 14-15　乳糖操纵子的负调控机制
(a)培养基中无乳糖；(b)培养基中有乳糖

（2）色氨酸操纵子

色氨酸操纵子通过阻遏作用和衰减作用抑制基因表达。大肠埃希菌色氨酸操纵子（trp operon）是用来编码生成色氨酸的元件之一。当环境中存在足够的色氨酸时，它将不会被使用。当无色氨酸存在于细胞中时，阻遏蛋白不能与操作序列结合，因此色氨酸操纵子是开放的，结构基因可以被表达。当细胞中的色氨酸浓度较高时，色氨酸作为辅阻遏物与阻遏蛋白形成复合物，并与操作序列结合，关闭色氨酸操纵子，停止表达用于合成色氨酸的各种酶。

大肠埃希菌的色氨酸操纵子结构简单，也是研究最清楚的操纵子。色氨酸操纵子的结构基因（*E*、*D*、*C*、*B*、*A*)编码 5 种酶，在色氨酸合成代谢过程中发挥作用。调节色氨酸操纵子的表达有两种方式，一种是通过阻遏蛋白的负调控作用，另一种是通过衰减子作用。色氨酸操纵子的阻遏蛋白是一种由两个亚基组成的二聚体蛋白。当无色氨酸时，阻遏蛋白不能与操纵元件结合，并且对转录没有抑制作用。当细胞中存在大量色氨酸时，阻遏蛋白和色氨酸形成复合物，可与操纵元件结合并抑制转录（图 14-16）。衰减子模型可以更好地解释某些氨基酸生物合成的调节机制。尽管阻遏和衰减机制都在转录水平上受到调控，但它们的作用机制完全不同。阻遏控制转录的起始，而衰减控制转录起始后是否能继续。

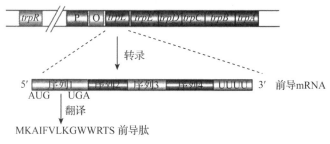

图 14-16 色氨酸操纵子的结构

14.2.3.2 真核生物的基因表达调控

真核生物的基因表达调控比原核生物的基因表达调控复杂得多。真核基因表达调控是一种多水平的调控，包括 DNA 水平的调控、转录水平的调控、转录后水平的调控、翻译水平的调控、翻译后水平的调控。在上述过程的各个环节中，基因表达都可以被干预，使基因表达调控呈现出多层次、综合协调的特点。

（1）DNA 水平的调控

DNA 水平的调控主要是指通过染色体 DNA 断裂、删除、扩增、重排、修饰（如甲基化和去甲基化、乙酰化和去乙酰化）以及染色质结构变化，改变基因的数量、结构顺序和活性，从而调控基因的表达和转录水平。这种调节机制包括基因扩增、重排或化学修饰（如 DNA 甲基化和去甲基化），其中一些是可逆的。

（2）转录水平的调控

转录水平调控是真核基因表达调控的重要环节。转录水平的调控包括染色质活化和基因激活。DNA 以染色质的形式组装在细胞核中，其携带的遗传信息的表达直接受到染色质结构的影响。通过染色质改型、组蛋白乙酰化和 DNA 去甲基化，以便被酶和调节蛋白作用。大多数真核基因调控机制涉及编码基因附近的非编码 DNA 序列——顺式作用元件（cis-acting elements）。顺式作用元件是转录起始的关键调控位点。根据顺式作用元件在基因中的位置、转录激活的性质和作用方式，功能元件可分为启动子及应答元件、转座元件、增强子和抑制子，并受反式作用因子的调节。反式作用因子包括碱性转录因子、上游转录因子和转录调节因子。

①真核基因表达调控的顺式作用元件 顺式作用元件是指与结构基因串联的特定 DNA 序列，是转录因子的结合位点。它们通过与转录因子结合来调节基因转录的精确起始和效率。顺式作用元件包括启动子（promoter）、增强子（enhancer）、沉默子（silencer）和绝缘子（insulator）。这些顺式作用元件是控制基因转录的基本元件。参与调控基因转录的蛋白质需要与特定的顺式作用元件结合才能发挥调控基因转录的功能。

启动子是 RNA 聚合酶识别、结合和开始转录的一段 DNA 序列，启动子本身不被转录。原核基因的启动子通常只有两个元件，TATA-10 位置的 TATA 框（TATA box）和-35 位置的 TTGA-CA 框（TTGACA box）。真核基因的启动子由 3 个元件组成，包括：a.TATA 框，中心在-25～-30，长度约为 7 bp，是 RNA 聚合酶Ⅱ识别和结合位点。它富含 AT 碱基，通常为 8 bp，改变其中任何一个碱基都会显著降低转录活性。如果没有 TATA 框，转录可能在许多位点开始。TATA 框的改变或缺失直接影响 DNA 与酶的结合程度，会使转录起始点偏移。b.CAAT 框（CAAT box），位于-70～-80 位置，共有序列 GGCC(T)CAATCT，它可以在距离起始点很远的地方发挥作用，并且在两个方向上发挥作用，决定基因的基本转录效率。如兔的 β 珠蛋白基因的 CAAT 框变成 TTCCAATCT，其转录效率仅为原基因的 12%。c.GC 框（GC box），在 CAAT 框的上游，序列为 GGGCGG，与一些转录因子结合。CAAT 框和 GC 框均为上游序列，对转录起始频率有很大影响。一些真核基因有两个或两个以上的启动子在不同的细胞中表达。不同的启动子可以产生不同的初级转录产物和不同的蛋白质编码序列。

增强子是一小段能与蛋白质结合的 DNA。增强子位于基因的上游或下游。增强子是一种远端调控元件，位于转录起始点上游至少 100 bp 处，因此也称为上游激活序列。与启动子一样，它由一个或多个具有不同特征的 DNA 序列组成。通常由 8~12 bp 的核心序列和其他序列交替排列。增强子通常具有以下特征：它们可以在转录起始点的 5′ 或 3′ 侧起作用；相对于启动子的任一指向均能起作用；发挥作用与受控基因的距离无关；对异源性启动子也发挥作用；通常有一些短的重复序列。增强子可分为细胞特异性增强子和诱导性增强子。其中，特异性增强子的增强效应具有很高的组织细胞特异性，只有在特定转录因子(蛋白质)的参与下才能发挥其功能；而诱导性增强子发挥活性时通常涉及特定的启动子。例如，金属硫蛋白基因可以在多种组织和细胞中转录，并且可以被类固醇激素、锌、镉和生长因子诱导。

沉默子位于结构基因附近，可以降低基因启动子的转录活性，这与增强子的作用相反。沉默子是一种负性调控元件，在组织细胞特异性或发育阶段特异性基因转录调控中起重要作用。

②真核基因表达调控的反式作用因子　反式作用因子(trans-acting factor，TAF)：一种蛋白质因子，由位于不同染色体或同一染色体距离较远的基因编码。因为反式作用因子包含与特定 DNA 序列结合的结构域，因此也被称为 DNA 结合蛋白(DNA binding protien，DBP)。

反式作用因子一般都具有 3 个不同的功能结构域：a. 与 DNA 结合结构域，即与顺式调控元件结合的部位。对大量转录调控因子结构的研究表明，DNA 结合结构域大多在 100 bp 以下，常见的结构域有以下几种：螺旋-转角-螺旋结构、锌指结构、亮氨酸拉链结构等(图 14-17)。其中，螺旋-转角-螺旋结构是最初在 λ 噬菌体阻遏蛋白中发现的一个 DNA 结合结构域。在阻遏蛋白氨基端有 5 段 α-螺旋，每段螺旋以一定角度连接，其中两段负责同 DNA 结合。锌指结构是一种多肽空间构型，通过将肽链中氨基酸残基的特征基团与 Zn^{2+} 结合，形成"手指"形。具有锌指结构的蛋白质大多是与基因表达调控相关的功能性蛋白质。亮氨酸拉链是由两个两用性 α-螺旋的疏水面(通常含有亮氨酸残基)相互作用形成的圈对圈的二聚体结构。b. 激活基因转录的功能结构域，一般由 20~100 个氨基酸组成，含有很多带负电荷的 α-螺旋，富含谷氨酰胺或者富含脯氨酸。有时一个反式作用因子可能有一个以上的转录激活区。c. 与其他蛋白质因子结合的结构域。不同的反式调控因子(转录因子)与顺式调控元件相互作用，启动转录的效率不同。

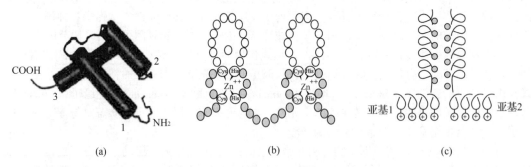

图 14-17　几种反式作用因子常见的结构域
(a)螺旋-转角-螺旋结构；(b)锌指结构；(c)亮氨酸拉链

(3)转录后水平的调控

在真核生物中，蛋白质基因的转录统称为核不均一 RNA(hnRNA)，必须经过加工才能成为成熟的 mRNA 分子。加工过程包括 3 个方面：加帽、加尾和去除内含子。同一个初级转录可以在不同的细胞中以不同的方式剪接加工，形成不同的成熟 mRNA 分子。转录后的内含子剪切过程在基因表达的调节控制中具有重要意义。

(4)翻译水平的调控

在真核生物中，在翻译水平上，一些调控点主要存在于起始阶段和延伸阶段，尤其是在起始阶段。阻遏蛋白和 mRNA 的结合可以阻止蛋白质的翻译，并使成熟的 mRNA 以失活的状态储存。例如，铁蛋白的功能是在细胞中储存铁。铁蛋白 mRNA 的翻译依赖于铁的供应。如果有足够的铁供应，就会有更多的铁蛋白合成。当细胞中没有铁时，阻遏蛋白与铁蛋白 mRNA 结合以阻止翻译。当细胞中存在铁时，阻遏蛋白不与铁蛋白 mRNA 结合，从而允许翻译进行。一些调节性的 mRNA 干扰性互补 RNA（mRNA-interfering complementary RNA，micRNA）和小干扰 RNA（small interfering RNA，siRNA）也可以与 mRNA 相互作用，降解 mRNA 并阻止其翻译。此外，它们还可以控制 mRNA 的稳定性和选择性翻译。

（5）翻译后水平的调控

从 mRNA 到蛋白质的翻译并不意味着基因表达的调控已经结束。直接来自核糖体的线性多肽链没有功能，必须经过加工才能具有活性。在蛋白质的翻译后处理中也有一系列的调节机制。这些加工包括蛋白质折叠、切割及化学修饰等。

①蛋白质折叠　线性多肽链只有从不规则卷曲折叠成特定的功能性三维结构时才具有生物学功能。蛋白质折叠是蛋白质获得其功能结构和构象的过程。

②蛋白酶切割　一些新合成的多肽链包含多个蛋白质分子的序列，这些序列被切割以产生具有不同功能的蛋白质分子。多肽链的切除是在特定蛋白水解酶的作用下完成的。一些膜蛋白和分泌蛋白的氨基端有一段疏水氨基酸序列，称为信号肽，用于细胞中前体蛋白的定位。信号肽必须去除，多肽链才能发挥作用。例如，胰岛素原通过蛋白酶水解，去除内部连接肽（C肽），获得由 51 个氨基酸残基组成的生物活性胰岛素。

③蛋白质的化学修饰　蛋白质的化学修饰包括一级结构修饰和高级结构修饰。一级结构的修饰是对单个氨基酸的修饰，包括羟基化、糖基化、磷酸化、酰化、羧化及甲基化。例如，脯氨酸被羟基化为羟脯氨酸。胶原合成后，一些脯氨酸和赖氨酸残基被羟基化。将 X-Pro-Gly（X代表除 Gly 以外的任何氨基酸）序列中的脯氨酸羟基化为 4-羟脯氨酸。酶、受体、介体及调节器等蛋白质的可逆磷酸化是普遍存在的，在细胞生长和代谢的调节中起着重要作用。磷酸化发生在翻译后，由各种蛋白激酶催化，将磷酸基团连接到丝氨酸、苏氨酸和酪氨酸的羟基上。糖基化（glycosylation）是一种更复杂的修饰，在蛋白质链中添加一些相对分子质量大的糖基。

④切除蛋白质内含子　一些 mRNA 翻译的初始产物也有内含子序列，它们位于多肽链序列的中间。剪接后，蛋白质的外显子才能连接成熟的蛋白质。

14.2.4　激素调节

激素是由多细胞生物的特殊细胞所合成，经体液运输到其他部分，显示特殊生理活性的微量化学物质（表 14-4）。通过激素调控代谢是重要的代谢调节方式。不同的激素产生不同的生物效应，高组织特异性和效应特异性是激素作用的一个重要特征。激素可以与特定组织或细胞（靶组织或靶细胞）受体特异性结合，并通过一系列的信号转导引起代谢变化，发挥代谢调节的作用。由于受体存在的细胞部位和特性不同，激素信号转导途径和生物学效应也不同。激素调节信号转导、基因表达和物质代谢网络相互联系，在器官层面实现了多条代谢途径的整合和调节。

膜受体是存在于细胞膜上的跨膜蛋白。与膜受体特异结合的激素包括胰岛素、生长激素、促性腺激素、促甲状腺激素、甲状旁腺激素、生长因子、肽激素及肾上腺素等。这些激素是亲水性的，不能通过由脂双层组成的细胞膜。它们作为第一信使分子与相应的靶细胞膜受体结合，通过跨膜传递将携带的信息传递给细胞，第二信使逐步放大信号，产生代谢调节作用。细胞内受体激素，包括类固醇类（如性激素、孕激素）和氨基酸衍生类（如甲状腺素和肾上腺素）。在血液中，类固醇激素或甲状腺激素主要通过与一些血浆蛋白结合来运输。当血液循环通过靶细胞时，游离激素被大量摄入细胞内。靶细胞中存在多种特殊的可溶性蛋白受体，它们能与类固醇激素特异性结合。

表 14-4　常见动植物激素及其代谢功能

名称	代谢功能
甲状腺素	促进糖类、蛋白、脂类、盐代谢及基础代谢
肾上腺素	促进糖原分解、血糖升高、毛细管收缩
动物生长素	促进 RNA 和蛋白质合成，使器官生长发育正常
胰岛素	促进糖利用、糖原合成、氨基酸转移
皮质酮	促进脂肪组织降解，促进肌肉蛋白分解
皮质酮	促进肝糖原异生和蛋白质合成
雌酮	促进蛋白质合成，减少糖利用，促进胆固醇降解和水钠潴留
睾酮	促进男性器官发育，促进蛋白质合成
植物生长素	促进植物细胞生长
赤霉素	促进植物细胞生长
细胞分类素	促进植物细胞分裂
脱落酸	促进植物离层细胞成熟，促进器官脱落
乙烯	促进植物器官的成熟

14.2.5　神经系统调节

对于神经系统完善的人和高等动物来说，除了酶和激素调节外，中枢神经系统在机体内起主导作用。中枢神经系统的直接调节是指大脑在受到某种刺激后，直接向有关组织、器官或细胞发出信息，使其兴奋或抑制，以调节新陈代谢。例如，当人感到紧张或遭受意外刺激时，肝糖原会迅速分解，以维持血糖浓度，这是一种由大脑直接控制的代谢反应。中枢神经系统的间接调节主要通过控制分泌活动来实现，即通过调节激素的合成和分泌发挥作用。在人和动物的生活过程中，不断遇到某些特殊情况，引起内外部环境的变化。这些变化可以通过神经、体液途径引起激素分泌的一系列变化，使物质代谢适应环境的变化，从而维持细胞内环境的稳定。

本章小结

代谢调节是生物体在长期进化过程中为适应外界条件而形成的一种复杂的生理机能。糖类、脂类、蛋白质及核酸虽然有着不同的代谢途径，但其代谢路径有明显的交叉和联系，共同构成了生命存在的物质基础。

代谢调节可在细胞水平、酶水平、基因水平、激素水平和神经水平进行。酶的调节是最基本的调节方式。酶调节包括酶的区域化、酶的活性调节和酶的数量调节 3 个方面。生物体内酶活性的调节是代谢调节中最灵敏、最快速的调节，主要包括酶原激活、酶的共价修饰、反馈调节、能荷调节及辅助因子调节。酶数量的变化可以通过酶的合成和降解速率来调节。酶的合成主要来自转录和翻译过程，可以分别在 DNA 水平、转录水平、转录后水平、翻译水平及翻译后水平进行调控。

思考题

1. 简述生物体内糖类、脂类、蛋白类和核酸代谢的联系及互相影响。
2. 何谓顺式作用元件与反式作用因子？
3. 什么是操纵子？其调节过程是如何进行的？
4. 什么是反馈抑制？它主要有哪几种类型？
5. 简述乳糖操纵子正调控的作用机制。

第 3 篇　现代生化技术的应用

第15章 现代生化技术在食品中的应用

在生物化学及其相关学科应用的各种技术均可称为生化技术，涉及的研究对象为生物体内的物质及其代谢产物，特别是生物大分子的分离、检测、制备与改造技术。目前应用较多的主要是沉淀、电泳、色谱等分离技术及基因重组、DNA 分子探针、DNA 图谱等基因技术。基于传统生化技术发展起来的现代生化技术被广泛应用于食品领域，不仅提高了生产效率，且在功能食品的开发、加工工艺的改进及食品营养成分的改善等方面均发挥越来越重要的作用。

15.1 现代生化分离技术在食品中的应用

分离是食品工程领域中的一个重要操作单元，它根据被分离物料物化性质的不同采用相应的技术手段，实现食品中不同组分的分离。生化分离技术是指生物原料经提取、分离、加工及精制成为产品的过程中所采用方法和手段的总称。现代分离技术主要是相对沉淀分离技术、离心分离技术和色谱分离技术等传统技术而言，随着近年来新材料、新工艺及新方法的迅速发展而出现的新型分离技术，主要包括萃取技术、膜分离技术和离子交换分离技术等。

15.1.1 萃取技术

15.1.1.1 萃取技术原理

萃取是一种分离混合物的单元操作，萃取又称溶剂萃取或液液萃取，也称抽提，是利用系统中组分在溶剂中溶解度不同来分离混合物的单元操作。换而言之，萃取是利用物质在两种互不相溶(或微溶)的溶剂中溶解度或分配系数的不同，使溶质物质从一种溶剂内转移到另外一种溶剂中的方法。萃取技术根据参与溶质分配的两相不同而分成液-固萃取和液-液萃取两大类。固-液萃取(浸取)用溶剂分离固体混合物中的组分，如用水浸取甜菜中的糖类，用乙醇浸取大豆中的油脂。虽然萃取经常被用在化学试验中，但它的操作过程并不造成被萃取物质化学成分的改变(或说化学反应)，所以萃取操作是一个物理过程。

15.1.1.2 萃取技术主要方法

萃取技术主要包括溶剂萃取技术(solvent extraction)、微波萃取技术(microwave extraction)、双水相萃取技术(aqueous two-phase extraction)、反胶束萃取技术(reverse micelle extraction)、超临界流体萃取技术(supercritical fluid extraction，SFE)及超声波辅助萃取技术(ultrasound assisted extraction，UAE)等。每种萃取技术各有特点，适用于不同种类生物代谢产物的分离提纯，其中超临界萃取技术和微波萃取技术应用最为广泛。

(1)溶剂萃取技术

溶质在溶剂中的溶解度取决于两者分子结构和极性的相似性，相似则相溶。通常选择萃取能力强、分离程度高的溶剂，并要求溶剂的安全性好、价格低廉、易回收、黏度低及界面张力适中。若目标成分是偏于亲脂性的物质，一般多用如苯、氯仿或乙醚等亲脂性有机溶剂进行两相萃取。若目标成分是偏于亲水性的物质，就需要用如乙酸乙酯、丁醇等弱亲脂性溶剂。还可以在氯仿、乙醚中加入适量乙醇或甲醇以增大其亲水性。

用有机溶剂萃取水相中的目标成分时，应调节水相的温度、pH 和盐浓度等，以提高萃取效果。萃取时水相温度应为室温或低于室温。用有机溶剂萃取水相中的有机酸时，应先将水相酸化；用有机溶剂萃取水相中的有机碱时，应先将水相碱化。在水相中加入氯化钠等盐类，可降低有机化合物在水相中的溶解度，增加其在有机溶剂相中的量。在溶剂萃取时加入去乳化剂，可防止操作引起的乳化现象和分离困难。常用的去乳化剂为阳离子表面活性剂溴代十五烷基吡啶或阴离子表面活性剂十二烷基苯磺酸钠。有机溶剂萃取主要包括萃取和分离两大步骤。溶剂萃取方法有单级萃取、多级错流萃取和多级逆流萃取 3 种。萃取设备有搅拌罐、脉动筛板塔和转盘塔等。溶剂萃取法可进行工业化生产，操作简单，产物回收率中等，但使用溶剂量大，安全性较差。

（2）微波萃取技术

微波萃取技术又称微波辅助提取技术，是以电磁波（波长为 1 mm~1 m）为主的一种萃取方式，是利用吸收性、穿透性及反射性原理来对目标物质进行有选择性地吸收、利用，从而被加热的过程。各种食品中存在的极性分子在微波的作用下极容易出现迅速活化的现象，从而造成分子之间的大量碰撞，使其在短期内迅速升温。可以通过改善微波辐射频率和功率来达到高萃取速率和选择性萃取某种组分的目的。微波萃取的一般工艺流程见图 15-1 所示。

图 15-1　微波萃取的一般工艺流程

影响微波萃取的因素主要有温度、时间、基体物质的含水量及溶剂的极性。萃取温度：主要考虑萃取温度要低于萃取物熔点的温度和对所萃取物质的影响（如热敏性物质）。萃取时间：与被测物样品量、溶剂的体积和加热功率有关，一般在 10~100 s。在微波萃取过程中，一般加热 1~2 min。基体物质的含水量对回收率影响很大。正因为动植物物料中含有水分，才能有效吸收微波能并且产生温度差。溶剂的极性：用于微波萃取的溶剂有甲醇、乙醇、异丙醇、丙酮、二氯甲烷、正己烷及异辛烷等。溶剂的极性对萃取效率的影响很大，不同的基体所选用的溶剂有所不同。

微波萃取特点：产品质量高，可在低温下短时完成，利于功能性和挥发性成分的萃取，对原料中其他组分基本没有破坏作用；热效率及能量利用率高；迅速省时，能穿透萃取溶剂和物料，使萃取体系均匀加热，迅速升温，只需要短短的几分钟时间就可以达到过去传统萃取技术几个小时才能达到的预热效果和萃取效益。

（3）双水相萃取技术

①原理　双向萃取是利用水溶性聚合物之间或者水溶性聚合物与无机盐之间，在一定条件下可以形成互不相溶的两个水溶液相，由于被分离物质在两个相中分配不同而进行萃取的方法。当高分子浓度超过一定阈值时，由于它们的亲疏水性不同，溶液会自发地形成更疏水的上相和更亲水的下相组成的体系。通常用两种高分子"不相溶"来表明它们的溶液混合后可以分相的特性。两种"不相溶"的高分子溶液混合后形成的互不相溶的两相称为双水相。

在双水相系统中，蛋白质（酶）、RNA、抗生素、病毒、细胞及生物粒子等组分在两相中的溶解度不同、分配系数不同，所以可通过双水相萃取达到分离。目前最常用的双水相系统有：聚乙二醇（PEG）-葡萄糖（DEX）-水体系，主要用于蛋白质、酶和核酸的分离；聚乙二醇（PEG）-盐-水体系，用于生长素、干扰素等萃取。影响萃取分离效果的主要因素为组分在双水相体系中分配系数的大小。组分在两相中的分配系数的决定因素包括：两相的组分，高分子化合物的分子质量、浓度和极性等，两相溶液的比例，温度，pH 等。

②操作过程 双水相萃取主要包括 4 个步骤。

第一步：选择双水相系统的溶质。选择依据是分离物质和杂质的溶解特性。

第二步：制备双水相系统。这是双水相萃取的关键步骤，即配制好浓度适宜的溶液和确定两种溶液的比例。一般是将两种溶质分别配制成一定浓度的水溶液，然后将两种溶液按照不同的比例混合，静置一段时间，当两种溶质的浓度超过某一浓度范围时，就会产生两相。两相中两种溶质的浓度各不相同。在双水相系统中，水的含量一般很高，达到 80% 以上。

第三步：相图的制作。双水相形成的条件和定量
关系可用相图表示（图 15-2），对于两种聚合物（P 和
Q）和水相组成的系统，只有当溶质 P 和溶质 Q 的浓
度达到一定时，才能形成双水相。将相图分为两个区
域的曲线称为双节点曲线，所有位于双节点曲线以上
区域内的点（如 A′，A″等）所代表的混合溶液都会分
相；相反，所有位于双节点曲线之下的点所代表的混
合溶液都不能分相。曲线上的空心点 K 为体系的临界
点。处于双节点曲线上的任何一个点所代表的溶液组
成均为溶液分相的临界条件，即为准临界点。假定混
合液的组成可用相图中 A 点表示，处于平衡状态时，
它的上相和下相的组成可分别用图中的点 T 和点 B 表
示。B 和 T 称为节点，它们均位于双节点曲线上，连
接上下相组成的线段 BT 称为节点线。处于同一个节

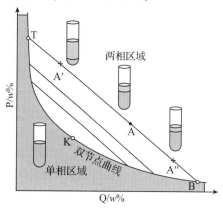

图 15-2 P 和 Q 两种高分子形成的双水相体系的相图示意图
（引自吕敏，李彦，2020）

点线上的任何点（如 A、A′和 A″）所代表的双水相体系，它的上相和下相的成分都是固定的（分别由 T 点和 B 点表示），变化的是它们的上、下相的体积比。对于 A 点所表示的双水相体系，它的上、下相的体积比等于线段 AB 长度与线段 AT 长度的比值。

第四步：萃取分离。将欲分离的混合物加进双水相系统中，充分搅拌，使之混合均匀。静止一段时间，混合物的组分按照不同的分配系数分配到两相之中。达到平衡后，通过离心或者其他方法将两相分开、收集，使混合物中的组分得以分离。再结合其他生化分离方法，从分开的两相中进行进一步的分离纯化，获得所需的目的产物。图 15-3 为双水相萃取过程示意图。

双水相萃取优点主要体现在 3 个方面。第一，易于放大。双水相体系的分配系数仅与分离体积有关，各种参数可以按比例放大而产物收率并不降低，这是其他过程无法比拟的。这一点对于工业应用尤为有利。第二，分离迅速。双水相系统（特别是聚合物/无机盐系统）分相时间短，传质过程和平衡过程速度很快，因此相对于这些分离过程来说，能耗较低，而且可以实现

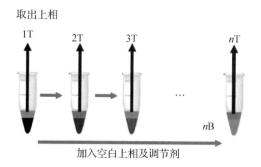

图 15-3 双水相萃取过程示意图（引自陈少闯等，2022）
注：nT 表示第 n 个分离步骤取出的上相；T 表示上相；B 表示下相

快速分离。第三，条件温和。双水相的界面张力大大低于有机溶剂和水相之间的界面张力，整个操作过程可以在温室下进行，有助于保持生物活性和强化相际传质。既可以直接在双水相系统中进行生物转化，以消除产物抑制，又有利于实现反应与分离技术的耦合。

（4）超声波辅助萃取技术

超声波辅助萃取也称为超声波萃取（UE）、超声波提取，是利用超声波辐射压强产生的强烈空化效应、扰动效应、高加速度、击碎及搅拌作用等多级效应，增大物质分子运动频率和速度，增加溶剂穿透力，从而加速目标成分进入溶剂，促进提取的进行。超声波是指频率为 $0.02 \sim 1.00$ MHz 的电磁波，是一种机械波，需要能量载体——介质来进行传播。其穿过介质时会产生膨胀和压缩两个过程。超声波能产生并传递强大的能量，给予介质极大的加速度。这种能量作用于液体时，膨胀过程会形成负压。超声波可以在液-液、液-固两相，多相体系，表面体系以及膜界面体系产生一系列的物理化学作用。这些作用能提供更多活性中心，可促进两相传质之间维持浓度梯度，促进反应。超声波的空化效应、热效应和机械传质效应是超声技术在提取应用中的三大理论依据。

与常规萃取技术相比，超声波辅助萃取技术特点如下：萃取无须高温，效率高，特别适合热敏性、易水解、易氧化有效成分的萃取；常压萃取安全性好，操作简单易行；超声波具有一定的杀菌作用，萃取液不易变质等。超声波辅助萃取技术在食品工业中主要用于油脂萃取、蛋白质萃取和多糖萃取等。

（5）反胶束萃取技术

①原理　反胶束萃取是一种利用胶束将组分分离的技术。反胶束（reverse micelle）又称反胶团，是指表面活性剂分散于连续有机相中形成的纳米尺寸的一种聚集体（ $10 \sim 100$ nm），反胶束溶液是透明的、热力学稳定的系统。

反胶束萃取是将表面活性剂添加到水或有机溶剂中，使其浓度超过临界胶束浓度（即胶束形成时所需表面活性剂的最低浓度），表面活性剂就会在水溶液或有机溶剂中聚集在一起而形成聚集体，这种聚集体即为胶束。在水溶液中形成的聚集体，极性基团向外，与水接触，非极性基团向内，形成一个非极性核，称为正胶束。若将表面活性剂添加在有机溶剂中，当其浓度超过临界胶束浓度时，表面活性剂的亲水极性头自发向内，形成一个极性核，疏水非极性尾向外，与非极性的有机溶剂接触，形成含有极性内核的聚集体即为反胶束。

②操作过程　反胶束萃取过程主要包括 4 步。

第一步：表面活性剂与有机溶剂选择。依据欲分离组分的特性选择表面活性剂与有机溶剂。常用的表面活性剂有丁二酸-2-乙基己基酯磺酸钠（AOT）、十六烷基三甲基溴化铵（CTAB）和三辛基甲基氯化铵（TOMAC）等。常用的有机溶剂有异辛烷、正辛烷等脂肪烷烃。目前在反胶束萃取蛋白质研究中，常用的表面活性剂及相应有机溶剂见表 15-1 所列。

表 15-1　表面活性剂与相应有机溶剂

表面活性剂	有机溶剂	表面活性剂	有机溶剂
AOT	异辛烷、环己烷、四氯化碳、苯	Tritonx-100	环己烷、正辛醇
CTAB	正己烷、正辛烷	Tween-85	异丙醇、正己烷
TOMAC	环己烷	Brij 56	辛烷
SDS	异丙酮、环己烷		

第二步：反胶束的形成。将一定量的表面活性剂添加到有机溶剂中，搅拌混合，静置一段时间，表面活性剂就会形成胶束。

第三步：萃取。在适宜的条件下，将含有目标物的水溶液与反胶束体系混合均匀，静置一段时间，将目的物萃取到反胶束中。反胶束中有机溶剂包裹着水形成"水池"，具有增溶蛋白质、酶、氨基酸等极性物质的能力。在提取过程中，生物大分子被包封在反胶束中，避免了与有机溶剂直接接触而发生变性。水溶性生物分子溶解在反胶束的"水池"中，称为前萃(forward extraction)；将前萃液与另一水相接触，改变水相条件(如 pH、离子种类或离子浓度等)，使目标产物从反胶束转移到水相的过程，称为后萃(backward extraction)，具体过程如图 15-4 所示。

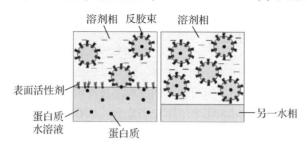

图 15-4　反胶束前萃和后萃过程(引自孔雪等，2020)

第四步：反萃取。萃取完成后，将反胶束与水溶液分离，在适宜条件下，再将含有目的物(蛋白质等)的反胶束与反萃取缓冲液混合，目的物从反胶束中转移到缓冲液中。然后将反胶束分离，从缓冲液中获得所需的分离产物。反萃取的条件和萃取时的条件正好相反，对于由阴离子表面活性剂组成的反胶束系统，要控制反萃取缓冲液的 pH 高于蛋白质等两性电解质的等电点，此时两性电解质带负电荷，通过静电排斥作用，使两性电解质从反胶束中转移到水相中。若增加离子强度，则有利于将反胶束内的物质反萃取出来。

反胶束萃取法具有选择性高、能耗低、提取条件温和、易工业化生产及有效防止提取物失活和变性等优点，可广泛应用于生物大分子，如氨基酸、蛋白质、核酸等分离和纯化。例如，邢要非等(2013)利用反胶束萃取技术，以棉籽仁为原料，同时分离油脂和蛋白质。油脂溶于有机溶剂，蛋白质溶于反胶束的水相中，其他残渣则通过离心去除，得到的棉籽蛋白不再是制油后混有残渣的棉籽粕，而是高纯度蛋白质。

(6)超临界流体萃取技术

①原理　超临界流体萃取又称超临界萃取，是利用欲分离物质与杂质在超临界流体中的溶解度不同而达到分离的一种萃取技术。物质在不同的温度和压力条件下可以以不同的形态存在，如固体、液体、气体、超临界流体等。超临界流体(supercritical fluid, SF)是处于临界温度和临界压力以上的非凝缩性高密度流体。处于临界状态时，气-液两相性质非常相近，以致无法分别，所以称为超临界流体。超临界流体没有明显的气-液分界面，是一种气、液不分的状态，性质介于气体和液体之间，具有优异的溶剂性质，黏度低，密度大，有较好的流动、传质、传热和溶解性能。流体处于超临界状态时，其密度接近于液体密度，并且随流体压力和温度的改变发生十分明显的变化，而溶质在超临界流体中的溶解度随超临界流体密度的增大而增大。超临界流体萃取正是利用这种性质，在较高压力下将溶质溶解于流体中，然后降低流体溶液的压力或升高流体溶液的温度，使溶解于超临界流体中的溶质因流体密度下降、溶解度降低而析出，从而实现特定溶质的萃取。

②操作过程　超临界萃取的工艺过程由萃取和分离两个步骤组成。超临界萃取装置主要包括高压泵、萃取罐、温度和压力控制系统、分离罐和吸收器以及其他辅助设备(包括阀门、辅助泵、流体储罐换热器等)。萃取在萃取罐中进行，将原料装入萃取罐，通入一定温度和压力的临界流体，将欲分离的组分萃取出来；经过降压或升温，使目标物在超临界流体中的溶解度降低，然后进入分离罐，将目标物与超临界流体分离。经过分离的超临界流体再经过升温或降

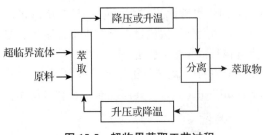

图 15-5　超临界萃取工艺过程

温后进入萃取罐循环使用，如图 15-5 所示。

超临界萃取首先是萃取溶剂的选择。常用的超临界流体萃取技术溶剂有 CO_2、乙烯、乙烷、丙烯、氨及水等。乙烯、乙烷等溶剂对人体有害，多用于食品以外的其他工业。CO_2 无毒无害、无腐蚀性，容易获取，价格低廉，且临界压力和临界温度较低，能在低温下进行分离萃取，且易与化合物分离，是食品领域常用的超临界萃取剂。

超临界萃取过程中的萃取是将还有目标物的原料装进萃取罐，通入一定温度和一定压力的超临界流体，将目的物从原料中萃取出来。萃取完成后，再在一定条件下将目标物与超临界流体分离，以获得所需的目标物。用于超临界萃取的流体必须是惰性物质，即不与欲分离物质发生反应，无毒无害，具有适宜的超临界温度和超临界压力，在不同的温度和压力下具有良好的萃取选择性等。

分离工艺主要包括等压分离、等温分离和吸附分离 3 种。超临界流体萃取技术是一种新型分离萃取技术，与传统的液-液萃取法相比，具有如下特点：操作温度低，这在萃取热敏性物质时优势明显；得到的萃取物不会引入溶剂中有害人体的物质，同时减少了环境污染；萃取的能耗低，效率高；可采用挥发性大的无毒的气体（如 CO_2）作溶剂，无毒无臭，具备良好的安全性，又可以循环使用降低成本；由于可以根据条件对压力和温度择一进行调节，故工艺简单。但是超临界流体选择性不够高，难以提取含强极性物质和分子质量大的物质，因此需要加入含极性基团的夹带剂来改进，夹带剂的使用会伴随一定的残留问题，如何减少夹带剂残留是目前有待解决的关键技术之一。

15.1.1.3　萃取技术在食品中的应用

（1）超临界流体萃取技术在食品中的应用案例

超临界萃取技术在植物油脂工业应用广泛，如大豆油、玉米油、棕榈油、米糠油、蓖麻油、小麦胚芽油及可可脂等的提取。刘鸿雁等（2018）以超临界 CO_2 法萃取玉米胚芽油，确定了超临界 CO_2 萃取压力 25 MPa，萃取温度 40℃，颗粒度 50 目，萃取时间 50 min，萃取率可以达到 24.54% 的最佳工艺条件。卢丹等（2018）以燕麦切粒为原料，进行超临界 CO_2 萃取燕麦油工艺研究及燕麦油品质分析，确定了超临界 CO_2 萃取燕麦油的最佳工艺参数为装料量 50 g，静态萃取时间 74 min，动态萃取时间 160 min，萃取压力 45 MPa，萃取温度 50℃，在此工艺条件下燕麦油萃取率可达 56.99%，且得到的燕麦油澄清透明，呈金黄色，具有特殊的麦香味，不饱和脂肪酸含量可以达到 87.49%。除此之外，超临界萃取技术在啤酒花、色素、烟草成分的提取，以及去除咖啡因、食品检测等方面也应用广泛。德国马克斯普朗克煤炭研究所的 Zesst 博士开发的用超临界 CO_2 从咖啡豆中萃取咖啡因的技术已被世界各国普遍采用。这一技术的应用使咖啡因的含量由原来的 1% 降低至 0.01% 左右，且 CO_2 良好的选择性可以保留咖啡中的芳香物质。

（2）反胶束萃取技术在食品中的应用案例

反胶束萃取技术在应用过程中，不使用毒性试剂，不会对人产生危害，且反胶束溶液可以多次利用，成本较低。目前，反胶束萃取技术在食品科学中应用广泛，应用于蛋白质、氨基酸、药物、农药及油脂等物质的分离、纯化。而且在提取胞内酶、胞外酶及酶反应胶束体系方面也有广泛的应用研究。例如，Chaurasiya 等采用反胶束法从菠萝心中提取纯化菠萝蛋白酶，提取的菠萝蛋白酶对降低肌肉韧性强度比商业菠萝蛋白酶具有更好的效果。陈复生等（2009）研究了利用超声辅助 AOT/异辛烷反胶束、AOT/异辛烷反胶束和碱溶酸沉法提取的大豆蛋白的功能性差异，结果发现超声辅助反胶束萃取的大豆蛋白不仅蛋白质含量高，且持水性、起泡性、乳化性及其稳定性均优于其他两种蛋白，但溶解性略低于 AOT/异辛烷反胶束萃取的大豆蛋白。通过电子显微镜扫描仪观察发现 3 种蛋白的微观结构均不相同，表明在反胶束和超声波的特殊环境中，蛋白质微观结构发生了变化，从而影响了其功能性质。

（3）微波萃取技术在食品中的应用案例

微波萃取技术与物质的相互作用主要包括极性分子（如 H_2O）在微波电磁场中快速旋转和离子在微波场中的快速迁移两种方式，从而相互摩擦发热。微波萃取技术目前广泛应用于食品成分的提取（如油脂浸提，蛋白质、多糖和天然香料的提取），食品成分的分析（如午餐肉脂肪含量的测定、食品中甜蜜素的测定），天然植物、药物活性成分的提取（如动物组织浆液的毒质、饲料中的维生素等）。

15.1.2　膜分离技术

15.1.2.1　膜分离技术原理

膜分离技术（membrane aspiration technique，MST）指用天然或人工合成的高分子膜，以外界压力或化学位差为推动力，对双组分或多组分的溶液进行分离、分级、提纯或富集的技术。制作膜元件的材料通常是有机高分子材料或陶瓷材料，膜材料中的孔径结构为物质透过分离膜而发生选择性分离提供了前提，膜孔径决定了混合体系中相应粒径大小的物质能否透过分离膜。比较典型的一种碳毫米膜材料的微观结构如图 15-6 所示。

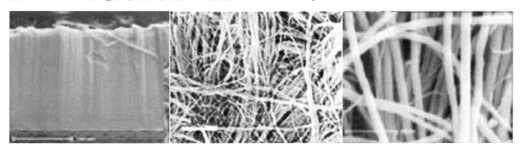

图 15-6　典型的膜材料微观结构（引自刘锐，2012）

常用的膜分离技术主要有微滤（micro-flitration，MF）、纳滤（nano-filtration，NF）、超滤（ultra-filtration，UF）、反渗透（reverse-osmosis，RO）和电渗析（electro-dialysis，ED）等。MF 的推动力是膜两端的压力差，主要用于去除物料中的大分子颗粒、细菌和悬浮物等；NF 自身一般会带有一定的电荷，它对二价离子特别是二价阴离子的截留率可达 99%，在水净化方面应用较多，同时可以透析被 RO 膜截留的无机盐；UF 的推动力也是膜两端的压力差，主要用于处理不同分子质量或者不同形状的大分子物质，应用较多的领域有蛋白质或多肽溶液浓缩、抗生素发酵液脱色、酶制剂纯化及病毒或多聚糖的浓缩或分离等；RO 是一种非对称膜，利用对溶液施加一定的压力来克服溶剂的渗透压，使溶剂通过反向从溶液中渗透分离出来，通常用于去除小分子溶质、悬浮物及胶体物质，常用作海水淡化、水的软化、选择性分离溶质及醇、糖等的浓缩制备等；ED 是在外加直流电场的作用下，利用阴离子交换膜和阳离子交换膜的选择透过性，使一部分离子透过离子交换膜而迁移到另一部分水中，从而使一部分水溶液淡化而另一部分水溶液浓缩的过程。离子交换膜是一种功能性膜，分为阴离子交换膜和阳离子交换膜，阳膜只允许阳离子通过，阴膜只允许阴离子通过，这就是离子交换膜的选择透过性。微滤、超滤、纳滤及反渗透的工作示意图如图 15-7 所示。

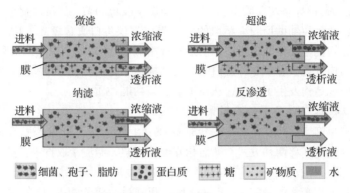

图 15-7　典型的膜分离工作示意图(引自刘锐，2012)

15.1.2.2　膜分离过程及其控制

　　膜分离首先是滤膜的选择。膜分离所使用的薄膜主要是聚丙烯腈、醋酸纤维、赛璐玢及尼龙等高分子化合物制成的高分子膜，有时也可采用动物膜等。选择滤膜时主要考虑滤膜的孔径和强度。根据欲截留颗粒的大小选择滤膜的孔径，微滤膜的孔径一般在 0.1~10 μm，超滤膜的孔径在 1~50 nm，可以对溶液中大分子进行截留；纳滤膜的孔径在 1 nm 左右，可截留大分子组分；反渗透膜的孔径在 0.1~1 nm。滤膜的强度对膜分离的条件和分离效果有显著影响。在相同孔径的条件下，应选择强度较大的滤膜。滤膜的强度与制膜工艺、滤膜的厚度等有密切关系。有些滤膜由两层组成，表层厚度 0.1~5 μm，强度较小；基层厚度 200~250 μm，强度较高。使用时要将表层面向待超滤的物料溶液。若换错方向，则会使超滤膜遭受损伤。所选用的滤膜还必须符合操作条件的要求，如滤膜的额定工作压力和温度要分别大于操作压力和温度，滤膜能够耐受的 pH 范围要覆盖混合液可能出现的 pH 范围等。与传统的过滤方式相比，膜分离技术的分离范围可以是分子水平上，且整个过程属于物理过程，不需要发生相的变化和添加助剂，产品不受污染。此外，膜分离过程一般在常温或温度不太高的条件下操作，能大大减少有效成分的损失，特别适用于热敏性物质，如抗生素、果汁、酶及蛋白质的分离与浓缩，其费用约为蒸发浓缩或冷冻浓缩费用的 1/8~1/3；适应性强，处理规模可大可小，可以连续也可以间歇进行，工艺简单，操作方便，易于自动化，在食品、生物、医药及化工等行业中应用广泛。但是，膜分离技术也存在一定的缺陷。例如，滤膜材质的价格比较高；操作过程中滤膜面易被污染，导致滤膜性能降低，必须有滤膜面清洗工艺；滤膜的耐药性、耐热性和耐溶剂性能有限，使其应用受到限制。

15.1.2.3　膜分离技术在食品中的应用

　　膜分离技术广泛应用于乳品工业、饮料工业、豆制品加工业、纯水制造工业及发酵酿造工业等多个食品生产加工领域。具体包括乳清蛋白回收、脱脂奶浓缩、果汁澄清浓缩、大豆乳清浓缩、废水处理、淀粉加工及乙醇精制等方面。

　　（1）膜过滤技术在果汁及饮料加工中的应用

　　在现代工业生产中，膜分离技术的应用已经相当普遍，特别是在食品饮料行业，其地位不可替代。过滤是果汁加工中重要的操作过程，与传统的过滤方法相比，微滤及超滤技术能够去除果汁及饮料中的悬浮颗粒、酵母菌、霉菌、细菌、胶体及引起浑浊的蛋白质、多酚、多糖、单宁等物质，得到的果汁性质稳定、质感均匀。超滤用于果蔬汁澄清的研究始于 20 世纪 70 年代初期，目前已成功用于苹果汁、梨汁、菠萝汁、柑橘汁等果汁和番茄、芹菜、冬瓜等蔬菜汁的澄清，应用最广泛的是苹果汁的澄清。

（2）膜分离技术在乳品工业中的应用

膜分离技术在乳品工业中的应用主要包括微滤除菌、分离脂肪、回收乳清蛋白、浓缩酪蛋白、处理洗涤废水及脱盐等。膜分离技术可以进行细菌及孢子直径范围内的截留，实现对乳制品的冷灭菌，具有受热强度低、营养保留度高等优点，可以在分离、蒸发或萃取工段上替代传统的乳品工艺。姜竹茂等（2019）利用膜分离技术实现了羊乳酪蛋白和其他组分的有效分离，其中乳清蛋白脱除率达到 96.17%。Christensen 等利用膜分离技术将乳清蛋白收集起来，得到了变性程度小的乳清蛋白，提高了产品质量。

（3）新型膜分离技术在食品工业中的应用

近年来发展出多种新型膜分离技术，如液膜分离技术、渗透汽化和智能膜等。液膜分离技术是以液体作为膜介质，以浓度差为推动力，利用各组分在液膜内溶解和扩散能力的不同，将互溶而组成不同的两相隔开，实现分离。液膜分离过程中，溶质从料液相进入膜相，并扩散到膜的另一侧，再被反萃取入接收相，萃取和反萃取同时进行。液膜分离是一种非平衡传质过程，其打破了传统溶剂萃取过程中的化学平衡，可同时实现分离和浓缩。液膜分离可用于氨基酸等小分子物质的提取。渗透汽化是利用液体混合物中各组分之间的蒸气压差，造成不同组分通过膜的溶解——扩散速率发生差异，实现组分分离的一种膜分离技术。渗透汽化过程中被分离物质先在膜表面上选择性吸附，然后以扩散的形式穿过膜，最后在膜的另一侧变成气相，解吸附而分离。渗透汽化分离时，基于食品中的挥发性风味物质与食品其他组分挥发特性的不同，进行食品中挥发性风味物质的分离和富集。此外，新型材料如一些新型复合材料对环境刺激具有感知能力，并可对感知到的信息进行响应。这类材料制备的智能膜可以依据外界环境的不同，改变自身特性，如膜孔的开闭、通量的变化、选择性的差异等实现膜分离过程的智能化。

15.1.3　离子交换分离技术

15.1.3.1　离子交换分离技术原理

离子交换分离（ion exchange separation）是利用离子交换剂与溶液中的离子之间所发生的交换反应进行分离的方法。其原理是基于物质在固相与液相之间的分配。分离的形式主要包括柱分离、电渗析隔膜、离子交换纸上色层、离子交换纤维薄层。离子交换剂的种类很多，主要分为无机离子交换剂和有机离子交换剂两大类。目前应用最多的是离子交换树脂。

离子交换分离技术分离效率高。其不仅适用于带相反电荷的离子之间的分离，还可用于带相同电荷或性质相近的离子之间的分离；也适用于微量组分的富集和高纯物质的制备。缺点在于操作较麻烦、周期长，一般只用于解决某些比较复杂的分离问题。该技术在食品工业、医药工业、分析化学等领域有着广泛应用。

15.1.3.2　离子交换分离流程

离子交换分离操作流程主要包括树脂（离子交换剂）的选择和预处理、离子交换层析操作过程中的装柱、上柱、洗涤、洗脱、洗脱液的收集及树脂再生、样品鉴定等步骤，如图 15-8 所示。

图 15-8　离子交换分离流程

离子交换剂的选择：离子交换剂是含有若干活性基团的不溶性高分子物质，即在不溶性母体上引入若干可解离基团（活性基团）而制成的。作为不溶性母体的不溶性物质通常有苯乙烯树脂、酚醛树脂、纤维素、葡聚糖及琼脂糖等。离子交换剂选择主要考虑：离子交换剂和组分离子的物理化学性质，组分分离所带的电荷种类，溶液中组分离子的浓度高低、质量大小，离子与离子交换剂的亲和力大小等。

离子交换剂的处理：工厂生产的商品化离子交换剂通常是干燥的。在使用之前要进行如下处理：①干燥离子交换剂用水浸泡 2 h 以上，使之充分溶胀；②用去离子水洗至澄清后倾去水；③用 4 倍体积的 2 mol/L 盐酸溶液搅拌浸泡 4 h，弃酸液，再用去离子水洗至中性；④用 4 倍体积的 2 mol/L 氢氧化钠溶液搅拌浸泡 4h，弃碱液，再用去离子水洗至中性备用；⑤用适当的试剂进行转型处理，使离子交换剂上所带的可交换离子转变为所需的离子。处理好的离子交换剂可以在离子交换槽中进行分批离子交换，也可以将离子交换剂装进离子交换柱进行连续离子交换。

离子交换层析分离过程包括装柱、上柱、洗脱、收集及交换剂再生等步骤。装柱方法包括干法和湿法两种。上柱指柱装好以后，经过转型成为所需的可交换离子，再用溶剂或者缓冲液进行平衡，然后将欲分离的混合溶液装入离子交换柱中。上柱完毕后，采用适当的洗脱液，将交换吸附在离子交换剂上的组分离子逐次洗脱下来，以达到分离的目的。洗脱以后，为了使离子交换剂恢复原状重复使用，离子交换剂需要经过再生处理。

15.1.3.3　离子交换分离技术在食品中的应用

(1) 离子交换分离技术在饮料水软化中的应用

水是饮料生产中的主要原料，占 85%~95%。水质的好坏直接影响成品的质量，因此饮料用水的处理至关重要。利用离子交换法可以很好地对饮料用水进行处理。离子交换分离法是利用离子交换剂，把水中不需要的离子暂时结合，然后将其释放到再生液，使水得到软化的水处理方法。其原理是使用带交换基团的树脂，利用树脂离子交换的性能，去除水中的金属离子。离子交换树脂是一种由有机分子单体聚合而成的，具有三维网络结构的多孔海绵状高分子化合物。在构成网络的主链上有许多活动的化学功能团，这些功能团由带电荷的固定离子和以离子键和固定离子相结合的反离子所组成。树脂吸水膨胀后，化学功能团上结合的反离子与水中的离子进行交换。阳离子交换树脂可吸附 Ca^{2+}、Mg^{2+} 等阳离子，阴离子交换树脂可吸附 HCO_3^-、Cl^-、SO_4^{2-}、CO_3^{2-} 等阴离子，从而使原水得以净化。

饮料用水软化通常用 Na^+ 作交换剂。钠离子软化在工业应用上多采用磺化煤或阳离子交换树脂。经过几组树脂的反复交换，水的硬度和碱度都能得到较好控制。处理过的水含盐量可降至 5~10 mg/L 以下，硬度接近 0，pH 接近中性。

(2) 离子交换技术在多糖分离纯化中的应用

离子交换技术由于所用介质无毒性且反复再生使用，少用或不用有机溶剂，具有设备简单、操作方便和劳动条件较好等优点，被广泛应用于分离提纯各种生物活性物质，其中在多糖分离纯化中的应用非常广泛。利用离子交换技术对多糖分离纯化主要包括脱蛋白、脱色和纯化 3 个环节。多糖因含有酸、碱性基团，易与蛋白质相互作用，而使蛋白质难以除去。利用离子交换技术可以快速除去多糖中残留的蛋白质。多糖提取液特别是碱提取液，常含有酚类化合物的杂质，有较深的色泽。由于色素多带负电荷，故可选择特异性强的阴离子交换树脂以在多糖损失较少的情况下除去色素，为进一步精制多糖创造条件。多糖纯化应用最普遍的是阴离子交换柱层析法。

15.2　现代生化分析技术在食品中的应用

生物化学技术的发展使生物化学的理论研究和实际应用得到了快速发展。基于传统生物化学技术发展起来的现代生物化学技术在食品领域发挥着越来越重要的作用。现代生物技术包括色谱分析技术、免疫分析技术、聚合酶链反应(polymerase chain reaction，PCR)技术、生物芯片技术、波谱分析技术等。通过了解和掌握这些技术的原理、方法、过程和应用，不仅可以拓宽研究思路，还可结合实际应用，有利于实践技能的培养和提高。

15.2.1　色谱分析技术

15.2.1.1　色谱分析技术原理

色谱法(chromatography)又称色谱分析、色谱分析法、层析法，在分析化学、有机化学、生物化学等领域有着非常广泛的应用。色谱法是利用不同物质在不同相态的选择性分配，以流动相对固定相中的混合物进行洗脱，混合物中不同的物质会以不同的速度沿固定相移动，最终达到分离的效果。色谱分析法有两相，固定不动的一相称为固定相(stationary phase)，移动的一相称为流动相(mobile phase)。色谱分离过程一般是当试样由流动相携带进入分离柱，并与固定相接触时，被固定相溶解或吸附。随着流动相的不断通入，被溶解或吸附的组分又从固定相中挥发或脱附，向前移时又再次被固定相溶解或吸附，随着流动相的移动，溶解、挥发或吸附、脱附的过程反复地进行，由于试样中各组分在两相中分配比例的不同，被固定相溶解或吸附的组分越多，向前移动得越慢，从而实现色谱分离。色谱分离过程如图15-9所示。将分离柱中的连续过程分割成多个单元过程，每个单元上进行一次两相分配。流动相每移动一次，组分即在两相间重新快速分配平衡，最后流出时，各组分形成浓度正态分布的色谱峰。不参加分配的组分最先流出。

在色谱法中，装填在玻璃或金属管内固定不动的物质为固定相，在管内自上而下连续流动

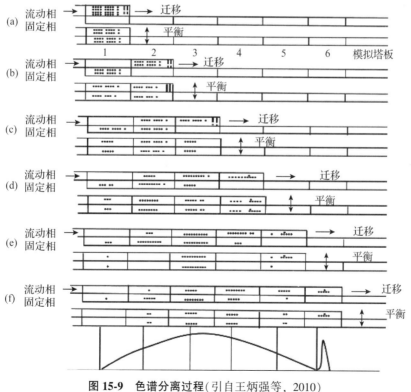

图 15-9　色谱分离过程(引自王炳强等，2010)

的液体或气体为流动相，装填有固定相的玻璃管或金属管为色谱柱。各种色谱分析法所使用的仪器种类较多，相互间差别较大，但均由如图 15-10 所示几部分组成。

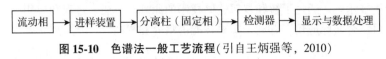

图 15-10　色谱法一般工艺流程(引自王炳强等，2010)

15.2.1.2　色谱法分类

（1）按两相的状态进行分类

①根据流动相状态　流动相是气体的，称为气相色谱法(gas chromatography，GC)；流动相是液体的，称为液相色谱法(liquid chromatography，LC)；若流动相是超临界流体，则称为超临界流体色谱分析法(supercritical fluid chromatography，SFC)，至今研究较多的是 CO_2 超临界流体色谱。

②根据固定相状态　根据固定相是活性固体(吸附剂)还是不挥发液体或在操作温度下呈液体(此液体称为固定液，它预先固定在一种载体上)，气相色谱分析法又可分为气固-色谱分析法和气-液色谱分析法；同理，液相色谱又可分为液-固色谱分析法和液-液色谱分析法。

（2）按分离原理的不同进行分类

①吸附色谱法(adsorption chromatography)　是利用吸附剂表面对不同组分的物理吸附性能差别而使各组分分离的色谱方法。吸附色谱法是最原始的色谱分离方法，在此方法中，固定相是极性吸附剂，而流动相对位非极性溶剂。其中，最常用的固定相有硅胶、氯化铝、苯乙烯-二乙烯等聚合物。吸附色谱法适于分离不同种类的化合物(醇类和芳香烃)。

②分配色谱法(partition chromatography)　是以溶质在流动相和固定相中的分配为基础，利用两相之间对分离组分溶解度的差异来实现分离。分离色谱法适用于分离极性比较大、在有机溶剂中溶解度小的成分，或极性很相似的成分。

③离子交换色谱法(ion exchange chromatography)　是利用离子交换原理和液相色谱技术的结合来测定溶液中阳离子和阴离子的一种分离分析方法。该法以离子交换树脂作为固定相，适宜的溶剂作为移动相，根据被分离组分与固定相之间发生离子交换的能力差异来实现分离。它主要用来分离离子或可离解的化合物，包括无机离子和有机物，如氨基酸、糖类、单核苷酸、抗生素等。本法特别是在阴离子分析方面弥补了其他分析方法的不足。

④凝胶色谱法(gel permeation chromatography)　又称分子排阻色谱法。此法是根据分子大小顺序进行分离的一种色谱方法。由于在溶液中，混合物分子大小不同，在其流经多孔凝胶介质时，体积大的分子不能渗透到凝胶空穴中而被排阻，而小分子溶液则进入颗粒孔径内部，从而使样品分子按分子大小被分离。此法主要用于大分子分级，即用来分析大分子物质分子质量的分布。

⑤亲和色谱法(affinity chromatography)　是利用蛋白质分子(或其他生物分子)对其配体分子具有专一性识别能力或生物学亲和力建立起来的一种有效的纯化方法。例如，利用酶和底物(或抑制剂)、抗原与抗体、激素与受体、外源凝集素与多糖及核酸的碱基对等之间的专一相互作用，使相互作用物质的一方与不溶性载体形成共价结合化合物，用来作为层析用固定相，将另一方从复杂的混合物中选择可逆地截获，达到纯化的目的。亲和色谱法主要用于生物医学领域。按固定相被固定的形状分类可分为柱色谱法、纸色谱法、薄层色谱法等。

15.2.1.3　色谱分析技术在食品中的应用

（1）高效液相色谱法在食品中的应用

高效液相色谱法(high performance liquid chromatography，HPLC)以其分辨率高、灵敏度高

及定量精度高等特点被广泛应用于食品检测领域。主要包括 3 方面应用：一是食品添加剂，如乳化剂、营养补剂、防腐剂等分析检测；二是食品组成，如氨基酸、糖类、脂类等分析检测；三是污染物，如生产和包装中的污染物、农药等分析检测。例如，刘慧琳等（2020）采用 HPLC-紫外检测法，以丹磺酰氯为衍生试剂，采用 C_{18} 色谱柱分离，以乙腈和含 0.1% 甲酸的 0.01 mol/L 乙酸铵水溶液作为流动两相，流速 0.8 mL/min，紫外检测器波长 254 nm，测定两种黄酒中的 9 种生物胺。在质量浓度 0.5~50 mg/L 范围，生物胺浓度与峰面积间线性相关性良好。9 种生物胺检出限为 0.07~0.22 mg/L。苗颖（2019）以新型三嗪共价分层网络修饰的磁性纳米粒子作为磁性固相萃取吸附剂，采用磁性固相萃取-HPLC 法测定食品调味品中苋菜红、胭脂红和酸性橙 3 种着色剂，该方法检测限范围为 1.6~4.6 μg/kg，加标回收率为 76.0%~92.0%，该方法灵敏度、精密度、重现性和提取率方面均较为理想，可用于食品安全分析和监测中检测痕量食品着色剂。

（2）毛细管电色谱法在食品中的应用

毛细管电色谱法（capillary electrochromatography，CEC）是在毛细管中填充或在毛细管壁涂布、键合色谱固定相，用高压直流电源代替高压泵，即依靠电渗流（electroosmotic flow，EOF）来推动流动相，使中性和带电荷的样品分子根据它们在色谱固定相和流动相分配系数的不同和自身电泳淌度的差异而达到分离的方法。毛细管电色谱是微柱分离分析技术，很容易实现与其他分析技术的联用，如 CEC-MS、CEC-IR 和 CEC-NMR 的联用。张冰宇等（2017）将 CEC-激光诱导荧光检测分析方法成功地应用于加工和发酵食品中生物胺的测定，该方法检出限低、分析速度快，对于食品中痕量污染物的残留检测具有应用价值。罗来庆等（2021）建立了加压 CEC 检测食品中丙烯酰胺含量的分析方法，样品以 1.0 mol/L 氯化钠溶液作为提取溶剂，以乙腈-15 mmol/L pH 4.7 磷酸钾缓冲液（体积比 15∶85）流动相体系、电压强度 +2 kV 条件外标定量，丙烯酰胺检出限为 0.3 μg/g，定量限为 1.5 μg/g，加标回收率达到 96.3%~98.6%。该方法操作简便，准确性及适用性良好，依据此法检测不同烹饪方式对食品中丙烯酰胺的影响，结果发现炸和烤两种烹饪方式对食品中丙烯酰胺的影响较大，特别是淀粉质类食品和肉类食品能较大程度增加其中的丙烯酰胺含量。

（3）液相色谱-串联质谱法在食品中的应用

液相色谱-串联质谱法（LC-MS/MS）是近年来在食品安全监测领域得到迅速发展的一种新型分离分析技术。邱慧珍等（2021）建立了超高效液相色谱-串联质谱法检测动物源性食品中磺胺类药物残留，检测的 20 种化合物在 2.0~40 ng/mL 线性关系良好，相关系数均大于 0.99，该方法效率高、速度快、灵敏度高。李泽荣（2021）采用 LC-MS/MS 建立了食品接触材料及其制品中新戊二醇的测定方法，该方法具有前处理简单易行、灵敏度高及稳定可靠的优点，涉及的食品模拟物基本包括相关法规和标准中规定的类型，能够满足食品接触材料及其制品中新戊二醇迁移量的检测需求，为相关产品监管和质量控制提供了可靠的技术手段。

15.2.2　免疫分析技术

15.2.2.1　免疫分析技术原理

免疫分析技术（immunoassay，IA）是利用抗原抗体反应产生免疫复合物的原理分析微量或超微量待测物质的一种分析手段。该技术基于抗原与抗体的特异性反应，具有特异性强、灵敏度高、分析容量大、检测成本低、方便快捷及安全性高等特点，已经在食品检测、临床、生物制药及环境化学等领域得到广泛应用。

15.2.2.2　免疫分析法分类

免疫分析技术根据免疫反应的动力学类型分为竞争反应和夹心反应。所谓竞争反应是指标记抗原与非标记抗原共同竞争与抗体的反应；夹心反应是指将抗体、抗原和第二抗体结合在一起，形成夹心式结合物，通过检测夹心结合物上标记物，计算样品中抗原含量。

根据抗原和抗体在反应中存在形式不同可以分为均相分析（液相免疫分析）和异相分析（固相免疫分析）。均相分析不需要将游离抗原与结合物分离，直接进行测定。其特点是简单省时，适合于测定小分子化合物，灵敏度 10^{-9} g/mL。异相分析指的是抗原抗体反应后，将结合物与游离抗原（或抗体）及样品用常规物理方法分离，然后对分离出的结合物进行检测。其特点是有较高灵敏度（10^{-12} g/mL），干扰少。

根据标记方法的不同分为荧光免疫分析技术（fluorescence immunoassay，FI）、放射免疫分析技术（radio immunoassay，RIA）、酶联免疫分析技术（enzyme-linked immune sorbent assay，ELISA）和化学发光免疫分析技术（chemiluminescence immunoassay，CLIA）等。免疫标记技术指用荧光素、放射性同位素、酶、铁蛋白、胶体金及化学、生物发光剂等作为追踪物，标记抗体或抗原进行的抗原抗体反应，并借助荧光显微镜、射线测量仪、酶标检测仪、电子显微镜和发光免疫测定仪等精密仪器，对实验结果直接进行观察或进行自动化测定。

许多快速检验新技术也是采用的免疫分析技术，如免疫生物传感器（immune-biosensor）、免疫胶体金技术（immune colloidal gold technique，GICT）、免疫亲和色谱（immuno affinity chromatography，IAC）等。免疫生物传感器是生物技术与微电子技术结合，利用生物体内抗原、抗体转移性结合而导致电化学变化的设备装置。免疫传感器分为两类，一类是利用竞争酶免疫反应原理设计，如黄曲霉毒素传感器，由氧化极和黄曲霉抗体膜组成，用于检测微生物、农兽药残留等；另一类是利用亲和性设计，检测食品添加剂、营养素（氨基酸、脂肪酸、糖类）以及农兽药等污染物。免疫胶体金标记技术是以胶体金作为示踪标记物，以微孔滤膜为固相载体，包被已知抗原或抗体，加入待测样品后，经滤膜毛细管作用，使标本中的抗原或抗体与膜上包被的抗体或抗原结合，胶体金结合物大量聚集时，肉眼可见红色或粉色斑点，用于定性或半定量的快速免疫检测。免疫亲和色谱是以抗原抗体的特异性、可逆性免疫结合反应为原理的色谱技术，具有特性性强、结合容量大、洗脱条件温和、色谱柱可再生使用等优点。

15.2.2.3　免疫分析技术在食品中的应用

（1）放射免疫分析技术在食品中的应用

RIA 技术是利用同位素标记的与未标记的抗原同抗体发生竞争性抑制反应的放射性同位素体外微量分析方法。RIA 法的优点是灵敏、特异、简便易行、用样量少等，常可测至皮摩尔。本法虽然也用放射性物质，但一般都是在测试样品时再加入标记的同位素示踪物，此示踪物的放射性强度极低，一般不会对实验者引起辐射损伤。本法的缺点是有时会出现交叉反应、假阳性反应，组织样品处理不够迅速，不能灭活降解酶，盐及 pH 有时会影响结果等。该技术是将传统的免疫方法和现代标记方法相结合的一种新型分析技术，可检测病毒、细菌、寄生虫、肿瘤及小分子药等等。例如，通过放射免疫技术能够检测鳗鱼、虾等水产品中磺胺类药物残留。当食品中含有磺胺类药物时，残留物与受体上的结合位点结合，从而阻止了 ^{3}H 标记的磺胺类药物与结合剂位点的结合。样品中的磺胺类药物含量越高竞争的结合位点越多，^{3}H 标记的磺胺二甲嘧啶则越少，测定的值越低则样品中的磺胺类药物残留量越高。闫磊（2010）等利用 RIA 法成功地测定了牛奶样品中的黄曲霉毒素的含量，该检测方法能够进行大批量样品的初筛。

（2）酶联免疫分析技术在食品中的应用

ELISA 是在 RIA 理论基础上发展起来的一种非放射性标记免疫分析技术，该法用酶代替同位素制备了酶标记试剂，克服了 RIA 操作过程中放射性同位素对人体的伤害。其技术基础是抗原或抗体的固相化及抗原或抗体的酶标记。结合在固相载体表面的抗原或抗体仍保持其免疫学活性，酶标记的抗原或抗体既保留其免疫学活性，又保留酶的活性。在测定时，受检测标本

(测定其中的抗体或抗原)与固相载体表面的抗原或抗体起反应。用洗涤的方法使固相载体上形成的抗原-抗体复合物与液体中的其他物质分开。再加入酶标记的抗原或抗体,也通过反应而结合在固相载体上。此时固相上的酶量与标本中受检物质的量呈一定的比例。加入酶促反应的底物后,底物被酶催化成为有色产物,产物的量与标本中受检物质的量直接相关,故可根据呈色的深浅进行定性或定量分析。

ELISA 在食品检测领域应用广泛,主要用于食品中农药残留、药物残留、毒素、微生物、转基因产品及其他成分等的检测。Kolosova 等利用单克隆抗体对甲基对硫磷分别进行直接、间接竞争酶联免疫测定,间接竞争性 ELISA(indirect competitive-ELISA,IC-ELISA)对甲基对硫磷的检出限为 0.08 ng/mL,所需时间 3.5 h;直接竞争 ELISA(direct competitive-ELISA,DC-ELISA)法的检出限 0.5 ng/mL,其所需时间仅为 1.5 h。谢倩等(2021)通过羰基二咪唑法,将日落黄与载体蛋白偶联,成功地制备了日落黄 ELISA 试剂盒。该试剂盒可用于检测水果类制品中添加的日落黄,为大批量测定食品中日落黄含量提供了高效准确的实验方法。

(3)免疫传感器技术在食品中的应用

免疫传感器的原理是以抗原与抗体间的特异性分子识别机制为核心,抗原或抗体可以识别并结合与之相对应的抗体或抗原。蛋白质携带有大量电荷、发色基团,抗原抗体反应时会产生电学、光学等方面的变化,将其转化为合适的检测参数,从而构成相应的免疫传感器(图 15-11)。

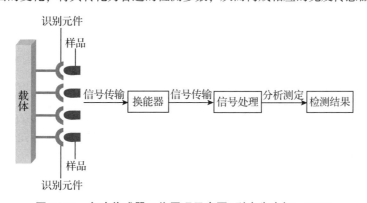

图 15-11　免疫传感器工作原理示意图(引自朱小钿,2019)

此技术具有高灵敏度、检测时间短、成本低、检出限低、特异性强和易实现自动化等优点,广泛应用于检测食品中的农药、兽药残留、毒素、细菌等方面。例如,王华等(2007)研制的用于检测蔬菜中甲胺磷残留的竞争酶联免疫测定试剂盒,检测甲胺磷的最低检测限为 0.01 μg/mL,线性检测范围为 0.01~100 μg/mL,与其他有机磷农药交叉反应较小,具有较高的特异性。闫磊等(2010)建立了一种检测牛奶中黄曲霉毒素的免疫分析方法。该方法精密度和准确度均很好,最低检测线可达 0.25 μg/kg。

(4)免疫胶体金技术在食品中的应用

免疫层析技术是一种将免疫技术和色谱层析技术相结合的快速免疫分析技术,广泛用于检测农兽药等小分子物质。1971 年 Faulk 和 Taylor 将胶体金引入免疫化学,使免疫胶体金技术作为一种新的免疫学技术更广泛地应用于临床诊断及药物检测等方面。此技术具有简便、快速的优点,除试剂外不需要任何仪器设备,试剂稳定,但不能准确定量。目前,免疫胶体金技术主要应用于食品的质量控制、食品安全检测等领域。食品质量控制包括食品成分(如蛋白质、糖类、脂肪、水分、矿物质、维生素等)的具体测定,如利用免疫胶体金技术测定牛初乳中免疫球蛋白的含量,可以很好地评价牛初乳及其制品生物活性的质量。食品安全监测方面主要是利用该技术定性分析或简单地半定量分析食品中的致病菌、农药、兽药等残留情况。目前以单残留检测居多，如毛黎娟等研制的克百威残留免疫胶体金试纸条，其检测灵敏度为 0. 5 μg/mL，可有效用于水、青菜及梨等样品中的克百威残留检测，但不能用于茶叶样品的检测。

15. 2. 3 PCR 技术

15. 2. 3. 1 PCR 技术原理

PCR 是基于 DNA 体内复制的原理，在耐热的 DNA 聚合酶催化下，以目的 DNA 为模板，按碱基互补配对原则在引物的 3′端添加 4 种 dNTP 形成与模板链互补的 DNA 链的体外扩增技术。

15. 2. 3. 2 PCR 分类

根据 PCR 操作方式或使用目的的不同，可将其分为普通 PCR、原位 PCR、逆转录 PCR、锚定 PCR、反向 PCR 等。

(1)普通 PCR

普通 PCR 是使用从组织或细胞中分离出来或人工合成的离体模板 DNA 进行扩增。

(2)原位 PCR

原位 PCR 是将细胞或组织经固定液处理后，使其具有一定的通透性，再让 PCR 试剂进入细胞或组织中，然后使用细胞或组织中的 DNA 为模板进行原位扩增。原位 PCR 可以用于检测动植物组织中感染的病毒或细菌，即其具有可定位的优势。

(3)逆转录 PCR

逆转录 PCR 是指以 mRNA 为模板，经过逆转录获得与 mRNA 互补的 cDNA，然后以 cDNA 为模板进行 PCR 反应。

(4)锚定 PCR

锚定 PCR 是针对一端序列已知而另一端序列未知的 DNA 片段，可以通过 DNA 末端转移酶给未知序列的一端加上一段多聚 dG 的尾巴，然后分别用多聚 dC 和已知序列作为引物进行 PCR。

(5)反向 PCR

反向 PCR 适合于扩增已知序列两端的未知序列。根据已知序列的两端设计两个引物，以环状分子为模板进行 PCR，就可以扩增出已知序列两端的未知序列。

15. 2. 3. 3 PCR 流程

PCR 的全过程是由变性(denature)、退火(annealing)和延伸(extension)3 个反应步骤和若干个循环构成(图 15-12)。变性是将模板 DNA 置于 95℃左右(93~96℃)的高温下，使 DNA 双链中氢键断裂变成单链 DNA，使之能够与引物结合，为下面的反应做准备。退火又称复性，即恢复双链的过程，是向反应体系中加入引物后，使反应体系的温度降低到 55℃左右，使得一对引物按碱基互补配对原则分别与两条游离的单链结合的过程。延伸是引物与模板 DNA 结合后，将反应体系温度调整到 Taq DNA 聚合酶作用的最适温度 72℃，在有 Mg^{2+} 存在的条件下，以 4 种单脱氧核苷酸(dNTP)为底物，从引物的 3′端开始合成，形成与单链模板互补的新的 DNA 分子，再次合成完整的双链 DNA 的过程。如此循环上述 3 步操作，每一个循环需要 2~4 min，每循环 1 次，目的 DNA 片段的数量就增加 1 倍，经过 25~30 个循环，就可将目的 DNA 片段特异性地扩增 10^6 ~ 10^9 倍。一般循环数可以根据需要进行设定。

15. 2. 3. 4 PCR 技术在食品中的应用

(1)转基因食品中的应用

转基因食品是现代生物技术的产物，它的出现很大程度上有效缓解了因世界人口极速增长、农作物种植土地面积缩减等客观原因导致的食品短缺、农药污染及食品质量下降等问题。

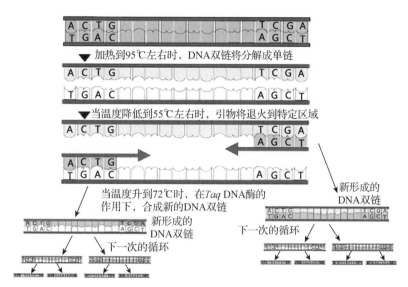

图 15-12　PCR 反应原理

但目前人们对转基因生物和转基因食品安全性仍有顾虑，主要体现在以下 3 个方面：①转基因食品是否对人体健康造成安全威胁；②转基因食品中改造出的新基因性状是否对其他食物链造成不良影响；③转基因食品是人们强硬改造出的食品，是否对自然生物多样性造成不良影响。因此，各国出台了对转基因食品进行安全检测的法律法规。而 PCR 技术则被广泛应用于转基因食品的安全检测。董立明等（2021）以转基因水稻中最常用的 *CaMV* 35S 启动子、*Nos* 终止子、*Cry1Ab/Ac* 基因、*HPT* 基因及 *SPS* 水稻内标基因为研究对象，利用 5 种不同的荧光信号进行多重实时荧光定量 PCR 检测方法的研究，灵敏度可达 0.032%。

（2）食品卫生检测中的应用

食品安全逐渐成为热门话题，开展食品安全检测有助于确保食品安全。通过引入 PCR 技术，可以检测食品中金黄色葡萄球菌、沙门菌、大肠埃希菌及非致病菌等微生物。例如，李慧静（2016）通过 PCR 技术扩增、电泳检测营养肉汤培养基中的金黄色葡萄球菌，检测出 10^4 CFU/mL 的金黄色葡萄球菌。严维花等（2020）建立了实时荧光定量 PCR 检测方法，对不同产地、不同收集企业、不同储藏时间当归饮片中金黄色葡萄球菌进行定量分析，该检测方法的特异性、灵敏度、准确性以及报告周期均优于平板计数法。

（3）食品原料种类鉴定中的应用

同一种食品原料的不同品种在市场上价格差异较大，为保护消费者的利益和保护野生稀有动植物的生存，对食品原料种类进行鉴定是非常必要的。对于食品原料，一般从其外部形态特点即可鉴别其种类，也可以对原料的水溶性蛋白质进行等电聚焦电泳后，通过观察是否有种属特异蛋白质谱带进行分析鉴定。但对于食品加工制品，尤其是经过热处理（如烟熏、蒸煮、煎炸等）的食品，其水溶性蛋白质因发生不可逆变性而不溶，则需要采取其他手段进行鉴定。

15.2.4　生物芯片技术

15.2.4.1　生物芯片技术原理

生物芯片（biochip）技术是采用光导原位合成或微矩阵点样等方法，将大量生物大分子如核酸片段、多肽片段（甚至组织切片）和细胞等样品有序地固定在支持物（硅胶片、聚丙烯酰胺凝胶等）的表面，组成密集的二维分子排列，然后与已标记待测生物样品中的靶分子杂交，通过特定的仪器如激光共聚焦扫描或电荷耦合(charge coupled device，CCD)摄像机对杂交信号的强度进行快速、并行、高效地检测分析，从而判断样品中靶分子数量和种类，从而达到分析检测的目的。

15.2.4.2　生物芯片分类

目前，生物芯片按照芯片上固化的生物材料的不同可以分为基因芯片(包括寡核苷酸芯片和 cDNA 芯片)、蛋白质芯片、细胞芯片和组织芯片。其中，基因芯片和蛋白质芯片应用较为广泛，也是当前生物芯片技术的核心和基础。

(1)基因芯片(gene chip)

基因芯片又称 DNA 芯片，它是将许多特定的 DNA 寡核苷酸如单核苷酸多态性(single nucleotide polymorphism，SNP)或 DNA 片段(称为探针)固定在芯片的每个预先设置的区域内，经过标记的若干靶核苷酸序列通过与芯片特定位置上的探针杂交，便可根据碱基互补配对原则确定靶基因的序列。通过检测杂交信号并进行计算机分析，从而检测与探针对应片段是否存在和存在量的多少，用于基因组研究、基因功能研究、疾病的临床诊断和检测等。

(2)蛋白质芯片(protein chip)

蛋白质芯片是根据抗体与抗原、配体与受体等相结合的特异性实现蛋白质的检测。主要用于蛋白质组学研究，应用于激酶分析、蛋白酶分析和细胞分析。根据蛋白质芯片衍生的生物分子识别专家系统、分子药物筛选系统、疾病诊断系统等在生物医学中有着广泛的应用。

(3)细胞芯片(cell chip)

细胞芯片充分运用显微技术或纳米技术，利用一系列几何学、力学、电磁学等原理，在芯片上完成对细胞的捕获、固定、平衡、运输、刺激及培养等精确控制，并通过微型化的化学分析方法，实现对细胞样品的高通量、多参数、连续原位信号检测和细胞组分的理化分析等研究目的。

(4)组织芯片(tissue chip)

组织芯片是利用各种酶、核素或荧光标记的不同基因、寡核苷酸、抗体在微缩组织切片上进行杂交和标记染色，最后在显微镜下观察、获取图像信息(或通过计算机处理所获的信息)，以研究目的基因或基因产物在不同组织之间的表达差异。

15.2.4.3　生物芯片特征

与其他的基因检测或蛋白质检测技术相比，基因芯片和蛋白质芯片对生物分子及其功能的检测、鉴定和分型具有多样性、微型化、自动化及网络化等特征。多样性指可以在单个芯片上进行样本的多方面分析比较，排除一系列复杂因素导致的各比较实验的内在差异，从而使一次性多样本比较性分析的精确性大为提高；微型化指生物芯片不仅所用样品量少，而且成千上万种探针分子仅仅点在几平方厘米的介质上，可以实现许多生物信息分析的并行化、多样化；自动化指整套芯片系统测定分析的全过程，包括点样、杂交、图形处理和数据处理都可用计算机已知程序的自动化系统和半自动化系统完成，不仅保证芯片制造质量稳定，而且研究结果更加客观、准确，同时实验操作更简便，大大缩短实验时间；网络化指点样、数据处理等步骤都需要利用因特网上庞大的生物信息库，既可以利用现存资源，又可提高分析鉴定的准确度。

15.2.4.4　生物芯片技术在食品中的应用

(1)食品中微生物的分析检测

致病微生物是食品生物性污染的主要因素，这些微生物的存在严重影响人体健康。传统的检测方法是培养分离法，整个过程耗时几天，操作复杂，已不能满足目前食品质量与安全控制体系的要求。生物芯片因具有高通量、高灵敏度和高特异性而被应用于致病微生物的检测中。Yu 等(2016)利用微点样方法结合多重 PCR 设计出的微阵列芯片检测鸡肉样品中的 5 种沙门菌，检出限可达 10^2 CFU/mL，并且可以实现对这 5 种沙门菌中的任何一种的定性分析。

（2）食品中真菌毒素的分析检测

真菌毒素是真菌在食品或饲料里生长所产生的代谢产物，对人类和动物都有害，通常在加热等条件下处理都很难被除去。目前真菌毒素的检测一般采用 HPLC 和 ELISA。前者检测灵敏度高，但样品前处理烦琐、操作复杂、时间长；后者操作简便、快速，但在灵敏度上仍有待进一步提高。王云霞等（2019）利用生物芯片真菌毒素阵列测定牛奶饲料中赭曲霉毒素 A、脱氧雪腐镰刀菌烯醇、黄曲霉毒素 B_1 和玉米赤霉烯酮 4 个组分的残留量，结果发现该方法操作简单、结果准确，缩短了大量样本的筛查时间，为批量样品筛查提供了可靠的技术保证。

（3）对转基因食品的检测

转基因食品检测常用 ELLSA、PCR 技术、DNA 印迹杂交（Southern blot）、RNA 印迹杂交（Northern blot）、蛋白质印迹法（Western blot）、化学组织检测技术等，这些技术最大的缺点是检测范围窄，效率低，无法高通量、大规模地同时检测多种样品。生物芯片可以弥补以上缺陷。黄文胜等（2003）以国产油菜籽、进口油菜籽和纯转基因油菜为检测对象，对 3 类初样品进行高质量 DNA 提取，设计 10 对引物、探针，制备寡核苷酸芯片，将基因芯片与多重 PCR 检测技术相结合，实现一次检测多种基因的可能性。张光远等（2013）也利用复合 PCR-基因芯片联用技术对商业化种植的转基因玉米 MIR162、BVLA430101、MON88017，转基因大豆 MON89788、GTS40-3-2，转基因油菜 MS1、RF1 建立一个三重 PCR 检测体系和两个四重 PCR 检测体系，实现高通量检测。

15.2.5　波谱分析技术

15.2.5.1　波谱分析技术原理

波谱分析技术主要是以光学为理论，基于物质分子与电磁辐射之间的相互作用关系，使物质分子体系发生能量变化（能级跃迁产生的发射、吸收或散射辐射的波长和强度），从而进行物质分子结构分析和鉴定的一种分析技术。分子体系可以用其分立的电子状态、振动和转动状态组成的分子特征能谱图来识别。在室温下物质主要处在它们的电子能级和振动能级的基态。当不同能量的电磁波照射物质时，物质的分子或原子吸收一定波长的电磁波后从基态跃迁到激发态，然后这些激发态通过在各个方向上以相同的或较低的频率发射出所吸收的辐射，或通过"无辐射"弛豫释放能量，一般在 10^{-8} s 回到基态（图 15-13）。这将引起物质不同运动状态的变化，并在连续电磁波谱上出现吸收信号，其中无线电波可引起磁性核的自旋改变，微波可引起单电子的自旋改变，红外光导致分子的振动和转动转态的变化，紫外-可见光将引起价电子能级跃迁，X 射线能激发内层轨道电子。与此对应的光谱分别是核磁共振谱、电子自旋共振光谱、红外光谱、紫外-可见光谱、光电子能谱等。

15.2.5.2　波谱分析技术方法

波谱分析的优势主要体现在：快速（测定速度快）、准确（谱图解析的结果准确、重复性好）、微量（样品微量化）。波谱分子技术主要包括红外光谱（infrared spectroscopy，IR）、紫外光谱（ultraviolet spectroscopy，UV）、核磁共振（nuclear magnetic resonance，NMR）和质谱（mass spectrometry，MS），简称为 4 谱。除此之外，还包含拉曼光谱、荧光光谱、旋光光谱、圆二色光谱和顺磁共振谱。

（1）红外光谱

红外光谱是研究分子运动的吸收光谱，也称为分子光谱。红外光谱是依据物质分子对红外光区辐射的选择性吸收程度进行结构鉴定的分子吸收光谱。物质分子在红外光的照射下会被激发，发生振动能级跃迁，同时伴随转动能级跃迁。不同的物质分子有不同的内部结构，能对红

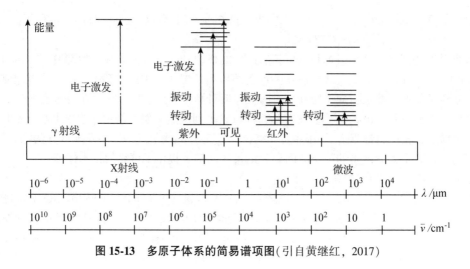

图 15-13　多原子体系的简易谱项图(引自黄继红，2017)

外光区的辐射进行选择吸收，即只吸收与其分子振动、转动频率一致的红外光，导致分子振动-转动能级各不相同，从而产生不一样的红外吸收图谱，因此可从红外吸收光谱的波形、峰的特征(强度、位置及数目)等方面进行物质的结构鉴定。红外光波通常分为 3 个区域，即近红外区、中红外区和远红外区。近红外区主要研究 O—H、N—H 和 C—H 键的倍频吸收或组频吸收，此区域的吸收峰的强度一般比较弱；中红外区主要研究分子的振动能级跃迁，绝大多数有机化合物和无机化合物的基频吸收都落在这一区域；远红外区主要用于研究分子的纯转动能级的跃迁及晶体的晶格振动。常见的红外光谱所涉及的区域主要为中红外区。

（2）紫外光谱

紫外-可见光谱(ultraviolet and visible spectroscopy，UV-Vis)是利用物质生色基团，吸收紫外-可见光区(200~800 nm)光谱区域辐射，产生分子价电子，引起能级跃迁而产生的吸收光谱。紫外-可见光谱的波长范围为 10~800 nm，该波段又可分为：可见光谱(400~800 nm)，有色物质在此区域有吸收；近紫外区(200~400 nm)，芳香族化合物或具有共轭体系的物质在此区域有吸收，该波段是紫外光谱研究的主要对象；远紫外区(10~200 nm)，由于空气中的 O_2、N_2、CO_2 和水蒸气在此区域也有吸收，对测定有干扰，远紫外光谱的操作必须在真空条件下进行，因此这段光谱又称为真空紫外光谱，通常所说的紫外光谱是指 200~400 nm 的近紫外光谱。

（3）核磁共振(NMR)

核磁共振技术是源于原子核的磁性而发展起来的一种波谱技术，是分析高分子内各官能团如何连接的确切结构的强有力工具，它分为 ^{1}H-NMR 和 ^{13}C-NMR。静磁场中带正电的原子核具有不同能级，在外磁场的干预下发生磁化作用，从而产生拉莫尔进动，即原子核自身磁矩与外磁场方向不同而在外磁场的作用下发生旋转。当外加的能量与原子核振动频率相一致时，原子核就会吸收电磁能从而发生能级跃迁，产生共振信号。原子核振动的频率由其自身的性质所决定，在外磁场中特定原子核只吸收与之频率一致的电磁波能量，因此核磁共振谱图中共振峰位置、强度及各种参数(纵向弛豫时间 T_1、横向弛豫时间 T_2、扩散系数 D)等可以用来反映物质分子的化学结构和内在性质。核磁共振技术常被用于晶体、微晶粉末、胶质、膜蛋白，蛋白纤维及聚合物等物质的结构探究。

（4）质谱

质谱分析是在高真空系统中测定样品的分子离子及碎片离子质量，以确定样品相对分子质量及分子结构的方法。研究质谱法及样品在质谱测定中电离方式、裂解规律及质谱图特征的科学称为质谱学。质谱分析的基本原理是在离子源中物质分子受到高速电子的撞击，发生裂解后离子化，从而形成不同质荷比的带正电荷的离子，这些离子经过加速电场的作用形成离子束进入质量分析器，然后通过质荷比的不同对其进行分离，并按照质荷比的大小顺序进行收集、记录，从而根据质谱峰的位置和峰的强度对物质分子进行结构的定性、定量分析。质谱法测定的对象包括同位素、无机物、有机化合物、生物大分子以及聚合物，可以广泛应用于化学、生物化学、生物医学、药物学、生命科学以及工业、农业、林业、地质、石油环保等领域。质谱法在鉴定有机物的四大工具中，是灵敏度最高，也是唯一可以确定分子式的方法。后来又发展出用于研究测定多肽、蛋白质、核酸及多糖等生物大分子的基质辅助激光解吸电离飞行时间质谱和电喷雾电离质谱。

15.2.5.3　波谱分析技术在食品中的应用

（1）紫外-可见光谱在淀粉中的应用

紫外-可见光谱在研究淀粉颗粒的结构、糊化过程、水解程度及变性过程分析均得到了很好的应用，为淀粉及其衍生物在不同领域的应用提供相关的信息。

利用紫外-可见光谱测定食品中淀粉特征是基于在一定条件下淀粉和碘发生络合反应产生各种有色络合物，而不同颜色的络合物具有不同的最大吸收波长。碘与直链淀粉、支链淀粉结合分别产生蓝紫色和紫红色络合物，其最大吸收峰分别在 600~640 nm 和 520~560 nm，因此可以根据紫外-可见光谱图的最大吸收波长、吸收峰的范围的变化，研究不同来源、不同成熟度以及不同加工方式的淀粉颗粒中直/支链淀粉的比例、支链淀粉链的长度及分子质量分布等。Bi 等（2019）利用紫外-可见光谱分析了不同成熟度的香蕉中淀粉含量的变化，研究发现香蕉皮完全绿色（成熟度第一阶段）的香蕉的直链淀粉含量最高，成熟度处于第三阶段和第五阶段的香蕉的直链淀粉含量几乎没有变化，处于成熟第七阶段的香蕉的直链淀粉含量显著降低，而且抗性淀粉含量呈现同步下降的现象。

（2）傅里叶红外光谱在食品中的应用

基于每一聚合物都具有特征的红外光谱，其谱带数目、位置、形状及强度均随聚合物及其聚集态结构的不同而不同，像指纹一样具有特定性，据此分析聚合物链结构和聚集态结构，包括链组成、排列、构型、构象、支化、交联、结晶度、取向度的变化分析，研究聚合反应机理、聚合物与配合剂及聚合物之间相互作用，研究聚合物表面结构和配方工艺对产品性能的影响等。如果高分子材料分子中含有一些极性较强的基团，如酯、酸、酰胺、酰亚胺、苯醚、脂肪醚、醇、硅、硫、磷、氯、氟等，则谱带具有显著特征峰，反映出该聚合物的结构和存在。刘晓欢（2021）发现利用傅里叶红外光谱仪对大米产地溯源具有一定的可行性，其采集了 4 个不同产地大米，经过矢量归一化，建立了偏最小二乘判别模型。该模型对吉林、江苏、辽宁、浙江 4 个产地的识别率分别为 93.77%、91.24%、100%、75%。利用傅里叶红外光谱可以快速测定食品中反式脂肪酸含量，该法准确可靠、快速且简便，克服了现有红外光谱法灵敏度低的缺点，适用于食品中较低含量反式脂肪酸的快速测定。

（3）波谱分析技术在食品检测领域的应用

食品安全问题与人们的健康和生命息息相关，随着生活水平的提高，人们对生活质量的要求也越来越高，对食品安全的要求也不短提升。因此，要求加强对食品的检测。传统的检测方法步骤烦琐、耗时耗力，容易对环境造成化学污染。现阶段常见的食品检测技术主要有生物检测技术、色谱检测技术和波谱检测技术。利用荧光光谱可以定量、定性分析食品中的芳香族氨基酸（如苯丙氨酸、酪氨酸、色氨酸）、维生素 A、抗氧化剂及重金属等成分，实现食品品质的评价、品质分级或掺假鉴别，检测食品的种类包括畜禽肉类、乳制品、粮油、水产品及果蔬等。李伟明等（2010）应用电子自旋共振（ESR）波谱技术检测辐照葡萄，以葡萄皮、葡萄柄和葡萄籽为试验材料，研究其在 0~10.0 kGy 剂量范围 ESR 波谱特征变化以及辐照剂量与信号强度的关系。结果表明 3 种辐照试验材料在储藏期(15 d)内信号强度均有不同程度的衰减，辐照葡萄皮信号强度衰减最为剧烈(衰减80%)。

本章小结

基于现代生化分离技术和分析技术的高效性、简便性和快速性等特点，这些分离和分析技术在改变传统的食品加工工艺、优化食品生物资源及食品品质、食品分析与检测方面已经得到了广泛应用和深度认可。尤其是超滤和超临界萃取技术、高效液相色谱、酶联免疫分析技术、PCR 扩增技术、生物芯片技术及波谱分析技术等在食品领域的应用，对食品工业的发展产生了巨大的影响。虽然每一项技术并不是尽善尽美，但是随着各方面的不断投入和相关技术的发展，国内外生命科学界、工业界、医学界及食品界均认为这些技术会给整个人类生活带来一场"革命"。

思考题

1. 请说明超临界流体萃取技术的原理，并举例说明其在食品中的具体应用。
2. 列举出 3 种常用的膜分离技术，并分别举例说明这 3 种膜分离技术在食品工业中的应用。
3. 生物芯片根据检测分析的生物组分不同可分为哪些类型？
4. 简述 PCR 的基本原理与操作流程。
5. 简述波谱分析技术的主要原理。

参考文献

陈复生，程小丽，2009. 不同萃取方法对大豆分离蛋白功能特性的影响研究[J]. 中国食品添加剂（6）：131-135.

陈健，林杰，2007. 放射免疫法检测鳗鱼中磺胺类药物残留[J]. 水产科学，26(5)：282-284.

陈敏，2008. 食品化学[M]. 北京：中国林业出版社.

陈少闯，李彦，2022. 非离子型表面活性剂 Tween 60 用于碳纳米管的双水相分离[J]. 中国科学：化学，52(1)：102-107.

陈星星，周朝生，2019. 蛋白酶在肉制品加工中的应用进展[J]. 浙江农业科学，60(6)：1000-1002.

迟玉杰，2012. 食品化学[M]. 北京：化学工业出版社.

邓芹英，刘岚，邓慧敏，2007. 波谱分析教程[M]. 北京：科学出版社.

邓小红，任海芳，2007. PCR 技术详解及分析[J]. 重庆工商大学学报（自然科学版），24(1)：29-33.

董立明，李飞武，2021. 一种 5 重 real-time PCR 筛查转基因水稻方法的建立[J]. 食品科学，42(24)：329-334.

董晓燕，2010. 生物化学[M]. 北京：高等教育出版社.

冯风琴，叶立扬，2005. 食品化学[M]. 北京：化学工业出版社.

傅金凤，王娟，2022. 波谱技术在香蕉淀粉及抗性淀粉研究中的应用[J]. 食品工业科技，43(1)：425-443.

郭建华，蒋海娇，2021. 酶制剂在白酒发酵中应用的研究进展[J]. 食品工业，42(11)：308-311.

郭青，毛多斌，2011. 超声波萃取技术在烟草成分分离中的应用研究综述[J]. 郑州轻工业学院学报（自然科学版），26(5)：96-99.

郭孝武，1997. 超声和热碱提取对芦丁成分影响的比较[J]. 中草药，28(2)：88-89.

郭勇，崔堂兵，于平儒，2018. 现代生物技术[M]. 北京：科学出版社.

国娜，谭晓燕，2012. 粮食生物化学[M]. 北京：化学工业出版社.

胡耀辉，2014. 食品生物化学[M]. 2 版. 北京：化学工业出版社.

黄继红，2017. 抗性淀粉生产技术及其应用[M]. 郑州：河南科学技术出版社.

黄文胜，潘良文，2003. 基因芯片检测转基因油菜[J]. 农业生物技术学报（6）：588-592.

黄熙泰，于自然，李翠凤，2005. 现代生物化学[M]. 2 版. 北京：化学工业出版社.

黄小葳，霍清，2004. 神经网络技术在双水相分离提取甘草酸盐中的应用[J]. 现代化工（z1）：113-115，119.

黄沅玮，2020. 超临界流体萃取技术及其在植物油脂提取中的应用[J]. 食品工程（3）：12-15，61.

黄泽元，迟玉杰，2017. 食品化学[M]. 北京：中国轻工业出版社.

贾弘褆，2019. 生物化学[M]. 4 版. 北京：北京大学医学出版社.

江波，杨瑞金，2018. 食品化学[M]. 2 版. 北京：中国轻工业出版社.

姜国龙，赵红双，2009. 酶在焙烤食品制作中的应用及研究进展[J]. 内蒙古科技与经济（7）：176-177，182.

姜竹茂，张书文，2019. 基于陶瓷膜技术的羊乳酪蛋白和其他组分的高效分级分离[J]. 食品科学，40(23)：130-136.

金昌海，2018. 食品发酵与酿造[M]. 北京：中国轻工业出版社.

金凤燮，2006. 生物化学[M]. 北京：中国轻工业出版社.

金凤燮，2009. 天然产物生物转化[M]. 北京：化学工业出版社.

金青哲，2013. 功能性脂质[M]. 北京：中国轻工业出版社.

阚建全，2016. 食品化学[M]. 3 版. 北京：中国农业大学出版社.

康怀彬，张敏，2005. 溶菌酶及其在肉制品加工中的应用[J]. 肉类研究(4)：40-42.

李慧静，2016. PCR 技术检测食品中金黄色葡萄球菌[J]. 读天下(11)：160-161.

李京杰，邓毛程，2007. 生物化学[M]. 北京：中国农业大学出版社.

李里特，2002. 粮油贮藏加工工艺学[M]. 北京：中国农业出版社.

李明奇，李洪军，2018. 微生物源谷氨酰胺转氨酶修饰蛋白质机理及其在食品方面的应用进展[J]. 食品与发酵工业，44(12)：274-280.

李婷，侯晓婷，2006. 超声波萃取技术的研究现状及展望[J]. 安徽农业科学，34(13)：3188-3190.

李伟明，哈益明，2010. 电子自旋共振波谱技术在辐照葡萄检测中的应用[J]. 农业工程学报，26(8)：363-367.

李宪臻，2008. 生物化学[M]. 武汉：华中科技大学出版社.

李晓华，杜克生，2018. 食品生物化学[M]. 3 版. 北京：化学工业出版社.

李雨露，刘丽萍，2014. 酶在面包加工中的应用及研究现状[J]. 粮食与饲料工业(4)：38-40.

李泽荣，熊小婷，2021. 液相色谱-串联质谱法测定食品接触材料及制品中新戊二醇迁移量[J]. 分析测试学报，40(8)：1208-1212.

梁赤周，桂文君，2008. 三唑磷残留检测直接竞争 ELISA 试剂盒的研制及应用[J]. 中国食品学报 (6)：102-108.

梁海燕，马俪珍，2004. 谷氨酰胺转氨酶在肉制品加工中的应用[J]. 肉类工业(5)：38-40.

刘国琴，张曼夫，2011. 生物化学[M]. 2 版. 北京：中国农业大学出版社.

刘鸿雁，李延春，2018. 超临界 CO_2 萃取玉米胚芽油的工艺研究[J]. 吉林化工学院学报，35(5)：42-45.

刘慧琳，王静，2020. 白酒和黄酒中生物胺的高效液相色谱分析法[J]. 中国食品学报，20(8)：248-254.

刘邻渭，2000. 食品化学[M]. 北京：中国农业出版社.

刘晴晴，2011. 酶在食品工业中的应用[J]. 企业导报(4)：252.

刘锐，2012. 茶籽粕中茶皂素提取的工艺研究[D]. 武汉：湖北工业大学.

刘树兴，吴少雄，2008. 食品化学[M]. 3 版. 北京：中国计量出版社.

刘佟，崔艳华，张兰威，2011. 凝乳酶的研究进展[J]. 中国乳品工业，39(8)：40-43.

刘卫华，王向红，2020. 动物性食品中氟苯尼考检测的电化学免疫传感器构建[J]. 食品科学，41(20)：307-313.

刘晓欢，刘翠玲，2021. 基于傅里叶红外光谱技术的大米产地溯源快速判别方法研究[J]. 食品科技，46(4)：244-249.

卢丹，赵武奇，2018. 超临界 CO_2 萃取燕麦油工艺研究[J]. 中国油脂，43(4)：1-6.

吕敏，李彦，2020. 单壁碳纳米管的双水相分离[J]. 中国科学：化学，50(11)：1619-1636.

吕维华，夏德强，2017. 现代波谱分析技术在高分子材料结构表征中的应用[J]. 化学工程与装备 (6)：216-218.

罗来庆，焦宇知，2021. 加压毛细管电色谱法测定不同烹饪方式食品中丙烯酰胺含量[J]. 食品安全质量检测学报，12(16)：6498-6504.

马永坤，刘晓庚，2007. 食品化学[M]. 南京：东南大学出版社.

毛黎娟，2005. 金免疫层析技术在克百威残留快速测定中的应用研究[D]. 杭州：浙江大学.

苗颖，潘艳，2019. 磁性固相萃取-高效液相色谱法检测食品调味料中痕量着色剂[J]. 分析试验室，38(10)：1163-1167.

莫凡，2011. 蛋白质组学质谱数据分析的新方法研究开发[D]. 杭州：浙江大学.

纳尔逊(Nelson, D.L.)，柯克斯(Cox, M.M.)，2005. Lehninger 生物化学原理[M]. 3 版. 周海梦，译. 北京：高等教育出版社.

宁正祥，2013. 食品生物化学[M]. 3 版. 广州：华南理工大学出版社.

秦星，张宇宏，2013. 酶制剂在果汁生产中的应用研究进展[J]. 中国农业科技导报，15(5)：39-45.

邱慧珍，黄凤妹，2021. 超高效液相色谱-串联质谱法测定动物源性食品中 20 种磺胺类药物残留[J]. 食品安全导刊(29)：92-95，98.

任文鑫，李甜甜，2019. 超临界流体萃取分离技术概述[J]. 现代食品(22)：162-163.

沈同，王镜岩，1999. 生物化学(下册)[M]. 2 版. 北京：高等教育出版社.

孙长颢，2017. 营养与食品卫生学[M]. 8 版. 北京：人民卫生出版社.

孙雪，赵晓燕，2020. 反胶束对植物蛋白的结构、功能性和应用的影响研究进展[J]. 中国粮油学报，35(1)：196-202.

谈重芳，王雁萍，2006. 微生物脂肪酶在工业中的应用及研究进展[J]. 食品工业科技 (7)：193-195.

唐炳华，2021. 生物化学[M]. 5 版. 北京：中国中医药出版社.

王炳强，2010. 仪器分析——色谱分析技术[M]. 北京：化学工业出版社.

王冬梅，吕淑霞，2010. 生物化学[M]. 北京：科学出版社.

王舸楠，马文瑞，全莉，2018. 酿酒葡萄 DNA 的提取方法[J]. 食品与发酵工业，44(12)：118-122.

王华，熊汉国，2007. 甲胺磷残留检测直接竞争 ELISA 试剂盒的研制[J]. 食品研究与开发(4)：122-126.

王继峰，2007. 生物化学[M]. 2 版. 北京：中国中医药出版社.

王金秋，朱倩，2017. 食品工业中膜分离技术的应用进展[J]. 成都大学学报(自然科学版)，36(3)：252-256.

王金胜，王冬梅，吕淑霞，2007. 生物化学[M]. 北京：科学出版社.

王镜岩，朱圣庚，徐长法，2002. 生物化学(上下册)[M]. 3 版. 北京：高等教育出版社.

王镜岩，朱圣庚，徐长法，2008. 生物化学教程[M]. 北京：高等教育出版社.

王淼，吕晓玲，2009. 食品生物化学[M]. 北京：中国轻工业出版社.

王希成，2015. 生物化学[M]. 4 版. 北京：清华大学出版社.

王艳萍，2013. 生物化学[M]. 北京：中国轻工业出版社.

王云霞，赵淑环，2019. 生物芯片技术检测奶牛饲料中多种真菌毒素[J]. 乳业科学与技术，42(4)：30-33.

王璋，许时婴，汤坚，1999. 食品化学[M]. 北京：中国轻工业出版社.

魏民，张丽萍，杨建雄，2020. 生物化学简明教程[M]. 北京：高等教育出版社.

魏述众，1999. 生物化学[M]. 2 版. 北京：中国轻工业出版社.

吴刚，姜瞻梅，2007. 胶体金免疫层析技术在食品检测中的应用[J]. 食品工业科技，28(12)：216-218.

夏延斌，2004. 食品化学[M]. 北京：中国农业出版社.

谢笔钧，2004. 食品化学[M]. 2 版. 北京：科学出版社.

谢达平，2014. 食品生物化学[M]. 3 版. 北京：中国农业出版社.

谢倩，李庆，2021. 日落黄酶联免疫试剂盒的制备及应用[J]. 现代食品科技，37(6)：326-332.

辛嘉英，2013. 食品生物化学[M]. 北京：科学出版社.

邢要非，许红霞，2013. 反胶束萃取技术及其在棉子蛋白提取上的研究进展[C]. 中国棉花学会年会.

徐龙，靳烨，2012. 肉制品中亚硝酸还原酶的应用进展[J]. 食品工业科技，33(3)：413-416.

闫海洋，王忠东，2003. 微波萃取技术在食品加工过程中的应用[J]. 吉林工程技术师范学院学报，19(6)：38-40.

闫磊，李卓，2010. 牛奶中黄曲霉毒素的放射免疫法检测[J]. 食品研究与开发，31(1)：135-137.

严维花，曹虹虹，2020. 基于实时荧光定量 PCR 技术的当归不同炮制品中金黄色葡萄球菌含量测定方法的开发及比较[J]. 中国实验方剂学杂志，26(23)：137-144.

杨趁仙，陈复生，2013. 反胶束萃取技术及其对植物蛋白质结构特性的影响[J]. 食品与机械，29(6)：240-243.

杨荣武，2018. 生物化学原理[M]. 3 版. 北京：高等教育出版社.

杨荣武，2021. 基础生物化学原理[M]. 北京：高等教育出版社.

杨业华，2001. 普通遗传学[M]. 北京：高等教育出版社.

杨颖莹，陈复生，2012. 反胶束萃取技术及其在食品科学中应用[J]. 粮食与油脂，25：1-3.

杨玉红，2018. 食品生物化学[M]. 武汉：武汉理工大学出版社.

杨志敏, 2005. 生物化学[M]. 北京: 高等教育出版社.

杨志敏, 蒋立科, 2010. 生物化学[M]. 2版. 北京: 高等教育出版社.

姚文兵, 2016. 生物化学[M]. 8版. 北京: 人民卫生出版社.

于国萍, 邵美丽, 2015. 食品生物化学[M]. 北京: 科学出版社.

曾祺, 张志国, 2019. 微生物凝乳酶研究进展[J]. 中国乳品工业, 47(3): 30-36.

张冰宇, 蔡晓蓉, 2017. 毛细管电色谱-激光诱导荧光检测法分析食品中的生物胺[J]. 色谱, 35(3): 344-350.

张光远, 2013. 转基因食品基因芯片检测及鉴定方法的建立[D]. 济南: 山东师范大学.

张洪渊, 2006. 生物化学原理[M]. 北京: 科学出版社.

张洪渊, 2016. 生物化学教程[M]. 4版. 成都: 四川大学出版社.

张洪渊, 万海清, 2006. 生物化学[M]. 2版. 北京: 化学工业出版社.

张恺容, 解铁民, 2020. 超临界流体萃取技术及其在食品中的应用[J]. 农业科技与装备(6): 48-49, 52.

张丽萍, 杨建雄, 2015. 生物化学简明教程[M]. 5版. 北京: 高等教育出版社.

张曼夫, 2002. 生物化学[M]. 北京: 中国农业大学出版社.

赵国华, 白卫东, 于国萍, 等, 2019. 食品生物化学[M]. 北京: 中国农业大学出版社.

赵丽莉, 田呈瑞, 2007. 酶处理在果汁生产中的应用[J]. 饮料工业(2): 12-15.

赵新淮, 2005. 食品化学[M]. 北京: 化学工业出版社.

周春燕, 药立波, 2018. 生物化学与分子生物学[M]. 9版. 北京: 人民卫生出版社.

朱晗昀, 董振华, 2021. 关于在食品微生物检测中PCR技术的应用分析[J]. 食品安全导刊(24): 2.

朱圣庚, 徐长法, 2017. 生物化学(上下册)[M]. 4版. 北京: 高等教育出版社.

朱小钿, 张燕, 2019. 免疫传感器在食品安全检测中的应用[J]. 食品安全质量检测学报, 10(3): 626-632.

邹思湘, 2011. 动物生物化学[M]. 北京: 中国农业大学出版社.

ADAMS R, KNOWLER J T, LEADER D P, 1992. Degradation and Modification of Nucleic Acids [M]. Berlin: Springer Netherlands.

BERG J M, TYMOCZKO J L, STRYER L, 2012. Biochemistry[M]. 7th. New York: W. H. Freeman & Company.

BL Y, ZHANG Y Y, 2019. Effect of ripening on in vitro digestibility and structural characteristics of plantain (Musa ABB) starch[J]. Food Hydrocolloids, 93: 235-241.

CHAURASIYA R S, SAKHARE P Z, 2015. Efficacy of reverse micellar extracted fruit bromelain in meat tenderization[J]. Journal of Food Science and Technology, 52(6): 3870-3880.

CHIANG Y C, WANG H H, 2016. Designing a biochip following multiplex polymerase chain reaction for the detection of Salmonella serovars Typhimurium, Enteritidis, Infantis, Hadar, and Virchow in poultry products [J]. Journal of Food and Drug Analysis, 26(1): 58-66.

CHRISTENSEN K, ANDRESEN R, 2006. Using direct contact membrane distillation for whey protein concentration[J]. Desalination, 200(1/3): 523-525.

CREIGHTON T E, 2010. Biophysical chemistry of nucleic acids & proteins[M]. East Sussex: Gardners Books.

DAVID L, NELSON, MICHAEL M C, 2013. Lehninger principles of biochemistry[M]. 6th. New York: W. H. Freeman & Company.

DEAN R, SPENCER J, CHRISTOPHER K, 2019. Biochemistry concepts and connections [M]. 2th. New York: Pearson.

IMAM S H, GORDON S H, 2006. Enzyme catalysis of insoluble cornstarch granules: Impact on surface morphology, properties and biodegradability[J]. Polymer Degradation and Stability, 91: 2894-2900.

KOLOSOV A Y, PARKA J H, 2004. Comparative study of three immunoassays based on monoclonal antibodies for detection of the pesticide parathion-methyl in real samples[J]. Analytica Chimica Acta, 511(2): 323-331.

MACE C R, Akbulut O, 2012. Aqueous multiphase systems of polymers and surfactants provide self-assembling step-gradients in density[J]. Journal of the American Chemical Society, 134(22): 9094-9097.

MICHAEL L, ALLAN M, ALISA P, 2013. Marks' basic medical biochemistry: A Clinical Approach [M]. 4th. New York: Lippincott Williams & Wilkins.

MICHEAL BLACKBURN G, MICHAEL J G, 2006. Nucleic acids in chemistry and biology [M]. London: The Royal Society of Chemistry.

NELSON D L, COX M M, 2021. Lehninger principles of biochemistry [M]. 8th. New York: W. H. Freeman & Company.

REHBEIN H, MACKIE I M, 1999. Fish species identification in canned tuna by PCR-SSCP: validation by a collaborative study and investigation of intra-species variability of the DNA[J]. Food Chemistry, 64(2): 263-268.

ROGER L M, MEGAN M M, 2017. Biochemistry[M]. New York: W. W. Norton & Company.

VICTOR W, RODWELL, 2015. Harper's illustrated biochemistry [M]. 30th. New York: McGraw-Hill Education.